Lösungen zur Aufgabensammlung
Technische Mechanik

**Lehr- und Lernsystem
Technische Mechanik**

- **Technische Mechanik (Lehrbuch)**
  von A. Böge und W. Böge

- **Aufgabensammlung Technische Mechanik**
  von A. Böge, G. Böge und W. Böge

- **Lösungen zur Aufgabensammlung Technische Mechanik**
  von A. Böge und W. Böge

- **Formeln und Tabellen zur Technischen Mechanik**
  von A. Böge und W. Böge

Alfred Böge · Wolfgang Böge

Lösungen zur Aufgabensammlung Technische Mechanik

Abgestimmt auf die 23. Auflage der Aufgabensammlung

18., überarbeitete Auflage

Mit 747 Abbildungen

Unter Mitarbeit von Gert Böge und Wolfgang Weißbach

Alfred Böge
Braunschweig, Deutschland

Wolfgang Böge
Wolfenbüttel, Deutschland

ISBN 978-3-658-13845-5   ISBN 978-3-658-13846-2 (eBook)
DOI 10.1007/978-3-658-13846-2

Die Deutsche Nationalbibliothek verzeichnet diese Publikation in der Deutschen Nationalbibliografie; detaillierte bibliografische Daten sind im Internet über http://dnb.d-nb.de abrufbar.

Springer Vieweg
© Springer Fachmedien Wiesbaden 1975, 1979, 1981, 1983, 1984, 1990, 1992, 1995, 1999, 2001, 2003, 2006, 2009, 2011, 2013, 2015, 2017
Das Werk einschließlich aller seiner Teile ist urheberrechtlich geschützt. Jede Verwertung, die nicht ausdrücklich vom Urheberrechtsgesetz zugelassen ist, bedarf der vorherigen Zustimmung des Verlags. Das gilt insbesondere für Vervielfältigungen, Bearbeitungen, Übersetzungen, Mikroverfilmungen und die Einspeicherung und Verarbeitung in elektronischen Systemen.
Die Wiedergabe von Gebrauchsnamen, Handelsnamen, Warenbezeichnungen usw. in diesem Werk berechtigt auch ohne besondere Kennzeichnung nicht zu der Annahme, dass solche Namen im Sinne der Warenzeichen- und Markenschutz-Gesetzgebung als frei zu betrachten wären und daher von jedermann benutzt werden dürften.
Der Verlag, die Autoren und die Herausgeber gehen davon aus, dass die Angaben und Informationen in diesem Werk zum Zeitpunkt der Veröffentlichung vollständig und korrekt sind. Weder der Verlag noch die Autoren oder die Herausgeber übernehmen, ausdrücklich oder implizit, Gewähr für den Inhalt des Werkes, etwaige Fehler oder Äußerungen.

Lektorat: Thomas Zipsner
Abbildungen: Graphik & Text Studio Dr. Wolfgang Zettlmeier, Barbing
Satz: Klementz Publishing Services, Freiburg

Gedruckt auf säurefreiem und chlorfrei gebleichtem Papier.

Springer Vieweg ist Teil von Springer Nature
Die eingetragene Gesellschaft ist Springer Fachmedien Wiesbaden GmbH

Vorwort zur 18. Auflage

Die Lösungen zur Aufgabensammlung Technische Mechanik enthalten die ausführlichen Lösungen der über 900 Aufgaben aus den Arbeitsbereichen der Ingenieure und Techniker des Maschinen- und Stahlbaus (Entwicklung, Konstruktion, Fertigung). Sie sind Teil des vierbändigen Lehr- und Lernsystems TECHNISCHE MECHANIK von *Alfred Böge* für Studierende an Fach- und Fachhochschulen.

Das Lehr- und Lernsystem TECHNISCHE MECHANIK hat sich auch an Fachgymnasien Technik, Fachoberschulen Technik, Beruflichen Oberschulen, Bundeswehrfachschulen und in Bachelor-Studiengängen bewährt. In Österreich wird damit an den Höheren Technischen Lehranstalten gearbeitet.

In der nun vorliegenden 18. Auflage sind in zahlreichen Lösungen zusätzliche Lösungsschritte aufgenommen worden. Einige Lösungen wurden komplett neu entwickelt, um vor allem mathematische Lösungsschritte verständlicher zu machen.

Die Lösungsänderungen im Einzelnen:

Lösungen Nr. 64 b), 65 b), 130, 212, 324, 569, 763, 775, 777, 787 b), 800, 856 a) – c), 857 a), 861 c), 867, 868, 869, 875 a), 880 d), 885 a), 910 b), 943, 944

Für die sehr zahlreichen Anregungen, Verbesserungsvorschläge und kritischen Hinweise dazu danke ich den Lehrern und Studierenden herzlich.

Die vier Bücher sind in jeder Auflage inhaltlich aufeinander abgestimmt. Im Lehrbuch stehen nach jedem größeren Bearbeitungsschritt die Nummern der entsprechenden Aufgaben aus der Aufgabensammlung.

Die aktuellen Auflagen des Lehr- und Lernsystems sind

- Lehrbuch   31. Auflage
- Aufgabensammlung   22. Auflage
- Lösungsbuch   18. Auflage
- Formelsammlung   24. Auflage

Bedanken möchte ich mich beim Lektorat Maschinenbau des Verlags Springer Vieweg, insbesondere bei Frau Imke Zander und Herrn Dipl.-Ing. Thomas Zipsner für ihre engagierte und immer förderliche Zusammenarbeit bei der Realisierung der vorliegenden 18. Auflage.

Für Zuschriften steht die E-Mail-Adresse w_boege@t-online.de zur Verfügung.

Wolfenbüttel, Mai 2016   *Wolfgang Böge*

Wichtige Symbole

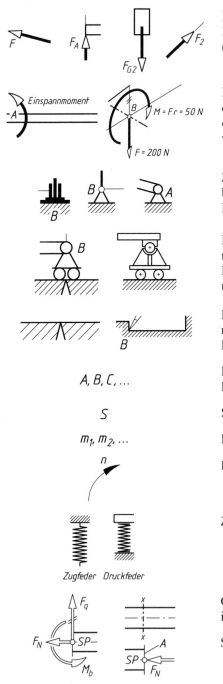

Kraft F, festgelegt durch Betrag, Wirklinie und Richtungssinn in N, kN, MN, z. B. F_A, F_2, F_{G2} (Gewichtskraft)

Drehmoment M in Nm, kNm. Grundsätzlich werden linksdrehende Drehmomente positiv, rechtsdrehende Momente negativ in z. B. Gleichgewichtsbedingungen aufgenommen.

Zweiwertiges Lager (Festlager) nimmt eine beliebig gerichtete Kraft auf. Die Wirklinie und der Betrag der Kraft sind unbekannt.

Einwertiges Lager (Loslager) nimmt nur eine rechtwinklig zur Stützfläche gerichtete Kraft auf. Die Wirklinie der Kraft ist bekannt, der Betrag ist unbekannt.

Feste Unterlage oder Stützfläche (Ebene) zur Aufnahme von zum Beispiel Los- und Festlagern oder Körpern – nicht verschieb- oder verdrehbar.

Bezeichnung von Lagern (Fest- und Loslagern) und Körpern

Schwerpunkt von Linien, Flächen und Körpern

Masse von Körpern in kg, t

Drehrichtung, zum Beispiel einer Welle

Zug- bzw. Druckfeder

Gedachte Schnittstellen in einem Körper – zeigt innere Kräfte- und Momentensysteme

SP Schnittflächenschwerpunkt

1 Statik in der Ebene

Grundlagen
Kraftmoment (Drehmoment)

1.
a) $M = Fl = 200 \text{ N} \cdot 0{,}36 \text{ m} = 72 \text{ Nm}$
b) Kurbeldrehmoment = Wellendrehmoment

$Fl = F_1 \dfrac{d}{2}$

$F_1 = F \dfrac{2l}{d} = 200 \text{ N} \cdot \dfrac{2 \cdot 0{,}36 \text{ m}}{0{,}12 \text{ m}} = 1200 \text{ N}$

2.
$M = F \dfrac{d}{2} = 7 \cdot 10^3 \text{ N} \cdot \dfrac{0{,}2 \text{ m}}{2} = 700 \text{ Nm}$

3.
$M = Fl \qquad F = \dfrac{M}{l} = \dfrac{62 \text{ Nm}}{0{,}28 \text{ m}} = 221{,}4 \text{ N}$

4.
$M = Fl \qquad l = \dfrac{M}{F} = \dfrac{396 \text{ Nm}}{120 \text{ N}} = 3{,}3 \text{ m}$

5.
$M = F \dfrac{d}{2} \qquad F = \dfrac{2M}{d} = \dfrac{2 \cdot 860 \text{ Nm}}{0{,}5 \text{ m}} = 3440 \text{ N}$

6.
a) $M_1 = F_u \dfrac{d_1}{2}$

$F_u = \dfrac{2M_1}{d_1} = \dfrac{2 \cdot 10 \cdot 10^3 \text{ Nmm}}{10 \text{ mm}} = 200 \text{ N}$

b) $M_2 = F_u \dfrac{d_2}{2} = 200 \text{ N} \cdot \dfrac{180 \text{ mm}}{2}$

$M_2 = 18000 \text{ Nmm} = 18 \text{ Nm}$

7.
a) $d_1 = z_1 m_{1/2} = 15 \cdot 4 \text{ mm} = 60 \text{ mm}$

$d_2 = z_2 m_{1/2} = 30 \cdot 4 \text{ mm} = 120 \text{ mm}$

$d_{2'} = z_{2'} m_{2'/3} = 15 \cdot 6 \text{ mm} = 90 \text{ mm}$

$d_3 = z_3 m_{2'/3} = 25 \cdot 6 \text{ mm} = 150 \text{ mm}$

b) $M_1 = F_{u1/2} \dfrac{d_1}{2}$

$F_{u1/2} = \dfrac{2M_1}{d_1} = \dfrac{2 \cdot 120 \cdot 10^3 \text{ Nmm}}{60 \text{ mm}} = 4000 \text{ N}$

c) $M_2 = F_{u1/2} \dfrac{d_2}{2} = 4000 \text{ N} \cdot \dfrac{120 \text{ mm}}{2}$

$M_2 = 2{,}4 \cdot 10^5 \text{ Nmm} = 240 \text{ Nm}$

d) $F_{u2'/3} = \dfrac{2M_2}{d_{2'}} = \dfrac{2 \cdot 240 \cdot 10^3 \text{ Nmm}}{90 \text{ mm}} = 5333 \text{ N}$

e) $M_3 = F_{u2'/3} \dfrac{d_3}{2} = 5333 \text{ N} \cdot \dfrac{150 \text{ mm}}{2}$

$M_3 = 4 \cdot 10^5 \text{ Nmm} = 400 \text{ Nm}$

8.
a) $M_1 = F l_1 = 220 \text{ N} \cdot 0{,}21 \text{ m} = 46{,}2 \text{ Nm}$

b) Das Kettendrehmoment ist gleich dem Tretkurbeldrehmoment:

$M_k = M_1$

$F_k \dfrac{d_1}{2} = M_1$

$F_k = \dfrac{2M_1}{d_1} = \dfrac{2 \cdot 46{,}2 \text{ Nm}}{0{,}182 \text{ m}} = 507{,}7 \text{ N}$

c) $M_2 = F_k \dfrac{d_2}{2} = 507{,}7 \text{ N} \cdot \dfrac{0{,}065 \text{ m}}{2} = 16{,}5 \text{ Nm}$

d) Das Kraftmoment aus Vortriebskraft F_v und Hinterradradius l_2 ist gleich dem Drehmoment M_2 am Hinterrad.

$F_v l_2 = M_2$

$F_v = \dfrac{M_2}{l_2} = \dfrac{16{,}5 \text{ Nm}}{0{,}345 \text{ m}} = 47{,}83 \text{ N}$

Freimachen der Bauteile

9.

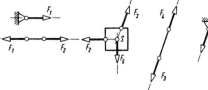

10.

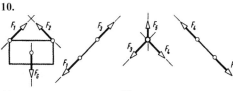

11. **12.**

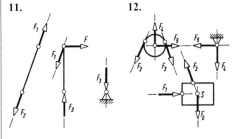

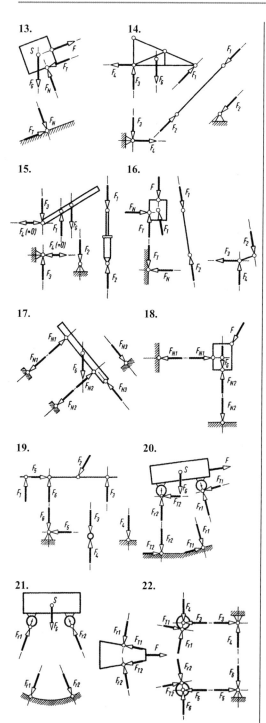

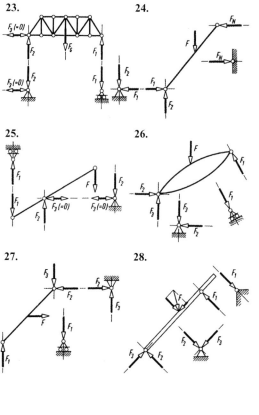

Grundaufgaben der Statik

Rechnerische und zeichnerische Ermittlung der Resultierenden im zentralen Kräftesystem (1. und 2. Grundaufgabe)

29.
a) Lageskizze   Krafteckskizze

$$F_r = \sqrt{F_1^2 + F_2^2} = \sqrt{(120\ \text{N})^2 + (90\ \text{N})^2} = 150\ \text{N}$$

b) $\alpha_r = \arctan \dfrac{F_2}{F_1} = \arctan \dfrac{90\ \text{N}}{120\ \text{N}} = 36{,}87°$

1 Statik in der Ebene

30.
Rechnerische Lösung:
a) Lageskizze

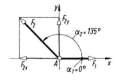

n	F_n	α_n	$F_{nx} = F_n \cos\alpha_n$	$F_{ny} = F_n \sin\alpha_n$
1	70 N	0°	+70,00 N	0 N
2	105 N	135°	−74,25 N	+74,25 N
			−4,25 N	+74,25 N

$F_{rx} = \Sigma F_{nx} = -4,25\text{ N} \quad F_{ry} = \Sigma F_{ny} = 74,25\text{ N}$

$F_r = \sqrt{F_{rx}^2 + F_{ry}^2} = \sqrt{(-4,25\text{ N})^2 + (74,25\text{ N})^2}$

$F_r = 74,37\text{ N}$

b) $\beta_r = \arctan\dfrac{|F_{ry}|}{|F_{rx}|} = \arctan\dfrac{74,25\text{ N}}{4,25\text{ N}} = 86,72°$

F_r wirkt im II. Quadranten:
$\alpha_r = 180° - \beta_r = 93,28°$

Zeichnerische Lösung:
Lageplan   Kräfteplan ($M_K = 40$ N/cm)

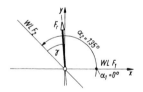

31.
Rechnerische Lösung:
a) Lageskizze

n	F_n	α_n	$F_{nx} = F_n \cos\alpha_n$	$F_{ny} = F_n \sin\alpha_n$
1	15 N	0°	+15 N	0 N
2	25 N	76,5°	+5,836 N	+24,31 N
			+20,836 N	+24,31 N

$F_{rx} = \Sigma F_{nx} = 20,84\text{ N} \quad F_{ry} = \Sigma F_{ny} = 24,31\text{ N}$

$F_r = \sqrt{F_{rx}^2 + F_{ry}^2} = \sqrt{(20,84\text{ N})^2 + (24,31\text{ N})^2}$

$F_r = 32,02\text{ N}$

b) $\beta_r = \arctan\dfrac{|F_{ry}|}{|F_{rx}|} = \arctan\dfrac{24,31\text{ N}}{20,84\text{ N}} = 49,4°$

F_r wirkt im I. Quadranten:
$\alpha_r = \beta_r = 49,4°$

Zeichnerische Lösung:
Lageplan   Kräfteplan ($M_K = 15$ N/cm)

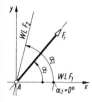

32.
Rechnerische Lösung:
Die Kräfte werden auf ihren Wirklinien bis in den Schnittpunkt verschoben und dann reduziert.

a) Lageskizze

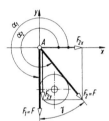

n	F_n	α_n	$F_{nx} = F_n \cos\alpha_n$	$F_{ny} = F_n \sin\alpha_n$
1	50 kN	270°	0 kN	−50,00 kN
2	50 kN	310°	+32,14 kN	−38,30 kN
			+32,14 kN	−88,3 kN

$F_{rx} = \Sigma F_{nx} = 32,14\text{ kN} \quad F_{ry} = \Sigma F_{ny} = -88,3\text{ kN}$

$F_r = \sqrt{F_{rx}^2 + F_{ry}^2} = \sqrt{(32,14\text{ kN})^2 + (-88,3\text{ kN})^2}$

$F_r = 93,97\text{ kN}$

b) $\beta_r = \arctan\dfrac{|F_{ry}|}{|F_{rx}|} = \arctan\dfrac{88,3\text{ kN}}{32,14\text{ kN}} = 70°$

F_r wirkt im IV. Quadranten:
$\alpha_r = 360° - 70° = 290°$

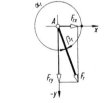

Zeichnerische Lösung:
Lageplan   Kräfteplan ($M_K = 40$ N/cm)

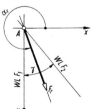
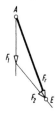

33.
Rechnerische Lösung:
a) Lageskizze

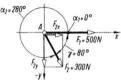

n	F_n	α_n	$F_{nx} = F_n \cos\alpha_n$	$F_{ny} = F_n \sin\alpha_n$
1	500 N	0°	+500 N	0 N
2	500 N	280°	+52,09 N	−295,4 N
			+552,09 N	−295,4 N

$F_{rx} = \Sigma F_{nx} = 552,09$ N $F_{ry} = \Sigma F_{ny} = -295,4$ N

$F_r = \sqrt{F_{rx}^2 + F_{ry}^2} = \sqrt{(552,09 \text{ N})^2 + (-295,4 \text{ N})^2}$

$F_r = F_s = 626,2$ N

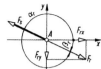

b) $\beta_r = \arctan\dfrac{|F_{ry}|}{|F_{rx}|} = \arctan\dfrac{295,4 \text{ N}}{552,1 \text{ N}} = 28,15°$

F_r wirkt im IV. Quadranten:

$\alpha_r = 360° - \beta_r$

$\alpha_r = 360° - 28,15°$

$\alpha_r = 331,85°$

$\alpha_s = 180° - \beta_r = 151,85°$

Die Resultierende F_r ist nach rechts unten gerichtet, die Spannkraft F_s nach links oben.

Zeichnerische Lösung:
Lageplan   Kräfteplan ($M_K = 200$ N/cm)

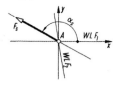 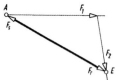

34.
Rechnerische Lösung:
a)

n	F_n	α_n	$F_{nx} = F_n \cos\alpha_n$	$F_{ny} = F_n \sin\alpha_n$
1	400 N	40°	+306,4 N	+257,1 N
2	350 N	0°	+350,0 N	0 N
3	300 N	330°	+259,8 N	−150,0 N
4	500 N	320°	+383,0 N	−321,4 N
			+1299,2 N	−214,3 N

$F_{rx} = \Sigma F_{nx} = +1299,2$ N $F_{ry} = \Sigma F_{ny} = -214,3$ N

$F_r = \sqrt{F_{rx}^2 + F_{ry}^2} = \sqrt{(1299,2 \text{ N})^2 + (-214,3 \text{ N})^2}$

$F_r = 1317$ N

b) $\beta_r = \arctan\dfrac{|F_{ry}|}{|F_{rx}|} = \arctan\dfrac{214,3 \text{ N}}{1299,2 \text{ N}} = 9,37°$

F_r wirkt im IV. Quadranten:
$\alpha_r = 360° - \beta_r = 360° - 9,37° = 350,63°$

Zeichnerische Lösung:
Lageplan   Kräfteplan ($M_K = 500$ N/cm)

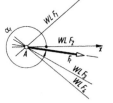 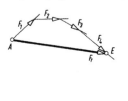

35.
Rechnerische Lösung:
a) Lageskizze

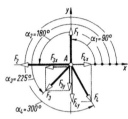

n	F_n	α_n	$F_{nx} = F_n \cos\alpha_n$	$F_{ny} = F_n \sin\alpha_n$
1	1,2 kN	90°	0 kN	+1,2000 kN
2	1,5 kN	180°	−1,5000 kN	0 kN
3	1,0 kN	225°	−0,7071 kN	−0,7071 kN
4	0,8 kN	300°	+0,4000 kN	−0,6928 kN
			−1,8071 kN	−0,1999 kN

$F_{rx} = \Sigma F_{nx} = -1,8071$ kN $F_{ry} = \Sigma F_{ny} = -0,1999$ kN

$F_r = \sqrt{F_{rx}^2 + F_{ry}^2} = \sqrt{(-1,8071 \text{ kN})^2 + (-0,1999 \text{ kN})^2}$

$F_r = 1,818$ kN

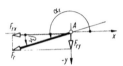

b) $\beta_r = \arctan\dfrac{|F_{ry}|}{|F_{rx}|} = \arctan\dfrac{0,1999 \text{ kN}}{1,8071 \text{ kN}} = 6,31°$

F_r wirkt im III. Quadranten:
$\alpha_r = 180° + \beta_r = 180° + 6,31° = 186,31°$

1 Statik in der Ebene

Zeichnerische Lösung:
Lageplan

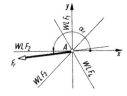

Kräfteplan ($M_K = 0,5$ kN/cm)

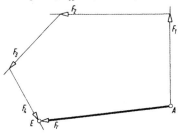

36.
Rechnerische Lösung:
a)

n	F_n	α_n	$F_{nx} = F_n \cos\alpha_n$	$F_{ny} = F_n \sin\alpha_n$
1	400 N	120°	−200 N	+346,4 N
2	500 N	45°	+353,6 N	+353,6 N
3	350 N	0°	+350 N	0 N
4	450 N	270°	0 N	−450 N
			+503,6 N	+250 N

$F_{rx} = \Sigma F_{nx} = 503,6$ N $\quad F_{ry} = \Sigma F_{ny} = 250$ N

$F_r = \sqrt{F_{rx}^2 + F_{ry}^2} = \sqrt{(503,6 \text{ N})^2 + (250 \text{ N})^2}$

$F_r = 562,2$ N

b) $\beta_r = \arctan\dfrac{|F_{ry}|}{|F_{rx}|} = \arctan\dfrac{250 \text{ N}}{503,6 \text{ N}} = 26,4°$

F_r wirkt im I. Quadranten:
$\alpha_r = \beta_r = 26,4°$

Zeichnerische Lösung:

Lageplan   Kräfteplan ($M_K = 250$ N/cm)

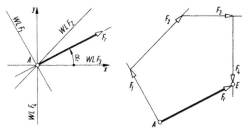

37.
Rechnerische Lösung:
a) Lageskizze

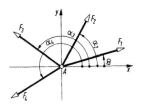

n	F_n	α_n	$F_{nx} = F_n \cos\alpha_n$	$F_{ny} = F_n \sin\alpha_n$
1	22 N	15°	+21,25 N	+5,69 N
2	15 N	60°	+7,5 N	+12,99 N
3	30 N	145°	−24,57 N	+17,21 N
4	25 N	210°	−21,65 N	−12,5 N
			−17,47 N	+23,39 N

$F_{rx} = \Sigma F_{nx} = -17,47$ N $\quad F_{ry} = \Sigma F_{ny} = +23,39$ N

$F_r = \sqrt{F_{rx}^2 + F_{ry}^2} = \sqrt{(-17,47 \text{ N})^2 + (23,39 \text{ N})^2}$

$F_r = 29,2$ N

b) $\beta_r = \arctan\dfrac{|F_{ry}|}{|F_{rx}|} = \arctan\dfrac{23,39 \text{ N}}{17,47 \text{ N}} = 53,24°$

F_r wirkt im II. Quadranten:
$\alpha_r = 180° - \beta_r = 180° - 53,24° = 126,76°$

Zeichnerische Lösung:
Lageplan   Kräfteplan ($M_K = 15$ N/cm)

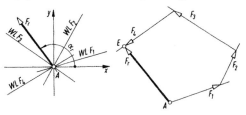

38.
Rechnerische Lösung:
a) Lageskizze wie in Lösung 37a.

n	F_n	α_n	$F_{nx} = F_n \cos\alpha_n$	$F_{ny} = F_n \sin\alpha_n$
1	120 N	80°	+20,84 N	+118,18 N
2	200 N	123°	−108,93 N	+167,73 N
3	220 N	165°	−212,50 N	+56,94 N
4	90 N	290°	+30,78 N	−84,57 N
5	150 N	317°	+109,70 N	−102,30 N
			−160,11 N	+155,98 N

$F_{rx} = \Sigma F_{nx} = -160,1$ N $\quad F_{ry} = \Sigma F_{ny} = +156$ N

$F_r = \sqrt{F_{rx}^2 + F_{ry}^2} = \sqrt{(-160,1 \text{ N})^2 + (156 \text{ N})^2}$

$F_r = 223,5$ N

b) $\beta_r = \arctan\dfrac{|F_{ry}|}{|F_{rx}|} = \arctan\dfrac{156\,\text{N}}{160{,}1\,\text{N}} = 44{,}26°$

F_r wirkt im II. Quadranten:
$\alpha_r = 180° - \beta_r$
$\alpha_r = 180° - 44{,}26°$
$\alpha_r = 135{,}74°$

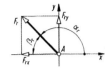

Zeichnerische Lösung:
Lageplan Kräfteplan ($M_K = 100$ N/cm)

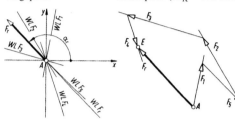

39.
Rechnerische Lösung:
a) Lageskizze wie in Lösung 37a.

n	F_n	α_n	$F_{nx} = F_n \cos\alpha_n$	$F_{ny} = F_n \sin\alpha_n$
1	75 N	27°	+66,83 N	+34,05 N
2	125 N	72°	+38,63 N	+118,88 N
3	95 N	127°	−57,17 N	+75,87 N
4	150 N	214°	−124,36 N	−83,88 N
5	170 N	270°	0 N	−170 N
6	115 N	331°	+100,58 N	−55,75 N
			+24,51 N	−80,83 N

$F_{rx} = \Sigma F_{nx} = +24{,}51\,\text{N}\qquad F_{ry} = \Sigma F_{ny} = -80{,}83\,\text{N}$

$F_r = \sqrt{F_{rx}^2 + F_{ry}^2} = \sqrt{(24{,}51\,\text{N})^2 + (-80{,}83\,\text{N})^2}$

$F_r = 84{,}46\,\text{N}$

b) $\beta_r = \arctan\dfrac{|F_{ry}|}{|F_{rx}|} = \arctan\dfrac{80{,}83\,\text{N}}{24{,}51\,\text{N}} = 73{,}13°$

F_r wirkt im IV. Quadranten:
$\alpha_r = 360° - \beta_r = 360° - 73{,}13° = 286{,}87°$

Zeichnerische Lösung:
Lageplan Kräfteplan ($M_K = 75$ N/cm)

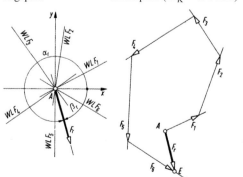

Rechnerische und zeichnerische Zerlegung von Kräften im zentralen Kräftesystem (1. und 2. Grundaufgabe)

40.
Eine Einzelkraft wird oft am einfachsten trigonometrisch in zwei Komponenten zerlegt.

Krafteckskizze

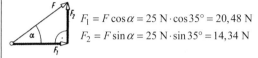

$F_1 = F\cos\alpha = 25\,\text{N} \cdot \cos 35° = 20{,}48\,\text{N}$
$F_2 = F\sin\alpha = 25\,\text{N} \cdot \sin 35° = 14{,}34\,\text{N}$

41.
$\tan\alpha_2 = \dfrac{F_1}{F}$ Krafteckskizzen

$F_1 = F\tan\alpha_2 = 3600\,\text{N} \cdot \tan 45°$
$F_1 = 3600\,\text{N}$

$\cos\alpha_2 = \dfrac{F}{F_2}$

$F_2 = \dfrac{F}{\cos\alpha_2} = \dfrac{3600\,\text{N}}{\cos 45°}$

$F_2 = 5091\,\text{N}$

42.
a) $F_{ry} = F_r \cos\alpha = 68\,\text{kN} \cdot \cos 52°$ Krafteckskizze
$F_{ry} = 41{,}86\,\text{kN}$

b) $F_{rx} = F_r \sin\alpha = 68\,\text{kN} \cdot \sin 52°$
$F_{rx} = 53{,}58\,\text{kN}$

43.
$F_{Ax} = F_A \sin 36° = 26\,\text{kN} \cdot \sin 36°$ Krafteckskizze
$F_{Ax} = 15{,}28\,\text{kN}$

$F_{Ay} = F_A \cos 36° = 26\,\text{kN} \cdot \cos 36°$
$F_{Ay} = 21{,}03\,\text{kN}$

44.
Trigonometrische Lösung: Krafteckskizze
$\alpha = 40°$ gegeben
$\gamma = 90° - \beta = 65°$
$\delta = 180° - (\alpha + \gamma) = 180° - 105°$
$\delta = 75°$

Lösung mit dem Sinussatz:

$\dfrac{F}{\sin\gamma} = \dfrac{F_1}{\sin\delta} = \dfrac{F_2}{\sin\alpha}$

$F_1 = F\dfrac{\sin\delta}{\sin\gamma} = 5{,}5\,\text{kN} \cdot \dfrac{\sin 75°}{\sin 65°} = 5{,}862\,\text{kN}$

1 Statik in der Ebene

$F_2 = F \dfrac{\sin \alpha}{\sin \gamma} = 5,5 \text{ kN} \cdot \dfrac{\sin 40°}{\sin 65°} = 3,901 \text{ kN}$

Zeichnerische Lösung:
Lageplan   Kräfteplan ($M_K = 2,5$ kN/cm)

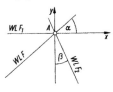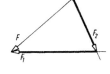

45.
Trigonometrische Lösung: Lageskizze

$180° - \alpha = 35°$ Krafteckskizze
$\beta = 60°$
$\gamma = 180° - (35° + 60°)$
$\gamma = 85°$

Sinussatz:

$\dfrac{F_r}{\sin(180° - \alpha)} = \dfrac{F_1}{\sin \beta} = \dfrac{F_2}{\sin \gamma}$

$F_1 = F_r \dfrac{\sin \beta}{\sin(180° - \alpha)} = 75 \text{ N} \cdot \dfrac{\sin 60°}{\sin 35°} = 113,2 \text{ N}$

$F_2 = F_r \dfrac{\sin \gamma}{\sin(180° - \alpha)} = 75 \text{ N} \cdot \dfrac{\sin 85°}{\sin 35°} = 130,3 \text{ N}$

Zeichnerische Lösung:
Lageplan   Kräfteplan ($M_K = 50$ N/cm)

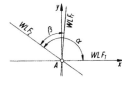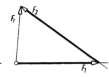

46.
Lageskizze   Krafteckskizze

$\beta = 180° - \alpha = 110°$

$\gamma = \dfrac{\alpha}{2} = 35°$

Sinussatz:

$\dfrac{F_r}{\sin \beta} = \dfrac{F}{\sin \gamma}$

$F = F_r \dfrac{\sin \gamma}{\sin \beta} = 73 \text{ kN} \cdot \dfrac{\sin 35°}{\sin 110°} = 44,56 \text{ kN}$

47.
Trigonometrische Lösung:
Krafteckskizze

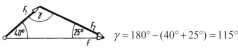

$\gamma = 180° - (40° + 25°) = 115°$

Sinussatz:

$\dfrac{F}{\sin \gamma} = \dfrac{F_1}{\sin 25°} = \dfrac{F_2}{\sin 40°}$

$F_1 = F \dfrac{\sin 25°}{\sin \gamma} = 1,1 \text{ kN} \cdot \dfrac{\sin 25°}{\sin 115°} = 512,9 \text{ N}$

$F_2 = F \dfrac{\sin 40°}{\sin \gamma} = 1,1 \text{ kN} \cdot \dfrac{\sin 40°}{\sin 115°} = 780,2 \text{ N}$

Zeichnerische Lösung:
Lageplan   Kräfteplan ($M_K = 0,4$ kN/cm)

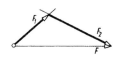

48.
Trigonometrische Lösung:
Krafteckskizze

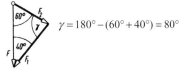

$\gamma = 180° - (60° + 40°) = 80°$

Sinussatz:

$\dfrac{F}{\sin \gamma} = \dfrac{F_1}{\sin 60°} = \dfrac{F_2}{\sin 40°}$

$F_1 = F \dfrac{\sin 60°}{\sin 80°} = 30 \text{ kN} \cdot \dfrac{\sin 60°}{\sin 80°} = 26,38 \text{ kN}$

$F_2 = F \dfrac{\sin 40°}{\sin 80°} = 30 \text{ kN} \cdot \dfrac{\sin 40°}{\sin 80°} = 19,58 \text{ kN}$

Zeichnerische Lösung:
Lageplan   Kräfteplan ($M_K = 15$ kN/cm)

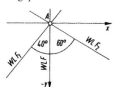

$$F_1 = F \frac{\sin(\alpha_2 - \alpha)}{\sin(\alpha_1 - \alpha_2)} = 17 \text{ kN} \cdot \frac{\sin(300° - 90°)}{\sin(210° - 300°)}$$

$$F_1 = 8{,}5 \text{ kN}$$

I. $F_2 = \dfrac{-F_1 \cos\alpha_1 - F\cos\alpha}{\cos\alpha_2}$

$$F_2 = \frac{-8{,}5 \text{ kN} \cdot \cos 210° - 17 \text{ kN} \cdot \cos 90°}{\cos 300°}$$

$$F_2 = 14{,}72 \text{ kN}$$

Rechnerische und zeichnerische Ermittlung unbekannter Kräfte im zentralen Kräftesystem (3. und 4. Grundaufgabe)

Trigonometrische Lösung:
Krafteckskizze

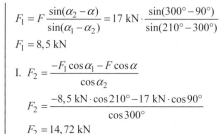

$$\left.\begin{array}{l}\delta = \beta_1 + \beta_2 = 90°\\ \gamma_1 = 90° - \beta_1 = 60°\\ \gamma_2 = 90° - \beta_2 = 30°\end{array}\right\} \text{rechtwinkliges Dreieck}$$

$F_1 = F \cos\gamma_1 = 17 \text{ kN} \cdot \cos 60° = 8{,}5 \text{ kN}$
$F_2 = F \cos\gamma_2 = 17 \text{ kN} \cdot \cos 30° = 14{,}72 \text{ kN}$

49.
Analytische Lösung:

$\alpha_1 = 210°$
$\alpha_2 = 300°$
$\alpha = 90°$

Lageskizze

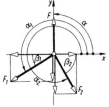

I. $\Sigma F_x = 0 = F_1 \cos\alpha_1 + F_2 \cos\alpha_2 + F\cos\alpha$
II. $\Sigma F_y = 0 = F_1 \sin\alpha_1 + F_2 \sin\alpha_2 + F\sin\alpha$

I. = II. $F_2 = \dfrac{-F_1 \cos\alpha_1 - F\cos\alpha}{\cos\alpha_2} = \dfrac{-F_1 \sin\alpha_1 - F\sin\alpha}{\sin\alpha_2}$

$-F_1 \cos\alpha_1 \sin\alpha_2 - F\cos\alpha\sin\alpha_2 = -F_1 \sin\alpha_1 \cos\alpha_2 - F\sin\alpha\cos\alpha_2$

$F_1 \underbrace{(\sin\alpha_1 \cos\alpha_2 - \cos\alpha_1 \sin\alpha_2)}_{\sin(\alpha_1 - \alpha_2)} = F \underbrace{(\cos\alpha \sin\alpha_2 - \sin\alpha \cos\alpha_2)}_{\sin(\alpha_2 - \alpha)}$

Zeichnerische Lösung:
Lageplan   Kräfteplan ($M_K = 5$ N/cm)

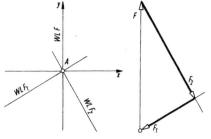

50.
Analytische Lösung:
Lageskizze

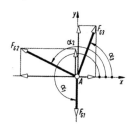

$\alpha_1 = 270°$
$\alpha_2 = 155°$
$\alpha_3 = 80°$

I. $\Sigma F_x = 0 = F_{G1} \cos\alpha_1 + F_{G2} \cos\alpha_2 + F_{G3} \cos\alpha_3$
II. $\Sigma F_y = 0 = F_{G1} \sin\alpha_1 + F_{G2} \sin\alpha_2 + F_{G3} \sin\alpha_3$

I. = II. $F_{G3} = \dfrac{-F_{G1} \cos\alpha_1 - F_{G2} \cos\alpha_2}{\cos\alpha_3} = \dfrac{-F_{G1} \sin\alpha_1 - F_{G2} \sin\alpha_2}{\sin\alpha_3}$

$-F_{G1} \cos\alpha_1 \sin\alpha_3 - F_{G2} \cos\alpha_2 \sin\alpha_3 = -F_{G1} \sin\alpha_1 \cos\alpha_3 - F_{G2} \sin\alpha_2 \cos\alpha_3$

$F_{G2} \underbrace{(\sin\alpha_2 \cos\alpha_3 - \cos\alpha_2 \sin\alpha_3)}_{\sin(\alpha_2 - \alpha_3)} = F_{G1} \underbrace{(\cos\alpha_1 \sin\alpha_3 - \sin\alpha_1 \cos\alpha_3)}_{\sin(\alpha_3 - \alpha_1)}$

$$F_{G2} = F_{G1} \frac{\sin(\alpha_3 - \alpha_1)}{\sin(\alpha_2 - \alpha_3)}$$

In gleicher Weise ergibt sich für $F_{G3} = F_{G1} \dfrac{\sin(\alpha_2 - \alpha_1)}{\sin(\alpha_3 - \alpha_2)}$

$F_{G2} = 30 \text{ N} \cdot \dfrac{\sin(80° - 270°)}{\sin(155° - 80°)} = 5{,}393 \text{ N}$ $F_{G3} = 30 \text{ N} \cdot \dfrac{\sin(155° - 270°)}{\sin(80° - 155°)} = 28{,}148 \text{ N}$

Kontrolle mit der zeichnerischen Lösung.

1 Statik in der Ebene

Trigonometrische Lösung:

Krafteckskizze

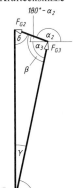

Winkelberechnungen:

$\gamma = 90° - \alpha_3 = 10°$

$\beta = 180° - \alpha_2 + \alpha_3$; α_3 ist der Stufenwinkel zu α_3 bei F_{G1}

$\beta = 180° - 155° + 80° = 105°$

Der Winkel δ ergibt sich aus der Winkelsumme im Dreieck (180°) minus β minus γ.

$\delta = 180° - \beta - \gamma = 180° - 105° - 10° = 65°$

Sinussatz:

$$\frac{F_{G1}}{\sin \beta} = \frac{F_{G2}}{\sin \gamma} = \frac{F_{G3}}{\sin \delta}$$

$$F_{G2} = F_{G1} \frac{\sin \gamma}{\sin \beta} = 30 \text{ N} \cdot \frac{\sin 10°}{\sin 105°} = 5{,}393 \text{ N}$$

$$F_{G3} = F_{G1} \frac{\sin \delta}{\sin \beta} = 30 \text{ N} \cdot \frac{\sin 65°}{\sin 105°} = 28{,}148 \text{ N}$$

51.

Rechnerische Lösung:

a) Lageskizze

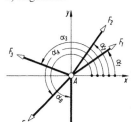

$\alpha_1 = 35°$
$\alpha_2 = 55°$
$\alpha_3 = 160°$
$\alpha_A = 225°$
$\alpha_B = 270°$

I. $\Sigma F_x = 0 = F_1 \cos \alpha_1 + F_2 \cos \alpha_2 + F_3 \cos \alpha_3 + F_A \cos \alpha_A + F_B \cos \alpha_B$

II. $\Sigma F_y = 0 = F_1 \sin \alpha_1 + F_2 \sin \alpha_2 + F_3 \sin \alpha_3 + F_A \sin \alpha_A + F_B \sin \alpha_B$

I. $F_B = \dfrac{-F_1 \cos \alpha_1 - F_2 \cos \alpha_2 - F_3 \cos \alpha_3 - F_A \cos \alpha_A}{\cos \alpha_B}$

II. $F_B = \dfrac{-F_1 \sin \alpha_1 - F_2 \sin \alpha_2 - F_3 \sin \alpha_3 - F_A \sin \alpha_A}{\sin \alpha_B}$

I. = II.
$-F_1 \cos \alpha_1 \sin \alpha_B - F_2 \cos \alpha_2 \sin \alpha_B - F_3 \cos \alpha_3 \sin \alpha_B - F_A \cos \alpha_A \sin \alpha_B =$
$= -F_1 \sin \alpha_1 \cos \alpha_B - F_2 \sin \alpha_2 \cos \alpha_B - F_3 \sin \alpha_3 \cos \alpha_B - F_A \sin \alpha_A \cos \alpha_B$

$F_A \underbrace{(\sin \alpha_A \cos \alpha_B - \cos \alpha_A \sin \alpha_B)}_{\sin(\alpha_A - \alpha_B)} = F_1 \underbrace{(\cos \alpha_1 \sin \alpha_B - \sin \alpha_1 \cos \alpha_B)}_{\sin(\alpha_B - \alpha_1)} +$

$+ F_2 \underbrace{(\cos \alpha_2 \sin \alpha_B - \sin \alpha_2 \cos \alpha_B)}_{\sin(\alpha_B - \alpha_2)} + F_3 \underbrace{(\cos \alpha_3 \sin \alpha_B - \sin \alpha_3 \cos \alpha_B)}_{\sin(\alpha_B - \alpha_3)}$

$F_A = \dfrac{F_1 \sin(\alpha_B - \alpha_1) + F_2 \sin(\alpha_B - \alpha_2) + F_3 \sin(\alpha_B - \alpha_3)}{\sin(\alpha_A - \alpha_B)} = 184{,}48 \text{ N}$

I. $F_B = \dfrac{-F_1 \cos \alpha_1 - F_2 \cos \alpha_2 - F_3 \cos \alpha_3 - F_A \cos \alpha_A}{\cos \alpha_B}$

Der Taschenrechner zeigt als Ergebnis „0" und „Fehler" an.
Das liegt daran, dass $\cos \alpha_B = 0$ und die Division durch null unzulässig ist.
Die Kraft F_B kann darum nur aus der Gleichung II. berechnet werden:

II. $F_B = \dfrac{-F_1 \sin \alpha_1 - F_2 \sin \alpha_2 - F_3 \sin \alpha_3 - F_A \sin \alpha_A}{\sin \alpha_B} = 286{,}05 \text{ N}$

b) Der angenommene Richtungssinn war richtig, weil sich für F_A und F_B positive Beträge ergeben haben. F_A wirkt nach links unten, F_B wirkt nach unten.

Zeichnerische Lösung:

Lageplan

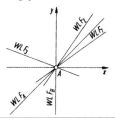

Kräfteplan ($M_K = 150$ N/cm)

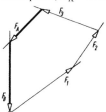

52.

Lageskizze 1
(freigemachter Gelenkbolzen)

Lageskizze 2
(freigemachter Pressenstößel)

Krafteckskizze 2

Krafteckskizze 1
Wegen der Symmetrie sind die Kräfte F_2 und F_3 in beiden Schwingen gleich groß:

$$F_2 = F_3 = \frac{F_1}{2\sin\varphi}$$

$$F_p = F_3 \cos\varphi = \frac{F_1}{2\sin\varphi}\cos\varphi = \frac{F_1}{2\tan\varphi}$$

$$F_{p5°} = \frac{F_1}{2\tan 5°} = 5{,}715 \cdot F_1$$

$$F_{p1°} = \frac{F_1}{2\tan 1°} = 28{,}64 \cdot F_1$$

(Kontrolle mit der analytischen Lösung)

53.

Rechnerische Lösung:
Lageskizze

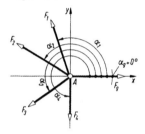

$\alpha_1 = 110°$
$\alpha_2 = 150°$
$\alpha_3 = 215°$
$\alpha_4 = 270°$
$\alpha_g = 0°$

a) I. $\Sigma F_x = 0 = F_1 \cos\alpha_1 + F_2 \cos\alpha_2 + F_3 \cos\alpha_3 + F_4 \cos\alpha_4 + F_g \cos\alpha_g$

II. $\Sigma F_y = 0 = F_1 \sin\alpha_1 + F_2 \sin\alpha_2 + F_3 \sin\alpha_3 + F_4 \sin\alpha_4 + F_g \sin\alpha_g$

I. $-F_g = \dfrac{F_1 \cos\alpha_1 + F_2 \cos\alpha_2 + F_3 \cos\alpha_3 + F_4 \cos\alpha_4}{\cos\alpha_g}$

II. $-F_g = \dfrac{F_1 \sin\alpha_1 + F_2 \sin\alpha_2 + F_3 \sin\alpha_3 + F_4 \sin\alpha_4}{\sin\alpha_g}$

I. = II. $F_1 \cos\alpha_1 \sin\alpha_g + F_2 \cos\alpha_2 \sin\alpha_g + F_3 \cos\alpha_3 \sin\alpha_g + F_4 \cos\alpha_4 \sin\alpha_g =$
$= F_1 \sin\alpha_1 \cos\alpha_g + F_2 \sin\alpha_2 \cos\alpha_g + F_3 \sin\alpha_3 \cos\alpha_g + F_4 \sin\alpha_4 \cos\alpha_g$

$F_4(\cos\alpha_4 \sin\alpha_g - \sin\alpha_4 \cos\alpha_g) = F_1(\sin\alpha_1 \cos\alpha_g - \cos\alpha_1 \sin\alpha_g) +$
$+ F_2(\sin\alpha_2 \cos\alpha_g - \cos\alpha_2 \sin\alpha_g) + F_3(\sin\alpha_3 \cos\alpha_g - \cos\alpha_3 \sin\alpha_g)$

Mit dem entsprechenden Additionstheorem wird vereinfacht:

$F_4 \sin(\alpha_g - \alpha_4) = F_1 \sin(\alpha_1 - \alpha_g) + F_2 \sin(\alpha_2 - \alpha_g) + F_3 \sin(\alpha_3 - \alpha_g)$

$F_4 = \dfrac{F_1 \sin(\alpha_1 - \alpha_g) + F_2 \sin(\alpha_2 - \alpha_g) + F_3 \sin(\alpha_3 - \alpha_g)}{\sin(\alpha_g - \alpha_4)} = 2{,}676 \text{ N}$

b) I. $F_g = -\dfrac{F_1 \cos\alpha_1 + F_2 \cos\alpha_2 + F_3 \cos\alpha_3 + F_4 \cos\alpha_4}{\cos\alpha_g} = 17{,}24 \text{ N}$

Zeichnerische Lösung:

Lageplan

Kräfteplan ($M_K = 5$ N/cm)

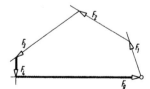

54.

Weil nur drei Kräfte wirken, ist die trigonometrische Lösung am einfachsten.

Lageskizze (freigemachter Gelenkbolzen) Krafteckskizze

$$F_1 = \frac{\frac{F_s}{2}}{\cos\frac{\beta}{2}} = \frac{F_s}{2\cos\frac{\beta}{2}} = \frac{120\text{ kN}}{2\cos 45°} = 84{,}85\text{ kN} = F_2$$

(Kontrolle mit der analytischen und der zeichnerischen Lösung)

55.

Trigonometrische Lösung:

a) Lageskizze (freigemachte Auslegerspitze)   Krafteckskizze

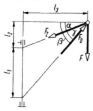
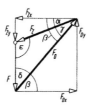

Berechnung der Winkel:

$$\alpha = \arctan\frac{l_2}{l_3} = \arctan\frac{1{,}5\text{ m}}{4\text{ m}} = 20{,}56°$$

$$\beta = \arctan\frac{l_1+l_2}{l_3} = \arctan\frac{4{,}5\text{ m}}{4\text{ m}} = 48{,}37°$$

$$\gamma = \beta - \alpha = 27{,}81°$$
$$\delta = 90° - \beta = 41{,}63°$$
$$\varepsilon = 90° + \alpha = 110{,}56°$$

Probe: $\gamma + \delta + \varepsilon = 180{,}00°$

Auswertung der Krafteckskizze nach dem Sinussatz:

$$\frac{F}{\sin\gamma} = \frac{F_Z}{\sin\delta} = \frac{F_D}{\sin\varepsilon}$$

$$F_Z = F\frac{\sin\delta}{\sin\gamma} = 20\text{ kN} \cdot \frac{\sin 41{,}63°}{\sin 27{,}81°} = 28{,}48\text{ kN}$$

$$F_D = F\frac{\sin\varepsilon}{\sin\gamma} = 20\text{ kN} \cdot \frac{\sin 110{,}56°}{\sin 27{,}81°} = 40{,}14\text{ kN}$$

(Kontrolle mit der analytischen Lösung)

Berechnung der Komponenten (siehe Krafteckskizze):

b) $F_{Zx} = F_Z \cos\alpha = 28{,}48\text{ kN} \cdot \cos 20{,}56° = 26{,}67\text{ kN}$
   $F_{Zy} = F_Z \sin\alpha = 28{,}48\text{ kN} \cdot \sin 20{,}56° = 10\text{ kN}$

c) $F_{Dx} = F_D \cos\beta = 40{,}14\text{ kN} \cdot \cos 48{,}37° = 26{,}67\text{ kN}$
   $F_{Dy} = F_D \sin\beta = 40{,}14\text{ kN} \cdot \sin 48{,}37° = 30\text{ kN}$

Zeichnerische Lösung:

Lageplan ($M_L = 1{,}5\ \frac{\text{m}}{\text{cm}}$)   Kräfteplan ($M_K = 10\ \frac{\text{N}}{\text{cm}}$)

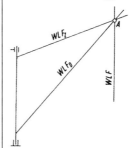
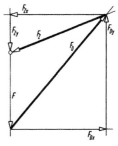

56.

Analytische Lösung: Lageskizze

Beide Stützkräfte sind wegen der Symmetrie gleich groß. Sie werden auf ihren Wirklinien in den Stangenmittelpunkt (Zentralpunkt) verschoben.

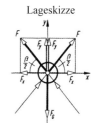

$$\Sigma F_y = 0 = 2F_y - F_G = 2F\sin\frac{\beta}{2} - F_G$$

$$F = \frac{F_G}{2\sin\frac{\beta}{2}} = \frac{1{,}2\text{ kN}}{2\cdot\sin 50°} = 783{,}2\text{ N}$$

(Kontrolle mit der trigonometrischen Lösung)

57.

Trigonometrische Lösung:

Lageskizze (freigemachte Einhängöse)   Krafteckskizze

Berechnung der Winkel:

$$\beta = \arctan\frac{l_3}{l_2} = 25{,}41°$$

$$\gamma = \arctan\frac{l_3}{l_1} = 38{,}37°$$

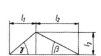

Auswertung der Krafteckskizze mit dem Sinussatz:
$$\frac{F_G}{\sin(\gamma+\beta)} = \frac{F_1}{\sin(90°-\beta)} = \frac{F_2}{\sin(90°-\gamma)}$$

$$F_1 = F_G \frac{\sin(90°-\beta)}{\sin(\gamma+\beta)} = 50\text{ kN} \cdot \frac{\sin(90°-25,41°)}{\sin(38,37°+25,41°)}$$

$F_1 = 50,35$ kN

$$F_2 = F_G \frac{\sin(90°-\gamma)}{\sin(\gamma+\beta)} = 50\text{ kN} \cdot \frac{\sin(90°-38,37°)}{\sin(38,37°+25,41°)}$$

$F_2 = 43,7$ kN

(Kontrolle mit der analytischen Lösung)

Zeichnerische Lösung:
Lageplan   Kräfteplan ($M_K = 25$ kN/cm)

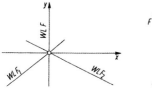

58.
Die trigonometrische Lösung ist am einfachsten:
Lageskizze (freigemachte Lampe)   Krafteckskizze

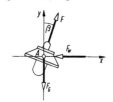

$F_w = F_G \tan\beta = 220\text{ N} \cdot \tan 20° = 80,07$ N

$$F = \frac{F_G}{\cos\beta} = \frac{220\text{ N}}{\cos 20°} = 234,1\text{ N}$$

(Kontrolle mit der analytischen und der zeichnerischen Lösung)

61.
Trigonometrische Lösung:
Lageskizze (freigemachte Walze)   Krafteckskizze

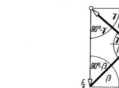

$$\beta = \arctan\frac{l_1}{l_2} = \arctan\frac{280\text{ mm}}{320\text{ mm}} = 41,19°$$

59.
Die trigonometrische Lösung ist am einfachsten:
Lageskizze   Krafteckskizze

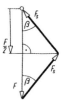

$$F_s = \frac{\frac{F}{2}}{\cos\beta} = \frac{F}{2\cos\beta} = \frac{12\text{ kN}}{2\cos 40°} = 7,832\text{ kN}$$

(Kontrolle mit der analytischen und der zeichnerischen Lösung)

60.
Die trigonometrische Lösung ist am einfachsten:
Lageskizze   Krafteckskizze
(freigemachter prismatischer Körper)

$\delta = 180° - (\gamma + \beta) = 90°$; d.h. das Krafteck ist ein *rechtwinkliges* Dreieck.

$F_A = F_G \cos\gamma = 750\text{ N} \cdot \cos 35° = 614,4$ N

$F_B = F_G \cos\beta = 750\text{ N} \cdot \cos 55° = 430,2$ N

(Kontrolle mit der analytischen und der zeichnerischen Lösung)

Sinussatz nach der Krafteckskizze:
$$\frac{F_G}{\sin(\gamma+\beta)} = \frac{F_s}{\sin(90°-\beta)} = \frac{F_r}{\sin(90°-\gamma)}$$

$$F_s = F_G \frac{\sin(90°-\beta)}{\sin(\gamma+\beta)} = 3,8\text{ kN} \cdot \frac{\sin(90°-41,19°)}{\sin(40°+41,19°)}$$

$F_s = 2,894$ kN

$$F_r = F_G \frac{\sin(90°-\gamma)}{\sin(\gamma+\beta)} = 3,8\text{ kN} \cdot \frac{\sin(90°-40°)}{\sin(40°+41,19°)}$$

$F_r = 2,946$ kN

1 Statik in der Ebene

Analytische Lösung:
Lageskizze

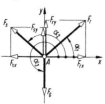

$\alpha_1 = \beta = 41{,}19°$
$\alpha_2 = 180° - \gamma = 140°$
$\alpha_3 = 270°$

I. $\Sigma F_x = 0 = F_r \cos\alpha_1 + F_s \cos\alpha_2 + F_G \cos\alpha_3$

II. $\Sigma F_y = 0 = F_r \sin\alpha_1 + F_s \sin\alpha_2 + F_G \sin\alpha_3$

I. $\quad -F_r = \dfrac{F_s \cos\alpha_2 + F_G \cos\alpha_3}{\cos\alpha_1}$

II. $\quad -F_r = \dfrac{F_s \sin\alpha_2 + F_G \sin\alpha_3}{\sin\alpha_1}$

I. = II. $\quad F_s \cos\alpha_2 \sin\alpha_1 + F_G \cos\alpha_3 \sin\alpha_1 = F_s \sin\alpha_2 \cos\alpha_1 + F_G \sin\alpha_3 \cos\alpha_1$

$F_s \underbrace{(\sin\alpha_2 \cos\alpha_1 - \cos\alpha_2 \sin\alpha_1)}_{\sin(\alpha_2 - \alpha_1)} = F_G \underbrace{(\sin\alpha_1 \cos\alpha_3 - \cos\alpha_1 \sin\alpha_3)}_{\sin(\alpha_1 - \alpha_3)}$

$F_s = F_G \dfrac{\sin(\alpha_1 - \alpha_3)}{\sin(\alpha_2 - \alpha_1)} = 3{,}8 \text{ kN} \cdot \dfrac{\sin(41{,}19° - 270°)}{\sin(140° - 41{,}19°)} = 2{,}894 \text{ kN}$

eingesetzt in I. oder II. ergibt
$F_r = 2{,}946 \text{ kN}$

Zeichnerische Lösung:
Lageplan ($M_L = 12{,}5$ cm/cm) $\qquad$ Kräfteplan ($M_K = 1$ kN/cm)

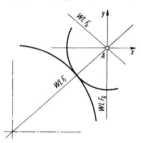
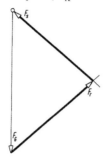

62.
a) Kolbenkraft = Druck × Kolbenfläche

$F_k = pA = p \dfrac{\pi}{4} d^2 \quad p = 10^6 \text{ Pa} = 10^6 \dfrac{\text{N}}{\text{m}^2}$

$F_k = 10^6 \dfrac{\text{N}}{\text{m}^2} \cdot \dfrac{\pi}{4} (0{,}2 \text{ m})^2 = 31416 \text{ N} = 31{,}42 \text{ kN}$

b) Lageskizze (freigemachter Kreuzkopf)

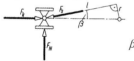

$\beta = \arctan\dfrac{r}{l} = 11{,}31°$

Krafteckskizze

$F_s = \dfrac{F_k}{\cos\beta} = \dfrac{31{,}42 \text{ kN}}{\cos 11{,}31°} = 32{,}04 \text{ kN}$

$F_N = F_k \tan\beta = 31{,}42 \text{ kN} \cdot \tan 11{,}31° = 6{,}283 \text{ kN}$

(Kontrolle mit der analytischen und der zeichnerischen Lösung)

c) $M = F_s r = 32{,}04 \cdot 10^3 \text{ N} \cdot 0{,}2 \text{ m} = 6408 \text{ Nm}$

63.
Trigonometrische Lösung:
Lageskizze (freigemachter Kolben) Krafteckskizze

a) $F_N = F \tan\gamma = 110 \text{ kN} \cdot \tan 12° = 23{,}38 \text{ kN}$

b) $F_p = \dfrac{F}{\cos\gamma} = \dfrac{110 \text{ kN}}{\cos 12°} = 112{,}5 \text{ kN}$

Analytische Lösung:
Lageskizze

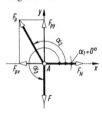

$\alpha_1 = 0°$
$\alpha_2 = 120°$
$\alpha_3 = 270°$

a) I. $\Sigma F_x = 0 = F_N \cos\alpha_1 + F_p \cos\alpha_2 + F \cos\alpha_3$
II. $\Sigma F_y = 0 = F_N \sin\alpha_1 + F_p \sin\alpha_2 + F \sin\alpha_3$

I. = II. $-F_p = \dfrac{F_N \cos\alpha_1 + F \cos\alpha_3}{\cos\alpha_2} = \dfrac{F_N \sin\alpha_1 + F \sin\alpha_3}{\sin\alpha_2}$

$F_N \cos\alpha_1 \sin\alpha_2 + F \cos\alpha_3 \sin\alpha_2 = F_N \sin\alpha_1 \cos\alpha_2 + F \sin\alpha_3 \cos\alpha_2$

$F_N \underbrace{(\sin\alpha_1 \cos\alpha_2 - \cos\alpha_1 \sin\alpha_2)}_{\sin(\alpha_1 - \alpha_2)} = F \underbrace{(\sin\alpha_2 \cos\alpha_3 - \cos\alpha_2 \sin\alpha_3)}_{\sin(\alpha_2 - \alpha_3)}$

$F_N = F \dfrac{\sin(\alpha_2 - \alpha_3)}{\sin(\alpha_1 - \alpha_2)} = 110 \text{ kN} \cdot \dfrac{\sin(102° - 270°)}{\sin(0° - 102°)} = 23{,}38 \text{ kN}$

b) I. $F_p = -\dfrac{F_N \cos\alpha_1 + F \cos\alpha_3}{\cos\alpha_2}$

$F_p = -\dfrac{23{,}38 \text{ kN} \cdot \cos 0° + 110 \text{ kN} \cdot \cos 270°}{\cos 102°} = 112{,}5 \text{ kN}$

64.

Analytische Lösung:
Lageskizze

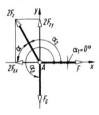

$\alpha = \arctan \dfrac{l_1}{l_2}$

$\alpha = \arctan \dfrac{4 \text{ m}}{1 \text{ m}} = 75{,}96°$

$\alpha_1 = 0°$
$\alpha_2 = 180° - 75{,}96° = 104{,}04°$
$\alpha_3 = 270°$

a) I. $\Sigma F_x = 0 = F \cos\alpha_1 + 2F_z \cos\alpha_2 + F_G \cos\alpha_3$
II. $\Sigma F_y = 0 = F \sin\alpha_1 + 2F_z \sin\alpha_2 + F_G \sin\alpha_3$

I. = II. $-F_z = \dfrac{F \cos\alpha_1 + F_G \cos\alpha_3}{2 \cos\alpha_2} = \dfrac{F \sin\alpha_1 + F_G \sin\alpha_3}{2 \sin\alpha_2}$

$2F \cos\alpha_1 \sin\alpha_2 + 2F_G \cos\alpha_3 \sin\alpha_2 = 2F \sin\alpha_1 \cos\alpha_2 + 2F_G \sin\alpha_3 \cos\alpha_2$

$F \underbrace{(\sin\alpha_1 \cos\alpha_2 - \cos\alpha_1 \sin\alpha_2)}_{\sin(\alpha_1 - \alpha_2)} = F_G \underbrace{(\sin\alpha_2 \cos\alpha_3 - \cos\alpha_2 \sin\alpha_3)}_{\sin(\alpha_2 - \alpha_3)}$

$F = F_G \dfrac{\sin(\alpha_2 - \alpha_3)}{\sin(\alpha_1 - \alpha_2)} = 2 \text{ kN} \cdot \dfrac{\sin(104{,}04° - 270°)}{\sin(0° - 104{,}04°)} = 0{,}5 \text{ kN}$

b) I. $F_z = \dfrac{-F \cos\alpha_1 - F_G \cos\alpha_3}{2 \cdot \cos\alpha_2}$

$F_z = \dfrac{-0{,}5 \text{ kN} \cdot \cos 0° - 2 \text{ kN} \cdot \cos 270°}{2 \cdot \cos 104{,}04°} = 1{,}031 \text{ kN}$

65.

Vorüberlegung:

Die Spannkräfte in beiden Riementrums sind gleich groß: $F = 150$ N. Die Wirklinie ihrer Resultierenden läuft deshalb durch den Spannrollen-Mittelpunkt. Wird der Angriffspunkt der Resultierenden in den Mittelpunkt verschoben, kann die Resultierende dort wieder in die beiden Komponenten F zerlegt werden. Damit ist der Mittelpunkt zugleich der Zentralpunkt A eines zentralen Kräftesystems.

Lageskizze

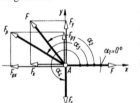

$\alpha_1 = 0°$
$\alpha_2 = 130°$
$\alpha_3 = 150°$
$\alpha_4 = 270°$

a) I. $\Sigma F_x = 0 = F\cos\alpha_1 + F\cos\alpha_2 + F_p\cos\alpha_3 + F_G\cos\alpha_4$
    II. $\Sigma F_y = 0 = F\sin\alpha_1 + F\sin\alpha_2 + F_p\sin\alpha_3 + F_G\sin\alpha_4$

I. = II. $-F_p = \dfrac{F(\cos\alpha_1 + \cos\alpha_2) + F_G\cos\alpha_4}{\cos\alpha_3} = \dfrac{F(\sin\alpha_1 + \sin\alpha_2) + F_G\sin\alpha_4}{\sin\alpha_3}$

$F(\cos\alpha_1 + \cos\alpha_2)\sin\alpha_3 + F_G\cos\alpha_4\sin\alpha_3 = F(\sin\alpha_1 + \sin\alpha_2)\cos\alpha_3 + F_G\sin\alpha_4\cos\alpha_3$

$F_G(\sin\alpha_4\cos\alpha_3 - \cos\alpha_4\sin\alpha_3) = F[(\cos\alpha_1 + \cos\alpha_2)\sin\alpha_3 - (\sin\alpha_1 + \sin\alpha_2)\cos\alpha_3]$

$F_G = F\dfrac{(\cos\alpha_1 + \cos\alpha_2)\sin\alpha_3 - (\sin\alpha_1 + \sin\alpha_2)\cos\alpha_3}{\sin(\alpha_4 - \alpha_3)}$

$F_G = 150\text{ N}\dfrac{(\cos 0° + \cos 130°)\sin 150° - (\sin 0° + \sin 130°)\cos 150°}{\sin(270° - 150°)} = 145{,}8\text{ N}$

b) I. $F_p = \dfrac{-F(\cos\alpha_1 + \cos\alpha_2) - F_G\cos\alpha_4}{\cos\alpha_3} = \dfrac{-150\text{ N}\cdot(\cos 0° + \cos 130°) - 145{,}8\text{ N}\cdot\cos 270°}{\cos 150°} = 61{,}87\text{ N}$

66.
Trigonometrische Lösung:
a) Lageskizze (freigemachter Seilring)

Berechnung der Winkel β und γ:

$\beta = \arctan\dfrac{l_3}{l_1} = \arctan\dfrac{0{,}75\text{ m}}{1{,}7\text{ m}} = 23{,}81°$

$\gamma = \arctan\dfrac{l_3}{l_2} = \arctan\dfrac{0{,}75\text{ m}}{0{,}7\text{ m}} = 46{,}97°$

Krafteckskizze

Sinussatz:

$\dfrac{F_G}{\sin(\beta + \gamma)} = \dfrac{F_1}{\sin(90° - \gamma)} = \dfrac{F_2}{\sin(90° - \beta)}$

$F_1 = F_G\dfrac{\sin(90° - \gamma)}{\sin(\beta + \gamma)} = 25\text{ kN}\cdot\dfrac{\sin(90° - 46{,}97°)}{\sin(23{,}81° + 46{,}97°)}$

$F_1 = 18{,}06\text{ kN}$

$F_2 = F_G\dfrac{\sin(90° - \beta)}{\sin(\beta + \gamma)} = 25\text{ kN}\cdot\dfrac{\sin(90° - 23{,}81°)}{\sin(23{,}81° + 46{,}97°)}$

$F_2 = 24{,}22\text{ kN}$

b) Lageskizze (Punkt B freigemacht)   Krafteckskizze

$F_{k1} = F_1\sin\beta = 18{,}06\text{ kN}\cdot\sin 23{,}81° = 7{,}29\text{ kN}$

$F_{d1} = F_1\cos\beta = 18{,}06\text{ kN}\cdot\cos 23{,}81° = 16{,}53\text{ kN}$

c) Lageskizze (Punkt C freigemacht)   Krafteckskizze

$F_{k2} = F_2\sin\gamma = 24{,}22\text{ kN}\cdot\sin 46{,}97° = 17{,}71\text{ kN}$

$F_{d2} = F_2\cos\gamma = 24{,}22\text{ kN}\cdot\cos 46{,}97° = 16{,}53\text{ kN}$

Hinweis: Hier ist eine doppelte Kontrolle für alle Ergebnisse möglich:
1. Die Balkendruckkräfte F_{d1} und F_{d2} sind innere Kräfte des Systems „Krangeschirr"; sie müssen also gleich groß und gegensinnig gerichtet sein. Diese Bedingung ist erfüllt: 16,53 kN = 16,53 kN.
2. Die Summe der beiden Kettenzugkräfte F_{k1} und F_{k2} muss der Gewichtskraft F_G das Gleichgewicht halten. Diese Bedingung ist auch erfüllt: $F_{k1} + F_{k2} = 7{,}29\text{ kN} + 17{,}71\text{ kN} = 25\text{ kN}$

67.
Die rechnerische Lösung dieser Aufgabe erfordert einen höheren geometrischen Aufwand.

a) Lageskizze (freigemachter Zylinder 1)

Berechnung des Winkels γ:

$$\gamma = \arccos\frac{l-\frac{d_1+d_2}{2}}{\frac{d_1+d_2}{2}} = \arccos\frac{2l}{d_1+d_2} - 1 = 65{,}38°$$

b) Krafteckskizze für die trigonometrische Lösung

$$F_A = \frac{F_{G1}}{\tan\gamma} = \frac{3\,\text{N}}{\tan 65{,}38°} = 1{,}375\,\text{N}$$

$$F_B = \frac{F_{G1}}{\sin\gamma} = \frac{3\,\text{N}}{\sin 65{,}38°} = 3{,}3\,\text{N}$$

Freigemachter Zylinder 2   Lageskizze für die analytische Lösung

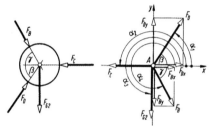

Berechnung des Winkels β:

$$\beta = \arccos\frac{l-\frac{d_2+d_3}{2}}{\frac{d_2+d_3}{2}} = \arccos\frac{2l}{d_2+d_3} - 1 = 56{,}94°$$

$\alpha_1 = \beta = 56{,}94°$
$\alpha_2 = 180°$
$\alpha_3 = 270°$
$\alpha_4 = 360° - \gamma = 360° - 65{,}38° = 294{,}62°$

Gleichgewichtsbedingungen nach Lageskizze:

I. $\Sigma F_x = 0 = F_D\cos\alpha_1 + F_C\cos\alpha_2 + F_{G2}\cos\alpha_3 + F_B\cos\alpha_4$
II. $\Sigma F_y = 0 = F_D\sin\alpha_1 + F_C\sin\alpha_2 + F_{G2}\sin\alpha_3 + F_B\sin\alpha_4$

Das sind zwei Gleichungen mit den beiden Variablen (Unbekannten) F_C und F_D mit den Lösungen
$F_C = 6{,}581\,\text{N}$ und $F_D = 9{,}545\,\text{N}$

Freigemachter Zylinder 3   Lageskizze für die analytische Lösung

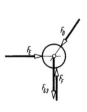 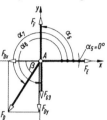

$\alpha_5 = 0°$
$\alpha_6 = 90°$
$\alpha_7 = 180° + \beta = 236{,}94°$
$\alpha_8 = 270°$

I. $\Sigma F_x = 0 = F_E\cos\alpha_5 + F_F\cos\alpha_6 + F_D\cos\alpha_7 + F_{G3}\cos\alpha_8$
II. $\Sigma F_y = 0 = F_E\sin\alpha_5 + F_F\sin\alpha_6 + F_D\sin\alpha_7 + F_{G3}\sin\alpha_8$

Das sind zwei Gleichungen mit den beiden Variablen F_E und F_F mit den Lösungen
$F_E = 5{,}206\,\text{N}$ und $F_F = 10\,\text{N}$

Hinweis: Werden die drei Zylinder als ein gemeinsames System betrachtet, ist eine doppelte Kontrolle möglich:

1. Die senkrechte Stützkraft F_F muss mit der Summe der drei Gewichtskräfte im Gleichgewicht sein:

$$F_F = F_{G1} + F_{G2} + F_{G3} \Rightarrow 10\,\text{N} = 3\,\text{N} + 5\,\text{N} + 2\,\text{N}$$

2. Die drei waagerechten Stützkräfte müssen ebenfalls im Gleichgewicht sein:

$$F_A + F_E = F_C \Rightarrow 1{,}375\,\text{N} + 5{,}206\,\text{N} = 6{,}581\,\text{N}$$

Zeichnerische Lösung:

Lageplan ($M_L = 4$ cm/cm)   Kräftepläne für die Walzen 1, 2, 3 ($M_K = 2{,}5$ N/cm)

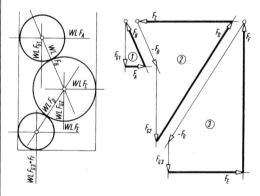

68.

a) Analytische Lösung für die Kraft F_{G3}:

Lageskizze

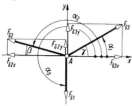

$\alpha_1 = \gamma = 30°$
$\alpha_2 = 180° - \beta$
$\alpha_3 = 270°$

I. $\Sigma F_x = 0 = F_{G3} \cos\alpha_1 + F_{G2} \cos\alpha_2 + F_{G1} \cos\alpha_3$

II. $\Sigma F_y = 0 = F_{G3} \sin\alpha_1 + F_{G2} \sin\alpha_2 + F_{G1} \sin\alpha_3$

I. = II. $\sin\alpha_2 = \dfrac{-F_{G3}\sin\alpha_1 - F_{G1}\sin\alpha_3}{F_{G2}} = -\dfrac{F_{G3}\sin\alpha_1 + F_{G1}\sin\alpha_3}{F_{G2}}$

$\cos\alpha_2 = \sqrt{1 - \sin^2\alpha_2} = \sqrt{1 - \left(-\dfrac{F_{G3}\sin\alpha_1 + F_{G1}\sin\alpha_3}{F_{G2}}\right)^2}$

$\cos\alpha_2 = \sqrt{\dfrac{F_{G2}^2 - (F_{G3}\sin\alpha_1 + F_{G1}\sin\alpha_3)^2}{F_{G2}^2}}$

$\cos\alpha_2 = \dfrac{1}{F_{G2}}\sqrt{F_{G2}^2 - (F_{G3}\sin\alpha_1 + F_{G1}\sin\alpha_3)^2}$

$\Rightarrow = A$ gesetzt und in I. eingesetzt

I. $F_{G3}\cos\alpha_1 + F_{G2}A + F_{G1}\cos\alpha_3 = 0$

$F_{G3} = -\dfrac{F_{G2}A + F_{G1}\cos\alpha_3}{\cos\alpha_1} = -\dfrac{F_{G2} \cdot \dfrac{1}{F_{G2}}\sqrt{F_{G2}^2 - (F_{G3}\sin\alpha_1 + F_{G1}\sin\alpha_3)^2} + F_{G1}\cos\alpha_3}{\cos\alpha_1}$

$(F_{G3}\cos\alpha_1 + F_{G1}\cos\alpha_3)^2 = \left(-\sqrt{F_{G2}^2 - (F_{G3}\sin\alpha_1 + F_{G1}\sin\alpha_3)^2}\right)^2$

$F_{G3}^2\cos^2\alpha_1 + 2F_{G3}F_{G1}\cos\alpha_1\cos\alpha_3 + F_{G1}^2\cos^2\alpha_3 = F_{G2}^2 - F_{G3}^2\sin^2\alpha_1 - 2F_{G1}F_{G3}\sin\alpha_1\sin\alpha_3 - F_{G1}^2\sin^2\alpha_3$

$F_{G3}^2\underbrace{(\sin^2\alpha_1 + \cos^2\alpha_1)}_{1} + 2F_{G1}F_{G3}\underbrace{(\cos\alpha_1\cos\alpha_3 + \sin\alpha_1\sin\alpha_3)}_{\cos(\alpha_1-\alpha_3)} + F_{G1}^2\sin^2\alpha_3 - F_{G2}^2 = 0$

$F_{G3} = -F_{G1}\cos(\alpha_1-\alpha_3) \pm \sqrt{F_{G1}^2\cos^2(\alpha_1-\alpha_3) - F_{G1}^2\sin^2\alpha_3 + F_{G2}^2}$

$F_{G3} = -F_{G1}\cos(\alpha_1-\alpha_3) + \sqrt{F_{G1}^2[\cos^2(\alpha_1-\alpha_3) - \sin^2\alpha_3] + F_{G2}^2}$

Der negative Wurzelausdruck ist physikalisch ohne Sinn, weil er zu einer negativen Gewichtskraft F_{G3} führt.

Trigonometrische Lösung für den Winkel β:

Lageskizze (freigemachter Seilring)   Krafteckskizze

Sinussatz:

$\dfrac{F_{G1}}{\sin(\beta+\gamma)} = \dfrac{F_{G2}}{\sin(90°-\gamma)} = \dfrac{F_{G2}}{\cos\gamma}$

$\sin(\beta+\gamma) = \dfrac{F_{G1}}{F_{G2}}\cos\gamma$

b) $\gamma + \beta = \arcsin\left(\dfrac{F_{G1}}{F_{G2}}\cos\gamma\right) = \arcsin\left(\dfrac{20\text{ N}}{25\text{ N}} \cdot \cos30°\right) = 43{,}85°$

$\beta = 43{,}85° - \gamma = 13{,}85°$

$F_{G3} = -20\text{ N} \cdot \cos(-240°) + \sqrt{(20\text{ N})^2[\cos^2(-240°) - \sin^2 270°] + (25\text{ N})^2} = 28{,}03\text{ N}$

Zeichnerische Lösung:
Lageplan   Kräfteplan ($M_K = 10$ N/cm)

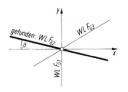
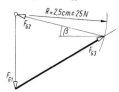

69.
Freigemachter Brückenteil A

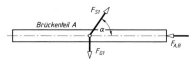

I. $\Sigma F_x = 0 : F_{S1} \cdot \cos\alpha - F_{A,B} = 0$

II. $\Sigma F_y = 0 : F_{S1} \cdot \sin\alpha - F_{G1} = 0$

II. $F_{S1} = \dfrac{F_{G1}}{\sin\alpha} = \dfrac{60 \text{ kN}}{\sin 53{,}13°} = 75 \text{kN}$

I. $F_{A,B} = F_{S1} \cdot \cos\alpha = 75 \text{ kN} \cdot \cos 53{,}13° = 45 \text{ kN}$

Freigemachter Brückenteil B

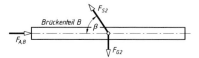

I. $\Sigma F_x = 0 : F_{A,B} - F_{S2} \cdot \cos\beta = 0$

II. $\Sigma F_y = 0 : F_{S2} \cdot \sin\beta - F_{G2} = 0$

I. $F_{S2} = \dfrac{F_{A,B}}{\cos\beta} = \dfrac{45 \text{ kN}}{\cos 63{,}43°} = 100{,}606 \text{ kN}$

Pylon: Gesamtbelastung am Seilangriffspunkt C

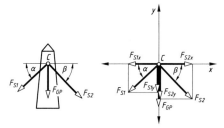

$\Sigma F_{rx} = F_{S2x} - F_{S1x}$
$\Sigma F_{rx} = F_{S2} \cdot \cos\beta - F_{S1} \cdot \cos\alpha$
$\Sigma F_{rx} = 100{,}606 \text{ kN} \cdot \cos 63{,}43° - 75 \text{ kN} \cdot \cos 53{,}13°$
$\Sigma F_{rx} = 0 \text{ kN}$

$\Sigma F_{ry} = -F_{GP} - F_{S1y} - F_{S2y}$
$\Sigma F_{ry} = -F_{GP} - F_{S1} \cdot \sin\alpha - F_{S2} \cdot \sin\beta$
$\Sigma F_{ry} = -20 \text{ kN} - 75 \text{ kN} \cdot \sin 53{,}13° -$
$\qquad -100{,}606 \text{ kN} \cdot \sin 63{,}43° = -170 \text{ kN}$

In *x*-Richtung ergibt die Summe aller Kräfte die Größe 0 kN.
Die gesamte Belastung auf den Pylon aus den Seilkräften F_{S1}, F_{S2} und seinem Eigengewicht F_{GP} geht durch seine Mittelachse in das im Flussbett verankerte Fundament.

70.
Rechnerische Lösung:
Lageskizze für den Knotenpunkt A

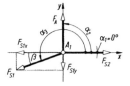

Berechnung des Winkels β:

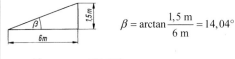
$\beta = \arctan \dfrac{1{,}5 \text{ m}}{6 \text{ m}} = 14{,}04°$

$\alpha_1 = 0°$ $\alpha_3 = 194{,}04°$
$\alpha_2 = 90°$

Hinweis: Die Stabkräfte werden mit dem Formelzeichen F_S bezeichnet.

I. $\Sigma F_x = 0 = F_{S2} \cos\alpha_1 + F_A \cos\alpha_2 + F_{S1} \cos\alpha_3$

II. $\Sigma F_y = 0 = F_{S2} \sin\alpha_1 + F_A \sin\alpha_2 + F_{S1} \sin\alpha_3$

I. = II. $-F_{S2} = \dfrac{F_A \cos\alpha_2 + F_{S1} \cos\alpha_3}{\cos\alpha_1}$

$-F_{S2} = \dfrac{F_A \sin\alpha_2 + F_{S1} \sin\alpha_3}{\sin\alpha_1}$

$F_A \cos\alpha_2 \sin\alpha_1 + F_{S1} \cos\alpha_3 \sin\alpha_1 =$
$= F_A \sin\alpha_2 \cos\alpha_1 + F_{S1} \sin\alpha_3 \cos\alpha_1$

$F_{S1}(\sin\alpha_1 \cos\alpha_3 - \cos\alpha_1 \sin\alpha_3) =$
$= F_A(\sin\alpha_2 \cos\alpha_1 - \cos\alpha_2 \sin\alpha_1)$

$F_{S1} = F_A \dfrac{\sin(\alpha_2 - \alpha_1)}{\sin(\alpha_1 - \alpha_3)} = 18 \text{ kN } \dfrac{\sin(90° - 0°)}{\sin(0° - 194,04°)}$

$F_{S1} = 74,22 \text{ kN}$

(Druckstab, weil F_{S1} auf den Knotenpunkt A wirkt)

$F_{S2} = 72 \text{ kN}$ (aus I. oder II.)

(Zugstab, weil F_{S2} vom Knotenpunkt A weg wirkt)

Lageskizze für den Angriffspunkt der Kraft F_1

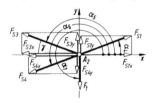

Berechnung des Winkels γ:

$\gamma = \arctan \dfrac{0,5 \text{ m}}{2 \text{ m}} = 14,04°$

$\alpha_4 = 14,04°$
$\alpha_5 = 165,96°$
$\alpha_6 = 194,04°$
$\alpha_7 = 270°$

Hinweis: Die Stabkraft F_{S1} ist jetzt eine *bekannte* Größe. Sie wirkt als Druckkraft auf den Knoten zu, d. h. nach rechts oben.

I. $\Sigma F_x = 0 = F_{S1}\cos\alpha_4 + F_{S3}\cos\alpha_5 + F_{S4}\cos\alpha_6 + F_1 \cos\alpha_7$
II. $\Sigma F_y = 0 = F_{S1}\sin\alpha_4 + F_{S3}\sin\alpha_5 + F_{S4}\sin\alpha_6 + F_1 \sin\alpha_7$

Die algebraische Behandlung wie oben führt zu den Ergebnissen:
$F_{S3} = 30,92 \text{ kN}$ (Druckstab)
$F_{S4} = 43,29 \text{ kN}$ (Druckstab)

Zeichnerische Lösung:
Lageplan ($M_L = 1$ m/cm)

Kräfteplan ($M_K = 25$ N/cm)

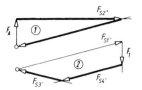

71.
Die trigonometrische Lösung führt hier schneller zum Ziel als die analytische.

Lageskizze der linken Fachwerkecke

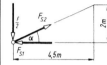

Berechnung des Winkels α:

$\alpha = \arctan \dfrac{2 \text{ m}}{4,5 \text{ m}} = 23,96°$

Krafteckskizze

$F_{S1} = \dfrac{F}{2 \tan\alpha} = \dfrac{10 \text{ kN}}{2 \cdot \tan 23,96°} = 11,25 \text{ kN}$

(Druckkraft, weil F_{S1} auf den Knoten zu gerichtet ist)

$F_{S2} = \dfrac{F}{2 \sin\alpha} = \dfrac{10 \text{ kN}}{2 \cdot \sin 23,96°} = 12,31 \text{ kN}$

(Zugkraft, weil F_{S2} vom Knoten weg gerichtet ist)

Lageskizze des Knotens 2–3–6

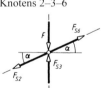

Hinweis: F_{S2} ist jetzt bekannt und wirkt als Zugkraft vom Knoten weg (nach links unten).

Krafteckskizze

Das Krafteck ist ein Parallelogramm. Daraus kann direkt abgelesen werden:
$F_{S3} = F = 10 \text{ kN}$
(Druckkraft)
$F_{S6} = F_{S2} = 12,31 \text{ kN}$
(Zugkraft)

(Kontrolle mit der analytischen und der zeichnerischen Lösung)

72.

Lageskizze der rechten Fachwerkecke
Knoten 1–2

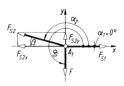   Berechnung des Winkels β: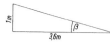

$\beta = \arctan \dfrac{1\,\text{m}}{3{,}6\,\text{m}} = 15{,}52°$

$\alpha_1 = 0$
$\alpha_2 = 180° - \beta = 164{,}48°$
$\alpha_3 = 270°$

Gleichgewichtsbedingungen nach Lageskizze:

I. $\Sigma F_x = 0 = F_{S1}\cos\alpha_1 + F_{S2}\cos\alpha_2 + F\cos\alpha_3$
II. $\Sigma F_y = 0 = F_{S1}\sin\alpha_1 + F_{S2}\sin\alpha_2 + F\sin\alpha_3$

Die algebraische Bearbeitung dieses Gleichungssystems mit zwei Variablen führt zu
$F_{S1} = 36$ kN   (Druckstab)
$F_{S2} = 37{,}36$ kN   (Zugstab)

Lageskizze des Knotens 2–3–6

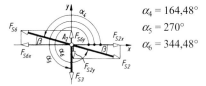

$\alpha_4 = 164{,}48°$
$\alpha_5 = 270°$
$\alpha_6 = 344{,}48°$

I. $\Sigma F_x = 0 = F_{S6}\cos\alpha_4 + F_{S3}\cos\alpha_5 + F_{S2}\cos\alpha_6$
II. $\Sigma F_y = 0 = F_{S6}\sin\alpha_4 + F_{S3}\sin\alpha_5 + F_{S2}\sin\alpha_6$

Ergebnisse:
$F_{S6} = 37{,}36$ kN   (Zugstab)
$F_{S3} = 0$ (Nullstab)

Lageskizze des Knotens 1–3–4–5

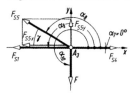

Die Stabkraft F_{S3} wird nicht eingezeichnet, weil sie gleich null ist.

Berechnung des Winkels γ:

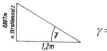 $\gamma = \arctan \dfrac{\frac{2}{3}\,\text{m}}{1{,}2\,\text{m}} = 29{,}05°$

$\alpha_7 = 0°$ $\qquad\qquad \alpha_9 = 180°$
$\alpha_8 = 180° - \gamma = 150{,}95°$ $\quad \alpha_{10} = 270°$

Gleichgewichtsbedingungen:

I. $\Sigma F_x = 0 = F_{S4} - F_{S1} - F_{S5x} = F_{S4} - F_{S1} - F_{S5}\cos\alpha_8$
II. $\Sigma F_y = 0 = F_{S5y} - F = F_{S5}\sin\alpha_8 - F$

II. $F_{S5} = \dfrac{F}{\sin\alpha_8} = \dfrac{10\,\text{kN}}{\sin 150{,}95°} = 20{,}59$ kN   (Zugstab)

I. $F_{S4} = F_{S1} + F_{S5}\cos\alpha_8$
$F_{S4} = 36$ kN $+ 20{,}59$ kN $\cdot \cos 150{,}95°$
$F_{S4} = 54$ kN   (Druckstab)

Rechnerische und zeichnerische Ermittlung der Resultierenden im allgemeinen Kräftesystem, Momentensatz und Seileckverfahren (5. und 6. Grundaufgabe)

73.

Rechnerische Lösung (Momentensatz):

Lageskizze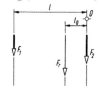

a) $F_r = -F_1 - F_2 = -16{,}5$ N

(Minus bedeutet hier: senkrecht nach unten gerichtet)

b) $+F_r l_0 = +F_1 l$

$l_0 = \dfrac{F_1}{F_r} l = \dfrac{5\,\text{N}}{16{,}5\,\text{N}} \cdot 18\,\text{cm} = 5{,}455\,\text{cm}$

(positives Ergebnis bedeutet: Annahme der WL F_r links von WL F_2 war richtig)
(Kontrolle: Rechnung wiederholen mit Bezugspunkt D auf WL F_1)

Zeichnerische Lösung (Seileckverfahren):
Lageplan   Kräfteplan
(M_L = 6 cm/cm)   (M_K = 10 N/cm)

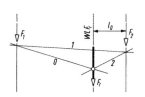 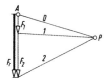

74.
Rechnerische Lösung:
Lageskizze

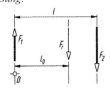

a) $F_r = +F_1 - F_2 = 180\text{ N} - 240\text{ N} = -60\text{ N}$
(Minus bedeutet hier: senkrecht nach unten gerichtet)

b) $-F_r l_0 = -F_2 l$

$l_0 = \dfrac{-F_2 l}{-F_r} = \dfrac{240\text{ N}}{60\text{ N}} \cdot 0{,}78\text{ m} = 3{,}12\text{ m}$

(d. h. F_r wirkt noch weit rechts von F_2)
(Kontrolle: Bezugspunkt D auf WL F_2 festlegen, neu rechnen)

c) Die Resultierende ist senkrecht nach unten gerichtet (siehe Lösung a).

Zeichnerische Lösung:
Lageplan (M_L = 0,5 m/cm)

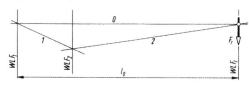

Kräfteplan (M_K = 125 N/cm)

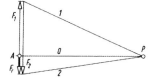

75.
Rechnerische Lösung:
Lageskizze

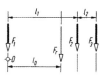

a) $F_r = -F_1 - F_2 - F_3 = -50\text{ kN} - 24{,}5\text{ kN} - 24{,}5\text{ kN}$
$F_r = -99\text{ kN}$
(Minus bedeutet hier: senkrecht nach unten gerichtet)

b) $-F_r l_0 = -F_2 l_1 - F_3(l_1 + l_2)$

$l_0 = \dfrac{F_2 l_1 + F_3(l_1 + l_2)}{F_r}$

$l_0 = \dfrac{24{,}5\text{ kN} \cdot 4{,}5\text{ m} + 24{,}5\text{ kN} \cdot 5{,}9\text{ m}}{99\text{ kN}} = 2{,}574\text{ m}$

(Kontrolle mit der zeichnerischen Lösung)

76.
Rechnerische Lösung:
Lageskizze

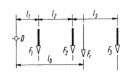

a) $F_r = -F_1 - F_2 - F_3 = -3{,}1\text{ kN}$
(Minus bedeutet hier: senkrecht nach unten gerichtet)

b) $-F_r l_0 = -F_1 l_1 - F_2(l_1 + l_2) - F_3(l_1 + l_2 + l_3)$

$l_0 = \dfrac{F_1 l_1 + F_2(l_1 + l_2) + F_3(l_1 + l_2 + l_3)}{F_r}$

$l_0 = \dfrac{0{,}8\text{ kN} \cdot 1\text{ m} + 1{,}1\text{ kN} \cdot 2{,}5\text{ m} + 1{,}2\text{ kN} \cdot 4{,}5\text{ m}}{3{,}1\text{ kN}}$

$l_0 = 2{,}887\text{ m}$

(Kontrolle mit der zeichnerischen Lösung)

77.
Rechnerische Lösung:
Lageskizze

a) $F_r = -F_1 + F_2 - F_3 = -500\text{ N} + 800\text{ N} - 2100\text{ N}$
$F_r = -1800\text{ N}$

b) Die Resultierende wirkt senkrecht nach unten.

c) $-F_r l_0 = -F_1 l_1 + F_2(l_1+l_2) - F_3(l_1+l_2+l_3)$

$l_0 = \dfrac{-F_1 l_1 + F_2(l_1+l_2) - F_3(l_1+l_2+l_3)}{-F_r}$

$l_0 = \dfrac{-500\,\text{N}\cdot 0{,}15\,\text{m} + 800\,\text{N}\cdot 0{,}45\,\text{m} - 2100\,\text{N}\cdot 0{,}6\,\text{m}}{-1800\,\text{N}}$

$l_0 = 0{,}5417\,\text{m}$

Die Wirklinie der Resultierenden liegt zwischen den Kräften F_2 und F_3.

Zeichnerische Lösung:

Lageplan (M_L = 200 mm/cm)

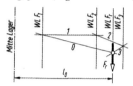

Kräfteplan (M_K = 100 N/cm)

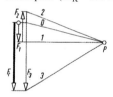

78.

Lageskizze des belasteten Krans

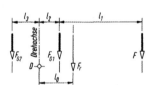

a) $F_r = -F - F_{G1} - F_{G2} = -10\,\text{kN} - 9\,\text{kN} - 16\,\text{kN}$

$F_r = -35\,\text{kN}$

(Minus bedeutet hier: senkrecht nach unten gerichtet)

b) $-F_r l_0 = -F(l_1+l_2) - F_{G1} l_2 + F_{G2} l_3$

$l_0 = \dfrac{-F(l_1+l_2) - F_{G1} l_2 + F_{G2} l_3}{-F_r}$

$l_0 = \dfrac{-10\,\text{kN}\cdot 4{,}5\,\text{m} - 9\,\text{kN}\cdot 0{,}9\,\text{m} + 16\,\text{kN}\cdot 1{,}2\,\text{m}}{-35\,\text{kN}}$

$l_0 = 0{,}9686\,\text{m} = 968{,}6\,\text{mm}$

Lageskizze des unbelasteten Krans

c) $F_r = -F_{G1} - F_{G2} = -9\,\text{kN} - 16\,\text{kN} = -25\,\text{kN}$

(Minus bedeutet hier: senkrecht nach unten gerichtet)

d) $-F_r l_0 = +F_{G2} l_3 - F_{G1} l_2$

$l_0 = \dfrac{+F_{G2} l_3 - F_{G1} l_2}{-F_r} = \dfrac{16\,\text{kN}\cdot 1{,}2\,\text{m} - 9\,\text{kN}\cdot 0{,}9\,\text{m}}{-25\,\text{kN}}$

$l_0 = -0{,}444\,\text{m}$

(Minus bedeutet hier: Die Wirklinie der Resultierenden liegt auf der anderen Seite des Bezugspunkts D, also nicht rechts von der Drehachse des Krans, sondern links.)

(Kontrolle mit dem Seileckverfahren)

79.

Lageskizze

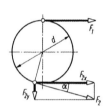

a) $F_{rx} = \Sigma F_{nx} = F_1 + F_{2x} = F_1 + F_2 \cos\alpha$

$F_{rx} = 1200\,\text{N} + 350\,\text{N}\cdot \cos 10° = 1544{,}7\,\text{N}$

(nach rechts gerichtet)

$F_{ry} = -F_{2y} = -F_2 \sin\alpha = -350\,\text{N}\cdot \sin 10°$

$F_{ry} = -60{,}78\,\text{N}$

(nach unten gerichtet)

$F_r = \sqrt{F_{rx}^2 + F_{ry}^2} = \sqrt{(1544{,}7\,\text{N})^2 + (-60{,}78\,\text{N})^2}$

$F_r = 1546\,\text{N}$

b) $\alpha_r = \arctan\dfrac{F_{ry}}{F_{rx}} = \arctan\dfrac{-60{,}78\,\text{N}}{1544{,}7\,\text{N}} = -2{,}25°$

c) Lageskizze für den Momentensatz

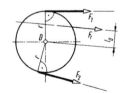

Als Momentenbezugspunkt D wird der Scheibenmittelpunkt festgelegt.

$-F_\mathrm{r} l_0 = -F_1 r + F_2 r$

$l_0 = \dfrac{(F_2 - F_1)r}{-F_\mathrm{r}} = \dfrac{(-850 \text{ N}) \cdot 0{,}24 \text{ m}}{-1546 \text{ N}} = 0{,}132 \text{ m}$

d) $M_{(D)} = -F_\mathrm{r} l_0 = -1546 \text{ N} \cdot 0{,}132 \text{ m} = -204 \text{ Nm}$

(Minus bedeutet hier: Rechtsdrehsinn)

e) $\Sigma M_{(D)} = -F_1 r + F_2 r = (F_2 - F_1)r = -850 \text{ N} \cdot 0{,}24 \text{ m}$

$\Sigma M_{(D)} = -204 \text{ Nm}$

Das Drehmoment der Resultierenden ist gleich der Drehmomentsumme der beiden Riemenkräfte. Das ist zugleich die Kontrolle für die Teillösungen a), c) und d).

Zeichnerische Lösung (Seileckverfahren):

Lageplan ($M_\mathrm{L} = 1{,}5$ m/cm)

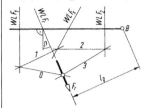

Kräfteplan ($M_\mathrm{K} = 10$ kN/cm)

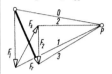

80.

Rechnerische Lösung (Momentensatz):

Lageskizze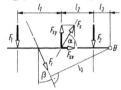

a) $F_{\mathrm{rx}} = \Sigma F_{\mathrm{nx}} = F_{\mathrm{sx}} = F_\mathrm{s} \cos\alpha = 25 \text{ kN} \cdot \cos 60°$

$F_{\mathrm{rx}} = +12{,}5 \text{ kN}$

(Plus bedeutet: nach rechts gerichtet)

$F_{\mathrm{ry}} = \Sigma F_{\mathrm{ny}} = -F_1 + F_{\mathrm{sy}} - F_2 = -F_1 + F_\mathrm{s}\sin\alpha - F_2$

$F_{\mathrm{ry}} = -30 \text{ kN} + 25 \text{ kN} \cdot \sin 60° - 20 \text{ kN} = -28{,}35 \text{ kN}$

(Minus bedeutet: nach unten gerichtet)

$F_\mathrm{r} = \sqrt{F_{\mathrm{rx}}^2 + F_{\mathrm{ry}}^2} = \sqrt{(12{,}5 \text{ kN})^2 + (-28{,}35 \text{ kN})^2}$

$F_\mathrm{r} = 30{,}98 \text{ kN}$

b) $\beta = \arctan \dfrac{|F_{\mathrm{rx}}|}{|F_{\mathrm{ry}}|} = \arctan \dfrac{12{,}5 \text{ kN}}{28{,}35 \text{ kN}}$

$\beta = 23{,}79°$

c) (Momentenbezugspunkt: Punkt B)

$F_\mathrm{r} l_0 = F_1(l_1 + l_2 + l_3) - F_{\mathrm{sy}}(l_2 + l_3) + F_2 l_3$

$l_0 = \dfrac{F_1(l_1 + l_2 + l_3) - F_\mathrm{s}\sin\alpha(l_2 + l_3) + F_2 l_3}{F_\mathrm{r}}$

$l_0 = \dfrac{30 \text{ kN} \cdot 4{,}2 \text{ m} - 25 \text{ kN} \cdot \sin 60° \cdot 2{,}2 \text{ m} + 20 \text{ kN} \cdot 0{,}7 \text{ m}}{30{,}98 \text{ kN}}$

$l_0 = 2{,}981 \text{ m}$

81.

Lageskizze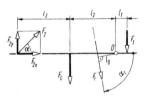

a) $F_{\mathrm{rx}} = \Sigma F_{\mathrm{nx}} = F_{2x} = F_2 \cos\alpha = 0{,}5 \text{ kN} \cdot \cos 45°$

$F_{\mathrm{rx}} = 0{,}3536 \text{ kN}$

(positiv: nach rechts gerichtet)

$F_{\mathrm{ry}} = \Sigma F_{\mathrm{ny}} = F_{2y} - F_\mathrm{G} - F_1 = F_2 \sin\alpha - F_\mathrm{G} - F_1$

$F_{\mathrm{ry}} = 0{,}5 \text{ kN} \cdot \sin 45° - 2 \text{ kN} - 1{,}5 \text{ kN} = -3{,}146 \text{ kN}$

(negativ: nach unten gerichtet)

$F_\mathrm{r} = \sqrt{F_{\mathrm{rx}}^2 + F_{\mathrm{ry}}^2} = \sqrt{(0{,}3536 \text{ kN})^2 + (-3{,}146 \text{ kN})^2}$

$F_\mathrm{r} = 3{,}166 \text{ kN}$

b) $\alpha_\mathrm{r} = \arctan \dfrac{|F_{\mathrm{ry}}|}{|F_{\mathrm{rx}}|} = \arctan \dfrac{3{,}146 \text{ kN}}{0{,}3536 \text{ kN}} = 83{,}59°$

c) (Momentenbezugspunkt: Punkt O)

$+F_\mathrm{r} l_0 = -F_{2y}(l_2 + l_3) + F_\mathrm{G} l_2 - F_1 l_1$

$l_0 = \dfrac{-F_2 \sin\alpha(l_2 + l_3) + F_\mathrm{G} l_2 - F_1 l_1}{F_\mathrm{r}}$

$l_0 = \dfrac{-0{,}5 \text{ kN} \cdot \sin 45° \cdot 1{,}7 \text{ m} + 2 \text{ kN} \cdot 0{,}8 \text{ m}}{3{,}166 \text{ kN}} -$

$- \dfrac{1{,}5 \text{ kN} \cdot 0{,}2 \text{ m}}{3{,}166 \text{ kN}}$

$l_0 = 0{,}2208 \text{ m}$

82.
Lageskizze

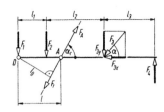

a) $F_{rx} = \Sigma F_{nx} = -F_{3x} = -F_3 \cos\alpha = -500 \text{ N} \cdot \cos 50°$
$F_{rx} = -321,4 \text{ N}$
(Minus bedeutet: nach links gerichtet)

$F_{ry} = \Sigma F_{ny} = -F_1 - F_2 - F_{3y} - F_4$
$F_{ry} = -300 \text{ N} - 200 \text{ N} - 500 \text{ N} \cdot \sin 50° + 100 \text{ N}$
$F_{ry} = -783 \text{ N}$

(Minus bedeutet: nach unten gerichtet)

$F_r = \sqrt{F_{rx}^2 + F_{ry}^2} = \sqrt{(-321,4 \text{ N})^2 + (-783 \text{ N})^2}$
$F_r = 846,4 \text{ N}$ (nach links unten gerichtet)

Die Stützkraft wirkt mit demselben Betrag im Lager A nach rechts oben.

b) $\alpha_r = \arctan\dfrac{|F_{ry}|}{|F_{rx}|} = \arctan\dfrac{783 \text{ N}}{321,4 \text{ N}} = 67,68°$

c) $-F_r l_0 = -F_2 l_1 - F_{3y}(l_1+l_2) + F_4(l_1+l_2+l_3)$
$l_0 = \dfrac{-F_2 l_1 - F_3 \sin\alpha(l_1+l_2) + F_4(l_1+l_2+l_3)}{-F_r}$
$l_0 = \dfrac{-200 \text{ N} \cdot 2 \text{ m} - 500 \text{ N} \cdot \sin 50° \cdot 6 \text{ m}}{-846,4 \text{ N}} +$
$+ \dfrac{100 \text{ N} \cdot 9,5 \text{ m}}{-846,4 \text{ N}}$
$l_0 = 2,065 \text{ m}$

$l = \dfrac{l_0}{\sin\alpha_r} = \dfrac{2,065 \text{ m}}{\sin 67,68°} = 2,233 \text{ m}$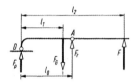

Der Abstand l kann auf folgende Weise auch unmittelbar berechnet werden (Kontrolle):

$-F_{ry} l = -F_2 l_1 - F_{3y}(l_1+l_2) + F_4(l_1+l_2+l_3)$
$l = \dfrac{-F_2 l_1 - F_3 \sin\alpha(l_1+l_2) + F_4(l_1+l_2+l_3)}{-F_{ry}}$
$l = \dfrac{-200 \text{ N} \cdot 2 \text{ m} - 500 \text{ N} \cdot \sin 50° \cdot 6 \text{ m} + 100 \text{ N} \cdot 9,5 \text{ m}}{-783 \text{ N}}$
$l = 2,233 \text{ m}$

83.
Lageskizze

a) Die Druckkraft auf die Klappenfläche beträgt beim Öffnen:

$F_p = pA = p\dfrac{\pi}{4}d^2$

$F_p = 6 \cdot 10^5 \dfrac{\text{N}}{\text{m}^2} \cdot \dfrac{\pi}{4} \cdot 400 \cdot 10^{-6} \text{ m}^2 = 188,5 \text{ N}$

Resultierende F_r = Kraft am Hebeldrehpunkt A:
$F_r = F_p - F_G + F = 188,5 \text{ N} - 11 \text{ N} + 50 \text{ N}$
$F_r = +227,5 \text{ N}$

(Plus bedeutet: nach oben gerichtet)

b) Momentensatz um D:
$F_r l_0 = -F_G l_1 + F l_2$
$l_0 = \dfrac{-F_G l_1 + F l_2}{F_r} = \dfrac{-11 \text{ N} \cdot 90 \text{ mm} + 50 \text{ N} \cdot 225 \text{ mm}}{227,5 \text{ N}}$
$l_0 = 45,1 \text{ mm}$

d. h. der Hebeldrehpunkt muss *links* von der Wirklinie F_G liegen.

1 Statik in der Ebene

Rechnerische und zeichnerische Ermittlung unbekannter Kräfte im allgemeinen Kräftesystem

84.
Lageskizze

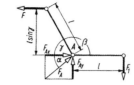

$\gamma = 180° - \beta = 60°$

I. $\Sigma F_x = 0 = F_{Ax} - F$
II. $\Sigma F_y = 0 = F_{Ay} - F_1$
III. $\Sigma M_{(A)} = 0 = F\,l\sin\gamma - F_1 l$

a) III. $F = F_1 \dfrac{l}{l\sin\gamma} = \dfrac{F_1}{\sin\gamma} = \dfrac{500\,\text{N}}{\sin 60°} = 577{,}4\,\text{N}$

b) I. $F_{Ax} = F = 577{,}4\,\text{N}$
II. $F_{Ay} = F_1 = 500\,\text{N}$

$F_A = \sqrt{F_{Ax}^2 + F_{Ay}^2} = \sqrt{(577{,}4\,\text{N})^2 + (500\,\text{N})^2}$

$F_A = 763{,}8\,\text{N}$

c) $\alpha = \arctan\dfrac{|F_{Ay}|}{|F_{Ax}|} = \arctan\dfrac{500\,\text{N}}{577{,}4\,\text{N}} = 40{,}89°$

$\left(\text{Kontrolle: } \alpha = \arcsin\dfrac{|F_{Ay}|}{|F_A|} \text{ oder } \alpha = \arccos\dfrac{|F_{Ax}|}{|F_A|}\right)$

85.
Analytische Lösung:

Lageskizze
(Stange A–C freigemacht)

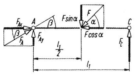

I. $\Sigma F_x = 0 = F_{Ax} - F\cos\alpha$
II. $\Sigma F_y = 0 = F_{Ay} - F\sin\alpha + F_C$
III. $\Sigma M_{(A)} = 0 = F_C\,l_1 - F\sin\alpha\,\dfrac{l_1}{2}$

a) III. $F_C = \dfrac{F\sin\alpha\,\dfrac{l_1}{2}}{l_1} = \dfrac{F\sin\alpha}{2} = \dfrac{1000\,\text{N}\cdot\sin 45°}{2}$

$F_C = 353{,}6\,\text{N}$

b) I. $F_{Ax} = F\cos\alpha = 1000\,\text{N}\cdot\cos 45° = 707{,}1\,\text{N}$
II. $F_{Ay} = F\sin\alpha - F_C = F\sin\alpha - \dfrac{F\sin\alpha}{2} = \dfrac{F\sin\alpha}{2}$

$F_{Ay} = 353{,}6\,\text{N}$

$F_A = \sqrt{F_{Ax}^2 + F_{Ay}^2} = \sqrt{(707{,}1\,\text{N})^2 + (353{,}6\,\text{N})^2}$

$F_A = 790{,}6\,\text{N}$

(Kontrolle: Neuer Ansatz mit $\Sigma M_{(C)} = 0$)

c) $\beta = \arctan\dfrac{|F_{Ay}|}{|F_{Ax}|} = \arctan\dfrac{353{,}6\,\text{N}}{707{,}1\,\text{N}} = 26{,}57°$

Zeichnerische Lösung:

Lageplan   Kräfteplan
($M_L = 1$ m/cm)   ($M_K = 400$ N/cm)

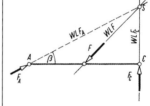 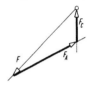

86.
Lageskizze
(freigemachte Tür)

I. $\Sigma F_x = 0 = F_{Bx} - F_A$
II. $\Sigma F_y = 0 = F_{By} - F_G$
III. $\Sigma M_{(B)} = 0 = F_A\,l_1 - F_G\,l_2$

a) Die Wirklinie der Stützkraft F_A liegt waagerecht.

b) III. $F_A = \dfrac{F_G\,l_2}{l_1} = \dfrac{800\,\text{N}\cdot 0{,}6\,\text{m}}{1\,\text{m}} = 480\,\text{N}$

c) I. $F_{Bx} = F_A = 480\,\text{N}$
II. $F_{By} = F_G = 800\,\text{N}$

$F_B = \sqrt{F_{Bx}^2 + F_{By}^2} = \sqrt{(480\,\text{N})^2 + (800\,\text{N})^2} = 933\,\text{N}$

d) $F_{Bx} = 480\,\text{N}; F_{By} = 800\,\text{N}$ siehe Teillösung c)

87.
Lageskizze
(freigemachte Säule)

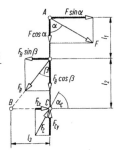

$\beta = \arctan\dfrac{l_3}{l_2} = \arctan\dfrac{0{,}9\text{ m}}{1{,}1\text{ m}}$

$\beta = 39{,}29°$

I. $\Sigma F_x = 0 = F\sin\alpha - F_B\sin\beta + F_{Cx}$
II. $\Sigma F_y = 0 = F_{Cy} - F_B\cos\beta - F\cos\alpha$
III. $\Sigma M_{(C)} = 0 = F_B\sin\beta\, l_2 - F\sin\alpha(l_1+l_2)$

a) III. $F_B = \dfrac{F\sin\alpha(l_1+l_2)}{l_2\sin\beta} = \dfrac{2{,}2\text{ kN}\cdot\sin 60°\cdot 2\text{ m}}{1{,}1\text{ m}\cdot\sin 39{,}29°}$

$F_B = 5{,}47\text{ kN}$

b) I. $F_{Cx} = F_B\sin\beta - F\sin\alpha$
$F_{Cx} = 5{,}47\text{ kN}\cdot\sin 39{,}29° - 2{,}2\text{ kN}\cdot\sin 60°$
$F_{Cx} = 1{,}559\text{ kN}$

II. $F_{Cy} = F_B\cos\beta + F\cos\alpha$
$F_{Cy} = 5{,}47\text{ kN}\cdot\cos 39{,}29° + 2{,}2\text{ kN}\cdot\cos 60°$
$F_{Cy} = 5{,}334\text{ kN}$

$F_C = \sqrt{F_{Cx}^2 + F_{Cy}^2} = \sqrt{(1{,}559\text{ kN})^2 + (5{,}334\text{ kN})^2}$
$F_C = 5{,}557\text{ kN}$

c) $\alpha_C = \arctan\dfrac{F_{Cy}}{F_{Cx}} = \arctan\dfrac{5{,}334\text{ kN}}{1{,}559\text{ kN}} = 73{,}71°$

88.
Lageskizze
(freigemachter Ausleger)

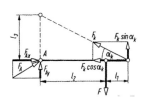

$\alpha_k = \arctan\dfrac{l_3}{l_1+l_2} = \arctan\dfrac{2\text{ m}}{4\text{ m}} = 26{,}57°$

I. $\Sigma F_x = 0 = F_{Ax} - F_k\cos\alpha_k$
II. $\Sigma F_y = 0 = F_{Ay} - F + F_k\sin\alpha_k$
III. $\Sigma M_{(A)} = 0 = F_k\sin\alpha_k(l_1+l_2) - F\,l_2$

a) III. $F_k = \dfrac{F\,l_2}{\sin\alpha_k(l_1+l_2)} = \dfrac{8\text{ kN}\cdot 3\text{ m}}{\sin 26{,}57°\cdot 4\text{ m}} = 13{,}42\text{ kN}$

b) I. $F_{Ax} = F_k\cos\alpha_k = 13{,}42\text{ kN}\cdot\cos 26{,}57° = 12\text{ kN}$
II. $F_{Ay} = F - F_k\sin\alpha_k = 8\text{ kN} - 13{,}42\text{ kN}\cdot\sin 26{,}57°$
$F_{Ay} = 2\text{ kN}$

(Kontrolle mit $\Sigma M_{(B)} = 0$)

$F_A = \sqrt{F_{Ax}^2 + F_{Ay}^2} = \sqrt{(12\text{ kN})^2 + (2\text{ kN})^2} = 12{,}17\text{ kN}$

c) $F_{Ax} = 12\text{ kN}$; $F_{Ay} = 2\text{ kN}$ siehe Teillösung b)

89.
Lageskizze
(freigemachter Drehkran)

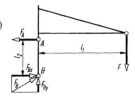

I. $\Sigma F_x = 0 = F_{Bx} - F_A$
II. $\Sigma F_y = 0 = F_{By} - F$
III. $\Sigma M_{(B)} = 0 = F_A\,l_2 - F\,l_1$

a) III. $F_A = F\dfrac{l_1}{l_2} = 7{,}5\text{ kN}\cdot\dfrac{1{,}6\text{ m}}{0{,}65\text{ m}} = 18{,}46\text{ kN}$

b) I. $F_{Bx} = F_A = 18{,}46\text{ kN}$
II. $F_{By} = F = 7{,}5\text{ kN}$

$F_B = \sqrt{F_{Bx}^2 + F_{By}^2} = \sqrt{(18{,}46\text{ kN})^2 + (7{,}5\text{ kN})^2}$
$F_B = 19{,}93\text{ kN}$

c) $F_{Bx} = 18{,}46\text{ kN}$; $F_{By} = 7{,}5\text{ kN}$ siehe Teillösung b)

90.
Lageskizze
(freigemachte Säule)

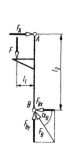

I. $\Sigma F_x = 0 = F_A - F_{Bx}$
II. $\Sigma F_y = 0 = F_{By} - F$
III. $\Sigma M_{(B)} = 0 = F\,l_1 - F_A\,l_2$

a) III. $F_A = F\dfrac{l_1}{l_2} = 6{,}3\text{ kN}\cdot\dfrac{0{,}58\text{ m}}{2{,}75\text{ m}}$
$F_A = 1{,}329\text{ kN}$

b) I. $F_{Bx} = F_A = 1{,}329\text{ kN}$
II. $F_{By} = F = 6{,}3\text{ kN}$

$F_B = \sqrt{F_{Bx}^2 + F_{By}^2} = \sqrt{(1{,}329\text{ kN})^2 + (6{,}3\text{ kN})^2}$
$F_B = 6{,}439\text{ kN}$

c) $\alpha_B = \arctan\dfrac{F_{By}}{F_{Bx}} = \arctan\dfrac{6{,}3\text{ kN}}{1{,}329\text{ kN}} = 78{,}09°$

91.
Lageskizze (freigemachter Gittermast)

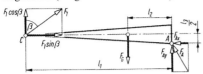

I. $\Sigma F_x = 0 = F_1 \sin\beta - F_{Ax}$

II. $\Sigma F_y = 0 = F_1 \cos\beta - F_G + F_{Ay}$

III. $\Sigma M_{(A)} = 0 = F_G l_2 - F_1 \cos\beta l_1 - F_1 \sin\beta \dfrac{l_3}{2}$

a) III. $F_1 = F_G \dfrac{l_2}{l_1 \cos\beta + \dfrac{l_3}{2}\sin\beta}$

$F_1 = 29 \text{ kN} \cdot \dfrac{6,1 \text{ m}}{20 \text{ m} \cdot \cos 55° + 0,65 \text{ m} \cdot \sin 55°}$

$F_1 = 14,74 \text{ kN}$

b) I. $F_{Ax} = F_1 \sin\beta = 14,74 \text{ kN} \cdot \sin 55° = 12,07 \text{ kN}$

II. $F_{Ay} = F_G - F_1 \cos\beta = 29 \text{ kN} - 14,74 \text{ kN} \cdot \cos 55°$

$F_{Ay} = 20,55 \text{ kN}$

$F_A = \sqrt{F_{Ax}^2 + F_{Ay}^2} = \sqrt{(12,07 \text{ kN})^2 + (20,55 \text{ kN})^2}$

$F_A = 23,83 \text{ kN}$

(Kontrolle: $\Sigma M_{(C)} = 0$)

c) $F_{Ax} = 12,07$ kN; $F_{Ay} = 20,55$ kN siehe Teillösung b)

d) Lageskizze (freigemachte Pendelstütze)

Die Pendelstütze ist ein Zweigelenkstab, denn sie wird nur in zwei Punkten belastet und ist in diesen Punkten „gelenkig gelagert". Folglich bilden die Kräfte F_1, F_2, F_3 ein zentrales Kräftesystem mit dem Zentralpunkt B an der Spitze der Pendelstütze.

Lageskizze für das zentrale Kräftesystem

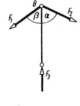

I. $\Sigma F_x = 0 = F_2 \sin\alpha - F_1 \sin\beta$

II. $\Sigma F_y = 0 = F_3 - F_1 \cos\beta - F_2 \cos\alpha$

I. $\alpha = \arcsin\left(\dfrac{F_1}{F_2}\sin\beta\right) = \arcsin\left(\dfrac{14,74 \text{ kN}}{13 \text{ kN}} \cdot \sin 55°\right)$

$\alpha = 68,22°$

e) II. $F_3 = F_1 \cos\beta + F_2 \cos\alpha$

$F_3 = 14,74 \text{ kN} \cdot \cos 55° + 13 \text{ kN} \cdot \cos 68,22° = 13,28 \text{ kN}$

92.
Lageskizze (freigemachter Tisch)

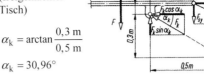

$\alpha_k = \arctan \dfrac{0,3 \text{ m}}{0,5 \text{ m}}$

$\alpha_k = 30,96°$

I. $\Sigma F_x = 0 = F_{sx} - F_k \cos\alpha_k$

II. $\Sigma F_y = 0 = F_k \sin\alpha_k - F - F_{sy}$

III. $\Sigma M_{(S)} = 0 = F \cdot 0,5 \text{ m} - F_k \sin\alpha_k \cdot 0,3 \text{ m} - F_k \cos\alpha_k \cdot 0,1 \text{ m}$

a) III. $F_k = F \cdot \dfrac{0,5 \text{ m}}{0,3 \text{ m} \cdot \sin\alpha_k + 0,1 \text{ m} \cdot \cos\alpha_k}$

$F_k = 12 \text{ kN} \cdot \dfrac{0,5 \text{ m}}{0,3 \text{ m} \cdot \sin 30,96° + 0,1 \text{ m} \cdot \cos 30,96°}$

$F_k = 24,99 \text{ kN}$

b) I. $F_{sx} = F_k \cos\alpha_k = 24,99 \text{ kN} \cdot \cos 30,96° = 21,43 \text{ kN}$

II. $F_{sy} = F_k \sin\alpha_k - F = 24,99 \text{ kN} \cdot \sin 30,96° - 12 \text{ kN}$

$F_{sy} = 0,8571 \text{ kN}$

$F_s = \sqrt{F_{sx}^2 + F_{sy}^2} = \sqrt{(21,43 \text{ kN})^2 + (0,8571 \text{ kN})^2}$

$F_s = 21,45 \text{ kN}$

c) $\alpha_s = \arctan \dfrac{F_{sy}}{F_{sx}} = \arctan \dfrac{0,8571 \text{ kN}}{21,43 \text{ kN}} = 2,29°$

93.
Lageskizze (freigemachte Leuchte)

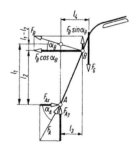

$\alpha_B = \arctan \dfrac{l_1 - l_2}{l_3}$

$\alpha_B = \arctan \dfrac{0,3 \text{ m}}{1 \text{ m}}$

$\alpha_B = 16,7°$

I. $\Sigma F_x = 0 = F_{Ax} - F_B \cos\alpha_B$

II. $\Sigma F_y = 0 = F_{Ay} + F_B \sin\alpha_B - F_G$

III. $\Sigma M_{(A)} = 0 = F_B \sin\alpha_B l_3 + F_B \cos\alpha_B l_2 - F_G l_4$

a) III. $F_B = F_G \dfrac{l_4}{l_3 \sin\alpha_B + l_2 \cos\alpha_B}$

$F_B = 600 \text{ N} \cdot \dfrac{1,2 \text{ m}}{1 \text{ m} \cdot \sin 16,7° + 2,7 \text{ m} \cdot \cos 16,7°}$

$F_B = 250,6 \text{ N}$

b) I. $F_{Ax} = F_B \cos\alpha_B = 250,6 \text{ N} \cdot \cos 16,7° = 240 \text{ N}$

II. $F_{Ay} = F_G - F_B \sin\alpha_B = 600 \text{ N} - 250,6 \text{ N} \cdot \sin 16,7°$

$F_{Ay} = 528 \text{ N}$

$$F_A = \sqrt{F_{Ax}^2 + F_{Ay}^2} = \sqrt{(240\text{ N})^2 + (528\text{ N})^2} = 580\text{ N}$$

c) $\alpha_A = \arctan \dfrac{F_{Ay}}{F_{Ax}} = \arctan \dfrac{528\text{ N}}{240\text{ N}} = 65{,}56°$

94.
Lageskizze (freigemachte Lenksäule mit Vorderrad)

Es ist zweckmäßig die Längsachse der Lenksäule als y-Achse festzulegen.

Die Kraft F muss deshalb in ihre Komponenten $F \sin\alpha$ und $F \cos\alpha$ zerlegt werden.

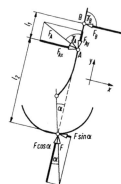

I. $\Sigma F_x = 0 = F_{Ax} - F_B - F \sin\alpha$
II. $\Sigma F_y = 0 = F \cos\alpha - F_{Ay}$
III. $\Sigma M_{(A)} = 0 = F_B l_1 - F \sin\alpha \, l_2$

a) III. $F_B = F \dfrac{l_2 \sin\alpha}{l_1} = 250\text{ N} \cdot \dfrac{0{,}75\text{ m} \cdot \sin 15°}{0{,}2\text{ m}}$
$F_B = 242{,}6\text{ N}$

b) I. $F_{Ax} = F_B + F \sin\alpha = 242{,}6\text{ N} + 250\text{ N} \cdot \sin 15°$
$F_{Ax} = 307{,}3\text{ N}$
II. $F_{Ay} = F \cos\alpha = 250\text{ N} \cdot \cos 15° = 241{,}5\text{ N}$

$$F_A = \sqrt{F_{Ax}^2 + F_{Ay}^2} = \sqrt{(307{,}3\text{ N})^2 + (241{,}5\text{ N})^2}$$
$F_A = 390{,}9\text{ N}$

c) F_B wirkt rechtwinklig zur Lenksäule (einwertiges Lager); $\gamma_B = 90°$

d) $\gamma_A = \arctan \dfrac{F_{Ax}}{F_{Ay}} = \arctan \dfrac{307{,}3\text{ N}}{241{,}5\text{ N}} = 51{,}84°$

95.
Lageskizze (freigemachtes Bremspedal)

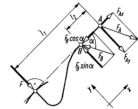

I. $\Sigma F_x = 0 = F_{Ax} - F_B \cos\alpha$
II. $\Sigma F_y = 0 = F_B \sin\alpha - F - F_{Ay}$
III. $\Sigma M_{(A)} = 0 = F l_1 - F_B \sin\alpha \, l_2$

a) III. $F_B = F \dfrac{l_1}{l_2 \sin\alpha} = 110\text{ N} \cdot \dfrac{290\text{ mm}}{45\text{ mm} \cdot \sin 75°} = 733{,}9\text{ N}$

b) I. $F_{Ax} = F_B \cos\alpha = 733{,}9\text{ N} \cdot \cos 75° = 189{,}9\text{ N}$
II. $F_{Ay} = F_B \sin\alpha - F = 733{,}9\text{ N} \cdot \sin 75° - 110\text{ N}$
$F_{Ay} = 598{,}9\text{ N}$

$$F_A = \sqrt{F_{Ax}^2 + F_{Ay}^2} = \sqrt{(189{,}9\text{ N})^2 + (598{,}9\text{ N})^2}$$
$F_A = 628{,}3\text{ N}$

96
Lageskizze 1 (freigemachter Hubarm)

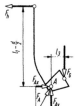

I. $\Sigma F_x = 0 = F_{Ax} - F_h$
II. $\Sigma F_y = 0 = F_{Ay} - F_G$
III. $\Sigma M_{(A)} = 0 = F_h \left(l_1 - \dfrac{d}{2} \right) - F_G l_3$

a) III. $F_h = F_G \dfrac{l_3}{l_1 - \dfrac{d}{2}} = 1{,}25\text{ kN} \cdot \dfrac{0{,}21\text{ m}}{1{,}3\text{ m}} = 0{,}2019\text{ kN}$

b) I. $F_{Ax} = F_h = 0{,}2019\text{ kN}$
II. $F_{Ay} = F_G = 1{,}25\text{ kN}$

$$F_A = \sqrt{F_{Ax}^2 + F_{Ay}^2} = \sqrt{(0{,}2019\text{ kN})^2 + (1{,}25\text{ kN})^2}$$
$F_A = 1{,}266\text{ kN}$

Für die Teillösungen c) bis e) wird eines der beiden Räder freigemacht:

Lageskizze 2 (freigemachtes Rad)

Hinweis: Jedes Rad nimmt nur die Hälfte der Achslast F_A auf.

Berechnung des Abstands l_4:

$$l_4 = \sqrt{\left(\dfrac{d}{2} \right)^2 - \left(\dfrac{d}{2} - l_2 \right)^2} = \sqrt{(0{,}3\text{ m})^2 - (0{,}1\text{ m})^2}$$
$l_4 = 0{,}2828\text{ m}$

Gleichgewichtsbedingungen:

I. $\Sigma F_x = 0 = F_x - \dfrac{F_{Ax}}{2}$
II. $\Sigma F_y = 0 = F_N + F_y - \dfrac{F_{Ay}}{2}$
III. $\Sigma M_{(B)} = 0 = F_N l_4 + \dfrac{F_{Ax}}{2} \left(\dfrac{d}{2} - l_2 \right) - \dfrac{F_{Ay}}{2} l_4$

1 Statik in der Ebene

c) III. $F_N = \dfrac{\dfrac{F_{Ay}}{2}l_4 - \dfrac{F_{Ax}}{2}\left(\dfrac{d}{2} - l_2\right)}{l_4} = \dfrac{F_{Ay}}{2} - \dfrac{F_{Ax}}{2} \cdot \dfrac{\dfrac{d}{2} - l_2}{l_4}$

$F_N = 0,625\text{ kN} - 0,101\text{ kN} \cdot \dfrac{0,1\text{ m}}{0,2828\text{ m}} = 0,5893\text{ kN}$

d) I. $F_x = \dfrac{F_{Ax}}{2} = 0,101\text{ kN}$

II. $F_y = \dfrac{F_{Ay}}{2} - F_N = 0,625\text{ kN} - 0,5893\text{ kN} = 0,0357\text{ kN}$

$F = \sqrt{F_x^2 + F_y^2} = \sqrt{(0,101\text{ kN})^2 + (0,0357\text{ kN})^2}$

$F = 0,1071\text{ kN}$

e) $F_x = 0,101\text{ kN}$; $F_y = 0,0357\text{ kN}$, siehe Teillösung d)

97.
Lageskizze
(freigemachter Hebel)

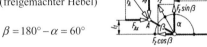

$\beta = 180° - \alpha = 60°$

I. $\Sigma F_x = 0 = F_{Ax} - F_z \cos\beta$
II. $\Sigma F_y = 0 = F_z \sin\beta - F_{Ay} - F$
III. $\Sigma M_{(A)} = 0 = F_z \sin\beta(l_2 - l_3) - F_z \cos\beta\, l_1 - F l_2$

a) III. $F_z = F \dfrac{l_2}{(l_2 - l_3)\sin\beta - l_1 \cos\beta}$

$F_z = 60\text{ N} \cdot \dfrac{80\text{ mm}}{15\text{ mm} \cdot \sin 60° - 10\text{ mm} \cdot \cos 60°}$

$F_z = 600,7\text{ N}$

b) I. $F_{Ax} = F_z \cos\beta = 600,7\text{ N} \cdot \cos 60° = 300,36\text{ N}$

II. $F_{Ay} = F_z \sin\beta - F = 600,7\text{ N} \cdot \sin 60° - 60\text{ N}$

$F_{Ay} = 460,2\text{ N}$

$F_A = \sqrt{F_{Ax}^2 + F_{Ay}^2} = \sqrt{(300,36\text{ N})^2 + (460,2\text{ N})^2}$

$F_A = 549,6\text{ N}$

98.
Lageskizze
(freigemachter Tisch)

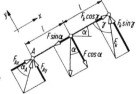

$\gamma = 180° - (\alpha + \beta) = 80°$

I. $\Sigma F_x = 0 = F_{Ax} - F\sin\alpha + F_k \cos\gamma$
II. $\Sigma F_y = 0 = F_{Ay} - F\cos\alpha + F_k \sin\gamma$
III. $\Sigma M_{(A)} = 0 = F_k \sin\gamma \cdot 2l - F\cos\alpha\, l$

a) III. $F_k = F \dfrac{l \cos\alpha}{2l \sin\gamma} = F \dfrac{\cos\alpha}{2\sin\gamma}$

$F_k = 5,5\text{ kN} \cdot \dfrac{\cos 30°}{2 \cdot \sin 80°} = 2,418\text{ kN}$

b) I. $F_{Ax} = F \sin\alpha - F_k \cos\gamma$

$F_{Ax} = 5,5\text{ kN} \cdot \sin 30° - 2,418\text{ kN} \cdot \cos 80°$

$F_{Ax} = 2,33\text{ kN}$

II. $F_{Ay} = F \cos\alpha - F_k \sin\gamma$

$F_{Ay} = 5,5\text{ kN} \cdot \cos 30° - 2,418\text{ kN} \cdot \sin 80°$

$F_{Ay} = 2,382\text{ kN}$

Hinweis: Dieses Teilergebnis enthält bereits eine Kontrolle der vorangegangenen Rechnungen: Weil die Belastung F in Tischmitte wirkt, müssen die y-Komponenten der Stützkräfte (F_{Ay} und $F_k \sin\gamma$) gleich groß und gleich der Hälfte der Komponente $F\cos\alpha$ sein.

$F_A = \sqrt{F_{Ax}^2 + F_{Ay}^2} = \sqrt{(2,33\text{ kN})^2 + (2,382\text{ kN})^2}$

$F_A = 3,332\text{ kN}$

c) $\alpha_A = \arctan \dfrac{F_{Ay}}{F_{Ax}} = \arctan \dfrac{2,382\text{ kN}}{2,33\text{ kN}} = 45,63°$

99.
Lageskizze (freigemachter Spannkeil)   Krafteckskizze

Nach Krafteckskizze ist:

a) $F_N = \dfrac{F}{\tan\alpha} = \dfrac{200\text{ N}}{\tan 15°} = 746,4\text{ N}$

b) $F_A = \dfrac{F}{\sin\alpha} = \dfrac{200\text{ N}}{\sin 15°} = 772,7\text{ N}$

Für die Teillösungen c) bis e) wird der Klemmhebel freigemacht.

Lageskizze
(freigemachter
Klemmhebel)

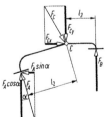

I. $\Sigma F_x = 0 = F_{Cx} - F_A \sin\alpha$
II. $\Sigma F_y = 0 = F_A \cos\alpha + F_B - F_{Cy}$
III. $\Sigma M_{(C)} = 0 = F_B l_3 - F_A l_2$

Hinweis: In der Momentengleichgewichtsbedingung (III) wird zweckmäßigerweise nicht mit den Komponenten $F_A \sin\alpha$ und $F_A \cos\alpha$, sondern mit der Kraft F_A gerechnet.

c) III. $F_B = F_A \dfrac{l_2}{l_3} = 772{,}7\text{ N}\cdot\dfrac{35\text{ mm}}{20\text{ mm}} = 1352\text{ N}$

d) I. $F_{Cx} = F_A \sin\alpha = 772{,}7\text{ N}\cdot\sin 15° = 200\text{ N}$

II. $F_{Cy} = F_A \cos\alpha + F_B$

$F_{Cy} = 772{,}7\text{ N}\cdot\cos 15° + 1352\text{ N} = 2099\text{ N}$

$F_C = \sqrt{F_{Cx}^2 + F_{Cy}^2} = \sqrt{(200\text{ N})^2 + (2099\text{ N})^2}$

$F_C = 2108\text{ N}$

e) $F_{Cx} = 200\text{ N}$; $F_{Cy} = 2099\text{ N}$, siehe Teillösung d)

100.
Lageskizze (freigemachter Schwinghebel)

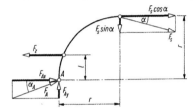

I. $\Sigma F_x = 0 = F_s \cos\alpha - F_z + F_{Ax}$
II. $\Sigma F_y = 0 = F_{Ay} - F_s \sin\alpha$
III. $\Sigma M_{(A)} = 0 = F_z\, l - F_s \sin\alpha\, r - F_s \cos\alpha\, r$

a) III. $F_s = F_z \dfrac{l}{r(\sin\alpha + \cos\alpha)}$

$F_s = 1\text{ kN}\cdot\dfrac{100\text{ mm}}{250\text{ mm}(\sin 15° + \cos 15°)} = 0{,}3266\text{ kN}$

b) I. $F_{Ax} = F_z - F_s \cos\alpha = 1\text{ kN} - 0{,}3266\text{ kN}\cdot\cos 15°$
$F_{Ax} = 0{,}6845\text{ kN}$

II. $F_{Ay} = F_s \sin\alpha = 0{,}3266\text{ kN}\cdot\sin 15° = 0{,}0845\text{ kN}$

$F_A = \sqrt{F_{Ax}^2 + F_{Ay}^2} = \sqrt{(0{,}6845\text{ kN})^2 + (0{,}0845\text{ kN})^2}$

$F_A = 0{,}6897\text{ kN}$

c) $\alpha_A = \arctan\dfrac{F_{Ay}}{F_{Ax}} = \arctan\dfrac{0{,}0845\text{ kN}}{0{,}6845\text{ kN}} = 7{,}04°$

101.
a) Lageskizze (freigemachte Stützrolle)   Krafteckskizze

$F_B = \dfrac{F_C}{\tan\beta} = \dfrac{20\text{ N}}{\tan 30°} = 34{,}64\text{ N}$

$F_D = \dfrac{F_C}{\sin\beta} = \dfrac{20\text{ N}}{\sin 30°} = 40\text{ N}$

(Mit der gleichen Kraft drückt der Zweigelenkstab C–D auf das Lager D.)

b) Lageskizze (freigemachter Hebel)

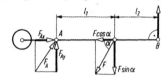

I. $\Sigma F_x = 0 = F_{Ax} - F\cos\alpha$
II. $\Sigma F_y = 0 = F_{Ay} - F\sin\alpha + F_B$
III. $\Sigma M_{(A)} = 0 = F_B(l_1 + l_2) - F\sin\alpha\, l_1$

III. $F = F_B \dfrac{l_1 + l_2}{l_1 \sin\alpha} = 34{,}64\text{ N}\cdot\dfrac{90\text{ mm}}{50\text{ mm}\cdot\sin 60°} = 72\text{ N}$

I. $F_{Ax} = F\cos\alpha = 72\text{ N}\cdot\cos 60° = 36\text{ N}$
II. $F_{Ay} = F\sin\alpha - F_B = 72\text{ N}\cdot\sin 60° - 34{,}64\text{ N}$
$F_{Ay} = 27{,}71\text{ N}$

$F_A = \sqrt{F_{Ax}^2 + F_{Ay}^2} = \sqrt{(36\text{ N})^2 + (27{,}71\text{ N})^2}$
$F_A = 45{,}43\text{ N}$

102.
a) Lageskizze (freigemachter Tisch)

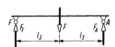

I. $\Sigma F_y = 0 = F_A + F_F - F$
II. $\Sigma M_{(F)} = 0 = F_A\cdot 2l_3 - F\, l_3$

II. $F_A = F\dfrac{l_3}{2l_3} = \dfrac{F}{2} = 1\text{ kN}$

I. $F_F = F - F_A = 1\text{ kN}$

Für die Teillösungen b) und c) wird der Winkelhebel A–B–C freigemacht:

Lageskizze

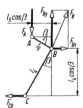

I. $\Sigma F_x = 0 = F_{Bx} - F_{CD}$
II. $\Sigma F_y = 0 = F_{By} - F_A$
III. $\Sigma M_{(B)} = 0 = F_A\, l_5 \cos\beta - F_{CD}\, l_4 \cos\beta$

b) III. $F_{CD} = F_A \dfrac{l_5 \cos\beta}{l_4 \cos\beta} = F_A \dfrac{l_5}{l_4} = 1\,\text{kN} \cdot \dfrac{40\,\text{mm}}{90\,\text{mm}}$

$F_{CD} = 0{,}4444\,\text{kN}$

c) I. $F_{Bx} = F_{CD} = 0{,}4444\,\text{kN}$

II. $F_{By} = F_A = 1\,\text{kN}$

$F_B = \sqrt{F_{Bx}^2 + F_{By}^2} = \sqrt{(0{,}4444\,\text{kN})^2 + (1\,\text{kN})^2}$

$F_B = 1{,}094\,\text{kN}$

Für die Teillösungen d) und e) wird der Winkelhebel D–E–F freigemacht:

Lageskizze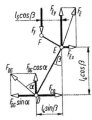

I. $\Sigma F_x = 0 = F_{Ex} + F_{CD} - F_{DG} \sin\alpha$

II. $\Sigma F_y = 0 = F_{DG} \cos\alpha + F_{Ey} - F_F$

III. $\Sigma M_{(E)} = 0 = F_F l_5 \cos\beta + F_{CD} l_4 \cos\beta - $
$\quad - F_{DG} \sin\alpha\, l_4 \cos\beta - F_{DG} \cos\alpha\, l_4 \sin\beta$

d) III. $F_{DG} = \dfrac{F_F l_5 \cos\beta + F_{CD} l_4 \cos\beta}{l_4 (\sin\alpha \cos\beta + \cos\alpha \sin\beta)}$

$F_{DG} = \dfrac{(F_F l_5 + F_{CD} l_4) \cos\beta}{l_4 \sin(\alpha + \beta)}$

$F_{DG} = \dfrac{(1\,\text{kN} \cdot 40\,\text{mm} + 0{,}4444\,\text{kN} \cdot 90\,\text{mm}) \cdot \cos 30°}{90\,\text{mm} \cdot \sin 80°}$

$F_{DG} = 0{,}7817\,\text{kN}$

e) I. $F_{Ex} = F_{DG} \sin\alpha - F_{CD}$

$F_{Ex} = 0{,}7817\,\text{kN} \cdot \sin 50° - 0{,}4444\,\text{kN} = 0{,}1544\,\text{kN}$

II. $F_{Ey} = F_F - F_{DG} \cos\alpha$

$F_{Ey} = 1\,\text{kN} - 0{,}7817\,\text{kN} \cdot \cos 50° = 0{,}4975\,\text{kN}$

$F_E = \sqrt{F_{Ex}^2 + F_{Ey}^2} = \sqrt{(0{,}1544\,\text{kN})^2 + (0{,}4975\,\text{kN})^2}$

$F_E = 0{,}5209\,\text{kN}$

Für die Teillösungen f) und g) wird die Deichsel freigemacht:

Lageskizze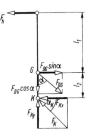

I. $\Sigma F_x = 0 = F_{DG} \sin\alpha - F_h - F_{Kx}$

II. $\Sigma F_y = 0 = F_{Ky} - F_{DG} \cos\alpha$

III. $\Sigma M_{(K)} = 0 = F_h (l_1 + l_2) - F_{DG} \sin\alpha\, l_2$

f) III. $F_h = F_{DG} \dfrac{l_2 \sin\alpha}{l_1 + l_2} = 0{,}7817\,\text{kN} \cdot \dfrac{180\,\text{mm} \cdot \sin 50°}{1280\,\text{mm}}$

$F_h = 0{,}0842\,\text{kN}$

g) I. $F_{Kx} = F_{DG} \sin\alpha - F_h$

$F_{Kx} = 0{,}7817\,\text{kN} \cdot \sin 50° - 0{,}0842\,\text{kN} = 0{,}5146\,\text{kN}$

II. $F_{Ky} = F_{DG} \cos\alpha = 0{,}7817\,\text{kN} \cdot \cos 50° = 0{,}5025\,\text{kN}$

$F_K = \sqrt{F_{Kx}^2 + F_{Ky}^2} = \sqrt{(0{,}5146\,\text{kN})^2 + (0{,}5025\,\text{kN})^2}$

$F_K = 0{,}7192\,\text{kN}$

$\alpha_K = \arctan \dfrac{F_{Ky}}{F_{Kx}} = \arctan \dfrac{502{,}5\,\text{N}}{514{,}6\,\text{N}} = 44{,}32°$

103.

Lageskizze
(freigemachte Leiter)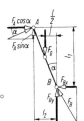

Berechnung des Winkels α:

$\alpha = \arctan \dfrac{l_2}{l_1} = \arctan \dfrac{1{,}5\,\text{m}}{4\,\text{m}} = 20{,}56°$

I. $\Sigma F_x = 0 = F_A \cos\alpha - F_{Bx}$

II. $\Sigma F_y = 0 = F_A \sin\alpha + F_{By} - F_G$

III. $\Sigma M_{(B)} = 0 = F_G \dfrac{l_2}{2} - F_A \sin\alpha\, l_2 - F_A \cos\alpha\, l_1$

a) III. $F_A = F_G \dfrac{l_2}{2(l_1 \cos\alpha + l_2 \sin\alpha)}$

$F_A = 800\,\text{N} \cdot \dfrac{1{,}5\,\text{m}}{2(4\,\text{m} \cdot \cos 20{,}56° + 1{,}5\,\text{m} \cdot \sin 20{,}56°)}$

$F_A = 140{,}4\,\text{N}$

$F_{Ax} = F_A \cos\alpha = 140{,}4\,\text{N} \cdot \cos 20{,}56° = 131{,}5\,\text{N}$

$F_{Ay} = F_A \sin\alpha = 140{,}4\,\text{N} \cdot \sin 20{,}56° = 49{,}32\,\text{N}$

b) I. $F_{Bx} = F_A \cos\alpha = 131{,}5\,\text{N}$

II. $F_{By} = F_G - F_A \sin\alpha = 800\,\text{N} - 49{,}32\,\text{N} = 750{,}7\,\text{N}$

$F_B = \sqrt{F_{Bx}^2 + F_{By}^2} = \sqrt{(131{,}5\,\text{N})^2 + (750{,}7\,\text{N})^2}$

$F_B = 762{,}1\,\text{N}$

104.

Lageskizze
(freigemachter Stab)

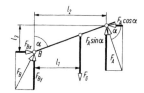

Berechnung des Winkels α:

$\alpha = \arctan\dfrac{l_2}{l_3} = \arctan\dfrac{3\,\text{m}}{1\,\text{m}} = 71{,}57°$

I. $\Sigma F_x = 0 = F_{Bx} - F_A \cos\alpha$

II. $\Sigma F_y = 0 = F_{By} - F_G + F_A \sin\alpha$

III. $\Sigma M_{(B)} = 0 = -F_G l_1 + F_A \sin\alpha\, l_2 + F_A \cos\alpha\, l_3$

a) III. $F_A = F_G \dfrac{l_1}{l_2 \sin\alpha + l_3 \cos\alpha}$

$F_A = 100\,\text{N} \cdot \dfrac{2\,\text{m}}{3\,\text{m} \cdot \sin 71{,}57° + 1\,\text{m} \cdot \cos 71{,}57°}$

$F_A = 63{,}25\,\text{N}$

$F_{Ax} = F_A \cos\alpha = 63{,}25\,\text{N} \cdot \cos 71{,}57° = 20\,\text{N}$

$F_{Ay} = F_A \sin\alpha = 63{,}25\,\text{N} \cdot \sin 71{,}57° = 60\,\text{N}$

b) I. $F_{Bx} = F_A \cos\alpha = 63{,}25\,\text{N} \cdot \cos 71{,}57° = 20\,\text{N}$

II. $F_{By} = F_G - F_A \sin\alpha = 100\,\text{N} - 60\,\text{N} = 40\,\text{N}$

$F_B = \sqrt{F_{Bx}^2 + F_{By}^2} = \sqrt{(20\,\text{N})^2 + (40\,\text{N})^2}$

$F_B = 44{,}72\,\text{N}$

105.

Anordnung a:

Lageskizze
(freigemachte Platte)

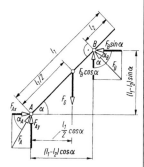

I. $\Sigma F_x = 0 = F_{Ax} - F_B \sin\alpha$

II. $\Sigma F_y = 0 = F_{Ay} - F_G + F_B \cos\alpha$

III. $\Sigma M_{(A)} = 0 = -F_G \dfrac{l_1}{2}\cos\alpha + F_B \sin\alpha (l_1 - l_2)\sin\alpha +$

$\qquad + F_B \cos\alpha (l_1 - l_2)\cos\alpha$

III. $F_B = F_G \dfrac{\frac{l_1}{2}\cos\alpha}{(l_1 - l_2) \cdot \underbrace{(\sin^2\alpha + \cos^2\alpha)}_{=1}} = F_G \dfrac{l_1 \cos\alpha}{2(l_1 - l_2)}$

$F_B = 2{,}5\,\text{kN} \cdot \dfrac{2\,\text{m} \cdot \cos 45°}{2 \cdot 1{,}5\,\text{m}} = 1{,}179\,\text{kN}$

I. $F_{Ax} = F_B \sin\alpha = 1{,}179\,\text{kN} \cdot \sin 45° = 0{,}8333\,\text{kN}$

II. $F_{Ay} = F_G - F_B \cos\alpha = 2{,}5\,\text{kN} - 1{,}179\,\text{kN} \cdot \cos 45°$

$F_{Ay} = 1{,}667\,\text{kN}$

$F_A = \sqrt{F_{Ax}^2 + F_{Ay}^2} = \sqrt{(0{,}833\,\text{kN})^2 + (1{,}667\,\text{kN})^2}$

$F_A = 1{,}863\,\text{kN}$

$\alpha_A = \arctan\dfrac{F_{Ay}}{F_{Ax}} = \arctan\dfrac{1{,}667\,\text{kN}}{0{,}8333\,\text{kN}} = 63{,}43°$

$\alpha_B = 45°$, F_B wirkt rechtwinklig zur Platte.

Anordnung b:

Lageskizze
(freigemachte Platte)

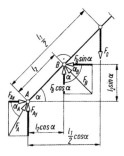

I. $\Sigma F_x = 0 = F_{Ax} - F_B \sin\alpha$

II. $\Sigma F_y = 0 = F_{Ay} + F_B \cos\alpha - F_G$

III. $\Sigma M_{(A)} = 0 = F_B \sin\alpha \cdot l_2 \sin\alpha + F_B \cos\alpha \cdot l_2 \cos\alpha -$

$\qquad - F_G \dfrac{l_1}{2}\cos\alpha$

III. $F_B = F_G \dfrac{\frac{l_1}{2}\cos\alpha}{l_2 \underbrace{(\sin^2\alpha + \cos^2\alpha)}_{=1}} = F_G \dfrac{l_1 \cos\alpha}{2 l_2}$

$F_B = 2{,}5\,\text{kN} \cdot \dfrac{2\,\text{m} \cdot \cos 45°}{2 \cdot 0{,}5\,\text{m}} = 3{,}536\,\text{kN}$

I. $F_{Ax} = F_B \sin\alpha = 3{,}536\,\text{kN} \cdot \sin 45° = 2{,}5\,\text{kN}$

II. $F_{Ay} = F_G - F_B \cos\alpha = 2{,}5\,\text{kN} - 2{,}5\,\text{kN} = 0$

$F_A = F_{Ax} = 2{,}5\,\text{kN}$ $\alpha_A = 0°$ $\alpha_B = 45°$

106.

Lageskizze
(freigemachter Hebel)

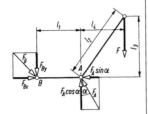

Berechnung des Abstands l_4:

$l_4 = \sqrt{l_2^2 - l_3^2} = \sqrt{(0{,}5\text{ m})^2 - (0{,}4\text{ m})^2} = 0{,}3\text{ m}$

I. $\Sigma F_x = 0 = F_{Bx} - F_A \sin\alpha$
II. $\Sigma F_y = 0 = -F_{By} + F_A \cos\alpha - F$
III. $\Sigma M_{(B)} = 0 = F_A \cos\alpha\, l_1 - F(l_1 + l_4)$

a) III. $F_A = F \dfrac{l_1 + l_4}{l_1 \cos\alpha} = 350\text{ N} \cdot \dfrac{0{,}3\text{ m} + 0{,}3\text{ m}}{0{,}3\text{ m} \cdot \cos 30°} = 808{,}3\text{ N}$

$F_{Ax} = F_A \sin\alpha = 808{,}3\text{ N} \cdot \sin 30° = 404{,}1\text{ N}$
$F_{Ay} = F_A \cos\alpha = 808{,}3\text{ N} \cdot \cos 30° = 700\text{ N}$

Hinweis: Hier ist α der Winkel zwischen F_A und der *Senkrechten*, daher andere Gleichungen für F_{Ax} und F_{Ay} als gewohnt.

b) I. $F_{Bx} = F_A \sin\alpha = 404{,}1\text{ N}$
II. $F_{By} = F_A \cos\alpha - F = 700\text{ N} - 350\text{ N} = 350\text{ N}$

$F_B = \sqrt{F_{Bx}^2 + F_{By}^2} = \sqrt{(404{,}1\text{ N})^2 + (350\text{ N})^2}$
$F_B = 534{,}6\text{ N}$

107.

Lageskizze
(freigemachte Rampe)

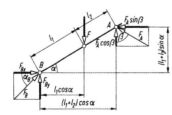

I. $\Sigma F_x = 0 = F_{Bx} - F_A \sin\beta$
II. $\Sigma F_y = 0 = F_{By} - F + F_A \cos\beta$
III. $\Sigma M_{(B)} = 0 = -F\, l_1 \cos\alpha + F_A \cos\beta (l_1 + l_2) \cos\alpha +$
$\qquad\qquad\qquad + F_A \sin\beta (l_1 + l_2) \sin\alpha$

a) III. $F_A = F \dfrac{l_1 \cos\alpha}{(l_1 + l_2)(\cos\alpha \cos\beta + \sin\alpha \sin\beta)}$

$F_A = F \dfrac{l_1 \cos\alpha}{(l_1 + l_2)\cos(\alpha - \beta)}$

$F_A = 5\text{ kN} \cdot \dfrac{2\text{ m} \cdot \cos 20°}{3{,}5\text{ m} \cdot \cos(-40°)}$

$F_A = 3{,}505\text{ kN}$

b) I. $F_{Bx} = F_A \sin\beta = 3{,}505\text{ kN} \cdot \sin 60° = 3{,}035\text{ kN}$
II. $F_{By} = F - F_A \cos\beta = 5\text{ kN} - 3{,}505\text{ kN} \cdot \cos 60°$
$F_{By} = 3{,}248\text{ kN}$

$F_B = \sqrt{F_{Bx}^2 + F_{By}^2} = \sqrt{(3{,}035\text{ kN})^2 + (3{,}248\text{ kN})^2}$
$F_B = 4{,}445\text{ kN}$

c) $\alpha_B = \arctan \dfrac{F_{By}}{F_{Bx}} = \arctan \dfrac{3{,}248\text{ kN}}{3{,}035\text{ kN}} = 46{,}94°$

108.

Lageskizze
(freigemachter Drehkran)

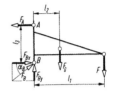

I. $\Sigma F_x = 0 = F_{Bx} - F_A$
II. $\Sigma F_y = 0 = F_{By} - F_G - F$
III. $\Sigma M_{(B)} = 0 = F_A\, l_3 - F_G\, l_2 - F\, l_1$

a) III. $F_A = \dfrac{F_G\, l_2 + F\, l_1}{l_3} = \dfrac{8\text{ kN} \cdot 0{,}55\text{ m} + 20\text{ kN} \cdot 2{,}2\text{ m}}{1{,}2\text{ m}}$

$F_A = 40{,}33\text{ kN}$

b) I. $F_{Bx} = F_A = 40{,}33\text{ kN}$
II. $F_{By} = F_G + F = 8\text{ kN} + 20\text{ kN} = 28\text{ kN}$

$F_B = \sqrt{F_{Bx}^2 + F_{By}^2} = \sqrt{(40{,}33\text{ kN})^2 + (28\text{ kN})^2}$
$F_B = 49{,}1\text{ kN}$

c) $\alpha_B = \arctan \dfrac{F_{By}}{F_{Bx}} = \arctan \dfrac{28\text{ kN}}{40{,}33\text{ kN}} = 34{,}77°$

109.

Lageskizze 1   Lageskizze 2
(freigemachte Spannrolle) (freigemachter Winkelhebel)

I. $\Sigma F_x = 0 = F_{Ax} - F_B$
II. $\Sigma F_y = 0 = F_{Ay} - 2F$
III. $\Sigma M_{(A)} = 0 = 2F\, l_2 - F_B\, l_1$

a) III. $F_B = 2F \dfrac{l_2}{l_1} = 2 \cdot 35\text{ N} \cdot \dfrac{110\text{ mm}}{135\text{ mm}} = 57{,}04\text{ N}$

b) I. $F_{Ax} = F_B = 57{,}04\text{ N}$
II. $F_{Ay} = 2F = 2 \cdot 35\text{ N} = 70\text{ N}$

$$F_A = \sqrt{F_{Ax}^2 + F_{Ay}^2} = \sqrt{(57{,}04\text{ N})^2 + (70\text{ N})^2}$$
$$F_A = 90{,}3\text{ N}$$

c) $\alpha_A = \arctan\dfrac{F_{Ay}}{F_{Ax}} = \arctan\dfrac{70\text{ N}}{57{,}04\text{ N}} = 50{,}83°$

110.

Lageskizze
(freigemachter
Träger)

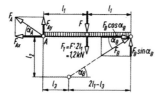

Berechnung des Winkels α_B:

$$\alpha_B = \arctan\dfrac{l_2}{2l_1 - l_3} = \arctan\dfrac{0{,}7\text{ m}}{0{,}85\text{ m}} = 39{,}47°$$

I. $\Sigma F_x = 0 = F_B \cos\alpha_B - F_{Ax}$
II. $\Sigma F_y = 0 = F_{Ay} - F - F_1 + F_B \sin\alpha_B$
III. $\Sigma M_{(A)} = 0 = -(F + F_1)l_1 + F_B \sin\alpha_B \cdot 2l_1$

a) III. $F_B = (F + F_1) \cdot \dfrac{l_1}{2l_1 \sin\alpha_B} = \dfrac{F + F_1}{2\sin\alpha_B} = 12{,}74\text{ kN}$

b) I. $F_{Ax} = F_B \cos\alpha_B = 12{,}74\text{ kN} \cdot \cos 39{,}47°$
$\quad F_{Ax} = 9{,}836\text{ kN}$
II. $F_{Ay} = F + F_1 - F_B \sin\alpha_B$
$\quad F_{Ay} = 15\text{ kN} + 1{,}2\text{ kN} - 12{,}74\text{ kN} \cdot \sin 39{,}47°$
$\quad F_{Ay} = 8{,}1\text{ kN}$

$$F_A = \sqrt{F_{Ax}^2 + F_{Ay}^2} = \sqrt{(9{,}836\text{ kN})^2 + (8{,}1\text{ kN})^2}$$
$$F_A = 12{,}74\text{ kN}$$

c) $\alpha_A = \arctan\dfrac{F_{Ay}}{F_{Ax}} = \arctan\dfrac{8{,}1\text{ kN}}{9{,}836\text{ kN}} = 39{,}47°$

Hinweis: Wegen der Wirkliniensymmetrie müssen $F_A = F_B$ und $\alpha_A = \alpha_B$ sein (siehe Lageskizze). Die Teillösungen b) und c) enthalten also zugleich eine Kontrolle der Rechnungen.

111.

Rechnerische Lösung:

Lageskizze
(freigemachter
Bogenträger)

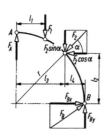

Berechnung des Abstands l_4:

$$l_4 = r - l_3 = r - \sqrt{r^2 - l_2^2}$$
$$l_4 = 3{,}6\text{ m} - \sqrt{(3{,}6\text{ m})^2 - (2{,}55\text{ m})^2} = 1{,}059\text{ m}$$

I. $\Sigma F_x = 0 = F_{Bx} - F_2 \cos\alpha$
II. $\Sigma F_y = 0 = F_A - F_1 - F_2 \sin\alpha + F_{By}$
III. $\Sigma M_{(B)} = 0 = -F_A r + F_1(r - l_1) +$
$\qquad\qquad\qquad\quad + F_2 \sin\alpha\, l_4 + F_2 \cos\alpha\, l_2$

a) III. $F_A = \dfrac{F_1(r - l_1) + F_2(l_4 \sin\alpha + l_2 \cos\alpha)}{r}$

$$F_A = \dfrac{21\text{ kN} \cdot 2{,}2\text{ m}}{3{,}6\text{ m}} +$$
$$\quad + \dfrac{18\text{ kN}(1{,}059\text{ m} \cdot \sin 45° + 2{,}55\text{ m} \cdot \cos 45°)}{3{,}6\text{ m}}$$
$$F_A = 25{,}59\text{ kN}$$

b) I. $F_{Bx} = F_2 \cos\alpha = 18\text{ kN} \cdot \cos 45° = 12{,}73\text{ kN}$
II. $F_{By} = F_1 + F_2 \sin\alpha - F_A$
$\quad F_{By} = 21\text{ kN} + 18\text{ kN} \cdot \sin 45° - 25{,}59\text{ kN}$
$\quad F_{By} = 8{,}14\text{ kN}$

$$F_B = \sqrt{F_{Bx}^2 + F_{By}^2} = \sqrt{(12{,}73\text{ kN})^2 + (8{,}14\text{ kN})^2}$$
$$F_B = 15{,}11\text{ kN}$$

c) $F_{Bx} = 12{,}73\text{ kN}$, $F_{By} = 8{,}14\text{ kN}$, siehe Teillösung b)

Zeichnerische Lösung:

Anleitung: Im Lageplan WL F_1 und WL F_2 zum Schnitt bringen. Im Kräfteplan Resultierende F_r aus F_1 und F_2 ermitteln und parallel in den Punkt S im Lageplan verschieben. Dann 3-Kräfte-Verfahren mit den WL F_r, WL F_A und WL F_B anwenden.

Lageplan $\qquad\qquad\qquad$ Kräfteplan
($M_L = 2$ m/cm) $\qquad\quad$ ($M_K = 10$ kN/cm)

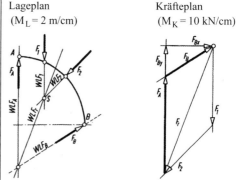

112.

Vorüberlegung:

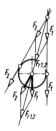

Die Zugkraft F_2 im linken Zugseil ist gleich der Belastung F_1 im rechten Seiltrum. Beide Kräfte werden in den Schnittpunkt ihrer Wirklinien verschoben und dort durch ihre Resultierende $F_{r1,2}$ ersetzt. Deren Wirklinie verläuft durch den Seilrollenmittelpunkt. Dann wird die Resultierende in den Rollenmittelpunkt verschoben und wieder in ihre Komponenten F_1 und F_2 zerlegt.
Auf diese Weise erhält man für beide Kräfte einen Angriffspunkt, der durch die gegebenen Abmessungen genau festgelegt ist.

Lageskizze (freigemachter Ausleger)

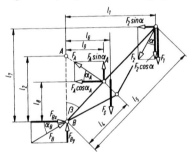

Bei der Lösung dieser Aufgabe ist zur Berechnung der Wirkabstände und Winkel ein verhältnismäßig großer trigonometrischer Aufwand erforderlich.

$\beta = \arcsin \dfrac{l_1}{l_5} = \arcsin \dfrac{5 \text{ m}}{7 \text{ m}} = 45{,}58°$

$l_7 = \dfrac{l_1}{\tan \beta} = \dfrac{5 \text{ m}}{\tan 45{,}58°} = 4{,}899 \text{ m}$

$l_8 = l_4 \cos \beta = 3 \text{ m} \cdot \cos 45{,}58° = 2{,}1 \text{ m}$

$l_9 = l_4 \sin \beta = 3 \text{ m} \cdot \sin 45{,}58° = 2{,}143 \text{ m}$

$\alpha_A = \arctan \dfrac{l_2 - l_8}{l_9} = \arctan \dfrac{3{,}5 \text{ m} - 2{,}1 \text{ m}}{2{,}143 \text{ m}} = 33{,}16°$

Rechnungsansatz mit den Gleichgewichtsbedingungen:

I. $\Sigma F_x = 0 = F_{Bx} - F_A \cos \alpha_A - F_2 \sin \alpha$

II. $\Sigma F_y = 0 = F_{By} + F_A \sin \alpha_A - F_G - F_2 \cos \alpha - F_1$

III. $\Sigma M_{(B)} = 0 = F_A \cos \alpha_A \, l_8 + F_A \sin \alpha_A \, l_9 - F_G \, l_6 +$
$\qquad + F_2 \sin \alpha \, l_7 - F_2 \cos \alpha \, l_1 - F_1 \, l_1$

Für $F_2 = F_1$ gesetzt:

I. $F_{Bx} - F_A \cos \alpha_A - F_1 \sin \alpha = 0$

II. $F_{By} + F_A \sin \alpha_A - F_G - F_1(1 + \cos \alpha) = 0$

III. $F_A(l_8 \cos \alpha_A + l_9 \sin \alpha_A) - F_G \, l_6 +$
$\qquad + F_1(l_7 \sin \alpha - l_1 \cos \alpha - l_1) = 0$

a) III. $F_A = \dfrac{F_G \, l_6 - F_1[l_7 \sin \alpha - l_1(1 + \cos \alpha)]}{l_8 \cos \alpha_A + l_9 \sin \alpha_A}$

$F_A = \dfrac{9 \text{ kN} \cdot 2{,}4 \text{ m}}{2{,}1 \text{ m} \cdot \cos 33{,}16° + 2{,}143 \text{ m} \cdot \sin 33{,}16°} -$
$\qquad - \dfrac{30 \text{ kN}[4{,}899 \text{ m} \cdot \sin 25° - 5 \text{ m}(1 + \cos 25°)]}{2{,}1 \text{ m} \cdot \cos 33{,}16° + 2{,}143 \text{ m} \cdot \sin 33{,}16°}$

$F_A = 83{,}76 \text{ kN}$

b) I. $F_{Bx} = F_A \cos \alpha_A + F_1 \sin \alpha$

$F_{Bx} = 83{,}76 \text{ kN} \cdot \cos 33{,}16° + 30 \text{ kN} \cdot \sin 25°$

$F_{Bx} = 82{,}8 \text{ kN}$

II. $F_{By} = F_G + F_1(1 + \cos \alpha) - F_A \sin \alpha_A$

$F_{By} = 9 \text{ kN} + 30 \text{ kN}(1 + \cos 25°) - 83{,}76 \text{ kN} \cdot \sin 33{,}16°$

$F_{By} = 20{,}37 \text{ kN}$

$F_B = \sqrt{F_{Bx}^2 + F_{By}^2} = \sqrt{(82{,}8 \text{ kN})^2 + (20{,}37 \text{ kN})^2}$

$F_B = 85{,}27 \text{ kN}$

c) $\alpha_B = \arctan \dfrac{F_{By}}{F_{Bx}} = \arctan \dfrac{20{,}37 \text{ kN}}{82{,}8 \text{ kN}} = 13{,}82°$

113.

Nach der gleichen Vorüberlegung wie in Lösung 112 werden die Angriffspunkte der beiden Kettenspannkräfte $F_1 = 120$ N in den Mittelpunkt des Spannrads verschoben.

Lageskizze
(freigemachter
Spannhebel)

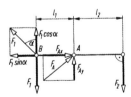

I. $\Sigma F_x = 0 = F_{Ax} - F_1 \sin \alpha$

II. $\Sigma F_y = 0 = -F_1 + F_1 \cos \alpha + F_{Ay} - F_2$

III. $\Sigma M_{(A)} = 0 = F_1 \, l_1 - F_1 \cos \alpha \, l_1 - F_2 \, l_2$

a) III. $F_2 = F_1(1 - \cos \alpha) \dfrac{l_1}{l_2}$

$F_2 = 120 \text{ N}(1 - \cos 45°) \dfrac{50 \text{ mm}}{85 \text{ mm}} = 20{,}67 \text{ N}$

b) I. $F_{Ax} = F_1 \sin \alpha = 120 \text{ N} \cdot \sin 45° = 84{,}85 \text{ N}$

II. $F_{Ay} = F_1(1-\cos\alpha) + F_2$

$F_{Ay} = 120\text{ N}(1-\cos 45°) + 20,67\text{ N} = 55,82\text{ N}$

$F_A = \sqrt{F_{Ax}^2 + F_{Ay}^2} = \sqrt{(84,85\text{ N})^2 + (55,82\text{ N})^2}$

$F_A = 101,6\text{ N}$

c) $F_{Ax} = 84,85\text{ N}$; $F_{Ay} = 55,82\text{ N}$, siehe Teillösung b)

114.
Lageskizze (freigemachtes Dach)

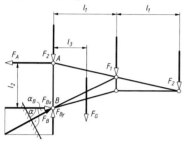

I. $\Sigma F_x = 0 = F_{Bx} - F_A$

II. $\Sigma F_y = 0 = F_{By} - F_G - F_1 - 2F_2$

III. $\Sigma M_{(B)} = 0 = F_A\, l_2 - F_G\, l_3 - F_1 l_1 - F_2 \cdot 2l_1$

a) III. $F_A = \dfrac{F_G l_3 + (F_1 + 2F_2)l_1}{l_2}$

$F_A = \dfrac{1{,}3\text{ kN} \cdot 0{,}9\text{ m} + (5\text{ kN}+5\text{ kN})\cdot 1{,}5\text{ m}}{1{,}1\text{ m}}$

$F_A = 14{,}7\text{ kN}$

b) I. $F_{Bx} = F_A = 14{,}7\text{ kN}$

II. $F_{By} = F_G + F_1 + 2F_2$

$F_{By} = 1{,}3\text{ kN} + 5\text{ kN} + 2\cdot 2{,}5\text{ kN} = 11{,}3\text{ kN}$

$F_B = \sqrt{F_{Bx}^2 + F_{By}^2} = \sqrt{(14{,}7\text{ kN})^2 + (11{,}3\text{ kN})^2}$

$F_B = 18{,}54\text{ kN}$

c) $\alpha_B = \arctan\dfrac{F_{By}}{F_{Bx}} = \arctan\dfrac{11{,}3\text{ kN}}{14{,}7\text{ kN}} = 37{,}55°$

Winkel α ist Komplementwinkel zum Winkel α_B:
$\alpha = 90° - \alpha_B = 52{,}45°$

115.
Lageskizze
(freigemachte
Laufbühne)

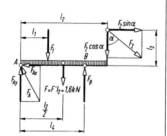

I. $\Sigma F_x = 0 = F_2\sin\alpha - F_{Ax}$

II. $\Sigma F_y = 0 = F_{Ay} - F_1 - F + F_B - F_2\cos\alpha$

III. $\Sigma M_{(A)} = 0 = -F_1 l_1 - F\dfrac{l_2}{2} + F_B l_4 -$
$\qquad\qquad\qquad - F_2\cos\alpha\, l_2 - F_2\sin\alpha\, l_3$

a) III. $F_B = \dfrac{F_1 l_1 + F\dfrac{l_2}{2} + F_2(l_2\cos\alpha + l_3\sin\alpha)}{l_4}$

$F_B = \dfrac{2{,}5\text{ kN}\cdot 0{,}6\text{ m} + 1{,}6\text{ kN}\cdot 1\text{ m}}{1{,}5\text{ m}} +$

$\qquad + \dfrac{0{,}5\text{ kN}(2\text{ m}\cdot\cos 52° + 0{,}8\text{ m}\cdot\sin 52°)}{1{,}5\text{ m}}$

$F_B = 2{,}687\text{ kN}$

b) I. $F_{Ax} = F_2\sin\alpha = 0{,}5\text{ kN}\cdot\sin 52° = 0{,}394\text{ kN}$

II. $F_{Ay} = F_1 + F + F_2\cos\alpha - F_B$

$F_{Ay} = 2{,}5\text{ kN} + 1{,}6\text{ kN} + 0{,}5\text{ kN}\cdot\cos 52° - 2{,}687\text{ kN}$

$F_{Ay} = 1{,}721\text{ kN}$

$F_A = \sqrt{F_{Ax}^2 + F_{Ay}^2} = \sqrt{(0{,}394\text{ kN})^2 + (1{,}721\text{ kN})^2}$

$F_A = 1{,}765\text{ kN}$

c) $F_{Ax} = 0{,}394\text{ kN}$, $F_{Ay} = 1{,}721\text{ kN}$, siehe Teillösung b)

116.
Lageskizze
(freigemachte Schwinge
mit Motor)

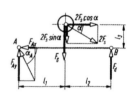

Vorüberlegung: Es dürfen die beiden parallelen Spannkräfte F_s durch die Resultierende $2F_s$, im Scheibenmittelpunkt angreifend, ersetzt werden.

I. $\Sigma F_x = 0 = 2F_s\cos\alpha - F_{Ax}$

II. $\Sigma F_y = 0 = F_{Ay} - 2F_s\sin\alpha - F_G + F_d$

III. $\Sigma M_{(A)} = 0 = F_d(l_1 + l_2) - F_G l_1 -$
$\qquad\qquad\qquad - 2F_s\sin\alpha\, l_1 - 2F_s\cos\alpha\, l_3$

a) III. $F_d = \dfrac{F_G l_1 + 2F_s(l_1\sin\alpha + l_3\cos\alpha)}{l_1 + l_2}$

$F_d = \dfrac{300\text{ N}\cdot 0{,}35\text{ m}}{0{,}65\text{ m}} +$

$\qquad + \dfrac{400\text{ N}(0{,}35\text{ m}\cdot\sin 30° + 0{,}17\text{ m}\cdot\cos 30°)}{0{,}65\text{ m}}$

$F_d = 359{,}8\text{ N}$

b) I. $F_{Ax} = 2F_s\cos\alpha = 2\cdot 200\text{ N}\cdot\cos 30° = 346{,}4\text{ N}$

1 Statik in der Ebene

II. $F_{Ay} = 2F_s \sin\alpha + F_G - F_d$

$F_{Ay} = 2 \cdot 200\text{ N} \cdot \sin 30° + 300\text{ N} - 359,8\text{ N}$

$F_{Ay} = 140,2\text{ N}$

(Kontrolle mit $\Sigma M_{(B)} = 0$)

$F_A = \sqrt{F_{Ax}^2 + F_{Ay}^2} = \sqrt{(346,4\text{ N})^2 + (140,2\text{ N})^2}$

$F_A = 373,7\text{ N}$

c) $\alpha_A = \arctan\dfrac{F_{Ay}}{F_{Ax}} = \arctan\dfrac{140,2\text{ N}}{346,4\text{ N}} = 22,03°$

117.

Vorüberlegung wie in Lösung 112.

Lageskizze
(freigemachter Spannhebel)

I. $\Sigma F_x = 0 = F_{Ax} - 2F_1 - F_2$

II. $\Sigma F_y = 0 = F_{Ay} - 2F_1$

III. $\Sigma M_{(A)} = 0 = F_1 l_1 + F_1 l_1 - F_2 l_2$

a) III. $F_2 = \dfrac{2F_1 l_1}{l_2} = F_1 \dfrac{2l_1}{l_2} = 100\text{ N} \cdot \dfrac{2 \cdot 35\text{ mm}}{110\text{ mm}}$

$F_2 = 63,64\text{ N}$

b) I. $F_{Ax} = 2F_1 + F_2 = 2 \cdot 100\text{ N} + 63,64\text{ N} = 263,64\text{ N}$

II. $F_{Ay} = 2F_1 = 200\text{ N}$

$F_A = \sqrt{F_{Ax}^2 + F_{Ay}^2} = \sqrt{(263,64\text{ N})^2 + (200\text{ N})^2}$

$F_A = 330,9\text{ N}$

c) $F_{Ax} = 263,64\text{ N}$, $F_{Ay} = 200\text{ N}$, siehe Teillösung b)

**4-Kräfte-Verfahren und Gleichgewichts-
bedingungen (7. und 8. Grundaufgabe)**

118.

Rechnerische Lösung:

Lageskizze
(freigemachtes
Mantelrohr mit
Ausleger)

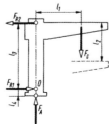

I. $\Sigma F_x = 0 = F_{R1} - F_{R2}$

II. $\Sigma F_y = 0 = F_A - F_G$

III. $\Sigma M_{(O)} = 0 = F_{R2} l_3 - F_G l_1$

a) Stützkräfte in oberster Stellung

III. $F_{R2} = F_G \dfrac{l_1}{l_3} = 24\text{ kN} \cdot \dfrac{1,6\text{ m}}{2,4\text{ m}} = 16\text{ kN}$

I. $F_{R1} = F_{R2} = 16\text{ kN}$

II. $F_A = F_G = 24\text{ kN}$

b) Stützkräfte in unterster Stellung

Beim Senken des Auslegers verändert keine der vier Wirklinien ihre Lage. Folglich bleiben auch die Stützkräfte F_A, F_{R1} und F_{R2} unverändert.

Zeichnerische Lösung:

Lageplan   Kräfteplan
($M_L = 1$ m/cm)   ($M_K = 10$ kN/cm)

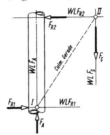 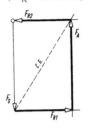

119.

Lageskizze
(freigemachter Kran)

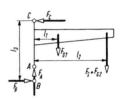

I. $\Sigma F_x = 0 = F_B - F_C$

II. $\Sigma F_y = 0 = F_A - F_{G1} - (F_s + F_{G2})$

III. $\Sigma M_{(B)} = 0 = F_C l_3 - F_{G1} l_1 - (F_s + F_{G2}) l_2$

III. $F_C = \dfrac{F_{G1} l_1 + (F_s + F_{G2}) l_2}{l_3}$

$F_C = \dfrac{34\text{ kN} \cdot 1,1\text{ m} + 32\text{ kN} \cdot 4\text{ m}}{2,8\text{ m}} = 59,07\text{ kN}$

I. $F_B = F_C = 59,07\text{ kN}$

II. $F_A = F_{G1} + F_s + F_{G2} = 66\text{ kN}$

120.

Lageskizze
(freigemachter
Anhänger)

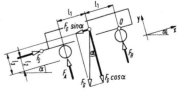

I. $\Sigma F_x = 0 = F_s - F_G \sin\alpha$
II. $\Sigma F_y = 0 = F_A + F_B - F_G \cos\alpha$
III. $\Sigma M_{(O)} = 0 = F_G \sin\alpha (l_3 - l_2) + F_G \cos\alpha\, l_1 - F_A \cdot 2l_1$

a) „20 % Gefälle" bedeutet: der Neigungswinkel hat einen Tangens von 0,2.
$\alpha = \arctan 0{,}2 = 11{,}31°$

b) I. $F_s = F_G \sin\alpha = 100\text{ kN} \cdot \sin 11{,}31° = 19{,}61\text{ kN}$

c) III. $F_A = F_G \dfrac{(l_3 - l_2)\sin\alpha + l_1 \cos\alpha}{2l_1}$

$F_A = 100\text{ kN} \cdot \dfrac{0{,}5\text{ m} \cdot \sin 11{,}31° + 2\text{ m} \cdot \cos 11{,}31°}{2 \cdot 2\text{ m}}$

$F_A = 51{,}48\text{ kN}$

II. $F_B = F_G \cos\alpha - F_A$
$F_B = 100\text{ kN} \cdot \cos 11{,}31° - 51{,}48\text{ kN}$
$F_B = 46{,}58\text{ kN}$

121.
Lageskizze (freigemachter Wagen ohne Zugstange)

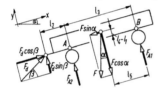

I. $\Sigma F_x = 0 = F_d \cos\beta - F \sin\alpha$
II. $\Sigma F_y = 0 = F_d \sin\beta + F_{A2} - F \cos\alpha + F_{A1}$
III. $\Sigma M_{(A)} = 0 = -F_d \sin\beta\, l_2 + F \sin\alpha (l_4 - l_1) -$
$\qquad - F \cos\alpha (l_3 - l_5) + F_{A1} l_3$

I. $F_d = F \dfrac{\sin\alpha}{\cos\beta} = 38\text{ kN} \cdot \dfrac{\sin 10°}{\cos 30°} = 7{,}619\text{ kN}$

III. $F_{A1} = \dfrac{F_d\, l_2 \sin\beta + F[(l_3 - l_5)\cos\alpha - (l_4 - l_1)\sin\alpha]}{l_3}$

$F_{A1} = \dfrac{7{,}619\text{ kN} \cdot 1{,}1\text{ m} \cdot \sin 30°}{3{,}2\text{ m}} +$
$\qquad + \dfrac{38\text{ kN}(1{,}6\text{ m} \cdot \cos 10° - 0{,}2\text{ m} \cdot \sin 10°)}{3{,}2\text{ m}}$

$F_{A1} = 19{,}61\text{ kN}$

II. $F_{A2} = F \cos\alpha - F_d \sin\beta - F_{A1}$
$F_{A2} = 38\text{ kN} \cdot \cos 10° - 7{,}618\text{ kN} \cdot \sin 30° - 19{,}61\text{ kN}$
$F_{A2} = 14\text{ kN}$

(Kontrolle mit $\Sigma M_{(B)} = 0$)

122.
Lageskizze
(freigemachte Arbeitsbühne)

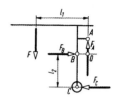

I. $\Sigma F_x = 0 = F_B - F_C$
II. $\Sigma F_y = 0 = F_A - F$
III. $\Sigma M_{(O)} = 0 = F\, l_1 - F_C\, l_2$

a) II. $F_A = F = 4{,}2\text{ kN}$

b) III. $F_C = F \dfrac{l_1}{l_2} = 4{,}2\text{ kN} \cdot \dfrac{1{,}2\text{ m}}{0{,}75\text{ m}} = 6{,}72\text{ kN}$

I. $F_B = F_C = 6{,}72\text{ kN}$

123.
Rechnerische Lösung:
Lageskizze (freigemachte Laufkatze)

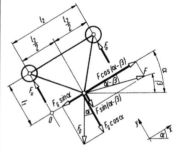

I. $\Sigma F_x = 0 = F \cos(\alpha - \beta) - F_G \sin\alpha$
II. $\Sigma F_y = 0 = F_u + F_o - F_G \cos\alpha - F \sin(\alpha - \beta)$
III. $\Sigma M_{(O)} = 0 = F_o\, l_2 - [F_G \cos\alpha + F \sin(\alpha - \beta)]\dfrac{l_2}{2}$

a) I. $F = F_G \dfrac{\sin\alpha}{\cos(\alpha - \beta)} = 18\text{ kN} \cdot \dfrac{\sin 30°}{\cos 15°} = 9{,}317\text{ kN}$

b) III. $F_o = \dfrac{F_G \cos\alpha + F \sin(\alpha - \beta)}{2}$

$F_o = \dfrac{18\text{ kN} \cdot \cos 30° + 9{,}317\text{ kN} \cdot \sin 15°}{2} = 9\text{ kN}$

II. $F_u = F_G \cos\alpha + F \sin(\alpha - \beta) - F_o$
$F_u = 18\text{ kN} \cdot \cos 30° + 9{,}317\text{ kN} \cdot \sin 15° - 9\text{ kN}$
$F_u = 9\text{ kN}$

1 Statik in der Ebene

Zeichnerische Lösung:

Lageplan (M_L = 0,2 m/cm)

Kräfteplan (M_K = 6 kN/cm)

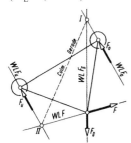

124.

Lageskizze (freigemachte Stange)

I. $\Sigma F_x = 0 = F_G \sin\alpha - F_A - F_B$

II. $\Sigma F_y = 0 = F_C - F_G \cos\alpha$

III. $\Sigma M_{(B)} = 0 = F_A\, l_2 - F_G \sin\alpha \left(\dfrac{l_1}{2} - l_3\right)$

III. $F_A = F_G \dfrac{\left(\dfrac{l_1}{2} - l_3\right)\sin\alpha}{l_2} = 750\text{ N} \cdot \dfrac{1,3\text{ m} \cdot \sin 12°}{1,7\text{ m}}$

$F_A = 119,2$ N

I. $F_B = F_G \sin\alpha - F_A = 750\text{ N} \cdot \sin 12° - 119,2\text{ N}$

$F_B = 36,69$ N

(Kontrolle mit $\Sigma M_{(A)} = 0$)

II. $F_C = F_G \cos\alpha = 750\text{ N} \cdot \cos 12° = 733,6$ N

125.

Lageskizze (freigemachte Leiter)

Berechnung der Abstände und des Winkels α:

Nach dem 2. Strahlensatz ist

$\dfrac{l_4}{l_1} = \dfrac{l_5}{l_2}$; umgestellt nach l_5:

$l_5 = \dfrac{l_4 l_2}{l_1} = \dfrac{(l_1 - l_3) l_2}{l_1}$

$l_5 = \dfrac{4\text{ m} \cdot 3\text{ m}}{6\text{ m}} = 2$ m

$l_6 = l_2 - l_5 = 1$ m

$l_4 = l_1 - l_3 = 4$ m

$l_7 = \dfrac{l_2}{2} = 1,5$ m, ebenfalls nach dem Strahlensatz.

$\alpha = \arctan \dfrac{l_3}{l_5} = \arctan \dfrac{2\text{ m}}{2\text{ m}} = 45°$

Gleichgewichtsbedingungen:

I. $\Sigma F_x = 0 = F_A - F_2 \cos\alpha$

II. $\Sigma F_y = 0 = F_B - F_1 - F_2 \sin\alpha$

III. $\Sigma M_{(O)} = 0 = F_1 l_7 + F_2 \sin\alpha\, l_6 - F_2 \cos\alpha\, l_4$

III. $F_2 = F_1 \dfrac{l_7}{l_4 \cos\alpha - l_6 \sin\alpha}$

$F_2 = 800\text{ N} \cdot \dfrac{1,5\text{ m}}{4\text{ m} \cdot \cos 45° - 1\text{ m} \cdot \sin 45°} = 565,7$ N

I. $F_A = F_2 \cos\alpha = 565,7\text{ N} \cdot \cos 45° = 400$ N

II. $F_B = F_1 + F_2 \sin\alpha = 800\text{ N} + 565,7\text{ N} \cdot \sin 45°$

$F_B = 1200$ N

126.

Vorüberlegung:

Die beiden Radialkräfte F_B und F_C an der Kugel werden in den Kugelmittelpunkt M (Wirklinienschnittpunkt) verschoben (siehe Lösung 112).

Dieser Punkt wird als Angriffspunkt der beiden Reaktionskräfte F_B und F_C an der Führungsschiene des Tischs angenommen.

Lageskizze (freigemachter Tisch)

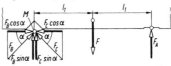

Hinweis: $\alpha = \dfrac{90°}{2} = 45°$

I. $\Sigma F_x = 0 = F_B \cos\alpha - F_C \cos\alpha$

II. $\Sigma F_y = 0 = F_B \sin\alpha + F_C \sin\alpha - F + F_A$

III. $\Sigma M_{(M)} = 0 = F_A \cdot 2 l_1 - F\, l_1$

III. $F_A = F \dfrac{l_1}{2 l_1} = \dfrac{F}{2} = 225$ N

I. $F_C = F_B \dfrac{\cos\alpha}{\cos\alpha} = F_B$ in Gleichung II eingesetzt:

II. $F_B = \dfrac{F - F_A}{2 \sin\alpha} = \dfrac{225\text{ N}}{2 \cdot \sin 45°} = 159,1$ N

I. $F_C = F_B = 159,1$ N

127.

Lageskizze (freigemachter Werkzeugschlitten)

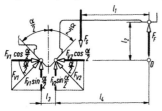

I. $\Sigma F_x = 0 = F_{V1} \cos\dfrac{\alpha}{2} - F_{V2} \cos\dfrac{\alpha}{2}$

II. $\Sigma F_y = 0 = F_{V1} \sin\dfrac{\alpha}{2} + F_{V2} \sin\dfrac{\alpha}{2} - F_G + F_F$

III. $\Sigma M_{(O)} = 0 = F_G l_1 - F_{V1} \sin\dfrac{\alpha}{2}(l_3+l_4) - F_{V2} \sin\dfrac{\alpha}{2} l_4$

I. $F_{V2} = F_{V1} \dfrac{\cos\dfrac{\alpha}{2}}{\cos\dfrac{\alpha}{2}} = F_{V1}$; in Gleichung III eingesetzt:

III. $F_{V1} = F_G \dfrac{l_1}{(l_3+2l_4)\sin\dfrac{\alpha}{2}}$

$F_{V1} = 1,5 \text{ kN} \cdot \dfrac{380 \text{ mm}}{960 \text{ mm} \cdot \sin 45°} = 0,8397 \text{ kN}$

I. $F_{V2} = F_{V1} = 0,8397$ kN

II. $F_F = F_G - 2F_{V1} \sin\dfrac{\alpha}{2}$

$F_F = 1,5 \text{ kN} - 2 \cdot 0,8397 \text{ kN} \cdot \sin 45° = 0,3125 \text{ kN}$

128.

Lageskizze (freigemachter Bettschlitten)

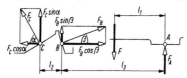

I. $\Sigma F_x = 0 = F_B \cos\beta - F_C \cos\alpha$

II. $\Sigma F_y = 0 = F_A - F + F_B \sin\beta + F_C \sin\alpha$

III. $\Sigma M_{(A)} = 0 = F l_1 - F_B \sin\beta l_3 - F_C \sin\alpha (l_2+l_3)$

I. $F_C = F_B \dfrac{\cos\beta}{\cos\alpha}$; in Gleichung III eingesetzt:

III. $F l_1 - F_B l_3 \sin\beta - F_B \dfrac{\cos\beta}{\cos\alpha} \cdot \sin\alpha (l_2+l_3) = 0$

$F_B = F \dfrac{l_1}{l_3 \sin\beta + (l_2+l_3)\cos\beta \tan\alpha}$

$F_B = 18 \text{ kN} \cdot \dfrac{0,6 \text{ m}}{0,78 \text{ m} \cdot \sin 20° + 0,92 \text{ m} \cdot \cos 20° \cdot \tan 60°}$

$F_B = 6,122$ kN

I. $F_C = F_B \dfrac{\cos\beta}{\cos\alpha} = 6,122 \text{ kN} \cdot \dfrac{\cos 20°}{\cos 60°} = 11,51 \text{ kN}$

II. $F_A = F - F_B \sin\beta - F_C \sin\alpha$

$F_A = 18 \text{ kN} - 6,122 \text{ kN} \cdot \sin 20° - 11,51 \text{ kN} \cdot \sin 60°$

$F_A = 5,942$ kN

129.

Lageskizze (freigemachter Bettschlitten)

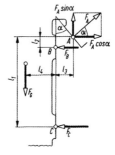

I. $\Sigma F_x = 0 = F_A \cos\alpha - F_B - F_C$

II. $\Sigma F_y = 0 = F_A \sin\alpha - F_G$

III. $\Sigma M_{(C)} = 0 = F_B (l_1 - l_2) + F_G l_4 + F_A \sin\alpha l_3 - F_A \cos\alpha l_1$

II. $F_A = \dfrac{F_G}{\sin\alpha} = \dfrac{1,8 \text{ kN}}{\sin 40°} = 2,8$ kN

III. $F_B = \dfrac{F_A l_1 \cos\alpha - F_A l_3 \sin\alpha - F_G l_4}{l_1 - l_2}$

$F_B = \dfrac{F_A(l_1 \cos\alpha - l_3 \sin\alpha) - F_G l_4}{l_1 - l_2}$

$F_B = \dfrac{2,8 \text{ kN}(0,28 \text{ m} \cdot \cos 40° - 0,05 \text{ m} \cdot \sin 40°)}{0,25 \text{ m}} -$

$- \dfrac{1,8 \text{ kN} \cdot 0,09 \text{ m}}{0,25 \text{ m}}$

$F_B = 1,394$ kN

I. $F_C = F_A \cos\alpha - F_B$

$F_C = 2,8 \text{ kN} \cdot \cos 40° - 1,394 \text{ kN} = 0,7508$ kN

(Kontrolle mit $\Sigma M_{(B)} = 0$)

130.
Lageskizze (freigemachter Reitstock)

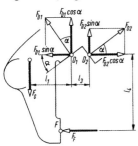

I. $\Sigma F_x = 0 = F_{D2}\cos\alpha - F_{D1}\sin\alpha - F_F$

II. $\Sigma F_y = 0 = F_{D1}\cos\alpha + F_{D2}\sin\alpha - F_G$

III. $\Sigma M_{(D1)} = 0 = F_G\, l_1 - F_F\, l_4 + F_{D2}\sin\alpha\, l_3$

III. $F_{D2} = \dfrac{F_F\, l_4 - F_G\, l_1}{l_3 \sin\alpha}$; in Gleichung I und II eingesetzt:

I. $\dfrac{F_F\, l_4 - F_G\, l_1}{l_3 \sin\alpha} \cdot \cos\alpha - F_{D1}\sin\alpha - F_F = 0$ ⎫

II. $F_{D1}\cos\alpha + \dfrac{F_F\, l_4 - F_G\, l_1}{l_3 \sin\alpha}\cdot\sin\alpha - F_G = 0$ ⎭

Beide Gleichungen nach F_{D1} aufgelöst und gleichgesetzt:

$$F_{D1} = \dfrac{\dfrac{F_F\, l_4 - F_G\, l_1}{l_3\tan\alpha} - F_F}{\sin\alpha} = \dfrac{F_G - \dfrac{F_F\, l_4 - F_G\, l_1}{l_3}}{\cos\alpha}$$

$(F_F\, l_4 - F_G\, l_1)\dfrac{\cos\alpha}{l_3\tan\alpha} - F_F\cos\alpha = F_G\sin\alpha - (F_F\, l_4 - F_G\, l_1)\cdot\dfrac{\sin\alpha}{l_3}\quad\Big|\cdot l_3\tan\alpha$

$(F_F\, l_4 - F_G\, l_1)\cos\alpha - F_F\, l_3\sin\alpha = F_G\, l_3\sin\alpha\tan\alpha - (F_F\, l_4 - F_G\, l_1)\sin\alpha\tan\alpha$

$F_F\, l_4\cos\alpha - F_G\, l_1\cos\alpha - F_F\, l_3\sin\alpha = F_G\, l_3\sin\alpha\tan\alpha - F_F\, l_4\sin\alpha\tan\alpha + F_G\, l_1\sin\alpha\tan\alpha$

$F_F(l_4\cos\alpha - l_3\sin\alpha + l_4\sin\alpha\tan\alpha) = F_G(l_3\sin\alpha\tan\alpha + l_1\sin\alpha\tan\alpha + l_1\cos\alpha)$

$F_F[l_4(\cos\alpha + \sin\alpha\tan\alpha) - l_3\sin\alpha] = F_G[l_1(\cos\alpha + \sin\alpha\tan\alpha) + l_3\sin\alpha\tan\alpha]$

$$\cos\alpha + \sin\alpha\tan\alpha = \cos\alpha + \sin\alpha\cdot\dfrac{\sin\alpha}{\cos\alpha}$$

$$\cos\alpha + \sin\alpha\tan\alpha = \dfrac{\cos^2\alpha + \sin^2\alpha}{\cos\alpha}$$

$$F_F\, l_4\,\overbrace{\dfrac{\cos^2\alpha + \sin^2\alpha}{\cos\alpha}}^{=1} - l_3\sin\alpha = F_G\, l_1\,\overbrace{\dfrac{\cos^2\alpha + \sin^2\alpha}{\cos\alpha}}^{=1} + l_3\sin\alpha\tan\alpha$$

$$F_F\left(\dfrac{l_4}{\cos\alpha} - l_3\sin\alpha\right) = F_G\left(\dfrac{l_1}{\cos\alpha} + l_3\sin\alpha\tan\alpha\right)$$

$$F_F = F_G\,\dfrac{\dfrac{l_1}{\cos\alpha} + l_3\sin\alpha\tan\alpha}{\dfrac{l_4}{\cos\alpha} - l_3\sin\alpha} = F_G\,\dfrac{l_1 + l_3\sin^2\alpha}{l_4 - l_3\sin\alpha\cos\alpha}$$

$$F_F = 3{,}2\text{ kN}\cdot\dfrac{275\text{ mm} + 120\text{ mm}\cdot\sin^2 35°}{500\text{ mm} - 120\text{ mm}\cdot\sin 35°\cdot\cos 35°} = 2{,}268\text{ kN}$$

III. $F_{D2} = \dfrac{F_F\, l_4 - F_G\, l_1}{l_3\sin\alpha} = \dfrac{2{,}268\text{ kN}\cdot 500\text{ mm} - 3{,}2\text{ kN}\cdot 275\text{ mm}}{120\text{ mm}\cdot\sin 35°} = 3{,}69\text{ kN}$

II. $F_{D1} = \dfrac{F_G - F_{D2}\sin\alpha}{\cos\alpha} = \dfrac{3{,}2\text{ kN} - 3{,}694\text{ kN}\cdot\sin 35°}{\cos 35°} = 1{,}320\text{ kN}$

131.

a) Zur Statikuntersuchung kann die skizzierte Konstruktion in fünf Teile zerlegt werden: den Motor, das Gestänge mit Tragplatte und Rolle, die Nockenwelle und die beiden Gleitbuchsen A und B.
Zum Freimachen beginnt man immer mit dem Bauteil an dem die bekannte Kraft F angreift. Das ist hier die Tragplatte für den Motor mit dem Gestänge.

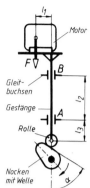

Aufgabenskizze

In die Lageskizze des freigemachten Gestänges sind einzutragen:
Die gegebene Kraft $F = 350$ N in negativer y-Richtung, die von der Nockenwelle auf die Rolle wirkende Normalkraft F_N mit ihren Komponenten $F_N \sin \alpha$ und $F_N \cos \alpha$, die beiden rechtwinklig zu den Gleitflächen wirkenden Lagerkräfte F_A und F_B, von denen zunächst nur die Lage ihrer Wirklinien bekannt sind.

Freigemachtes Gestänge

Hinweis:
Der Richtungssinn der beiden Lagerkräfte F_A und F_B kann beliebig in positiver oder negativer x-Richtung angenommen werden.
Ergibt sich bei der Berechnung aus den drei Gleichgewichtsbedingungen die Kraft mit negativem Vorzeichen, war der angenommene Richtungssinn falsch, die Kraft wirkt also in entgegengesetzter Richtung.
Für die weitere Rechnung gilt:
Entweder wird das negative Vorzeichen in die Folgerechnungen mitgenommen oder man setzt die Gleichgewichtsbedingungen mit dem geänderten Richtungssinn neu an. Zum Nachweis, dass es gleichgültig ist welcher Richtungssinn für F_A und F_B angenommen wird, folgen hier die Berechnungen für die vier Möglichkeiten mit den Annahmen 1 bis 4.

Annahme 1:

Die Kräfte F_A und F_B wirken in negativer x-Richtung.
Freigemachtes Gestänge, gegebene Belastungskraft F, Lagerkräfte F_A und F_B und Normalkraft F_N mit den Komponenten $F_N \cos \alpha$ und $F_N \sin \alpha$.

Lageskizze

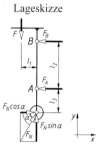

I. $\Sigma F_x = 0 = -F_B - F_A + F_N \cos \alpha$
II. $\Sigma F_y = 0 = F_N \sin \alpha - F$
III. $\Sigma M_{(A)} = 0 = F l_1 - F_B l_2 + F_N \cos \alpha \, l_3$

II. $F_N = \dfrac{F}{\sin \alpha} = \dfrac{350 \text{ N}}{\sin 60°} = 404{,}1 \text{ N}$

III. $F_B = \dfrac{-F l_1 - F_N l_3 \cos \alpha}{l_2}$

$F_B = \dfrac{-350 \text{ N} \cdot 0{,}11 \text{ m} - 404{,}1 \text{ N} \cdot 0{,}16 \text{ m} \cdot \cos 60°}{0{,}32 \text{ m}}$

$F_B = -221{,}3 \text{ N}$

I. $F_A = -F_B + F_N \cos \alpha$
$F_A = -(-221{,}3 \text{ N}) + 404{,}1 \text{ N} \cdot \cos 60°$
$F_A = 423{,}4 \text{ N}$

Auswertung der Ergebnisse für die Annahme 1:
F_A hat ein positives Vorzeichen: Richtungsannahme richtig.
F_B hat ein negatives Vorzeichen: Richtungsannahme falsch.
F_N hat ein positives Vorzeichen: Richtungsannahme richtig.

Annahme 2:

Die Kräfte F_A und F_B wirken in positiver x-Richtung.

Lageskizze

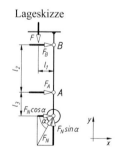

I. $\Sigma F_x = 0 = F_B + F_A + F_N \cos \alpha$
II. $\Sigma F_y = 0 = F_N \sin \alpha - F$
III. $\Sigma M_{(A)} = 0 = F l_1 - F_B l_2 + F_N \cos \alpha \, l_3$

II. $F_N = \dfrac{F}{\sin\alpha} = \dfrac{350\,\text{N}}{\sin 60°} = 404{,}1\,\text{N}$

III. $F_B = \dfrac{F\,l_1 + F_N\,l_3\cos\alpha}{l_2}$

$F_B = \dfrac{350\,\text{N}\cdot 0{,}11\,\text{m} + 404{,}1\,\text{N}\cdot 0{,}16\,\text{m}\cdot\cos 60°}{0{,}32\,\text{m}}$

$F_B = 221{,}3\,\text{N}$

I. $F_A = -F_B - F_N\cos\alpha$

$F_A = -221{,}3\,\text{N} - 404{,}1\,\text{N}\cdot\cos 60°$

$F_A = -423{,}4\,\text{N}$

Auswertung der Ergebnisse für die Annahme 2:
F_A hat ein negatives Vorzeichen:
Richtungsannahme falsch.
F_B hat ein positives Vorzeichen:
Richtungsannahme richtig.
F_N hat ein positives Vorzeichen:
Richtungsannahme richtig.

Annahme 3:

Kraft F_A wirkt in positiver x-Richtung und
Kraft F_B wirkt in negativer x-Richtung.

Lageskizze

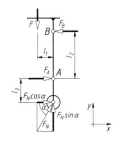

I. $\Sigma F_x = 0 = -F_B + F_A + F_N\cos\alpha$
II. $\Sigma F_y = 0 = F_N\sin\alpha - F$
III. $\Sigma M_{(A)} = 0 = F\,l_1 + F_B\,l_2 + F_N\cos\alpha\, l_3$

II. $F_N = \dfrac{F}{\sin\alpha} = \dfrac{350\,\text{N}}{\sin 60°} = 404{,}1\,\text{N}$

III. $F_B = \dfrac{-F\,l_1 - F_N\,l_3\cos\alpha}{l_2}$

$F_B = \dfrac{-350\,\text{N}\cdot 0{,}11\,\text{m} - 404{,}1\,\text{N}\cdot 0{,}16\,\text{m}\cdot\cos 60°}{0{,}32\,\text{m}}$

$F_B = -221{,}3\,\text{N}$

I. $F_A = -F_B - F_N\cos\alpha$

$F_A = -221{,}3\,\text{N} - 404{,}1\,\text{N}\cdot\cos 60°$

$F_A = -423{,}4\,\text{N}$

Auswertung der Ergebnisse für die Annahme 3:
F_A hat ein negatives Vorzeichen:
Richtungsannahme falsch.
F_B hat ein negatives Vorzeichen:
Richtungsannahme falsch.
F_N hat ein positives Vorzeichen:
Richtungsannahme richtig.

Annahme 4:

Kraft F_A wirkt in negativer x-Richtung und
Kraft F_B wirkt in positiver x-Richtung.

Lageskizze

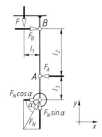

I. $\Sigma F_x = 0 = F_B - F_A + F_N\cos\alpha$
II. $\Sigma F_y = 0 = F_N\sin\alpha - F$
III. $\Sigma M_{(A)} = 0 = F\,l_1 - F_B\,l_2 + F_N\cos\alpha\, l_3$

II. $F_N = \dfrac{F}{\sin\alpha} = \dfrac{350\,\text{N}}{\sin 60°} = 404{,}1\,\text{N}$

III. $F_B = \dfrac{F\,l_1 + F_N\,l_3\cos\alpha}{l_2}$

$F_B = \dfrac{350\,\text{N}\cdot 0{,}11\,\text{m} + 404{,}1\,\text{N}\cdot 0{,}16\,\text{m}\cdot\cos 60°}{0{,}32\,\text{m}}$

$F_B = 221{,}3\,\text{N}$

I. $F_A = F_B + F_N\cos\alpha$

$F_A = 221{,}3\,\text{N} + 404{,}1\,\text{N}\cdot\cos 60°$

$F_A = 423{,}4\,\text{N}$

Auswertung der Ergebnisse für die Annahme 4:
F_A hat ein positives Vorzeichen:
Richtungsannahme richtig.
F_B hat ein positives Vorzeichen:
Richtungsannahme richtig.
F_N hat ein positives Vorzeichen:
Richtungsannahme richtig.

b) Lageskizze

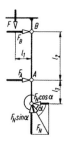

I. $\Sigma F_x = 0 = F_A + F_B - F_N \cos\alpha$
II. $\Sigma F_y = 0 = F_N \sin\alpha - F$
III. $\Sigma M_{(A)} = 0 = F\,l_1 - F_B\,l_2 - F_N \cos\alpha\,l_3$

II. $F_N = \dfrac{F}{\sin\alpha} = \dfrac{350\ \text{N}}{\sin 60°} = 404{,}1\ \text{N}$

III. $F_B = \dfrac{F\,l_1 - F_N\,l_3 \cos\alpha}{l_2}$

$F_B = \dfrac{350\ \text{N} \cdot 0{,}11\ \text{m} - 404{,}1\ \text{N} \cdot 0{,}16\ \text{m} \cdot \cos 60°}{0{,}32\ \text{m}}$

$F_B = 19{,}28\ \text{N}$

I. $F_A = F_N \cos\alpha - F_B$
$F_A = 404{,}1\ \text{N} \cdot \cos 60° - 19{,}28\ \text{N}$
$F_A = 182{,}8\ \text{N}$

(Kontrolle mit $\Sigma M_{(B)} = 0$)

c) Lageskizze

I. $\Sigma F_x = 0 = F_B - F_A$
II. $\Sigma F_y = 0 = F_N - F$
III. $\Sigma M_{(A)} = 0 = F\,l_1 - F_B\,l_2$

II. $F_N = F = 350\ \text{N}$

III. $F_B = F\dfrac{l_1}{l_2} = 350\ \text{N} \cdot \dfrac{0{,}11\ \text{m}}{0{,}32\ \text{m}} = 120{,}3\ \text{N}$

I. $F_A = F_B = 120{,}3\ \text{N}$

132.
Rechnerische Lösung:

a) Lageskizze 1
(freigemachte Leiter)

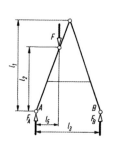

Nach dem 1. Strahlensatz ist

$\dfrac{l_2}{l_1} = \dfrac{l_5}{\dfrac{l_3}{2}}$, und daraus:

$l_5 = \dfrac{l_2 \cdot l_3}{2\,l_1} = \dfrac{1{,}8\ \text{m} \cdot 1{,}4\ \text{m}}{2 \cdot 2{,}5\ \text{m}} = 0{,}504\ \text{m}$

I. $\Sigma F_x = 0$: keine x-Kräfte vorhanden
II. $\Sigma F_y = 0 = F_A + F_B - F$
III. $\Sigma M_{(A)} = 0 = -F\,l_5 + F_B\,l_3$

III. $F_B = F\dfrac{l_5}{l_3} = 850\ \text{N} \cdot \dfrac{0{,}504\ \text{m}}{1{,}4\ \text{m}} = 306\ \text{N}$

II. $F_A = F - F_B = 850\ \text{N} - 306\ \text{N} = 544\ \text{N}$

Lageskizze 2
zu den Teillösungen b) und c)
(linke Leiterhälfte freigemacht)

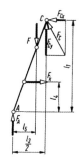

I. $\Sigma F_x = 0 = F_k - F_{Cx}$
II. $\Sigma F_y = 0 = F_A - F + F_{Cy}$
III. $\Sigma M_{(C)} = 0 = F\left(\dfrac{l_3}{2} - l_5\right) + F_k(l_1 - l_4) - F_A\dfrac{l_3}{2}$

b) III. $F_k = \dfrac{F_A\dfrac{l_3}{2} - F\left(\dfrac{l_3}{2} - l_5\right)}{l_1 - l_4}$

$F_k = \dfrac{544\ \text{N} \cdot 0{,}7\ \text{m} - 850\ \text{N} \cdot 0{,}196\ \text{m}}{1{,}7\ \text{m}} = 126\ \text{N}$

c) I. $F_{Cx} = F_k = 126\ \text{N}$
II. $F_{Cy} = F - F_A = 850\ \text{N} - 544\ \text{N} = 306\ \text{N}$

$F_C = \sqrt{F_{Cx}^2 + F_{Cy}^2} = \sqrt{(126\ \text{N})^2 + (306\ \text{N})^2}$

$F_C = 330{,}9\ \text{N}$

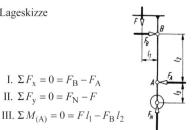

1 Statik in der Ebene

Zeichnerische Lösung:

Lageplan
($M_L = 1$ m/cm)

Krafteplan
($M_K = 250$ N/cm)

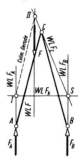
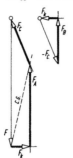

Anleitung: Auf die rechte Hälfte der Leiter wirken drei Kräfte: F_B, F_k und F_C. WL F_k und WL F_B werden zum Schnitt S gebracht; Gerade SC ist Wirklinie von F_C (3-Kräfte-Verfahren). Nun kann an der linken Leiterhälfte das 4-Kräfte-Verfahren mit den Wirklinien von F, F_A, F_k und F_C angewendet werden.

133.

a) siehe Lageskizze 1 in Lösung 132. Die Kraft F wirkt jetzt in Höhe der Kette, so dass lediglich die Länge l_5 kürzer wird.

Nach dem 1. Strahlensatz ist

$$\frac{l_2}{l_1} = \frac{l_5}{\frac{l_3}{2}}, \text{ und daraus:}$$

$$l_5 = \frac{l_2 \cdot l_3}{2 l_1} = \frac{0,8 \text{ m} \cdot 1,4 \text{ m}}{2 \cdot 2,5 \text{ m}} = 0,224 \text{ m}$$

II. $\Sigma F_y = 0 = F_A + F_B - F$

III. $\Sigma M_{(A)} = 0 = -F l_5 + F_B l_3$

III. $F_B = F \dfrac{l_5}{l_2} = 850 \text{ N} \cdot \dfrac{0,224 \text{ m}}{1,4 \text{ m}} = 136 \text{ N}$

II. $F_A = F - F_B = 850 \text{ N} - 136 \text{ N} = 714 \text{ N}$

b) und c) siehe Lageskizze 2 in Lösung 132

I. $\Sigma F_x = 0 = F_k - F_{Cx}$

II. $\Sigma F_y = 0 = F_A - F + F_{Cy}$

III. $\Sigma M_{(C)} = 0 = F\left(\dfrac{l_3}{2} - l_5\right) + F_k (l_1 - l_4) - F_A \dfrac{l_3}{2}$

b) III. $F_k = \dfrac{F_A \dfrac{l_3}{2} - F\left(\dfrac{l_3}{2} - l_5\right)}{l_1 - l_4}$

$F_k = \dfrac{714 \text{ N} \cdot 0,7 \text{ m} - 850 \text{ N} \cdot 0,476 \text{ m}}{1,7 \text{ m}} = 56 \text{ N}$

c) I. $F_{Cx} = F_k = 56$ N

II. $F_{Cy} = F - F_A = 850 \text{ N} - 714 \text{ N} = 136 \text{ N}$

$F_C = \sqrt{F_{Cx}^2 + F_{Cy}^2} = \sqrt{(56 \text{ N})^2 + (136 \text{ N})^2} = 147,1 \text{ N}$

134.

Aufgabenskizze

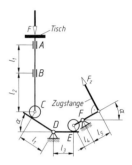

Die Lösung der Aufgabe 134 wird eingehend schrittweise erläutert. Ziel ist es, die immer wieder auftretenden Verständnislücken vorzustellen und aufzufüllen. Die erarbeiteten Erkenntnisse können dann bei allen weiteren Statikaufgaben vorteilhaft eingesetzt werden.

Als Erstes sollte grundsätzlich jede Aufgabe eingehend analysiert werden. Dazu beginnt man mit einer Aufgabenskizze, die hier als Hebelkonstruktion aus drei Teilen besteht:

Dem Hubtisch mit der in Gleitbuchsen (Loslager) A und B gelagerten Druckstange mit Rolle, den beiden Hebeln, die in den Festlagern D und F gelagert sind und der Zugstange. Mit dieser soll der Hubtisch gehoben und gesenkt werden.

Der nächste Lösungsschritt ist der wichtigste: Das exakte Freimachen der drei Konstruktionsteile. Jeder Fehler beim Freimachen führt zu falschen Ergebnissen. Bei Unsicherheiten helfen die Erläuterungen aus dem Lehrbuchabschnitt 1.1.7.

Das Freimachen beginnt immer mit dem Konstruktionsteil, an dem mindestens eine der dort angreifenden Kräfte bekannt ist (Betrag, Wirklinie und Richtungssinn). Das ist in dieser Aufgabe die in negativer y-Richtung auftretende gegebene Kraft $F = 2500$ N an der Druckstange.

Freigemachte Konstruktionsteile zur Statikanalyse

Beim Zeichnen der Lageskizze zum Hubtisch mit Druckstange stellt sich sofort die Frage nach dem einzutragenden Richtungssinn der Lagerkräfte in A und B. Hier wird gezeigt, dass jede Annahme zu einem richtigen Ergebnis führt.

Man skizziert zunächst das Konstruktionsteil Hubtisch mit Druckstange und Rolle und trägt die gegebene Belastungskraft F als Kraftpfeil ein.

Die beiden Gleitbuchsen übertragen nur Kräfte rechtwinklig zur Gleitfläche. Damit sind die beiden Wirklinien für die Lagerkräfte F_A und F_B bekannt, nicht aber deren Richtungssinn. Die beiden Pfeile werden nun in Annahme 1 in negativer x-Richtung eingezeichnet. Das Festlager C hat eine Lagerkraft F_C zu übertragen von der nur bekannt ist, dass ihre Wirklinie durch den Berührungspunkt zwischen Rollenstützfläche und Rollenmittelpunkt C geht und zwar unter dem Richtungswinkel α zur y-Achse. Die Lagerkraft F_C drückt von der Stützfläche aus auf den Berührungspunkt mit der Rolle. Damit lassen sich die Pfeile für die Stützkraftkomponenten $F_{Cx} = F_C \sin\alpha$ und $F_{Cy} = F_C \cos\alpha$ einzeichnen.

Hinweise zur Berechnung der Lagerkräfte F_A, F_B und F_C:
Zur Berechnung stehen die drei Gleichgewichtsbedingungen $\Sigma F_x = 0$, $\Sigma F_y = 0$ und $\Sigma M_{(B)} = 0$ zur Verfügung.

In x-Richtung des rechtwinkligen Achsenkreuzes wirken die Lagerkräfte F_A, F_B und die Lagerkraftkomponente $F_{Cx} = F_C \sin\alpha$. In y-Richtung wirken die Druckkraft F und die Lagerkraftkomponente $F_{Cy} = F_C \cos\alpha$.

Für die Momenten-Gleichgewichtsbedingung kann jeder beliebige Punkt in der Zeichenebene festgelegt werden. Um die Anzahl der unbekannten Größen F_A, F_B und F_C (F_{Cx}, F_{Cy}) zu verringern, legt man den Drehpunkt (O) für die Momenten-Gleichgewichts-

bedingung immer auf die Wirklinie einer der noch unbekannten Kräfte. Hier wird die Lagerkraft F_B gewählt, weil damit die Momentenwirkung der noch unbekannten Lagerkraft F_B gleich null wird und sich dadurch eine Gleichung mit nur zwei Unbekannten ergibt.

Ist der Betrag der zu berechnenden Kraft negativ (–), war die Richtungsannahme falsch. Der wahre Richtungssinn liegt um 180° entgegengesetzt. Zur Kennzeichnung zeichnet man in der Lageskizze den Kraftpfeil entgegengesetzt ein. In der weiteren algebraischen Entwicklung sind zwei Wege möglich:
1. Man rechnet mit dem positiven Kraftbetrag nach der neuen Lageskizze weiter, oder
2. man behält die alte Lageskizze bei und nimmt das Vorzeichen bei der weiteren Rechnung mit, z. B. $F = (-800\ \text{N})$.

Hier wurde in den Berechnungen der Weg 2 gewählt, siehe auch Lehrbuch, Abschnitt 1.2.5.3.

Annahme 1:

Die Kräfte F_A und F_B wirken beide in negativer x-Richtung.

Lageskizze 1
Freigemachter Hubtisch mit Druckstange, Rolle, der gegebenen Belastungskraft F, den Führungskräften F_A und F_B und den Komponenten der Lagerkraft F_C, $F_C \sin\alpha$ und $F_C \cos\alpha$.

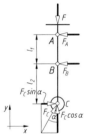

I. $\Sigma F_x = 0 = -F_A - F_B + F_C \sin\alpha$

II. $\Sigma F_y = 0 = F_C \cos\alpha - F$

III. $\Sigma M_{(B)} = 0 = F_C \sin\alpha\, l_2 + F_A\, l_1$

II. $F_C = \dfrac{F}{\cos\alpha} = \dfrac{2500\ \text{N}}{\cos 30°} = 2886{,}8\ \text{N}$

III. $F_A = \dfrac{-F_C \sin\alpha\, l_2}{l_1} = \dfrac{-2886{,}8\ \text{N} \cdot \sin 30° \cdot 7\ \text{cm}}{5\ \text{cm}}$

$F_A = -2020{,}8\ \text{N}$

I. $F_B = -F_A + F_C \sin\alpha$

$F_B = -(-2020{,}8\ \text{N}) + 2886{,}8\ \text{N} \cdot \sin 30°$

$F_B = 3464{,}2\ \text{N}$

Auswertung der Ergebnisse für die Annahme 1:

F_A hat ein negatives Vorzeichen: Richtungsannahme falsch.

F_B hat ein positives Vorzeichen: Richtungsannahme richtig.

F_C hat ein positives Vorzeichen: Richtungsannahme richtig.

1 Statik in der Ebene

Annahme 2:

Die Kräfte F_A und F_B wirken beide in positiver
x-Richtung.

Lageskizze 1

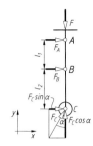

I. $\Sigma F_x = 0 = F_A + F_B + F_C \sin\alpha$
II. $\Sigma F_y = 0 = F_C \cos\alpha - F$
III. $\Sigma M_{(B)} = 0 = F_C \sin\alpha\, l_2 - F_A\, l_1$

II. $F_C = \dfrac{F}{\cos\alpha} = \dfrac{2500\text{ N}}{\cos 30°} = 2886{,}8\text{ N}$

III. $F_A = \dfrac{F_C \sin\alpha\, l_2}{l_1} = \dfrac{2886{,}8\text{ N}\cdot\sin 30°\cdot 7\text{ cm}}{5\text{ cm}}$

$F_A = 2020{,}8\text{ N}$

I. $F_B = -F_A - F_C \sin\alpha$
$F_B = -2020{,}8\text{ N} - 2886{,}8\text{ N}\cdot\sin 30°$
$F_B = -3464{,}2\text{ N}$

Auswertung der Ergebnisse für die Annahme 2:
F_A hat ein positives Vorzeichen: Richtungsannahme richtig.
F_B hat ein negatives Vorzeichen: Richtungsannahme falsch.
F_C hat ein positives Vorzeichen: Richtungsannahme richtig.

Annahme 3:

Kraft F_A wirkt in negativer x-Richtung und Kraft F_B in positiver x-Richtung.

Lageskizze 1

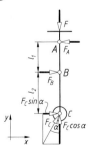

I. $\Sigma F_x = 0 = -F_A + F_B + F_C \sin\alpha$
II. $\Sigma F_y = 0 = F_C \cos\alpha - F$
III. $\Sigma M_{(B)} = 0 = F_C \sin\alpha\, l_2 + F_A\, l_1$

II. $F_C = \dfrac{F}{\cos\alpha} = \dfrac{2500\text{ N}}{\cos 30°} = 2886{,}8\text{ N}$

III. $F_A = \dfrac{-F_C \sin\alpha\, l_2}{l_1} = \dfrac{-2886{,}8\text{ N}\cdot\sin 30°\cdot 7\text{ cm}}{5\text{ cm}}$

$F_A = -2020{,}8\text{ N}$

I. $F_B = F_A - F_C \sin\alpha$
$F_B = +(-2020{,}8\text{ N}) - 2886{,}8\text{ N}\cdot\sin 30°$
$F_B = -3464{,}2\text{ N}$

Auswertung der Ergebnisse für die Annahme 3:
F_A hat ein negatives Vorzeichen: Richtungsannahme falsch.
F_B hat ein negatives Vorzeichen: Richtungsannahme falsch.
F_C hat ein positives Vorzeichen: Richtungsannahme richtig.

Annahme 4:

Kraft F_A wirkt in positiver x-Richtung und Kraft F_B in negativer x-Richtung.

Lageskizze 1

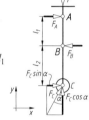

I. $\Sigma F_x = 0 = F_A - F_B + F_C \sin\alpha$
II. $\Sigma F_y = 0 = F_C \cos\alpha - F$
III. $\Sigma M_{(B)} = 0 = F_C \sin\alpha\, l_2 - F_A\, l_1$

II. $F_C = \dfrac{F}{\cos\alpha} = \dfrac{2500\text{ N}}{\cos 30°} = 2886{,}8\text{ N}$

III. $F_A = \dfrac{F_C \sin\alpha\, l_2}{l_1} = \dfrac{2886{,}8\text{ N}\cdot\sin 30°\cdot 7\text{ cm}}{5\text{ cm}}$

$F_A = 2020{,}8\text{ N}$

I. $F_B = F_A + F_C \sin\alpha$
$F_B = 2020{,}8\text{ N} + 2886{,}8\text{ N}\cdot\sin 30°$
$F_B = 3464{,}2\text{ N}$

Auswertung der Ergebnisse für die Annahme 4:
F_A hat ein positives Vorzeichen: Richtungsannahme richtig.
F_B hat ein positives Vorzeichen: Richtungsannahme richtig.
F_C hat ein positives Vorzeichen: Richtungsannahme richtig.

Lageskizze 2
(freigemachter Winkelhebel)
Hinweis: Bekannte Kraft ist jetzt die Reaktionskraft der vorher ermittelten Kraft F_C.

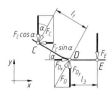

I. $\Sigma F_x = 0 = F_{Dx} - F_C \sin\alpha$
II. $\Sigma F_y = 0 = F_{Dy} - F_C \cos\alpha - F_E$
III. $\Sigma M_{(D)} = 0 = F_C l_1 - F_E l_3$

III. $F_E = F_C \dfrac{l_1}{l_3} = 2886,8 \text{ N} \dfrac{5 \text{ cm}}{4 \text{ cm}} = 3608,5 \text{ N}$

I. $F_{Dx} = F_C \sin\alpha = 2886,8 \text{ N} \cdot \sin 30° = 1443,4 \text{ N}$

II. $F_{Dy} = F_C \sin\alpha + F_E$
$F_{Dy} = 2886,8 \text{ N} \cdot \cos 30° + 3608,5 \text{ N}$
$F_{Dy} = 6108,5 \text{ N}$

$F_D = \sqrt{F_{Dx}^2 + F_{Dy}^2} = \sqrt{(1443,4 \text{ N})^2 + (6108,5 \text{ N})^2}$
$F_D = 6276,7 \text{ N}$

Lageskizze 3
(freigemachter Hebel
mit Rolle E)

Hinweis: Bekannte Kraft
ist jetzt die Reaktionskraft
der vorher ermittelten
Kraft F_E.

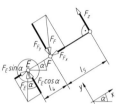

I. $\Sigma F_x = 0 = F_E \sin\alpha - F_{Fx}$
II. $\Sigma F_y = 0 = F_E \cos\alpha - F_{Fy} + F_Z$
III. $\Sigma M_{(F)} = 0 = F_Z l_5 - F_E \cos\alpha \, l_4$

III. $F_Z = F_E \dfrac{l_4 \cos\alpha}{l_5}$

$F_Z = 3608,5 \text{ N} \dfrac{2 \text{ cm} \cdot \cos 30°}{3,5 \text{ cm}} = 1785,7 \text{ N}$

I. $F_{Fx} = F_E \sin\alpha = 3608,5 \text{ N} \cdot \sin 30° = 1804,3 \text{ N}$

II. $F_{Fy} = F_E \sin\alpha + F_Z$
$F_{Fy} = 3608,5 \text{ N} \cdot \cos 30° + 1785,7 \text{ N}$
$F_{Fy} = 4910,8 \text{ N}$

$F_F = \sqrt{F_{Fx}^2 + F_{Fy}^2} = \sqrt{(1804,3 \text{ N})^2 + (4910,8 \text{ N})^2}$
$F_F = 5231,8 \text{ N}$

135.
Rechnerische Lösung:
Lageskizze
(freigemachter Tisch)

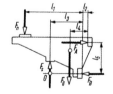

I. $\Sigma F_x = 0 = F_A - F_B$
II. $\Sigma F_y = 0 = F_s - F_n - F_G$
III. $\Sigma M_{(O)} = 0 = F_n (l_1 - l_3) - F_A l_5 - F_G (l_2 + l_3 - l_4)$

III. $F_A = \dfrac{F_n (l_1 - l_3) - F_G (l_2 + l_3 - l_4)}{l_5}$

$F_A = \dfrac{3,2 \text{ kN} \cdot 18 \text{ cm} - 0,8 \text{ kN} \cdot 13 \text{ cm}}{21 \text{ cm}} = 2,248 \text{ kN}$

I. $F_B = F_A = 2,248 \text{ kN}$
II. $F_s = F_n + F_G = 3,2 \text{ kN} + 0,8 \text{ kN} = 4 \text{ kN}$

Zeichnerische Lösung:
Anleitung: F_G und F_n werden nach dem Seileckverfahren zur Resultierenden F_r reduziert. Dann werden mit F_r als bekannter Kraft die Kräfte F_A, F_B, F_s nach dem 4-Kräfte-Verfahren ermittelt.

136.
Lageskizze 1
(freigemachter Spannrollen-
hebel; siehe auch Lösung 109,
Lageskizze 1)

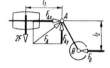

I. $\Sigma F_x = 0 = F_{Ax} - F_B$
II. $\Sigma F_y = 0 = F_{Ay} - 2F$
III. $\Sigma M_{(A)} = 0 = 2F l_1 - F_B l_2$

a) III. $F_B = 2F \dfrac{l_1}{l_2} = 2 \cdot 50 \text{ N} \cdot \dfrac{120 \text{ mm}}{100 \text{ mm}} = 120 \text{ N}$

I. $F_{Ax} = F_B = 120 \text{ N}$
II. $F_{Ay} = 2F = 100 \text{ N}$

$F_A = \sqrt{F_{Ax}^2 + F_{Ay}^2} = \sqrt{(120 \text{ N})^2 + (100 \text{ N})^2}$
$F_A = 156,2 \text{ N}$

Lageskizze 2 für die
Teillösungen b) und c)
(freigemachte Spannstange)

Hinweis: Bekannte Kraft ist jetzt die
Reaktionskraft der vorher ermittelten
Kraft F_A.

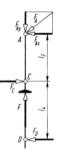

I. $\Sigma F_x = 0 = F_C - F_{Ax} - F_D$
II. $\Sigma F_y = 0 = F - F_{Ay}$
III. $\Sigma M_{(C)} = 0 = F_{Ax} l_3 - F_D l_4$

b) II. $F = F_{Ay} = 100 \text{ N}$

c) III. $F_D = F_{Ax} \dfrac{l_3}{l_4} = 120 \text{ N} \cdot \dfrac{180 \text{ mm}}{220 \text{ mm}} = 98,18 \text{ N}$

I. $F_C = F_{Ax} + F_D = 120\text{ N} + 98{,}18\text{ N} = 218{,}2\text{ N}$

(Kontrolle mit $\Sigma M_{(D)} = 0$)

137.

a) *Rechnerische Lösung:*
Lageskizze
(freigemachte Fußplatte
mit Motor)

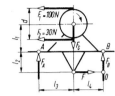

I. $\Sigma F_x = 0 = F - F_1 - F_2$

II. $\Sigma F_y = 0 = F_A - F_G + F_B$

III. $\Sigma M_{(O)} = 0 = -F_A(l_3 + l_4) + F_1\left(l_1 + l_2 + \dfrac{d}{2}\right) +$
$\qquad + F_2\left(l_1 + l_2 - \dfrac{d}{2}\right) + F_G\, l_4$

I. $F = F_1 + F_2 = 100\text{ N} + 30\text{ N} = 130\text{ N}$

III. $F_A = \dfrac{F_1\left(l_1 + l_2 + \dfrac{d}{2}\right) + F_2\left(l_1 + l_2 - \dfrac{d}{2}\right) + F_G\, l_4}{l_3 + l_4}$

$F_A = \dfrac{100\text{ N} \cdot 0{,}21\text{ m} + 30\text{ N} \cdot 0{,}11\text{ m} + 80\text{ N} \cdot 0{,}1\text{ m}}{0{,}22\text{ m}}$

$F_A = 146{,}8\text{ N}$

II. $F_B = F_G - F_A = 80\text{ N} - 146{,}8\text{ N} = -66{,}8\text{ N}$

(Minus bedeutet: Die Kraft F_B wirkt nicht wie angenommen nach oben auf die Fußplatte, sondern nach unten.)

Zeichnerische Lösung:
F_1, F_2 und F_G werden zur Resultierenden F_r reduziert (Seileckverfahren). Dann werden mit F_r als bekannter Kraft die Kräfte F, F_A, F_B nach dem 4-Kräfte-Verfahren ermittelt.

b) Lageskizze wie bei Lösung a), aber F_1 und F_2 vertauscht.

I. $\Sigma F_x = 0 = F - F_1 - F_2$

II. $\Sigma F_y = 0 = F_A - F_G + F_B$

III. $\Sigma M_{(O)} = 0 = -F_A(l_3 + l_4) + F_1\left(l_1 + l_2 - \dfrac{d}{2}\right) +$
$\qquad + F_2\left(l_1 + l_2 + \dfrac{d}{2}\right) + F_G\, l_4$

I. $F = F_1 + F_2 = 100\text{ N} + 30\text{ N} = 130\text{ N}$

III. $F_A = \dfrac{F_1\left(l_1 + l_2 - \dfrac{d}{2}\right) + F_2\left(l_1 + l_2 + \dfrac{d}{2}\right) + F_G\, l_4}{l_3 + l_4}$

$F_A = \dfrac{100\text{ N} \cdot 0{,}11\text{ m} + 30\text{ N} \cdot 0{,}21\text{ m} + 80\text{ N} \cdot 0{,}1\text{ m}}{0{,}22\text{ m}}$

$F_A = 115\text{ N}$

II. $F_B = F_G - F_A = 80\text{ N} - 115\text{ N} = -35\text{ N}$

(Minus bedeutet: Die Kraft F_B wirkt dem angenommenen Richtungssinn entgegen nach unten.)

138.

Rechnerische Lösung:
Lageskizze

I. $\Sigma F_x = 0$: keine x-Kräfte vorhanden

II. $\Sigma F_y = 0 = F_A - F + F_B$

III. $\Sigma M_{(B)} = 0 = F\, l_2 - F_A(l_1 + l_2)$

III. $F_A = F\dfrac{l_2}{l_1 + l_2} = 1250\text{ N} \cdot \dfrac{3{,}15\text{ m}}{1{,}3\text{ m} + 3{,}15\text{ m}} = 884{,}8\text{ N}$

II. $F_B = F - F_A = 1250\text{ N} - 884{,}8\text{ N} = 365{,}2\text{ N}$

(Kontrolle mit $\Sigma M_{(A)} = 0$)

Zeichnerische Lösung:

Lageplan   Kräfteplan
($M_L = 2{,}5$ m/cm)   ($M_K = 1000$ N/cm)

139.

Rechnerische Lösung:
Lageskizze

I. $\Sigma F_x = 0$: keine x-Kräfte vorhanden

II. $\Sigma F_y = 0 = F_A + F_B - F$

III. $\Sigma M_{(B)} = 0 = F\, l_2 - F_A(l_2 - l_1)$

a) III. $F_A = F\dfrac{l_2}{l_2 - l_1} = 690\text{ N} \cdot \dfrac{1{,}35\text{ m}}{0{,}45\text{ m}} = 2070\text{ N}$

II. $F_B = F - F_A = 690\text{ N} - 2070\text{ N} = -1380\text{ N}$

(Kontrolle mit $\Sigma M_{(A)} = 0$)

b) Die Kraft F_A wirkt gegensinnig zu F, die Kraft F_B gleichsinnig (Minuszeichen bedeutet: umgekehrter Richtungssinn als angenommen).

Zeichnerische Lösung:

Lageplan
($M_L = 0{,}5$ m/cm)

Kräfteplan
($M_K = 1000$ N/cm)

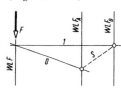
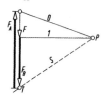

a) III. $F_h = F \dfrac{l_2}{l_1} = 1{,}8 \text{ kN} \cdot \dfrac{0{,}095 \text{ m}}{1{,}12 \text{ m}} = 0{,}1527$ kN

b) I. $F_{Bx} = F - F_h = 1{,}8 \text{ kN} - 0{,}1527 \text{ kN} = 1{,}647$ kN

(Kontrolle mit $\Sigma M_{(A)} = 0$)

II. $F_{By} = 0$;

d. h., es wirkt im Lager B keine y-Komponente, folglich ist $F_B = F_{Bx} = 1{,}647$ kN

140.

Lageskizze
(freigemachter Fräserdorn)

I. $\Sigma F_x = 0$: keine x-Kräfte vorhanden
II. $\Sigma F_y = 0 = F - F_A - F_B$
III. $\Sigma M_{(B)} = 0 = F_A(l_1 + l_2) - F l_2$

III. $F_A = F \dfrac{l_2}{l_1 + l_2} = 5 \text{ kN} \cdot \dfrac{170 \text{ mm}}{300 \text{ mm}} = 2{,}833$ kN

II. $F_B = F - F_A = 5 \text{ kN} - 2{,}833 \text{ kN} = 2{,}167$ kN

(Kontrolle mit $\Sigma M_{(A)} = 0$)

143.

Lageskizze
(freigemachter Hängeschuh)

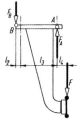

I. $\Sigma F_x = 0$: keine x-Kräfte vorhanden
II. $\Sigma F_y = 0 = F_A - F_B - F$
III. $\Sigma M_{(B)} = 0 = F_A(l_2 + l_3) - F(l_2 + l_3 + l_4)$

a) III. $F_A = F \dfrac{l_2 + l_3 + l_4}{l_2 + l_3} = 14 \text{ kN} \cdot \dfrac{350 \text{ mm}}{280 \text{ mm}} = 17{,}5$ kN

b) II. $F_B = F_A - F = 17{,}5 \text{ kN} - 14 \text{ kN} = 3{,}5$ kN

(Kontrolle mit $\Sigma M_{(A)} = 0$)

141.

Lageskizze
(freigemachter Support)

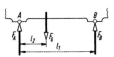

I. $\Sigma F_x = 0$: keine x-Kräfte vorhanden
II. $\Sigma F_y = 0 = F_A - F_G + F_B$
III. $\Sigma M_{(A)} = 0 = -F_G l_2 + F_B l_1$

III. $F_B = F_G \dfrac{l_2}{l_1} = 2{,}2 \text{ kN} \cdot \dfrac{180 \text{ mm}}{520 \text{ mm}} = 0{,}7615$ kN

II. $F_A = F_G - F_B = 2{,}2 \text{ kN} - 0{,}7615 \text{ kN} = 1{,}438$ kN

(Kontrolle mit $\Sigma M_{(B)} = 0$)

144.

Lageskizze
(freigemachte Welle)

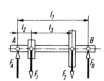

I. $\Sigma F_x = 0$: keine x-Kräfte vorhanden
II. $\Sigma F_y = 0 = F_A - F_1 - F_2 + F_B$
III. $\Sigma M_{(A)} = 0 = -F_1 l_2 - F_2(l_2 + l_3) + F_B l_1$

III. $F_B = \dfrac{F_1 l_2 + F_2(l_2 + l_3)}{l_1}$

$F_B = \dfrac{6{,}5 \text{ kN} \cdot 0{,}22 \text{ m} + 2 \text{ kN} \cdot 0{,}91 \text{ m}}{1{,}2 \text{ m}} = 2{,}708$ kN

II. $F_A = F_1 + F_2 - F_B = 6{,}5 \text{ kN} + 2 \text{ kN} - 2{,}708$ kN
$F_A = 5{,}792$ kN

(Kontrolle mit $\Sigma M_{(B)} = 0$)

142.

Lageskizze
(freigemachter Hebel)

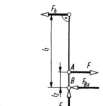

I. $\Sigma F_x = 0 = F - F_h - F_{Bx}$
II. $\Sigma F_y = 0 = F_{By}$
III. $\Sigma M_{(B)} = 0 = F_h l_1 - F l_2$

145.

Lageskizze (freigemachter Kragträger)

I. $\Sigma F_x = 0 = F_{Ax}$
II. $\Sigma F_y = 0 = F_{Ay} - F_1 + F_B - F_2$
III. $\Sigma M_{(A)} = 0 = -F_1 l_1 + F_B (l_1 + l_2) - F_2 (l_1 + l_2 + l_3)$

III. $F_B = \dfrac{F_1 l_1 + F_2 (l_1 + l_2 + l_3)}{l_1 + l_2}$

$F_B = \dfrac{30 \text{ kN} \cdot 2 \text{ m} + 20 \text{ kN} \cdot 6 \text{ m}}{5 \text{ m}} = 36 \text{ kN}$

II. $F_{Ay} = F_1 + F_2 - F_B = 30 \text{ kN} + 20 \text{ kN} - 36 \text{ kN}$
$F_{Ay} = 14 \text{ kN}$

(Kontrolle mit $\Sigma M_{(B)} = 0$)

I. $F_{Ax} = 0$; d. h., Stützkraft $F_A = F_{Ay} = 14 \text{ kN}$

146.

a) Lageskizze (freigemachter Drehausleger)

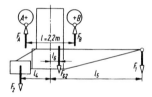

I. $\Sigma F_x = 0$: keine x-Kräfte vorhanden
II. $\Sigma F_y = 0 = F_A + F_B - F_1 - F_2 - F_{G2}$
III. $\Sigma M_{(B)} = 0 = F_2 \left(\dfrac{l}{2} + l_4\right) + F_{G2}\left(\dfrac{l}{2} - l_6\right) -$
$- F_1 \left(l_5 - \dfrac{l}{2}\right) - F_A l$

III. $F_A = \dfrac{F_2 \left(\dfrac{l}{2} + l_4\right) + F_{G2}\left(\dfrac{l}{2} - l_6\right) - F_1 \left(l_5 - \dfrac{l}{2}\right)}{l}$

$F_A = \dfrac{96 \text{ kN} \cdot 2,4 \text{ m} + 40 \text{ kN} \cdot 0,7 \text{ m} - 60 \text{ kN} \cdot 3,1 \text{ m}}{2,2 \text{ m}}$

$F_A = \dfrac{72,4 \text{ kNm}}{2,2 \text{ m}} = 32,91 \text{ kN}$

II. $F_B = F_1 + F_2 + F_{G2} - F_A$
$F_B = 60 \text{ kN} + 96 \text{ kN} + 40 \text{ kN} - 32,91 \text{ kN}$
$F_B = 163,1 \text{ kN}$

(Kontrolle mit $\Sigma M_{(A)} = 0$)

b) Lageskizze (freigemachte Kranbrücke mit Drehausleger)

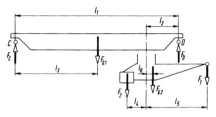

I. $\Sigma F_x = 0$: keine x-Kräfte vorhanden
II. $\Sigma F_y = 0 = F_C + F_D - F_{G1} - F_{G2} - F_1 - F_2$
III. $\Sigma M_{(D)} = 0 = -F_C l_1 + F_{G1}(l_1 - l_3) + F_2 (l_2 + l_4) +$
$+ F_{G2}(l_2 - l_6) - F_1 (l_5 - l_2)$

III. $F_C = \dfrac{F_{G1}(l_1 - l_3) + F_2 (l_2 + l_4)}{l_1} +$
$+ \dfrac{F_{G2}(l_2 - l_6) - F_1 (l_5 - l_2)}{l_1}$

$F_C = \dfrac{97 \text{ kN} \cdot 5,6 \text{ m} + 96 \text{ kN} \cdot 3,5 \text{ m}}{11,2 \text{ m}} +$
$+ \dfrac{40 \text{ kN} \cdot 1,8 \text{ m} - 60 \text{ kN} \cdot 2 \text{ m}}{11,2 \text{ m}}$

$F_C = 74,21 \text{ kN}$

II. $F_D = F_{G1} + F_{G2} + F_1 + F_2 - F_C$
$F_D = 97 \text{ kN} + 40 \text{ kN} + 60 \text{ kN} + 96 \text{ kN} - 74,21 \text{ kN}$
$F_D = 218,8 \text{ kN}$

(Kontrolle mit $\Sigma M_{(C)} = 0$)

c) Lageskizze (freigemachter Drehausleger)

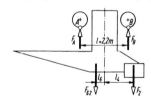

I. $\Sigma F_x = 0$: keine x-Kräfte vorhanden
II. $\Sigma F_y = 0 = F_A + F_B - F_2 - F_{G2}$
III. $\Sigma M_{(A)} = 0 = F_B l - F_{G2}\left(\dfrac{l}{2} - l_6\right) - F_2 \left(\dfrac{l}{2} + l_4\right)$

III. $F_B = \dfrac{F_{G2}\left(\dfrac{l}{2} - l_6\right) + F_2 \left(\dfrac{l}{2} + l_4\right)}{l}$

$F_B = \dfrac{40 \text{ kN} \cdot 0,7 \text{ m} + 96 \text{ kN} \cdot 2,4 \text{ m}}{2,2 \text{ m}} = 117,5 \text{ kN}$

II. $F_A = F_2 + F_{G2} - F_B$
$F_A = 96\ kN + 40\ kN - 117{,}5\ kN = 18{,}55\ kN$

(Kontrolle mit $\Sigma M_{(B)} = 0$)

Lageskizze (freigemachte Kranbrücke mit Drehausleger)

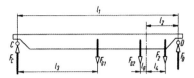

I. $\Sigma F_x = 0$: keine x-Kräfte vorhanden
II. $\Sigma F_y = 0 = F_C + F_D - F_{G1} - F_{G2} - F_2$
III. $\Sigma M_{(D)} = 0 = -F_C l_1 + F_{G1}(l_1 - l_3) + F_{G2}(l_2 + l_6) +$
$+ F_2(l_2 - l_4)$

III. $F_C = \dfrac{F_{G1}(l_1 - l_3) + F_{G2}(l_2 + l_6) + F_2(l_2 - l_4)}{l_1}$

$F_C = \dfrac{97\ kN \cdot 5{,}6\ m + 40\ kN \cdot 2{,}6\ m + 96\ kN \cdot 0{,}9\ m}{11{,}2\ m}$

$F_C = 65{,}5\ kN$

II. $F_D = F_{G1} + F_{G2} + F_2 - F_C$
$F_D = 97\ kN + 40\ kN + 96\ kN - 65{,}5\ kN = 167{,}5\ kN$

(Kontrolle mit $\Sigma M_{(C)} = 0$)

147.
Rechnerische Lösung:
Lageskizze
(freigemachter Kragträger)

I. $\Sigma F_x = 0$: keine x-Kräfte vorhanden
II. $\Sigma F_y = 0 = F_1 + F_A + F_B - F_2 - F_3$
III. $\Sigma M_{(B)} = 0 = -F_1(l_1 + l_2) - F_A l_3 + F_2 l_2$

III. $F_A = \dfrac{-F_1(l_1 + l_2) + F_2 l_2}{l_3}$

$F_A = \dfrac{-15\ kN \cdot 4{,}3\ m + 20\ kN \cdot 2\ m}{3{,}2\ m} = -7{,}656\ kN$

(Minus bedeutet: nach unten gerichtet)

II. $F_B = F_2 + F_3 - F_1 - F_A$
$F_B = 20\ kN + 12\ kN - 15\ kN - (-7{,}656\ kN)$
$F_B = 24{,}656\ kN$

(Kontrolle mit $\Sigma M_{(A)} = 0$)

Zeichnerische Lösung:
Lageplan   Kräfteplan
($M_L = 1{,}5$ m/cm) ($M_K = 20$ kN/cm)

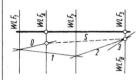 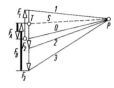

148.
Lageskizze
(freigemachte Getriebewelle)

I. $\Sigma F_x = 0$: keine x-Kräfte vorhanden
II. $\Sigma F_y = 0 = F_A + F_2 + F_B - F_1 - F_3$
III. $\Sigma M_{(A)} = 0 = -F_1 l_1 + F_2(l_1 + l_2) + F_B(l_1 + l_2 + l_3) -$
$- F_3(l_1 + l_2 + 2l_3)$

III. $F_B = \dfrac{F_1 l_1 - F_2(l_1 + l_2) + F_3(l_1 + l_2 + 2l_3)}{l_1 + l_2 + l_3}$

$F_B = \dfrac{2\ kN \cdot 0{,}25\ m - 5\ kN \cdot 0{,}4\ m + 1{,}5\ kN \cdot 0{,}8\ m}{0{,}6\ m}$

$F_B = -0{,}5\ kN$

(Minus bedeutet: nach unten gerichtet)

II. $F_A = F_1 + F_3 - F_2 - F_B$
$F_A = 2\ kN + 1{,}5\ kN - 5\ kN - (-0{,}5\ kN) = -1\ kN$

(Minus bedeutet: nach unten gerichtet)
(Kontrolle mit $\Sigma M_{(B)} = 0$)

149.
Lageskizze
(freigemachter Balken)

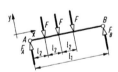

I. $\Sigma F_x = 0$: keine x-Kräfte vorhanden
II. $\Sigma F_y = 0 = F_A + F_B - F - F - F$
III. $\Sigma M_{(A)} = 0 = -F l_2 - F \cdot 2l_2 - F \cdot 3l_2 + F_B l_1$

III. $F_B = \dfrac{F(l_2 + 2l_2 + 3l_2)}{l_1} = \dfrac{6 F l_2}{l_1} = \dfrac{6 \cdot 10\ kN \cdot 1\ m}{5\ m}$

$F_B = 12\ kN$

II. $F_A = 3F - F_B = 3 \cdot 10\ kN - 12\ kN = 18\ kN$

(Kontrolle mit $\Sigma M_{(B)} = 0$)

150.
Lageskizze
(freigemachter Werkstattkran)

I. $\Sigma F_x = 0$: keine x-Kräfte vorhanden

II. $\Sigma F_y = 0 = F_A + F_B - F_G - F_1 - F_2$

III. $\Sigma M_{(B)} = 0 = -F_A\, l_5 + F_2\,(l_2 + l_3 + l_4) +$
$\quad + F_G\,(l_2 + l_4) - F_1\,(l_1 - l_4)$

III. $F_A = \dfrac{F_2\,(l_2 + l_3 + l_4) + F_G\,(l_2 + l_4) - F_1\,(l_1 - l_4)}{l_5}$

$F_A = \dfrac{7\text{ kN} \cdot 1,2\text{ m} + 3,6\text{ kN} \cdot 0,5\text{ m} - 7,5\text{ kN} \cdot 0,7\text{ m}}{1,7\text{ m}}$

$F_A = 2{,}912\text{ kN}$

II. $F_B = F_G + F_1 + F_2 - F_A$
$F_B = 3{,}6\text{ kN} + 7{,}5\text{ kN} + 7\text{ kN} - 2{,}912\text{ kN}$
$F_B = 15{,}19\text{ kN}$

151.
Lageskizze
(freigemachte Rollleiter)

I. $\Sigma F_x = 0$: keine x-Kräfte vorhanden

II. $\Sigma F_y = 0 = F_A + F_B - F_G - F$

III. $\Sigma M_{(B)} = 0 = F_A\,(l_1 + l_2 + l_3) - F\,(l_1 + l_2) - F_G\, l_1$

III. $F_A = \dfrac{F\,(l_1 + l_2) + F_G\, l_1}{l_1 + l_2 + l_3}$

$F_A = \dfrac{750\text{ N} \cdot 1,1\text{ m} + 150\text{ N} \cdot 0,8\text{ m}}{1,6\text{ m}} = 590{,}6\text{ N}$

II. $F_B = F_G + F - F_A$
$F_B = 150\text{ N} + 750\text{ N} - 590{,}6\text{ N} = 309{,}4\text{ N}$

(Kontrolle mit $\Sigma M_{(A)} = 0$)

152.
Lageskizze
(freigemachter Pkw)

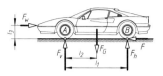

Hinweis: Bei stehendem Pkw entfallen die Kräfte F_w und F.

a) I. $\Sigma F_x = 0$: keine x-Kräfte vorhanden

II. $\Sigma F_y = 0 = F_v + F_h - F_G$

III. $\Sigma M_{(A)} = 0 = F_h\, l_1 - F_G\, l_2$

III. $F_h = F_G\,\dfrac{l_2}{l_1} = 13{,}9\text{ kN} \cdot \dfrac{1,31\text{ m}}{2,8\text{ m}} = 6{,}503\text{ kN}$

II. $F_v = F_G - F_h = 13{,}9\text{ kN} - 6{,}503\text{ kN} = 7{,}397\text{ kN}$

b) I. $\Sigma F_x = 0 = F_w - F$

II. $\Sigma F_y = 0 = F_v + F_h - F_G$

III. $\Sigma M_{(B)} = 0 = F_G\,(l_1 - l_2) - F_v\, l_1 - F_w\, l_3$

I. $F = F_w = 1{,}2\text{ kN}$

III. $F_v = \dfrac{F_G\,(l_1 - l_2) - F_w\, l_3}{l_1}$

$F_v = \dfrac{13{,}9\text{ kN} \cdot 1,49\text{ m} - 1,2\text{ kN} \cdot 0,75\text{ m}}{2,8\text{ m}}$

$F_v = 7{,}075\text{ kN}$

II. $F_h = F_G - F_v = 13{,}9\text{ kN} - 7{,}075\text{ kN} = 6{,}825\text{ kN}$

(Kontrolle mit $\Sigma M_{(A)} = 0$)

153.
Lageskizze 1
(freigemachte Welle)

Hinweis: Die rechte Stützkraft an der Welle wird von 2 Brechstangen aufgebracht. Bezeichnet man die Stützkraft an jeder Brechstange mit F_B, dann beträgt die Gesamtstützkraft $2\,F_B$.

Ermittlung des Winkels β:

$\beta = \arcsin \dfrac{l_3}{\dfrac{d}{2}} = \arcsin \dfrac{2\, l_3}{d}$

$\beta = \arcsin \dfrac{2 \cdot 30\text{ mm}}{120\text{ mm}} = 30°$

Die Kräfte F_A und $2\,F_B$ werden am einfachsten nach der trigonometrischen Methode berechnet.

Kraftecksskizze

a) $F_A = F_G \sin\alpha = 3{,}6\text{ kN} \cdot \sin 30°$
   $F_A = 1{,}8\text{ kN}$

b) $2F_B = F_G \cos\alpha$
   $2F_B = 3{,}6\text{ kN} \cdot \cos 30° = 3{,}118\text{ kN}$
   $F_B = 1{,}559\text{ kN}$

Lageskizze 2
(freigemachte
Brechstange)

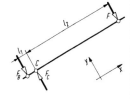

I. $\Sigma F_x = 0$: keine x-Kräfte vorhanden
II. $\Sigma F_y = 0 = F_C - F_B - F$
III. $\Sigma M_{(C)} = 0 = F_B l_1 - F l_2$

c) III. $F = \dfrac{F_B l_1}{l_2} = \dfrac{1{,}559\text{ kN} \cdot 110\text{ mm}}{1340\text{ mm}} = 0{,}128\text{ kN}$

d) II. $F_C = F_B + F = 1{,}559\text{ kN} + 0{,}128\text{ kN} = 1{,}687\text{ kN}$

e) $F_{Cx} = F_C \sin\alpha = 1{,}687\text{ kN} \cdot \sin 30°$
   $F_{Cx} = 0{,}8434\text{ kN}$
   $F_{Cy} = F_C \cos\alpha = 1{,}687\text{ kN} \cdot \cos 30°$
   $F_{Cy} = 1{,}461\text{ kN}$

154.

a) Lageskizze 1
(freigemachte
Transportkarre)

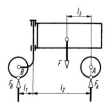

I. $\Sigma F_x = 0$: keine x-Kräfte vorhanden
II. $\Sigma F_y = 0 = F_A + F_B - F$
III. $\Sigma M_{(A)} = 0 = -F_B(l_1 + l_2) + F l_3$

III. $F_B = \dfrac{F l_3}{l_1 + l_2} = \dfrac{5\text{ kN} \cdot 0{,}4\text{ m}}{1{,}25\text{ m}} = 1{,}6\text{ kN}$

II. $F_A = F - F_B = 5\text{ kN} - 1{,}6\text{ kN} = 3{,}4\text{ kN}$

(Kontrolle mit $\Sigma M_{(B)} = 0$)

b) Lageskizze 2
(freigemachter Schwenkarm)

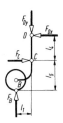

I. $\Sigma F_x = 0 = F_C - F_{Dx}$
II. $\Sigma F_y = 0 = F_B - F_{Dy}$
III. $\Sigma M_{(D)} = 0 = F_C l_4 - F_B l_1$

III. $F_C = \dfrac{F_B l_1}{l_4} = \dfrac{1{,}6\text{ kN} \cdot 0{,}25\text{ m}}{0{,}4\text{ m}} = 1\text{ kN}$

I. $F_{Dx} = F_C = 1\text{ kN}$
II. $F_{Dy} = F_B = 1{,}6\text{ kN}$

$F_D = \sqrt{F_{Dx}^2 + F_{Dy}^2} = \sqrt{(1\text{ kN})^2 + (1{,}6\text{ kN})^2}$
$F_D = 1{,}887\text{ kN}$

c) $F_{Dx} = 1\text{ kN}$; $F_{Dy} = 1{,}6\text{ kN}$, siehe Teillösung b)

155.

a) Lageskizze 1
(freigemachte
Transportkarre)

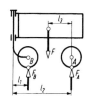

I. $\Sigma F_x = 0$: keine x-Kräfte vorhanden
II. $\Sigma F_y = 0 = F_A + F_B - F$
III. $\Sigma M_{(A)} = 0 = F l_3 - F_B(l_2 - l_1)$

III. $F_B = \dfrac{F l_3}{l_2 - l_1} = \dfrac{5\text{ kN} \cdot 0{,}4\text{ m}}{0{,}75\text{ m}} = 2{,}667\text{ kN}$

II. $F_A = F - F_B = 5\text{ kN} - 2{,}667\text{ kN} = 2{,}333\text{ kN}$

b) Lageskizze 2
(freigemachter Schwenkarm)

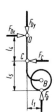

I. $\Sigma F_x = 0 = F_{Dx} - F_C$
II. $\Sigma F_y = 0 = F_B - F_{Dy}$
III. $\Sigma M_{(C)} = 0 = F_B l_1 - F_{Dx} l_4$

III. $F_{Dx} = \dfrac{F_B l_1}{l_4} = \dfrac{2{,}667\text{ kN} \cdot 0{,}25\text{ m}}{0{,}4\text{ m}} = 1{,}667\text{ kN}$

I. $F_C = F_{Dx} = 1{,}667\text{ kN}$
II. $F_{Dy} = F_B = 2{,}667\text{ kN}$

$F_D = \sqrt{F_{Dx}^2 + F_{Dy}^2} = \sqrt{(1{,}667\text{ kN})^2 + (2{,}667\text{ kN})^2}$
$F_D = 3{,}145\text{ kN}$

c) $F_{Dx} = 1{,}667\text{ kN}$; $F_{Dy} = 2{,}667\text{ kN}$, siehe Teillösung b)

156.
Zuerst wird die Druckkraft F berechnet, die beim Öffnen des Ventils auf den Ventilteller wirkt.

$$F = pA = p \cdot \frac{\pi}{4} d^2$$

$$F = 3 \cdot 10^5 \, \frac{\text{N}}{\text{m}^2} \cdot \frac{\pi}{4} \cdot 60^2 \, \text{mm}^2$$

$$F = 3 \cdot 10^{-1} \, \frac{\text{N}}{\text{mm}^2} \cdot \frac{\pi}{4} \cdot 60^2 \, \text{mm}^2 = 848,2 \, \text{N}$$

Lageskizze
(freigemachter Hebel
mit Ventilkörper)

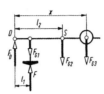

I. $\Sigma F_x = 0$: keine x-Kräfte vorhanden
II. $\Sigma F_y = 0 = F_D + F - F_{G1} - F_{G2} - F_{G3}$
III. $\Sigma M_{(D)} = 0 = F l_1 - F_{G1} l_1 - F_{G2} l_2 - F_{G3} x$

a)
III. $x = \dfrac{F l_1 - F_{G1} l_1 - F_{G2} l_2}{F_{G3}}$

$x = \dfrac{848,2 \, \text{N} \cdot 75 \, \text{mm} - 8 \, \text{N} \cdot 75 \, \text{mm} - 15 \, \text{N} \cdot 320 \, \text{mm}}{120 \, \text{N}}$

$x = 485,1 \, \text{mm}$

b) II. $F_D = F_{G1} + F_{G2} + F_{G3} - F$
$F_D = 8 \, \text{N} + 15 \, \text{N} + 120 \, \text{N} - 848,2 \, \text{N} = -705,2 \, \text{N}$

(Minus bedeutet: F_D wirkt nach unten)

c) Lageskizze
(freigemachter Hebel
mit Ventilkörper)

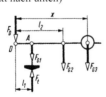

Hinweis: Stützkraft F_t am Ventilteller nicht vergessen.

I. $\Sigma F_x = 0$: keine x-Kräfte vorhanden
II. $\Sigma F_y = 0 = F_t - F_D - F_{G1} - F_{G2} - F_{G3}$
III. $\Sigma M_{(A)} = 0 = F_D l_1 - F_{G2} (l_2 - l_1) - F_{G3} (x - l_1)$

III. $F_D = \dfrac{F_{G2}(l_2 - l_1) + F_{G3}(x - l_1)}{l_1}$

$F_D = \dfrac{15 \, \text{N} \cdot 245 \, \text{mm} + 120 \, \text{N} \cdot 410,1 \, \text{mm}}{75 \, \text{mm}}$

$F_D = 705,2 \, \text{N}$

Erkenntnis: Bei zunehmendem Dampfdruck wird die Stützkraft des Ventilsitzes auf den Ventilteller immer kleiner, bis sie beim Öffnen des Ventils null ist: Der Ventilteller stützt sich dann statt auf dem Ventilsitz auf dem Dampf ab.

157.
Rechnerische Lösung:
Lageskizze
(freigemachter
Balken)

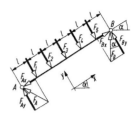

I. $\Sigma F_x = 0 = F_{Bx} - F_{Ax}$
II. $\Sigma F_y = 0 = F_{Ay} + F_{By} - F_1 - F_2 - F_3 - F_4 - F_5$
III. $\Sigma M_{(A)} = 0 = F_{By} \cdot 6l - F_1 l - F_2 \cdot 2l - F_3 \cdot 3l -$
$\qquad - F_4 \cdot 4l - F_5 \cdot 5l$

III. $F_{By} = \dfrac{F_1 + 2F_2 + 3F_3 + 4F_4 + 5F_5}{6}$

$F_{By} = \dfrac{4 \, \text{kN} + 2 \cdot 2 \, \text{kN} + 3 \cdot 1 \, \text{kN} + 4 \cdot 3 \, \text{kN} + 5 \cdot 1 \, \text{kN}}{6}$

$F_{By} = 4,667 \, \text{kN}$

II. $F_{Ay} = F_1 + F_2 + F_3 + F_4 + F_5 - F_{By}$
$F_{Ay} = 4 \, \text{kN} + 2 \, \text{kN} + 1 \, \text{kN} + 3 \, \text{kN} + 1 \, \text{kN} - 4,667 \, \text{kN}$
$F_{Ay} = 6,333 \, \text{kN}$

Aus dem Zerlegungsdreieck für F_B ergibt sich:

$F_{Bx} = F_{By} \tan \alpha = 4,667 \, \text{kN} \cdot \tan 30° = 2,694 \, \text{kN}$

$F_B = \dfrac{F_{By}}{\cos \alpha} = \dfrac{4,667 \, \text{kN}}{\cos 30°} = 5,389 \, \text{kN}$

Aus der I. Ansatzgleichung ergibt sich:

$F_{Ax} = F_{Bx} = 2,694 \, \text{kN}$, und damit

$F_A = \sqrt{F_{Ax}^2 + F_{Ay}^2} = \sqrt{(2,694 \, \text{kN})^2 + (6,333 \, \text{kN})^2}$

$F_A = 6,883 \, \text{kN}$

Zeichnerische Lösung:

Lageplan Kräfteplan
($M_L = 2$ m/cm) ($M_K = 3$ kN/cm)

158.
Rechnerische Lösung:
Lageskizze
(freigemachtes
Sprungbrett)

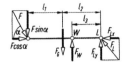

I. $\Sigma F_x = 0 = F \cos\alpha - F_{Lx}$
II. $\Sigma F_y = 0 = F_W + F_{Ly} - F_G - F \sin\alpha$
III. $\Sigma M_{(L)} = 0 = F \sin\alpha (l_1 + l_2) + F_G l_2 - F_W l_3$

a) III. $F_W = \dfrac{F \sin\alpha (l_1 + l_2) + F_G l_2}{l_3}$

$F_W = \dfrac{900 \text{ N} \cdot \sin 60° \cdot 5 \text{ m} + 300 \text{ N} \cdot 2{,}4 \text{ m}}{2{,}1 \text{ m}}$

$F_W = 2199 \text{ N}$

b) I. $F_{Lx} = F \cos\alpha = 900 \text{ N} \cdot \cos 60° = 450 \text{ N}$
II. $F_{Ly} = F \sin\alpha + F_G - F_W$
$F_{Ly} = 900 \text{ N} \cdot \sin 60° + 300 \text{ N} - 2199 \text{ N}$
$F_{Ly} = -1119 \text{ N}$

(Minuszeichen bedeutet: F_{Ly} wirkt dem angenommenen Richtungssinn entgegen, also nach unten.)

$F_L = \sqrt{F_{Lx}^2 + F_{Ly}^2} = \sqrt{(450 \text{ N})^2 + (1119 \text{ N})^2}$
$F_L = 1206 \text{ N}$

c) $\alpha_L = \arctan \dfrac{|F_{Ly}|}{|F_{Lx}|} = \arctan \dfrac{1119 \text{ N}}{450 \text{ N}} = 68{,}1°$

Zeichnerische Lösung:

Lageplan
($M_L = 2$ m/cm)

Kräfteplan
($M_K = 600$ N/cm)

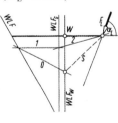
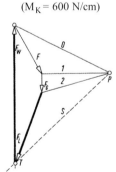

159.
Lageskizze
(freigemachte
Bühne)

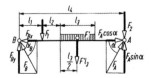

Die Streckenlast wird durch die Einzellast $F' l_3$ im Streckenlastschwerpunkt ersetzt.

I. $\Sigma F_x = 0 = F_A \cos\alpha - F_{Bx}$
II. $\Sigma F_y = 0 = F_{By} + F_A \sin\alpha - F_1 - F' l_3 - F_2$
III. $\Sigma M_{(B)} = 0 = F_A \sin\alpha \cdot l_4 - F_1 l_1 - F' l_3 \left(l_1 + l_2 + \dfrac{l_3}{2}\right) - F_2 l_4$

a) III. $F_A = \dfrac{F_1 l_1 + F' l_3 \left(l_1 + l_2 + \dfrac{l_3}{2}\right) + F_2 l_4}{l_4 \sin\alpha}$

$F_A = \dfrac{9 \text{ kN} \cdot 0{,}4 \text{ m} + 6 \dfrac{\text{kN}}{\text{m}} \cdot 0{,}6 \text{ m} \cdot 1 \text{ m} + 6{,}5 \text{ kN} \cdot 1{,}8 \text{ m}}{1{,}8 \text{ m} \cdot \sin 75°}$

$F_A = 10{,}87 \text{ kN}$

b) I. $F_{Bx} = F_A \cos\alpha = 10{,}87 \text{ kN} \cdot \cos 75° = 2{,}813 \text{ kN}$
II. $F_{By} = F_1 + F_2 + F' l_3 - F_A \sin\alpha$
$F_{By} = 9 \text{ kN} + 6{,}5 \text{ kN} + 6 \dfrac{\text{kN}}{\text{m}} \cdot 0{,}6 \text{ m} - 10{,}87 \text{ kN} \cdot \sin 75°$
$F_{By} = 8{,}6 \text{ kN}$

(Kontrolle mit $\Sigma M_{(A)} = 0$)

$F_B = \sqrt{F_{Bx}^2 + F_{By}^2} = \sqrt{(2{,}813 \text{ kN})^2 + (8{,}6 \text{ kN})^2}$
$F_B = 9{,}049 \text{ kN}$

c) $\alpha_B = \arctan \dfrac{F_{By}}{F_{Bx}} = \arctan \dfrac{8{,}6 \text{ kN}}{2{,}813 \text{ kN}} = 71{,}88°$

160.
Rechnerische Lösung:

a) $\alpha = \arctan \dfrac{l_6}{l_2} = \arctan \dfrac{1{,}5 \text{ m}}{0{,}7 \text{ m}}$

$\alpha = 64{,}98°$

b) und c)
Lageskizze 1
(freigemachter Angriffspunkt
der Kraft F_s)

Zentrales Kräftesystem:
Lösung am einfachsten nach der trigonometrischen Methode.

Krafteckskizze

$F_A = F_s \tan\alpha$
$F_A = 2{,}1 \text{ kN} \cdot \tan 64{,}98°$
$F_A = 4{,}5 \text{ kN}$

c) $F_k = \dfrac{F_s}{\cos\alpha} = \dfrac{2{,}1 \text{ kN}}{\cos 64{,}98°} = 4{,}966 \text{ kN}$

1 Statik in der Ebene

Lageskizze 2
zu d) und e)
(freigemachter Stützträger mit Kette und Pendelstütze)

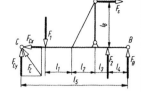

I. $\Sigma F_x = 0 = F_s - F_{Cx}$
II. $\Sigma F_y = 0 = F_B + F_{Cy} + F_2 - F_1$
III. $\Sigma M_{(C)} = 0 = -F_1[l_5 - (l_1 + l_2 + l_3 + l_4)] + F_2(l_5 - l_4) + F_B l_5 - F_s l_6$

d) III. $F_B = \dfrac{F_1[l_5 - (l_1 + l_2 + l_3 + l_4)] - F_2(l_5 - l_4) + F_s l_6}{l_5}$

$F_B = \dfrac{3{,}8\ \text{kN} \cdot 0{,}7\ \text{m} - 3\ \text{kN} \cdot 2{,}6\ \text{m} + 2{,}1\ \text{kN} \cdot 1{,}5\ \text{m}}{3{,}2\ \text{m}}$

$F_B = \dfrac{2{,}66\ \text{kNm} - 7{,}8\ \text{kNm} + 3{,}15\ \text{kNm}}{3{,}2\ \text{m}}$

$F_B = \dfrac{-1{,}99\ \text{kNm}}{3{,}2\ \text{m}} = -0{,}6219\ \text{kN}$

(Minuszeichen bedeutet: F_B wirkt dem angenommenen Richtungssinn entgegen, also nach unten.)

e) I. $F_{Cx} = F_s = 2{,}1$ kN

II. $F_{Cy} = F_1 - F_B - F_2$

$F_{Cy} = 3{,}8\ \text{kN} - (-0{,}6219\ \text{kN}) - 3\ \text{kN} = 1{,}422\ \text{kN}$

$F_C = \sqrt{F_{Cx}^2 + F_{Cy}^2} = \sqrt{(2{,}1\ \text{kN})^2 + (1{,}422\ \text{kN})^2}$

$F_C = 2{,}536$ kN

f) $F_{Cx} = 2{,}1$ kN; $F_{Cy} = 1{,}422$ kN, siehe Teillösung e)

Zeichnerische Lösung der Teilaufgaben d), e) und f):

Lageplan Kräfteplan
($M_L = 1{,}25$ m/cm) ($M_K = 2{,}5$ kN/cm)

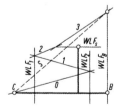 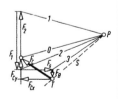

Statik der ebenen Fachwerke

Knotenschnittverfahren, Ritter'sches Schnittverfahren

161.

a) Stabkräfte nach dem Knotenschnittverfahren

Berechnung der Stützkräfte

Der Dachbinder ist symmetrisch aufgebaut und symmetrisch belastet und alle Kräfte einschließlich der Stützkräfte wirken parallel. Folglich sind die Stützkräfte gleich groß:

Lageskizze

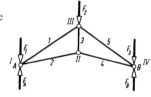

$F_A = F_B = \dfrac{F_1 + F_2 + F_3}{2} = 8$ kN

Berechnung der Stabwinkel

$\alpha = \arctan \dfrac{2h_1}{l} = \arctan \dfrac{2 \cdot 0{,}4\ \text{m}}{3{,}5\ \text{m}} = 12{,}875°$

$\beta = \arctan \dfrac{2(h_1 + h_2)}{l} = \arctan \dfrac{2 \cdot 1{,}2\ \text{m}}{3{,}5\ \text{m}} = 34{,}439°$

Knoten I

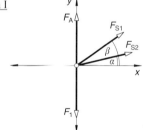

I. $\Sigma F_x = 0 = F_{S1} \cdot \cos\beta + F_{S2} \cdot \cos\alpha$
II. $\Sigma F_y = 0 = F_A + F_{S1} \cdot \sin\beta + F_{S2} \cdot \sin\alpha - F_1$

I. und II.

$F_{S2} = \dfrac{F_1 - F_A}{\sin\alpha - \cos\alpha \cdot \tan\beta}$

$F_{S2} = \dfrac{4\ \text{kN} - 8\ \text{kN}}{\sin 12{,}875° - \cos 12{,}875° \cdot \tan 34{,}439°}$

$F_{S2} = +8{,}976$ kN (Zugstab) $= F_{S4}$

aus I.

$$F_{S1} = \frac{-F_{S2} \cdot \cos\alpha}{\cos\beta} = \frac{-8{,}976 \text{ kN} \cdot \cos 12{,}875°}{\cos 34{,}439°}$$

$F_{S1} = -10{,}61$ kN (Druckstab) $= F_{S5}$

Knoten II

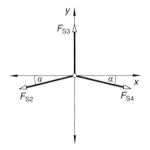

I. $\Sigma F_x = 0 = F_{S4} \cdot \cos\alpha - F_{S2} \cdot \cos\alpha$
II. $\Sigma F_y = 0 = F_{S3} - F_{S2} \cdot \sin\alpha - F_{S4} \cdot \sin\alpha$

aus II.

$F_{S3} = \sin\alpha(F_{S2} + F_{S4})$
$F_{S3} = \sin 12{,}875° \cdot (8{,}976 \text{ kN} + 8{,}976 \text{ kN})$
$F_{S3} = +4$ kN (Zugstab)

Die Berechnung der Knoten III und IV ist nicht erforderlich, weil durch die Symmetrie des Fachwerks und dessen Belastungen alle Stabkräfte bekannt sind.

Kräftetabelle (Kräfte in kN)

Stab	Zug	Druck
1	–	10,61
2	8,976	–
3	4	
4	8,976	–
5	–	10,61

b) Nachprüfung nach Ritter

Lageskizze

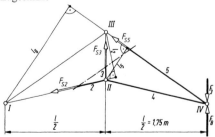

$\Sigma M_{(III)} = 0 = F_B \cdot \dfrac{l}{2} - F_3 \dfrac{l}{2} - F_{S2} l_2$

$F_{S2} = \dfrac{(F_B - F_3)l}{2l_2}$

Berechnung von l_2
(Stablängen sind mit s bezeichnet):

$s_1 = \sqrt{\left(\dfrac{l}{2}\right)^2 + (h_1 + h_2)^2} = \sqrt{(1{,}75 \text{ m})^2 + (1{,}2 \text{ m})^2}$

$s_1 = 2{,}122$ m
$l_2 = s_1 \sin\gamma = 2{,}122 \text{ m} \cdot \sin 21{,}56° = 0{,}7799$ m

$F_{S2} = \dfrac{(8 \text{ kN} - 4 \text{ kN}) \cdot 3{,}5 \text{ m}}{2 \cdot 0{,}7799 \text{ m}} = +8{,}976 \text{ kN}$ (Zugstab)

$\Sigma M_{(II)} = 0 = F_B \dfrac{l}{2} - F_3 \dfrac{l}{2} + F_{S5} l_5$

$F_{S5} = \dfrac{(F_3 - F_B)l}{2l_5}$

Berechnung von l_5:

$s_4 = \sqrt{\left(\dfrac{l}{2}\right)^2 + h_1^2} = \sqrt{(1{,}75 \text{ m})^2 + (0{,}4 \text{ m})^2} = 1{,}795$ m

$l_5 = s_4 \sin\gamma = 1{,}795 \text{ m} \cdot \sin 21{,}56° = 0{,}6598$ m

$F_{S5} = \dfrac{(4 \text{ kN} - 8 \text{ kN}) \cdot 3{,}5 \text{ m}}{2 \cdot 0{,}6598 \text{ m}} = -10{,}61$ kN (Druckstab)

$\Sigma M_{(I)} = 0 = F_B l - F_3 l + F_{S3} \dfrac{l}{2} + F_{S5} l_6$

$F_{S3} = \dfrac{(F_3 - F_B)l - F_{S5} l_6}{\dfrac{l}{2}}$

Berechnung von l_6: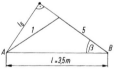

$l_6 = l \sin\beta = 3{,}5 \text{ m} \cdot \sin 34{,}44° = 1{,}979$ m

$F_{S3} = \dfrac{-4 \text{ kN} \cdot 3{,}5 \text{ m} - (-10{,}61 \text{ kN}) \cdot 1{,}979 \text{ m}}{1{,}75 \text{ m}} = 4 \text{ kN}$

(Zugstab)

162.

a) Stabkräfte nach dem Knotenschnittverfahren
   Berechnung der Stützkräfte
   (siehe Erläuterung zu 161a)

1 Statik in der Ebene

Lageskizze

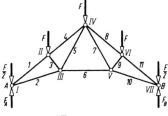

$F_A = F_B = \dfrac{4F}{2} = 12$ kN

Berechnung der Stabwinkel (siehe b)
Nachprüfung nach Ritter
$\alpha = 38,66°$
$\beta = 21,804°$
$\gamma = (\alpha - \beta) = 16,856°$
$\delta = (90° - \alpha) = 51,34°$
$\varepsilon = (\alpha + \beta) = 60,464°$

Knoten I

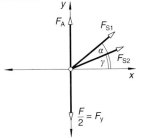

I. $\Sigma F_x = 0 = F_{S1} \cdot \cos \alpha + F_{S2} \cdot \cos \gamma$
II. $\Sigma F_y = 0 = F_A - F_y + F_{S1} \cdot \sin \alpha + F_{S2} \cdot \sin \gamma$

I. und II. $\dfrac{-F_{S2} \cos \gamma}{\cos \alpha} = \dfrac{F_y - F_A - F_{S2} \sin \gamma}{\sin \alpha}$

$F_{S2} = \dfrac{F_y - F_A}{\sin \gamma - \cos \gamma \tan \alpha}$

$F_{S2} = \dfrac{3 \text{ kN} - 12 \text{ kN}}{\sin 16,856° - \cos 16,856° \tan 38,66°}$

$F_{S2} = 18,921$ kN (Zugstab) $= F_{S10}$

aus I.
$F_{S1} = \dfrac{-F_{S2} \cdot \cos \gamma}{\cos \alpha} = \dfrac{-18,921 \text{ kN} \cdot \cos 16,856°}{\cos 38,66°}$
$F_{S1} = -23,19$ kN (Druckstab) $= F_{S11}$

Knoten II

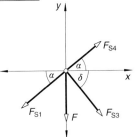

I. $\Sigma F_x = 0 = F_{S4} \cdot \cos \alpha - F_{S1} \cdot \cos \alpha + F_{S3} \cdot \cos \delta$
II. $\Sigma F_y = 0 = F_{S4} \cdot \sin \alpha - F_{S1} \cdot \sin \alpha - F - F_{S3} \cdot \sin \delta$

aus I. $F_{S3} = \dfrac{F_{S1} \cos \alpha - F_{S4} \cos \alpha}{\cos \delta}$

aus II. $F_{S3} = \dfrac{F_{S4} \sin \alpha - F_{S1} \sin \alpha - F}{\sin \delta}$

I. und II.
$F_{S4} \sin \delta \cos \alpha + F_{S4} \sin \alpha \cos \delta =$
$\quad = F_{S1} \cos \delta \sin \alpha + F_{S1} \sin \delta \cos \alpha + F \cos \delta$
$F_{S4} [\sin(\delta + \alpha)] = F_{S1} [\sin(\delta + \alpha)] + F \cos \delta$

$F_{S4} = F_{S1} + F \cos \delta = -23,19$ kN $+ 6$ kN $\cdot \cos 51,34°$
$F_{S4} = -19,442$ kN (Druckstab) $= F_{S8}$

mit I.
$F_{S3} = \dfrac{-23,19 \text{ kN} \cdot \cos 38,66° + 19,442 \text{ kN} \cdot \cos 38,66°}{\cos 51,34°}$

$F_{S3} = -4,685$ kN (Druckstab) $= F_{S9}$

Knoten III

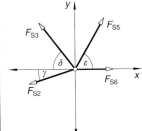

I. $\Sigma F_x = 0 = F_{S6} + F_{S5} \cdot \cos \varepsilon - F_{S3} \cos \delta - F_{S2} \cos \gamma$
II. $\Sigma F_y = 0 = F_{S5} \cdot \sin \varepsilon + F_{S3} \sin \delta - F_{S2} \sin \gamma$

aus I. $F_{S5} = \dfrac{F_{S3} \cos \delta + F_{S2} \cos \gamma - F_{S6}}{\cos \varepsilon}$

aus II. $F_{S5} = \dfrac{F_{S2} \sin \gamma - F_{S3} \sin \delta}{\sin \varepsilon}$

I. und II.

$F_{S3} \sin\varepsilon \cos\delta + F_{S2} \sin\varepsilon \cos\gamma - F_{S6} \sin\varepsilon =$
$= F_{S2} \sin\gamma \cos\varepsilon - F_{S3} \sin\delta \cos\varepsilon$

$F_{S6} = \dfrac{F_{S2}[\sin(\varepsilon-\gamma)] + F_{S3}[\sin(\varepsilon+\delta)]}{\sin\varepsilon}$

$F_{S6} = \dfrac{18{,}921 \text{ kN} \cdot \sin(60{,}464° - 16{,}856°)}{\sin 60{,}464°} +$

$+ \dfrac{(-4{,}685 \text{ kN}) \cdot \sin(60{,}464° + 51{,}34°)}{\sin 60{,}464°}$

$F_{S6} = 9{,}999 \text{ kN (Zugstab)}$

mit II.

$F_{S5} = \dfrac{18{,}921 \text{ kN} \cdot \sin 16{,}856° + 4{,}685 \text{ kN} \cdot \sin 51{,}34°}{\sin 60{,}464°}$

$F_{S5} = 10{,}511 \text{ kN (Zugstab)} = F_{S7}$

Kräftetabelle (Kräfte in kN)

Stab	Zug	Druck
1	–	23,19
2	18,921	–
3	–	4,685
4	–	19,442
5	10,511	–
6	9,999	–
7	10,511	–
8	–	19,442
9	–	4,685
10	18,921	–
11	–	23,19

b) Nachprüfung nach Ritter
Lageskizze (Stablängen sind mit s bezeichnet)

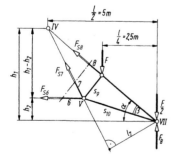

$\Sigma M_{(IV)} = 0 = F_B \dfrac{l}{2} - \dfrac{F}{2} \cdot \dfrac{l}{2} - F\dfrac{l}{4} - F_{S6}(h_1 - h_2)$

$F_{S6} = \dfrac{F_B \dfrac{l}{2} - F\dfrac{l}{4} - F\dfrac{l}{4}}{h_1 - h_2} = \dfrac{(F_B - F)l}{2(h_1 - h_2)}$

$F_{S6} = \dfrac{6 \text{ kN} \cdot 10 \text{ m}}{2 \cdot 3 \text{ m}} = 10 \text{ kN (Zugstab)}$

$\Sigma M_{(VII)} = 0 = F\dfrac{l}{4} + F_{S6} \, h_2 - F_{S7} \, l_7$

$F_{S7} = \dfrac{F\dfrac{l}{4} + F_{S6} \, h_2}{l_7}$

Berechnung von l_7:

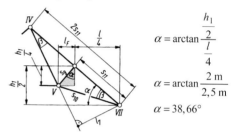

$\alpha = \arctan \dfrac{\dfrac{h_1}{2}}{\dfrac{l}{4}}$

$\alpha = \arctan \dfrac{2 \text{ m}}{2{,}5 \text{ m}}$

$\alpha = 38{,}66°$

$s_9 = \dfrac{\dfrac{h_1}{4}}{\cos\alpha} = \dfrac{1 \text{ m}}{\cos 38{,}66°} = 1{,}2806 \text{ m}$

$s_{11} = \sqrt{\left(\dfrac{l}{4}\right)^2 + \left(\dfrac{h_1}{2}\right)^2} = \sqrt{(2{,}5 \text{ m})^2 + (2 \text{ m})^2}$

$s_{11} = 3{,}2016 \text{ m}$

$\beta = \arctan \dfrac{s_9}{s_{11}} = \arctan \dfrac{1{,}2806 \text{ m}}{3{,}2016 \text{ m}} = 21{,}80°$

$l_7 = 2 \, s_{11} \sin\beta = 2 \cdot 3{,}2016 \text{ m} \cdot \sin 21{,}80° = 2{,}378 \text{ m}$

$F_{S7} = \dfrac{6 \text{ kN} \cdot 2{,}5 \text{ m} + 10 \text{ kN} \cdot 1 \text{ m}}{2{,}378 \text{ m}} = +10{,}51 \text{ kN (Zugstab)}$

$\Sigma M_{(V)} = F_B \left(\dfrac{l}{4} + l_F\right) - \dfrac{F}{2}\left(\dfrac{l}{4} + l_F\right) - F \, l_F + F_{S8} \, s_9$

$F_{S8} = \dfrac{\left(\dfrac{F}{2} - F_B\right) \cdot \left(\dfrac{l}{4} + l_F\right) + F \, l_F}{s_9}$

Berechnung von l_F (Skizze oben, dunkles Dreieck):

$l_F = s_9 \sin\alpha = 1{,}2806 \text{ m} \cdot \sin 38{,}66° = 0{,}8 \text{ m}$

$F_{S8} = \dfrac{(3 \text{ kN} - 12 \text{ kN}) \cdot (2{,}5 \text{ m} + 0{,}8 \text{ m}) + 6 \text{ kN} \cdot 0{,}8 \text{ m}}{1{,}2806 \text{ m}}$

$F_{S8} = -19{,}44 \text{ kN (Druckstab)}$

163.

a) Stabkräfte nach dem Knotenschnittverfahren

Berechnung der Stützkräfte
(siehe Erläuterung zu 161a)

Lageskizze

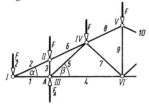

$$F_A = F_B = \frac{6F}{2} = 3F = 60 \text{ kN}$$

Berechnung der Stabwinkel (siehe b) Nachprüfung nach Ritter

$\alpha = 23{,}962°$

$\beta = 41{,}634°$

Knoten I

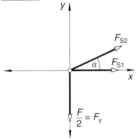

I. $\Sigma F_x = 0 = F_{S1} + F_{S2} \cos\alpha$

II. $\Sigma F_y = 0 = F_{S2} \sin\alpha - F_y$

aus II.

$$F_{S2} = \frac{F_y}{\sin\alpha} = \frac{10 \text{ kN}}{\sin 23{,}962°}$$

$F_{S2} = 24{,}623 \text{ kN (Zugstab)} = F_{S16}$

aus I.

$F_{S1} = -F_{S2}\cos\alpha = -(24{,}623 \text{ kN}) \cos 23{,}962°$

$F_{S1} = -22{,}5 \text{ kN (Druckstab)} = F_{S17}$

Knoten II

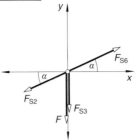

I. $\Sigma F_x = 0 = F_{S6} \cos\alpha - F_{S2} \cos\alpha$

II. $\Sigma F_y = 0 = F_{S6} \sin\alpha - F - F_{S2} \sin\alpha - F_{S3}$

aus I.

$F_{S6} = F_{S2} = 24{,}623 \text{ kN (Zugstab)} = F_{S12}$

aus II.

$F_{S3} = -F = -20 \text{ kN (Druckstab)} = F_{S15}$

Knoten III

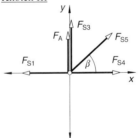

I. $\Sigma F_x = 0 = F_{S4} + F_{S5} \cos\beta - F_{S1}$

II. $\Sigma F_y = 0 = F_{S5} \sin\beta + F_{S3} + F_A$

aus II.

$$F_{S5} = \frac{-F_{S3} - F_A}{\sin\beta} = \frac{-(-20 \text{ kN}) - 60 \text{ kN}}{\sin 41{,}634°}$$

$F_{S5} = -60{,}207 \text{ kN (Druckstab)} = F_{S13}$

aus I.

$F_{S4} = -F_{S5} \cos\beta + F_{S1}$

$F_{S4} = -(-60{,}207 \text{ kN}) \cdot \cos 41{,}634° + (-22{,}5 \text{ kN})$

$F_{S4} = 22{,}499 \text{ kN (Zugstab)} = F_{S14}$

Knoten IV

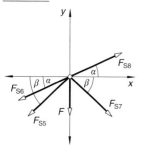

I. $\Sigma F_x = 0 = F_{S8} \cos\alpha - F_{S6} \cos\alpha - F_{S5} \cos\beta + F_{S7} \cos\beta$

II. $\Sigma F_y = 0 = F_{S8} \sin\alpha - F_{S6} \sin\alpha - F_{S5} \sin\beta - F_{S7} \sin\beta - F$

aus I. $F_{S7} = \dfrac{-F_{S8} \cos\alpha + F_{S6} \cos\alpha + F_{S5} \cos\beta}{\cos\beta}$

aus II. $F_{S7} = \dfrac{F_{S8} \sin\alpha - F_{S6} \sin\alpha - F_{S5} \sin\beta - F}{\sin\beta}$

I. und II.

$F_{S8} \cos\alpha \sin\beta + F_{S8} \sin\alpha \cos\beta = F_{S6} \cos\alpha \sin\beta +$
$+ F_{S5} \cos\beta \sin\beta + F_{S8} \sin\alpha \cos\beta +$
$+ F_{S5} \sin\beta \cos\beta + F \cos\beta$

$F_{S8} = \dfrac{F_{S6}[\sin(\alpha+\beta)] + 2(F_{S5} \cos\beta \sin\beta) + F \cos\beta}{\sin(\alpha+\beta)}$

$F_{S8} = \dfrac{24{,}623 \text{ kN} \cdot \sin 65{,}596°}{\sin 65{,}596°} +$
$+ \dfrac{2(-60{,}207 \text{ kN} \cdot \cos 41{,}634° \cdot \sin 41{,}634°)}{\sin 65{,}596°} +$
$+ \dfrac{20 \text{ kN} \cdot \cos 41{,}634°}{\sin 65{,}596°}$

$F_{S8} = -24{,}621 \text{ kN (Druckstab)} = F_{S10}$

mit I.

$F_{S7} = \dfrac{-(-24{,}621 \text{ kN}) \cdot \cos 23{,}962°}{\cos 41{,}634°} +$
$+ \dfrac{24{,}623 \text{ kN} \cdot \cos 23{,}962°}{\cos 41{,}634°} +$
$+ \dfrac{(-60{,}207 \text{ kN}) \cdot \cos 41{,}634°}{\cos 41{,}634°}$

$F_{S7} = 0 \text{ kN (Nullstab)}$

Knoten V

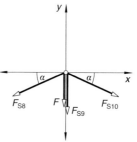

I. $\Sigma F_x = 0 = F_{S10} \cos\alpha - F_{S8} \cos\alpha$

II. $\Sigma F_y = 0 = -F_{S10} \sin\alpha - F_{S8} \sin\alpha - F - F_{S9}$

aus I.

$F_{S10} = \dfrac{F_{S8} \cdot \cos\alpha}{\cos\alpha} = F_{S8} = -24{,}621 \text{ kN (Druckstab)}$

aus II.

$F_{S9} = -F_{S10} \sin\alpha - F_{S8} \sin\alpha - F$
$F_{S9} = -2(-24{,}621 \text{ kN}) \cdot \sin 23{,}962° - 20 \text{ kN}$
$F_{S9} = 0 \text{ kN (Nullstab)}$

Kräftetabelle (Kräfte in kN)

Stab	Zug	Druck	Stab
1	–	22,5	17
2	24,623	–	16
3	–	20	15
4	22,499	–	14
5	–	60,207	13
6	24,623	–	12
7	–	–	11
8	–	24,621	10
9	–	–	9

b) Nachprüfung nach Ritter

Lageskizze

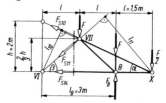

$\Sigma M_{(VI)} = 0 = F_{S10} l_{10} - Fl - F \cdot 2l + F_B \cdot 2l - \dfrac{F}{2} \cdot 3l$

$F_{S10} = \dfrac{Fl + (F - F_B) \cdot 2l + \dfrac{F}{2} \cdot 3l}{l_{10}}$

1 Statik in der Ebene

Berechnung von l_{10}:
$$\alpha = \arctan\frac{h}{l_B+l} = \arctan\frac{2\text{ m}}{4,5\text{ m}} = 23,962°$$
$$l_{10} = (l_B+l)\sin\alpha = 4,5\text{ m}\cdot\sin 23,962° = 1,828\text{ m}$$
$$F_{S10} = \frac{20\text{ kN}\cdot 1,5\text{ m}+(-40\text{ kN}\cdot 3\text{ m})+10\text{ kN}\cdot 4,5\text{ m}}{1,828\text{ m}}$$
$$F_{S10} = -24,62\text{ kN} \text{ (Druckstab)}$$
$$\Sigma M_{(X)} = 0 = Fl - F_B l + F\cdot 2l + F_{S11}l_{11}$$
$$F_{S11} = \frac{(F_B-F)l - F\cdot 2l}{l_{11}}$$

Berechnung von l_{11} (s. Lageskizze):
$$\beta = \arctan\frac{\frac{2}{3}h}{l} = \arctan\frac{1,333\text{ m}}{1,5\text{ m}} = 41,634°$$
$$l_{11} = (l_B+l)\sin\beta = 4,5\text{ m}\cdot\sin 41,634° = 2,99\text{ m}$$
$$F_{S11} = \frac{40\text{ kN}\cdot 1,5\text{ m}-20\text{ kN}\cdot 3\text{ m}}{2,99\text{ m}} = 0 \text{ (Nullstab)}$$
$$\Sigma M_{(VII)} = 0 = F_{S14}\frac{2h}{3} - Fl + F_B l - \frac{F}{2}\cdot 2l$$
$$F_{S14} = \frac{(F_B-F)l-Fl}{\frac{2}{3}h} = \frac{40\text{ kN}\cdot 1,5\text{ m}-20\text{ kN}\cdot 1,5\text{ m}}{1,333\text{ m}}$$
$$F_{S14} = +22,5\text{ kN} \text{ (Zugstab)}$$

164.
a) Stabkräfte nach dem Knotenschnittverfahren
Berechnung der Stützkräfte
(siehe Erläuterung zu 161a)

Lageskizze

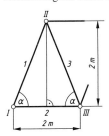

$$F_A = F_B = \frac{6F}{2} = 84\text{ kN}$$

Berechnung der Stabwinkel

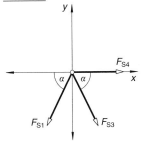

$$\alpha = \arctan\frac{2\text{ m}}{1\text{ m}} = 63,435°$$

Knoten I

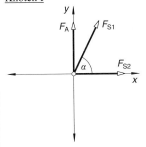

I. $\Sigma F_x = 0 = F_{S2} + F_{S1}\cos\alpha$
II. $\Sigma F_y = 0 = F_{S1}\sin\alpha + F_A$

aus II.
$$F_{S1} = \frac{-F_A}{\sin\alpha} = \frac{-84\text{ kN}}{\sin 63,435°}$$
$$F_{S1} = -93,915\text{ kN} \text{ (Druckstab)} = F_{S27}$$

aus I.
$$F_{S2} = -F_{S1}\cos\alpha = -(-93,915\text{ kN})\cdot\cos 63,435°$$
$$F_{S2} = 42\text{ kN} \text{ (Zugstab)} = F_{S26}$$

Knoten II

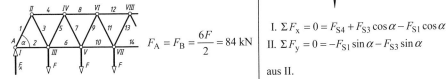

I. $\Sigma F_x = 0 = F_{S4} + F_{S3}\cos\alpha - F_{S1}\cos\alpha$
II. $\Sigma F_y = 0 = -F_{S1}\sin\alpha - F_{S3}\sin\alpha$

aus II.
$$F_{S3} = -F_{S1} = 93,915\text{ kN} \text{ (Zugstab)} = F_{S25}$$

aus I.
$$F_{S4} = -2(93,915\text{ kN}\cdot\cos 63,435°)$$
$$F_{S4} = -84\text{ kN} \text{ (Druckstab)} = F_{S24}$$

Knoten III

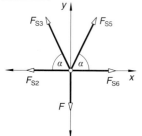

I. $\Sigma F_x = 0 = F_{S5} \cos\alpha - F_{S3} \cos\alpha - F_{S2} + F_{S6}$
II. $\Sigma F_y = 0 = F_{S5} \sin\alpha + F_{S3} \sin\alpha - F$

aus II.

$F_{S5} = \dfrac{F - F_{S3} \sin\alpha}{\sin\alpha} = \dfrac{28 \text{ kN} - 93,915 \text{ kN} \cdot \sin 63,435°}{\sin 63,435°}$

$F_{S5} = -62,61 \text{ kN (Druckstab)} = F_{S23}$

aus I.

$F_{S6} = -(-62,61 \text{ kN}) \cdot \cos 63,435° +$
$\quad\quad + 93,915 \text{ kN} \cdot \cos 63,435° + 42 \text{ kN}$
$F_{S6} = 112 \text{ kN (Zugstab)} = F_{S22}$

Knoten IV

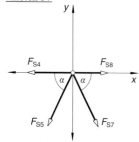

I. $\Sigma F_x = 0 = F_{S8} - F_{S4} - F_{S5} \cos\alpha + F_{S7} \cos\alpha$
II. $\Sigma F_y = 0 = -F_{S5} \sin\alpha - F_{S7} \sin\alpha$

aus II.
$F_{S7} = -F_{S5} = 62,61 \text{ kN (Zugstab)} = F_{S21}$

aus I.
$F_{S8} = -84 \text{ kN} + (-62,61 \text{ kN}) \cdot \cos 63,435°$
$\quad\quad - (-62,61 \text{ kN}) \cdot \cos 63,435°$
$F_{S8} = -140 \text{ kN (Druckstab)} = F_{S20}$

Knoten V

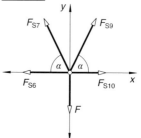

I. $\Sigma F_x = 0 = F_{S10} + F_{S9} \cos\alpha - F_{S7} \cos\alpha - F_{S6}$
II. $\Sigma F_y = 0 = F_{S9} \sin\alpha + F_{S7} \sin\alpha - F$

aus II.

$F_{S9} = \dfrac{F - F_{S7} \sin\alpha}{\sin\alpha} = \dfrac{84 \text{ kN} - 62,61 \text{ kN} \cdot \sin 63,435°}{\sin 63,435°}$

$F_{S9} = -31,305 \text{ kN (Druckstab)} = F_{S19}$

aus I.
$F_{S10} = -F_{S9} \cos\alpha + F_{S7} \cos\alpha + F_{S6}$
$F_{S10} = -(-31,305 \text{ kN}) \cdot \cos 63,435° +$
$\quad\quad + 62,61 \text{ kN} \cdot \cos 63,435° + 112 \text{ kN}$
$F_{S10} = 154 \text{ kN (Zugstab)} = F_{S18}$

Kräftetabelle (Kräfte in kN)

Stab	Zug	Druck	Stab
1	–	93,915	27
2	42	–	26
3	93,915	–	25
4	–	84	24
5	–	62,61	23
6	112	–	22
7	62,61	–	21
8	–	140	20
9	–	31,305	19
10	154	–	18

165.

a) Stabkräfte nach dem Knotenschnittverfahren
   Berechnung der Stützkräfte
   (siehe Erläuterung zu 161a)

Lageskizze

$F_A = F_B = 84 \text{ kN}$

(siehe Lösung 163a)

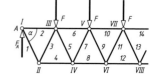

1 Statik in der Ebene

Berechnung der Stabwinkel (siehe Lösung 164a):
$\alpha = 63{,}435°$

Knoten I

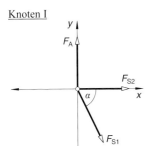

I. $\Sigma F_x = 0 = F_{S2} + F_{S1} \cos\alpha$
II. $\Sigma F_y = 0 = F_A - F_{S1} \sin\alpha$

aus II.
$F_{S1} = \dfrac{F_A}{\sin\alpha} = \dfrac{84\text{ kN}}{\sin 63{,}435°} = 93{,}915\text{ kN}$
$F_{S1} = 93{,}915\text{ kN (Zugstab)} = F_{S27}$

aus I.
$F_{S2} = -F_{S1} \cos\alpha = -93{,}915\text{ kN} \cdot \cos 63{,}435°$
$F_{S2} = -42\text{ kN (Druckstab)} = F_{S26}$

Knoten II

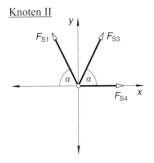

I. $\Sigma F_x = 0 = F_{S4} + F_{S3} \cos\alpha - F_{S1} \cos\alpha$
II. $\Sigma F_y = 0 = F_{S3} \sin\alpha + F_{S1} \sin\alpha$

aus II.
$F_{S3} = -F_{S1} = -93{,}915\text{ kN (Druckstab)} = F_{S25}$

aus I.
$F_{S4} = -F_{S3} \cos\alpha + F_{S1} \cos\alpha = \cos\alpha(-F_{S3} + F_{S1})$
$F_{S4} = \cos 63{,}435°(-(-93{,}915\text{ kN}) + 93{,}915\text{ kN}))$
$F_{S4} = 84\text{ kN (Zugstab)} = F_{S24}$

Knoten III

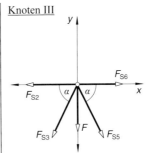

I. $\Sigma F_x = 0 = F_{S6} + F_{S5} \cos\alpha - F_{S3} \cos\alpha - F_{S2}$
II. $\Sigma F_y = 0 = -F_{S5} \sin\alpha - F_{S3} \sin\alpha - F$

aus II.
$F_{S5} = \dfrac{-F - F_{S3} \sin\alpha}{\sin\alpha}$
$F_{S5} = \dfrac{-28\text{ kN} - (-93{,}915\text{ kN}) \cdot \sin 63{,}435°}{\sin 63{,}435°}$
$F_{S5} = 62{,}61\text{ kN (Zugstab)} = F_{S23}$

aus I.
$F_{S6} = -F_{S5} \cos\alpha + F_{S3} \cos\alpha + F_{S2}$
$F_{S6} = -62{,}61\text{ kN} \cdot \cos 63{,}435° +$
$\qquad + (-93{,}915\text{ kN}) \cdot \cos 63{,}435° + (-42\text{ kN})$
$F_{S6} = -112\text{ kN (Druckstab)} = F_{S22}$

Alle Stäbe haben die gleichen Ergebnisse wie in Lösung 164, nur mit umgekehrten Vorzeichen.

Kräftetabelle (Kräfte in kN)

Stab	Zug	Druck	Stab
1	93,915	–	27
2	–	42	26
3	–	93,915	25
4	84	–	24
5	62,61	–	23
6	–	112	22

166.
a) Stabkräfte nach dem Knotenschnittverfahren
   Berechnung der Stützkräfte
   (siehe Erläuterung zu 161a)

   Lageskizze

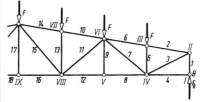

$$F_A = F_B = \frac{7F}{2} = 14 \text{ kN}$$

Berechnung der Stabwinkel

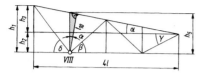

$$\alpha = \arctan\frac{h_1 - h_2}{4l} = \arctan\frac{1{,}4 \text{ m} - 0{,}6 \text{ m}}{4 \cdot 1{,}2 \text{ m}} = 9{,}462°$$

$$\beta = \arctan\frac{h_2 + \dfrac{h_3}{2}}{l} = \arctan\frac{0{,}6 \text{ m} + 0{,}4 \text{ m}}{1{,}2 \text{ m}} = 39{,}806°$$

$$\gamma = \arctan\frac{h_2}{l} = \arctan\frac{0{,}6 \text{ m}}{1{,}2 \text{ m}} = 26{,}565°$$

$$\delta = \arctan\frac{h_1}{l} = \arctan\frac{1{,}4 \text{ m}}{1{,}2 \text{ m}} = 49{,}4°$$

Knoten I

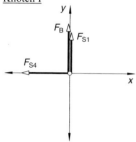

I. $\Sigma F_x = 0 = -F_{S4}$
II. $\Sigma F_y = 0 = F_B + F_{S1}$

aus I. $F_{S4} = 0$ kN (Nullstab)

aus II. $F_{S1} = -14$ kN (Druckstab)

Knoten II

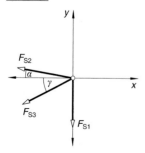

I. $\Sigma F_x = 0 = -F_{S2} \cos\alpha - F_{S3} \cos\gamma$
II. $\Sigma F_y = 0 = F_{S2} \sin\alpha - F_{S3} \sin\gamma - F_{S1}$

aus I. $F_{S2} = \dfrac{-F_{S3} \cos\gamma}{\cos\alpha}$

aus II. $F_{S2} = \dfrac{F_{S3}\sin\gamma + F_{S1}}{\sin\alpha}$

I. und II. $-F_{S3} \cos\gamma \sin\alpha = F_{S3} \sin\gamma \cos\alpha + F_{S1} \cos\alpha$

$$F_{S3} = \frac{-F_{S1} \cos\alpha}{\sin(\gamma + \alpha)} = \frac{-(-14 \text{ kN}) \cdot \cos 9{,}462°}{\sin 36{,}027°}$$

$F_{S3} = 23{,}479$ kN (Zugstab)

mit I.

$$F_{S2} = \frac{-F_{S3} \cdot \cos\gamma}{\cos\alpha} = \frac{-23{,}479 \text{ kN} \cdot \cos 26{,}565°}{\cos 9{,}462°}$$

$F_{S2} = -21{,}29$ kN (Druckstab)

Knoten III

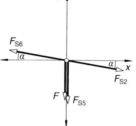

I. $\Sigma F_x = 0 = F_{S2} \cos\alpha - F_{S6} \cos\alpha$
II. $\Sigma F_y = 0 = -F + F_{S6} \sin\alpha - F_{S5} - F_{S2} \sin\alpha$

aus I.
$F_{S6} = F_{S2} = -21{,}29$ kN (Druckstab)

aus II.
$F_{S5} = -F = -4$ kN (Druckstab)

Knoten IV

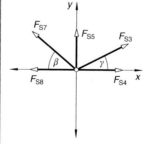

I. $\Sigma F_x = 0 = F_{S4} + F_{S3} \cos\gamma - F_{S7} \cos\beta - F_{S8}$
II. $\Sigma F_y = 0 = F_{S3} \sin\gamma + F_{S5} + F_{S7} \sin\beta$

aus II.

$F_{S7} = \dfrac{-F_{S3} \sin\gamma - F_{S5}}{\sin\beta}$

$F_{S7} = \dfrac{-23,479 \text{ kN} \cdot \sin 26,565° - (-4\text{kN})}{\sin 39,806°}$

$F_{S7} = -10,153 \text{ kN (Druckstab)}$

aus I.

$F_{S8} = F_{S4} + F_{S3} \cos\gamma - F_{S7} \cos\beta$
$F_{S8} = 0 \text{ kN} + 23,479 \text{ kN} \cdot \cos 26,565° -$
$\qquad - (-10,153 \text{ kN}) \cdot \cos 39,806°$
$F_{S8} = 28,8 \text{ kN (Zugstab)}$

<u>Knoten V</u>

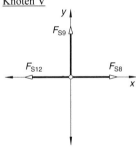

I. $\Sigma F_x = 0 = F_{S8} - F_{S12}$
II. $\Sigma F_y = 0 = F_{S9}$

aus I.

$F_{S12} = F_{S8} = 28,8 \text{ kN (Zugstab)}$

aus II.

$F_{S9} = 0 \text{ kN (Nullstab)}$

Kräftetabelle (Kräfte in kN)

Stab	Zug	Druck
1	–	14
2	–	21,29
3	23,479	–
4	–	–
5	–	4
6	–	21,29
7	–	10,153
8	28,8	–
9	–	–
10	–	30,414
11	1,562	–
12	28,8	–

b) Nachprüfung nach Ritter

Lageskizze

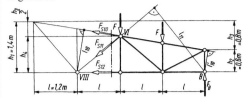

$\Sigma M_{(VIII)} = 0 = F_{S10}\, l_{10} - F\, l - F \cdot 2l + F_B \cdot 3l$

$F_{S10} = \dfrac{(F - F_B) \cdot 3l}{l_{10}}$

Berechnung von l_{10}:

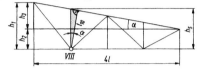

$\alpha = \arctan \dfrac{h_3}{4l} = \arctan \dfrac{h_1 - h_2}{4l}$

$\alpha = \arctan \dfrac{1,4 \text{ m} - 0,6 \text{ m}}{4 \cdot 1,2 \text{ m}}$

$\alpha = 9,46°$

$h_5 = h_2 + 0,75\, h_3 = 0,6 \text{ m} + 0,6 \text{ m} = 1,2 \text{ m}$

$(0,75\, h_3$ nach Strahlensatz)

$l_{10} = h_5 \cos\alpha = 1,2 \text{ m} \cdot \cos 9,46° = 1,184 \text{ m}$

(dunkles Dreieck)

$F_{S10} = \dfrac{(4 \text{ kN} - 14 \text{ kN}) \cdot 3 \cdot 1,2 \text{ m}}{1,184 \text{ m}}$

$F_{S10} = -30,414 \text{ kN}$ (Druckstab)

$\Sigma M_{(B)} = 0 = F_{S11}\, l_{11} + F_{S10}\, l'_{10} + F\, l + F \cdot 2l$

$F_{S11} = \dfrac{-F_{S10}\, l'_{10} - F \cdot 3l}{l_{11}}$

Berechnung von l'_{10} und l_{11}:

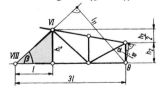

$l'_{10} = h_2 \cos\alpha = 0,6 \text{ m} \cdot \cos 9,46° = 0,5918 \text{ m}$

(kleines dunkles Dreieck, rechts)

$h_4 = h_2 + \dfrac{h_3}{2} = 0,6 \text{ m} + 0,4 \text{ m} = 1 \text{ m}$

$\beta = \arctan\dfrac{h_4}{l} = \arctan\dfrac{1,0\text{ m}}{1,2\text{ m}} = 39,81°$

(großes dunkles Dreieck, links)

$l_{11} = 3l \sin\beta = 3 \cdot 1,2\text{ m} \cdot \sin 39,81° = 2,305\text{ m}$

$F_{S11} = \dfrac{-(-30,41\text{ kN}) \cdot 0,5918\text{ m} - 4\text{ kN} \cdot 3,6\text{ m}}{2,305\text{ m}}$

$F_{S11} = 1,562\text{ kN}$ (Zugstab)

$\Sigma M_{(VI)} = 0 = F_B \cdot 2l - Fl - F_{S12} h_4$

$F_{S12} = \dfrac{F_B \cdot 2l - Fl}{h_4} = \dfrac{14\text{ kN} \cdot 2,4\text{ m} - 4\text{ kN} \cdot 1,2\text{ m}}{1\text{ m}}$

$F_{S12} = 28,8\text{ kN}$ (Zugstab)

167.
a) Stabkräfte nach dem Knotenschnittverfahren
  Berechnung der Stützkräfte

Die Tragkonstruktion wird symmetrisch belastet und alle Kräfte einschließlich der Stützkräfte haben parallele Wirklinien. Folglich sind die Stützkräfte F_A und F_B gleich groß.

Lageskizze

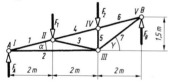

$F_A = F_B = \dfrac{F_1 + F_2}{2} = 20\text{ kN}$

Berechnung der Stabwinkel

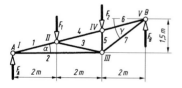

$\alpha = \arctan\dfrac{1,5\text{ m}}{6\text{ m}} = 14,036°$

$\gamma = \arctan\dfrac{1,5\text{ m}}{2\text{ m}} = 36,87°$

Knoten I

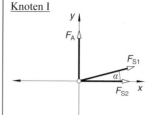

I. $\Sigma F_x = 0 = F_{S2} + F_{S1} \cos\alpha$
II. $\Sigma F_y = 0 = F_{S1} \sin\alpha + F_A$

aus II.

$F_{S1} = \dfrac{-F_A}{\sin\alpha} = \dfrac{-20\text{ kN}}{\sin 14,036°}$

$F_{S1} = -82,464\text{ kN}$ (Druckstab)

aus I.

$F_{S2} = -F_{S1} \cdot \cos\alpha = -(-82,464\text{ kN}) \cdot \cos 14,036°$

$F_{S2} = 80,002\text{ kN}$ (Zugstab)

Knoten II

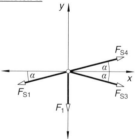

I. $\Sigma F_x = 0 = F_{S4} \cos\alpha - F_{S1} \cos\alpha + F_{S3} \cos\alpha$
II. $\Sigma F_y = 0 = F_{S4} \sin\alpha - F_{S1} \sin\alpha - F_1 - F_{S3} \sin\alpha$

aus I. $F_{S4} = \dfrac{F_{S1} \cos\alpha - F_{S3} \cos\alpha}{\cos\alpha}$

aus II. $F_{S4} = \dfrac{F_{S1} \sin\alpha + F_1 + F_{S3} \sin\alpha}{\sin\alpha}$

I. und II.

$F_{S3} \sin\alpha \cos\alpha + F_{S3} \cos\alpha \sin\alpha =$
$\quad = -F_{S1} \sin\alpha \cos\alpha + F_{S1} \cos\alpha \sin\alpha - F_1 \cos\alpha$

$F_{S3} = \dfrac{-F_1 \cos\alpha}{\sin 2\alpha} = \dfrac{-20\text{ kN} \cdot \cos 14,036°}{\sin(2 \cdot 14,036°)}$

$F_{S3} = -41,232\text{ kN}$ (Druckstab)

mit I.

$F_{S4} = \dfrac{\cos\alpha \, (F_{S1} - F_{S3})}{\cos\alpha}$

$F_{S4} = F_{S1} - F_{S3} = -82{,}464 \text{ kN} - (-41{,}232 \text{ kN})$

$F_{S4} = -41{,}232$ kN (Druckstab)

Knoten IV

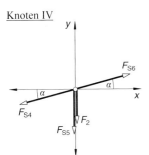

I. $\Sigma F_x = 0 = F_{S6} \cos\alpha - F_{S4} \cos\alpha$
II. $\Sigma F_y = 0 = F_{S6} \sin\alpha - F_2 - F_{S4} \sin\alpha - F_{S5}$

aus I.

$F_{S6} = \dfrac{F_{S4} \cos\alpha}{\cos\alpha}$

$F_{S6} = -F_{S4} = -41{,}232$ kN (Druckstab)

aus II.

$F_{S5} = -F_2 = -20$ kN (Druckstab)

Knoten V

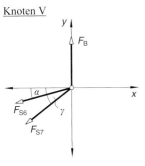

I. $\Sigma F_x = 0 = -F_{S6} \cos\alpha - F_{S7} \cos\gamma$
II. $\Sigma F_y = 0 = F_B - F_{S6} \sin\alpha - F_{S7} \sin\gamma$

aus I.

$F_{S7} = \dfrac{-F_{S6} \cos\alpha}{\cos\gamma} = \dfrac{-(-41{,}236 \text{ kN}) \cdot \cos 14{,}036°}{\cos 36{,}87°}$

$F_{S7} = 50{,}006$ kN (Zugstab)

Kräftetabelle (Kräfte in kN)

Stab	Zug	Druck
1	–	82,464
2	80,002	–
3	–	41,232
4	–	41,232
5	–	20
6	–	41,232
7	50,006	–

b) Nachprüfung der Stäbe 2, 3, 4 nach Ritter

Lageskizze 1

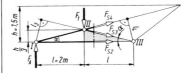

$\Sigma M_{(II)} = 0 = F_{S2} \dfrac{h}{3} - F_A \, l$

$F_{S2} = \dfrac{3 F_A \, l}{h} = \dfrac{3 \cdot 20 \text{ kN} \cdot 2 \text{ m}}{1{,}5 \text{ m}} = +80$ kN (Zugstab)

$\Sigma M_{(I)} = 0 = -F_1 \, l - F_{S3} \, l_3$

$F_{S3} = \dfrac{-F_1 \, l}{l_3}$

Berechnung von l_3 (siehe Lageskizze 1):

$\alpha = \arctan \dfrac{\frac{h}{3}}{l} = \arctan \dfrac{0{,}5 \text{ m}}{2 \text{ m}} = 14{,}036°$

(siehe dunkles Dreieck)

$l_3 = 2l \sin\alpha = 4 \text{ m} \cdot \sin 14{,}036° = 0{,}97$ m

$F_{S3} = \dfrac{-20 \text{ kN} \cdot 2 \text{ m}}{0{,}97 \text{ m}} = -41{,}23$ kN (Druckstab)

$\Sigma M_{(III)} = 0 = -F_{S4} \, l_4 + F_1 \, l - F_A \cdot 2l$

$F_{S4} = \dfrac{(F_1 - 2F_A) \, l}{l_4} = \dfrac{-20 \text{ kN} \cdot 2 \text{ m}}{0{,}97 \text{ m}}$

$F_{S4} = -41{,}23$ kN (Druckstab)

(*Hinweis:* Wegen Symmetrie ist $l_4 = l_3$; siehe Lageskizze 1)

Nachprüfung der Stäbe 4, 5, 7 nach Ritter
Lageskizze 2

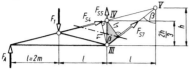

$\Sigma M_{(III)} = 0 = F_1 l - F_A \cdot 2l - F_{S4} l_4$

$F_{S4} = \dfrac{(F_1 - 2F_A)l}{l_4} = \dfrac{-20 \text{ kN} \cdot 2 \text{ m}}{0,97 \text{ m}}$

$F_{S4} = -41,23 \text{ kN}$ (Druckstab)

$\Sigma M_{(V)} = 0 = F_1 \cdot 2l - F_A \cdot 3l - F_{S5} l$

$F_{S5} = \dfrac{(2F_1 - 3F_A)l}{l} = 2 \cdot 20 \text{ kN} - 3 \cdot 20 \text{ kN}$

$F_{S5} = -20 \text{ kN}$ (Druckstab)

$\Sigma M_{(IV)} = 0 = F_1 l - F_A \cdot 2l + F_{S7} l_7$

$F_{S7} = \dfrac{(2F_A - F_1)l}{l_7}$

Berechnung von l_7 (siehe Lageskizze 2):

$\beta = \arctan \dfrac{l}{h} = \arctan \dfrac{2 \text{ m}}{1,5 \text{ m}} = 53,13°$

$l_7 = \dfrac{2}{3} h \sin \beta = 1 \text{ m} \cdot \sin 53,13° = 0,8 \text{ m}$
(siehe dunkles Dreieck)

$F_{S7} = \dfrac{20 \text{ kN} \cdot 2 \text{ m}}{0,8 \text{ m}} = +50 \text{ kN}$ (Zugstab)

168.
a) Stabkräfte nach dem Knotenschnittverfahren
Berechnung der Stützkräfte

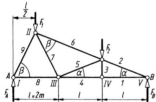
Lageskizze

I. $\Sigma F_x = 0$: keine x-Kräfte vorhanden
II. $\Sigma F_y = 0 = F_A + F_B - F_1 - F_2$
III. $\Sigma M_{(A)} = 0 = -F_1 \dfrac{l}{2} - F_2 \cdot 2l + F_B \cdot 3l$

aus III. $F_B = \dfrac{\left(\dfrac{F_1}{2} + 2F_2\right)l}{3l} = \dfrac{\dfrac{F_1}{2} + 2F_2}{3}$

$F_B = \dfrac{15 \text{ kN} + 20 \text{ kN}}{3} = 11,667 \text{ kN}$

aus II. $F_A = F_1 + F_2 - F_B = 30 \text{ kN} + 10 \text{ kN} - 11,667 \text{ kN}$
$F_A = 28,333 \text{ kN}$

Berechnung der Stabwinkel

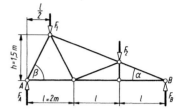

$\alpha = \arctan \dfrac{1,5 \text{ m}}{5 \text{ m}} = 16,699°$

$\beta = \arctan \dfrac{1,5 \text{ m}}{1 \text{ m}} = 56,31°$

Knoten I

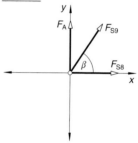

I. $\Sigma F_x = 0 = F_{S8} + F_{S9} \cos \beta$
II. $\Sigma F_y = 0 = F_A + F_{S9} \sin \beta$

aus II.

$F_{S9} = \dfrac{-F_A}{\sin \beta} = -34,052 \text{ kN}$ (Druckstab)

aus I.
$F_{S8} = -F_{S9} \cos \beta = 18,887 \text{ kN}$ (Zugstab)

Knoten II

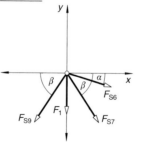

I. $\Sigma F_x = 0 = -F_{S9} \cos \beta + F_{S7} \cos \beta + F_{S6} \cos \alpha$
II. $\Sigma F_y = 0 = -F_{S9} \sin \beta - F_1 - F_{S7} \sin \beta - F_{S6} \sin \alpha$

aus I.
$$F_{S6} = \frac{F_{S9}\cos\beta - F_{S7}\cos\beta}{\cos\alpha}$$

aus II.
$$F_{S6} = \frac{-F_{S9}\sin\beta - F_1 - F_{S7}\sin\beta}{\sin\alpha}$$

I. und II.
$$F_{S9}\cos\beta\sin\alpha - F_{S7}\cos\beta\sin\alpha = -F_{S9}\sin\beta\cos\alpha -$$
$$- F_1\cos\alpha - F_{S7}\sin\beta\cos\alpha$$

$$F_{S7}\sin\beta\cos\alpha - F_{S7}\cos\beta\sin\alpha = -F_{S9}\sin\beta\cos\alpha -$$
$$- F_{S9}\cos\beta\sin\alpha - F_1\cos\alpha$$

$$F_{S7}[\sin(\beta-\alpha)] = -F_{S9}[\sin(\beta+\alpha)] - F_1\cos\alpha$$

$$F_{S7} = \frac{-F_{S9}[\sin(\beta+\alpha)] - F_1\cos\alpha}{\sin(\beta-\alpha)}$$

$$F_{S7} = \frac{34{,}052\text{ kN}\cdot\sin 73{,}009° - 30\text{ kN}\cdot\cos 16{,}699°}{\sin 39{,}611°}$$

$$F_{S7} = 6{,}008\text{ kN (Zugstab)}$$

mit I.
$$F_{S6} = \frac{-34{,}052\text{ kN}\cdot\cos 56{,}31° - 6{,}008\text{ kN}\cdot\cos 56{,}31°}{\cos 16{,}699°}$$

$$F_{S6} = -23{,}2\text{ kN (Druckstab)}$$

Knoten III

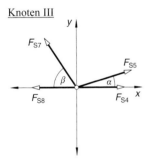

I. $\Sigma F_x = 0 = -F_{S8} - F_{S7}\cos\beta + F_{S5}\cos\alpha + F_{S4}$
II. $\Sigma F_y = 0 = F_{S7}\sin\beta + F_{S5}\sin\alpha$

aus II.
$$F_{S5} = \frac{-F_{S7}\sin\beta}{\sin\alpha} = \frac{-6{,}008\text{ kN}\cdot\sin 56{,}31°}{\sin 16{,}699°}$$

$$F_{S5} = -17{,}397\text{ kN (Druckstab)}$$

aus I.
$$F_{S4} = F_{S8} + F_{S7}\cos\beta - F_{S5}\cos\alpha$$
$$F_{S4} = 18{,}887\text{ kN} + 6{,}008\text{ kN}\cdot\cos 56{,}31° -$$
$$- (-17{,}397\text{ kN})\cdot\cos 16{,}699°$$
$$F_{S4} = 38{,}883\text{ kN (Zugstab)}$$

Knoten IV

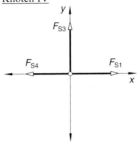

I. $\Sigma F_x = 0 = F_{S1} - F_{S4}$
II. $\Sigma F_y = 0 = F_{S3}$

aus I.
$$F_{S1} = F_{S4} = 38{,}883\text{ kN (Zugstab)}$$

aus II.
$$F_{S3} = 0\text{ kN (Nullstab)}$$

Knoten V

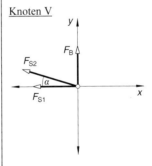

I. $\Sigma F_x = 0 = -F_{S2}\cos\alpha - F_{S1}$
II. $\Sigma F_y = 0 = F_B + F_{S2}\sin\alpha$

aus I.
$$F_{S2} = \frac{-F_{S1}}{\cos\alpha} = -40{,}595\text{ kN (Druckstab)}$$

Kräftetabelle (Kräfte in kN)

Stab	Zug	Druck
1	38,883	–
2	–	40,595
3	–	–
4	38,883	–
5	–	17,397
6	–	23,2
7	6,008	–
8	18,887	–
9	–	34,052

b) Nachprüfung nach Ritter

Lageskizze (Stablängen sind mit s bezeichnet)

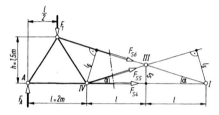

$\Sigma M_{(III)} = 0 = F_1 \dfrac{3l}{2} - F_A \cdot 2l + F_{S4} s_3$

$F_{S4} = \dfrac{(2 F_A - 1,5 F_1) l}{s_3}$

Berechnung von s_3 (siehe Lageskizze):

$\dfrac{s_3}{h} = \dfrac{l}{2,5 l}$ (Strahlensatz)

$s_3 = \dfrac{h}{2,5} = \dfrac{1,5\text{ m}}{2,5} = 0,6\text{ m}$

$F_{S4} = \dfrac{(2 \cdot 28,333\text{ kN} - 1,5 \cdot 30\text{ kN}) \cdot 2\text{ m}}{0,6\text{ m}}$

$F_{S4} = +38,89\text{ kN}$ (Zugstab)

$\Sigma M_{(I)} = 0 = F_1 \cdot \dfrac{5}{2} l - F_A \cdot 3l - F_{S5} l_5$

$F_{S5} = \dfrac{(2,5 F_1 - 3 F_A) l}{l_5}$

Berechnung von l_5 (siehe Lageskizze):

$\alpha = \arctan \dfrac{h}{2,5 l} = \arctan \dfrac{1,5\text{ m}}{2,5 \cdot 2\text{ m}} = 16,7°$

$l_5 = 2l \sin \alpha = 2 \cdot 2\text{ m} \cdot \sin 16,7° = 1,149\text{ m}$

$F_{S5} = \dfrac{(2,5 \cdot 30\text{ kN} - 3 \cdot 28,333\text{ kN}) \cdot 2\text{ m}}{1,149\text{ m}}$

$F_{S5} = -17,4\text{ kN}$ (Druckstab)

$\Sigma M_{(IV)} = 0 = F_1 \dfrac{l}{2} - F_A l - F_{S6} l_6$

$F_{S6} = \dfrac{(0,5 F_1 - F_A) l}{l_6} = \dfrac{(0,5 \cdot 30\text{ kN} - 28,333\text{ kN}) \cdot 2\text{ m}}{1,149\text{ m}}$

$F_{S6} = -23,2\text{ kN}$ (Druckstab)

Hinweis: $l_6 = l_5$ wegen Symmetrie (siehe Lageskizze).

169.

a) Stabkräfte nach dem Knotenschnittverfahren
 Berechnung der Stützkräfte

Lageskizze

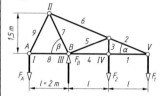

I. $\Sigma F_x = 0$: keine x-Kräfte vorhanden

II. $\Sigma F_y = 0 = F_B - F_A - F_1 - F_2$

III. $\Sigma M_{(B)} = 0 = F_A l - F_2 l - F_1 \cdot 2l$

aus III.

$F_A = \dfrac{(F_2 + 2 F_1) l}{l} = F_2 + 2 F_1 = 10\text{ kN} + 2 \cdot 30\text{ kN}$

$F_A = 70\text{ kN}$

aus II.

$F_B = F_A + F_1 + F_2 = 70\text{ kN} + 30\text{ kN} + 10\text{ kN} = 110\text{ kN}$

Berechnung der Stabwinkel wie in Lösung 168.
$\alpha = 16,699°$
$\beta = 56,31°$

Knoten I

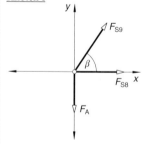

I. $\Sigma F_x = 0 = F_{S8} + F_{S9} \cdot \cos \beta$

II. $\Sigma F_y = 0 = -F_A + F_{S9} \cdot \sin \beta$

aus II.

$F_{S9} = \dfrac{F_A}{\sin \beta} = \dfrac{70\text{ kN}}{\sin 56,31°} = 84,129\text{ kN}$ (Zugstab)

aus I.
$F_{S8} = -F_{S9} \cdot \cos\beta = -84{,}129 \text{ kN} \cdot \cos 56{,}31°$
$F_{S8} = -46{,}666 \text{ kN}$ (Druckstab)

Knoten II

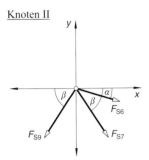

I. $\Sigma F_x = 0 = -F_{S9} \cdot \cos\beta + F_{S7} \cdot \cos\beta + F_{S6} \cdot \cos\alpha$
II. $\Sigma F_y = 0 = -F_{S9} \cdot \sin\beta - F_{S7} \cdot \sin\beta - F_{S6} \cdot \sin\alpha$

I. und II.
$$\frac{F_{S9} \cdot \cos\beta - F_{S7} \cdot \cos\beta}{\cos\alpha} = \frac{-F_{S9} \cdot \sin\beta - F_{S7} \cdot \sin\beta}{\sin\alpha}$$
$F_{S9} \cdot \sin\alpha\cos\beta - F_{S7} \cdot \sin\alpha\cos\beta =$
$= -F_{S9} \cdot \cos\alpha\sin\beta - F_{S7} \cdot \cos\alpha\sin\beta$
$F_{S7} = \dfrac{-F_{S9}(\cos\alpha\sin\beta + \sin\alpha\cos\beta)}{\cos\alpha\sin\beta - \sin\alpha\cos\beta}$
$F_{S7} = \dfrac{-F_{S9} \cdot \sin(\alpha+\beta)}{\sin(\beta-\alpha)}$
$F_{S7} = \dfrac{-84{,}129 \text{ kN} \cdot \sin(16{,}699° + 56{,}31°)}{\sin(56{,}31° - 16{,}699°)}$
$F_{S7} = -126{,}193 \text{ kN}$ (Druckstab)

aus I.
$F_{S6} = \dfrac{F_{S9} \cdot \cos\beta - F_{S7} \cdot \cos\beta}{\cos\alpha} = \dfrac{\cos\beta(F_{S9} - F_{S7})}{\cos\alpha}$
$F_{S6} = \dfrac{\cos 56{,}31°(84{,}129 \text{ kN} - (-126{,}193 \text{ kN}))}{\cos 16{,}699°}$
$F_{S6} = 121{,}802 \text{ kN}$ (Zugstab)

Knoten III

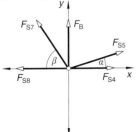

I. $\Sigma F_x = 0 = F_{S5}\cos\alpha - F_{S7}\cos\beta + F_{S4} - F_{S8}$
II. $\Sigma F_y = 0 = F_{S5}\sin\alpha + F_{S7}\sin\beta + F_B$

aus II.
$F_{S5} = \dfrac{-F_{S7}\sin\beta - F_B}{\sin\alpha}$
$F_{S5} = \dfrac{-(-126{,}193 \text{ kN}) \cdot \sin 56{,}31° - 110 \text{ kN}}{\sin 16{,}699°}$
$F_{S5} = -17{,}404 \text{ kN}$ (Druckstab)

aus I.
$F_{S4} = F_{S8} + F_{S7}\cos\beta - F_{S5}\cos\alpha$
$F_{S4} = -46{,}666 \text{ kN} + (-126{,}193 \text{ kN}) \cdot \cos 56{,}31° -$
$\quad -(-17{,}404 \text{ kN}) \cdot \cos 16{,}699°$
$F_{S4} = -99{,}995 \text{ kN}$ (Druckstab)

Knoten IV

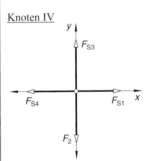

I. $\Sigma F_x = 0 = F_{S1} - F_{S4}$
II. $\Sigma F_y = 0 = F_{S3} - F_2$

aus I.
$F_{S1} = -F_{S4} = -99{,}995 \text{ kN}$ (Druckstab)

aus II.
$F_{S3} = F_2 = 10 \text{ kN}$ (Zugstab)

Knoten V

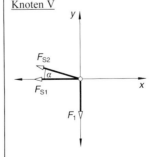

I. $\Sigma F_x = 0 = -F_{S1} - F_{S2}\cos\alpha$
II. $\Sigma F_y = 0 = -F_1 + F_{S2}\sin\alpha$

aus II.

$$F_{S2} = \frac{F_1}{\sin\alpha} = 104,405 \text{ kN (Zugstab)}$$

Kräftetabelle (Kräfte in kN)

Stab	Zug	Druck
1	–	99,995
2	104,405	–
3	10	–
4	–	99,995
5	–	17,404
6	121,802	–
7	–	126,193
8	–	46,666
9	84,129	–

170.

a) Stabkräfte nach dem Knotenschnittverfahren
   Berechnung der Stützkräfte

Lageskizze

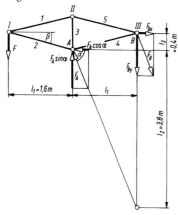

I. $\Sigma F_x = 0 = F_{Bx} - F_A \cos\alpha$
II. $\Sigma F_y = 0 = F_A \sin\alpha - F - F_{By}$
III. $\Sigma M_{(B)} = 0 = F \cdot 2l_1 - F_A \sin\alpha \, l_1 - F_A \cos\alpha \, l_3$

aus III:

$$F_A = \frac{F \cdot 2l_1}{l_1 \sin\alpha + l_3 \cos\alpha}$$

$$F_A = \frac{30 \text{ kN} \cdot 2 \cdot 1,6 \text{ m}}{1,6 \text{ m} \cdot \sin 67,166° + 0,4 \text{ m} \cdot \cos 67,166°}$$

$F_A = 58,902$ kN

I. $F_{Bx} = F_A \cos\alpha = 58,902$ kN $\cdot \cos 67,166°$
   $F_{Bx} = 22,858$ kN

II. $F_{By} = F_A \sin\alpha - F = 58,902$ kN $\cdot \sin 67,166° - 30$ kN
    $F_{By} = 24,286$ kN

$$F_B = \sqrt{F_{Bx}^2 + F_{By}^2} = \sqrt{(22,858 \text{ kN})^2 + (24,286 \text{ kN})^2}$$

$F_B = 33,351$ kN

Berechnung der Stabwinkel
(Lage der Winkel siehe Lageskizze)

$$\alpha = \arctan\frac{l_2}{l_1} = \arctan\frac{3,8 \text{ m}}{1,6 \text{ m}} = 67,166°$$

$$\beta = \arctan\frac{l_3}{l_1} = \arctan\frac{0,4 \text{ m}}{1,6 \text{ m}} = 14,036°$$

Knoten I

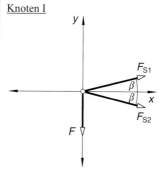

I. $\Sigma F_x = 0 = F_{S1} \cdot \cos\beta + F_{S2} \cdot \cos\beta$
II. $\Sigma F_y = 0 = F_{S1} \cdot \sin\beta - F_{S2} \cdot \sin\beta - F$

I. und II.

$F_{S2} \cdot \sin\beta + F = -F_{S2} \cdot \sin\beta$

$$F_{S2} = \frac{-F}{2 \cdot \sin\beta} = \frac{-30 \text{ kN}}{2 \cdot \sin 14,036°}$$

$F_{S2} = -61,848$ kN (Druckstab)

aus I.

$F_{S1} = -F_{S2} = -(-61,848 \text{ kN}) = 61,848$ kN (Zugstab)

Knoten II

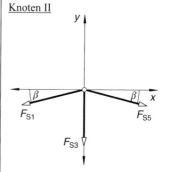

I. $\Sigma F_x = 0 = -F_{S1} \cdot \cos\beta + F_{S5} \cdot \cos\beta$
II. $\Sigma F_y = 0 = -F_{S1} \cdot \sin\beta - F_{S5} \cdot \sin\beta - F_{S3}$

aus I.

$$F_{S5} = \frac{F_{S1} \cdot \cos \beta}{\cos \beta} = F_{S1} = 61{,}848 \text{ kN (Zugstab)}$$

aus II.

$$F_{S3} = -F_{S1} \cdot \sin \beta - F_{S5} \cdot \sin \beta = -2 \cdot F_{S1} \cdot \sin \beta$$
$$F_{S3} = -2 \cdot 61{,}848 \text{ kN} \cdot \sin 14{,}036° = -30 \text{ kN (Druckstab)}$$

Knoten III

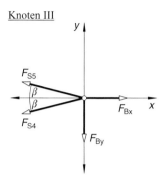

I. $\Sigma F_x = 0 = -F_{S5} \cdot \cos \beta - F_{S4} \cdot \cos \beta + F_{Bx}$
II. $\Sigma F_y = 0 = F_{S5} \cdot \sin \beta - F_{S4} \cdot \sin \beta - F_{By}$

aus II.

$$F_{S4} = \frac{F_{S5} \cdot \sin \beta - F_{By}}{\sin \beta}$$
$$F_{S4} = \frac{61{,}848 \text{ kN} \cdot \sin 14{,}036° - 24{,}286 \text{ kN}}{\sin 14{,}036°}$$
$$F_{S4} = -38{,}287 \text{ kN (Druckstab)}$$

Kräftetabelle (Kräfte in kN)

Stab	Zug	Druck
1	61,848	–
2	–	61,848
3	–	30
4	–	38,287
5	61,848	–

b) Nachprüfung der Stäbe 1, 3, 4 nach Ritter

Lageskizze (Stablängen sind mit s bezeichnet)

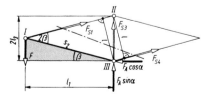

$\Sigma M_{(III)} = 0 = F l_1 - F_{S1} l$

$$F_{S1} = \frac{F l_1}{l}$$

Berechnung von l:

$$s_2 = \sqrt{l_1^2 + l_3^2} = \sqrt{(1{,}6 \text{ m})^2 + (0{,}4 \text{ m})^2} = 1{,}649 \text{ m}$$

$$\beta = \arctan \frac{l_3}{l_1} = \arctan \frac{0{,}4 \text{ m}}{1{,}6 \text{ m}} = 14{,}036°$$

$$l = s_2 \sin 2\beta = 1{,}649 \text{ m} \cdot \sin 28{,}07° = 0{,}776 \text{ m}$$

$$F_{S1} = \frac{30 \text{ kN} \cdot 1{,}6 \text{ m}}{0{,}776 \text{ m}} = +61{,}85 \text{ kN (Zugstab)}$$

$\Sigma M_{(II)} = 0 = F l_1 + F_{S4} \, l - F_A \cos \alpha \cdot 2 l_3$

$$F_{S4} = \frac{-F l_1 + F_A \cos \alpha \cdot 2 l_3}{l}$$

$$F_{S4} = \frac{-30 \text{ kN} \cdot 1{,}6 \text{ m} + 58{,}9 \text{ kN} \cdot \cos 67{,}17° \cdot 0{,}8 \text{ m}}{0{,}776 \text{ m}}$$

$$F_{S4} = -38{,}29 \text{ kN (Druckstab)}$$

$\Sigma M_{(I)} = 0 = F_{S3} \, l_1 + F_{S4} \, l + F_A \sin \alpha \, l_1 - F_A \cos \alpha \, l_3$

$$F_{S3} = \frac{F_A (l_3 \cos \alpha - l_1 \sin \alpha) - F_{S4} \, l}{l_1}$$

$$F_{S3} = \frac{58{,}9 \text{ kN} \, (0{,}4 \text{ m} \cdot \cos 67{,}17° - 1{,}6 \text{ m} \cdot \sin 67{,}17°)}{1{,}6 \text{ m}} -$$

$$- \frac{(-38{,}29 \text{ kN}) \cdot 0{,}776 \text{ m}}{1{,}6 \text{ m}}$$

$$F_{S3} = -30 \text{ kN (Druckstab)}$$

171.

a) Stabkräfte nach dem Knotenschnittverfahren

Berechnung der Stützkräfte einschließlich der Resultierenden F_r

Lageskizze 1   Kraftecksskizze

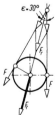

Hinweis: Seilzugkraft und Last F sind gleich groß.

$$\cos \frac{\varepsilon}{2} = \frac{F_r}{2F}$$

$$F_r = 2F \cos \frac{\varepsilon}{2} = 2 \cdot 15 \text{ kN} \cdot \cos 15°$$

$$F_r = 28{,}978 \text{ kN}$$

Lageskizze 2 (Stablängen sind mit s bezeichnet)

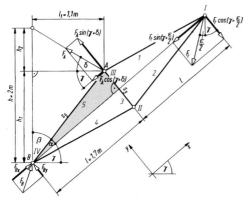

Die x-Achse für die Berechnung der Stützkräfte wird um den Winkel γ in die Längsachse des Auslegers gedreht.

Berechnung des Winkels γ

$$s_5 = \sqrt{l^2 + \left(\frac{s_3}{2}\right)^2} = \sqrt{(1,7\text{ m})^2 + (0,35\text{ m})^2} = 1,736\text{ m}$$

$$\alpha = \arctan\frac{s_3}{2l} = \arctan\frac{0,7\text{ m}}{2\cdot 1,7\text{ m}} = 11,634°$$

(siehe dunkles Dreieck)

$$\beta = \arcsin\frac{l_1}{s_5} = \arcsin\frac{1,1\text{ m}}{1,736\text{ m}} = 39,319°$$

$$\gamma = 90° - (\alpha + \beta) = 39,047°$$

$$h_1 = \frac{l_1}{\tan\beta} = \frac{1,1\text{ m}}{\tan 39,319°} = 1,343\text{ m}$$

$$h_2 = h - h_1 = 0,657\text{ m}$$

$$\delta = \arctan\frac{h_2}{l_1} = \arctan\frac{0,657\text{ m}}{1,1\text{ m}} = 30,849°$$

$$\gamma + \delta = 39,047° + 30,849° = 69,90°$$

Berechnung der Stützkräfte

I. $\Sigma F_x = 0 = F_{Bx} - F_A \cos(\gamma + \delta) - F_r \sin(\gamma + \frac{\varepsilon}{2})$

II. $\Sigma F_y = 0 = F_{By} + F_A \sin(\gamma + \delta) - F_r \cos(\gamma + \frac{\varepsilon}{2})$

III. $\Sigma M_{(B)} = 0 = F_A \sin(\gamma + \delta)\, l + F_A \cos(\gamma + \delta)\frac{s_3}{2} -$

$$- F_r \cos(\gamma + \frac{\varepsilon}{2}) \cdot 2l$$

aus III. $F_A = \dfrac{F_r \cos\left(\gamma + \dfrac{\varepsilon}{2}\right) 2l}{l \sin(\gamma + \delta) + \dfrac{s_3}{2} \cos(\gamma + \delta)}$

$$F_A = \frac{28,978\text{ kN} \cdot \cos 54,047° \cdot 3,4\text{ m}}{1,7\text{ m} \cdot \sin 69,90° + 0,35\text{ m} \cdot \cos 69,90°}$$

$$F_A = 33,7\text{ kN}$$

aus I. $F_{Bx} = F_A \cos(\gamma + \delta) + F_r \sin\left(\gamma + \dfrac{\varepsilon}{2}\right)$

$F_{Bx} = 33,7\text{ kN} \cdot \cos 69,90° + 28,978\text{ kN} \cdot \sin 54,047°$

$F_{Bx} = 35,039\text{ kN}$

aus II. $F_{By} = F_r \cos\left(\gamma + \dfrac{\varepsilon}{2}\right) - F_A \sin(\gamma + \delta)$

$F_{By} = 28,978\text{ kN} \cdot \cos 54,047° - 33,7\text{ kN} \cdot \sin 69,90°$

$F_{By} = -14,634\text{ kN}$

(Minus bedeutet: F_{By} wirkt entgegen dem angenommenen Richtungssinn nach rechts unten.)

$$F_B = \sqrt{F_{Bx}^2 + F_{By}^2} = \sqrt{(35,039\text{ kN})^2 + (14,634\text{ kN})^2}$$

$$F_B = 37,972\text{ kN}$$

Berechnung der Stabwinkel siehe unter Berechnung der Stützkräfte

$\alpha = 11,634°$

$\beta = 39,319°$

$\gamma = 39,047°$

$\delta = 30,849°$

$\gamma_1 = (\gamma - \alpha) = 27,413°$

$\gamma_2 = (90° - \gamma) = 50,953°$

$\beta_1 = (90° - \beta) = 50,681°$

Knoten I

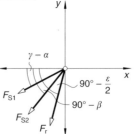

I. $\Sigma F_x = 0 = -F_r \cdot \cos(90° - \dfrac{\varepsilon}{2}) - F_{S2} \cdot \cos(90° - \beta)$

$$- F_{S1} \cdot \cos(\gamma - \alpha)$$

II. $\Sigma F_y = 0 = -F_r \cdot \sin(90° - \dfrac{\varepsilon}{2}) - F_{S2} \cdot \sin(90° - \beta)$

$$- F_{S1} \cdot \sin(\gamma - \alpha)$$

1 Statik in der Ebene

aus I.

$$F_{S1} = \frac{-F_r \cdot \cos\left(90° - \frac{\varepsilon}{2}\right) - F_{S2} \cdot \cos(90° - \beta)}{\cos(\gamma - \alpha)}$$

aus II.

$$F_{S1} = \frac{-F_r \cdot \sin\left(90° - \frac{\varepsilon}{2}\right) - F_{S2} \cdot \sin(90° - \beta)}{\sin(\gamma - \alpha)}$$

I. und II.

$$F_{S2} = \frac{-F_r \cdot \sin\left[\left(90° - \frac{\varepsilon}{2}\right) - (\gamma - \alpha)\right]}{\sin\left[(90° - \beta) - (\gamma - \alpha)\right]}$$

$$F_{S2} = \frac{-28,978 \text{ kN} \cdot \sin(75° - 27,413°)}{\sin(50,681° - 27,413°)}$$

$$F_{S2} = -54,159 \text{ kN (Druckstab)}$$

mit I.

$$F_{S1} = \frac{-28,978 \text{ kN} \cdot \cos 75° - (-54,159 \text{ kN}) \cdot \cos 50,681°}{\cos 27,413°}$$

$$F_{S1} = 30,209 \text{ kN (Zugstab)}$$

Knoten II

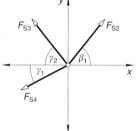

I. $\Sigma F_x = 0 = -F_{S3} \cos\gamma_2 - F_{S4} \cos\gamma_1 + F_{S2} \cos\beta_1$
II. $\Sigma F_y = 0 = F_{S3} \sin\gamma_2 - F_{S4} \sin\gamma_1 + F_{S2} \sin\beta_1$

aus I.

$$F_{S3} = \frac{-F_{S4} \cos\gamma_1 + F_{S2} \cdot \cos\beta_1}{\cos\gamma_2}$$

aus II.

$$F_{S3} = \frac{F_{S4} \sin\gamma_1 - F_{S2} \sin\beta_1}{\sin\gamma_2}$$

I. und II.

$F_{S4} \sin\gamma_1 \cos\gamma_2 - F_{S2} \sin\beta_1 \cos\gamma_2 =$
$= -F_{S4} \cos\gamma_1 \sin\gamma_2 + F_{S2} \cos\beta_1 \sin\gamma_2$
$F_{S4} \sin\gamma_1 \cos\gamma_2 + F_{S4} \cos\gamma_1 \sin\gamma_2 =$
$= F_{S2} \cos\beta_1 \sin\gamma_2 + F_{S2} \sin\beta_1 \cos\gamma_2$

$$F_{S4} = \frac{F_{S2}\left[\sin(\beta_1 + \gamma_2)\right]}{\sin(\gamma_1 + \gamma_2)} = \frac{-54,159 \text{ kN} \cdot \sin 101,634°}{\sin 78,366°}$$

$$F_{S4} = -54,159 \text{ kN (Druckstab)}$$

mit II.

$$F_{S3} = \frac{-54,159 \text{ kN} \cdot \sin 27,413° + 54,159 \text{ kN} \cdot \sin 50,681°}{\sin 50,953°}$$

$$F_{S3} = 21,843 \text{ kN (Zugstab)}$$

Knoten III

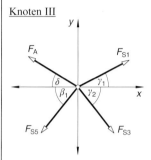

I. $\Sigma F_x = 0 = F_{S1} \cos\gamma_1 - F_{S5} \cdot \cos\beta_1 +$
$\qquad + F_{S3} \cos\gamma_2 - F_A \cos\delta$

II. $\Sigma F_y = 0 = F_{S1} \sin\gamma_1 - F_{S5} \sin\beta_1 -$
$\qquad - F_{S3} \sin\gamma_2 + F_A \sin\delta$

aus I.

$$F_{S5} = \frac{F_{S1} \cos\gamma_1 + F_{S3} \cos\gamma_2 - F_A \cos\delta}{\cos\beta_1}$$

$$F_{S5} = \frac{30,209 \text{ kN} \cdot \cos 27,413° + 21,843 \text{ kN} \cdot \cos 50,953°}{\cos 50,681°} -$$

$$\qquad - \frac{33,695 \text{ kN} \cdot \cos 30,849°}{\cos 50,681°}$$

$$F_{S5} = 18,385 \text{ kN (Zugstab)}$$

Kräftetabelle (Kräfte in kN)

Stab	Zug	Druck
1	30,209	–
2	–	54,159
3	21,843	–
4	–	54,159
5	18,385	–

b) Nachprüfung der Stäbe 2,3,5 nach Ritter

Lageskizze 3

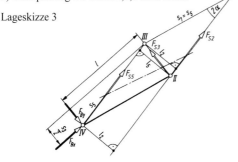

$\Sigma M_{(III)} = 0 = F_{S2}\, l_2 + F_{By}\, l + F_{Bx}\, \dfrac{s_3}{2}$

$F_{S2} = \dfrac{-F_{By}\, l - F_{Bx}\, \dfrac{s_3}{2}}{l_2}$

Berechnung von l_2:

$l_2 = s_1 \sin 2\alpha = 1{,}736\ \text{m} \cdot \sin 23{,}27° = 0{,}6856\ \text{m}$

$F_{S2} = \dfrac{-14{,}63\ \text{kN} \cdot 1{,}7\ \text{m} - 35{,}04\ \text{kN} \cdot 0{,}35\ \text{m}}{0{,}6856\ \text{m}}$

$F_{S2} = -54{,}16\ \text{kN}$ (Druckstab)

$\Sigma M_{(II)} = 0 = -F_{S5}\, l_5 + F_{By}\, l - F_{Bx}\, \dfrac{s_3}{2}$

$F_{S5} = \dfrac{F_{By}\, l - F_{Bx}\, \dfrac{s_3}{2}}{l_5}$

$F_{S5} = \dfrac{14{,}63\ \text{kN} \cdot 1{,}7\ \text{m} - 35{,}04\ \text{kN} \cdot 0{,}35\ \text{m}}{0{,}6856\ \text{m}}$

$F_{S5} = +18{,}39\ \text{kN}$ (Zugstab)

(*Hinweis:* Wegen Kongruenz ist $l_5 = l_2$)

$\Sigma M_{(IV)} = 0 = F_{S3}\, l + F_{S2}\, l_2$

$F_{S3} = \dfrac{-F_{S2}\, l_2}{l} = \dfrac{-(-54{,}16\ \text{kN} \cdot 0{,}6856\ \text{m})}{1{,}7\ \text{m}}$

$F_{S3} = +21{,}84\ \text{kN}$ (Zugstab)

172.

a) Stabkräfte nach dem Knotenschnittverfahren
Berechnung der Stützkräfte

Lageskizze

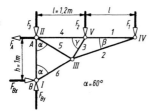

I. $\Sigma F_x = 0 = F_{Bx} - F_A$

II. $\Sigma F_y = 0 = F_{By} - F_1 - F_2 - F_3$

III. $\Sigma M_{(B)} = 0 = F_A\, h - F_2\, l - F_1 \cdot 2l$

aus III. $F_A = \dfrac{(F_2 + 2F_1)\, l}{h} = \dfrac{(10\ \text{kN} + 2\cdot 5\ \text{kN})\cdot 1{,}2\ \text{m}}{1\ \text{m}}$

$F_A = 24\ \text{kN}$

aus I. $F_{Bx} = F_A = 24\ \text{kN}$

aus II. $F_{By} = F_1 + F_2 + F_3 = 5\ \text{kN} + 10\ \text{kN} + 5\ \text{kN} = 20\ \text{kN}$

$F_B = \sqrt{F_{Bx}^2 + F_{By}^2} = \sqrt{(24\ \text{kN})^2 + (20\ \text{kN})^2}$

$F_B = 31{,}24\ \text{kN}$

Berechnung der Stabwinkel siehe b)

Nachprüfung der Stäbe nach Ritter

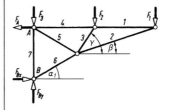

$\alpha = 60°$
$\alpha_1 = (90° - \alpha) = 30°$
$\beta = 18{,}053°$
$\gamma = 56{,}257°$

Knoten I

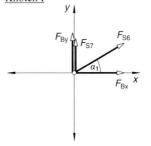

I. $\Sigma F_x = 0 = F_{Bx} + F_{S6} \cos\alpha_1$

II. $\Sigma F_y = 0 = F_{By} + F_{S7} + F_{S6} \sin\alpha_1$

aus I.

$F_{S6} = \dfrac{-F_{Bx}}{\cos\alpha_1} = \dfrac{-24\ \text{kN}}{\cos 30°} = -27{,}713\ \text{kN}$ (Druckstab)

aus II.

$F_{S7} = -F_{By} - F_{S6} \sin\alpha_1$

$F_{S7} = -20\ \text{kN} - (-27{,}713\ \text{kN}) \cdot \sin 30°$

$F_{S7} = -6{,}144\ \text{kN}$ (Druckstab)

1 Statik in der Ebene

Knoten II

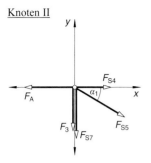

I. $\Sigma F_x = 0 = -F_A + F_{S4} + F_{S5} \cos \alpha_1$
II. $\Sigma F_y = 0 = -F_3 - F_{S7} - F_{S5} \sin \alpha_1$

aus II.
$$F_{S5} = \frac{-F_3 - F_{S7}}{\sin \alpha_1} = \frac{-5 \text{ kN} - (-6,144 \text{ kN})}{\sin 30°}$$
$F_{S5} = 2,288 \text{ kN (Zugstab)}$

aus I.
$F_{S4} = F_A - F_{S5} \cos \alpha_1 = 24 \text{ kN} - 2,288 \text{ kN} \cdot \cos 30°$
$F_{S4} = 22,019 \text{ kN (Zugstab)}$

Knoten III

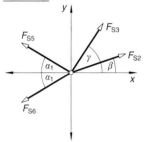

I. $\Sigma F_x = 0 = -F_{S5} \cos \alpha_1 - F_{S6} \cos \alpha_1 + F_{S3} \cos \gamma +$
$\quad + F_{S2} \cos \beta$
II. $\Sigma F_y = 0 = F_{S5} \sin \alpha_1 - F_{S6} \sin \alpha_1 + F_{S3} \sin \gamma +$
$\quad + F_{S2} \sin \beta$

aus I.
$$F_{S2} = \frac{F_{S5} \cos \alpha_1 + F_{S6} \cos \alpha_1 - F_{S3} \cos \gamma}{\cos \beta}$$

aus II.
$$F_{S2} = \frac{-F_{S5} \sin \alpha_1 + F_{S6} \sin \alpha_1 - F_{S3} \sin \gamma}{\sin \beta}$$

I. und II.
$F_{S5} \cos \alpha_1 \sin \beta + F_{S6} \cos \alpha_1 \sin \beta - F_{S3} \cos \gamma \sin \beta =$
$\quad = -F_{S5} \sin \alpha_1 \cos \beta + F_{S6} \sin \alpha_1 \cos \beta - F_{S3} \sin \gamma \cos \beta$
$F_{S3} \sin \gamma \cos \beta - F_{S3} \cos \gamma \sin \beta = F_{S6} \sin(\alpha_1 - \beta) -$
$\quad - F_{S5} \sin(\alpha_1 + \beta)$
$$F_{S3} = \frac{F_{S6} \sin(\alpha_1 - \beta) - F_{S5} \sin(\alpha_1 + \beta)}{\sin(\gamma - \beta)}$$
$$F_{S3} = \frac{-27,713 \text{ kN} \cdot \sin(30° - 18,053°)}{\sin(56,257° - 18,053°)} -$$
$$\quad - \frac{2,288 \text{ kN} \cdot \sin(30° + 18,053°)}{\sin(56,257° - 18,053°)}$$
$F_{S3} = -12,027 \text{ kN (Druckstab)}$

mit I.
$$F_{S2} = \frac{-2,288 \text{ kN} \cdot \cos 30° + (-27,713 \text{ kN}) \cdot \cos 30°}{\cos 18,053°} -$$
$$\quad - \frac{(-12,027 \text{ kN}) \cdot \cos 56,257°}{\cos 18,053°}$$
$F_{S2} = -16,132 \text{ kN (Druckstab)}$

Knoten IV

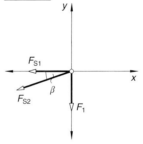

I. $\Sigma F_x = 0 = -F_{S1} - F_{S2} \cos \beta$
II. $\Sigma F_y = 0 = -F_1 - F_{S2} \sin \beta$

aus I.
I. $F_{S1} = -F_{S2} \cos \beta = 15,339 \text{ kN (Zugstab)}$

Kräftetabelle (Kräfte in kN)

Stab	Zug	Druck
1	15,339	–
2	–	16,132
3	–	12,027
4	22,019	–
5	2,288	–
6	–	27,713
7	–	6,144

b) Nachprüfung der Stäbe 2, 3, 4 nach Ritter

Lageskizze

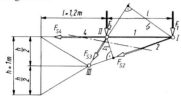

$\Sigma M_{(II)} = 0 = -F_1 l - F_{S2} l_2$

$F_{S2} = \dfrac{-F_1 l}{l_2}$

Berechnung von l_2:

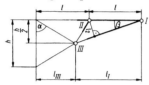

$l_{III} = \dfrac{h}{2} \tan \alpha = 0,5 \text{ m} \cdot \tan 60° = 0,866 \text{ m}$

$l_I = 2l - l_{III} = 2,4 \text{ m} - 0,866 \text{ m} = 1,534 \text{ m}$

$\beta = \arctan \dfrac{\dfrac{h}{2}}{l_I} = \arctan \dfrac{0,5 \text{ m}}{1,534 \text{ m}} = 18,053°$

$l_2 = l \sin \beta = 1,2 \text{ m} \cdot \sin 18,053° = 0,372 \text{ m}$

$F_{S2} = \dfrac{-5 \text{ kN} \cdot 1,2 \text{ m}}{0,372 \text{ m}} = -16,13 \text{ kN (Druckstab)}$

$\Sigma M_{(I)} = 0 = F_2 l + F_{S3} l_3$

$F_{S3} = \dfrac{-F_2 l}{l_3}$

Berechnung von l_3:

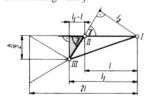

$\gamma = \arctan \dfrac{\dfrac{h}{2}}{l_I - l} = \arctan \dfrac{0,5 \text{ m}}{1,534 \text{ m} - 1,2 \text{ m}}$

$\gamma = 56,257°$

$l_3 = l \sin \gamma = 1,2 \text{ m} \cdot \sin 56,257° = 0,998 \text{ m}$

$F_{S3} = \dfrac{-10 \text{ kN} \cdot 1,2 \text{ m}}{0,998 \text{ m}} = -12,03 \text{ kN (Druckstab)}$

$\Sigma M_{(III)} = 0 = -F_1 l_1 - F_2(l_1 - l) + F_{S4} \dfrac{h}{2}$

$F_{S4} = \dfrac{F_1 l_1 + F_2(l_1 - l)}{\dfrac{h}{2}} = \dfrac{5 \text{ kN} \cdot 1,534 \text{ m} + 10 \text{ kN} \cdot 0,334 \text{ m}}{0,5 \text{ m}}$

$F_{S4} = +22,02 \text{ kN (Zugstab)}$

173.

a) Stabkräfte nach dem Knotenschnittverfahren

Berechnung der Stützkräfte einschließlich des Winkels α_A zur Waagerechten

Lageskizze

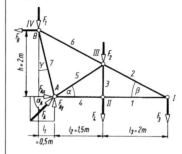

I. $\Sigma F_x = 0 = F_{Ax} - F_B$

II. $\Sigma F_y = 0 = F_{Ay} - F_1 - F_2 - F_3 - F_4$

III. $\Sigma M_{(A)} = 0 = F_B h + F_1 l_1 - F_2 l_2 - F_4 l_2 - F_3 (l_2 + l_3)$

aus III.

$F_B = \dfrac{(F_2 + F_4) l_2 + F_3(l_2 + l_3) - F_1 l_1}{h}$

$F_B = \dfrac{17 \text{ kN} \cdot 1,5 \text{ m} + 17 \text{ kN} \cdot (1,5 \text{ m} + 2 \text{ m}) - 6 \text{ kN} \cdot 0,5 \text{ m}}{2 \text{ m}}$

$F_B = 41 \text{ kN}$

aus I.

$F_{Ax} = F_B = 41 \text{ kN}$

aus II.

$F_{Ay} = F_1 + F_2 + F_3 + F_4 = 6 \text{ kN} + 12 \text{ kN} + 17 \text{ kN} + 5 \text{ kN}$

$F_{Ay} = 40 \text{ kN}$

$F_A = \sqrt{F_{Ax}^2 + F_{Ay}^2} = \sqrt{(41 \text{ kN})^2 + (40 \text{ kN})^2} = 57,28 \text{ kN}$

$\alpha_A = \arctan \dfrac{F_{Ay}}{F_{Ax}} = \arctan \dfrac{40 \text{ kN}}{41 \text{ kN}} = 44,29°$

Berechnung der Stabwinkel:

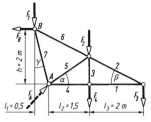

$\alpha = \arctan\dfrac{\frac{h}{2}}{l_2} = \arctan\dfrac{1\,\text{m}}{1,5\,\text{m}} = 33,69°$

$\beta = \arctan\dfrac{\frac{h}{2}}{l_3} = \arctan\dfrac{1\,\text{m}}{2\,\text{m}} = 26,565°$

$\gamma = \arctan\dfrac{l_1}{h} = \arctan\dfrac{0,5\,\text{m}}{2\,\text{m}} = 14,036°$

Knoten I

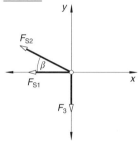

I. $\Sigma F_x = 0 = -F_{S2} \cdot \cos\beta - F_{S1}$
II. $\Sigma F_y = 0 = F_{S2} \cdot \sin\beta - F_3$

aus II.

$F_{S2} = \dfrac{F_3}{\sin\beta} = \dfrac{17\,\text{kN}}{\sin 26,565°} = 38,013\,\text{kN}$ (Zugstab)

aus I.

$F_{S1} = -F_{S2} \cdot \cos\beta = -38,013\,\text{kN} \cdot \cos 26,565°$
$F_{S1} = -34\,\text{kN}$ (Druckstab)

Knoten II

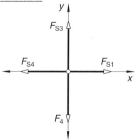

I. $\Sigma F_x = 0 = -F_{S4} + F_{S1}$
II. $\Sigma F_y = 0 = F_{S3} - F_4$

aus II.

$F_{S3} = F_4 = 5\,\text{kN}$ (Zugstab)

aus I.

$F_{S4} = F_{S1} = -34\,\text{kN}$ (Druckstab)

Knoten III

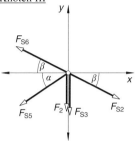

I. $\Sigma F_x = 0 = -F_{S6} \cdot \cos\beta - F_{S5} \cdot \cos\alpha + F_{S2} \cdot \cos\beta$
II. $\Sigma F_y = 0 = -F_2 + F_{S6} \cdot \sin\beta - F_{S5} \cdot \sin\alpha - F_{S3} - F_{S2} \cdot \sin\beta$

aus I.

$F_{S6} = \dfrac{-F_{S5} \cdot \cos\alpha + F_{S2} \cdot \cos\beta}{\cos\beta}$

aus II.

$F_{S6} = \dfrac{F_2 + F_{S5} \cdot \sin\alpha + F_{S3} + F_{S2} \cdot \sin\beta}{\sin\beta}$

I. und II.

$F_{S5} = \dfrac{-F_{S3} \cdot \cos\beta - F_2 \cdot \cos\beta}{\sin(\alpha + \beta)}$

$F_{S5} = \dfrac{-5\,\text{kN} \cdot \cos 26,565° - 12\,\text{kN} \cdot \cos 26,565°}{\sin(33,69° + 26,565°)}$

$F_{S5} = -17,513\,\text{kN}$ (Druckstab)

mit I.

$F_{S6} = \dfrac{-F_{S5} \cdot \cos\alpha + F_{S2} \cdot \cos\beta}{\cos\beta}$

$F_{S6} = \dfrac{-(-17,513\,\text{kN}) \cdot \cos 33,69° + 38,013\,\text{kN} \cdot \cos 26,565°}{\cos 26,565°}$

$F_{S6} = 54,305\,\text{kN}$ (Zugstab)

Knoten IV

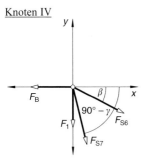

I. $\Sigma F_x = 0 = -F_B + F_{S7} \cdot \cos(90° - \gamma) + F_{S6} \cdot \cos\beta$
II. $\Sigma F_y = 0 = -F_1 - F_{S7} \cdot \sin(90° - \gamma) - F_{S6} \cdot \sin\beta$

aus I.

$$F_{S7} = \frac{F_B - F_{S6} \cdot \cos\beta}{\cos(90° - \gamma)}$$

$$F_{S7} = \frac{41\,\text{kN} - 54{,}305\,\text{kN} \cdot \cos 26{,}565°}{\cos(90° - 14{,}036°)}$$

$F_{S7} = -31{,}22$ kN (Druckstab)

Kräftetabelle (Kräfte in kN)

Stab	Zug	Druck
1	–	34
2	38,013	–
3	5	–
4	–	34
5	–	17,513
6	54,305	–
7	–	31,22

b) Nachprüfung der Stäbe 4, 5, 6 nach Ritter
Lageskizze

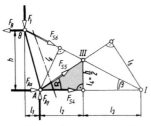

$\Sigma M_{(III)} = 0 = F_{S4}\dfrac{h}{2} + F_{Ax}\dfrac{h}{2} - F_{Ay}l_2 + F_B\dfrac{h}{2} + F_1(l_1 + l_2)$

$$F_{S4} = \frac{F_{Ay}l_2 - (F_{Ax} + F_B)\dfrac{h}{2} - F_1(l_1 + l_2)}{\dfrac{h}{2}}$$

$$F_{S4} = \frac{40\,\text{kN} \cdot 1{,}5\,\text{m} - 82\,\text{kN} \cdot 1\,\text{m} - 6\,\text{kN} \cdot 2\,\text{m}}{1\,\text{m}}$$

$F_{S4} = -34$ kN (Druckstab)

$\Sigma M_{(I)} = 0 = -F_{S5}l_5 - F_{Ay}(l_2 + l_3) + F_B h + F_1(l_1 + l_2 + l_3)$

$$F_{S5} = \frac{F_B h + F_1(l_1 + l_2 + l_3) - F_{Ay}(l_2 + l_3)}{l_5}$$

Berechnung von l_5:

$$\alpha = \arctan\frac{\dfrac{h}{2}}{l_2} = \arctan\frac{1\,\text{m}}{1{,}5\,\text{m}} = 33{,}69°$$

(siehe Lageskizze, dunkles Dreieck)

$l_5 = (l_2 + l_3)\sin\alpha = 3{,}5\,\text{m} \cdot \sin 33{,}69° = 1{,}941$ m

$$F_{S5} = \frac{41\,\text{kN} \cdot 2\,\text{m} + 6\,\text{kN} \cdot 4\,\text{m} - 40\,\text{kN} \cdot 3{,}5\,\text{m}}{1{,}941\,\text{m}}$$

$F_{S5} = -17{,}51$ kN (Druckstab)

$\Sigma M_{(A)} = 0 = -F_{S6}l_6 + F_B h + F_1 l_1$

$$F_{S6} = \frac{F_B h + F_1 l_1}{l_6}$$

Berechnung von l_6 (siehe Lageskizze)

$\beta = \arctan\dfrac{h}{l_1 + l_2 + l_3} = \arctan\dfrac{2\,\text{m}}{0{,}5\,\text{m} + 1{,}5\,\text{m} + 2\,\text{m}}$

$\beta = 26{,}57°$

$l_6 = (l_2 + l_3)\sin\beta = 3{,}5\,\text{m} \cdot \sin 26{,}57° = 1{,}565$ m

$$F_{S6} = \frac{41\,\text{kN} \cdot 2\,\text{m} + 6\,\text{kN} \cdot 0{,}5\,\text{m}}{1{,}565\,\text{m}} = +54{,}3\,\text{kN (Zugstab)}$$

174.
Berechnung der Stützkräfte
Lageskizze

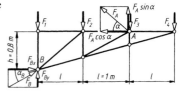

I. $\Sigma F_x = 0 = F_{Bx} - F_A \cos\alpha$
II. $\Sigma F_y = 0 = F_{By} + F_A \sin\alpha - F_1 - F_2 - F_3 - F_4$
III. $\Sigma M_{(B)} = 0 = -F_2 l - F_3 \cdot 2l - F_4 \cdot 3l +$
$\qquad\qquad + F_A \cos\alpha \cdot h + F_A \sin\alpha \cdot 2l$

a) aus III.

$$F_A = \frac{(F_2 + 2F_3 + 3F_4)\,l}{h\cos\alpha + 2l\sin\alpha}$$

$$F_A = \frac{73\,\text{kN} \cdot 1\,\text{m}}{0{,}8\,\text{m} \cdot \cos 40° + 2\,\text{m} \cdot \sin 40°} = 38{,}453\,\text{kN}$$

1 Statik in der Ebene

b) aus I.
$F_{Bx} = F_A \cos\alpha = 38,453 \text{ kN} \cdot \cos 40° = 29,457 \text{ kN}$

aus II.
$F_{By} = F_1 + F_2 + F_3 + F_4 - F_A \sin\alpha$
$F_{By} = 6 \text{ kN} + 10 \text{ kN} + 9 \text{ kN} + 15 \text{ kN} - 38,453 \text{ kN} \cdot \sin 40°$
$F_{By} = 15,283 \text{ kN}$
$F_B = \sqrt{F_{Bx}^2 + F_{By}^2} = \sqrt{(29,457 \text{ kN})^2 + (15,283 \text{ kN})^2}$
$F_B = 33,186 \text{ kN}$

c) $\alpha_B = \arctan\dfrac{F_{By}}{F_{Bx}} = \arctan\dfrac{15,283 \text{ kN}}{29,457 \text{ kN}} = 27,421°$

d) Stabkräfte nach dem Knotenschnittverfahren

Berechnung der Stabwinkel β und γ
siehe e) Nachprüfung der Stäbe nach Ritter

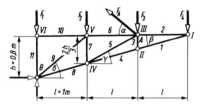

$\beta = 14,931°$
$\gamma = 28,072°$
$\delta = \arctan\dfrac{h}{l} = \arctan\dfrac{0,8 \text{ m}}{1 \text{ m}} = 38,66°$

Knoten I

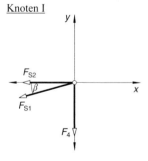

I. $\Sigma F_x = 0 = -F_{S2} - F_{S1} \cdot \cos\beta$
II. $\Sigma F_y = 0 = -F_4 - F_{S1} \cdot \sin\beta$

aus II.
$F_{S1} = \dfrac{-F_4}{\sin\beta} = \dfrac{-15 \text{ kN}}{\sin 14,931°} = -58,217 \text{ kN (Druckstab)}$

aus I.
$F_{S2} = -F_{S1} \cdot \cos\beta = -(-58,217 \text{ kN}) \cdot \cos 14,931°$
$F_{S2} = 56,251 \text{ kN (Zugstab)}$

Knoten II

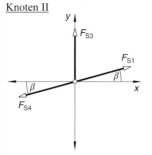

I. $\Sigma F_x = 0 = -F_{S4} \cos\beta + F_{S1} \cos\beta$
II. $\Sigma F_y = 0 = F_{S3} - F_{S4} \sin\beta + F_{S1} \sin\beta$

aus I.
$F_{S4} = F_{S1} = -58,217 \text{ kN (Druckstab)}$
$F_{S3} = F_{S4} \sin\beta - F_{S1} \sin\beta$
$F_{S3} = -58,217 \text{ kN} \cdot \sin 14,931° - (-58,217 \text{ kN}) \cdot \sin 14,913°$
$F_{S3} = 0 \text{ kN (Nullstab)}$

Knoten III

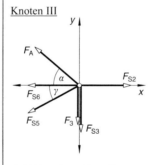

I. $\Sigma F_x = 0 = -F_{S6} - F_{S5} \cdot \cos\gamma + F_{S2} - F_A \cdot \cos\alpha$
II. $\Sigma F_y = 0 = -F_3 - F_{S5} \cdot \sin\gamma - F_{S3} + F_A \cdot \sin\alpha$

aus II.
$F_{S5} = \dfrac{-F_3 - F_{S3} + F_A \cdot \sin\alpha}{\sin\gamma}$
$F_{S5} = \dfrac{-9 \text{ kN} - 0 \text{ kN} + 38,453 \text{ kN} \cdot \sin 40°}{\sin 28,072°}$
$F_{S5} = 33,4 \text{ kN (Zugstab)}$

aus I.
$F_{S6} = -F_{S5} \cdot \cos\gamma + F_{S2} - F_A \cdot \cos\alpha$
$F_{S6} = -33,4 \text{ kN} \cdot \cos 28,072° + 56,251 \text{ kN} - 38,453 \text{ kN} \cdot \cos 40°$
$F_{S6} = -2,676 \text{ kN (Druckstab)}$

Knoten IV

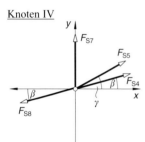

I. $\Sigma F_x = 0 = -F_{S8} \cos\beta + F_{S4} \cos\beta + F_{S5} \cos\gamma$

II. $\Sigma F_y = 0 = -F_{S8} \sin\beta + F_{S4} \sin\beta + F_{S5} \sin\gamma + F_{S7}$

aus I.

$F_{S8} = \dfrac{F_{S4} \cos\beta + F_{S5} \cos\gamma}{\cos\beta}$

$F_{S8} = \dfrac{-58,217\ \text{kN} \cdot \cos 14,931° + 33,4\ \text{kN} \cdot \cos 28,072°}{\cos 14,931°}$

$F_{S8} = -27,716\ \text{kN}$ (Druckstab)

aus II.

$F_{S7} = F_{S8} \sin\beta - F_{S4} \sin\beta - F_{S5} \sin\gamma$

$F_{S7} = -27,716\ \text{kN} \cdot \sin 14,931° -$
$\quad - (-58,217\ \text{kN}) \cdot \sin 14,931° -$
$\quad - 33,4\ \text{kN} \cdot \sin 28,072°$

$F_{S7} = -7,859\ \text{kN}$ (Druckstab)

Knoten V

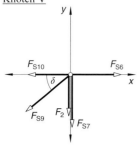

I. $\Sigma F_x = 0 = -F_{S10} - F_{S9} \cos\delta + F_{S6}$

II. $\Sigma F_y = 0 = -F_2 - F_{S9} \sin\delta - F_{S7}$

aus II.

$F_{S9} = \dfrac{-F_2 - F_{S7}}{\sin\delta} = \dfrac{-10\ \text{kN} - (-7,859\ \text{kN})}{\sin 38,66°}$

$F_{S9} = -3,427\ \text{kN}$ (Druckstab)

aus I.

$F_{S10} = -(-3,427\ \text{kN}) \cdot \cos 38,66° + (-2,676\ \text{kN})$

$F_{S10} = 0\ \text{kN}$ (Nullstab)

Knoten VI

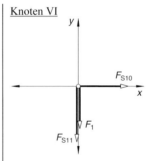

I. $\Sigma F_x = 0 = F_{S10}$

II. $\Sigma F_y = 0 = -F_{S11} - F_1$

aus II.

$F_{S11} = -F_1 = -6\ \text{kN}$ (Druckstab)

Kräftetabelle (Kräfte in kN)

Stab	Zug	Druck
1	–	58,217
2	56,251	–
3	–	–
4	–	58,217
5	33,4	–
6	–	2,676
7	–	7,859
8	–	27,716
9	–	3,427
10	–	–
11	–	6

e) Nachprüfung der Stäbe 4, 5, 6 nach Ritter

Lageskizze

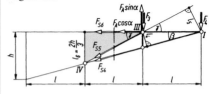

$\Sigma M_{(III)} = 0 = -F_{S4}\, l_4 - F_4\, l$

$F_{S4} = \dfrac{-F_4\, l}{l_4}$

Berechnung von l_4 (siehe Lageskizze):

$\beta = \arctan \dfrac{h}{3l} = \arctan \dfrac{0,8\ \text{m}}{3\ \text{m}} = 14,931°$

$l_4 = l \sin\beta = 1\ \text{m} \cdot \sin 14,931° = 0,2578\ \text{m}$

$F_{S4} = \dfrac{-15 \text{ kN} \cdot 1 \text{ m}}{0,2578 \text{ m}} = -58,22 \text{ kN (Druckstab)}$

$\Sigma M_{(I)} = 0 = F_{S5} l_5 - F_A \sin \alpha \cdot l + F_3 l$

$F_{S5} = \dfrac{(F_A \sin \alpha - F_3) l}{l_5}$

Berechnung von l_5
(siehe Lageskizze, dunkles Dreieck):

$\gamma = \arctan \dfrac{\frac{2h}{3}}{l} = \arctan \dfrac{2 \cdot 0,8 \text{ m}}{3 \cdot 1 \text{ m}} = 28,072°$

$l_5 = l \sin \gamma = 1 \text{ m} \cdot \sin 28,072° = 0,471 \text{ m}$

$F_{S5} = \dfrac{(38,45 \text{ kN} \cdot \sin 40° - 9 \text{kN}) \cdot 1 \text{ m}}{0,471 \text{ m}}$

$F_{S5} = +33,4 \text{ kN (Zugstab)}$

$\Sigma M_{(IV)} = 0 = F_{S6} l_6 + F_A \cos \alpha \, l_6 + F_A \sin \alpha \cdot l -$
$\qquad\qquad - F_3 l - F_4 \cdot 2l$

$F_{S6} = \dfrac{(F_3 + 2 F_4) l - F_A (l_6 \cos \alpha + l \sin \alpha)}{l_6}$

Berechnung von l_6 (siehe Lageskizze):

$l_6 = \dfrac{2}{3} h = \dfrac{2}{3} \cdot 0,8 \text{ m} = 0,5333 \text{ m}$

$F_{S6} = \dfrac{39 \text{ kN} \cdot 1 \text{ m}}{0,5333 \text{ m}} -$
$\qquad - \dfrac{38,45 \text{ kN} \cdot (0,5333 \text{ m} \cdot \cos 40° + 1 \text{ m} \cdot \sin 40°)}{0,5333 \text{ m}}$

$F_{S6} = -2,677 \text{ kN (Druckstab)}$

175.

a) Stabkräfte nach dem Knotenschnittverfahren

Berechnung der Stabwinkel

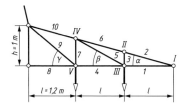

Stablänge s_7:

$\dfrac{2l}{s_7} = \dfrac{3l}{h} \rightarrow s_7 = \dfrac{2h}{3}$

$\alpha = \arctan \dfrac{h}{3l} = \arctan \dfrac{1 \text{ m}}{3,6 \text{ m}} = 15,524°$

$\beta = \arctan \dfrac{2h}{3l} = \arctan \dfrac{2 \cdot 1 \text{ m}}{3,6 \text{ m}} = 29,055°$

$\gamma = \arctan \dfrac{h}{l} = \arctan \dfrac{1 \text{ m}}{1,2 \text{ m}} = 39,806°$

Knoten I

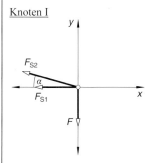

I. $\Sigma F_x = 0 = -F_{S2} \cdot \cos \alpha - F_{S1}$

II. $\Sigma F_y = 0 = F_{S2} \cdot \sin \alpha - F$

aus II.

$F_{S2} = \dfrac{F}{\sin \alpha} = \dfrac{5,6 \text{ kN}}{\sin 15,524°} = 20,923 \text{ kN (Zugstab)}$

aus I.

$F_{S1} = -F_{S2} \cdot \cos \alpha = -20,923 \text{ kN} \cdot \cos 15,524°$

$F_{S1} = -20,16 \text{ kN (Druckstab)}$

Knoten II

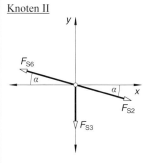

I. $\Sigma F_x = 0 = -F_{S6} \cdot \cos \alpha + F_{S2} \cdot \cos \alpha$

II. $\Sigma F_y = 0 = F_{S6} \cdot \sin \alpha - F_{S3} - F_{S2} \cdot \sin \alpha$

aus I.

$F_{S6} = F_{S2} = 20,923 \text{ kN (Zugstab)}$

aus II.

$F_{S3} = F_{S6} \cdot \sin \alpha - F_{S2} \cdot \sin \alpha = 0 \text{ kN (Nullstab)}$

Knoten III

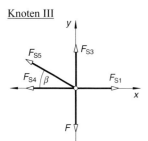

I. $\Sigma F_x = 0 = -F_{S5} \cos\beta - F_{S4} + F_{S1}$
II. $\Sigma F_y = 0 = F_{S3} + F_{S5} \sin\beta - F$

aus II.

$F_{S5} = \dfrac{-F_{S3} + F}{\sin\beta} = \dfrac{5,6 \text{ kN}}{\sin 29,055°}$

$F_{S5} = 11,531$ kN (Zugstab)

aus I.

$F_{S4} = F_{S1} - F_{S5} \cos\beta$
$F_{S4} = -20,16$ kN $- 11,531$ kN $\cdot \cos 29,055°$
$F_{S4} = -30,24$ kN (Druckstab)

Knoten IV

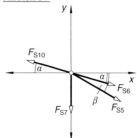

I. $\Sigma F_x = 0 = -F_{S10} \cdot \cos\alpha + F_{S5} \cdot \cos\beta + F_{S6} \cdot \cos\alpha$
II. $\Sigma F_y = 0 = F_{S10} \cdot \sin\alpha - F_{S7} - F_{S5} \cdot \sin\beta - F_{S6} \cdot \sin\alpha$

aus I.

$F_{S10} = \dfrac{F_{S5} \cdot \cos\beta + F_{S6} \cdot \cos\alpha}{\cos\alpha}$

$F_{S10} = \dfrac{11,531 \text{ kN} \cdot \cos 29,055° + 20,923 \text{ kN} \cdot \cos 15,524°}{\cos 15,524°}$

$F_{S10} = 31,385$ kN (Zugstab)

aus II.

$F_{S7} = F_{S10} \cdot \sin\alpha - F_{S5} \cdot \sin\beta - F_{S6} \cdot \sin\alpha$
$F_{S7} = 31,385$ kN $\cdot \sin 15,524° - 11,531$ kN $\cdot \sin 29,055°$
$\quad\quad - 20,923$ kN $\cdot \sin 15,524°$
$F_{S7} = -2,8$ kN (Druckstab)

Knoten V

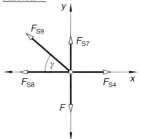

I. $\Sigma F_x = 0 = -F_{S9} \cos\gamma - F_{S8} + F_{S4}$
II. $\Sigma F_y = 0 = F_{S7} + F_{S9} \sin\gamma - F$

aus II.

$F_{S9} = \dfrac{F - F_{S7}}{\sin\gamma} = \dfrac{5,6 \text{ kN} - (-2,8 \text{ kN})}{\sin 39,806°}$

$F_{S9} = 13,121$ kN (Zugstab)

aus I.

$F_{S8} = F_{S4} - F_{S9} \cos\gamma$
$F_{S8} = -30,24$ kN $- 13,121$ kN $\cdot \cos 39,806°$
$F_{S8} = -40,32$ kN (Druckstab)

Kräftetabelle (Kräfte in kN)

Stab	Zug	Druck
1	–	20,16
2	20,923	–
3	–	–
4	–	30,24
5	11,531	–
6	20,923	–
7	–	2,8
8	–	40,32
9	13,121	–
10	31,385	–

b) Nachprüfung der Stäbe 4, 7, 10 nach Ritter

Lageskizze

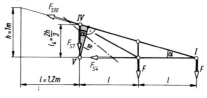

$\Sigma M_{(IV)} = 0 = F_{S4} l_4 - F l - F \cdot 2l$

$F_{S4} = \dfrac{-3 F l}{l_4} = \dfrac{-(3 \cdot 5,6 \text{ kN} \cdot 1,2 \text{ m})}{0,6667 \text{ m}}$

$F_{S4} = -30,24$ kN (Druckstab)

$\Sigma M_{(I)} = 0 = F_{S7} \cdot 2l + Fl$

$F_{S7} = \dfrac{-Fl}{2l} = -\dfrac{F}{2} = -2{,}8 \text{ kN (Druckstab)}$

$\Sigma M_{(V)} = 0 = F_{S10}\, l_{10} - Fl - F \cdot 2l$

$F_{S10} = \dfrac{3Fl}{l_{10}}$

Berechnung von l_{10} (siehe Lageskizze):

$\alpha = \arctan\dfrac{h}{3l} = \arctan\dfrac{1\text{ m}}{3{,}6\text{ m}} = 15{,}524°$

$l_{10} = \dfrac{2h}{3}\cdot\cos\alpha = \dfrac{2\cdot 1\text{ m}}{3}\cdot\cos 15{,}524° = 0{,}6423\text{ m}$

$F_{S10} = \dfrac{3 \cdot 5{,}6 \text{ kN} \cdot 1{,}2 \text{ m}}{0{,}6423\text{ m}} = +31{,}38 \text{ kN (Zugstab)}$

176.

a) Stabkräfte nach dem Knotenschnittverfahren

Berechnung der Stützkräfte

Lageskizze

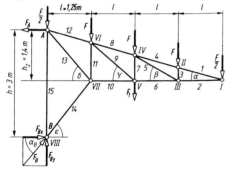

I. $\Sigma F_x = 0 = F_{Bx} - F_A$

II. $\Sigma F_y = 0 = F_{By} - F_1 - 2\dfrac{F}{2} - 3F$

III. $\Sigma M_{(B)} = 0 = F_A h - F_1 \cdot 2l - Fl - F \cdot 2l -$
$\qquad\qquad - F \cdot 3l - \dfrac{F}{2} 4l$

aus III.

$F_A = \dfrac{(2F_1 + 8F)\, l}{h} = \dfrac{(2\cdot 20\text{ kN} + 8\cdot 12\text{ kN})\cdot 1{,}25\text{ m}}{3\text{ m}}$

$F_A = 56{,}67 \text{ kN}$

aus I.

$F_{Bx} = F_A = 56{,}67 \text{ kN}$

aus II.

$F_{By} = F_1 + 4F = 20\text{ kN} + 4\cdot 12\text{ kN} = 68 \text{ kN}$

$F_B = \sqrt{F_{Bx}^2 + F_{By}^2} = \sqrt{(56{,}67\text{ kN})^2 + (68\text{ kN})^2}$

$F_B = 88{,}52 \text{ kN}$

$\alpha_B = \arctan\dfrac{F_{By}}{F_{Bx}} = \arctan\dfrac{68\text{ kN}}{56{,}67\text{ kN}} = 50{,}193°$

Berechnung der Stabwinkel

$\alpha = \arctan\dfrac{h_2}{4l} = \arctan\dfrac{1{,}4\text{ m}}{4\cdot 1{,}25\text{ m}} = 15{,}642°$

$\beta = \arctan\dfrac{\dfrac{h_2}{2}}{l} = \arctan\dfrac{1{,}4\text{ m}}{2\cdot 1{,}25\text{ m}} = 29{,}249°$

$\gamma = \arctan\dfrac{\dfrac{3h_2}{4}}{l} = \arctan\dfrac{3\cdot 1{,}4\text{ m}}{4\cdot 1{,}25\text{ m}} = 40{,}03°$

<u>Knoten I</u>

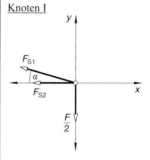

I. $\Sigma F_x = 0 = -F_{S2} - F_{S1}\cdot\cos\alpha$

II. $\Sigma F_y = 0 = -\dfrac{F}{2} + F_{S1}\cdot\sin\alpha$

aus II.

$F_{S1} = \dfrac{\dfrac{F}{2}}{\sin\alpha} = \dfrac{6\text{ kN}}{\sin 15{,}642°} = 22{,}253 \text{ kN (Zugstab)}$

aus I.

$F_{S2} = -F_{S1}\cdot\cos\alpha = -22{,}253\text{ kN}\cdot\cos 15{,}642°$

$F_{S2} = -21{,}429 \text{ kN (Druckstab)}$

Knoten II

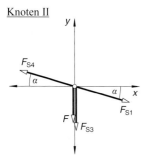

I. $\Sigma F_x = 0 = -F_{S4} \cdot \cos\alpha + F_{S1} \cdot \cos\alpha$

II. $\Sigma F_y = 0 = -F + F_{S4} \cdot \sin\alpha - F_{S3} - F_{S1} \cdot \sin\alpha$

aus I.

$F_{S4} = F_{S1} = 22{,}253$ kN (Zugstab)

aus II.

$F_{S3} = -F + F_{S4} \cdot \sin\alpha - F_{S1} \cdot \sin\alpha$

$F_{S3} = -12$ kN $+ 22{,}253$ kN $\cdot \sin 15{,}642° -$
$\quad\quad - 22{,}253$ kN $\cdot \sin 15{,}642°$

$F_{S3} = -12$ kN (Druckstab)

Knoten III

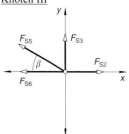

I. $\Sigma F_x = 0 = -F_{S6} - F_{S5} \cos\beta + F_{S2}$

II. $\Sigma F_y = 0 = F_{S5} \sin\beta + F_{S3}$

aus II.

$F_{S5} = \dfrac{-F_{S3}}{\sin\beta} = \dfrac{12 \text{ kN}}{\sin 29{,}249°} = 24{,}56$ kN (Zugstab)

aus I.

$F_{S6} = -F_{S5} \cos\beta + F_{S2}$

$F_{S6} = -24{,}56$ kN $\cdot \cos 29{,}249° + (-21{,}429\text{kN})$

$F_{S6} = -42{,}858$ (Druckstab)

Knoten IV

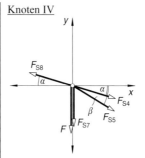

I. $\Sigma F_x = 0 = -F_{S8} \cdot \cos\alpha + F_{S5} \cdot \cos\beta + F_{S4} \cdot \cos\alpha$

II. $\Sigma F_y = 0 = -F + F_{S8} \cdot \sin\alpha - F_{S7} - F_{S5} \cdot \sin\beta - F_{S4} \cdot \sin\alpha$

aus I.

$F_{S8} = \dfrac{F_{S5} \cdot \cos\beta + F_{S4} \cdot \cos\alpha}{\cos\alpha}$

$F_{S8} = \dfrac{24{,}56 \text{ kN} \cdot \cos 29{,}249° + 22{,}253 \text{ kN} \cdot \cos 15{,}642°}{\cos 15{,}642°}$

$F_{S8} = 44{,}506$ kN (Zugstab)

aus II.

$F_{S7} = -F + F_{S8} \cdot \sin\alpha - F_{S5} \cdot \sin\beta - F_{S4} \cdot \sin\alpha$

$F_{S7} = -12$ kN $+ 44{,}506$ kN $\cdot \sin 15{,}642° -$
$\quad\quad - 24{,}56$ kN $\cdot \sin 29{,}249° -$
$\quad\quad - 22{,}253$ kN $\cdot \sin 15{,}642°$

$F_{S7} = -18$ kN (Druckstab)

Knoten V

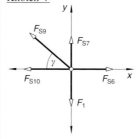

I. $\Sigma F_x = 0 = -F_{S9} \cos\gamma - F_{S10} + F_{S6}$

II. $\Sigma F_y = 0 = F_{S7} + F_{S9} \sin\gamma - F_1$

aus II.

$F_{S9} = \dfrac{F_{S7} + F_1}{\sin\gamma} = \dfrac{18 \text{ kN} + 20 \text{ kN}}{\sin 40{,}03°} = 59{,}081$ kN (Zugstab)

aus I.

$F_{S10} = -F_{S9} \cos\gamma + F_{S6}$

$F_{S10} = -59{,}081$ kN $\cdot \cos 40{,}03° - 42{,}858$ kN

$F_{S10} = -88{,}097$ kN (Druckstab)

1 Statik in der Ebene

Kräftetabelle (Kräfte in kN)

Stab	Zug	Druck
1	22,253	–
2	–	21,429
3	–	12
4	22,253	–
5	24,56	–
6	–	42,858
7	–	18
8	44,506	–
9	59,081	–
10	–	88,097

b) Nachprüfung der Stäbe 6, 7, 8 nach Ritter

Lageskizze

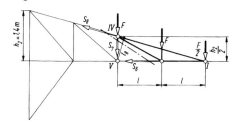

$$\Sigma M_{(IV)} = 0 = -F_{S6} \frac{h_2}{2} - Fl - \frac{F}{2} 2l$$

$$F_{S6} = \frac{-2Fl}{\frac{h_2}{2}} = \frac{-2 \cdot 12 \text{ kN} \cdot 1,25 \text{ m}}{0,7 \text{ m}}$$

$$F_{S6} = -42,86 \text{ kN} \quad \text{(Druckstab)}$$

$$\Sigma M_{(I)} = 0 = F \cdot 2l + Fl + F_{S7} \cdot 2l$$

$$F_{S7} = \frac{-3Fl}{2l} = -\frac{3F}{2} = -\frac{3 \cdot 12 \text{ kN}}{2}$$

$$F_{S7} = -18 \text{ kN} \quad \text{(Druckstab)}$$

$$\Sigma M_{(V)} = 0 = F_{S8} \, l_8 - Fl - \frac{F}{2} \cdot 2l$$

$$F_{S8} = \frac{2Fl}{l_8}$$

Berechnung von l_8:

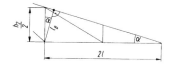

$$\alpha = \arctan \frac{\frac{h_2}{2}}{2l} = \arctan \frac{h_2}{4l} = \arctan \frac{1,4 \text{ m}}{4 \cdot 1,25 \text{ m}}$$

$$\alpha = 15,64°$$

$$l_8 = \frac{h_2}{2} \cos \alpha = 0,7 \text{ m} \cdot \cos 15,64° = 0,6741 \text{ m}$$

$$F_{S8} = \frac{2 \cdot 12 \text{ kN} \cdot 1,25 \text{ m}}{0,6741 \text{ m}} = +44,51 \text{ kN} \quad \text{(Zugstab)}$$

2 Schwerpunktslehre

Flächenschwerpunkt
Musterlösung in **212**.

201.

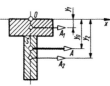

n	A_n [cm^2]	y_n [cm]	$A_n y_n$ [cm^3]
1	9	0,9	8,1
2	7,05	4,15	29,26
$A = 16,05$			$\Sigma A_n y_n = 37,36$

$$A y_0 = A_1 y_1 + A_2 y_2 = \Sigma A_n y_n$$

$$y_0 = \frac{\Sigma A_n y_n}{A} = \frac{37,36 \text{ cm}^3}{16,05 \text{ cm}^2} = 2,328 \text{ cm} = 23,28 \text{ mm}$$

202.

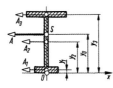

n	A_n [cm^2]	y_n [cm]	$A_n y_n$ [cm^3]
1	50	1	50
2	67,8	30,25	2051
3	60	59,25	3555
$A = 177,8$			$\Sigma A_n y_n = 5656$

$$A y_0 = A_1 y_1 + A_2 y_2 + A_3 y_3 = \Sigma A_n y_n$$

$$y_0 = \frac{\Sigma A_n y_n}{A} = \frac{5656 \text{ cm}^3}{177,8 \text{ cm}^2} = 31,81 \text{ cm} = 318,1 \text{ mm}$$

203.

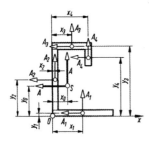

n	A_n [mm^2]	x_n [mm]	y_n [mm]	$A_n x_n$ [mm^3]	$A_n y_n$ [mm^3]
1	42	14	0,75	588	31,5
2	43,5	0,75	16	32,63	696
3	27	9	31,25	243	843,8
4	12,75	17,25	26,25	219,9	334,7
$A = 125,25$				$\Sigma A_n x_n = 1084$	$\Sigma A_n y_n = 1906$

$$A x_0 = A_1 x_1 + A_2 x_2 + A_3 x_3 + A_4 x_4 = \Sigma A_n x_n$$
$$A y_0 = A_1 y_1 + A_2 y_2 + A_3 y_3 + A_4 y_4 = \Sigma A_n y_n$$

$$x_0 = \frac{\Sigma A_n x_n}{A} = \frac{1084 \text{ mm}^3}{125,25 \text{ mm}^2} = 8,65 \text{ mm}$$

$$y_0 = \frac{\Sigma A_n y_n}{A} = \frac{1906 \text{ mm}^3}{125,25 \text{ mm}^2} = 15,22 \text{ mm}$$

204.

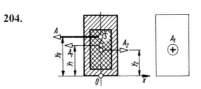

n	A_n [cm^2]	y_n [cm]	$A_n y_n$ [cm^3]
1	720	18	12960
2	−336	15	−5040
$A = 384$			$\Sigma A_n y_n = 7920$

$$A y_0 = A_1 y_1 - A_2 y_2 = \Sigma A_n y_n$$

$$y_0 = \frac{\Sigma A_n y_n}{A} = \frac{7920 \text{ cm}^3}{384 \text{ cm}^2} = 20,63 \text{ cm} = 206,3 \text{ mm}$$

205.

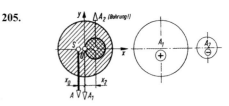

n	A_n [mm^2]	x_n [mm]	$A_n x_n$ [mm^3]
1	2376	0	0
2	−380,1	11	4181
$A = 1996$			$\Sigma A_n x_n = 4181$

$$A x_0 = A_1 x_1 + A_2 x_2 = \Sigma A_n x_n$$

$$x_0 = \frac{\Sigma A_n x_n}{A} = \frac{4181 \text{ mm}^3}{1996 \text{ mm}^2} = 2,095 \text{ mm}$$

206.

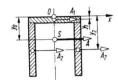

n	A_n [cm²]	y_n [cm]	$A_n y_n$ [cm³]
1	39,2	0,7	27,44
2	2·42,84	16,7	1430,8
	$A = 124,88$		$\Sigma A_n y_n = 1458$

$A y_0 = A_1 y_1 + 2 A_2 y_2 = \Sigma A_n y_n$

$y_0 = \dfrac{\Sigma A_n y_n}{A} = \dfrac{1458 \text{ cm}^3}{124,88 \text{ cm}^2} = 11,68 \text{ cm} = 116,8 \text{ mm}$

207.

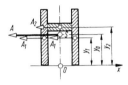

n	A_n [cm²]	y_n [cm]	$A_n y_n$ [cm³]
1	2·60	15	2·900
2	40	21,75	870
	$A = 160$		$\Sigma A_n y_n = 2670$

$A y_0 = 2 A_1 y_1 + A_2 y_2 = \Sigma A_n y_n$

$y_0 = \dfrac{\Sigma A_n y_n}{A} = \dfrac{2670 \text{ cm}^3}{160 \text{ cm}^2} = 16,69 \text{ cm} = 166,9 \text{ mm}$

208.

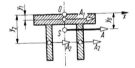

n	A_n [cm²]	y_n [cm]	$A_n y_n$ [cm³]
1	273	3,25	887,3
2	2·82,25	18,25	2·1501
	$A = 437,5$		$\Sigma A_n y_n = 3889,4$

$A y_0 = A_1 y_1 + 2 A_2 y_2 = \Sigma A_n y_n$

$y_0 = \dfrac{\Sigma A_n y_n}{A} = \dfrac{3889,4 \text{ cm}^3}{437,5 \text{ cm}^2} = 8,89 \text{ cm} = 88,9 \text{ mm}$

209.

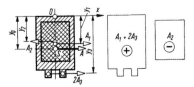

n	A_n [cm²]	y_n [cm]	$A_n y_n$ [cm³]
1	2925	32,5	95063
2	−2204	31,75	−69977
3	2·20	67,5	2·1350
	$A = 761$		$\Sigma A_n y_n = 27786$

$A y_0 = A_1 y_1 - A_2 y_2 + 2 A_3 y_3 = \Sigma A_n y_n$

$y_0 = \dfrac{\Sigma A_n y_n}{A} = \dfrac{27786 \text{ cm}^3}{761 \text{ cm}^2} = 36,51 \text{ cm} = 365,1 \text{ mm}$

210.

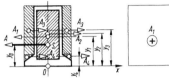

n	A_n [cm²]	y_n [cm]	$A_n y_n$ [cm³]
1	2760	30	82800
2	−1224	31	−37944
3	−2·384	36	−27648
4	−2·20	10,33	−413
	$A = 728$		$\Sigma A_n y_n = 16795$

$A y_0 = A_1 y_1 - A_2 y_2 - 2 A_3 y_3 - 2 A_4 y_4 = \Sigma A_n y_n$

$y_0 = \dfrac{\Sigma A_n y_n}{A} = \dfrac{16795 \text{ cm}^3}{728 \text{ cm}^2} = 23,07 \text{ cm} = 230,7 \text{ mm}$

211.

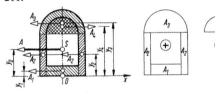

n	A_n [cm²]	y_n [cm]	$A_n y_n$ [cm³]
1	80,5	1,75	140,9
2	2·70	14	1960
3	307,9	33,94	10450
4	−207,7	32,88	−6831
	$A = 320,7$		$\Sigma A_n y_n = 5720$

$A y_0 = A_1 y_1 + 2 A_2 y_2 + A_3 y_3 - A_4 y_4 = \Sigma A_n y_n$

$y_0 = \dfrac{\Sigma A_n y_n}{A} = \dfrac{5720 \text{ cm}^3}{320,7 \text{ cm}^2} = 17,84 \text{ cm} = 178,4 \text{ mm}$

212.

Musterlösung zur Berechnung des Flächenschwerpunkts (siehe Lehrbuch, Arbeitsplan in Kap. 2.2.3.1)

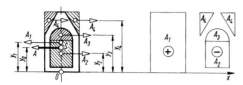

I. Gesamtfläche A:

$A = A_1 - (A_2 + A_3 + A_4)$

A_1 (Rechteckfläche): $A_1 = 30 \text{ cm} \cdot 16 \text{ cm} = 480 \text{ cm}^2$

A_2 (Rechteckfläche): $A_2 = 14 \text{ cm} \cdot 13 \text{ cm} = 182 \text{ cm}^2$

A_3 (Halbkreisfläche): $A_3 = \dfrac{\pi r^2}{2} = \dfrac{\pi \cdot 6{,}5^2 \text{ cm}^2}{2}$

$\qquad A_3 = 66{,}37 \text{ cm}^2$

A_4 (Dreiecksfläche): $A_4 = \dfrac{ah}{2} = \dfrac{6 \text{ cm} \cdot 12 \text{ cm}}{2}$

$\qquad A_4 = 36 \text{ cm}^2$

$A = 480 \text{ cm}^2 - (182 + 66{,}37 + 2 \cdot 36) \text{ cm}^2$

$A = 159{,}63 \text{ cm}^2$

II. Schwerpunktsabstände $y_{1\text{-}4}$ der Teilflächen von der x-Achse aus:

y_1 (Rechteck): $y_1 = \dfrac{h_1}{2} = \dfrac{30 \text{ cm}}{2} = 15 \text{ cm}$

y_2 (Rechteck): $y_2 = \dfrac{h_2}{2} + 2 \text{ cm} = \dfrac{14 \text{ cm}}{2} + 2 \text{ cm} = 9 \text{ cm}$

y_3 (Kreisausschnitt, siehe Lehrbuch, Kap. 2.2.2)

$\quad y_3 = y_{03} + 16 \text{ cm} = 0{,}4244 \cdot R + 16 \text{ cm} = 18{,}76 \text{ cm}$

y_4 (Dreieck, siehe Lehrbuch, Kap. 2.2.2)

$\quad y_4 = 30 \text{ cm} - y_{04} = 30 \text{ cm} - \dfrac{h_4}{3} = 30 \text{ cm} - 4 \text{ cm}$

$\quad y_4 = 26 \text{ cm}$

III. Momentensatz für Flächen (siehe Lehrbuch, Kap. 2.2.1):

$y_0 = \dfrac{A_1 y_1 - (A_2 y_2 + A_3 y_3 + 2 \cdot A_4 y_4)}{A}$

$y_0 = \dfrac{480 \text{ cm}^2 \cdot 15 \text{ cm}}{159{,}63 \text{ cm}^2} - \left(\dfrac{182 \text{ cm}^2 \cdot 9 \text{ cm}}{159{,}63 \text{ cm}^2} + \right.$

$\qquad \left. + \dfrac{66{,}37 \text{ cm}^2 \cdot 18{,}76 \text{ cm} + 2 \cdot 36 \text{ cm}^2 \cdot 26 \text{ cm}}{159{,}63 \text{ cm}^2} \right)$

$y_0 = 15{,}32 \text{ cm}$

213.

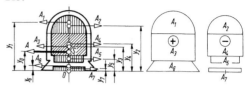

n	A_n [cm^2]	y_n [cm]	$A_n y_n$ [cm^3]
1	226,2	25,09	5676
2	−176,5	24,5	−4324
3	360	12,5	4500
4	−286,2	13,25	−3792
5	−64	4,5	−288
6	127,5	2,353 [1]	300
7	−18	0,5	−9
	$A = 169$		$\Sigma A_n y_n = 2063$

[1] $y_6 = \dfrac{5 \text{ cm}}{3} \cdot \dfrac{(30 + 2 \cdot 21) \text{ cm}}{(30 + 21) \text{ cm}} = 2{,}353 \text{ cm}$

$A y_0 = A_1 y_1 - A_2 y_2 + A_3 y_3 - A_4 y_4 - A_5 y_5 +$
$\qquad + A_6 y_6 - A_7 y_7 = \Sigma A_n y_n$

$y_0 = \dfrac{\Sigma A_n y_n}{A} = \dfrac{2063 \text{ cm}^3}{169 \text{ cm}^2} = 12{,}21 \text{ cm} = 122{,}1 \text{ mm}$

214.

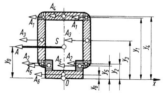

$A_1 = A_2 = \dfrac{\pi}{16}(4{,}4 \text{ cm})^2 = 3{,}8 \text{ cm}^2$

$y_{01} = 0{,}6002 \cdot 2{,}2 = 1{,}32 \text{ cm}$

$l_1 = y_{01} \sin \alpha = 0{,}9337 \text{ cm}$

n	A_n [cm^2]	y_n [cm]	$A_n y_n$ [cm^3]
1	2 · 3,8	44 − 2,2 + 0,9337 = 42,73	324,9
2	2 · 3,8	3 + 2,2 − 0,9337 = 4,266	32,44
3	2 · 80,52	44 − 2,2 − 18,3 = 23,5	3784
4	67,32	44 − 1,1 = 42,9	2888
5	2 · 6,9	2,2 + 1,5 = 3,7	51,06
6	67,32	1,1	74,05
	$A = 324{,}7$		$\Sigma A_n y_n = 7155$

$A y_0 = A_1 y_1 + A_2 y_2 + A_3 y_3 + A_4 y_4 + A_5 y_5 + A_6 y_6 = \Sigma A_n y_n$

$y_0 = \dfrac{\Sigma A_n y_n}{A} = \dfrac{7155 \text{ cm}^3}{324{,}7 \text{ cm}^2} = 22{,}036 \text{ cm} = 220{,}4 \text{ mm}$

215.

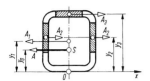

$$A' = \frac{\pi}{16}(12^2 - 7{,}6^2)\ \text{cm}^2$$
$$A' = 16{,}93\ \text{cm}^2$$

n	A_n [cm^2]	y_n [cm]	$A_n y_n$ [cm^3]
1	296,53 [1]	20	5931
2	$-2 \cdot 44$	23	-2024
3	$-39{,}6$	38,9	-1540
	$A = 168{,}93$		$\Sigma A_n y_n = 2366$

[1] $A_1 = 4A' + 2(36-12) \cdot 2{,}2\ \text{cm}^2 + 2(40-12) \cdot 2{,}2\ \text{cm}^2$
$A_1 = 296{,}53\ \text{cm}^2$

$A y_0 = A_1 y_1 - 2A_2 y_2 - A_3 y_3 = \Sigma A_n y_n$

$$y_0 = \frac{\Sigma A_n y_n}{A} = \frac{2366\ \text{cm}^3}{168{,}93\ \text{cm}^2} = 14{,}01\ \text{cm} = 140{,}1\ \text{mm}$$

216.

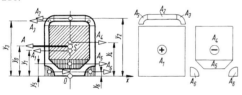

$$A_3 = \frac{\pi}{16}(12^2 - 8^2)\ \text{cm}^2$$
$$A_3 = 15{,}71\ \text{cm}^2$$

$$y_{03} = 38{,}197 \frac{(R^3 - r^3)\sin\alpha}{(R^2 - r^2)\alpha°}$$

$$y_{03} = 38{,}197 \cdot \frac{(6^3 - 4^3)\ \text{cm}^3 \cdot \sin 45°}{(6^2 - 4^2)\ \text{cm}^2 \cdot 45°} = 4{,}562\ \text{cm}$$

$$l_3 = y_{03} \sin\alpha = 3{,}226\ \text{cm}$$

$$A_5 = \frac{28+15}{2} \cdot 7\ \text{cm}^2$$
$$A_5 = 150{,}5\ \text{cm}^2$$

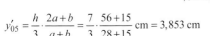

$$y'_{05} = \frac{h}{3} \cdot \frac{2a+b}{a+b} = \frac{7}{3} \cdot \frac{56+15}{28+15}\ \text{cm} = 3{,}853\ \text{cm}$$

$$A_6 = \frac{\pi}{16} \cdot 12^2\ \text{cm}^2 = 28{,}27\ \text{cm}^2$$

$$y_{06} = 0{,}6002 \cdot 6\ \text{cm} = 3{,}601\ \text{cm}$$
$$y_6 = y_{06} \cos\alpha = 2{,}456\ \text{cm}$$

n	A_n [cm^2]	y_n [cm]	$A_n y_n$ [cm^3]
1	1024	16	16384
2	40	37	1480
3	$2A_3 = 31{,}42$	35,226	1107
4	-644	20,5	-13202
5	$-150{,}5$	5,853	$-880{,}8$
6	$-2A_6 = -56{,}55$	2,546	-144
	$A = 244{,}4$		$\Sigma A_n y_n = 4744{,}2$

$A y_0 = \Sigma A_n y_n = A_1 y_1 + A_2 y_2 + 2A_3 y_3 - A_4 y_4 - A_5 y_5 - 2A_6 y_6$

$$y_0 = \frac{\Sigma A_n y_n}{A} = \frac{4744{,}2\ \text{cm}^3}{244{,}4\ \text{cm}^2} = 19{,}41\ \text{cm} = 194{,}1\ \text{mm}$$

217.

a)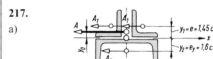

n	A_n [cm^2]	y_n [cm]	$A_n y_n$ [cm^3]
1	$2A_1 = 11{,}38$	1,45	16,5
2	17	1,6	$-27{,}2$
	$A = 28{,}38$		$\Sigma A_n y_n = -10{,}7$

$A y_0 = 2A_1 y_1 - A_2 y_2 = \Sigma A_n y_n$

$$y_0 = \frac{\Sigma A_n y_n}{A} = \frac{-10{,}7\ \text{cm}^3}{28{,}38\ \text{cm}^2} = -0{,}377\ \text{cm} = -3{,}77\ \text{mm}$$

b) Das Minuszeichen zeigt, dass der Gesamtschwerpunkt S nicht oberhalb, sondern unterhalb der Bezugsachse liegt, also im U-Profil.

218.

a)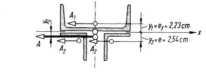

n	A_n [cm^2]	y_n [cm]	$A_n y_n$ [cm^3]
1	42,3	2,23	94,33
2	$2A_2 = 31{,}0$	2,54	$-78{,}74$
	$A = 73{,}3$		$\Sigma A_n y_n = 15{,}59$

$-A y_0 = A_1 y_1 - 2A_2 y_2 = \Sigma A_n y_n$

$$y_0 = \frac{\Sigma A_n y_n}{-A} = \frac{15{,}59 \text{ cm}^3}{-73{,}3 \text{ cm}^2} = -0{,}213 \text{ cm} = -2{,}13 \text{ mm}$$

b) Der Schwerpunkt liegt nicht, wie angenommen, unterhalb der Stegaußenkante, sondern oberhalb.

219.

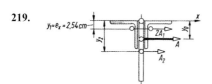

n	A_n [cm^2]	y_n [cm]	$A_n y_n$ [cm^3]
1	$2A_1 = 31$	2,54	78,74
2	24	10	240
	$A = 55$		$\Sigma A_n y_n = 318{,}74$

$$A y_0 = 2A_1 y_1 + A_2 y_2 = \Sigma A_n y_n$$

$$y_0 = \frac{\Sigma A_n y_n}{A} = \frac{318{,}74 \text{ cm}^3}{55 \text{ cm}^2} = 5{,}795 \text{ cm} = 58 \text{ mm}$$

Linienschwerpunkt

Lösungshinweis für die Aufgaben 220 bis 238:
Der Richtungssinn für die Teillinien (= „Teilkräfte") sollte so festgelegt werden, dass sich nach Möglichkeit positive (d. h. linksdrehende) Momente um den Bezugspunkt 0 ergeben. Bei allen Lösungen wird nach dieser Empfehlung verfahren, und auf die Pfeile für die Teillinien wird deshalb verzichtet.

Die Längen der Teillinien mit gleichem Schwerpunktsabstand von der Bezugsachse werden zu einer Teillänge zusammengefasst (z. B. l_2, l_3, l_4 in Aufgabe 220).

220.

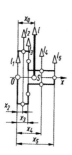

n	l_n [mm]	x_n [mm]	$l_n x_n$ [mm^2]
1	50	0	0
2	20	5	100
3	38	10	380
4	50	22,5	1125
5	12	35	420
	$l = 170$		$\Sigma l_n x_n = 2025$

$$l x_0 = \Sigma l_n x_n \Rightarrow x_0 = \frac{\Sigma l_n x_n}{l} = \frac{2025 \text{ mm}^2}{170 \text{ mm}} = 11{,}91 \text{ mm}$$

221.

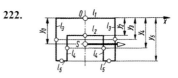

n	l_n [mm]	y_n [mm]	$l_n y_n$ [mm^2]
1	32	0	0
2	16	14	224
3	84	21	1764
4	40	24	960
5	16	34	544
6	32	42	1344
	$l = 220$		$\Sigma l_n y_n = 4836$

$$l y_0 = \Sigma l_n y_n \Rightarrow y_0 = \frac{\Sigma l_n y_n}{l} = \frac{4836 \text{ mm}^2}{220 \text{ mm}} = 21{,}98 \text{ mm}$$

222.

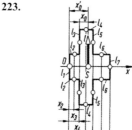

n	l_n [mm]	y_n [mm]	$l_n y_n$ [mm^2]
1	80	0	0
2	50	22	1100
3	112	28	3136
4	68	39	2652
5	30	56	1680
	$l = 340$		$\Sigma l_n y_n = 8568$

$$l y_0 = \Sigma l_n y_n \Rightarrow y_0 = \frac{\Sigma l_n y_n}{l} = \frac{8568 \text{ mm}^2}{340 \text{ mm}} = 25{,}2 \text{ mm}$$

223.

2 Schwerpunktslehre

n	l_n [mm]	x_n [mm]	$l_n x_n$ [mm²]
1	15	0	0
2	12	3	36
3	30	6	180
4	16	10	160
5	30	14	420
6	22	19,5	429
7	15	25	375
	$l = 140$		$\Sigma l_n x_n = 1600$

$l x'_0 = \Sigma l_n x_n$

$x'_0 = \dfrac{\Sigma l_n x_n}{l} = \dfrac{1600 \text{ mm}^2}{140 \text{ mm}} = 11,43 \text{ mm}$

$x_0 = x'_0 - 6 \text{ mm} = 5,43 \text{ mm}$

224.

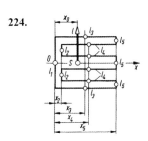

n	l_n [mm]	x_n [mm]	$l_n x_n$ [mm²]
1	56	0	0
2	26	7	182
3	140	35	4900
4	252	38,5	9702
5	30	70	2100
	$l = 504$		$\Sigma l_n x_n = 16884$

$l x_0 = \Sigma l_n x_n$

$x_0 = \dfrac{\Sigma l_n x_n}{l} = \dfrac{16884 \text{ mm}^2}{504 \text{ mm}} = 33,5 \text{ mm}$

225.

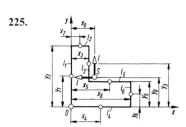

n	l_n [mm]	x_n [mm]	y_n [mm]	$l_n x_n$ [mm²]	$l_n y_n$ [mm²]
1	28	0	14	0	392
2	8	4	28	32	224
3	16	8	20	128	320
4	28	14	0	392	0
5	20	18	12	360	240
6	12	28	6	336	72
	$l = 112$			$\Sigma l_n x_n = 1248$	$\Sigma l_n y_n = 1248$

$l x_0 = \Sigma l_n x_n \;\Rightarrow\; x_0 = \dfrac{\Sigma l_n x_n}{l} = \dfrac{1248 \text{ mm}^2}{112 \text{ mm}} = 11,14 \text{ mm}$

$l y_0 = \Sigma l_n y_n \;\Rightarrow\; y_0 = \dfrac{\Sigma l_n y_n}{l} = \dfrac{1248 \text{ mm}^2}{112 \text{ mm}} = 11,14 \text{ mm}$

226.

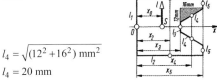

$l_4 = \sqrt{(12^2 + 16^2)} \text{ mm}^2$

$l_4 = 20 \text{ mm}$

n	l_n [mm]	x_n [mm]	$l_n x_n$ [mm²]
1	38	0	0
2	92	23	2116
3	4	30	120
4	40	38	1520
5	10	46	460
	$l = 184$		$\Sigma l_n x_n = 4216$

$l x_0 = \Sigma l_n x_n \;\Rightarrow\; x_0 = \dfrac{\Sigma l_n x_n}{l} = \dfrac{4216 \text{ mm}^2}{184 \text{ mm}} = 22,91 \text{ mm}$

227.

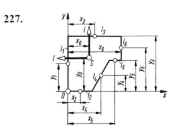

$l_4 = \sqrt{(6^2 + 10^2)} \text{ mm}^2 = 11,66 \text{ mm}$

n	l_n [mm]	x_n [mm]	y_n [mm]	$l_n x_n$ [mm²]	$l_n y_n$ [mm²]
1	18	0	9	0	162
2	8	4	0	32	0
3	18	9	18	162	324
4	11,66	11	5	128,3	58,3
5	4	16	10	64	40
6	8	18	14	144	112
	$l = 67,66$			$\Sigma l_n x_n = 530,3$	$\Sigma l_n y_n = 696,3$

$l\,x_0 = \Sigma l_n x_n \Rightarrow x_0 = \dfrac{\Sigma l_n x_n}{l}$

$x_0 = \dfrac{530,3 \text{ mm}^2}{67,66 \text{ mm}} = 7,84 \text{ mm}$

$l\,y_0 = \Sigma l_n y_n \Rightarrow y_0 = \dfrac{\Sigma l_n y_n}{l}$

$y_0 = \dfrac{696,3 \text{ mm}^2}{67,66 \text{ mm}} = 10,29 \text{ mm}$

228.

$l_4 = \dfrac{\pi}{2} d = \dfrac{\pi}{2} \cdot 20 \text{ mm} = 31,42 \text{ mm}$

$x_0'' = 0,6366\,R = 0,6366 \cdot 10 \text{ mm}$

$x_0'' = 6,366 \text{ mm}$

n	l_n [mm]	x_n [mm]	$l_n x_n$ [mm^2]
1	30	0	0
2	40	10	400
3	10	20	200
4	31,42	26,37	828,3
	$l = 111,42$		$\Sigma l_n x_n = 1428,3$

$l\,x_0' = \Sigma l_n x_n \Rightarrow x_0' = \dfrac{\Sigma l_n x_n}{l}$

$x_0' = \dfrac{1428,3 \text{ mm}^2}{111,42 \text{ mm}} = 12,82 \text{ mm}$

$x_0 = 20 \text{ mm} - x_0' = 7,18 \text{ mm}$

229.

$x_0' = 0,6366\,R = 0,6366 \cdot 5 \text{ mm}$

$x_0' = 3,183 \text{ mm}$

$x_3 = 20 \text{ mm} - 3,183 \text{ mm}$

$x_3 = 16,817 \text{ mm}$

$l_3 = \dfrac{\pi}{2} d = \dfrac{\pi}{2} \cdot 10 \text{ mm} = 15,71 \text{ mm}$

n	l_n [mm]	x_n [mm]	$l_n x_n$ [mm^2]
1	20	0	0
2	40	10	400
3	15,71	16,82	264,2
4	10	20	200
	$l = 85,71$		$\Sigma l_n x_n = 864,2$

$l\,x_0 = \Sigma l_n x_n \Rightarrow x_0 = \dfrac{\Sigma l_n x_n}{l} = \dfrac{864,2 \text{ mm}^2}{85,71 \text{ mm}} = 10,08 \text{ mm}$

230.

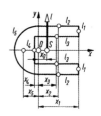

$l_5 = \dfrac{\pi}{2} \cdot 22 \text{ mm} = 34,56 \text{ mm}$

$x_5 = 0,6366\,R$

$x_5 = 0,6366 \cdot 11 \text{ mm} = 7 \text{ mm}$

n	l_n [mm]	x_n [mm]	$l_n x_n$ [mm^2]
1	10	18	180
2	36	9	324
3	40	8	320
4	12	2	−24
5	34,56	7	−242
	$l = 132,56$		$\Sigma l_n x_n = 558$

$l\,x_0 = \Sigma l_n x_n \Rightarrow x_0 = \dfrac{\Sigma l_n x_n}{l} = \dfrac{558 \text{ mm}^2}{132,56 \text{ mm}} = 4,21 \text{ mm}$

231.

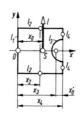

$l_1 = \dfrac{\pi}{2} \cdot 12 \text{ mm} = 18,85 \text{ mm}$

$x_1 = 6 \text{ mm} - 0,6366 \cdot 6 \text{ mm}$

$x_1 = 2,18 \text{ mm}$

$l_2 = \pi \cdot 8 \text{ mm} = 25,13 \text{ mm}$

$l_4 = \pi \cdot 2 \text{ mm} = 6,283 \text{ mm}$

$l_5 = l_1 = 18,85 \text{ mm}$

$x_5 = (28 - 6 + 0,6366 \cdot 6) \text{ mm} = 25,82 \text{ mm}$

n	l_n [mm]	x_n [mm]	$l_n x_n$ [mm^2]
1	18,85	2,18	41,1
2	25,13	6	150,8
3	32	14	448
4	6,283	22	138,2
5	18,85	25,82	486,7
	$l = 101,1$		$\Sigma l_n x_n = 1264,8$

$l\,x_0 = \Sigma l_n x_n \Rightarrow x_0 = \dfrac{\Sigma l_n x_n}{l} = \dfrac{1264,8 \text{ mm}^2}{101,1 \text{ mm}} = 12,51 \text{ mm}$

232.

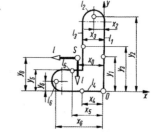

$l_2 = l_6 = \dfrac{\pi}{2} \cdot 6 \text{ mm} = 9{,}425 \text{ mm}$

$y_2 = 21 \text{ mm} + 0{,}6366 \cdot 3 \text{ mm} = 22{,}91 \text{ mm}$

$x_6 = 13 \text{ mm} + 0{,}6366 \cdot 3 \text{ mm} = 14{,}91 \text{ mm}$

n	l_n [mm]	x_n [mm]	y_n [mm]	$l_n x_n$ [mm²]	$l_n y_n$ [mm²]
1	21	0	10,5	0	220,5
2	9,425	3	22,91	28,27	215,9
3	15	6	13,5	90	202,5
4	13	6,5	0	84,5	0
5	7	9,5	6	66,5	42
6	9,425	14,91	3	140,52	28,27
$l = 74{,}85$				$\Sigma l_n x_n = 409{,}8$	$\Sigma l_n y_n = 709{,}2$

$l x_0 = \Sigma l_n x_n \Rightarrow x_0 = \dfrac{\Sigma l_n x_n}{l}$

$x_0 = \dfrac{409{,}8 \text{ mm}^2}{74{,}85 \text{ mm}} = 5{,}47 \text{ mm}$

$l y_0 = \Sigma l_n y_n \Rightarrow y_0 = \dfrac{\Sigma l_n y_n}{l}$

$y_0 = \dfrac{709{,}2 \text{ mm}^2}{74{,}85 \text{ mm}} = 9{,}47 \text{ mm}$

233.

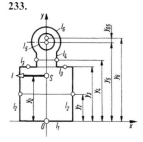

$l_6 = 0{,}75\pi \cdot 10 \text{ mm} = 23{,}56 \text{ mm}$

$y_{05} = \dfrac{R s}{b} = \dfrac{R \cdot 2R \sin\alpha \cdot 57{,}3°}{2R\alpha°}$

$y_{05} = R \sin\alpha \cdot \dfrac{57{,}3°}{\alpha°} = \sin 135° \cdot \dfrac{57{,}3°}{135°} \cdot R$

$y_{05} = 0{,}3001 R = 0{,}3001 \cdot 5 \text{ mm} = 1{,}5 \text{ mm}$

n	l_n [mm]	y_n [mm]	$l_n y_n$ [mm²]
1	18	0	0
2	36	9	324
3	11	18	198
4	9	20,25	182,25
5	15,71	26	408,4
6	23,56	27,5	648
$l = 113{,}27$			$\Sigma l_n y_n = 1760{,}6$

$l y_0 = \Sigma l_n y_n \Rightarrow y_0 = \dfrac{\Sigma l_n y_n}{l} = \dfrac{1760{,}6 \text{ mm}^2}{113{,}27 \text{ mm}} = 15{,}54 \text{ mm}$

234.

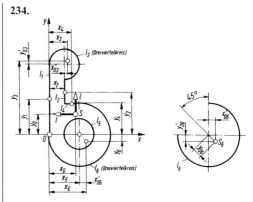

$y_{06} = 0{,}3001 R = 0{,}3001 \cdot 8 \text{ mm} = 2{,}4 \text{ mm}$

(siehe Lösung 233)

$y'_{06} = x'_{06} = y_{06} \sin 45° = 2{,}4 \text{ mm} \cdot \sin 45° = 1{,}698 \text{ mm}$

$x_6 = 8 \text{ mm} + x'_{06} = 9{,}698 \text{ mm}$

$y_6 = y'_{06} = 1{,}698 \text{ mm}$

In gleicher Weise ergibt sich für den oberen Dreiviertelkreis:

$x'_{03} = y'_{03} = 0{,}8488 \text{ mm}$

$x_3 = 4{,}849 \text{ mm}$

$y_3 = 18{,}849 \text{ mm}$

n	l_n [mm]	x_n [mm]	y_n [mm]	$l_n x_n$ [mm²]	$l_n y_n$ [mm²]
1	18	0	9	0	162
2	6	4	11	24	66
3	18,85	4,849	18,85	91,40	355,3
4	4	6	8	24	32
5	25,13	8	0	201,1	0
6	37,7	9,698	1,698	365,6	−64 *)
$l = 109{,}7$				$\Sigma l_n x_n = 706{,}1$	$\Sigma l_n y_n = 551{,}3$

*) Der Schwerpunkt des Dreiviertelkreises liegt unterhalb der x-Achse. Dadurch wird das Längenmoment $l_6 y_6$ negativ (rechtsdrehend).

$l x_0 = \Sigma l_n x_n \Rightarrow x_0 = \dfrac{\Sigma l_n x_n}{l}$

$x_0 = \dfrac{706{,}1 \text{ mm}^2}{109{,}7 \text{ mm}} = 6{,}44 \text{ mm}$

$l y_0 = \Sigma l_n y_n \Rightarrow y_0 = \dfrac{\Sigma l_n y_n}{l}$

$y_0 = \dfrac{551{,}3 \text{ mm}^2}{109{,}7 \text{ mm}} = 5{,}03 \text{ mm}$

235.

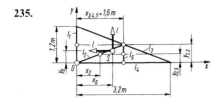

n	l_n [m]	x_n [m]	y_n [m]	$l_n x_n$ [m²]	$l_n y_n$ [m²]
1	1,2	0	0,6	0	0,72
2	1,709	0,8	0,3	1,367	0,513
3	3,418	1,6	0,6	5,469	2,051
4	3,2	1,6	0	5,12	0
5	0,6	1,6	0,3	0,96	0,18
$l = 10,13$				$\Sigma l_n x_n = 12,92$	$\Sigma l_n y_n = 3,463$

$$l x_0 = \Sigma l_n x_n \Rightarrow x_0 = \frac{\Sigma l_n x_n}{l} = \frac{12,92 \text{ m}^2}{10,13 \text{ m}} = 1,275 \text{ m}$$

$$l y_0 = \Sigma l_n y_n \Rightarrow y_0 = \frac{\Sigma l_n y_n}{l} = \frac{3,463 \text{ m}^2}{10,13 \text{ m}} = 0,342 \text{ m}$$

236.

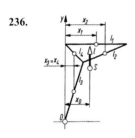

n	l_n [m]	x_n [m]	$l_n x_n$ [m²]
1	2,8	1,4	3,920
2	2,154	1,8	3,877
3	2,72	0,4	1,088
4	1,131	0,4	0,453
$l = 8,806$			$\Sigma l_n x_n = 9,338$

$$l x_0 = \Sigma l_n x_n \Rightarrow x_0 = \frac{\Sigma l_n x_n}{l} = \frac{9,338 \text{ m}^2}{8,806 \text{ m}} = 1,06 \text{ m}$$

237.

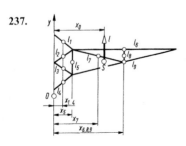

n	l_n [m]	x_n [m]	$l_n x_n$ [m²]
1	0,781	0,3	0,2343
2	0,721	0,3	0,2163
3	0,721	0,3	0,2163
4	0,781	0,3	0,2343
5	0,8	0,6	0,48
6	3,6	2,4	8,64
7	1,844	1,5	2,766
8	0,4	2,4	0,96
9	3,688	2,4	8,8508
$l = 13,34$			$\Sigma l_n x_n = 22,6$

$$l x_0 = \Sigma l_n x_n \Rightarrow x_0 = \frac{\Sigma l_n x_n}{l} = \frac{22,6 \text{ m}^2}{13,34 \text{ m}} = 1,695 \text{ m}$$

238.

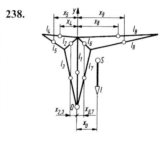

n	l_n [m]	x_n [m]	$l_n x_n$ [m²]
1	4,6	0	0
2	0,6403	0,25	0,16
3	4,23	0,25	1,057
4	2,408	1,2	2,89
5	1,992	1,45	2,889
6	0,6403	0,25	−0,16 *)
7	4,23	0,25	−1,058
8	5,504	2,75	−15,135
9	5,036	3	−15,108
$l = 29,2826$			$\Sigma l_n x_n = -24,46$

*) Die Längenmomente der Längen $l_6 \dots l_9$ sind rechtsdrehend, also negativ. Dasselbe gilt für das Moment der Gesamtlänge.

$$-l x_0 = \Sigma l_n x_n$$

$$x_0 = \frac{\Sigma l_n x_n}{-l} = \frac{-24,46 \text{ m}^2}{-29,28 \text{ m}} = 0,8354 \text{ m}$$

Guldin'sche Regeln

Guldin'sche Oberflächenregel

239.

$A = A_1 + A_2 = 2\pi \Sigma \Delta l \, x$
$A = 2\pi(l_1 x_1 + l_2 x_2)$
$A = 2\pi(0{,}18165 + 0{,}02205) \text{ m}^2$
$A = 1{,}2799 \text{ m}^2$

Probe:
$A_1 = 2\pi x_1 l_1 = 1{,}1413 \text{ m}^2$
$A_2 = 2\pi x_1 \dfrac{x_1}{2} = \pi x_1^2 = 0{,}1385 \text{ m}^2$

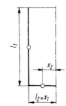

240.

$A = l \cdot 2\pi x_0 = \pi r \cdot 2\pi \cdot 0{,}6366 \, r$
$A = 2\pi^2 r^2 \cdot 0{,}6366 = 0{,}0491 \text{ m}^2$

241.

$l_1 = 0{,}25 \text{ m}$
$l_2 = \sqrt{h^2 + (l_3 - l_1)^2} = 0{,}427 \text{ m}$
$l_3 = 0{,}4 \text{ m}$

$x_1 = 0{,}125 \text{ m}$
$x_2 = 0{,}325 \text{ m}$
$x_3 = 0{,}2 \text{ m}$

$A = A_1 + A_2 + A_3 = 2\pi \Sigma \Delta l \, x$
$A = 2\pi(l_1 x_1 + l_2 x_2 + l_3 x_3)$
$A = 2\pi(0{,}03125 + 0{,}13884 + 0{,}08) \text{ m}^2$
$A = 1{,}571 \text{ m}^2$

242.
a)
$l_1 = 2{,}1 \text{ m}$
$l_2 = \sqrt{(1{,}2^2 + 0{,}535^2)} \text{ m}^2$
$l_2 = 1{,}314 \text{ m}$
$l_3 = 0{,}18 \text{ m}$
$x_1 = 0{,}675 \text{ m}$
$x_2 = 0{,}4075 \text{ m}$
$x_3 = 0{,}14 \text{ m}$

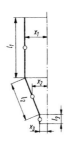

$A = A_1 + A_2 + A_3 = 2\pi \Sigma \Delta l \, x$
$A = 2\pi(l_1 x_1 + l_2 x_2 + l_3 x_3)$
$A = 2\pi(1{,}4175 + 0{,}5354 + 0{,}0252) \text{ m}^2$
$A = 12{,}43 \text{ m}^2$

b) $m = V \varrho = A s \varrho$

$m = 12{,}43 \text{ m}^2 \cdot 3 \cdot 10^{-3} \text{ m} \cdot 7850 \, \dfrac{\text{kg}}{\text{m}^3} = 292{,}7 \text{ kg}$

243.
a)

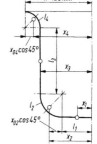

$l_1 = 0{,}09 \text{ m} \quad x_1 = 0{,}045 \text{ m}$
$l_2 = \dfrac{\pi}{2} r_2 = 0{,}03142 \text{ m}$

$x_2 = l_1 + x_{02} \cos 45°$
$x_2 = 0{,}09 \text{ m} + 0{,}9003 \cdot 0{,}02 \text{ m} \cdot \cos 45°$
$x_2 = 0{,}10273 \text{ m}$

$l_3 = 0{,}145 \text{ m}; \quad x_3 = 0{,}11 \text{ m}$

$l_4 = \dfrac{\pi}{2} r_4 = 0{,}015708 \text{ m}$

$x_4 = R - x_{04} \cos 45°$
$x_4 = 0{,}12 \text{ m} - 0{,}9003 \cdot 0{,}01 \text{ m} \cdot \cos 45°$
$x_4 = 0{,}11364 \text{ m}$

$A = A_1 + A_2 + A_3 + A_4 = 2\pi \Sigma \Delta l \, x$
$A = 2\pi(l_1 x_1 + l_2 x_2 + l_3 x_3 + l_4 x_4)$
$A = 2\pi(0{,}00405 + 0{,}003227 + 0{,}01595 +$
$\quad\quad + 0{,}001785) \text{ m}^2$
$A = 0{,}1572 \text{ m}^2$

b) $m = m' A = 2{,}6 \, \dfrac{\text{kg}}{\text{m}^2} \cdot 0{,}1572 \text{ m}^2 = 0{,}4086 \text{ kg}$

244.

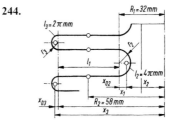

Die Gesamtlänge l der erzeugenden Profillinie setzt sich zusammen aus:

1. $10\,l_1 = 10(R_2 - R_1) = 260$ mm

   mit dem Schwerpunktsabstand

   $x_1 = \dfrac{R_1 + R_2}{2} = 45$ mm

2. $5\,l_2 = 5\pi r_2 = 5\pi \cdot 4$ mm $= 62{,}83$ mm

   $x_{02} = 0{,}6366\, r_2 = 2{,}546$ mm

   $x_2 = R_1 - x_{02} = 29{,}45$ mm

3. $5\,l_3 = 5\pi r_3 = 5\pi \cdot 2$ mm $= 31{,}42$ mm

   $x_{03} = 0{,}6366\, r_3 = 1{,}273$ mm

   $x_3 = R_2 + x_{03} = 59{,}27$ mm

$A = A_1 + A_2 + A_3 = 2\pi \Sigma \Delta l\, x$
$A = 2\pi (10\,l_1\, x_1 + 5\,l_2\, x_2 + 5\,l_3\, x_3)$
$A = 2\pi (0{,}0117 + 0{,}001851 + 0{,}001862)$ m²
$A = 0{,}09684$ m²

245.

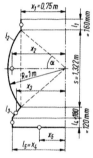

$l_1 = 0{,}16$ m
$x_1 = 0{,}75$ m

$\alpha = \arcsin \dfrac{s}{2R} = 41{,}38°$

$l_2 = 2\pi R \cdot \dfrac{2\alpha}{360°}$

$l_2 = 2\pi \cdot 1\text{ m} \cdot \dfrac{2 \cdot 41{,}38°}{360°}$

$l_2 = 1{,}444$ m

$x_2 = \dfrac{R\,s}{b} = \dfrac{R\,s \cdot 57{,}3°}{2R\,\alpha°} = \dfrac{s \cdot 57{,}3°}{2\alpha°} = 0{,}9153$ m

$l_3 = \sqrt{(0{,}18\text{ m})^2 + (0{,}15\text{ m})^2} = 0{,}2343$ m
$x_3 = 0{,}825$ m
$l_4 = 0{,}12$ m $\qquad x_4 = 0{,}9$ m
$l_5 = 0{,}9$ m $\qquad x_5 = 0{,}45$ m

$A = A_1 + A_2 + A_3 + A_4 + A_5 = 2\pi \Sigma \Delta l\, x$
$A = 2\pi (l_1\, x_1 + l_2\, x_2 + l_3\, x_3 + l_4\, x_4 + l_5\, x_5)$
$A = 2\pi (0{,}12 + 1{,}322 + 0{,}1933 + 0{,}108 + 0{,}405)$ m²
$A = 13{,}5$ m²

Guldin'sche Volumenregel

246.

$V = A \cdot 2\pi \cdot x_0 = r\,h \cdot 2\pi \dfrac{r}{2} = \pi r^2 h$

$V = 0{,}06922$ m³

Nachprüfung:

$V = \pi r^2 h = 0{,}06922$ m³

247.

$V = A \cdot 2\pi \cdot x_0 = \dfrac{\pi}{2} r^2 \cdot 2\pi \cdot 0{,}4244\, r$

$V = 0{,}4244\, \pi^2 r^3 = 0{,}04771$ m³

Nachprüfung:

$V = \dfrac{4}{3}\pi r^3 = 0{,}04771$ m³

248.

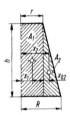

$A_1 = r\,h = 80$ cm²

$x_1 = \dfrac{r}{2} = 2{,}5$ cm

$A_2 = \dfrac{R - r}{2} h = 32$ cm²

$x_2 = r + x_{02} = r + \dfrac{R - r}{3} = 5\text{ cm} + 1{,}333\text{ cm} = 6{,}333$ cm

$V = V_1 + V_2 = 2\pi \Sigma \Delta A\, x$
$V = 2\pi (A_1\, x_1 + A_2\, x_2) = 2\pi (200 + 202{,}67)$ cm³
$V = 2530$ cm³

249.

a)

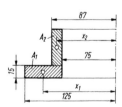

$A_1 = 0{,}00075$ m²
$x_1 = 0{,}1$ m
$A_2 = 0{,}0006$ m²
$x_2 = 0{,}081$ m

$V = V_1 + V_2 = 2\pi \Sigma \Delta A\, x$
$V = 2\pi (A_1\, x_1 + A_2\, x_2)$
$V = 2\pi (0{,}000075 + 0{,}0000486)$ m³
$V = 0{,}0007766$ m³ $= 0{,}7766 \cdot 10^{-3}$ m³

b) $m = V\varrho = 0{,}7766 \cdot 10^{-3}\text{ m}^3 \cdot 7{,}85 \cdot 10^3\, \dfrac{\text{kg}}{\text{m}^3} = 6{,}096$ kg

250.

a)

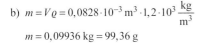

$A_1 = 0{,}315 \cdot 10^{-3}$ m²

$x_1 = 0{,}034$ m

$A_2 = 0{,}1085 \cdot 10^{-3}$ m²

$x_2 = 0{,}02275$ m

$V = V_1 + V_2 = 2\pi \, \Sigma \Delta A \, x$

$V = 2\pi (A_1 x_1 + A_2 x_2)$

$V = 2\pi (0{,}01071 + 0{,}00247) \cdot 10^{-3}$ m³

$V = 0{,}0828 \cdot 10^{-3}$ m³ $= 82{,}8$ cm³

b) $m = V \varrho = 0{,}0828 \cdot 10^{-3}$ m³ $\cdot 1{,}2 \cdot 10^3 \dfrac{\text{kg}}{\text{m}^3}$

$m = 0{,}09936$ kg $= 99{,}36$ g

251.

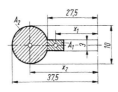

a) Die Fläche A_1 darf als Rechteck angesehen werden.

$A_1 = 15$ mm²

$x_1 = 25$ mm

$A_2 = 78{,}54$ mm²

$x_2 = 32{,}5$ mm

$V = V_1 + V_2 = 2\pi \, \Sigma \Delta A \, x$

$V = 2\pi (A_1 x_1 + A_2 x_2) = 2\pi (375 + 2553)$ mm³

$V = 18394$ mm³ $= 18{,}394 \cdot 10^{-6}$ m³ $= 18{,}394$ cm³

b) $m = V \varrho = 18{,}394 \cdot 10^{-6}$ m³ $\cdot 1{,}15 \cdot 10^3 \dfrac{\text{kg}}{\text{m}^3}$

$m = 21{,}15 \cdot 10^{-3}$ kg $= 21{,}15$ g

252.

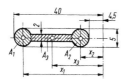

Die Fläche A_3 darf als Rechteck angesehen werden.

$A_1 = A_2 = 0{,}1963$ cm²

$x_1 = 3{,}75$ cm

$x_2 = 0{,}7$ cm

$A_3 = 0{,}51$ cm²

$x_3 = 2{,}225$ cm

$V = V_1 + V_2 + V_3 = 2\pi \, \Sigma \Delta A \, x$

$V = 2\pi (A_1 x_1 + A_2 x_2 + A_3 x_3)$

$V = 2\pi (0{,}73631 + 0{,}13744 + 1{,}13475)$ cm³

$V = 12{,}62$ cm³

253.

a)

$A_1 = 3{,}6$ cm²

$x_1 = 3{,}95$ cm

$A_2 = 9{,}817$ cm²

$x_2 = 6$ cm

$V = V_1 + V_2 = 2\pi \, \Sigma \Delta A \, x$

$V = 2\pi (A_1 x_1 + A_2 x_2) = 2\pi (14{,}22 + 58{,}90)$ cm³

$V = 459{,}5$ cm³ $= 0{,}4595 \cdot 10^{-3}$ m³

b) $m = V \varrho = 0{,}4595 \cdot 10^{-3}$ m³ $\cdot 1{,}35 \cdot 10^3 \dfrac{\text{kg}}{\text{m}^3}$

$m = 0{,}6203$ kg

254.

$A_1 = 1{,}4$ cm²

$x_1 = 6{,}2$ cm

$A_2 = 0{,}48$ cm²

$x_2 = 5{,}2$ cm

$A_3 = 0{,}2513$ cm²

$x_3 = 5{,}2$ cm

$V = V_1 + V_2 + V_3 = 2\pi \, \Sigma \Delta A \, x$

$V = 2\pi (A_1 x_1 + A_2 x_2 + A_3 x_3)$

$V = 2\pi (8{,}68 + 2{,}496 + 1{,}307)$ cm³ $= 78{,}43$ cm³

255.

a) $A_1 = \dfrac{\pi}{2}(1{,}2^2 - 1^2)$ cm²

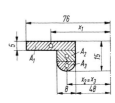

$A_1 = 0{,}6912$ cm²

$x_1 = 6{,}2$ cm

$A_2 = 1{,}36$ cm²

$x_2 = 5{,}1$ cm

$V = V_1 + V_2 = 2\pi \, \Sigma \Delta A \, x$

$V = 2\pi (A_1 x_1 + A_2 x_2) = 2\pi (4{,}285 + 6{,}936)$ cm³

$V = 70{,}5$ cm³ $= 0{,}0705 \cdot 10^{-3}$ m³

b) $m = V\varrho = 0{,}0705 \cdot 10^{-3}$ m$^3 \cdot 8{,}4 \cdot 10^3 \dfrac{\text{kg}}{\text{m}^3}$

$m = 0{,}5922$ kg

256.

a)

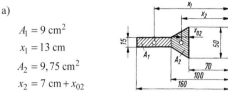

$A_1 = 9$ cm^2

$x_1 = 13$ cm

$A_2 = 9{,}75$ cm^2

$x_2 = 7$ cm $+ x_{02}$

$x_{02} = \dfrac{h}{3} \cdot \dfrac{a+2b}{a+b} = \dfrac{3 \text{ cm}}{3} \cdot \dfrac{5 \text{ cm} + 3 \text{ cm}}{5 \text{ cm} + 1{,}5 \text{ cm}} = 1{,}231$ cm

$x_2 = 8{,}231$ cm

$V = V_1 + V_2 = 2\pi \, \Sigma \Delta A\, x$

$V = 2\pi(A_1 x_1 + A_2 x_2) = 2\pi(117 + 80{,}25)$ cm^3

$V = 1239$ cm$^3 = 1{,}239 \cdot 10^{-3}$ m^3

b) $m = V\varrho = 1{,}239 \cdot 10^{-3}$ m$^3 \cdot 7{,}3 \cdot 10^3 \dfrac{\text{kg}}{\text{m}^3}$

$m = 9{,}047$ kg

257.

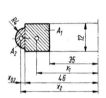

$A_1 = 1{,}32$ cm^2

$x_1 = 4{,}05$ cm

$A_2 = 0{,}2513$ cm^2

$x_2 = 4{,}6$ cm $+ 0{,}4244 \cdot 0{,}4$ cm $= 4{,}77$ cm

$V = V_1 + V_2 = 2\pi \, \Sigma \Delta A\, x$

$V = 2\pi(A_1 x_1 + A_2 x_2)$

$V = 2\pi(5{,}346 + 1{,}199)$ cm$^3 = 41{,}12$ cm^3

258.

a)

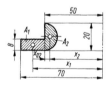

$A_1 = 1{,}6$ cm^2

$x_1 = 6$ cm

$A_2 = 1{,}571$ cm^2

$x_2 = 5$ cm $- 0{,}4244 \cdot 1$ cm $= 4{,}576$ cm

$V = V_1 + V_2 = 2\pi \, \Sigma \Delta A\, x$

$V = 2\pi(A_1 x_1 + A_2 x_2) = 2\pi(9{,}6 + 7{,}187)$ cm^3

$V = 105{,}5$ cm$^3 = 0{,}1055 \cdot 10^{-3}$ m^3

b) $m = V\varrho = 0{,}1055 \cdot 10^{-3}$ m$^3 \cdot 2{,}5 \cdot 10^3 \dfrac{\text{kg}}{\text{m}^3}$

$m = 0{,}2637$ kg

259.

a)

$A_1 = 0{,}1007$ m^2

$x_1 = 0{,}095$ m

$A_2 = 0{,}08675$ m^2

$x_2 = 0{,}19$ m $+ 0{,}4244 \cdot 0{,}235$ m

$x_2 = 0{,}2897$ m

$V = V_1 + V_2 = 2\pi \, \Sigma \Delta A\, x$

$V = 2\pi(A_1 x_1 + A_2 x_2)$

$V = 2\pi(0{,}009567 + 0{,}02513)$ m^3

$V = 0{,}218$ m$^3 = 218$ Liter

b)

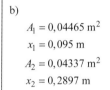

$A_1 = 0{,}04465$ m^2

$x_1 = 0{,}095$ m

$A_2 = 0{,}04337$ m^2

$x_2 = 0{,}2897$ m

(*Hinweis:* x_2 ist genauso groß wie unter a), weil der Halbkreisschwerpunkt auf der Verbindungsgeraden beider Viertelkreisschwerpunkte liegt.)

$V = V_1 + V_2 = 2\pi \, \Sigma \Delta A\, x$

$V = 2\pi(A_1 x_1 + A_2 x_2)$

$V = 2\pi(0{,}004242 + 0{,}012567)$ m^3

$V = 0{,}1056$ m$^3 = 105{,}6$ Liter

260.

a)

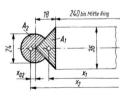

$A_1 = 3{,}24$ cm^2

$x_1 = 24$ cm $+ \dfrac{1{,}8 \text{ cm}}{3}$

$x_1 = 24{,}6$ cm

$A_2 = 3{,}393$ cm^2

$x_{02} = \frac{2}{3} \cdot \frac{rs}{b}$

$b = \frac{2r\alpha}{57,3°}$

$s = 2r\sin\alpha$

$x_{02} = \frac{2}{3} \cdot \frac{r\,2r\sin\alpha \cdot 57,3°}{2r\alpha°}$

$x_{02} = \frac{2}{3} r\sin\alpha \cdot \frac{57,3°}{\alpha°}$

$x_{02} = \frac{2}{3} \cdot 1,2 \text{ cm} \cdot \sin 135° \cdot \frac{57,3°}{135°} = 0,2401 \text{ cm}$

$x_2 = 24 \text{ cm} + 1,8 \text{ cm} + x_{02} = 26,04 \text{ cm}$

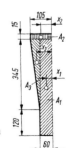

$V = V_1 + V_2 = 2\pi \Sigma \Delta A x$
$V = 2\pi(A_1 x_1 + A_2 x_2)$
$V = 2\pi(79,70 + 88,35) \text{ cm}^3$
$V = 1056 \text{ cm}^3 = 1,056 \cdot 10^{-3} \text{ m}^3$

b) $m = V\varrho = 1,056 \cdot 10^{-3} \text{ m}^3 \cdot 7,85 \cdot 10^3 \frac{\text{kg}}{\text{m}^3}$

$m = 8,289 \text{ kg}$

261.

a)

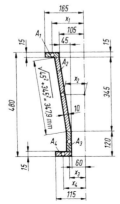

$A_1 = 9 \text{ cm}^2$
$x_1 = 13,5 \text{ cm}$
$A_2 = 34,79 \text{ cm}^2$

$x_2 = \frac{(6+10,5) \text{ cm}}{2} + 0,5 \text{ cm} = 8,75 \text{ cm}$

Im 2. Glied dieser Summe (0,5 cm) kann die geringfügig größere Breite des Horizontalabschnitts durch den kegeligen Teil (10,08 mm gegenüber 10 mm) vernachlässigt werden.

$A_3 = 10,5 \text{ cm}^2 \quad\quad x_3 = 6,5 \text{ cm}$
$A_4 = 8,25 \text{ cm}^2 \quad\quad x_4 = 8,75 \text{ cm}$

$V = V_1 + V_2 + V_3 + V_4 = 2\pi \Sigma \Delta A x$
$V = 2\pi(A_1 x_1 + A_2 x_2 + A_3 x_3 + A_4 x_4)$
$V = 2\pi(121,5 + 304,4 + 68,25 + 72,19) \text{ cm}^3$
$V = 3559 \text{ cm}^3$

b) $m = V\varrho = 3,559 \cdot 10^{-3} \text{ m}^3 \cdot 7,2 \cdot 10^3 \frac{\text{kg}}{\text{m}^3}$

$m = 25,62 \text{ kg}$

c)

$A_1 = 279 \text{ cm}^2$
$x_1 = 3 \text{ cm}$
$A_2 = 15,75 \text{ cm}^2$
$x_2 = 5,25 \text{ cm}$
$A_3 = 77,625 \text{ cm}^2$
$x_3 = 6 \text{ cm} + \frac{4,5 \text{ cm}}{3} = 7,5 \text{ cm}$

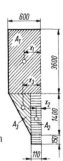

$V_{\text{Kern}} = V_1 + V_2 + V_3 = 2\pi \Sigma \Delta A x$
$V_{\text{Kern}} = 2\pi(A_1 x_1 + A_2 x_2 + A_3 x_3)$
$V_{\text{Kern}} = 2\pi(837 + 82,69 + 582,2) \text{ cm}^3$
$V_{\text{Kern}} = 9437 \text{ cm}^3$

262.

$A_1 = 2,16 \text{ m}^2$
$x_1 = 0,3 \text{ m}$
$A_2 = 0,1705 \text{ m}^2$
$x_2 = 0,055 \text{ m}$
$A_3 = 0,343 \text{ m}^2$
$x_3 = 0,11 \text{ m} + \frac{0,49 \text{ m}}{3} = 0,2733 \text{ m}$

$V = V_1 + V_2 + V_3 = 2\pi \Sigma \Delta A x$
$V = 2\pi(A_1 x_1 + A_2 x_2 + A_3 x_3)$
$V = 2\pi(0,648 + 0,009378 + 0,09375) \text{ m}^3$
$V = 4,719 \text{ m}^3$

263.

$A_1 = 0,56 \text{ m}^2$
$x_1 = 0,4 \text{ m}$
$A_2 = 0,315 \text{ m}^2$
$x_2 = 0,225 \text{ m}$
$A_3 = 0,135 \text{ m}^2$
$x_3 = 0,525 \text{ m}$
$A_4 = 0,225 \text{ m}^2$
$x_4 = 0,6 \text{ m} + \frac{0,5 \text{ m}}{3} = 0,7667 \text{ m}$
$A_5 = 0,0825 \text{ m}^2$
$x_5 = 0,8 \text{ m} + \frac{0,3 \text{ m}}{3} = 0,9 \text{ m}$

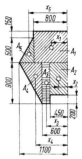

$V = V_1 + V_2 + V_3 + V_4 + V_5 = 2\pi \Sigma \Delta A x$

$V = 2\pi(A_1 x_1 + A_2 x_2 + A_3 x_3 + A_4 x_4 + A_5 x_5)$

$V = 2\pi(0{,}224 + 0{,}07088 + 0{,}07088 + 0{,}1725 +$
$\qquad + 0{,}07425)\ \text{m}^3$

$V = 3{,}848\ \text{m}^3$

264.

Die Teilflächen A_2, A_3 und A_4 sowie ihre Schwerpunktsabstände x_2, x_3 und x_4 sind gegenüber Aufgabe 263 unverändert und folglich auch ihre Flächenmomente $A_2 x_2$, $A_3 x_3$ und $A_4 x_4$.

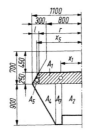

Nach dem 2. Strahlensatz ist:

$\dfrac{l}{300\ \text{mm}} = \dfrac{250\ \text{mm}}{550\ \text{mm}}$

$l = \dfrac{300\ \text{mm} \cdot 250\ \text{mm}}{550\ \text{mm}}$

$l = 136{,}36\ \text{mm}$

und damit

$r = 1100\ \text{mm} - 136{,}36\ \text{mm} = 963{,}64\ \text{mm} = 0{,}9636\ \text{m}$

$A_1 = 0{,}9636\ \text{m} \cdot 0{,}25\ \text{m} = 0{,}2409\ \text{m}^2$

$x_1 = \dfrac{r}{2} = 0{,}4818\ \text{m}$

$A_5 = \dfrac{0{,}13636\ \text{m} \cdot 0{,}25\ \text{m}}{2} = 0{,}017\ \text{m}^2$

$x_5 = r + \dfrac{l}{3} = 0{,}9636\ \text{m} + \dfrac{0{,}13636\ \text{m}}{3} = 1{,}009\ \text{m}$

$V = V_1 + V_2 + V_3 + V_4 + V_5 = 2\pi \Sigma \Delta A x$

$V = 2\pi(A_1 x_1 + A_2 x_2 + A_3 x_3 + A_4 x_4 + A_5 x_5)$

$V = 2\pi(0{,}1161 + 0{,}07088 + 0{,}07088 + 0{,}1725 +$
$\qquad + 0{,}0172)\ \text{m}^3$

$V = 2{,}812\ \text{m}^3 = 2812\ \text{Liter}$

Standsicherheit

265.

$S = \dfrac{M_s}{M_k} = \dfrac{F_G\, l_2}{F_1\, l_3}$

$S = \dfrac{7{,}5\ \text{kN} \cdot 1{,}02\ \text{m}}{10\ \text{kN} \cdot 0{,}6\ \text{m}} = 1{,}275$

266.

$S = \dfrac{M_s}{M_k} = \dfrac{F_G\, \dfrac{d}{2}}{F_w\, h} = \dfrac{2 \cdot 10^6\ \text{N} \cdot 2\ \text{m}}{0{,}16 \cdot 10^6\ \text{N} \cdot 18\ \text{m}} = 1{,}389$

267.

Beim Ankippen ist die Standsicherheit $S = 1$.
Kippkante ist die Vorderachse.

$S = \dfrac{M_s}{M_k} = \dfrac{F_G\,(l_2 - l_1)}{F_{\max}\, l_3} = 1$

$F_{\max} = F_G\, \dfrac{l_2 - l_1}{l_3} = 12\ \text{kN} \cdot \dfrac{1{,}01\ \text{m}}{1{,}8\ \text{m}} = 6{,}733\ \text{kN}$

268.

a)

Beim Ankippen ist die Standsicherheit $S = 1$.
Kippend wirkt die Komponente $F \cos \alpha$ mit dem Wirkabstand h.

$S = \dfrac{M_s}{M_k} = \dfrac{F_G\, \dfrac{l}{2}}{F \cos\alpha \cdot h} = 1$

$F = \dfrac{F_G\, l}{2 h \cos\alpha} = \dfrac{16\ \text{kN} \cdot 0{,}5\ \text{m}}{2 \cdot 2\ \text{m} \cdot \cos 30°} = 2{,}309\ \text{kN}$

b)

Die Mauer beginnt von selbst zu kippen, sobald der Schwerpunkt lotrecht über der Kippkante K liegt. Die Kipparbeit ist das Produkt aus der Gewichtskraft F_G und der Höhendifferenz Δh (Hubarbeit).

Berechnung der Höhendifferenz Δh:

$l_1 = \sqrt{\left(\dfrac{l}{2}\right)^2 + \left(\dfrac{h}{2}\right)^2} = \sqrt{(0{,}25\ \text{m})^2 + (1\ \text{m})^2}$

$l_1 = 1{,}03078\ \text{m}$

$\Delta h = l_1 - \dfrac{h}{2} = 0{,}03078\ \text{m}$

$W = F_G\, \Delta h = 16 \cdot 10^3\ \text{N} \cdot 30{,}78 \cdot 10^{-3}\ \text{m} = 492{,}4\ \text{J}$

2 Schwerpunktslehre

269.
Beim Ankippen ist die Standsicherheit $S = 1$.

$$S = \frac{M_s}{M_k} = \frac{F_G \cdot 675\text{ mm}}{F \cdot 540\text{ mm}} = 1$$

$$F = F_G \cdot \frac{675\text{ mm}}{540\text{ mm}} = 12{,}8\text{ kN} \cdot 1{,}25 = 16\text{ kN}$$

270.
a) $S = \dfrac{M_s}{M_k} = \dfrac{F_G \cdot 250\text{ mm}}{F \cdot 1100\text{ mm}} = 1$

$F = F_G \cdot \dfrac{250\text{ mm}}{1100\text{ mm}} = 0{,}4545\text{ kN}$

$S = \dfrac{F_G \cdot 400\text{ mm}}{F \cdot 1100\text{ mm}} = 1$

$F = F_G \cdot \dfrac{400\text{ mm}}{1100\text{ mm}} = 0{,}7273\text{ kN}$

b) $S = \dfrac{F_G \cdot 250\text{ mm}}{F \cdot 800\text{ mm}} = 1$

$F = F_G \cdot \dfrac{250\text{ mm}}{800\text{ mm}} = 0{,}625\text{ kN}$

$S = \dfrac{F_G \cdot 550\text{ mm}}{F \cdot 800\text{ mm}} = 1$

$F = F_G \cdot \dfrac{550\text{ mm}}{800\text{ mm}} = 1{,}375\text{ kN}$

c) $S = \dfrac{F_G \cdot 400\text{ mm}}{F \cdot 500\text{ mm}} = 1$

$F = F_G \cdot \dfrac{400\text{ mm}}{500\text{ mm}} = 1{,}6\text{ kN}$

$S = \dfrac{F_G \cdot 550\text{ mm}}{F \cdot 500\text{ mm}} = 1$

$F = F_G \cdot \dfrac{550\text{ mm}}{500\text{ mm}} = 2{,}2\text{ kN}$

271.
a)

$V = 2\pi \sum A_n x_n$

$A_1 x_1 = 1{,}08 \cdot 10^{-2}\text{ m}^2 \cdot 3 \cdot 10^{-1}\text{ m} = 3{,}24 \cdot 10^{-3}\text{ m}^3$

$A_2 x_2 = 0{,}555 \cdot 10^{-2}\text{ m}^2 \cdot 1{,}625 \cdot 10^{-1}\text{ m}$

$A_2 x_2 = 0{,}9019 \cdot 10^{-3}\text{ m}^3$

$A_3 x_3 = 0{,}42 \cdot 10^{-2}\text{ m}^2 \cdot 0{,}525 \cdot 10^{-1}\text{ m}$

$A_3 x_3 = 0{,}2205 \cdot 10^{-3}\text{ m}^3$

$V = 2\pi (3{,}24 + 0{,}9019 + 0{,}2205) \cdot 10^{-3}\text{ m}^3$

$V = 27{,}41 \cdot 10^{-3}\text{ m}^3$

b) $m = V\varrho = 27{,}41 \cdot 10^{-3}\text{ m}^3 \cdot 7{,}2 \cdot 10^3 \dfrac{\text{kg}}{\text{m}^3} = 197{,}35\text{ kg}$

c) $\alpha = \arctan \dfrac{h}{d} = \arctan \dfrac{120\text{ mm}}{70\text{ mm}}$

$\alpha = 59{,}74°$

$l = l_s \cdot \sin\alpha = 1{,}5\text{ m} \cdot \sin 59{,}74°$

$l = 1{,}296\text{ m}$

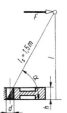

d) Kippkante ist die rechte untere Kante des Radkranzes; Standsicherheit $S = 1$.

$$S = \frac{M_s}{M_k} = \frac{F_G \dfrac{D}{2}}{F\,l} = 1$$

$F = F_G \cdot \dfrac{D}{2l} = mg\dfrac{D}{2l}$

$F = 197{,}35\text{ kg} \cdot 9{,}81\,\dfrac{\text{m}}{\text{s}^2} \cdot \dfrac{0{,}69\text{ m}}{2 \cdot 1{,}296\text{ m}}$

$F = 515{,}5\text{ N}$

e) siehe Lösung 268 b)

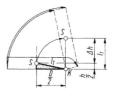

$l_1 = \sqrt{\left(\dfrac{h}{2}\right)^2 + \left(\dfrac{D}{2}\right)^2} = \sqrt{(6\text{ cm})^2 + (34{,}5\text{ cm})^2}$

$l_1 = 35{,}02\text{ cm}$

$\Delta h = l_1 - \dfrac{h}{2} = 35{,}02\text{ cm} - 6\text{ cm} = 29{,}02\text{ cm}$

$W = F_G\,\Delta h = mg\,\Delta h$

$W = 197{,}35\text{ kg} \cdot 9{,}81\,\dfrac{\text{m}}{\text{s}^2} \cdot 0{,}2902\text{ m}$

$W = 561{,}8\text{ J}$

f) Die Kippkraft wird kleiner, weil die Stange in Wirklichkeit steiler steht und dadurch der Wirkabstand l größer ist.

272.
a)

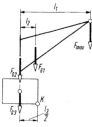

$$S = \frac{M_s}{M_k} = \frac{F_{G1}\left(\frac{l_3}{2} - l_2\right) + F_{G2}\frac{l_3}{2} + F_{G3}\frac{l_3}{2}}{F_{max}\left(l_1 - \frac{l_3}{2}\right)}$$

$$F_{G3} = \frac{SF_{max}\left(l_1 - \frac{l_3}{2}\right) - F_{G1}\left(\frac{l_3}{2} - l_2\right) - F_{G2}\frac{l_3}{2}}{\frac{l_3}{2}}$$

$$F_{G3} = \frac{2 \cdot 30 \text{ kN} \cdot 4{,}6 \text{ m} - 22 \text{ kN} \cdot 0{,}1 \text{ m} - 9 \text{ kN} \cdot 1{,}4 \text{ m}}{1{,}4 \text{ m}}$$

$$F_{G3} = 186{,}6 \text{ kN}$$

b) $F_{G3} = m g = V \varrho g$
(m Masse; V Volumen des Fundamentklotzes)

$$F_{G3} = l_3^2 h \varrho g$$

$$h = \frac{F_{G3}}{l_3^2 \varrho g} = \frac{186{,}6 \cdot 10^3 \text{ N}}{2{,}8^2 \text{ m}^2 \cdot 2{,}2 \cdot 10^3 \frac{\text{kg}}{\text{m}^3} \cdot 9{,}81 \frac{\text{m}}{\text{s}^2}}$$

$$h = 1{,}103 \text{ m}$$

273.
Kippkante ist die Hinterachse.

$$S = \frac{M_s}{M_k} = \frac{F_{G1}(l_4 - l_1)}{F_{G2} l_2 + F l_3}$$

$$F_{G2} l_2 + F l_3 = \frac{F_{G1}(l_4 - l_1)}{S}$$

$$F = \frac{F_{G1}(l_4 - l_1) - S F_{G2} l_2}{S l_3}$$

$$F = \frac{18 \text{ kN} \cdot 0{,}84 \text{ m} - 1{,}3 \cdot 4{,}2 \text{ kN} \cdot 1{,}39 \text{ m}}{1{,}3 \cdot 2{,}3 \text{ m}} = 2{,}519 \text{ kN}$$

274.
Kippkante ist die vordere (rechte) Radachse.

$$S = \frac{M_s}{M_k} = \frac{F_G(l_3 - l_2) + F_2 l_3}{F_1(l_1 - l_3)}$$

$$S F_1 l_1 - S F_1 l_3 = F_G l_3 - F_G l_2 + F_2 l_3$$

$$(F_G + F_2 + S F_1) l_3 = S F_1 l_1 + F_G l_2$$

$$l_3 = \frac{S F_1 l_1 + F_G l_2}{F_G + F_2 + S F_1}$$

$$l_3 = \frac{1{,}3 \cdot 16 \text{ kN} \cdot 2{,}5 \text{ m} + 7{,}5 \text{ kN} \cdot 0{,}9 \text{ m}}{7{,}5 \text{ kN} + 5 \text{ kN} + 1{,}3 \cdot 16 \text{ kN}} = 1{,}764 \text{ m}$$

275.
a) Kippkante ist die rechte Achse.

$$S = \frac{M_s}{M_k} = \frac{F_{G1}(l_4 - l_1) + F_{G3}(l_3 + l_4)}{F_{G2}(l_2 - l_4)}$$

$$S F_{G2} l_2 - S F_{G2} l_4 = F_{G1} l_4 - F_{G1} l_1 + F_{G3} l_3 + F_{G3} l_4$$

$$(F_{G1} + F_{G3} + S F_{G2}) l_4 = F_{G1} l_1 - F_{G3} l_3 + S F_{G2} l_2$$

$$l_4 = \frac{F_{G1} l_1 - F_{G3} l_3 + S F_{G2} l_2}{F_{G1} + F_{G3} + S F_{G2}}$$

$$l_4 = \frac{95 \text{ kN} \cdot 0{,}35 \text{ m} - 85 \text{ kN} \cdot 2{,}2 \text{ m} + 1{,}5 \cdot 50 \text{ kN} \cdot 6 \text{ m}}{95 \text{ kN} + 85 \text{ kN} + 1{,}5 \cdot 50 \text{ kN}}$$

$$l_4 = 1{,}162 \text{ m}$$

Radstand $2\, l_4 = 2{,}324$ m

b) Kippkante ist die linke Achse.

$$S = \frac{M_s}{M_k} = \frac{F_{G1}(l_1 + l_4)}{F_{G3}(l_3 - l_4)} = \frac{95 \text{ kN} \cdot 1{,}512 \text{ m}}{85 \text{ kN} \cdot 1{,}038 \text{ m}} = 1{,}628$$

c) und d)
Lageskizze

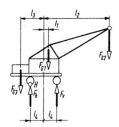

belasteter Kran:

II. $\Sigma F_y = 0 = F_h + F_v - F_{G1} - F_{G2} - F_{G3}$

III. $\Sigma M_{(H)} = 0 = F_{G3}(l_3 - l_4) + F_v \cdot 2 l_4 - F_{G1}(l_4 + l_1) - F_{G2}(l_4 + l_2)$

III. $F_v = \dfrac{F_{G1}(l_4 + l_1) + F_{G2}(l_4 + l_2) - F_{G3}(l_3 - l_4)}{2 l_4}$

$$F_v = \frac{95 \text{ kN} \cdot 1{,}512 \text{ m} + 50 \text{ kN} \cdot 7{,}162 \text{ m}}{2{,}324 \text{ m}} - \frac{85 \text{ kN} \cdot 1{,}038 \text{ m}}{2{,}324 \text{ m}}$$

$F_v = 177{,}93$ kN

II. $F_h = F_{G1} + F_{G2} + F_{G3} - F_v$
$F_h = 95 \text{ kN} + 50 \text{ kN} + 85 \text{ kN} - 177{,}93 \text{ kN}$
$F_h = 52{,}07 \text{ kN}$

unbelasteter Kran:

II. $\Sigma F_y = 0 = F_h + F_v - F_{G1} - F_{G3}$

III. $\Sigma M_{(H)} = 0 = F_{G3}(l_3 - l_4) + F_v \cdot 2l_4 - F_{G1}(l_4 + l_1)$

III. $F_v = \dfrac{F_{G1}(l_4 + l_1) - F_{G3}(l_3 - l_4)}{2l_4}$

$F_v = \dfrac{95\text{ kN} \cdot 1{,}512\text{ m} - 85\text{ kN} \cdot 1{,}038\text{ m}}{2{,}324\text{ m}} = 23{,}84\text{ kN}$

II. $F_h = F_{G1} + F_{G3} - F_v$

$F_h = 95\text{ kN} + 85\text{ kN} - 23{,}84\text{ kN} = 156{,}16\text{ kN}$

276.

Kippkante K ist die Radachse.

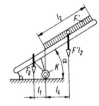

Lösungshinweis: Die Standsicherheit ist dann am kleinsten, wenn bei Betriebsende nur noch das freie Bandende rechts von der Kippkante K voll belastet ist.

$S = \dfrac{M_s}{M_k} = \dfrac{F_G l_1}{F' l_2 l_4} = \dfrac{2 F_G l_1}{F' l_2 \cdot l_2 \cos\alpha} = \dfrac{2 F_G l_1}{F' l_2^2 \cos\alpha}$

$F' = \dfrac{2 F_G l_1}{S l_2^2 \cos\alpha} = \dfrac{2 \cdot 3{,}5\text{ kN} \cdot 1{,}2\text{ m}}{1{,}8 \cdot 5{,}6^2\text{ m}^2 \cdot \cos 30°}$

$F' = 0{,}1718\ \dfrac{\text{kN}}{\text{m}} = 171{,}8\ \dfrac{\text{N}}{\text{m}}$

277.

a) Der Schlepper kippt, wenn die Standsicherheit $S = 1$ ist.

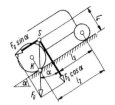

$S = \dfrac{M_s}{M_k} = \dfrac{F_G \cos\alpha (l_2 - l_3)}{F_G \sin\alpha \cdot l_4}$

$\dfrac{\sin\alpha}{\cos\alpha} = \tan\alpha = \dfrac{l_2 - l_3}{l_4}$

$\alpha = \arctan \dfrac{0{,}76\text{ m}}{0{,}71\text{ m}} = 46{,}95°$

b) $S = \dfrac{F_G \cos\alpha (l_2 - l_3)}{F_G \sin\alpha \cdot l_4}$

$\dfrac{\sin\alpha}{\cos\alpha} = \tan\alpha = \dfrac{l_2 - l_3}{S \cdot l_4}$

$\alpha = \arctan \dfrac{0{,}76\text{ m}}{2 \cdot 0{,}71\text{ m}} = 28{,}16°$

c) Die Gewichtskraft kürzt sich aus der Bestimmungsgleichung für den Winkel α heraus. Sie hat also keinen Einfluss.

278.

a) $S = \dfrac{M_s}{M_k} = \dfrac{F_G \cos\alpha \cdot l_5}{F_G \sin\alpha \cdot l_4}$

$S = \dfrac{l_5}{l_4 \tan\alpha} = \dfrac{0{,}625\text{ m}}{0{,}71\text{ m} \cdot \tan 18°}$

$S = 2{,}709$

b) Er kippt, wenn $S = 1$ ist.

$S = \dfrac{l_5}{l_4 \tan\alpha} = 1$

$\alpha = \arctan \dfrac{l_5}{l_4} = \arctan \dfrac{0{,}625\text{ m}}{0{,}71\text{ m}} = 41{,}36°$

279.

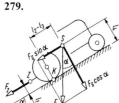

a) $S = \dfrac{M_s}{M_k} = \dfrac{F_G \cos\alpha (l_2 - l_3)}{F_G \sin\alpha \cdot l_4 + F_Z l_1} = 1$

$$\cos\alpha(l_2 - l_3) = \sin\alpha \cdot l_4 + \dfrac{F_Z}{F_G} l_1$$

$$(l_2 - l_3)\sqrt{1 - \sin^2\alpha} = l_4 \sin\alpha + \dfrac{F_Z}{F_G} l_1$$

$$(l_2 - l_3)^2 (1 - \sin^2\alpha) = l_4^2 \sin^2\alpha + 2\dfrac{F_Z}{F_G} l_1 l_4 \sin\alpha + \left(\dfrac{F_Z}{F_G} l_1\right)^2$$

$$(l_2 - l_3)^2 - (l_2 - l_3)^2 \sin^2\alpha = l_4^2 \sin^2\alpha + 2\dfrac{F_Z}{F_G} l_1 l_4 \sin\alpha + \left(\dfrac{F_Z}{F_G} l_1\right)^2$$

$$\left[l_4^2 + (l_2 - l_3)^2\right]\sin^2\alpha + 2\dfrac{F_Z}{F_G} l_1 l_4 \sin\alpha + \left(\dfrac{F_Z}{F_G} l_1\right)^2 - (l_2 - l_3)^2 = 0$$

$$\sin^2\alpha + 2 \cdot \dfrac{F_Z l_1 l_4}{F_G \left[l_4^2 + (l_2 - l_3)^2\right]} \sin\alpha + \dfrac{\left(\dfrac{F_Z}{F_G} l_1\right)^2 - (l_2 - l_3)^2}{l_4^2 + (l_2 - l_3)^2} = 0$$

$$\sin\alpha_{1,2} = -\dfrac{F_Z l_1 l_4}{F_G \left[l_4^2 + (l_2 - l_3)^2\right]} \pm \sqrt{\left(\dfrac{F_Z l_1 l_4}{F_G \left[l_4^2 + (l_2 - l_3)^2\right]}\right)^2 - \dfrac{\left(\dfrac{F_Z}{F_G} l_1\right)^2 - (l_2 - l_3)^2}{l_4^2 + (l_2 - l_3)^2}}$$

$$\sin\alpha_{1,2} = -\dfrac{8\,\text{kN} \cdot 0{,}4\,\text{m} \cdot 0{,}71\,\text{m}}{14\,\text{kN}(0{,}71^2 + 0{,}76^2)\,\text{m}^2} \pm \sqrt{\left(\dfrac{8\,\text{kN} \cdot 0{,}4\,\text{m} \cdot 0{,}71\,\text{m}}{14\,\text{kN}(0{,}71^2 + 0{,}76^2)\,\text{m}^2}\right)^2 - \dfrac{\left(\dfrac{8\,\text{kN}}{14\,\text{kN}} \cdot 0{,}4\,\text{m}\right)^2 - (0{,}76\,\text{m})^2}{(0{,}71\,\text{m})^2 + (0{,}76\,\text{m})^2}}$$

$\sin\alpha_{1,2} = -0{,}15003 \pm \sqrt{0{,}02251 + 0{,}48568} = -0{,}15003 \pm 0{,}71287$

$\alpha_1 = \arcsin 0{,}56284 = 34{,}25°$

$\alpha_2 = \arcsin(-0{,}8629) = -59{,}64°$

$\alpha_2 = -59{,}64°$ bedeutet, dass die Böschung nicht nach rechts oben, sondern nach rechts unten geneigt sein müsste. Diese Lösung erfüllt aber nicht die Bedingungen der Aufgabenstellung.

b) Ja, die Gewichtskraft des Schleppers beeinflusst nun die Größe des Kippwinkels: je größer die Gewichtskraft F_G ist, desto größer darf der Böschungswinkel sein, ehe der Schlepper kippt.

3 Reibung

Gleitreibung und Haftreibung

Reibungswinkel und Reibungszahl

301.

Hinweis: Normalkraft F_N = Gewichtskraft F_G und Reibungskraft F_R ($F_{R0\,max}$) = Zugkraft F.

$$\mu_0 = \frac{F_{R0\,max}}{F_N} = \frac{F}{F_G} = \frac{34\ \text{N}}{180\ \text{N}} = 0{,}189$$

$$\mu = \frac{F_R}{F_N} = \frac{32\ \text{N}}{180\ \text{N}} = 0{,}178$$

302.

Siehe Lösung 301.

$$\mu_0 = \frac{F_{R0\,max}}{F_N} = \frac{250\ \text{N}}{500\ \text{N}} = 0{,}5$$

$$\mu = \frac{F_R}{F_N} = \frac{150\ \text{N}}{500\ \text{N}} = 0{,}3$$

303.

Hinweis: Neigungswinkel α = Reibungswinkel ρ (ρ_0).

$\mu_0 = \tan \rho_0 = \tan \alpha_0 = \tan 19° = 0{,}344$

$\mu = \tan \rho = \tan \alpha = \tan 13° = 0{,}231$

304.

a) $\mu = \tan \alpha = \tan 25° = 0{,}466$

b) Die ermittelte Größe ist die Gleitreibungszahl μ.

305.

$\tan \alpha = \tan \rho = \mu = 0{,}4$

$\alpha = \arctan \mu = \arctan 0{,}4 = 21{,}8°$

306.

$\tan \alpha = \tan \varrho_0 = \mu_0 = 0{,}51$

$\alpha = \arctan \mu_0 = \arctan 0{,}51 = 27°$

307.

Die gesuchten Haftreibungszahlen μ_0 sind die Tangensfunktionen der gegebenen Winkel.

308.

Die gegebenen Gleitreibungszahlen μ sind die Tangensfunktionen der gesuchten Winkel.

Reibung bei geradliniger Bewegung und bei Drehbewegung – der Reibungskegel

309.

a) I. $\Sigma F_x = 0 = F \cos \alpha - F_R$

II. $\Sigma F_y = 0 = F_N + F \sin \alpha - F_G$

$F_N = F_G - F \sin \alpha$

I. $F \cos \alpha - (F_G - F \sin \alpha)\mu = 0$

$F \cos \alpha + F \sin \alpha \mu - F_G \mu = 0$

$$F = F_G \frac{\mu}{\cos \alpha + \mu \sin \alpha}$$

b) $F = 1000\ \text{N}\ \dfrac{0{,}15}{\cos 30° + 0{,}15 \cdot \sin 30°} = 159{,}4\ \text{N}$

310.

a) $F = F_{R0\,max} = F_N \mu_0 = F_G \mu_0 = 1\ \text{kN} \cdot 0{,}3 = 300\ \text{N}$

b) $F_1 = F_R = F_N \mu = F_G \mu_0 = 1\ \text{kN} \cdot 0{,}26 = 260\ \text{N}$

c) $S = \dfrac{M_s}{M_k} = \dfrac{F_G\, l}{2 F h} = 1$

$h = \dfrac{F_G\, l}{2 F} = \dfrac{1\ \text{kN} \cdot 1\ \text{m}}{2 \cdot 0{,}3\ \text{kN}} = 1{,}667\ \text{m}$

d) $h_1 = \dfrac{F_G\, l}{2 F_1} = \dfrac{1\ \text{kN} \cdot 1\ \text{m}}{2 \cdot 0{,}26\ \text{kN}} = 1{,}923\ \text{m}$

e) $W = F_R\, s = 260\ \text{N} \cdot 4{,}2\ \text{m} = 1092\ \text{J}$

311.

Verschiebekraft = Summe beider Reibungskräfte

$F = F_{RA} + F_{RB} = F_{NA}\mu + F_{NB}\mu = \mu(F_{NA} + F_{NB})$

$F_{NA} + F_{NB} = F_G$

$F = \mu F_G = 0{,}11 \cdot 1650\ \text{N} = 181{,}5\ \text{N}$

312.

Die maximale Bremskraft $F_{b\,max}$ ist gleich der Summe der Reibungskräfte zwischen den Rädern und der Fahrbahn.

a) $F_{b\,max} = (F_v + F_h)\mu_0 = 80\ \text{kN} \cdot 0{,}5 = 40\ \text{kN}$

b) $F_{b\,max} = (F_v + F_h)\mu = 80\ \text{kN} \cdot 0{,}41 = 32{,}8\ \text{kN}$

c) $F_{b\,max} = F_h \mu_0 = 24\ \text{kN}$

d) $F_{b\,max} = F_h \mu = 19{,}68\ \text{kN}$

313.
Die Zugkraft F_{max} kann nicht größer sein als die Summe der Reibungskräfte, die an den Treibrädern abgestützt werden können.

a) $F_{max\,a} = 3 F_N \mu_0 = 3 \cdot 160 \text{ kN} \cdot 0{,}15 = 72 \text{ kN}$

b) $F_{max\,b} = 3 F_N \mu = 3 \cdot 160 \text{ kN} \cdot 0{,}12 = 57{,}6 \text{ kN}$

c) $M_a = \dfrac{F_{max\,a}}{3} \cdot \dfrac{d}{2} = \dfrac{72 \cdot 10^3 \text{ N} \cdot 1{,}5 \text{ m}}{6} = 18000 \text{ Nm}$

$M_b = \dfrac{F_{max\,b}}{3} \cdot \dfrac{d}{2} = \dfrac{57{,}6 \cdot 10^3 \text{ N} \cdot 1{,}5 \text{ m}}{6} = 14400 \text{ Nm}$

314.
a) $F_{NA} = F \sin \alpha$ Lageskizze

$F_{NA} = 4{,}1 \text{ kN} \cdot \sin 12° = 852{,}4 \text{ N}$

$F_{NB} = F \cos \alpha$

$F_{NB} = 4{,}1 \text{ kN} \cdot \cos 12° = 4010 \text{ N}$

b) $F_{NA} = F \sin 47° = 4{,}1 \text{ kN} \cdot \sin 47°$ Lageskizze

$F_{NA} = 2999 \text{ N}$

$F_{NB} = F \sin 43° = 4{,}1 \text{ kN} \cdot \sin 43°$

$F_{NB} = 2796 \text{ N}$

c) $F_{RA} = F_{NA} \mu = 852{,}4 \text{ N} \cdot 0{,}12 = 102{,}3 \text{ N}$

$F_{RB} = F_{NB} \mu = 4010 \text{ N} \cdot 0{,}12 = 481{,}2 \text{ N}$

d) $F_{RA} = F_{NA} \mu = 2999 \text{ N} \cdot 0{,}12 = 359{,}9 \text{ N}$

$F_{RB} = F_{NB} \mu = 2796 \text{ N} \cdot 0{,}12 = 335{,}5 \text{ N}$

e) $F_{vI} = F_{RA} + F_{RB} = 102{,}3 \text{ N} + 481{,}2 \text{ N} = 583{,}5 \text{ N}$

$F_{vII} = F_{RA} + F_{RB} = 359{,}9 \text{ N} + 335{,}5 \text{ N} = 695{,}4 \text{ N}$

315.
$F = F_R = 8 F_N \mu = 8 \cdot 100 \text{ N} \cdot 0{,}06 = 48 \text{ N}$

316.
a) $F = p A = 10^6 \dfrac{\text{N}}{\text{m}^2} \cdot 0{,}12566 \text{ m}^2 = 125{,}66 \text{ kN}$

b) I. $\Sigma F_x = 0 = F_N - F_p \sin \alpha$ Lageskizze

II. $\Sigma F_y = 0 = F_N \mu + F_p \cos \alpha - F$

I. $F_p = \dfrac{F_N}{\sin \alpha}$ in II. eingesetzt:

II. $F_N \mu + F_N \dfrac{\cos \alpha}{\sin \alpha} - F = 0$

$F_N = \dfrac{F}{\mu + \dfrac{\cos \alpha}{\sin \alpha}} = \dfrac{125{,}66 \text{ kN}}{0{,}1 + \dfrac{\cos 12°}{\sin 12°}} = 26{,}154 \text{ kN}$

c) $F_R = F_N \mu = 26{,}154 \text{ kN} \cdot 0{,}1 = 2{,}615 \text{ kN}$

d) I. $F_p = \dfrac{F_N}{\sin \alpha} = \dfrac{26{,}154 \text{ kN}}{\sin 12°} = 125{,}8 \text{ kN}$

317.
a) I. $\Sigma F_x = 0 = F \cos \alpha - F_N \mu_0$ Lageskizze

II. $\Sigma F_y = 0 = F_N - F \sin \alpha - F_G$

II. $F_N = F \sin \alpha + F_G$

in I. eingesetzt:

I. $F \cos \alpha - F \mu_0 \sin \alpha - F_G \mu_0 = 0$

$F = \dfrac{F_G \mu_0}{\cos \alpha - \mu_0 \sin \alpha} = \dfrac{80 \text{ N} \cdot 0{,}35}{\cos 30° + 0{,}35 \cdot \sin 30°}$

$F = 26{,}9 \text{ N}$

b) I. $\Sigma F_x = 0 = F \cos \alpha - F_N \mu_0$ Lageskizze

II. $\Sigma F_y = 0 = F_N + F \sin \alpha - F_G$

II. $F_N = F_G - F \sin \alpha$

in I. eingesetzt:

I. $F \cos \alpha - F_G \mu_0 + F \mu_0 \sin \alpha = 0$

$F = \dfrac{F_G \mu_0}{\cos \alpha + \mu_0 \sin \alpha} = \dfrac{80 \text{ N} \cdot 0{,}35}{\cos 30° + 0{,}35 \cdot \sin 30°}$

$F = 26{,}9 \text{ N}$

318.
a) $F_R = F_N \mu = (F_{G1} + F) \mu = (15 \text{ kN} + 22 \text{ kN}) \cdot 0{,}1$

$F_R = 3{,}7 \text{ kN}$

b) $F_v = F_R + F_s = 3{,}7 \text{ kN} + 18 \text{ kN} = 21{,}7 \text{ kN}$

c) $\dfrac{F_R}{F_v} \cdot 100\% = \dfrac{3{,}7 \text{ kN}}{21{,}7 \text{ kN}} \cdot 100\% = 17{,}05 \%$

d) $P = \dfrac{F_v v_a}{\eta} = \dfrac{21{,}7 \cdot 10^3 \text{ N} \cdot 50 \dfrac{\text{m}}{\text{s}}}{0{,}8 \cdot 60} = 22{,}6 \cdot 10^3 \text{ W}$

$P = 22{,}6 \text{ kW}$

e) Reibungskraft beim Rückhub $F_R = F_N \mu$

$F_R = (F_{G1} + F_{G2}) \mu = 31 \text{ kN} \cdot 0{,}1 = 3{,}1 \text{ kN}$

$P = \dfrac{F_R v_R}{\eta} = \dfrac{3{,}1 \cdot 10^3 \text{ N} \cdot 61 \dfrac{\text{m}}{\text{s}}}{0{,}8 \cdot 60} = 3{,}939 \text{ kW}$

319.

I. $\Sigma F_x = 0 = F_{N1} - F_{N2}\mu_0$ Lageskizze
II. $\Sigma F_y = 0 = F_{N2} + F_{N1}\mu_0 - F_G$
III. $\Sigma M_{(A)} = 0 = F_G \dfrac{l}{2} - F_{N1} l \tan\alpha - F_{N1}\mu_0 l$

I. $F_{N2} = \dfrac{F_{N1}}{\mu_0}$ in II. eingesetzt:

II. $\dfrac{F_{N1}}{\mu_0} + F_{N1}\mu_0 = F_G$

$F_{N1} = \dfrac{F_G \mu_0}{1+\mu_0^2}$ in III. eingesetzt:

III. $F_G \dfrac{l}{2} - \dfrac{F_G \mu_0 l \tan\alpha}{1+\mu_0^2} - \dfrac{F_G \mu_0^2 l}{1+\mu_0^2} = 0 \;\Big|: F_G l$

$\dfrac{1}{2} - \dfrac{\mu_0 \tan\alpha}{1+\mu_0^2} - \dfrac{\mu_0^2}{1+\mu_0^2} = 0$

$\dfrac{1 - 2\mu_0 \tan\alpha - \mu_0^2}{2(1+\mu_0^2)} = 0$

$1 - 2\mu_0 \tan\alpha - \mu_0^2 = 0$

$\tan\alpha = \dfrac{1-\mu_0^2}{2\mu_0}$

$\alpha = \arctan \dfrac{1-\mu_0^2}{2\mu_0} = \arctan \dfrac{1-0{,}19^2}{2\cdot 0{,}19}$

$\alpha = 68{,}48°$, d. h. $\alpha = 90° - 2\rho_0$

320.

a)   Lageskizze

I. $\Sigma F_x = 0 = F_{NA}\mu_0 - F_{NB}$
II. $\Sigma F_y = 0 = F_{NA} + F_{NB}\mu_0 - F_G$

III. $\Sigma M_{(A)} = 0 = F_{NB} h_1 + \dfrac{F_{NB}\mu_0 h_1}{\tan\alpha} - \dfrac{F_G h_2}{\tan\alpha}$

I. $F_{NA} = \dfrac{F_{NB}}{\mu_0}$ in II. eingesetzt:

II. $\dfrac{F_{NB}}{\mu_0} + F_{NB}\mu_0 = F_G$

$F_{NB} = \dfrac{F_G \mu_0}{1+\mu_0^2}$ in III. eingesetzt:

III. $\Sigma M_{(A)} = 0 = \dfrac{F_G \mu_0 h_1}{1+\mu_0^2} + \dfrac{F_G \mu_0^2 h_1}{(1+\mu_0^2)\tan\alpha} - \dfrac{F_G h_2}{\tan\alpha} \;\Big|: F_G$

$\dfrac{h_1 \mu_0 \tan\alpha + \mu_0^2 h_1}{(1+\mu_0^2)\tan\alpha} = \dfrac{h_2}{\tan\alpha}$

$h_1 \mu_0 (\tan\alpha + \mu_0) = h_2 (1+\mu_0^2)$

$h_2 = \dfrac{h_1 \mu_0 (\tan\alpha + \mu_0)}{(1+\mu_0^2)} = \dfrac{4\,\text{m}\cdot 0{,}28(\tan 65° + 0{,}28)}{(1+0{,}28^2)}$

$h_2 = 2{,}518\,\text{m}$

b) In der Bestimmungsgleichung für die Höhe h_2 erscheint die Gewichtskraft nicht. Sie hat also keinen Einfluss auf die Höhe.

c) $h_2 = h_1 \dfrac{\mu_0 (\mu_0 + \tan\alpha)}{1+\mu_0^2} = h_1$,

denn die Steighöhe h_2 soll die Anstellhöhe h_1 sein. Daraus folgt:

$\mu_0 (\mu_0 + \tan\alpha) = 1 + \mu_0^2$

$\mu_0 \tan\alpha = 1 + \mu_0^2 - \mu_0^2 = 1$

$\tan\alpha = \dfrac{1}{\mu_0}$

$\alpha = \arctan \dfrac{1}{\mu_0} = \arctan \dfrac{1}{0{,}28} = 74{,}36°$,

das heißt, der Anstellwinkel ist der Komplementwinkel des Haftreibungswinkels:

$\alpha = 90° - \rho_0 = 90° - 15{,}64° = 74{,}36°$

321.

a)   Lageskizze

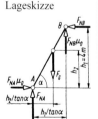

I. $\Sigma F_x = 0 = F_{N2} + F_{N1}\mu_1 - F\cos\alpha$
II. $\Sigma F_y = 0 = F_{N1} - F_{N2}\mu_2 - F\sin\alpha$

I. = II. $F_{N2} = F\cos\alpha - F_{N1}\mu_1 = \dfrac{F_{N1} - F\sin\alpha}{\mu_2}$

$F\mu_2 \cos\alpha - F_{N1}\mu_1 \mu_2 = F_{N1} - F\sin\alpha$

$F_{N1} = \dfrac{F(\sin\alpha + \mu_2 \cos\alpha)}{1+\mu_1 \mu_2}$

$F_{N1} = 200\,\text{N}\,\dfrac{\sin 15° + 0{,}6\cdot\cos 15°}{1+0{,}2\cdot 0{,}6} = 149{,}7\,\text{N}$

$F_{R1} = F_{N1}\mu_1 = 29{,}94\,\text{N}$

b) I. $F_{N2} = F\cos\alpha - F_{N1}\mu_1$
$F_{N2} = 200\text{ N} \cdot \cos 15° - 29,94\text{ N} = 163,2\text{ N}$
$F_{R2} = F_{N2}\mu_2 = 97,92\text{ N}$

c) $P = \dfrac{Mn}{9550} = \dfrac{F_{R2}\dfrac{d}{2}n}{9550} = \dfrac{97,92 \cdot 0,15 \cdot 1400}{9550}$ kW
$P = 2,153$ kW

322.

a) Lageskizze 1

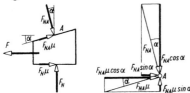

I. $\Sigma F_x = 0 = F_N\mu + F_{NA}\sin\alpha + F_{NA}\mu\cos\alpha - F$
II. $\Sigma F_y = 0 = F_N + F_{NA}\mu\sin\alpha - F_{NA}\cos\alpha$

I. = II. $F_{NA} = \dfrac{F - F_N\mu}{\sin\alpha + \mu\cos\alpha} = \dfrac{F_N}{\cos\alpha - \mu\sin\alpha}$

$F(\cos\alpha - \mu\sin\alpha) - F_N\mu(\cos\alpha - \mu\sin\alpha) =$
$= F_N(\sin\alpha + \mu\cos\alpha)$

$F_N = \dfrac{F(\cos\alpha - \mu\sin\alpha)}{\mu(\cos\alpha - \mu\sin\alpha) + (\sin\alpha + \mu\cos\alpha)}$

$F_N = \dfrac{F(\cos\alpha - \mu\sin\alpha)}{\mu(2\cos\alpha - \mu\sin\alpha) + \sin\alpha}$

$F_N = \dfrac{200\text{ N}(\cos 15° - 0,11 \cdot \sin 15°)}{0,11(2 \cdot \cos 15° - 0,11 \cdot \sin 15°) + \sin 15°}$

$F_N = 400,5$ N

$F_R = F_N\mu = 400,5\text{ N} \cdot 0,11 = 44,06$ N

b) II. $F_{NA} = \dfrac{F_N}{\cos\alpha - \mu\sin\alpha} = \dfrac{400,5\text{ N}}{\cos 15° - 0,11 \cdot \sin 15°}$

$F_{NA} = 427,2$ N
$F_{RA} = F_{NA}\mu = 427,2 \cdot 0,11 = 46,99$ N

c) Lageskizze 2

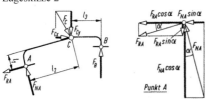

I. $\Sigma F_x = 0 = F_{Cx} - F_{NA}\sin\alpha - F_{RA}\cos\alpha$
II. $\Sigma F_y = 0 = F_B + F_{NA}\cos\alpha - F_{RA}\sin\alpha - F_{Cy}$
III. $\Sigma M_{(C)} = 0 = F_B l_3 - F_{NA} l_2 - F_{RA} l_1$

III. $F_B = \dfrac{F_{NA} l_2 + F_{RA} l_1}{l_3}$

$F_B = \dfrac{427,2\text{ N} \cdot 35\text{ mm} + 46,99\text{ N} \cdot 10\text{ mm}}{20\text{ mm}}$

$F_B = 771,1$ N

d) I. $F_{Cx} = F_{NA}\sin\alpha + F_{RA}\cos\alpha$
$F_{Cx} = 427,2\text{ N} \cdot \sin 15° + 46,99\text{ N} \cdot \cos 15°$
$F_{Cx} = 156$ N

II. $F_{Cy} = F_B + F_{NA}\cos\alpha - F_{RA}\sin\alpha$
$F_{Cy} = 771,1\text{ N} + 427,2\text{ N} \cdot \cos 15° - 46,99\text{ N} \cdot \sin 15°$
$F_{Cy} = 1171,6$ N

$F_C = \sqrt{F_{Cx}^2 + F_{Cy}^2} = \sqrt{(156^2 + 1171,6^2)\text{ N}^2} = 1181,9$ N

323.

a) Lageskizze 1
(freigemachte Hülse)

Aus der Gleichgewichtsbedingung $\Sigma M_{(0)}$ ergibt sich, dass $F_{RA} = F_{RC}$ ist.

$\Sigma F_x = 0 = F - F_{RA} - F_{RC} = F - 2F_{RA}$

$F_{RA} = \dfrac{F}{2} = 8,75$ N

b) $F_{NA} = \dfrac{F_{RA}}{\mu_0} = \dfrac{8,75\text{ N}}{0,22} = 39,77$ N

c) Lageskizze 2 (freigemachter Klemmhebel)

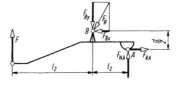

I. $\Sigma F_x = 0 = F_{RA} - F_{Bx}$
II. $\Sigma F_y = 0 = F + F_{NA} - F_{By}$
III. $\Sigma M_{(B)} = 0 = F_{NA} l_3 + F_{RA}\dfrac{d}{2} - F l_2$

III. $F = \dfrac{F_{NA} l_3 + F_{RA}\dfrac{d}{2}}{l_2}$

$F = \dfrac{39,77\text{ N} \cdot 12\text{ mm} + 8,75\text{ N} \cdot 6\text{ mm}}{28\text{ mm}}$

$F = 18,92$ N

Das Ergebnis ist positiv, also ist der angenommene Richtungssinn richtig. Folglich muss eine Zugfeder eingebaut werden.

d) I. $F_{Bx} = F_{RA} = 8{,}75$ N
II. $F_{By} = F + F_{NA} = 18{,}92$ N $+ 39{,}77$ N $= 58{,}69$ N
$F_B = \sqrt{F_{Bx}^2 + F_{By}^2} = \sqrt{(8{,}75^2 + 58{,}69^2)}$ N²
$F_B = 59{,}34$ N

324.

a) $\mu = 0{,}25$, weil der Berechnung die *kleinste* zu erwartende Reibungskraft zugrunde zu legen ist.

b) Lageskizze 1
(freigemachter Kettenring) Krafteckskizze

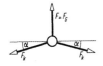
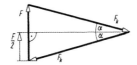

$\sin\alpha = \dfrac{F}{2F_k} = \dfrac{F_G}{2F_k}$

$F_k = \dfrac{F_G}{2\sin\alpha} = \dfrac{12 \text{ kN}}{2\sin 15°} = 23{,}182$ kN

c) Lageskizze 2
(freigemachter Zangenarm)

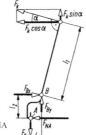

I. $\Sigma F_x = 0 = F_{Bx} - F_k \cos\alpha - F_{NA}$
II. $\Sigma F_y = 0 = F_k \sin\alpha + F_{By} - F_R$
III. $\Sigma M_{(B)} = 0 = F_k l_1 + F_R \dfrac{l_3}{2} - F_{NA} l_2$

III. $F_{NA} = \dfrac{F_k l_1 + F_R \dfrac{l_3}{2}}{l_2}$

Lageskizze 3
(freigemachter Block)

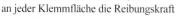

Wichtiger Lösungshinweis: Um den Block zwischen den beiden Klemmflächen A festzuhalten, ist an jeder Klemmfläche die Reibungskraft

$F_R = \dfrac{F_G}{2}$

erforderlich. Wenn die Zange den Block mit Sicherheit festhalten soll, muss diese Reibungskraft F_R kleiner sein als die größtmögliche Haftreibungskraft
$F_{R0\,max} = F_{NA}\,\mu_0$.

Setzt man für $F_k = \dfrac{F_G}{2\sin\alpha}$ (siehe Lösung b)),
dann wird

$F_{NA} = \dfrac{\dfrac{F_G l_1}{2\sin\alpha} + \dfrac{F_G}{2} \cdot \dfrac{l_3}{2}}{l_2} = \dfrac{F_G}{2} \cdot \dfrac{\dfrac{l_1}{\sin\alpha} + \dfrac{l_3}{2}}{l_2}$

$F_{NA} = F_G \dfrac{l_1 + \dfrac{l_3}{2}\sin\alpha}{2 l_2 \sin\alpha}$

$F_{NA} = 12 \text{ kN} \cdot \dfrac{1 \text{ m} + 0{,}15 \text{ m}\cdot\sin 15°}{2 \cdot 0{,}3 \text{ m}\cdot\sin 15°} = 80{,}274$ kN

d) $F_{R0\,max} = F_{NA}\,\mu_0 = 80{,}274$ kN $\cdot 0{,}25 = 20{,}069$ kN

e) Die Tragsicherheit ist das Verhältnis zwischen der größten Haftreibungskraft $F_{R0\,max}$, die an den Klemmflächen wirken kann, und der wirklich erforderlichen Reibungskraft F_R:

$S = \dfrac{F_{R0\,max}}{F_R} = \dfrac{F_{NA}\,\mu_0}{\dfrac{F_G}{2}} = \dfrac{\dfrac{F_G}{2}\cdot\dfrac{l_1 + \dfrac{l_3}{2}\sin\alpha}{l_2 \sin\alpha}\cdot\mu_0}{\dfrac{F_G}{2}}$

$S = \dfrac{l_1 + \dfrac{l_3}{2}\sin\alpha}{l_2 \sin\alpha}\cdot\mu_0 = \dfrac{1 \text{ m} + 0{,}15 \text{ m}\cdot\sin 15°}{0{,}3 \text{ m}\cdot\sin 15°}\cdot 0{,}25$

$S = 3{,}345$

f) siehe Lösung c), Gleichgewichtsbedingungen I. und II., Lageskizze 2 und 3:

I. $F_{Bx} = F_k \cos\alpha + F_{NA}$
$F_{Bx} = 23{,}182$ kN $\cdot \cos 15° + 80{,}274$ kN $= 102{,}666$ kN;
II. $F_{By} = F_R - F_k \sin\alpha$

aus Lösung c) $F_R = \dfrac{F_G}{2}$ und $F_k = \dfrac{F_G}{2\sin\alpha}$ eingesetzt:

II. $F_{By} = \dfrac{F_G}{2} - \dfrac{F_G}{2\sin\alpha}\sin\alpha = 0$

mit $F_{By} = 0$ ist $F_B = F_{Bx} = 102{,}666$ kN

g) nach Lösung e) ist die Tragsicherheit nur von den Abmessungen l_1, l_2, l_3, dem Winkel α und der Haftreibungszahl abhängig. Die Gewichtskraft F_G des Blocks hat also keinen Einfluss.

h) $\mu_{0\,min} = \dfrac{F_R}{F_{NA}} = \dfrac{\dfrac{F_G}{2}}{\dfrac{F_G}{2}\cdot\dfrac{l_1 + \dfrac{l_3}{2}\sin\alpha}{l_2\sin\alpha}}$ (siehe Lösung c))

$\mu_{0\,min} = \dfrac{l_2 \sin\alpha}{l_1 + \dfrac{l_3}{2}\sin\alpha} = \dfrac{0{,}3 \text{ m}\cdot\sin 15°}{1 \text{ m} + 0{,}15 \text{ m}\cdot\sin 15°}$

$\mu_{0\,min} = 0{,}0747$

325.

a) *Rechnerische Lösung:*
Lageskizze

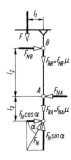

I. $\Sigma F_x = 0 = F_{NB} - F_{NA} + F_N \cos\alpha$
II. $\Sigma F_y = 0 = F_N \sin\alpha - F - F_{NA}\mu - F_{NB}\mu$
III. $\Sigma M_{(B)} = 0 = F l_1 + F_N \cos\alpha (l_2 + l_3) - F_{NA} l_2$

I. = II. $F_{NB} = F_{NA} - F_N \cos\alpha = \dfrac{F_N \sin\alpha - F - F_{NA}\mu}{\mu}$

$F_{NA}\mu - F_N\mu\cos\alpha = F_N \sin\alpha - F - F_{NA}\mu$

$2 F_{NA}\mu = F_N(\sin\alpha + \mu\cos\alpha) - F$

$F_{NA} = \dfrac{F_N(\sin\alpha + \mu\cos\alpha) - F}{2\mu}$

in Gleichung III. eingesetzt

III. $0 = F l_1 + F_N \cos\alpha (l_2 + l_3) -$
$\qquad - \dfrac{F_N(\sin\alpha + \mu\cos\alpha) - F}{2\mu} l_2$

$F_N \cos\alpha (l_2 + l_3) - F_N(\sin\alpha + \mu\cos\alpha)\dfrac{l_2}{2\mu} = -F\dfrac{l_2}{2\mu} - F l_1$

$F_N \dfrac{(\sin\alpha + \mu\cos\alpha)l_2 - 2\mu\cos\alpha (l_2 + l_3)}{2\mu} = F\dfrac{l_2 + 2\mu l_1}{2\mu}$

$F_N = F\dfrac{l_2 + 2\mu l_1}{(\sin\alpha + \mu\cos\alpha)l_2 - 2\mu\cos\alpha (l_2 + l_3)}$

$F_N = 350\,\text{N}\dfrac{320\,\text{mm} + 2 \cdot 0{,}14 \cdot 110\,\text{mm}}{(\sin 60° + 0{,}14 \cdot \cos 60°)\cdot 320\,\text{mm} - 2 \cdot 0{,}14 \cdot \cos 60° \cdot 480\,\text{mm}}$

$F_N = 528{,}5\,\text{N}$

$F_{NA} = \dfrac{F_N(\sin\alpha + \mu\cos\alpha) - F}{2\mu}$ (siehe oben)

$F_{NA} = \dfrac{528{,}5\,\text{N}\cdot (\sin 60° + 0{,}14 \cdot \cos 60°) - 350\,\text{N}}{2 \cdot 0{,}14}$

$F_{NA} = 516{,}7\,\text{N}$

$F_{RA} = F_{NA}\mu = 516{,}7\,\text{N}\cdot 0{,}14 = 72{,}34\,\text{N}$

I. $F_{NB} = F_{NA} - F_N \cos\alpha$
$F_{NB} = 516{,}7\,\text{N} - 528{,}5\,\text{N}\cdot \cos 60° = 252{,}45\,\text{N}$

$F_{RB} = F_{NB}\mu = 252{,}45\,\text{N}\cdot 0{,}14 = 35{,}34\,\text{N}$

Zeichnerische Lösung:

Lageplan ($M_L = 25$ cm/cm)   Kräfteplan ($M_K = 250$ N/cm)

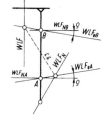
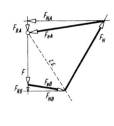

b) Lageskizze

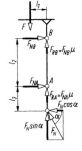

I. $\Sigma F_x = 0 = F_{NA} + F_{NB} - F_N \cos\alpha$
II. $\Sigma F_y = 0 = F_N \sin\alpha + F_{NA}\mu + F_{NB}\mu - F$
III. $\Sigma M_{(B)} = 0 = F l_1 + F_{NA} l_2 - F_N \cos\alpha (l_2 + l_3)$

I. = II. $F_{NB} = F_N \cos\alpha - F_{NA} = \dfrac{F - F_N \sin\alpha - F_{NA}\mu}{\mu}$

$F_N\mu\cos\alpha - F_{NA}\mu = F - F_N \sin\alpha - F_{NA}\mu$

$F_N = \dfrac{F}{\sin\alpha + \mu\cos\alpha} = \dfrac{350\,\text{N}}{\sin 60° + 0{,}14 \cdot \cos 60°}$

$F_N = 373{,}9\,\text{N}$

III. $F_{NA} = \dfrac{F_N \cos\alpha (l_2 + l_3) - F l_1}{l_2}$

$F_{NA} = \dfrac{373{,}9\,\text{N}\cdot \cos 60° \cdot 480\,\text{mm} - 350\,\text{N}\cdot 110\,\text{mm}}{320\,\text{mm}}$

$F_{NA} = 160{,}1\,\text{N}$

$F_{RA} = F_{NA}\mu = 160{,}1\,\text{N}\cdot 0{,}14 = 22{,}42\,\text{N}$

I. $F_{NB} = F_N \cos\alpha - F_{NA}$
$F_{NB} = 373{,}9\,\text{N}\cdot \cos 60° - 160{,}1\,\text{N} = 26{,}85\,\text{N}$

$F_{RB} = F_{NB}\mu = 26{,}85\,\text{N}\cdot 0{,}14 = 3{,}759\,\text{N}$

(Kontrolle mit der zeichnerischen Lösung.)

c) Lageskizze

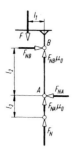

I. $\Sigma F_x = 0 = F_{NB} - F_{NA}$
II. $\Sigma F_y = 0 = F_N + F_{NA}\mu_0 + F_{NB}\mu_0 - F$
III. $\Sigma M_{(B)} = 0 = F l_1 - F_{NA} l_2$

III. $F_{NA} = \dfrac{F l_1}{l_2} = \dfrac{350 \text{ N} \cdot 110 \text{ mm}}{320 \text{ mm}} = 120{,}3 \text{ N}$

I. $F_{NB} = F_{NA} = 120{,}3 \text{ N}$

$F_{R0\max A} = F_{R0\max B} = F_{NA}\mu_0$
$F_{NA}\mu_0 = 120{,}3 \text{ N} \cdot 0{,}16 = 19{,}25 \text{ N}$

II. $F_N = F - F_{NA}\mu_0 - F_{NB}\mu_0 = 350 \text{ N} - 2 \cdot 19{,}25 \text{ N}$
$F_N = 311{,}5 \text{ N}$

(Kontrolle mit der zeichnerischen Lösung)

326.
Lageskizze

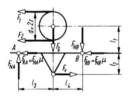

I. $\Sigma F_x = 0 = F_v - F_1 - F_2 - F_{NA}\mu - F_{NB}\mu$
II. $\Sigma F_y = 0 = F_{NA} - F_G - F_{NB}$
III. $\Sigma M_{(B)} = 0 = F_1(l_1+r) + F_2(l_1-r) + F_v l_2 +$
$\quad + F_G l_4 - F_{NA}(l_3+l_4)$

a) II. $F_{NB} = F_{NA} - F_G$ in I. eingesetzt:
I. $F_v = F_1 + F_2 + F_{NA}\mu + F_{NA}\mu - F_G\mu$
III. $F_v = \dfrac{F_{NA}(l_3+l_4) - F_1(l_1+r) - F_2(l_1-r) - F_G l_4}{l_2}$

I. = III. gesetzt:
$F_1 l_2 + F_2 l_2 + 2F_{NA}\mu l_2 - F_G\mu l_2 =$
$= F_{NA}(l_3+l_4) - F_1(l_1+r) - F_2(l_1-r) - F_G l_4$
$F_{NA}(l_3+l_4 - 2\mu l_2) = F_1(l_1+l_2+r) + F_2(l_1+l_2-r) +$
$\quad + F_G(l_4 - \mu l_2)$

$F_{NA} = \dfrac{F_1(l_1+l_2+r) + F_2(l_1+l_2-r) + F_G(l_4 - \mu l_2)}{l_3+l_4-2\mu l_2}$

$F_{NA} = \dfrac{180 \text{ N} \cdot 210 \text{ mm} + 60 \text{ N} \cdot 110 \text{ mm}}{120 \text{ mm} + 100 \text{ mm} - 2 \cdot 0{,}22 \cdot 70 \text{ mm}} +$
$\quad + \dfrac{150 \text{ N} \cdot (100 \text{ mm} - 0{,}22 \cdot 70 \text{ mm})}{120 \text{ mm} + 100 \text{ mm} - 2 \cdot 0{,}22 \cdot 70 \text{ mm}}$

$F_{NA} = 301{,}7 \text{ N}$

$F_{RA} = F_{NA}\mu = 301{,}7 \text{ N} \cdot 0{,}22 = 66{,}37 \text{ N}$

b) II. $F_{NB} = F_{NA} - F_G = 301{,}7 \text{ N} - 150 \text{ N} = 151{,}7 \text{ N}$
$F_{RB} = F_{NB}\mu = 151{,}7 \text{ N} \cdot 0{,}22 = 33{,}37 \text{ N}$

c) I. $F_v = F_1 + F_2 + F_{NA}\mu + F_{NB}\mu$
$F_v = 180 \text{ N} + 60 \text{ N} + 66{,}37 \text{ N} + 33{,}37 \text{ N} = 339{,}7 \text{ N}$

(Kontrolle: Zeichnerische Lösung mit dem 4-Kräfte-Verfahren)

327.
a) Lageskizze 1   Lageskizze 2
(freigemachter   (freigemachte
Spannrollenhebel)   Spannrolle)

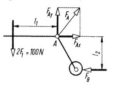

I. $\Sigma F_x = 0 = F_{Ax} - F_B$
II. $\Sigma F_y = 0 = F_{Ay} - 2F_1$
III. $\Sigma M_{(A)} = 0 = 2F_1 l_1 - F_B l_2$

III. $F_B = \dfrac{2F_1 l_1}{l_2} = \dfrac{2 \cdot 50 \text{ N} \cdot 120 \text{ mm}}{100 \text{ mm}} = 120 \text{ N}$

II. $F_{Ay} = 2F_1 = 100 \text{ N}$
I. $F_{Ax} = F_B = 120 \text{ N}$

$F_A = \sqrt{F_{Ax}^2 + F_{Ay}^2} = \sqrt{(120 \text{ N})^2 + (100 \text{ N})^2}$
$F_A = 156{,}2 \text{ N}$

(Kontrolle: Zeichnerische Lösung mit dem 3-Kräfte-Verfahren)

b) Lageskizze 3
(freigemachte Hubstange)

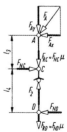

I. $\Sigma F_x = 0 = F_{NC} - F_{ND} - F_{Ax}$
II. $\Sigma F_y = 0 = F_2 - F_{Ay} - F_{NC}\mu - F_{ND}\mu$
III. $\Sigma M_{(D)} = 0 = F_{Ax}(l_3+l_4) - F_{NC} l_4$

III. $F_{NC} = \dfrac{F_{Ax}(l_3 + l_4)}{l_4} = \dfrac{120 \text{ N} \cdot 400 \text{ mm}}{220 \text{ mm}}$

$F_{NC} = 218{,}2 \text{ N}$

$F_{RC} = F_{NC}\mu = 218{,}2 \text{ N} \cdot 0{,}19 = 41{,}46 \text{ N}$

c) I. $F_{ND} = F_{NC} - F_{Ax} = 218{,}2 \text{ N} - 120 \text{ N} = 98{,}2 \text{ N}$

$F_{RD} = F_{ND}\mu = 98{,}2 \text{ N} \cdot 0{,}19 = 18{,}66 \text{ N}$

d) II. $F_2 = F_{Ay} + F_{NC}\mu + F_{ND}\mu$

$F_2 = 100 \text{ N} + 41{,}46 \text{ N} + 18{,}66 \text{ N}$

$F_2 = 160{,}1 \text{ N}$

(Kontrolle: Zeichnerische Lösung mit dem 4-Kräfte-Verfahren)

328.

a) Lageskizze (freigemachte Kupplungshülse)

$M = F_R d$

$F_R = \dfrac{M}{d} = \dfrac{10 \cdot 10^3 \text{ Nmm}}{1{,}1 \cdot 10^2 \text{ mm}} = 90{,}91 \text{ N}$

b) Lageskizze (freigemachte Reibbacke)

$F = F_N = \dfrac{F_R}{\mu} = \dfrac{90{,}91 \text{ N}}{0{,}15} = 606{,}1 \text{ N}$

329.

a) Lageskizze (freigemachte Mitnehmerscheibe)

An jeder der vier Mitnehmerscheiben wirkt die Anpresskraft $F_N = 400 \text{ N}$ auf beiden Seiten. Die Reibungskraft $F_R = F_N \mu$ wirkt also an acht Flächen.

$F_{R\,ges} = 8 F_N \mu = 8 \cdot 400 \text{ N} \cdot 0{,}09 = 288 \text{ N}$

b) $M = F_{R\,ges} \dfrac{d_m}{2} = 288 \text{ N} \cdot 0{,}058 \text{ m} = 16{,}7 \text{ Nm}$

330.

a) (siehe Lageskizze Lösung 329)

$M = 2 F_R \dfrac{d_m}{2} = F_R d_m$

$F_R = \dfrac{M}{d_m} = \dfrac{120 \cdot 10^3 \text{ Nmm}}{240 \text{ mm}} = 500 \text{ N}$

b) $F_N = \dfrac{F_R}{\mu} = \dfrac{500 \text{ N}}{0{,}42} = 1190{,}5 \text{ N}$

331.

a) $M = 9550 \dfrac{P_{rot}}{n} = 9550 \cdot \dfrac{14{,}7}{120} \text{ Nm} = 1170 \text{ Nm}$

b)

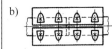

Lageskizze 1 (freigemachte Kupplungshälfte)

Lageskizze 2 (freigemachte Welle)

Hinweis: Die Kupplungsschalen werden auf jedes Wellenende durch je vier Schrauben gepresst.

$M = F_R d = F_N \mu d = 4 F \mu d$

$F = \dfrac{M}{4 \mu d} = \dfrac{1170 \cdot 10^2 \text{ Ncm}}{4 \cdot 0{,}2 \cdot 8 \text{ cm}} = 18281 \text{ N}$

332.

a) $M = 9550 \dfrac{P_{rot}}{n} = 9550 \cdot \dfrac{18{,}4}{220} \text{ Nm} = 798{,}7 \text{ Nm}$

b) $M = F_{R\,ges} \dfrac{d}{2}$

$F_{R\,ges} = \dfrac{2M}{d} = \dfrac{2 \cdot 798{,}7 \text{ Nm}}{0{,}14 \text{ m}} = 11410 \text{ N}$

c) Schraubenlängskraft F entspricht der von ihr hervorgerufenen Normalkraft F_N.

$F_{R\,ges} = 6 F_N \mu = 6 F \mu$

$F = \dfrac{F_{R\,ges}}{6 \mu} = \dfrac{11410 \text{ N}}{6 \cdot 0{,}22} = 8644 \text{ N}$

333.

Lageskizze (freigemachte Welle)

$M = 9550 \dfrac{P_{rot}}{n} = 9550 \cdot \dfrac{11}{250} \text{ Nm}$

$M = 420{,}2 \text{ Nm}$

$M = F_R d = F_N \mu d$

$F_N = \dfrac{M}{\mu d} = \dfrac{420{,}2 \cdot 10^3 \text{ Nmm}}{0{,}15 \cdot 60 \text{ mm}} = 46{,}69 \cdot 10^3 \text{ N}$

334.

a) $M = 9550 \dfrac{P_{rot}}{n} = 9550 \cdot \dfrac{1{,}5}{630}$ Nm $= 22{,}74$ Nm

b) $M = F_R \dfrac{d}{2} = F_N \mu \dfrac{d}{2}$

$F_N = \dfrac{2M}{\mu d} = \dfrac{2 \cdot 2274 \text{ Ncm}}{0{,}33 \cdot 18 \text{ cm}} = 765{,}7$ N

c) $F = F_N \sin \alpha$ Lageskizze

$F = 765{,}7$ N $\cdot \sin 55°$

$F = 627{,}2$ N

Reibung auf der schiefen Ebene[1)]

335.

a) 1.Grundfall, Lehrbuch, Kap. 3.3.1.2
$F = F_G (\sin \alpha + \mu_0 \cos \alpha)$
$F = 8$ kN $(\sin 22° + 0{,}2 \cdot \cos 22°) = 4{,}48$ kN

b) 1.Grundfall, Lehrbuch, Kap. 3.3.1.2
$F = F_G (\sin \alpha + \mu \cos \alpha)$
$F = 8$ kN $(\sin 22° + 0{,}1 \cdot \cos 22°) = 3{,}739$ kN

c) 2.Grundfall, Lehrbuch, Kap. 3.3.2.2
$F = F_G (\sin \alpha - \mu \cos \alpha)$
$F = 8$ kN $(\sin 22° - 0{,}1 \cdot \cos 22°) = 2{,}255$ kN

336.

a) 3.Grundfall, Lehrbuch, Kap. 3.3.3.2
$F = F_G (\mu_0 \cos \alpha - \sin \alpha)$
$F = 7{,}5 \cdot 10^6$ kg $\cdot 9{,}81 \dfrac{\text{m}}{\text{s}^2}(0{,}13 \cdot \cos 4° - \sin 4°)$
$F = 4{,}409 \cdot 10^6$ N $= 4{,}409$ MN

b) $F_{res} = F_G \sin \alpha - F_N \mu$
$F_{res} = mg \sin \alpha - mg \cos \alpha \, \mu$
$F_{res} = mg (\sin \alpha - \mu \cos \alpha)$
$F_{res} = 7{,}5 \cdot 10^6$ kg $\cdot 9{,}81 \dfrac{\text{m}}{\text{s}^2} \cdot (\sin 4° - 0{,}06 \cdot \cos 4°)$
$F_{res} = 0{,}7286 \cdot 10^6$ N $= 728{,}6$ kN

c) $F_{res} = ma = mg(\sin \alpha - \mu \cos \alpha)$
$a = g(\sin \alpha - \mu \cos \alpha)$
$a = 9{,}81 \dfrac{\text{m}}{\text{s}^2} \cdot (\sin 4° - 0{,}06 \cdot \cos 4°) = 0{,}0971 \dfrac{\text{m}}{\text{s}^2}$

[1)] Formeln und Tabellen zur Technischen Mechanik, Kap. 1.15

337.

1.Grundfall, Lehrbuch, Kap. 3.3.1.3
$F_u = F \tan(\alpha + \varrho)$
$F_u = 180$ N $\cdot \tan(15° + 6{,}843°) = 72{,}15$ N

338.

a) 1.Grundfall, Lehrbuch, Kap. 3.3.1.3
$F = F_G \tan(\alpha + \varrho) = 1$ kN $\cdot \tan(7° + 9{,}09°) = 288{,}5$ N

b) 3.Grundfall, Lehrbuch, Kap. 3.3.3.3
$F = F_G \tan(\alpha - \varrho) = 1$ kN $\cdot \tan(7° - 9{,}09°) = -36{,}5$ N

c) Da $\varrho_0 = \arctan 0{,}19 = 10{,}76° > \alpha$ ist, liegt Selbsthemmung vor. Der Körper bleibt ohne Haltekraft in Ruhe.

339.

a) Lageskizze   Krafteckskizze

Ermittlung des Winkels γ:
Zur Bestimmung des Winkel γ wird zunächst in dem rechtwinkligen Dreieck $F_N - F_{R0 \, max} - F_e$ der Winkel γ' bestimmt:
$\gamma' = 180° - 90° - \varrho_0 = 90° - \varrho_0$

Dann ist, da γ und γ' mit einem Schenkel auf derselben Gerade liegen:
$\gamma = 180° - \gamma' + \beta = 180° - (90° - \varrho_0) + \beta$
$\gamma = 90° + \varrho_0 + \beta = 90° + 16{,}17° + 14°$
$\gamma = 120{,}17°$
$\alpha - \varrho_0 = 19° - 16{,}17° = 2{,}83°$

Sinussatz:
$\dfrac{F_1}{\sin(\alpha - \varrho_0)} = \dfrac{F_G}{\sin \gamma} \Rightarrow F_1 = F_G \dfrac{\sin(\alpha - \varrho_0)}{\sin \gamma}$

$F_1 = 6{,}9$ kN $\cdot \dfrac{\sin 2{,}83°}{\sin 120{,}17°} = 394{,}1$ N

b) Lageskizze   Krafteckskizze

$\gamma = 90° - \varrho_0 + \beta = 87{,}83°$
$\alpha + \varrho_0 = 35{,}17°$

$$\frac{F_2}{\sin(\alpha+\varrho_0)} = \frac{F_G}{\sin\gamma} \Rightarrow F_2 = F_G \frac{\sin(\alpha+\varrho_0)}{\sin\gamma}$$

$$F_2 = 6{,}9 \text{ kN} \cdot \frac{\sin 35{,}17°}{\sin 87{,}38°} = 3{,}979 \text{ kN}$$

c) Lageskizze und Krafteckskizze wie Teillösung b).
An die Stelle von $F_{R0\,max}$ und ϱ_0 treten F_R und ϱ.
$\gamma = 90° - \varrho + \beta = 92{,}14°;\ \alpha + \varrho = 30{,}86°$

$$F_3 = F_G \frac{\sin(\alpha+\varrho)}{\sin\gamma} = 6{,}9 \text{ kN} \cdot \frac{\sin 30{,}86°}{\sin 92{,}14°} = 3{,}542 \text{ kN}$$

d) Lageskizze und Krafteckskizze wie Teillösung a).
An die Stelle von $F_{R0\,max}$ und ϱ_0 treten F_R und ϱ.
$\gamma = 90° + \varrho + \beta = 115{,}86°;\ \alpha - \varrho = 7{,}14°$

$$F_4 = F_G \frac{\sin(\alpha-\varrho)}{\sin\gamma} = 6{,}9 \text{ kN} \cdot \frac{\sin 7{,}14°}{\sin 115{,}86°} = 953{,}3 \text{ N}$$

(Kontrollen mit den analytischen Lösungen.)

340.

a) Lageskizze 1
zur Ermittlung des Winkels β

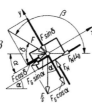

I. $\Sigma F_x = 0 = F\cos\delta - F_N\mu_0 - F_G\sin\alpha$
II. $\Sigma F_y = 0 = F_N - F\sin\delta - F_G\cos\alpha$

I. = II. $F_N = \dfrac{F\cos\delta - F_G\sin\alpha}{\mu_0} = F\sin\delta + F_G\cos\alpha$

$F\cos\delta - F_G\sin\alpha = F\mu_0\sin\delta + F_G\mu_0\cos\alpha$

$\cos\delta - \mu_0\sin\delta = \dfrac{F_G}{F}(\sin\alpha + \mu_0\cos\alpha)$

$\cos\delta - \dfrac{\sin\varrho_0\sin\delta}{\cos\varrho_0} = \dfrac{F_G}{F}\left(\sin\alpha + \dfrac{\sin\varrho_0\cos\alpha}{\cos\varrho_0}\right)$

$\dfrac{\cos\delta\cos\varrho_0 - \sin\delta\sin\varrho_0}{\cos\varrho_0} = \dfrac{F_G}{F} \cdot \dfrac{\sin\alpha\cos\varrho_0 + \cos\alpha\sin\varrho_0}{\cos\varrho_0}$

$\cos(\delta+\varrho_0) = \dfrac{F_G}{F}\sin(\alpha+\varrho_0)$

weiter ist $\delta = 180° + \alpha - \beta = 185° - \beta$

$\cos(185° - \beta + \varrho_0) = \dfrac{F_G}{F}\sin(\alpha+\varrho_0)$

$\cos(197{,}95° - \beta) = \dfrac{F_G}{F}\sin 17{,}95° = 0{,}30823 \cdot \dfrac{F_G}{F}$

Lageskizze 2
zur Ermittlung des
Winkels γ

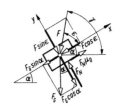

I. $\Sigma F_x = 0 = F_N\mu_0 - F_G\sin\alpha - F\cos\varepsilon$
II. $\Sigma F_y = 0 = F_N - F_G\cos\alpha - F\sin\varepsilon$

I. = II. $F_N = \dfrac{F\cos\varepsilon + F_G\sin\alpha}{\mu_0} = F\sin\varepsilon + F_G\cos\alpha$

$F\cos\varepsilon + F_G\sin\alpha = F\mu_0\sin\varepsilon + F_G\mu_0\cos\alpha$

$\cos\varepsilon - \mu_0\sin\varepsilon = \dfrac{F_G}{F}(\mu_0\cos\alpha - \sin\alpha)$

$\cos\varepsilon - \dfrac{\sin\varrho_0\sin\varepsilon}{\cos\varrho_0} = \dfrac{F_G}{F}\left(\dfrac{\sin\varrho_0\cos\alpha}{\cos\varrho_0} - \sin\alpha\right)$

$\dfrac{\cos\varepsilon\cos\varrho_0 - \sin\varepsilon\sin\varrho_0}{\cos\varrho_0} = \dfrac{F_G}{F} \cdot \dfrac{\sin\varrho_0\cos\alpha - \cos\varrho_0\sin\alpha}{\cos\varrho_0}$

$\cos(\varepsilon + \varrho_0) = \dfrac{F_G}{F}\sin(\varrho_0 - \alpha)$

weiter ist $\varepsilon = \gamma - \alpha$

$\cos(\gamma - \alpha + \varrho_0) = \dfrac{F_G}{F}\sin(\varrho_0 - \alpha)$

$\cos(\gamma + 7{,}95°) = \dfrac{F_G}{F}\sin 7{,}95° = 0{,}1383 \cdot \dfrac{F_G}{F}$

b) je größer F_G, desto größer wird β und desto kleiner wird γ.

c) je größer F, desto kleiner wird β und desto größer wird γ.

Reibung an Maschinenteilen

Symmetrische Prismenführung, Zylinderführung

345.

a) $\mu' = \dfrac{\mu}{\sin\alpha} = \dfrac{0{,}11}{\sin 45°} = 0{,}1556$

b) Lageskizze 1
(Ausführung nach 311.)

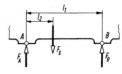

II. $\Sigma F_y = 0 = F_A + F_B - F_G$

III. $\Sigma M_{(A)} = 0 = F_B l_1 - F_G l_2$

III. $F_B = F_G \dfrac{l_2}{l_1} = 1650 \text{ N} \cdot \dfrac{180 \text{ mm}}{520 \text{ mm}} = 571{,}2 \text{ N}$

II. $F_A = F_G - F_B = 1650 \text{ N} - 571{,}2 \text{ N} = 1078{,}8 \text{ N}$

3 Reibung

Lageskizze 2
(Führungsbahn A, neu)
$F_{RA} = F_A \mu' = 1078,8 \text{ N} \cdot 0,1556$
$F_{RA} = 167,86 \text{ N}$

Verschiebekraft F:
$F = F_{RA} + F_{RB} = F_{RA} + F_B \mu$
$F = 167,86 \text{ N} + 571,2 \text{ N} \cdot 0,11 = 230,7 \text{ N}$

346.
Rechnerische Lösung:
a) Lageskizze

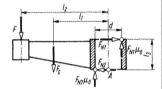

I. $\Sigma F_x = 0 = F_{N1} - F_{N2} \Rightarrow F_{N1} = F_{N2} = F_N$
II. $\Sigma F_y = 0 = 2F_N \mu_0 - F_G - F$
III. $\Sigma M_{(A)} = 0 = F_G l_1 + F l_2 - F_N l_3 -$
$\qquad - F_N \mu_0 \dfrac{d}{2} + F_N \mu_0 \dfrac{d}{2}$

II. $F_N = \dfrac{F_G + F}{2\mu_0}$ in III. eingesetzt:

III. $0 = F_G l_1 + F l_2 - \dfrac{F_G + F}{2\mu_0} l_3$

$l_3 = 2\mu_0 \dfrac{F_G l_1 + F l_2}{F_G + F}$

$l_3 = 2 \cdot 0,15 \cdot \dfrac{400 \text{ N} \cdot 250 \text{ mm} + 350 \text{ N} \cdot 400 \text{ mm}}{400 \text{ N} + 350 \text{ N}}$

$l_3 = 96 \text{ mm}$

b) $l_3 = 2\mu_0 \dfrac{F_G l_1 + 0}{F_G + 0} = 2\mu_0 l_1 = 2 \cdot 0,15 \cdot 250 \text{ mm} = 75 \text{ mm}$

Die Buchse ist mit 96 mm zu lang für Selbsthemmung, also rutscht der Tisch.

c) Je länger die Führungsbuchse ist, desto leichter gleitet sie.

Zeichnerische Lösung:

Lageplan   Kräfteplan
($M_L = 10$ cm/cm)   ($M_K = 500$ N/cm)

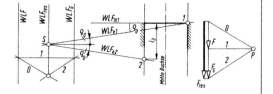

Lösungsweg:
Mitte der Buchse festlegen.
Buchsen-Innenwände, WL F_G und WL F maßstäblich zeichnen.
Kräfteplan zeichnen, mit Seileckverfahren WL F_{res} ermitteln.
Punkt 1 auf der rechten Innenwand beliebig festlegen (hier Oberkante Buchse).
WL F_{N1} durch Punkt 1 legen.
Unter $\rho_0 = 8,53°$ dazu WL F_{e1} durch Punkt 1 legen und mit WL F_{res} zum Schnitt S bringen.
WL F_{e2} unter dem Winkel ρ_0 zur Waagerechten durch S legen und zum Schnitt 2 mit der linken Innenwand bringen.

347.
a) Lageskizze

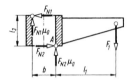

I. $\Sigma F_x = 0 = F_{N2} - F_{N1} \Rightarrow F_{N1} = F_{N2} = F_N$
II. $\Sigma F_y = 0 = 2F_N \mu_0 - F_1$
III. $\Sigma M_{(A)} = 0 = F_N l_3 - F_N \mu_0 b - F_1 l_1$

II. $F_N = \dfrac{F_1}{2\mu_0}$ in III. eingesetzt:

III. $0 = F_1 \dfrac{l_3}{2\mu_0} - F_1 \dfrac{\mu_0 b}{2\mu_0} - F_1 l_1 \Big| : F_1$

$0 = \dfrac{l_3}{2\mu_0} - \dfrac{b}{2} - l_1$

$l_1 = \dfrac{l_3 - \mu_0 b}{2\mu_0} = \dfrac{50 \text{ mm} - 0,15 \cdot 30 \text{ mm}}{2 \cdot 0,15} = 151,7 \text{ mm}$

b) Lageskizze

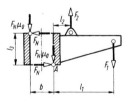

Wie in Lösung a) sind beide Normalkräfte F_N gleich groß. Die Reibungskräfte wirken beim Anheben nach unten.

II. $\Sigma F_y = 0 = F_2 - F_1 - 2F_N \mu_0$
III. $\Sigma M_{(A)} = 0 = F_2 l_2 + F_N l_3 + F_N \mu_0 b - F_1 l_1$

II. $F_N = \dfrac{F_2 - F_1}{2\mu_0}$ in III. eingesetzt:

III. $0 = F_2 l_2 + (F_2 - F_1)\dfrac{l_3}{2\mu_0} + (F_2 - F_1)\dfrac{b}{2} - F_1 l_1$

$0 = F_2 l_2 + F_2 \dfrac{l_3}{2\mu_0} - F_1 \dfrac{l_3}{2\mu_0} + F_2 \dfrac{b}{2} - F_1 \dfrac{b}{2} - F_1 l_1$

$F_2\left(l_2 + \dfrac{l_3}{2\mu_0} + \dfrac{b}{2}\right) = F_1\left(l_1 + \dfrac{l_3}{2\mu_0} + \dfrac{b}{2}\right) =$

$\qquad = F_1\left(\dfrac{l_3 - \mu_0 b}{2\mu_0} + \dfrac{l_3}{2\mu_0} + \dfrac{b}{2}\right)$

$F_2 = F_1 \dfrac{2 l_3}{2\mu_0 l_2 + l_3 + \mu_0 b}$

$F_2 = 500\ \text{N} \cdot \dfrac{2 \cdot 50\ \text{mm}}{2 \cdot 0{,}15 \cdot 20\ \text{mm} + 50\ \text{mm} + 0{,}15 \cdot 30\ \text{mm}}$

$F_2 = 826{,}4\ \text{N}$

Tragzapfen (Querlager)

349.

a) Lageskizze

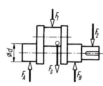

$\Sigma F_y = 0 = F_A + F_B - F_G - F_1 - F_2$

$F_A + F_B = F_G + F_1 + F_2$

Da beide Lagerzapfen den gleichen Durchmesser haben, dürfen beide Zapfenreibungskräfte zur Gesamtreibungskraft zusammengefasst werden.

$F_{R\,ges} = F_{RA} + F_{RB} = F_A \mu + F_B \mu = (F_A + F_B)\mu$

$F_{R\,ges} = (F_G + F_1 + F_2)\mu = 133\ \text{kN} \cdot 0{,}08 = 10{,}64\ \text{kN}$

b) $M = F_{R\,ges} \dfrac{d}{2} = 10{,}64\ \text{kN} \cdot 0{,}205\ \text{m} = 2{,}181\ \text{kNm}$

350.

a) $M_R = F_{ges} r = 4 F \mu r$

$M_R = 4 \cdot 1{,}5 \cdot 10^3\ \text{N} \cdot 9 \cdot 10^{-3} \cdot 0{,}036\ \text{m} = 1{,}944\ \text{Nm}$

b) $P_{rot} = \dfrac{M n}{9550} = \dfrac{1{,}944 \cdot 3200}{9550}\ \text{kW} = 0{,}6514\ \text{kW}$

c) $P = \dfrac{W}{t} = \dfrac{P_{rot}}{4}$

$Q = \dfrac{P_{rot}\, t}{4} = \dfrac{651{,}4\ \text{W} \cdot 60\ \text{s}}{4} = 9771\ \text{J}$

351.

a) $P_{ab} = P_{an}\, \eta = 150\ \text{kW} \cdot 0{,}989 = 148{,}35\ \text{kW}$

$P_R = P_{an} - P_{ab} = 150\ \text{kW} - 148{,}35\ \text{kW} = 1{,}65\ \text{kW}$

b) $M_R = 9550 \dfrac{P_R}{n} = 9550 \cdot \dfrac{1{,}65}{355} = 44{,}39\ \text{Nm}$

c) Lageskizze

II. $\Sigma F_y = 0 = F_A + F_B - F_1 - F_2$

III. $\Sigma M_{(B)} = 0 = F_A (l_1 + l_2) - F_1 (l_1 + l_2 + l_3) - F_2 l_1$

III. $F_A = \dfrac{F_1 (l_1 + l_2 + l_3) + F_2 l_1}{l_1 + l_2}$

$F_A = \dfrac{10{,}2\ \text{kN} \cdot 0{,}46\ \text{m} + 25\ \text{kN} \cdot 0{,}23\ \text{m}}{0{,}35\ \text{m}}$

$F_A = 29{,}834\ \text{kN}$

II. $F_B = F_1 + F_2 - F_A = 10{,}2\ \text{kN} + 25\ \text{kN} - 29{,}834\ \text{kN}$

$F_B = 5{,}366\ \text{kN}$

d) $M_R = M_{RA} + M_{RB} = F_{RA}\, r_A + F_{RB}\, r_B$

$M_R = F_A \mu r_A + F_B \mu r_B = \mu (F_A r_A + F_B r_B)$

$\mu = \dfrac{M_R}{F_A r_A + F_B r_B}$

$\mu = \dfrac{44{,}39 \cdot 10^3\ \text{Nmm}}{29{,}834 \cdot 10^3\ \text{N} \cdot 30\ \text{mm} + 5{,}366 \cdot 10^3\ \text{N} \cdot 25\ \text{mm}}$

$\mu = 0{,}04313$

e) $M_A = F_A \mu r_A = 29{,}834 \cdot 10^3\ \text{N} \cdot 0{,}04313 \cdot 30 \cdot 10^{-3}\ \text{m}$

$M_A = 38{,}6\ \text{Nm}$

$M_B = F_B \mu r_B = 5{,}366 \cdot 10^3\ \text{N} \cdot 0{,}04313 \cdot 25 \cdot 10^{-3}\ \text{m}$

$M_B = 5{,}786\ \text{Nm}$

f) $Q_A = M_{RA}\, \varphi = M_{RA} \cdot 2\pi z$

$Q_A = 38{,}60\ \text{Nm} \cdot 2\pi \cdot 355 = 86098\ \text{J}$

$Q_B = M_{RB} \cdot 2\pi z = 5{,}786\ \text{Nm} \cdot 2\pi \cdot 355 = 12906\ \text{J}$

352.

a) $M_R = 9550 \dfrac{P}{n} = 9550 \cdot \dfrac{3}{2860}\ \text{Nm} = 10{,}02\ \text{Nm}$

$F_R = \dfrac{2 M_R}{d_1} = \dfrac{2 \cdot 10{,}02\ \text{Nm}}{0{,}14\ \text{m}} = 143{,}1\ \text{N}$

b) $F_R = F_N \mu \;\Rightarrow\; F_N = \dfrac{F_R}{\mu} = \dfrac{143{,}1\ \text{N}}{0{,}175} = 817{,}8\ \text{N}$

c) und d) Lageskizze

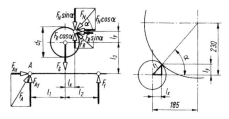

$\alpha = \arctan \dfrac{230 \text{ mm}}{185 \text{ mm}} = 51{,}19°$

$l_x = r_1 \cos\alpha = 70 \text{ mm} \cdot \cos 51{,}19° = 43{,}87 \text{ mm}$

$l_y = r_1 \sin\alpha = 70 \text{ mm} \cdot \sin 51{,}19° = 54{,}54 \text{ mm}$

I. $\Sigma F_x = 0 = F_{Ax} - F_N \cos\alpha - F_R \sin\alpha$
II. $\Sigma F_y = 0 = F_{Ay} + F_f - F_G - F_N \sin\alpha + F_R \cos\alpha$
III. $\Sigma M_{(A)} = 0 = F_f (l_1 + l_2) + F_R \cos\alpha (l_1 + l_x) +$
$\qquad + F_R \sin\alpha (l_3 + l_y) +$
$\qquad + F_N \cos\alpha (l_3 + l_y) - F_G l_1 -$
$\qquad - F_N \sin\alpha (l_1 + l_x)$

III. $F_f = \dfrac{F_G l_1 + (F_N \sin\alpha - F_R \cos\alpha)(l_1 + l_x)}{l_1 + l_2} -$
$\qquad - \dfrac{(F_N \cos\alpha + F_R \sin\alpha)(l_3 + l_y)}{l_1 + l_2}$

$F_f = 190{,}4 \text{ N}$

d) I. $F_{Ax} = F_N \cos\alpha + F_R \sin\alpha$
$F_{Ax} = 817{,}8 \text{ N} \cdot \cos 51{,}19° + 143{,}1 \text{ N} \cdot \sin 51{,}19°$
$F_{Ax} = 624 \text{ N}$

II. $F_{Ay} = F_G + F_N \sin\alpha - F_f - F_R \cos\alpha$
$F_{Ay} = 430 \text{ N} + 817{,}8 \text{ N} \cdot \sin 51{,}19° - 190{,}4 \text{ N} -$
$\qquad - 143{,}1 \text{ N} \cdot \cos 51{,}19° = 787{,}2 \text{ N}$

$F_A = \sqrt{F_{Ax}^2 + F_{Ay}^2} = \sqrt{(624 \text{ N})^2 + (787{,}2 \text{ N})^2}$
$F_A = 1004{,}5 \text{ N}$

e) $i = \dfrac{n_1}{n_2} = \dfrac{d_2}{d_1}$

$n_2 = n_1 \dfrac{d_1}{d_2} = 2860 \text{ min}^{-1} \cdot \dfrac{140 \text{ mm}}{450 \text{ mm}} = 889{,}8 \text{ min}^{-1}$

f) In den Lagern der Gegenradwelle wird die Resultierende aus Normalkraft F_N und Reibungskraft F_R abgestützt:

$F_{res} = \sqrt{F_N^2 + F_R^2} = \sqrt{(817{,}8 \text{ N})^2 + (143{,}1 \text{ N})^2}$
$F_{res} = 830{,}2 \text{ N}$

$M_R = F_{res} \mu r_3 = 830{,}2 \text{ N} \cdot 0{,}06 \cdot 0{,}02 \text{ m}$
$M_R = 0{,}9962 \text{ Nm}$

g) $P_R = \dfrac{M_R n_2}{9550} = \dfrac{0{,}9962 \cdot 889{,}8}{9550} \text{ kW} = 0{,}09282 \text{ kW}$
$P_R = 92{,}82 \text{ W}$

h) $\dfrac{92{,}82 \text{ W}}{3000 \text{ W}} \cdot 100\% = 3{,}094\%$

Spurzapfen (Längslager)

353.

a) $P_R = \dfrac{M_R n}{9550} = \dfrac{F \mu r_m n}{9550}$

$P_R = \dfrac{160 \cdot 10^3 \text{ N} \cdot 0{,}06 \cdot 0{,}165 \text{ m} \cdot 120}{9550} \text{ kW} = 19{,}9 \text{ kW}$

b) $\dfrac{P_R}{P} \cdot 100\% = \dfrac{19{,}9 \text{ kW}}{1320 \text{ kW}} \cdot 100\% = 1{,}508\%$

354.

a) $M_R = F \mu r_m = 20000 \text{ N} \cdot 0{,}08 \cdot 0{,}04 \text{ m} = 64 \text{ Nm}$

b) $P_R = \dfrac{M_R n}{9550} = \dfrac{64 \cdot 150}{9550} \text{ kW} = 1{,}005 \text{ kW}$

c) $Q = P_R t = 1005 \text{ W} \cdot 60 \text{ s} = 60300 \text{ J} = 60{,}3 \text{ kJ}$

355.

a) $M_R = F \mu r_m = 4500 \text{ N} \cdot 0{,}07 \cdot 0{,}025 \text{ m} = 7{,}875 \text{ Nm}$

b) $P_R = \dfrac{M_R n}{9550} = \dfrac{7{,}875 \cdot 355}{9550} = 0{,}2927 \text{ kW}$

c) $Q = P_R t = 0{,}2927 \text{ kW} \cdot 3600 \text{ s} = 1054 \text{ kJ} = 1{,}054 \text{ MJ}$

356.
Lageskizze

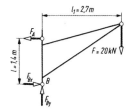

I. $\Sigma F_x = 0 = F_{Bx} - F_A$
II. $\Sigma F_y = 0 = F_{By} - F$
III. $\Sigma M_{(B)} = 0 = F_A l - F l_1$

a) III. $F_A = \dfrac{F l_1}{l} = \dfrac{20 \text{ kN} \cdot 2,7 \text{ m}}{1,4 \text{ m}} = 38,57 \text{ kN}$

b) I. $F_{Bx} = F_A = 38,57 \text{ kN}$; II. $F_{By} = F = 20 \text{ kN}$

c) $F_{RA} = F_A \mu = 38,57 \text{ kN} \cdot 0,12 = 4,628 \text{ kN}$

$F_{RBx} = F_{Bx} \mu = 38,57 \text{ kN} \cdot 0,12 = 4,628 \text{ kN}$

$F_{RBy} = F_{By} \mu = 20 \text{ kN} \cdot 0,12 = 2,4 \text{ kN}$

d) $M_A = F_{RA}\, r = 4628 \text{ N} \cdot 0,04 \text{ m} = 185,1 \text{ Nm}$

$M_{Bx} = M_A = 185,1 \text{ Nm}$

$M_{By} = F_{RBy}\, r_m = 2400 \text{ N} \cdot 0,02 \text{ m} = 48 \text{ Nm}$

e) $M = M_A + M_{Bx} + M_{By} = 418,2 \text{ Nm}$

f) $M = F_z l_1 \;\Rightarrow\; F_z = \dfrac{M}{l_1}$

$F_z = \dfrac{418,2 \text{ Nm}}{2,7 \text{ m}} = 154,9 \text{ N}$

Bewegungsschraube

357.

a) $\rho' = \arctan \mu' = \arctan 0,08 = 4,574°$

b) $M_A = F_T \dfrac{D}{2} = \dfrac{400 \text{ N} \cdot 86 \text{ cm}}{2} = 17200 \text{ Ncm}$

$\alpha = \arctan \dfrac{P}{2\pi r_2} = \arctan \dfrac{10 \text{ mm}}{2\pi \cdot 37,5 \text{ mm}}$

$\alpha = 2,43°$

$M_{RG} = F r_2 \tan(\alpha + \rho') = M_A$

$F = \dfrac{M_A}{r_2 \tan(\alpha + \rho')} = \dfrac{17200 \text{ Ncm}}{3,75 \text{ cm} \cdot \tan(2,43° + 4,574°)}$

$F = 37334 \text{ N}$

358.

a) $\mu' = \dfrac{\mu}{\cos \dfrac{\beta}{2}} = \dfrac{0,12}{\cos 15°} = 0,1242$

$\rho' = \arctan \mu' = \arctan 0,1242 = 7,082°$

b) $F = p A = 25 \cdot 10^5 \, \dfrac{\text{N}}{\text{m}^2} \cdot \dfrac{\pi}{4} \cdot 8^2 \cdot 10^{-4} \text{ m}^2 = 12566 \text{ N}$

c) $M_{RG} = F r_2 \tan(\alpha + \rho') = F_h \dfrac{d_{kr}}{2}$

$\alpha = \arctan \dfrac{P}{2\pi r_2} = \arctan \dfrac{5 \text{ mm}}{2\pi \cdot 12,75 \text{ mm}}$

$\alpha = 3,571°$

$F_h = \dfrac{2 F r_2 \tan(\alpha + \rho')}{d_{kr}}$

$F_h = \dfrac{2 \cdot 12566 \text{ N} \cdot 12,75 \text{ mm} \cdot \tan(3,571° + 7,082°)}{225 \text{ mm}}$

$F_h = 267,9 \text{ N}$

d) $F_h = \dfrac{2 F r_2 \tan(\alpha - \rho')}{d_{kr}}$

$F_h = \dfrac{2 \cdot 12566 \text{ N} \cdot 12,75 \text{ mm} \cdot \tan(3,571° - 7,082°)}{225 \text{ mm}}$

$F_h = -87,38 \text{ N}$

(Minusvorzeichen wegen Selbsthemmung)

359.

a) $\mu' = \dfrac{\mu}{\cos \dfrac{\beta}{2}} = \dfrac{0,12}{\cos 15°} = 0,1242$

$\rho' = \arctan \mu' = \arctan 0,1242 = 7,082°$

b) $\alpha = \arctan \dfrac{P}{2\pi r_2} = \arctan \dfrac{7 \text{ mm}}{2\pi \cdot 18,25 \text{ mm}} = 3,493°$

$M_{RG} = F r_2 \tan(\alpha + \rho')$

$M_{RG} = 11 \cdot 10^3 \text{ N} \cdot 18,25 \cdot 10^{-3} \text{ m} \cdot \tan(3,493° + 7,082°)$

$M_{RG} = 37,48 \text{ Nm}$

c) $M_{RA} = F \mu_a r_a = 11 \cdot 10^3 \text{ N} \cdot 0,12 \cdot 30 \cdot 10^{-3} \text{ m}$

$M_{RA} = 39,6 \text{ Nm}$

d) $M_A = M_{RG} + M_{RA} = 37,48 \text{ Nm} + 39,6 \text{ Nm}$

$M_A = 77,08 \text{ Nm}$

e) $M_A = F_h r_h$

$F_h = \dfrac{M_A}{r_h} = \dfrac{77,08 \text{ Nm}}{0,38 \text{ m}} = 202,8 \text{ N}$

360.

a) $\mu' = \dfrac{\mu}{\cos \dfrac{\beta}{2}} = \dfrac{0,08}{\cos 15°} = 0,0828$

$\rho' = \arctan \mu' = \arctan 0,0828 = 4,735°$

b) $\alpha = \arctan \dfrac{3P}{2\pi r_2} = \arctan \dfrac{3 \cdot 12 \text{ mm}}{2\pi \cdot 52 \text{ mm}}$

$\alpha = 6,288°$ (*Hinweis: das Gewinde ist 3-gängig.*)

3 Reibung

$M_{RG} = F_1 r_2 \tan(\alpha + \rho')$
$M_{RG} = 240 \cdot 10^3 \text{ N} \cdot 52 \cdot 10^{-3} \text{m} \cdot \tan(6,288° + 4,735°)$
$M_{RG} = 2431 \text{ Nm}$

c) $M_A = M_{RG} = F_{R2} \dfrac{d}{2} \Rightarrow F_{R2} = \dfrac{2 M_{RG}}{d}$

$F_{R2} = \dfrac{2 \cdot 2431 \text{ Nm}}{0,85 \text{ m}} = 5720 \text{ N}$

d) $F_2 = \dfrac{F_{R2}}{\mu} = \dfrac{5720 \text{ N}}{0,28} = 20429 \text{ N}$

e) $\eta = \dfrac{\tan \alpha}{\tan(\alpha + \rho')}$

$\eta = \dfrac{\tan 6,288°}{\tan(6,288° + 4,735°)} = 0,5657$

f) Nein, weil der Reibungswinkel ρ' kleiner als der Steigungswinkel α ist ($\rho' = 4,735° < \alpha = 6,288°$).

361.

a) $\mu' = \dfrac{\mu}{\cos \dfrac{\beta}{2}} = \dfrac{0,12}{\cos 15°} = 0,1242$

$\rho' = \arctan \mu' = \arctan 0,1242 = 7,082°$

b) $\alpha = \arctan \dfrac{2P}{2\pi r_2} = \arctan \dfrac{2 \cdot 10 \text{ mm}}{2\pi \cdot 35 \text{ mm}} = 5,197°$

$M_{RG} = F r_2 \tan(\alpha + \rho')$
$M_{RG} = 25 \cdot 10^3 \text{ N} \cdot 35 \cdot 10^{-3} \text{m} \cdot \tan(5,197° + 7,082°)$
$M_{RG} = 190,4 \text{ Nm}$

c) $F_u = F \tan(\alpha + \rho') = 25000 \text{ N} \cdot \tan(5,197° + 7,082°)$
$F_u = 5441 \text{ N}$

d) $\eta = \dfrac{\tan \alpha}{\tan(\alpha + \rho')} = \dfrac{\tan 5,197°}{\tan(5,197° + 7,082°)} = 0,4179$

e) $M_A = F [r_2 \tan(\alpha + \rho') + \mu_a r_a]$
$M_A = 25 \cdot 10^3 \text{ N} \cdot [35 \cdot 10^{-3} \text{m} \cdot \tan 12,279° +$
$\qquad + 0,15 \cdot 70 \cdot 10^{-3} \text{ m}]$
$M_A = 452,9 \text{ Nm}$

f) Der Wirkungsgrad von Schraube und Auflage ist das Verhältnis der Hubarbeit je Umdrehung (Nutzarbeit) zur Dreharbeit an der Spindel je Umdrehung (aufgewendete Arbeit):

$\eta_{S+A} = \dfrac{F \cdot 2P}{M_A \cdot 2\pi} = \dfrac{25 \cdot 10^3 \text{ N} \cdot 2 \cdot 10 \cdot 10^{-3} \text{ m}}{452,9 \text{ Nm} \cdot 2\pi \text{ rad}}$

$\eta_{S+A} = 0,1757$

g) $\eta_{ges} = \eta_{Getr} \cdot \eta_{S+A} = 0,65 \cdot 0,1757 = 0,1142$

h) Hubleistung = Hubkraft × Hubgeschwindigkeit:

$P_h = 4 F v = 4 \cdot 25 \cdot 10^3 \text{ N} \cdot \dfrac{1}{60} \dfrac{\text{m}}{\text{s}} = 1,667 \text{ kW}$

i) $\eta_{ges} = \dfrac{P_h}{P_{mot}} \Rightarrow P_{mot} = \dfrac{P_h}{\eta_{ges}} = \dfrac{1,667 \text{ kW}}{0,1142}$

$P_{mot} = 14,597 \text{ kW}$

Befestigungsschraube

362.

a) $F = 2 F_R = 2 F_N \mu$

$F_N = \dfrac{F}{2\mu} = \dfrac{4 \text{ kN}}{2 \cdot 0,15} = 13,33 \text{ kN}$

b) $M_A = F_N [r_2 \tan(\alpha + \rho') + \mu_a r_a]$

$\alpha = \arctan \dfrac{P}{2\pi r_2} = \arctan \dfrac{1,75 \text{ mm}}{2\pi \cdot 5,4315 \text{ mm}} = 2,935°$

$\rho' = \arctan \mu' = \arctan 0,25 = 14,036°$

$r_a = 0,7 d = 0,7 \cdot 12 \text{ mm} = 8,4 \text{ mm}$

$M_A = 13,33 \cdot 10^3 \text{ N} \cdot [5,4315 \cdot 10^{-3} \text{ m} \cdot \tan 16,971° +$
$\qquad + 0,15 \cdot 8,4 \cdot 10^{-3} \text{ m}]$

$M_A = 38,89 \text{ Nm}$

363.

$M_A = F [r_2 \tan(\alpha + \rho') + \mu_a r_a]$

$\alpha = \arctan \dfrac{P}{2\pi r_2} = \arctan \dfrac{1,5 \text{ mm}}{2\pi \cdot 4,513 \text{ mm}} = 3,028°$

$\rho' = \arctan \mu' = \arctan 0,25 = 14,036°$

$r_a = 0,7 d = 0,7 \cdot 10 \text{ mm} = 7 \text{ mm}$

$F = \dfrac{M_A}{r_2 \tan(\alpha + \rho') + \mu_a r_a}$

$F = \dfrac{60 \text{ Nm}}{4,513 \cdot 10^{-3} \text{ m} \cdot \tan 17,064° + 0,15 \cdot 7 \cdot 10^{-3} \text{ m}}$

$F = 24,636 \cdot 10^3 \text{ N} = 24,636 \text{ kN}$

Seilreibung

364.

a) $e^{\mu \alpha} = e^{0,55\pi} = 5,629$

b) Lageskizze 1

$$F_2 = \frac{F_1}{e^{\mu\alpha}} = \frac{600\,\text{N}}{5{,}629} = 106{,}6\,\text{N}$$

Lageskizze 2

$$F_1 = F_2 e^{\mu\alpha} = 600\,\text{N} \cdot 5{,}629$$
$$F_1 = 3377\,\text{N}$$

c) $F_{R1} = F_1 - F_2 = 600\,\text{N} - 106{,}6\,\text{N} = 493{,}4\,\text{N}$
$F_{R2} = F_1 - F_2 = 3377\,\text{N} - 600\,\text{N} = 2777\,\text{N}$

365.

a) $e^{\mu\alpha} = e^{0{,}3 \cdot 2{,}792} = 2{,}311$

b) $F_2 = \dfrac{F_1}{e^{\mu\alpha}} = \dfrac{890\,\text{N}}{2{,}311} = 385{,}1\,\text{N}$

c) $F_R = F_1 - F_2 = 890\,\text{N} - 385{,}1\,\text{N} = 504{,}9\,\text{N}$

d) $P = F_R\, v = 504{,}9\,\text{N} \cdot 18{,}8\,\dfrac{\text{m}}{\text{s}} = 9492\,\text{W}$

366.

a) Erforderliche Reibungskraft:

$$F_R = \frac{P}{v} = \frac{11500\,\text{W}}{18{,}8\,\dfrac{\text{m}}{\text{s}}} = 611{,}7\,\text{N}$$

Spannkraft im ablaufenden Trum:
$$F_2 = F_1 - F_R = 890\,\text{N} - 611{,}7\,\text{N} = 278{,}3\,\text{N}$$

b) $e^{\mu\alpha} = \dfrac{F_1}{F_2} = \dfrac{890\,\text{N}}{278{,}3\,\text{N}} = 3{,}198$

$\ln e^{\mu\alpha} = \mu\alpha \ln e \;\Rightarrow\; \alpha = \dfrac{\ln e^{\mu\alpha}}{\mu \ln e}$

$\alpha = \dfrac{\ln 3{,}198}{0{,}3} = 3{,}875\,\text{rad}$

$\alpha = 3{,}875\,\text{rad} \cdot \dfrac{180°}{\pi\,\text{rad}} = 222°$

367.

a) $\alpha = 2\pi\,\text{rad} \;\Rightarrow\; e^{\mu\alpha} = 2{,}566$

$F_2 = \dfrac{F_1}{e^{\mu\alpha}} = \dfrac{25\,\text{kN}}{2{,}566} = 9{,}743\,\text{kN}$

b) $\alpha = 6\pi\,\text{rad} \;\Rightarrow\; e^{\mu\alpha} = 16{,}9$

$F_2 = \dfrac{25\,\text{kN}}{16{,}9} = 1{,}479\,\text{kN}$

c) $\alpha = 10\pi\,\text{rad} \;\Rightarrow\; e^{\mu\alpha} = 111{,}32$

$F_2 = \dfrac{25\,\text{kN}}{111{,}32} = 0{,}2246\,\text{kN}$

368.

a) $\alpha = 4\pi\,\text{rad} = 12{,}57\,\text{rad}$
$e^{\mu\alpha} = e^{0{,}18 \cdot 4\pi} = 9{,}6$

b) $F_2 = \dfrac{F_1}{e^{\mu\alpha}} = \dfrac{1600\,\text{N}}{9{,}6} = 166{,}7\,\text{N}$

369.

a) Lageskizze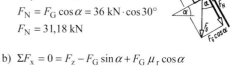

$\Sigma F_y = 0 = F_N - F_G \cos\alpha$
$F_N = F_G \cos\alpha = 36\,\text{kN} \cdot \cos 30°$
$F_N = 31{,}18\,\text{kN}$

b) $\Sigma F_x = 0 = F_z - F_G \sin\alpha + F_G \mu_r \cos\alpha$
$F_z = F_G(\sin\alpha - \mu_r \cos\alpha)$
$F_z = 36\,\text{kN}(\sin 30° - 0{,}18 \cdot \cos 30°) = 12{,}388\,\text{kN}$

c) $e^{\mu\alpha} = \dfrac{F_1}{F_2} = \dfrac{F_z}{F_2} = \dfrac{12388\,\text{N}}{400\,\text{N}} = 30{,}97$

d) $\ln e^{\mu\alpha} = \mu_s\, \alpha \ln e$

$\alpha = \dfrac{\ln e^{\mu\alpha}}{\mu_s \ln e} = \dfrac{\ln 30{,}97}{0{,}22} = 15{,}6\,\text{rad}$

$\alpha = 15{,}6\,\text{rad} \cdot \dfrac{180°}{\pi\,\text{rad}} = 893{,}8°$

e) $z = \dfrac{\alpha}{2\pi} = \dfrac{15{,}6\,\text{rad}}{2\pi\,\text{rad}} = 2{,}483\,\text{Windungen}$

Backenbremse

370.

a) Lageskizze (freigemachter Bremshebel)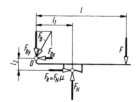

I. $\Sigma F_x = 0 = F_N \mu - F_{Dx}$
II. $\Sigma F_y = 0 = F_N - F - F_{Dy}$
III. $\Sigma M_{(D)} = 0 = F_N l_1 + F_N \mu l_2 - F l$

III. $F_N = F\dfrac{l}{l_1 + \mu l_2}$

$F_N = 150\text{ N} \cdot \dfrac{620\text{ mm}}{250\text{ mm} + 0{,}4 \cdot 80\text{ mm}} = 329{,}8\text{ N}$

$F_R = F_N \mu = 329{,}8\text{ N} \cdot 0{,}4 = 131{,}9\text{ N}$

I. $F_{Dx} = F_N \mu = 131{,}9\text{ N}$
II. $F_{Dy} = F_N - F = 329{,}8\text{ N} - 150\text{ N} = 179{,}8\text{ N}$

$F_D = \sqrt{F_{Dx}^2 + F_{Dy}^2} = \sqrt{(131{,}9\text{ N})^2 + (179{,}8\text{ N})^2}$

$F_D = 223\text{ N}$

b) $M = F_R \dfrac{d}{2} = 131{,}9\text{ N} \cdot 0{,}15\text{ m} = 19{,}79\text{ Nm}$

c) Lageskizze
(freigemachter
Bremshebel)

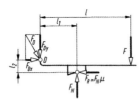

I. $\Sigma F_x = 0 = F_{Dx} - F_N \mu$
II. $\Sigma F_y = 0 = F_N - F - F_{Dy}$
III. $\Sigma M_{(D)} = 0 = F_N l_1 - F_N \mu l_2 - F l$

III. $F_N = F \dfrac{l}{l_1 - \mu l_2}$

$F_N = 150\text{ N} \cdot \dfrac{620\text{ mm}}{250\text{ mm} - 0{,}4 \cdot 80\text{ mm}} = 426{,}6\text{ N}$

$F_R = F_N \mu = 426{,}6\text{ N} \cdot 0{,}4 = 170{,}6\text{ N}$

I. $F_{Dx} = F_N \mu = 170{,}6\text{ N}$
II. $F_{Dy} = F_N - F = 426{,}6\text{ N} - 150\text{ N} = 276{,}6\text{ N}$

$F_D = \sqrt{F_{Dx}^2 + F_{Dy}^2} = \sqrt{(170{,}6\text{ N})^2 + (276{,}6\text{ N})^2}$

$F_D = 325\text{ N}$

d) $M = F_R \dfrac{d}{2} = 170{,}6\text{ N} \cdot 0{,}15\text{ m} = 25{,}6\text{ Nm}$

e) $l_2 = 0$ (Backenbremse mit tangentialem Drehpunkt)

f) $l_1 \le \mu l_2$

$l_2 \ge \dfrac{l_1}{\mu} = \dfrac{250\text{ mm}}{0{,}4} = 625\text{ mm}$

371.

a) $M_R = 9550 \dfrac{P}{n} = 9550 \cdot \dfrac{1}{400}\text{ Nm} = 23{,}88\text{ Nm}$

b) $F_R = \dfrac{M_R}{\dfrac{d}{2}} = \dfrac{23{,}88\text{ Nm}}{0{,}19\text{ m}} = 125{,}7\text{ N}$

c) $F_N = \dfrac{F_R}{\mu} = \dfrac{125{,}7\text{ N}}{0{,}5} = 251{,}4\text{ N}$

d) Lageskizze

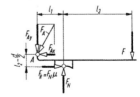

I. $\Sigma F_x = 0 = F_N \mu - F_{Ax}$
II. $\Sigma F_y = 0 = F_N - F_{Ay} - F$

III. $\Sigma M_{(A)} = 0 = F_N l_1 + F_N \mu \left(l_2 - \dfrac{d}{2}\right) - F(l_1 + l_3)$

III. $F = F_N \dfrac{l_1 + \mu\left(l_2 - \dfrac{d}{2}\right)}{l_1 + l_3}$

$F = 251{,}4\text{ N} \cdot \dfrac{120\text{ mm} + 0{,}5 \cdot 80\text{ mm}}{870\text{ mm}} = 46{,}23\text{ N}$

I. $F_{Ax} = F_N \mu = F_R = 125{,}7\text{ N}$
II. $F_{Ay} = F_N - F = 251{,}4\text{ N} - 46{,}23\text{ N} = 205{,}2\text{ N}$

$F_A = \sqrt{F_{Ax}^2 + F_{Ay}^2} = \sqrt{(125{,}7\text{ N})^2 + (205{,}2\text{ N})^2}$

$F_A = 240{,}6\text{ N}$

372.
Lageskizze

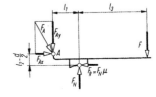

I. $\Sigma F_x = 0 = F_{Ax} - F_N \mu$
II. $\Sigma F_y = 0 = F_N - F - F_{Ay}$

III. $\Sigma M_{(A)} = 0 = F_N l_1 - F_N \mu \left(l_2 - \dfrac{d}{2}\right) - F(l_1 + l_3)$

a) III. $F_N = F \dfrac{l_1 + l_3}{l_1 - \mu\left(l_2 - \dfrac{d}{2}\right)}$

$F_N = 46{,}22\text{ N} \cdot \dfrac{870\text{ mm}}{120\text{ mm} - 0{,}5 \cdot 80\text{ mm}} = 502{,}6\text{ N}$

$F_R = F_N \mu = 502{,}6\text{ N} \cdot 0{,}5 = 251{,}3\text{ N}$

b) I. $F_{Ax} = F_N \mu = 251{,}3$ N
   II. $F_{Ay} = F_N - F = 502{,}6$ N $- 46{,}22$ N $= 456{,}4$ N
   $$F_A = \sqrt{F_{Ax}^2 + F_{Ay}^2} = \sqrt{(251{,}3\text{ N})^2 + (456{,}4\text{ N})^2}$$
   $F_A = 521$ N

c) $M = F_R \dfrac{d}{2} = 251{,}3$ N $\cdot 0{,}19$ m $= 47{,}75$ Nm

d) $P = \dfrac{M\,n}{9550} = \dfrac{47{,}75 \cdot 400}{9550}$ kW $= 2$ kW

373.

a) $M = F_R\, r \Rightarrow F_R = \dfrac{M}{r} = \dfrac{80 \cdot 10^3 \text{ Nmm}}{60 \text{ mm}} = 1333$ N

b) $F_N = \dfrac{F_R}{\mu} = \dfrac{1{,}333 \text{ kN}}{0{,}1} = 13{,}33$ kN

c) Die Belastung der Gehäusewelle ist gleich der Ersatzkraft F_e aus Reibungskraft und Normalkraft:
   $$F_e = \sqrt{F_N^2 + F_R^2} = \sqrt{(13{,}33 \text{ kN})^2 + (1{,}333 \text{ kN})^2}$$
   $F_e = 13{,}4$ kN

d) Lageskizze (freigemachter Klemmhebel)

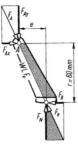

Die Ersatzkraft F_e aus Normalkraft F_N und Reibungskraft F_R darf am Klemmhebel kein lösendes (linksdrehendes) Moment hervorrufen, d. h. ihre Wirklinie darf nicht *rechts* vom Hebeldrehpunkt A liegen.

Bei Selbsthemmung muss ihre Wirklinie durch den Drehpunkt A verlaufen (Grenzfall, $M = 0$) oder *links* davon liegen. Aus der Ähnlichkeit der dunklen Dreiecke ergibt sich:

$\dfrac{e}{r} = \dfrac{F_R}{F_N} \Rightarrow e = r\dfrac{F_R}{F_N} = r\mu = 60$ mm $\cdot\, 0{,}1 = 6$ mm

e) Die Stützkraft F_A am Hebelbolzen ist gleich der Ersatzkraft aus Normalkraft F_N und Reibungskraft F_R:
   $F_A = F_e = 13{,}4$ kN (siehe Teillösung c))

f) Aus Teillösung d) ($e = r\,\mu$) folgt, dass die Selbsthemmung nur vom Gehäuseradius und der Reibungszahl beeinflusst wird, also *nicht* vom Bremsmoment.

374.

a) Lageskizze (oberer Bremshebel)

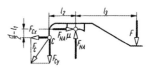

I. $\Sigma F_x = 0 = F_{NA}\mu - F_{Cx}$
II. $\Sigma F_y = 0 = F_{NA} - F - F_{Cy}$
III. $\Sigma M_{(C)} = 0 = F_{NA}\, l_2 - F_{NA}\mu\left(\dfrac{d}{2} - l_1\right) - F(l_2 + l_3)$

III. $F_{NA} = F\,\dfrac{l_2 + l_3}{l_2 - \mu\left(\dfrac{d}{2} - l_1\right)}$

$F_{NA} = 500$ N $\cdot \dfrac{600 \text{ mm}}{180 \text{ mm} - 0{,}48 \cdot 50 \text{ mm}} = 1923$ N

$F_{RA} = F_{NA}\,\mu = 1923$ N $\cdot\, 0{,}48 = 923$ N

I. $F_{Cx} = F_{NA}\,\mu = 923$ N
II. $F_{Cy} = F_{NA} - F = 1923$ N $- 500$ N $= 1423$ N

$F_C = \sqrt{F_{Cx}^2 + F_{Cy}^2} = \sqrt{(923 \text{ N})^2 + (1423 \text{ N})^2}$
$F_C = 1696$ N

b) Lageskizze (unterer Bremshebel)

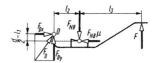

I. $\Sigma F_x = 0 = F_{Dx} - F_{NB}\mu$
II. $\Sigma F_y = 0 = F_{Dy} + F - F_{NB}$
III. $\Sigma M_{(D)} = 0 = F(l_2 + l_3) - F_{NB}\, l_2 - F_{NB}\mu\left(\dfrac{d}{2} - l_1\right)$

III. $F_{NB} = F\,\dfrac{l_2 + l_3}{l_2 + \mu\left(\dfrac{d}{2} - l_1\right)}$

$F_{NB} = 500$ N $\cdot \dfrac{600 \text{ mm}}{180 \text{ mm} + 0{,}48 \cdot 50 \text{ mm}} = 1471$ N

$F_{RB} = F_{NB}\,\mu = 1471$ N $\cdot\, 0{,}48 = 706{,}1$ N

I. $F_{Dx} = F_{NB}\,\mu = 706{,}1$ N
II. $F_{Dy} = F_{NB} - F = 1471$ N $- 500$ N $= 971$ N

$F_D = \sqrt{F_{Dx}^2 + F_{Dy}^2} = \sqrt{(706{,}1 \text{ N})^2 + (971 \text{ N})^2}$
$F_D = 1201$ N

c) $M_A = F_{RA}\,\dfrac{d}{2} = 923$ N $\cdot\, 0{,}16$ m $= 147{,}7$ Nm

$M_B = F_{RB}\,\dfrac{d}{2} = 706{,}1$ N $\cdot\, 0{,}16$ m $= 113$ Nm

d) $M_{ges} = M_A + M_B = 260{,}7$ Nm

e) Sowohl die Normalkräfte als auch die Reibungskräfte sind an den Bremsbacken A und B verschieden groß, und demzufolge auch die Ersatzkräfte F_{eA} und F_{eB}. Die Bremsscheibenwelle wird mit der Differenz der beiden Ersatzkräfte belastet.

$F_{eA} = \sqrt{F_{NA}^2 + F_{RA}^2} = \sqrt{(1923 \text{ N})^2 + (923 \text{ N})^2}$

$F_{eA} = 2133 \text{ N}$

$F_{eB} = \sqrt{F_{NB}^2 + F_{RB}^2} = \sqrt{(1471 \text{ N})^2 + (706,1 \text{ N})^2}$

$F_{eB} = 1631,7 \text{ N}$

$F_w = F_{eA} - F_{eB} = 501,3 \text{ N}$

375.

a) *Lösungshinweis:* Die Bremsscheibe sitzt auf der Antriebswelle des Hubgetriebes. Beim Lasthalten sind Antriebs- und Abtriebsseite vertauscht: Das Lastdrehmoment ist das Antriebsmoment $M_1 = 3700$ Nm, das Übersetzungsverhältnis kehrt sich um:

$i_r = \frac{1}{i} = \frac{1}{34,2}$

$M_2 = M_B = M_1 i_r \eta$

$M_B = 3700 \text{ Nm} \cdot \frac{1}{34,2} \cdot 0,86 = 93,04 \text{ Nm}$

b) $M_{B\max} = \nu M_B = 3 \cdot 93,04 \text{ Nm} = 279,1 \text{ Nm}$

c) $M_{B\max} = F_R d \Rightarrow F_R = \frac{M_{B\max}}{d}$

$F_R = \frac{279,1 \text{ Nm}}{0,32 \text{ m}} = 872,2 \text{ N}$

d) $F_N = \frac{F_R}{\mu} = \frac{872,2 \text{ Nm}}{0,5} = 1744,4 \text{ N}$

e) Lageskizze
Beide Bremshebel haben einen tangentialen Drehpunkt.

I. $\Sigma F_x = 0 = F - F_N + F_{lx}$
II. $\Sigma F_y = 0 = F_N \mu - F_{ly}$
III. $\Sigma M_{(0)} = 0 = F_N l_1 - F l$

III. $F = F_N \frac{l_1}{l} = 1744,4 \text{ N} \cdot \frac{180 \text{ mm}}{480 \text{ mm}} = 654,2 \text{ N}$

f) I. $F_{lx} = F_N - F = 1744,4 \text{ N} - 654,2 \text{ N} = 1090,2 \text{ N}$
II. $F_{ly} = F_N \mu = 872,2 \text{ N}$

$F_l = \sqrt{F_{lx}^2 + F_{ly}^2} = \sqrt{(1090,2 \text{ N})^2 + (872,2 \text{ N})^2}$

$F_l = 1396 \text{ N}$

Bandbremse

376.

a) $\alpha = \frac{225°}{360°} \cdot 2\pi \text{ rad} = 3,927 \text{ rad}$

b) $e^{\mu\alpha} = e^{0,3 \cdot 3,927} = 3,248$

c) Lageskizze (freigemachter Bremshebel)

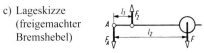

$\Sigma M_{(A)} = 0 = F_2 l_1 - F l_2$

$F_2 = F \frac{l_2}{l_1} = 150 \text{ N} \cdot \frac{500 \text{ mm}}{120 \text{ mm}} = 625 \text{ N}$

d) $F_1 = F_2 e^{\mu\alpha} = 625 \text{ N} \cdot 3,248 = 2030 \text{ N}$

e) $F_R = F_1 - F_2 = 2030 \text{ N} - 625 \text{ N} = 1405 \text{ N}$

f) $M = F_R r = 1405 \text{ N} \cdot 0,15 \text{ m} = 210,8 \text{ Nm}$

377.

a) $M = F_R r \Rightarrow F_R = \frac{M}{r} = \frac{70 \text{ Nm}}{0,15 \text{ m}} = 466,7 \text{ N}$

b) $\alpha = \frac{270° \cdot \pi \text{ rad}}{180°} = 4,712 \text{ rad}$

$e^{\mu\alpha} = e^{0,25 \cdot 4,712} = 3,248$

c) $F_1 = F_R \frac{e^{\mu\alpha}}{e^{\mu\alpha} - 1} = 466,7 \text{ N} \cdot \frac{3,248}{3,248 - 1} = 674,3 \text{ N}$

d) $F_2 = F_1 - F_R = 674,3 \text{ N} - 466,7 \text{ N} = 207,6 \text{ N}$

e) $F_R = F \frac{l}{l_1} \cdot \frac{e^{\mu\alpha} - 1}{e^{\mu\alpha} + 1}$

$F = F_R \cdot \frac{l_1}{l} \cdot \frac{e^{\mu\alpha} + 1}{e^{\mu\alpha} - 1} = 466,7 \text{ N} \cdot \frac{100 \text{ mm}}{450 \text{ mm}} \cdot \frac{4,248}{2,248}$

$F = 196 \text{ N}$

f) Lageskizze (freigemachter Bremshebel)

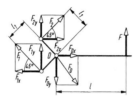

I. $\Sigma F_x = 0 = F_{2x} - F_{1x} + F_{Dx}$
II. $\Sigma F_y = 0 = F + F_{1y} + F_{2y} - F_{Dy}$

I. $F_{Dx} = F_{1x} - F_{2x} = F_1 \cos 45° - F_2 \cos 45°$
$F_{Dx} = (674{,}3 \text{ N} - 207{,}6 \text{ N}) \cdot \cos 45° = 330 \text{ N}$

II. $F_{Dy} = F + F_{1y} + F_{2y} = F + F_1 \sin 45° + F_2 \sin 45°$
$F_{Dy} = 196 \text{ N} + 674{,}3 \text{ N} \cdot \sin 45° + 207{,}6 \text{ N} \cdot \sin 45°$
$F_{Dy} = 819{,}6 \text{ N}$

$F_D = \sqrt{F_{Dx}^2 + F_{Dy}^2} = \sqrt{(330 \text{ N})^2 + (819{,}6 \text{ N})^2}$
$F_D = 883{,}5 \text{ N}$

g) Die Drehrichtung der Bremsscheibe hat keinen Einfluss auf die Bremswirkung.

378.

a) $\alpha = \dfrac{215° \cdot \pi \text{ rad}}{180°} = 3{,}752 \text{ rad}$

$e^{\mu\alpha} = e^{0{,}18 \cdot 3{,}752} = 1{,}965$

b) Lageskizze

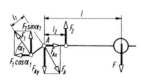

I. $\Sigma F_x = 0 = F_{Ax} - F_1 \cos\alpha_1$
II. $\Sigma F_y = 0 = F_2 + F_1 \sin\alpha_1 - F_{Ay} - F$
III. $\Sigma M_{(A)} = 0 = F_2 l_2 - F l - F_1 l_1$

III. $0 = \dfrac{F_1}{e^{\mu\alpha}} l_2 - F l - F_1 l_1$

$F_1 = F \dfrac{l e^{\mu\alpha}}{l_2 - l_1 e^{\mu\alpha}} = 100 \text{ N} \cdot \dfrac{350 \text{ mm} \cdot 1{,}965}{90 \text{ mm} - 30 \text{ mm} \cdot 1{,}965}$
$F_1 = 2215 \text{ N}$

$F_2 = \dfrac{F_1}{e^{\mu\alpha}} = \dfrac{2215 \text{ N}}{1{,}965} = 1127 \text{ N}$

c) $F_R = F_1 - F_2 = 2215 \text{ N} - 1127 \text{ N} = 1088 \text{ N}$

d) $M = F_R r = 1088 \text{ N} \cdot 0{,}1 \text{ m} = 108{,}8 \text{ Nm}$

e) I. $F_{Ax} = F_1 \cos\alpha_1 = 2215 \text{ N} \cdot \cos 55° = 1270 \text{ N}$
II. $F_{Ay} = F_2 + F_1 \sin\alpha_1 - F$
$F_{Ay} = 1127 \text{ N} + 2215 \text{ N} \cdot \sin 55° - 100 \text{ N} = 2841 \text{ N}$

$F_A = \sqrt{F_{Ax}^2 + F_{Ay}^2} = \sqrt{(1270 \text{ N})^2 + (2841 \text{ N})^2}$
$F_A = 3112 \text{ N}$

f) $M = F r l \dfrac{e^{\mu\alpha} - 1}{l_2 - l_1 e^{\mu\alpha}}$

$F = \dfrac{M(l_2 - l_1 e^{\mu\alpha})}{r l (e^{\mu\alpha} - 1)}$

$F = \dfrac{70 \text{ Nm}(90 \text{ mm} - 30 \text{ mm} \cdot 1{,}965)}{0{,}1 \text{ m} \cdot 350 \text{ mm} \cdot 0{,}965} = 64{,}4 \text{ N}$

Rollwiderstand (Rollreibung)

379.

a) Lageskizze

$\Sigma M_{(D)} = 0 = F_G \sin\alpha \cdot r - F_G \cos\alpha \cdot f$

$f = r \dfrac{F_G \sin\alpha}{F_G \cos\alpha} = r \tan\alpha = 50 \text{ mm} \cdot \tan 1{,}1° = 0{,}96 \text{ mm}$

b) $f = r \tan\alpha \Rightarrow \tan\alpha = \dfrac{f}{r}$

$\alpha = \arctan \dfrac{f}{r} = \arctan \dfrac{0{,}96 \text{ mm}}{25 \text{ mm}} = 2{,}199°$

380.

$F_S = F \dfrac{f}{r} = 2 \text{ kN} \cdot \dfrac{0{,}06 \text{ cm}}{20 \text{ cm}} = 0{,}006 \text{ kN} = 6 \text{ N}$

381.

a) Lageskizze

$F_G \cdot 2f = F \cdot 2r$

$F = F_G \dfrac{f}{r} = 3800 \text{ N} \cdot \dfrac{0{,}07 \text{ cm}}{1 \text{ cm}}$

$F = 266 \text{ N}$

b) Die Diskussion der Gleichung

$F = F_G \dfrac{f}{r}$

ergibt für einen kleineren Rollenradius r eine größere Verschiebekraft F.

382.
a) siehe Lösung 381 a)

$F_{roll} = F_G \dfrac{f}{r} = 4200 \text{ N} \cdot \dfrac{0,005 \text{ cm}}{0,6 \text{ cm}} = 35 \text{ N}$

b) $M = F_{roll} \dfrac{d}{2} = 35 \text{ N} \cdot 0,34 \text{ m} = 11,9 \text{ Nm}$

383.
a) $M_R = F_R \dfrac{d_1}{2} = F \mu \dfrac{d_1}{2} = 30000 \text{ N} \cdot 0,12 \cdot 0,025 \text{ m}$

$M_R = 90 \text{ Nm}$

b) $M_{roll} = F_{roll} \dfrac{d_1}{2} = F \dfrac{f}{r} \cdot \dfrac{d_1}{2}$

$M_{roll} = 30000 \text{ N} \cdot \dfrac{0,05 \text{ cm}}{0,5 \text{ cm}} \cdot 0,025 \text{ m} = 75 \text{ Nm}$

384.
a) Lageskizze

$\Sigma M_{(D)} = 0 = F \sin\alpha \, f + F \cos\alpha \, r - F_G \, f$

$F_G = F \dfrac{f \sin\alpha + r \cos\alpha}{f}$

$F_G = 500 \text{ N} \cdot \dfrac{5,4 \text{ cm} \cdot \sin 30° + 25 \text{ cm} \cdot \cos 30°}{5,4 \text{ cm}}$

$F_G = 2255 \text{ N}$

b) siehe Ansatzgleichung in Teillösung a)

$F \cos\alpha \, r = F_G \, f - F \sin\alpha \, f$

$r = f \dfrac{F_G - F \sin\alpha}{F \cos\alpha} = 5,4 \text{ cm} \cdot \dfrac{3000 \text{ N} - 500 \text{ N} \cdot \sin 30°}{500 \text{ N} \cdot \cos 30°}$

$r = 34,3 \text{ cm}$

$d = 2r = 686 \text{ mm}$

385.
a) Lageskizze   Krafteckskizze

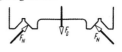

$F_N = F_G \sin 45° = 18 \text{ kN} \cdot \sin 45° = 12,73 \text{ kN}$

b) $F = 2 F_N \dfrac{f}{r} = 2 \cdot 12730 \text{ N} \cdot \dfrac{0,07 \text{ cm}}{1,8 \text{ cm}} = 990 \text{ N}$

4 Dynamik

Allgemeine Bewegungslehre

Übungen mit dem v,t-Diagramm

400.

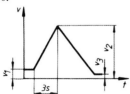

401.

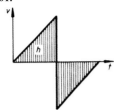

402.

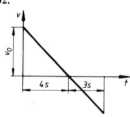

403.

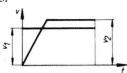

404.

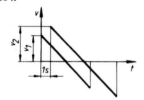

Gleichförmig geradlinige Bewegung

405.

$$v = \frac{\Delta s}{\Delta t} = \frac{1500 \text{ sm} \cdot 1{,}852 \frac{\text{km}}{\text{sm}}}{7 \cdot 24 \text{ h} + 19 \text{ h} + 0{,}2 \text{ h}}$$

$$v = 14{,}84 \frac{\text{km}}{\text{h}} = 4{,}122 \frac{\text{m}}{\text{s}}$$

(sm Seemeile)

406.

$$v = \frac{\Delta s}{\Delta t} = \frac{h}{\sin \alpha \, \Delta t} = \frac{40 \text{ m}}{\sin 60° \cdot 45 \text{ s}} = 1{,}026 \frac{\text{m}}{\text{s}}$$

407.

$$v = \frac{\Delta s}{\Delta t} = \frac{92 \text{ m}}{138 \text{ s}} = 0{,}6667 \frac{\text{m}}{\text{s}} = 40 \frac{\text{m}}{\text{min}}$$

408.

$$c = 2{,}998 \cdot 10^8 \frac{\text{m}}{\text{s}}$$

$$c = \frac{\Delta s}{\Delta t} \Rightarrow \Delta t = \frac{\Delta s}{c} = \frac{1{,}5 \cdot 10^9 \text{ m}}{2{,}998 \cdot 10^8 \frac{\text{m}}{\text{s}}} = 5{,}003 \text{ s}$$

409.

a) $v = \dfrac{\Delta s}{\Delta t} = \dfrac{1 \text{ m}}{12 \text{ min}} = 0{,}0833 \dfrac{\text{m}}{\text{min}}$

b) $\Delta t = \dfrac{\Delta s}{v} = \dfrac{3{,}75 \text{ m}}{0{,}0833 \frac{\text{m}}{\text{min}}} = 45 \text{ min}$

410.

$$\dot{V} = \frac{\pi d^2}{4} v \Rightarrow v = \frac{4\dot{V}}{\pi d^2}$$

($\dot{V}$ Volumenstrom, siehe Lehrbuch, Kap. 6.2.1)

$$v = \frac{4 \cdot 4{,}8 \cdot 10^2 \frac{\text{m}^3}{\text{h}}}{\pi (0{,}4 \text{ m})^2} = 3819{,}7 \frac{\text{m}}{\text{h}} = 1{,}061 \frac{\text{m}}{\text{s}}$$

411.

$$v = \frac{2\Delta s}{\Delta t} \Rightarrow \Delta s = \frac{v \Delta t}{2} = \frac{3 \cdot 10^5 \frac{\text{km}}{\text{s}} \cdot 200 \cdot 10^{-6} \text{ s}}{2}$$

$$\Delta s = 30 \text{ km}$$

412.

a) $V = A l = \dfrac{\pi d_B^2 \, l_B}{4} \Rightarrow l = \dfrac{\pi d_B^2 \, l_B}{4A}$

(l_B = Rohblocklänge)

$$l = \frac{\pi (30 \text{ cm})^2 \cdot 60 \text{ cm}}{4 \cdot 25 \text{ cm}^2} = 1696{,}5 \text{ cm} = 16{,}965 \text{ m}$$

b) $v = \dfrac{l}{\Delta t} \Rightarrow \Delta t = \dfrac{l}{v} = \dfrac{16{,}965 \text{ m}}{1{,}3 \, \frac{\text{m}}{\text{min}}} = 13{,}05 \text{ min}$

c) $v = \dfrac{l_B}{\Delta t} = \dfrac{0{,}6 \text{ m}}{13{,}05 \text{ min}} = 0{,}046 \, \dfrac{\text{m}}{\text{min}}$

413.

$$\frac{\pi d_2^2}{4} v_2 = \frac{\pi d_1^2}{4} v_1$$

$$v_2 = v_1 \frac{d_1^2}{d_2^2} = 2 \, \frac{\text{m}}{\text{s}} \cdot \left(\frac{2{,}5 \text{ mm}}{2 \text{ mm}}\right)^2 = 3{,}125 \, \frac{\text{m}}{\text{s}}$$

$$\frac{\pi d_3^2}{4} v_3 = \frac{\pi d_1^2}{4} v_1$$

$$v_3 = v_1 \frac{d_1^2}{d_3^2} = 2 \, \frac{\text{m}}{\text{s}} \cdot \left(\frac{2{,}5 \text{ mm}}{1{,}6 \text{ mm}}\right)^2 = 4{,}883 \, \frac{\text{m}}{\text{s}}$$

414.

a) $m = V \varrho = A l \varrho \Rightarrow l = \dfrac{m}{A \varrho}$

$$l = \frac{60\,000 \text{ kg}}{(0{,}11 \text{ m})^2 \cdot 7850 \, \frac{\text{kg}}{\text{m}^3}} = 631{,}7 \text{ m}$$

b) $v = \dfrac{l}{8 \Delta t} = \dfrac{631{,}7 \text{ m}}{8 \cdot 50 \text{ min}} = 1{,}579 \, \dfrac{\text{m}}{\text{min}}$

415.

In dieser Aufgabe werden zwei voneinander getrennte Bewegungsabläufe mit demselben Startpunkt beschrieben. Für jeden der beiden Bewegungsabläufe kann zunächst ein v,t-Diagramm skizziert werden. Anschließend werden beide v,t-Diagramme überlagert, um die Zusammenhänge beider Abläufe erkennen zu können.

Der Radfahrer bewegt sich mit konstanter Geschwindigkeit $v = 18$ km/h den gesamten Weg $\Delta s = 30$ km hinweg in der Zeit Δt_{ges}. Den Rastplatz erreicht der Radfahrer in der Zeit Δt_2. Der Mopedfahrer fährt mit der größeren konstanten Geschwindigkeit $v_2 = 30$ km/h und erreicht den Rastplatz nach der Zeit Δt_1. Dann macht er eine Pause, die genau so lange dauert, dass er nach der Weiterfahrt zum gleichen Zeitpunkt den Gesamtweg $\Delta s = 30$ km zurückgelegt hat wie der Radfahrer. Die Überlagerung beider v,t-Diagramme zeigt deutlich, dass der Radfahrer durch die geringere Geschindigkeit ($v_1 < v_2$) eine größere Zeit Δt_2 braucht ($\Delta t_2 > \Delta t_1$), um denselben Weg Δs_1 bis zum Rastplatz zurückzulegen.

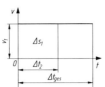

v,t-Diagramm des Radfahrers

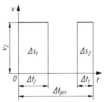

v,t-Diagramm des Mopedfahrers

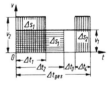

a) Die Zeit Δt_1, die der Mopedfahrer bis zum Rastplatz benötigt, lässt sich über die Weggleichung für den Weg Δs_1 ermitteln (Rechteckfläche im v,t-Diagramm). Umgestellt nach Δt_1 ergibt sich eine Zeit $\Delta t_1 = 40$ min.

$$\Delta s_1 = v_2 \Delta t_1$$

$$\Delta t_1 = \frac{\Delta s_1}{v_2} = \frac{20 \text{ km}}{30 \, \frac{\text{km}}{\text{h}}} = \frac{2}{3} \text{ h} = 40 \text{ min}$$

b) Auch die Zeit – jetzt Δt_2 – die der Radfahrer bis zum Rastplatz benötigt, lässt sich über die Weggleichung für den Weg Δs_1 ermitteln. Die Weggleichung umgestellt nach Δt_2 ergibt eine Fahrzeit $\Delta t_2 = 66{,}67$ min.

$$\Delta s_1 = v_1 \Delta t_2$$

$$\Delta t_2 = \frac{\Delta s_1}{v_1} = \frac{20 \text{ km}}{18 \, \frac{\text{km}}{\text{h}}} = 1{,}111 \text{ h} = 66{,}67 \text{ min}$$

c) Aus dem überlagerten v,t-Diagramm für den Moped- und den Radfahrer ergibt sich die noch mögliche Rastzeit Δt_3 des Mopedfahrers als Differenz aus der gesamten Fahrzeit Δt_{ges} minus der noch erforderlichen Zeit Δt_4 minus der bisherigen Fahrzeit Δt_2 des Radfahrers.

Die Zeit Δt_4 ergibt sich durch die Umstellung der Weggleichung Δs_2 für den Mopedfahrer zu $\Delta t_4 = 20$ min.

Die noch nicht bekannte Gesamtzeit Δt_{ges} wird – wieder durch Umstellung – aus der Weggleichung Δs_{ges} für den Radfahrer errechnet: $\Delta t_{ges} = 100$ min. Damit ergibt sich die noch mögliche Rastzeit für den Mopedfahrer: $\Delta t_3 = 13{,}33$ min.

$$\Delta t_3 = \Delta t_{ges} - \Delta t_2 - \Delta t_4$$

$$\Delta t_4 = \frac{\Delta s_2}{v_2} = \frac{10 \text{ km}}{30 \frac{\text{km}}{\text{h}}} = \frac{1}{3}\text{h} = 20 \text{ min}$$

$$\Delta t_{ges} = \frac{\Delta s_{ges}}{v_1} = \frac{30 \text{ km}}{18 \frac{\text{km}}{\text{h}}} = 1{,}667 \text{ h} = 100 \text{ min}$$

$$\Delta t_3 = 100 \text{ min} - 66{,}67 \text{ min} - 20 \text{ min} = 13{,}33 \text{ min}$$

416.

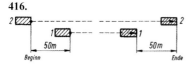

Wagen 2 muss in der Zeit Δt einen um $\Delta s = 2 \cdot 50$ m $= 100$ m längeren Weg zurücklegen.

$$\Delta s_2 = \Delta s_1 + \Delta s$$

$$v_2 \Delta t = v_1 \Delta t + \Delta s \Rightarrow \Delta t = \frac{\Delta s}{v_2 - v_1}$$

$$\Delta t = \frac{0{,}1 \text{ km}}{5 \frac{\text{km}}{\text{h}}} = 0{,}02 \text{ h} = 72 \text{ s}$$

Gleichmäßig beschleunigte oder verzögerte Bewegung

417.

$$\Delta s = \frac{\Delta v \cdot \Delta t}{2} = \frac{6 \frac{\text{m}}{\text{s}} \cdot 12 \text{ s}}{2} = 36 \text{ m}$$

418.

$$\Delta s = \frac{\Delta v \Delta t}{2} \Rightarrow \Delta t = \frac{2\Delta s}{\Delta v} = \frac{2 \cdot 100 \text{ m}}{10 \frac{\text{m}}{\text{s}}} = 20 \text{ s}$$

419.

$$a = \frac{\Delta v}{\Delta t} = \frac{18 \frac{\text{m}}{\text{min}}}{0{,}25 \text{ s}} = \frac{0{,}3 \frac{\text{m}}{\text{s}}}{0{,}25 \text{ s}}$$

$$a = 1{,}2 \frac{\text{m}}{\text{s}^2}$$

420.

I. $a = \frac{\Delta v}{\Delta t} = \frac{v_0}{\Delta t}$

II. $\Delta s = \frac{v_0 \Delta t}{2}$

a) I. $v_0 = a\Delta t = 3{,}3 \frac{\text{m}}{\text{s}^2} \cdot 8{,}8 \text{ s} = 29{,}04 \frac{\text{m}}{\text{s}} = 104{,}5 \frac{\text{km}}{\text{h}}$

b) I. in II. $\Delta s = \frac{a(\Delta t)^2}{2} = \frac{3{,}3 \frac{\text{m}}{\text{s}^2} \cdot (8{,}8 \text{ s})^2}{2} = 127{,}8 \text{ m}$

421.

I. $a = g = \frac{\Delta v}{\Delta t} = \frac{v_0}{\Delta t} \Rightarrow v_0 = g \Delta t$

II. $\Delta s = h = \frac{v_0 \Delta t}{2} \Rightarrow \Delta t = \frac{2h}{v_0}$

II. in I. $v_0 = g \frac{2h}{v_0} \Rightarrow v_0^2 = 2gh$

$$v_0 = \sqrt{2gh} = \sqrt{2 \cdot 9{,}81 \frac{\text{m}}{\text{s}^2} \cdot 30 \text{ m}} = 24{,}26 \frac{\text{m}}{\text{s}}$$

422.

$$a = \frac{\Delta v}{\Delta t} = \frac{v_t}{\Delta t}$$

$$\Delta t = \frac{v_t}{a} = \frac{70 \frac{\text{m}}{3{,}6 \text{ s}}}{0{,}18 \frac{\text{m}}{\text{s}^2}} = 108 \text{ s}$$

423.

v,t-Diagramm siehe Lösung 420.

I. $a = \frac{\Delta v}{\Delta t} = \frac{v_0}{\Delta t}$

II. $\Delta s = \frac{v_0 \Delta t}{2} \Rightarrow \Delta t = \frac{2\Delta s}{v_0}$

II. in I. $a = \frac{v_0^2}{2\Delta s} = \frac{1 \frac{\text{m}^2}{\text{s}^2}}{2 \cdot 0{,}5 \text{ m}} = 1 \frac{\text{m}}{\text{s}^2}$

424.

I. $a = \dfrac{\Delta v}{\Delta t} = \dfrac{v_0 - v_t}{\Delta t}$

II. $\Delta s = \dfrac{(v_0 + v_t)\Delta t}{2}$

a) II. $v_t = \dfrac{2\Delta s}{\Delta t} - v_0$

$v_t = \dfrac{2 \cdot 5 \text{ m}}{2,5 \text{ s}} - 3,167 \dfrac{\text{m}}{\text{s}} = 0,8333 \dfrac{\text{m}}{\text{s}} = 3 \dfrac{\text{km}}{\text{h}}$

b) II. in I. $a = \dfrac{v_0 - \left(\dfrac{2\Delta s}{\Delta t} - v_0\right)}{\Delta t} = \dfrac{2(v_0 \Delta t - \Delta s)}{(\Delta t)^2}$

$a = \dfrac{2\left(3,167 \dfrac{\text{m}}{\text{s}} \cdot 2,5 \text{ s} - 5 \text{ m}\right)}{(2,5 \text{ s})^2} = 0,9336 \dfrac{\text{m}}{\text{s}^2}$

425.

I. $a = g = \dfrac{\Delta v}{\Delta t} = \dfrac{v_t}{\Delta t}$

II. $h = \dfrac{v_t \Delta t}{2}$

a) I. $\Delta t = \dfrac{v_t}{g} = \dfrac{40 \dfrac{\text{m}}{\text{s}}}{9,81 \dfrac{\text{m}}{\text{s}^2}} = 4,077 \text{ s}$

b) II. $h = \dfrac{40 \dfrac{\text{m}}{\text{s}} \cdot 4,077 \text{ s}}{2} = 81,55 \text{ m}$

426.

I. $a = g = \dfrac{\Delta v}{\Delta t} = \dfrac{v_0}{\Delta t}$

II. $g = \dfrac{v_0 - v_t}{\Delta t_1}$

III. $h = \dfrac{v_0 \Delta t}{2}$

IV. $h_1 = \dfrac{(v_0 + v_t)\Delta t_1}{2}$

a) I. in III. $h = \dfrac{v_0^2}{2g} = \dfrac{\left(1200 \dfrac{\text{m}}{\text{s}}\right)^2}{2 \cdot 9,81 \dfrac{\text{m}}{\text{s}^2}} = 73395 \text{ m}$

b) I. $\Delta t = \dfrac{v_0}{g} = \dfrac{1200 \dfrac{\text{m}}{\text{s}}}{9,81 \dfrac{\text{m}}{\text{s}^2}} = 122,3 \text{ s}$

c) II. $v_t = v_0 - g\Delta t_1$ in IV. $h_1 = v_0 \Delta t_1 - \dfrac{g(\Delta t_1)^2}{2}$

$(\Delta t_1)^2 - \dfrac{2v_0}{g}\Delta t_1 + \dfrac{2h_1}{g} = 0$

$(\Delta t_1)^2 - 244,65 \text{ s} \cdot \Delta t_1 + 2038,74 \text{ s}^2 = 0$

Diese gemischt-quadratische Gleichung führt zu zwei Ergebnissen: $\Delta t_1 = 8,64$ s und $\Delta t_2 = 236$ s. Beide sind richtig, denn nach 8,64 s erreicht das Geschoss die Höhe von 10000 m beim Steigen, und nach 236 s befindet es sich beim Fallen wieder in 10000 m Höhe.

427.

I. $a = \dfrac{\Delta v}{\Delta t} = \dfrac{v_t - v_0}{\Delta t}$

II. $\Delta s = \dfrac{(v_0 + v_t)\Delta t}{2}$

a) Nach Δt auflösen und gleichsetzen:

I. = II. $\Delta t = \dfrac{v_t - v_0}{a} = \dfrac{2\Delta s}{v_0 + v_t}$

$v_t = \sqrt{v_0^2 + 2a\Delta s}$

$v_t = \sqrt{\left(\dfrac{30}{3,6} \dfrac{\text{m}}{\text{s}}\right)^2 + 2 \cdot 1,1 \dfrac{\text{m}}{\text{s}^2} \cdot 400 \text{ m}}$

$v_t = 30,81 \dfrac{\text{m}}{\text{s}} = 110,93 \dfrac{\text{km}}{\text{h}}$

b) I. $\Delta t = \dfrac{v_t - v_0}{a} = \dfrac{30,81 \dfrac{\text{m}}{\text{s}} - \dfrac{30}{3,6} \dfrac{\text{m}}{\text{s}}}{1,1 \dfrac{\text{m}}{\text{s}^2}} = 20,43 \text{ s}$

428.

v,t-Diagramm siehe Lösung 424.

I. $a = \dfrac{\Delta v}{\Delta t} = \dfrac{v_0 - v_t}{\Delta t}$

II. $\Delta s = \dfrac{(v_0 + v_t)\Delta t}{2}$

a) I. $\Delta t = \dfrac{v_0 - v_t}{a} = \dfrac{1,4 \dfrac{\text{m}}{\text{s}} - 0,3 \dfrac{\text{m}}{\text{s}}}{0,8 \dfrac{\text{m}}{\text{s}^2}} = 1,375 \text{ s}$

b) II. $l = \Delta s = \dfrac{\left(1,4 \dfrac{\text{m}}{\text{s}} + 0,3 \dfrac{\text{m}}{\text{s}}\right) 1,375 \text{ s}}{2} = 1,169 \text{ m}$

429.

v,t-Diagramm siehe Lösung 424.

I. $a = \dfrac{\Delta v}{\Delta t} = \dfrac{v_0 - v_t}{\Delta t}$

II. $\Delta s = \dfrac{(v_0 + v_t)\Delta t}{2}$

a) I. $a = \dfrac{v_0 - v_t}{\Delta t} = \dfrac{1{,}5\,\frac{m}{s} - 0{,}3\,\frac{m}{s}}{2{,}222\,s} = 0{,}54\,\dfrac{m}{s^2}$

b) II. $\Delta t = \dfrac{2\Delta s}{v_0 + v_t} = \dfrac{2 \cdot 2\,m}{1{,}5\,\frac{m}{s} + 0{,}3\,\frac{m}{s}} = 2{,}222\,s$

430.

I. $a = g = \dfrac{\Delta v}{\Delta t} = \dfrac{v_t}{\Delta t}$

II. $h = \dfrac{v_t \Delta t}{2}$

a) I. $v_t = g\Delta t$

I. in II. $h = \dfrac{g(\Delta t)^2}{2} \Rightarrow \Delta t = \sqrt{\dfrac{2h}{g}}$

$\Delta t = \sqrt{\dfrac{2 \cdot 45\,m}{9{,}81\,\frac{m}{s^2}}} = \sqrt{9{,}174\,s^2} = 3{,}029\,s$

b) I. $v_t = 9{,}81\,\dfrac{m}{s^2} \cdot 3{,}029\,s = 29{,}71\,\dfrac{m}{s}$

c) Nach der halben Fallzeit $\Delta t/2$ ist der Weg Δs_1 (senkrecht schraffiert) zurückgelegt. Die Höhe Δh über dem Boden entspricht der rechts davon liegenden Trapezfläche (waagerecht schraffiert).

III. $\Delta h = \dfrac{(v_t + 0{,}5v_t)}{2} \cdot \dfrac{\Delta t}{2} = \dfrac{1{,}5 v_t \Delta t}{4}$

$\Delta h = \dfrac{1{,}5 \cdot 29{,}71\,\frac{m}{s} \cdot 3{,}029\,s}{4} = 33{,}75\,m$

d) wie c) nach v,t-Diagramm

e) Nach Δt_1 ist der zurückgelegte Weg (Dreieck 0–A–B) gleich dem Abstand zum Boden (Trapez A–C–D–B).

$g = \dfrac{v_1}{\Delta t_1} \Rightarrow v_1 = g\Delta t_1$

$\dfrac{h}{2} = \dfrac{v_1 \Delta t_1}{2} \Rightarrow h = g(\Delta t_1)^2$

$\Delta t_1 = \sqrt{\dfrac{h}{g}} = \sqrt{\dfrac{45\,m}{9{,}81\,\frac{m}{s^2}}} = 2{,}142\,s$

431.

v,t-Diagramm siehe Lösung 427.

I. $a = g = \dfrac{\Delta v}{\Delta t} = \dfrac{v_t - v_0}{\Delta t} \Rightarrow v_0 = v_t - g\Delta t$

II. $\Delta s = \dfrac{(v_t + v_0)\Delta t}{2} \Rightarrow v_0 = \dfrac{2\Delta s}{\Delta t} - v_t$

a) I. = II. $v_t = \dfrac{\Delta s}{\Delta t} + \dfrac{g\Delta t}{2} = \dfrac{28\,m}{1{,}5\,s} + \dfrac{9{,}81\,\frac{m}{s^2} \cdot 1{,}5\,s}{2}$

$v_t = 26{,}02\,\dfrac{m}{s}$

b) I. $v_0 = v_t - g\Delta t = 26{,}02\,\dfrac{m}{s} - 9{,}81\,\dfrac{m}{s^2} \cdot 1{,}5\,s$

$v_0 = 11{,}31\,\dfrac{m}{s}$

432.

I. $a = g = \dfrac{\Delta v}{\frac{\Delta t}{2}} = \dfrac{2v_0}{\Delta t}$

II. $h = \dfrac{v_0 \Delta t}{4}$

a) I. $v_0 = \dfrac{g\Delta t}{2} = \dfrac{9{,}81\,\frac{m}{s^2} \cdot 8\,s}{2}$

$v_0 = 39{,}24\,\dfrac{m}{s}$

b) II. $h = \dfrac{39{,}24\,\frac{m}{s} \cdot 8\,s}{4} = 78{,}48\,m$

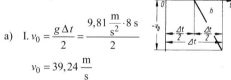

433.

I. $a = \dfrac{\Delta v}{\Delta t_1} \Rightarrow \Delta t_1 = \dfrac{v}{a}$

II. $\Delta s_{ges} = v\Delta t_{ges} - \Delta s_1 - \Delta s_3$

III. $\Delta s_1 = \dfrac{v\Delta t_1}{2}$

I. in III. $\Delta s_1 = \dfrac{v^2}{2a}$

II. $\Delta s_{ges} = v\Delta t_{ges} - \dfrac{v^2}{2a} - \Delta s_3$

$\dfrac{v^2}{2a} - v\Delta t_{ges} + \Delta s_{ges} + \Delta s_3 = 0$

$v^2 - 2a\Delta t_{ges} v + 2a(\Delta s_{ges} + \Delta s_3) = 0$

$v^2 - 144\,\dfrac{\text{m}}{\text{s}} \cdot v + 2200\,\dfrac{\text{m}^2}{\text{s}^2} = 0$

Lösungsformel (p, q-Formel) zur quadratischen Gleichung:

$\Delta v_{1,2} = \dfrac{144}{2}\dfrac{\text{m}}{\text{s}} \pm \sqrt{\left(\dfrac{144}{2}\dfrac{\text{m}}{\text{s}}\right)^2 - 2200\,\dfrac{\text{m}^2}{\text{s}^2}}$

$\Delta v_1 = 126{,}626\,\dfrac{\text{m}}{\text{s}} = 455{,}85\,\dfrac{\text{km}}{\text{h}}$ (nicht realistisch)

$\Delta v_2 = 17{,}374\,\dfrac{\text{m}}{\text{s}} = 62{,}55\,\dfrac{\text{km}}{\text{h}}$

434.

Vorüberlegung:

$\Delta t_{ges} = 3\Delta t + 2\Delta t_p$

$\Delta t = \dfrac{\Delta t_{ges} - 2\Delta t_p}{3}$

$\Delta t = \dfrac{60\,\text{min} - 6\,\text{min}}{3} = 18\,\text{min} = 1080\,\text{s}$

Teilstrecke $\Delta s = \dfrac{60\,\text{km}}{3} = 20\,\text{km}$

I. $a_1 = \dfrac{v}{\Delta t_1}$

II. $a_2 = \dfrac{v}{\Delta t_2}$

III. $\Delta s = v\Delta t - \Delta s_1 - \Delta s_2$

IV. $\Delta s_1 = \dfrac{v\Delta t_1}{2} = \dfrac{v^2}{2a_1}$

V. $\Delta s_2 = \dfrac{v\Delta t_2}{2} = \dfrac{v^2}{2a_2}$

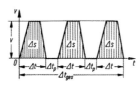

IV. und V. in III.: $\Delta s = v\Delta t - \dfrac{v^2}{2a_1} - \dfrac{v^2}{2a_2}$

$v^2\left(\dfrac{a_2 + a_1}{2a_1 a_2}\right) - v\Delta t + \Delta s = 0 \left|\cdot \dfrac{2a_1 a_2}{a_1 + a_2}\right.$

$v^2 - \dfrac{2\Delta t\, a_1 a_2}{a_1 + a_2} v + \dfrac{2a_1 a_2 \Delta s}{a_1 + a_2} = 0$

$v^2 - 243\,\dfrac{\text{m}}{\text{s}}\,v + 4500\,\dfrac{\text{m}^2}{\text{s}^2} = 0$

Lösungsformel (p, q-Formel) zur quadratischen Gleichung:

$\Delta v_{1,2} = \dfrac{243}{2}\dfrac{\text{m}}{\text{s}} \pm \sqrt{\left(\dfrac{243}{2}\dfrac{\text{m}}{\text{s}}\right)^2 - 4500\,\dfrac{\text{m}^2}{\text{s}^2}}$

$\Delta v_1 = 222{,}8\,\dfrac{\text{m}}{\text{s}} = 802{,}08\,\dfrac{\text{km}}{\text{h}}$ (nicht realistisch)

$\Delta v_2 = 20{,}2\,\dfrac{\text{m}}{\text{s}} = 72{,}72\,\dfrac{\text{km}}{\text{h}}$

435.

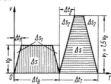

I. $a = \dfrac{\Delta v}{\Delta t} = \dfrac{v_B}{\Delta t_1} \Rightarrow \Delta t_1 = \dfrac{v_B}{a}$

II. $\Delta s = v_B \Delta t_B - 2\Delta s_1$

III. $\Delta s_1 = \dfrac{v_B \Delta t_1}{2}$ I. in III. $\Delta s_1 = \dfrac{v_B^2}{2a}$

a) III. in II. $\Delta s = v_B \Delta t_B - \dfrac{v_B^2}{a}$

$\Delta t_B = \dfrac{\Delta s + \dfrac{v_B^2}{a}}{v_B} = \dfrac{\Delta s}{v_B} + \dfrac{v_B}{a}$

$\Delta t_B = \dfrac{200\,\text{m}}{1\,\dfrac{\text{m}}{\text{s}}} + \dfrac{1\,\dfrac{\text{m}}{\text{s}}}{0{,}1\,\dfrac{\text{m}}{\text{s}^2}} = 210\,\text{s}$

b) Talfahrt entspricht der rechten Trapezfläche, Auswertung erfolgt in gleicher Weise:

$\Delta s_2 = \dfrac{v_T^2}{2a}$ $\Delta s = v_T \Delta t_T - 2\Delta s_2 = v_T \Delta t_T - \dfrac{v_T^2}{a}$

$\Delta t_T = \dfrac{\Delta s}{v_T} + \dfrac{v_T}{a} = \dfrac{200\,\text{m}}{1{,}5\,\dfrac{\text{m}}{\text{s}}} + \dfrac{1{,}5\,\dfrac{\text{m}}{\text{s}}}{0{,}1\,\dfrac{\text{m}}{\text{s}^2}} = 148{,}3\,\text{s}$

436.

I. $a = \dfrac{\Delta v}{\Delta t} = \dfrac{v_2}{\Delta t_2} \Rightarrow \Delta t_2 = \dfrac{v_2}{a}$

II. $\Delta s_1 = v_1 \Delta t$

III. $\Delta s_2 = v_2 \Delta t - \Delta s_3$

Die Wege Δs_1 (Rechteck) und Δs_2 (Trapez) sind gleich groß.

IV. $\Delta s_3 = \dfrac{v_2 \Delta t}{2} = \dfrac{v_2^2}{2a}$ (Dreieck 0–A–B)

a) IV. in III. $\Delta s_2 = v_2 \Delta t - \dfrac{v_2^2}{2a}$

II. = III. $v_1 \Delta t = v_2 \Delta t - \dfrac{v_2^2}{2a}$

$\Delta t = \dfrac{v_2^2}{2a(v_2 - v_1)}$

$\Delta t = \dfrac{\left(55{,}56\,\dfrac{\text{m}}{\text{s}}\right)^2}{2 \cdot 3{,}8\,\dfrac{\text{m}}{\text{s}^2}\left(55{,}56\,\dfrac{\text{m}}{\text{s}} - 50\,\dfrac{\text{m}}{\text{s}}\right)} = 73{,}1\,\text{s}$

b) II. $\Delta s_1 = \Delta s_2 = v_1 \Delta t = 50\,\dfrac{\text{m}}{\text{s}} \cdot 73{,}1\,\text{s} = 3655\,\text{m}$

437.

I. $a = \dfrac{\Delta v}{\Delta t} = \dfrac{v}{\Delta t_2} \Rightarrow \Delta t_2 = \dfrac{v}{a}$

II. $\Delta s = v \Delta t_1 + \dfrac{v \Delta t_2}{2}$

I. in II. $\Delta s = v \Delta t_1 + \dfrac{v^2}{2a}$

$v^2 + 2a \Delta t_1 v - 2a \Delta s = 0$

$v^2 + 6{,}12\,\dfrac{\text{m}}{\text{s}} v - 408\,\dfrac{\text{m}^2}{\text{s}^2} = 0$

Lösungsformel (p, q-Formel) zur quadratischen Gleichung:

$\Delta v_{1,2} = -\dfrac{6{,}12}{2}\,\dfrac{\text{m}}{\text{s}} \pm \sqrt{\left(\dfrac{6{,}12}{2}\,\dfrac{\text{m}}{\text{s}}\right)^2 + 408\,\dfrac{\text{m}^2}{\text{s}^2}}$

$\Delta v_1 = 17{,}37\,\dfrac{\text{m}}{\text{s}} = 62{,}53\,\dfrac{\text{km}}{\text{h}}$

$\Delta v_2 = -23{,}49\,\dfrac{\text{m}}{\text{s}}$ (nicht möglich)

438.

I. $a = \dfrac{\Delta v}{\Delta t} = \dfrac{v_2 - v_1}{\Delta t_2}$

II. $\Delta s_1 = v_1 \Delta t_1$

III. $\Delta s_3 = \dfrac{(v_2 - v_1)\Delta t_2}{2}$

IV. $\Delta s_2 = v_2 \Delta t_1 - \Delta s_3$

a) II. $\Delta t_1 = \dfrac{\Delta s_1}{v_1} = \dfrac{125\,\text{m}}{20\,\dfrac{\text{m}}{\text{s}}} = 6{,}25\,\text{s}$

b) I. $\Delta t_2 = \dfrac{v_2 - v_1}{a}$ in III. $\Delta s_3 = \dfrac{(v_2 - v_1)^2}{2a}$

III. = IV. $\Delta s_3 = \dfrac{(v_2 - v_1)^2}{2a} = v_2 \Delta t_1 - \Delta s_2$

$a = \dfrac{(v_2 - v_1)^2}{2(v_2 \Delta t_1 - \Delta s_2)} = \dfrac{\left(5\,\dfrac{\text{m}}{\text{s}}\right)^2}{2\left(25\,\dfrac{\text{m}}{\text{s}} \cdot 6{,}25\,\text{s} - 150\,\text{m}\right)}$

$a = 2\,\dfrac{\text{m}}{\text{s}^2}$

439.

I. $a_2 = \dfrac{\Delta v}{\Delta t} = \dfrac{v_2 - v_1}{\Delta t_2}$

II. $a_3 = \dfrac{\Delta v}{\Delta t} = \dfrac{v_2 - v_3}{\Delta t_3}$

III. $\Delta s_1 = v_1 \Delta t_1$

IV. $\Delta s_2 = \dfrac{v_1 + v_2}{2} \Delta t_2$

V. $\Delta s_3 = \dfrac{v_2 + v_3}{2} \Delta t_3$

a) I. $\Delta t_2 = \dfrac{v_2 - v_1}{a_2}$

in IV. $\Delta s_2 = \dfrac{(v_2 + v_1)(v_2 - v_1)}{2a_2} = \dfrac{v_2^2 - v_1^2}{2a_2}$

$v_2 = \sqrt{2a_2 \Delta s_2 + v_1^2} = \sqrt{2 \cdot 2\,\dfrac{\text{m}}{\text{s}^2} \cdot 7\,\text{m} + \left(1{,}2\,\dfrac{\text{m}}{\text{s}}\right)^2}$

$v_2 = 5{,}426\,\dfrac{\text{m}}{\text{s}}$

b) II. $\Delta t_3 = \dfrac{v_2 - v_3}{a_3}$

in V. $\Delta s_3 = \dfrac{(v_2 + v_3)(v_2 - v_3)}{2a_3} = \dfrac{v_2^2 - v_3^2}{2a_3}$

$\Delta s_3 = \dfrac{\left(5{,}426\,\dfrac{\text{m}}{\text{s}}\right)^2 - \left(0{,}2\,\dfrac{\text{m}}{\text{s}}\right)^2}{2 \cdot 3\,\dfrac{\text{m}}{\text{s}^2}} = 4{,}9\,\text{m}$

c) $\Delta t = \Delta t_1 + \Delta t_2 + \Delta t_3$

III. $\Delta t_1 = \dfrac{\Delta s_1}{v_1} = \dfrac{36\,\text{m}}{1{,}2\,\dfrac{\text{m}}{\text{s}}} = 30\,\text{s}$

4 Dynamik

I. $\Delta t_2 = \dfrac{v_2 - v_1}{a_2} = \dfrac{5{,}426\,\frac{m}{s} - 1{,}2\,\frac{m}{s}}{2\,\frac{m}{s^2}} = 2{,}113\,s$

II. $\Delta t_3 = \dfrac{v_2 - v_3}{a_3} = \dfrac{5{,}426\,\frac{m}{s} - 0{,}2\,\frac{m}{s}}{3\,\frac{m}{s^2}} = 1{,}742\,s$

$\Delta t = 30\,s + 2{,}113\,s + 1{,}742\,s = 33{,}855\,s$

440.

Abstand $l = \Delta s_2 - \Delta s_1$

Bremsweg Δs_1 (Fläche 0–A–D):

I. $a_1 = \dfrac{\Delta v}{\Delta t} = \dfrac{v}{\Delta t_1} \;\Rightarrow\; \Delta t_1 = \dfrac{v}{a_1}$

II. $\Delta s_1 = \dfrac{v\,\Delta t_1}{2} = \dfrac{v^2}{2\,a_1} = \dfrac{\left(16{,}67\,\frac{m}{s}\right)^2}{2 \cdot 5\,\frac{m}{s^2}} = 27{,}78\,m$

Bremsweg Δs_2 (Fläche 0–B–C–D):

I. $a_2 = \dfrac{\Delta v}{\Delta t} = \dfrac{v}{\Delta t_2} \;\Rightarrow\; \Delta t_2 = \dfrac{v}{a_2}$

II. $\Delta s_2 = v\,\Delta t_3 + \dfrac{v\,\Delta t_2}{2}$

I. in II. $\Delta s_2 = v\,\Delta t_3 + \dfrac{v^2}{2\,a_2}$

$\Delta s_2 = 16{,}67\,\dfrac{m}{s} \cdot 1\,s + \dfrac{\left(16{,}67\,\frac{m}{s}\right)^2}{2 \cdot 3{,}5\,\frac{m}{s^2}} = 56{,}37\,m$

$l = \Delta s_2 - \Delta s_1 = 56{,}37\,m - 27{,}78\,m = 28{,}59\,m$

441.

I. $a_1 = g = \dfrac{\Delta v}{\Delta t} = \dfrac{v_t}{\Delta t_1}$

II. $a_2 = \dfrac{v_t}{\Delta t_2}$

III. $\Delta s_1 = \dfrac{v_t\,\Delta t_1}{2}$

IV. $\Delta s_2 = \dfrac{v_t\,\Delta t_2}{2}$

V. $\Delta s_2 = h - \Delta s_1$; Summe beider Wege = Fallhöhe h

I. $\Delta t_1 = \dfrac{v_t}{g}$ in III. $\Delta s_1 = \dfrac{v_t^2}{2g}$ in V. einsetzen

V. $\Delta s_2 = h - \dfrac{v_t^2}{2g}$ v_t^2 durch II. und IV. ersetzen

II. $\Delta t_2 = \dfrac{v_t}{a_2}$ in IV. $\Delta s_2 = \dfrac{v_t^2}{2\,a_2} \;\Rightarrow\; v_t^2 = 2\,a_2\,\Delta s_2$

in V. einsetzen:

V. $\Delta s_2 = h - \dfrac{2\,a_2\,\Delta s_2}{2g} \;\Rightarrow\; \Delta s_2\left(1 + \dfrac{a_2}{g}\right) = h$

$\Delta s_2 = \dfrac{h}{1 + \dfrac{a_2}{g}} = \dfrac{18\,m}{1 + \dfrac{40\,\frac{m}{s^2}}{9{,}81\,\frac{m}{s^2}}} = 3{,}545\,m$

442.

I.	$g = \dfrac{v_0}{\Delta t_1}$	×		×	
II.	$g = \dfrac{v_t - v_0}{\Delta t_2}$		×	×	×
III.	$\Delta s_1 = \dfrac{v_0\,\Delta t_1}{2}$	×		×	×
IV.	$\Delta s_2 = \dfrac{v_0 + v_t}{2}\,\Delta t_2$		×	×	×
V.	$\Delta t = 2\,\Delta t_1 + \Delta t_2$	×	×		
5 Unbekannte:		Δt_1	Δt_2	v_0	v_t	Δs_1

Die Tabelle zeigt, dass II. und IV. die gleichen Variablen enthalten und dass v_0 am häufigsten (in I., II., III. und IV.) auftritt.

Folgerung: II. und IV. müssen übrigbleiben, nachdem Δt_2 mit Hilfe der anderen Gleichungen substituiert wurde. Als erste Variable ist v_0 zu bestimmen. III. kann zunächst nicht verwendet werden, da sie die Variable Δs_1 enthält, die in keiner anderen Gleichung auftritt.

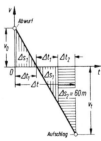

I. $\Delta t_1 = \dfrac{v_0}{g}$ in V. einsetzen:

V. $\Delta t = \dfrac{2\,v_0}{g} + \Delta t_2 \;\Rightarrow\; \Delta t_2 = \Delta t - \dfrac{2\,v_0}{g}$

in II. und IV. einsetzen:

II. $g = \dfrac{v_t - v_0}{\Delta t - \dfrac{2\,v_0}{g}} \;\Rightarrow\; v_t = g\,\Delta t - v_0$ in IV. einsetzen

IV. $\Delta s_2 = \dfrac{v_0 + g\Delta t - v_0}{2}\left(\Delta t - \dfrac{2v_0}{g}\right)$

$\Delta s_2 = \dfrac{g\Delta t}{2}\left(\Delta t - \dfrac{2v_0}{g}\right) = \dfrac{g\Delta t^2}{2} - v_0\Delta t$

a) IV. $v_0 = \dfrac{g\Delta t}{2} - \dfrac{\Delta s_2}{\Delta t} = \dfrac{9{,}81\,\frac{\text{m}}{\text{s}^2}\cdot 6\,\text{s}}{2} - \dfrac{60\,\text{m}}{6\,\text{s}}$

$v_0 = 19{,}43\,\dfrac{\text{m}}{\text{s}}$

b) II. $v_t = g\Delta t - v_0 = 9{,}81\,\dfrac{\text{m}}{\text{s}^2}\cdot 6\,\text{s} - 19{,}43\,\dfrac{\text{m}}{\text{s}}$

$v_t = 39{,}43\,\dfrac{\text{m}}{\text{s}}$

c) $h = \Delta s_1 + \Delta s_2$

III. $\Delta s_1 = \dfrac{v_0^2}{2g} = \dfrac{\left(19{,}43\,\frac{\text{m}}{\text{s}}\right)^2}{2\cdot 9{,}81\,\frac{\text{m}}{\text{s}^2}} = 19{,}24\,\text{m}$

$h = 19{,}24\,\text{m} + 60\,\text{m} = 79{,}24\,\text{m}$

443.
Steigen:

I. $g = \dfrac{\Delta v}{\Delta t} = \dfrac{v_0}{\Delta t_1}$

II. $\Delta s_1 = \dfrac{v_0\,\Delta t_1}{2}$

a) I. $\Delta t_1 = \dfrac{v_0}{g} = \dfrac{4\,\frac{\text{m}}{\text{s}}}{9{,}81\,\frac{\text{m}}{\text{s}^2}}$

$\Delta t_1 = 0{,}4077\,\text{s}$

II. $\Delta s_1 = \dfrac{4\,\frac{\text{m}}{\text{s}}\cdot 0{,}4077\,\text{s}}{2} = 0{,}8155\,\text{m}$

Fallen:

b) $g = \dfrac{\Delta v}{\Delta t} = \dfrac{v_t}{\Delta t_2 - \Delta t_1}$

$v_t = g(\Delta t_2 - \Delta t_1) = 9{,}81\,\dfrac{\text{m}}{\text{s}^2}(0{,}5\,\text{s} - 0{,}4077\,\text{s})$

$v_t = 0{,}905\,\dfrac{\text{m}}{\text{s}}$ (abwärts)

c) $\Delta s_2 = \dfrac{v_t(\Delta t_2 + \Delta t_3 - \Delta t_1)}{2} = \dfrac{0{,}905\,\frac{\text{m}}{\text{s}}\cdot 0{,}3423\,\text{s}}{2}$

$\Delta s_2 = 0{,}1549\,\text{m}$

Waagerechter Wurf

444.

I. $g = \dfrac{\Delta v}{\Delta t} = \dfrac{v_y}{\Delta t}$

II. $h = \dfrac{v_y\,\Delta t}{2}$

III. $s_x = v_x\,\Delta t$

a) III. $\Delta t = \dfrac{s_x}{v_x}$ in I. und II. eingesetzt:

I. $v_y = \dfrac{g\,s_x}{v_x}$

II. $h = \dfrac{v_y\,s_x}{2v_x}$

I. in II. $h = \dfrac{g\,s_x^2}{2v_x^2} = \dfrac{g}{2}\left(\dfrac{s_x}{v_x}\right)^2$

$h = \dfrac{9{,}81\,\frac{\text{m}}{\text{s}^2}}{2}\cdot\left(\dfrac{100\,\text{m}}{500\,\frac{\text{m}}{\text{s}}}\right)^2 = 0{,}1962\,\text{m}$

b) $h' = \dfrac{g}{2}\left(\dfrac{s_x}{2v_x}\right)^2 = \dfrac{g}{8}\left(\dfrac{s_x}{v_x}\right)^2 = \dfrac{1}{4}h = 0{,}049\,\text{m}$

Der Abstand h' beträgt nur noch ein Viertel des vorher berechneten Abstands h.

445.

I. $g = \dfrac{\Delta v}{\Delta t} = \dfrac{v_y}{\Delta t}$

II. $h = \dfrac{v_y\,\Delta t}{2}$

III. $s_x = v_x\,\Delta t$

I. in II. $v_y = g\Delta t = \dfrac{2h}{\Delta t} \Rightarrow \Delta t = \sqrt{\dfrac{2h}{g}}$

a) III. $s_x = v_x\,\Delta t = v_x\sqrt{\dfrac{2h}{g}} = 2\,\dfrac{\text{m}}{\text{s}}\cdot\sqrt{\dfrac{2\cdot 4\,\text{m}}{9{,}81\,\frac{\text{m}}{\text{s}^2}}}$

$s_x = 1{,}806\,\text{m}$

b) $l_2 = l_1 - s_x = 4\,\text{m} - 1{,}806\,\text{m} = 2{,}194\,\text{m}$

446.

I. $g = \dfrac{\Delta v}{\Delta t} = \dfrac{v_y}{\Delta t} \Rightarrow v_y = g\,\Delta t$

II. $h = \dfrac{v_y \Delta t}{2}$

III. $s_x = v_x \Delta t$

I. in II. $h = \dfrac{g(\Delta t)^2}{2} \Rightarrow \Delta t = \sqrt{\dfrac{2h}{g}}$

a) III. $s_x = v_x \sqrt{\dfrac{2h}{g}} = \dfrac{250\text{ m}}{3{,}6\text{ s}} \cdot \sqrt{\dfrac{2 \cdot 50\text{ m}}{9{,}81\,\dfrac{\text{m}}{\text{s}^2}}} = 221{,}7\text{ m}$

b) I. $v_y = g\,\Delta t = g\sqrt{\dfrac{2h}{g}} = \sqrt{2gh}$

$v_y = \sqrt{2 \cdot 9{,}81\,\dfrac{\text{m}}{\text{s}^2} \cdot 50\text{ m}} = 31{,}32\,\dfrac{\text{m}}{\text{s}}$

$v = \sqrt{v_x^2 + v_y^2} = \sqrt{\left(69{,}44\,\dfrac{\text{m}}{\text{s}}\right)^2 + \left(31{,}32\,\dfrac{\text{m}}{\text{s}}\right)^2}$

$v = 76{,}18\,\dfrac{\text{m}}{\text{s}} = 274{,}25\,\dfrac{\text{km}}{\text{h}}$

$\tan\alpha = \dfrac{v_y}{v_x} = \dfrac{31{,}32\,\dfrac{\text{m}}{\text{s}}}{69{,}44\,\dfrac{\text{m}}{\text{s}}} = 0{,}4510 \Rightarrow \alpha = 24{,}28°$

447.

v,t-Diagramm siehe Lösung 445.

I. $g = \dfrac{\Delta v}{\Delta t} = \dfrac{v_y}{\Delta t}$

II. $h = \dfrac{v_y \Delta t}{2}$

III. $s_x = v_x \Delta t$

Δt in III. durch I. und II. ersetzen:

I. $v_y = g\,\Delta t$ II. $v_y = \dfrac{2h}{\Delta t}$

I. = II. $g\,\Delta t = \dfrac{2h}{\Delta t} \Rightarrow \Delta t = \sqrt{\dfrac{2h}{g}}$

a) III. $v_x = \dfrac{s_x}{\Delta t} = \dfrac{s_x}{\sqrt{\dfrac{2h}{g}}} = s_x\sqrt{\dfrac{g}{2h}}$

$v_x = 0{,}6\text{ m} \cdot \sqrt{\dfrac{9{,}81\,\dfrac{\text{m}}{\text{s}^2}}{2 \cdot 1\text{ m}}} = 1{,}329\,\dfrac{\text{m}}{\text{s}}$

b) $v_x = \sqrt{2gh_2} \Rightarrow h_2 = \dfrac{v_x^2}{2g} = \dfrac{\left(1{,}329\,\dfrac{\text{m}}{\text{s}}\right)^2}{2 \cdot 9{,}81\,\dfrac{\text{m}}{\text{s}^2}}$

$h_2 = 0{,}09\text{ m} = 9\text{ cm}$

Schräger Wurf

448.

I. $g = \dfrac{\Delta v}{\Delta t} = \dfrac{v_{y0}}{\dfrac{\Delta t}{2}} = \dfrac{2v_{y0}}{\Delta t}$

II. $s = v_x \Delta t$

gleiche Zeit Δt für beide Bewegungen.

I. $\Delta t = \dfrac{2v_{y0}}{g}$ II. $\Delta t = \dfrac{s}{v_x}$

I. = II. $\dfrac{2v_{y0}}{g} = \dfrac{s}{v_x}$ $\left.\begin{array}{l} v_x = v_0 \cos\alpha \\ v_{y0} = v_0 \sin\alpha \end{array}\right\}$ einsetzen

$2v_0^2 \sin\alpha \cos\alpha = g s$ III. $2\sin\alpha\cos\alpha = \sin 2\alpha$

III. in I. = II. $\sin 2\alpha = \dfrac{g s}{v_0^2}$

$2\alpha = \arcsin\left(\dfrac{g s}{v_0^2}\right) = \arcsin\left(\dfrac{9{,}81\,\dfrac{\text{m}}{\text{s}^2} \cdot 5\text{ m}}{225\,\dfrac{\text{m}^2}{\text{s}^2}}\right)$

$2\alpha = \arcsin 0{,}218 = 12{,}6°$ und $167{,}4°$

$\alpha = 6{,}3°$ und $\alpha_2 = 83{,}7°$

Lösung ist $\alpha_2 = 83{,}7°$, der kleinere Winkel ist die zweite Lösung der goniometrischen Gleichung, aber keine Lösung des physikalischen Problems.

449.

$s_{\max} = \dfrac{v_0^2 \sin 2\alpha}{g}$

$v_0 = \sqrt{\dfrac{g\, s_{\max}}{\sin 2\alpha}} = \sqrt{\dfrac{9{,}81\,\dfrac{\text{m}}{\text{s}^2} \cdot 90\text{ m}}{\sin 80°}} = 29{,}94\,\dfrac{\text{m}}{\text{s}}$

450.

$l_1 = s_x - l_2$

$l_2 = \dfrac{h}{\tan \alpha} = 1455{,}88 \text{ m}$

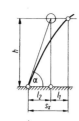

I. $g = \dfrac{\Delta v}{\Delta t} = \dfrac{v_{y0} - v_y}{\Delta t}$

II. $h = \dfrac{v_{y0} + v_y}{2} \Delta t$

III. $s_x = v_x \Delta t$

I. = II. $v_y = v_{y0} - g \Delta t = \dfrac{2h}{\Delta t} - v_{y0}$

$(\Delta t)^2 - \dfrac{2 v_{y0}}{g} \Delta t + \dfrac{2h}{g} = 0$

$\Delta t = \dfrac{v_{y0}}{g} - \sqrt{\left(\dfrac{v_{y0}}{g}\right)^2 - \dfrac{2h}{g}} = \dfrac{v_{y0} - \sqrt{v_{y0}^2 - 2gh}}{g}$

in III. eingesetzt:

III. $s_x = \dfrac{v_0 \cos \alpha}{g} \left(v_0 \sin \alpha - \sqrt{v_0^2 \sin^2 \alpha - 2gh} \right)$

$s_x = \dfrac{600 \,\frac{\text{m}}{\text{s}} \cdot \cos 70°}{9{,}81 \,\frac{\text{m}}{\text{s}^2}} \cdot \Bigg(600 \,\frac{\text{m}}{\text{s}} \cdot \sin 70° -$

$\quad -\sqrt{\left(600 \,\frac{\text{m}}{\text{s}}\right)^2 \cdot \sin^2 70° - 2 \cdot 9{,}81 \,\frac{\text{m}}{\text{s}^2} \cdot 4000 \text{ m}} \,\Bigg)$

$s_x = 1558{,}9 \text{ m}$

$l_1 = s_x - l_2 = 1558{,}9 \text{ m} - 1455{,}88 \text{ m} = 103 \text{ m}$

451.

a) $s_x = v_x \Delta t_{ges} = v_0 \cos \alpha \, \Delta t_{ges}$

$s_x = 100 \,\dfrac{\text{m}}{\text{s}} \cdot \cos 60° \cdot 15 \text{ s}$

$s_x = 750 \text{ m}$

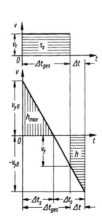

b)

		×		×	
I.	$g = \dfrac{\Delta v}{\Delta t} = \dfrac{v_{y0}}{\Delta t_s}$	×		×	
II.	$g = \dfrac{v_{y0} - v_y}{\Delta t}$	×	×		×
III.	$h = \dfrac{(v_{y0} + v_y)\Delta t}{2}$	×	×	×	×
IV.	$v_{y0} = v_0 \sin \alpha$	×			
V.	$\Delta t_{ges} + \Delta t = 2\Delta t_s$			×	×
5 Unbekannte:		v_{y0}	v_y	h	Δt_s	Δt

Zielgröße h ist nur in III. enthalten: Hauptgleichung; weitere unbekannte Größen mit Hilfe der anderen Gleichungen ausdrücken. IV. enthält nur v_{y0} und kann in I., II. und III. eingesetzt werden. V. liefert mit I. einen Ausdruck für Δt, der in II. und III. eingesetzt wird.

I. $\Delta t_s = \dfrac{v_0 \sin \alpha}{g}$ in V.: $\Delta t = 2 \Delta t_s - \Delta t_{ges}$

$\Delta t = \dfrac{2 v_0 \sin \alpha}{g} - \Delta t_{ges}$ in II., III. einsetzen:

II. $v_y = v_0 \sin \alpha - g \Delta t = v_0 \sin \alpha - g \left(\dfrac{2 v_0 \sin \alpha}{g} - \Delta t_{ges} \right)$

$v_y = g \Delta t_{ges} - v_0 \sin \alpha$ in III. einsetzen:

III. $h = \dfrac{v_0 \sin \alpha + g \Delta t_{ges} - v_0 \sin \alpha}{2} \cdot \left(\dfrac{2 v_0 \sin \alpha}{g} - \Delta t_{ges} \right)$

$h = v_0 \sin \alpha \, \Delta t_{ges} - \dfrac{g}{2} (\Delta t_{ges})^2$

$h = 100 \,\dfrac{\text{m}}{\text{s}} \cdot \sin 60° \cdot 15 \text{ s} - \dfrac{9{,}81 \,\frac{\text{m}}{\text{s}^2} \cdot (15 \text{ s})^2}{2}$

$h = 195{,}4 \text{ m}$

Gleichförmige Drehbewegung

453.

$v_u = \pi d n = \pi \cdot 0{,}035 \text{ m} \cdot 2800 \text{ min}^{-1} = 307{,}9 \,\dfrac{\text{m}}{\text{min}}$

$v_u = 5{,}131 \,\dfrac{\text{m}}{\text{s}}$

454.

$v_u = 2\pi r n \quad n = \dfrac{z}{\Delta t} = \dfrac{1}{24 \text{ h}} = \dfrac{1}{24 \cdot 3600 \text{ s}}$

$v_u = 2\pi \cdot 6{,}371 \cdot 10^6 \text{ m} \cdot \dfrac{1}{24 \cdot 3600 \text{ s}} = 463{,}3 \,\dfrac{\text{m}}{\text{s}}$

455.

$v_u = \pi d n = \pi \cdot 1{,}65 \text{ m} \cdot 3000 \text{ min}^{-1} = 15550{,}9 \dfrac{\text{m}}{\text{min}}$

$v_u = 259{,}2 \dfrac{\text{m}}{\text{s}}$

456.

a) Die Umfangsgeschwindigkeit v_u ist gleich der Mittelpunktsgeschwindigkeit v_M:

$v_u = v_M = 25 \dfrac{\text{km}}{\text{h}} = 25 \cdot \dfrac{10^3 \text{ m}}{3{,}6 \cdot 10^3 \text{ s}} = 6{,}944 \dfrac{\text{m}}{\text{s}}$

b) $v_u = 2\pi r n = \pi d n \quad 1'' = 25{,}4 \text{ mm} = 0{,}0254 \text{ m}$

$n = \dfrac{v_u}{\pi d} = \dfrac{6{,}944 \dfrac{\text{m}}{\text{s}}}{\pi \cdot 28'' \cdot \dfrac{0{,}0254 \text{ m}}{1''}} = 3{,}108 \dfrac{1}{\text{s}} = 186{,}5 \text{ min}^{-1}$

457.

$v_u = \dfrac{\pi d n}{1000} \Rightarrow d = \dfrac{1000 v}{\pi n} = \dfrac{1000 \cdot 37}{\pi \cdot 250} \text{ mm} = 47{,}11 \text{ mm}$

458.

$v_u = \dfrac{\pi d n}{60000} \Rightarrow d = \dfrac{60000 v}{\pi n} = \dfrac{60000 \cdot 40}{\pi \cdot 2800} \text{ mm}$

$d = 272{,}8 \text{ mm}$

459.

a) $V_{\text{nutz}} = 2 V_{\text{teil}}$

$\dfrac{\pi s}{4}(d_a^2 - d_i^2) = 2 \dfrac{\pi s}{4}(d_m^2 - d_i^2)$

$d_m = \sqrt{\dfrac{d_a^2 + d_i^2}{2}} = \sqrt{\dfrac{(400 \text{ mm})^2 + (180 \text{ mm})^2}{2}}$

$d_m = 310 \text{ mm}$

b) $v = \dfrac{\pi d n}{60000}$

$n_1 = \dfrac{60000 v}{\pi d_a} = \dfrac{60000 \cdot 30}{\pi \cdot 400} \text{ min}^{-1} = 1432 \text{ min}^{-1}$

$n_2 = \dfrac{60000 v}{\pi d_m} = \dfrac{60000 \cdot 30}{\pi \cdot 310} \text{ min}^{-1} = 1848 \text{ min}^{-1}$

460.

$\omega_1 = \dfrac{\Delta \varphi}{\Delta t} = \dfrac{2\pi \text{ rad}}{12 \text{ h}} = 0{,}5236 \dfrac{\text{rad}}{\text{h}} = 1{,}454 \cdot 10^{-4} \dfrac{\text{rad}}{\text{s}}$

$\omega_2 = \dfrac{2\pi \text{ rad}}{1 \text{ h}} = 1{,}745 \cdot 10^{-3} \dfrac{\text{rad}}{\text{s}}$

$\omega_3 = \dfrac{2\pi \text{ rad}}{60 \text{ s}} = 1{,}047 \cdot 10^{-1} \dfrac{\text{rad}}{\text{s}}$

461.

$v_{u1} = r_1 \omega = 0{,}06 \text{ m} \cdot 18{,}7 \dfrac{1}{\text{s}} = 1{,}122 \dfrac{\text{m}}{\text{s}}$

$v_{u2} = r_2 \omega = 0{,}09 \text{ m} \cdot 18{,}7 \dfrac{1}{\text{s}} = 1{,}683 \dfrac{\text{m}}{\text{s}}$

$v_{u3} = r_3 \omega = 0{,}12 \text{ m} \cdot 18{,}7 \dfrac{1}{\text{s}} = 2{,}244 \dfrac{\text{m}}{\text{s}}$

462.

a) $v_M = v_u = \dfrac{120 \text{ m}}{3{,}6 \text{ s}} = 33{,}33 \dfrac{\text{m}}{\text{s}}$

$v_u = \pi d n \Rightarrow n = \dfrac{v_u}{\pi d}$

$n = \dfrac{33{,}33 \dfrac{\text{m}}{\text{s}}}{\pi \cdot 0{,}62 \text{ m}} = 17{,}11 \dfrac{1}{\text{s}} = 1027 \text{ min}^{-1}$

b) $\omega = \dfrac{v_u}{r} = \dfrac{33{,}33 \dfrac{\text{m}}{\text{s}}}{0{,}31 \text{ m}} = 107{,}5 \dfrac{1}{\text{s}} = 107{,}5 \dfrac{\text{rad}}{\text{s}}$

463.

a) $v_u = v_M = \dfrac{\Delta s}{\Delta t} = \dfrac{3600 \text{ m}}{4 \cdot 60 \text{ s}} = 15 \dfrac{\text{m}}{\text{s}} = 54 \dfrac{\text{km}}{\text{h}}$

b) $\Delta s = \pi d z \Rightarrow d = \dfrac{\Delta s}{\pi z} = \dfrac{3600 \text{ m}}{\pi \cdot 1750} = 0{,}6548 \text{ m}$

c) $\omega = \dfrac{v_u}{r} = \dfrac{15 \dfrac{\text{m}}{\text{s}}}{0{,}3274 \text{ m}} = 45{,}81 \dfrac{\text{rad}}{\text{s}}$

464.

a) $n = \dfrac{z}{\Delta t} = \dfrac{0{,}5}{8 \text{ s}} = 0{,}0625 \dfrac{1}{\text{s}} = 3{,}75 \text{ min}^{-1}$

b) $\omega = \dfrac{\Delta \varphi}{\Delta t} = \dfrac{\pi \text{ rad}}{8 \text{ s}} = 0{,}3927 \dfrac{\text{rad}}{\text{s}}$

c) $v_u = \omega r = 0{,}3927 \dfrac{1}{\text{s}} \cdot 5{,}4 \text{ m} = 2{,}121 \dfrac{\text{m}}{\text{s}}$

465.

a) $\omega_k = \dfrac{\pi n}{30} = \dfrac{\pi \cdot 24}{30} \dfrac{\text{rad}}{\text{s}} = 2{,}513 \dfrac{\text{rad}}{\text{s}}$

b) $v_u = \omega_k r = 2{,}513 \dfrac{1}{\text{s}} \cdot 0{,}15 \text{ m} = 0{,}377 \dfrac{\text{m}}{\text{s}}$

c) $\omega_a = \dfrac{v_u}{l_2+r} = \dfrac{0{,}377\,\dfrac{m}{s}}{0{,}6\,m+0{,}15\,m} = 0{,}5027\,\dfrac{1}{s} = 0{,}5027\,\dfrac{rad}{s}$

$\omega_r = \dfrac{v_u}{l_2-r} = \dfrac{0{,}377\,\dfrac{m}{s}}{0{,}6\,m-0{,}15\,m} = 0{,}8378\,\dfrac{1}{s} = 0{,}8378\,\dfrac{rad}{s}$

d) Strahlensatz: $\dfrac{v_s}{v_u} = \dfrac{l_1}{l_2+r}$

$v_s = \dfrac{0{,}377\,\dfrac{m}{s}\cdot 0{,}9\,m}{0{,}75\,m}$

$v_s = 0{,}4524\,\dfrac{m}{s} = 27{,}144\,\dfrac{m}{min}$

466.

a) $v_r = v_u = \pi d_1 n_1 = \pi\cdot 0{,}111\,m\cdot 900\,\dfrac{1}{min} = 313{,}85\,\dfrac{m}{min}$

$v_r = 5{,}231\,\dfrac{m}{s}$

b) $\omega_1 = \dfrac{v_u}{r_1} = \dfrac{2v_u}{d_1} = \dfrac{2\cdot 5{,}231\,\dfrac{m}{s}}{0{,}111\,m} = 94{,}25\,\dfrac{1}{s} = 94{,}25\,\dfrac{rad}{s}$

c) $i = \dfrac{n_1}{n_2} = \dfrac{d_2}{d_1} \Rightarrow d_2 = d_1\dfrac{n_1}{n_2} = \dfrac{0{,}111\,m\cdot 900\,min^{-1}}{225\,min^{-1}}$

$d_2 = 0{,}444\,m = 444\,mm$

467.

a) $v_u = \pi d n \Rightarrow n_{Sch} = \dfrac{v_u}{\pi d} = \dfrac{26\,\dfrac{m}{s}}{\pi\cdot 0{,}28\,m} = 29{,}56\,\dfrac{1}{s}$

$n_{Sch} = 1774\,\dfrac{1}{min} = 1774\,min^{-1}$

b) $i = \dfrac{n_M}{n_{Sch}} = \dfrac{d_2}{d_1} \Rightarrow d_1 = d_2\dfrac{n_{Sch}}{n_M}$

$d_1 = \dfrac{100\,mm\cdot 1774\,min^{-1}}{960\,min^{-1}} = 184{,}8\,mm$

c) $v_r = v_u = \pi d_1 n_M = \pi\cdot 0{,}1848\,m\cdot 960\,\dfrac{1}{min}$

$v_r = 557{,}3\,\dfrac{m}{min} = 9{,}288\,\dfrac{m}{s}$

468.

a) $i = \dfrac{n_1}{n_2} = \dfrac{d_2}{d_1} \Rightarrow n_2 = \dfrac{n_1}{i} = \dfrac{1420\,min^{-1}}{3{,}5} = 405{,}7\,min^{-1}$

b) $d_1 = \dfrac{d_2}{i} = \dfrac{320\,mm}{3{,}5} = 91{,}43\,mm$

c) $v_r = v_u = \pi d_1 n_1 = \pi\cdot 0{,}09143\,m\cdot 1420\,\dfrac{1}{min}$

$v_r = 407{,}9\,\dfrac{m}{min} = 6{,}798\,\dfrac{m}{s}$

469.

$i = \dfrac{z_k}{z_s} = \dfrac{u_s}{u_k}$ (z Zähnezahlen, u Umdrehungen)

$u_s = \dfrac{80°}{360°} = 0{,}2222$

$z_s = 85\cdot 4 = 340$ (für vollen Zahnkranz)

$u_k = u_s\cdot \dfrac{z_s}{z_k} = \dfrac{0{,}2222\cdot 340}{14} = 5{,}396$ Kurbelumdrehungen

470.

$i = \dfrac{n_M}{n_{1,2,3}} = \dfrac{d_T}{d_{1,2,3}}$

$d_1 = \dfrac{d_T}{n_M}\cdot n_1 = \dfrac{200\,mm}{1500\,\dfrac{1}{min}}\cdot 33{,}33\,\dfrac{1}{min}$

$d_1 = 0{,}1333\,mm\cdot min\cdot 33{,}33\,\dfrac{1}{min} = 4{,}443\,mm$

$d_2 = 0{,}1333\,mm\cdot min\cdot 45\,\dfrac{1}{min} = 6\,mm$

$d_3 = 0{,}1333\,mm\cdot min\cdot 78\,\dfrac{1}{min} = 10{,}4\,mm$

471.

$v = v_u = \pi d n_4 \Rightarrow n_4 = \dfrac{v}{\pi d} = \dfrac{180\,\dfrac{m}{min}}{\pi\cdot 0{,}6\,m} = 95{,}49\,min^{-1}$

$i_{ges} = \dfrac{z_2\,z_4}{z_1\,z_3} = \dfrac{n_1}{n_4} \Rightarrow z_2 = \dfrac{n_1\,z_1\,z_3}{n_4\,z_4}$

$z_2 = \dfrac{1430\,min^{-1}\cdot 17\cdot 17}{95{,}49\,min^{-1}\cdot 86} = 50{,}32 \approx 50$ Zähne

472.

a) $i = \dfrac{z_2\,z_4}{z_1\,z_3} = \dfrac{60\cdot 80}{15\cdot 20} = 16$

b) $i = \dfrac{n_M}{n_T} \Rightarrow n_T = \dfrac{n_M}{i} = \dfrac{960\,min^{-1}}{16} = 60\,min^{-1}$

c) $v = v_{uT} = \pi d_T\,n_T = \pi\cdot 0{,}3\,m\cdot 60\,\dfrac{1}{min} = 56{,}55\,\dfrac{m}{min}$

4 Dynamik

473.

a) $v = v_u = \pi d n$

$$n = \frac{v}{\pi d} = \frac{\frac{22}{3,6} \frac{m}{s}}{\pi \cdot 0,78 \text{ m}} = 2,494 \frac{1}{s} = 149,6 \text{ min}^{-1}$$

b) $v_u = \pi d_2 n = \pi \cdot 0,525 \text{ m} \cdot 149,6 \frac{1}{\text{min}}$

$$v_u = 246,74 \frac{m}{\text{min}} = 4,112 \frac{m}{s}$$

$$\omega_2 = \frac{v_u}{r_2} = \frac{4,112 \frac{m}{s}}{0,2625 \text{ m}} = 15,66 \frac{1}{s} = 15,66 \frac{\text{rad}}{s}$$

$$\omega_1 = \frac{v_u}{r_1} = \frac{4,112 \frac{m}{s}}{0,075 \text{ m}} = 54,83 \frac{1}{s} = 54,83 \frac{\text{rad}}{s}$$

c) $v_u = \pi d_1 n_M$

$$n_M = \frac{v_u}{\pi d_1} = \frac{4,112 \frac{m}{s}}{\pi \cdot 0,15 \text{ m}} = 8,726 \frac{1}{s} = 523,56 \text{ min}^{-1}$$

d) $i = \frac{d_2}{d_1} = \frac{525 \text{ mm}}{150 \text{ mm}} = 3,5$

Kontrolle der Drehzahlen:

$$i = \frac{n_M}{n} = \frac{523,56 \text{ min}^{-1}}{149,6 \text{ min}^{-1}} = 3,50$$

474.

$$i = \frac{d_2}{d_1} = \frac{200 \text{ mm}}{40 \text{ mm}} = 5$$

$$z_2 = \frac{h}{P} = \frac{350 \text{ mm}}{9 \text{ mm}} = 38,89$$

(z_2 Anzahl der Spindelumdrehungen)

$$i = \frac{z_1}{z_2} \Rightarrow z_1 = i z_2 = 5 \cdot 38,89 = 194,5$$

(z_1 Anzahl der Kurbelumdrehungen)

475.

$$u = nP \Rightarrow n = \frac{u}{P} = \frac{420 \frac{\text{mm}}{\text{min}}}{4 \text{ mm}} = 105 \frac{1}{\text{min}} = 105 \text{ min}^{-1}$$

476.

$$u = sn = 0,05 \text{ mm} \cdot 1420 \frac{1}{\text{min}} = 71 \frac{\text{mm}}{\text{min}}$$

477.

a) $v = \frac{\pi d n}{1000}$

$$n = \frac{1000 v}{\pi d} = \frac{1000 \cdot 18}{\pi \cdot 25} \text{ min}^{-1} = 229,2 \text{ min}^{-1}$$

b) $u = sn = 0,35 \text{ mm} \cdot 229,2 \frac{1}{\text{min}} = 80,22 \frac{\text{mm}}{\text{min}}$

478.

a) $v = \frac{\pi d n}{1000} = \frac{\pi \cdot 100 \cdot 630}{1000} \frac{m}{\text{min}} = 197,9 \frac{m}{\text{min}}$

b) $u = sn = 0,8 \text{ mm} \cdot 630 \frac{1}{\text{min}} = 504 \frac{\text{mm}}{\text{min}}$

c) $u = \frac{l}{\Delta t} \Rightarrow \Delta t = \frac{l}{u} = \frac{160 \text{ mm}}{504 \frac{\text{mm}}{\text{min}}} = 0,3175 \text{ min}$

$\Delta t = 19,05 \text{ s}$

479.

a) $v = \frac{\pi d n}{1000} \Rightarrow n = \frac{1000 v}{\pi d} = \frac{1000 \cdot 40}{\pi \cdot 38} \text{ min}^{-1}$

$n = 335,1 \text{ min}^{-1}$

b) $s = \frac{u}{n} = \frac{\frac{l}{\Delta t}}{n} = \frac{l}{\Delta t \, n}$

$$s = \frac{280 \text{ mm}}{7 \text{ min} \cdot 335,1 \frac{1}{\text{min}}} = 0,1194 \text{ mm}$$

480.

$$u = \frac{l}{\Delta t} \Rightarrow \Delta t = \frac{l}{u} = \frac{l}{sn} = \frac{l}{s \frac{v}{\pi d}}$$

$$\Delta t = \frac{\pi l d}{s v} = \frac{\pi \cdot 280 \text{ mm} \cdot 85 \text{ mm}}{0,25 \text{ mm} \cdot 55000 \frac{\text{mm}}{\text{min}}}$$

$\Delta t = 5,438 \text{ min} = 326,3 \text{ s}$

Mittlere Geschwindigkeit

481.

a) $v_u = \pi d n = \pi \cdot 0,33 \text{ m} \cdot 500 \frac{1}{\text{min}}$

$$v_u = 518,4 \frac{m}{\text{min}} = 8,638 \frac{m}{s}$$

b) $v_\mathrm{m} = \dfrac{\Delta s}{\Delta t} = \dfrac{2 l_\mathrm{h} z}{\Delta t} = \dfrac{2 \cdot 0{,}33\ \mathrm{m} \cdot 500}{60\ \mathrm{s}} = 5{,}5\ \dfrac{\mathrm{m}}{\mathrm{s}}$

482.

a) $v_\mathrm{u} = \pi d n = \pi \cdot 0{,}095\ \mathrm{m} \cdot 3300\ \dfrac{1}{\mathrm{min}}$

$v_\mathrm{u} = 984{,}9\ \dfrac{\mathrm{m}}{\mathrm{min}} = 16{,}41\ \dfrac{\mathrm{m}}{\mathrm{s}}$

b) $v_\mathrm{m} = \dfrac{2 l_\mathrm{h} z}{\Delta t} = \dfrac{2 \cdot 0{,}095\ \mathrm{m} \cdot 3300}{60\ \mathrm{s}} = 10{,}45\ \dfrac{\mathrm{m}}{\mathrm{s}}$

483.

$v_\mathrm{m} = \dfrac{2 l_\mathrm{h} z}{\Delta t}$

$l_\mathrm{h} = \dfrac{v_\mathrm{m} \Delta t}{2 z} = \dfrac{7\ \dfrac{\mathrm{m}}{\mathrm{s}} \cdot 60\ \mathrm{s}}{2 \cdot 4000} = 0{,}0525\ \mathrm{m} = 52{,}5\ \mathrm{mm}$

484.

a) $\gamma = \arcsin \dfrac{r}{l_2} = \arcsin \dfrac{150\ \mathrm{mm}}{600\ \mathrm{mm}}$

$\gamma = 14{,}48°$
$\alpha = 180° + 2\gamma = 208{,}96°$
$\beta = 180° - 2\gamma = 151°$

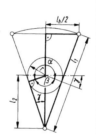

b) $\sin\gamma = \dfrac{l_\mathrm{h}}{2 l_1} \Rightarrow l_\mathrm{h} = 2 l_1 \sin\gamma = 2 \cdot 900\ \mathrm{mm} \cdot \sin 14{,}48°$

$l_\mathrm{h} = 450\ \mathrm{mm}$

c) $v_\mathrm{ma} = \dfrac{l_\mathrm{h}}{\Delta t_\mathrm{a}}$ Δt_a Zeit für Kurbeldrehwinkel α

$T = \dfrac{1}{n}$ Zeit für 1 Umdrehung

$\dfrac{\Delta t_\mathrm{a}}{T} = \dfrac{\alpha}{360°} \Rightarrow \Delta t_\mathrm{a} = T \dfrac{\alpha}{360°}$

$\Delta t_\mathrm{a} = \dfrac{\alpha}{n \cdot 360°} = \dfrac{208{,}96°}{24\ \dfrac{1}{\mathrm{min}} \cdot 360°} = 0{,}02419\ \mathrm{min}$

$v_\mathrm{ma} = \dfrac{0{,}45\ \mathrm{m}}{0{,}02419\ \mathrm{min}} = 18{,}6\ \dfrac{\mathrm{m}}{\mathrm{min}}$

d) $\Delta t_\mathrm{r} = \dfrac{\beta}{n \cdot 360°} = \dfrac{151°}{24\ \dfrac{1}{\mathrm{min}} \cdot 360°} = 0{,}01748\ \mathrm{min}$

$v_\mathrm{mr} = \dfrac{0{,}45\ \mathrm{m}}{0{,}01748\ \mathrm{min}} = 25{,}74\ \dfrac{\mathrm{m}}{\mathrm{min}}$

485.

a) $\sin\gamma = \dfrac{r}{l_2} = \dfrac{l_\mathrm{h}}{2 l_1}$ (siehe Lösung 484 a) und c))

$r = \dfrac{l_2 l_\mathrm{h}}{2 l_1} = \dfrac{600\ \mathrm{mm} \cdot 300\ \mathrm{mm}}{2 \cdot 900\ \mathrm{mm}} = 100\ \mathrm{mm}$

b) $v_\mathrm{ma} = \dfrac{l_\mathrm{h}}{\Delta t_\mathrm{a}} = \dfrac{l_\mathrm{h} \cdot n \cdot 360°}{\alpha} \Rightarrow n = \dfrac{\alpha v_\mathrm{ma}}{360° l_\mathrm{h}}$

$\alpha = 180° + 2\gamma$ $\sin\gamma = \dfrac{r}{l_2}$

$\gamma = \arcsin\dfrac{r}{l_2} = \arcsin\dfrac{100\ \mathrm{mm}}{600\ \mathrm{mm}} = 9{,}6°$

$\alpha = 180° + 2 \cdot 9{,}6° = 199{,}2°$

$n = \dfrac{199{,}2° \cdot 20\ \dfrac{\mathrm{m}}{\mathrm{min}}}{360° \cdot 0{,}3\ \mathrm{m}} = 36{,}89\ \dfrac{1}{\mathrm{min}} = 36{,}89\ \mathrm{min}^{-1}$

Gleichmäßig beschleunigte oder verzögerte Drehbewegung

486.

I. $\alpha = \dfrac{\Delta \omega}{\Delta t} = \dfrac{\omega_\mathrm{t}}{\Delta t}$

II. $\Delta \varphi = \dfrac{\omega_\mathrm{t} \Delta t}{2} = 2\pi z$

a) $\omega_\mathrm{t} = \dfrac{\pi n}{30} = \dfrac{\pi \cdot 1200}{30}\ \dfrac{\mathrm{rad}}{\mathrm{s}} = 125{,}7\ \dfrac{\mathrm{rad}}{\mathrm{s}}$

I. $\alpha = \dfrac{125{,}7\ \dfrac{\mathrm{rad}}{\mathrm{s}}}{5\ \mathrm{s}} = 25{,}14\ \dfrac{\mathrm{rad}}{\mathrm{s}^2}$

b) $\alpha_\mathrm{T} = \alpha r = 25{,}14\ \dfrac{\mathrm{rad}}{\mathrm{s}^2} \cdot 0{,}1\ \mathrm{m} = 2{,}514\ \dfrac{\mathrm{m}}{\mathrm{s}^2}$

c) II. $z = \dfrac{\omega_\mathrm{t} \Delta t}{4\pi} = \dfrac{125{,}7\ \dfrac{\mathrm{rad}}{\mathrm{s}} \cdot 5\ \mathrm{s}}{4\pi\ \mathrm{rad}} = 50$ Umdrehungen

487.

a) I. $\alpha = \dfrac{\Delta\omega}{\Delta t} = \dfrac{\omega_\mathrm{t}}{\Delta t} \Rightarrow \omega_\mathrm{t} = \alpha \Delta t$

$\omega_\mathrm{t} = 2{,}3\ \dfrac{\mathrm{rad}}{\mathrm{s}^2} \cdot 15\ \mathrm{s} = 34{,}5\ \dfrac{\mathrm{rad}}{\mathrm{s}}$

$\omega_\mathrm{t} = \dfrac{\pi n}{30} \Rightarrow n = \dfrac{30\omega_\mathrm{t}}{\pi} = \dfrac{30 \cdot 34{,}5}{\pi}$

$n = 329{,}5\ \dfrac{1}{\mathrm{min}} = 329{,}5\ \mathrm{min}^{-1}$

4 Dynamik

b) I. $\alpha = \dfrac{\omega_{t1}}{\Delta t_1}$

II. $\Delta\varphi_1 = 2\pi z_1 = \dfrac{\omega_{t1}\,\Delta t_1}{2}$

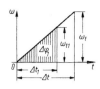

I. $\Delta t_1 = \dfrac{\omega_{t1}}{\alpha}$ in II. eingesetzt: $2\pi z_1 = \dfrac{\omega_{t1}^2}{2\alpha}$

II. $\omega_{t1} = \sqrt{4\pi\alpha z_1} = \sqrt{4\pi\,\text{rad}\cdot 2{,}3\,\dfrac{\text{rad}}{\text{s}^2}\cdot 10} = 17\,\dfrac{\text{rad}}{\text{s}}$

488.

a) $\omega_t = \dfrac{\pi n}{30} = \dfrac{3000\pi}{30} = 314{,}2\,\dfrac{\text{rad}}{\text{s}}$

b) $\alpha = \dfrac{\Delta\omega}{\Delta t} = \dfrac{\omega_t}{\Delta t} \Rightarrow \Delta t = \dfrac{\omega_t}{\alpha} = \dfrac{314{,}2\,\frac{\text{rad}}{\text{s}}}{11{,}2\,\frac{\text{rad}}{\text{s}^2}} = 28{,}05\,\text{s}$

489.

I. $\alpha = \dfrac{\Delta\omega}{\Delta t} = \dfrac{\omega_1 - \omega_2}{\Delta t}$

II. $\Delta\varphi_2 = \dfrac{(\omega_1 + \omega_2)\Delta t}{2}$

III. $\Delta\varphi_1 = \omega_1\,\Delta t$

a) $\omega_1 = \dfrac{\pi n_1}{30} = 90{,}06\,\dfrac{\text{rad}}{\text{s}}$

$\omega_2 = \dfrac{\pi n_2}{30} = 60\,\dfrac{\text{rad}}{\text{s}}$

I. $\Delta t = \dfrac{\omega_1 - \omega_2}{\alpha} = \dfrac{30{,}06\,\frac{\text{rad}}{\text{s}}}{15\,\frac{\text{rad}}{\text{s}^2}} = 2{,}004\,\text{s}$

b) III. $\Delta\varphi_1 = 90{,}06\,\dfrac{\text{rad}}{\text{s}}\cdot 2{,}004\,\text{s} = 180{,}5\,\text{rad}$

c) II. $\Delta\varphi_2 = \dfrac{150{,}06\,\frac{\text{rad}}{\text{s}}}{2}\cdot 2{,}004\,\text{s} = 150{,}4\,\text{rad}$

d) $\Delta\varphi = \Delta\varphi_1 - \Delta\varphi_2 = 30{,}1\,\text{rad}$

490.

I. $\alpha_1 = \dfrac{\Delta\omega}{\Delta t} = \dfrac{\omega}{\Delta t_1}$

II. $\alpha_3 = \dfrac{\omega}{\Delta t_3}$

III. $\Delta\varphi_1 = \dfrac{\omega\,\Delta t_1}{2}$

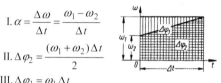

IV. $\Delta\varphi_2 = \omega\,\Delta t_2$

V. $\Delta\varphi_3 = \dfrac{\omega\,\Delta t_3}{2}$

VI. $\Delta\varphi = \Delta\varphi_1 + \Delta\varphi_2 + \Delta\varphi_3$

VII. $\Delta t_2 = \Delta t_{\text{ges}} - \Delta t_1 - \Delta t_3$

$\Delta t_2 = 42\,\text{s} - 4\,\text{s} - 3\,\text{s} = 35\,\text{s}$

a) III., IV., V. in VI. eingesetzt:

$\Delta\varphi = \dfrac{\omega\,\Delta t_1}{2} + \omega\,\Delta t_2 + \dfrac{\omega\,\Delta t_3}{2}$

$\omega = \dfrac{\Delta\varphi}{\dfrac{\Delta t_1}{2} + \Delta t_2 + \dfrac{\Delta t_3}{2}}$

$\omega = \dfrac{\pi\,\text{rad}}{2\,\text{s} + 35\,\text{s} + 1{,}5\,\text{s}} = 0{,}0816\,\dfrac{\text{rad}}{\text{s}}$

b) I. $\alpha_1 = \dfrac{0{,}0816\,\frac{\text{rad}}{\text{s}}}{4\,\text{s}} = 0{,}0204\,\dfrac{\text{rad}}{\text{s}^2}$

II. $\alpha_3 = \dfrac{0{,}0816\,\frac{\text{rad}}{\text{s}}}{3\,\text{s}} = 0{,}0272\,\dfrac{\text{rad}}{\text{s}^2}$

491.

ω,t-Diagramm siehe Lösung 490.

I. $\alpha_1 = \dfrac{\Delta\omega}{\Delta t} = \dfrac{\omega}{\Delta t_1}$

II. $\alpha_3 = \dfrac{\Delta\omega}{\Delta t} = \dfrac{\omega}{\Delta t_3}$

III. $\Delta\varphi_1 = \dfrac{\omega\,\Delta t_1}{2}$

IV. $\Delta\varphi_2 = \omega\,\Delta t_2$

V. $\Delta\varphi_3 = \dfrac{\omega\,\Delta t_3}{2}$

VI. $\Delta\varphi_{\text{ges}} = \Delta\varphi_1 + \Delta\varphi_2 + \Delta\varphi_3$

VII. $\Delta t_{\text{ges}} = \Delta t_1 + \Delta t_2 + \Delta t_3$

a) $\omega = \dfrac{v_u}{r} = \dfrac{15\,\frac{\text{m}}{\text{s}}}{2{,}5\,\text{m}} = 6\,\dfrac{1}{\text{s}} = 6\,\dfrac{\text{rad}}{\text{s}}$

b) $\Delta\varphi_1 = 10\cdot 2\pi\,\text{rad} = 62{,}83\,\text{rad}$

III. $\Delta t_1 = \dfrac{2\Delta\varphi_1}{\omega}$ in I. eingesetzt:

I. $\alpha_1 = \dfrac{\omega^2}{2\Delta\varphi_1} = \dfrac{36\,\frac{\text{rad}^2}{\text{s}^2}}{2\cdot 62{,}83\,\text{rad}} = 0{,}2865\,\dfrac{\text{rad}}{\text{s}^2}$

III. $\Delta t_1 = \dfrac{2\cdot 62{,}83\,\text{rad}}{6\,\frac{\text{rad}}{\text{s}}} = 20{,}94\,\text{s}$

c) $\Delta\varphi_3 = 7 \cdot 2\pi$ rad $= 43{,}98$ rad

V. $\Delta t_3 = \dfrac{2\Delta\varphi_3}{\omega}$ in II. eingesetzt:

II. $\alpha_3 = \dfrac{\omega^2}{2\Delta\varphi_3} = \dfrac{36\,\dfrac{\text{rad}^2}{\text{s}^2}}{2\cdot 43{,}98\text{ rad}} = 0{,}4093\,\dfrac{\text{rad}}{\text{s}^2}$

V. $\Delta t_3 = \dfrac{2 \cdot 43{,}98\text{ rad}}{6\,\dfrac{\text{rad}}{\text{s}}} = 14{,}66$ s

d) VII. $\Delta t_2 = \Delta t_{\text{ges}} - \Delta t_1 - \Delta t_3$

$\Delta t_2 = 45\text{ s} - 20{,}94\text{ s} - 14{,}66\text{ s} = 9{,}4$ s

IV. $\Delta\varphi_2 = \omega\Delta t_2 = 6\,\dfrac{\text{rad}}{\text{s}} \cdot 9{,}4\text{ s} = 56{,}4$ rad

VI. $\Delta\varphi_{\text{ges}} = 62{,}83\text{ rad} + 56{,}4\text{ rad} + 43{,}98$ rad

$\Delta\varphi_{\text{ges}} = 163{,}2$ rad

e) Förderhöhe = Umfangsweg der Treibscheibe
$h = \Delta s = r\Delta\varphi_{\text{ges}} = 2{,}5\text{ m} \cdot 163{,}2\text{ rad} = 408$ m

492.

ω, t-Diagramm siehe Lösung 486.

a) $\alpha = \dfrac{a_t}{r} = \dfrac{1\,\dfrac{\text{m}}{\text{s}^2}}{0{,}4\text{ m}} = 2{,}5\,\dfrac{1}{\text{s}^2} = 2{,}5\,\dfrac{\text{rad}}{\text{s}^2}$

b) $\alpha = \dfrac{\Delta\omega}{\Delta t} = \dfrac{\omega_t}{\Delta t}$

$\omega_t = \alpha\Delta t = 2{,}5\,\dfrac{\text{rad}}{\text{s}^2} \cdot 10\text{ s} = 25\,\dfrac{\text{rad}}{\text{s}}$

c) $v_M = v_u = \omega_t r = 25\,\dfrac{\text{rad}}{\text{s}} \cdot 0{,}4\text{ m} = 10\,\dfrac{\text{m}}{\text{s}}$

493.

ω, t-Diagramm siehe Lösung 486.

a) $\omega_t = \dfrac{v}{r} = \dfrac{\dfrac{70}{3{,}6}\,\dfrac{\text{m}}{\text{s}}}{0{,}3\text{ m}} = 64{,}81\,\dfrac{1}{\text{s}} = 64{,}81\,\dfrac{\text{rad}}{\text{s}}$

b) $\Delta\varphi = 2\pi z = 2\pi\text{ rad} \cdot 65 = 408{,}4$ rad

c) I. $\alpha = \dfrac{\Delta\omega}{\Delta t} = \dfrac{\omega_t}{\Delta t}$

II. $\Delta\varphi = \dfrac{\omega_t \Delta t}{2} \Rightarrow \Delta t = \dfrac{2\Delta\varphi}{\omega_t}$

II. in I. $\alpha = \dfrac{\omega_t^2}{2\Delta\varphi} = \dfrac{\left(64{,}81\,\dfrac{\text{rad}}{\text{s}}\right)^2}{2\cdot 408{,}4\text{ rad}} = 5{,}142\,\dfrac{\text{rad}}{\text{s}^2}$

d) II. $\Delta t = \dfrac{2\Delta\varphi}{\omega_t} = \dfrac{2 \cdot 408{,}4\text{ rad}}{64{,}81\,\dfrac{\text{rad}}{\text{s}}} = 12{,}6$ s

Dynamik der geradlinigen Bewegung

Dynamisches Grundgesetz und Prinzip von d'Alembert

495.

a) $F_{\text{res}} = ma \Rightarrow a = \dfrac{F_{\text{res}}}{m}$

$F_{\text{res}} = 10$ kN, da keine weiteren Kräfte in Verzögerungsrichtung wirken.

$a = \dfrac{10\,000\,\dfrac{\text{kgm}}{\text{s}^2}}{28\,000\text{ kg}} = 0{,}3571\,\dfrac{\text{m}}{\text{s}^2}$

(Kontrolle mit d'Alembert)

b) I. $a = \dfrac{\Delta v}{\Delta t} = \dfrac{v_0 - v_t}{\Delta t}$

II. $\Delta s = \dfrac{v_0 + v_t}{2}\Delta t$

I. = II. $\Delta t = \dfrac{v_0 - v_t}{a} = \dfrac{2\Delta s}{v_0 + v_t} \Rightarrow v_t = \sqrt{v_0^2 - 2a\Delta s}$

$v_t = \sqrt{\left(3{,}8\,\dfrac{\text{m}}{\text{s}}\right)^2 - 2 \cdot 0{,}3571\,\dfrac{\text{m}}{\text{s}^2} \cdot 10\text{ m}} = 2{,}702\,\dfrac{\text{m}}{\text{s}}$

496.

a) I. $a = \dfrac{\Delta v}{\Delta t} = \dfrac{v_0}{\Delta t}$

II. $\Delta s = \dfrac{v_0 \Delta t}{2} \Rightarrow \Delta t = \dfrac{2\Delta s}{v_0}$

II. in I. $a = \dfrac{v_0^2}{2\Delta s} = \dfrac{\left(\dfrac{60}{3{,}6}\,\dfrac{\text{m}}{\text{s}}\right)^2}{2 \cdot 2\text{ m}} = 69{,}44\,\dfrac{\text{m}}{\text{s}^2}$

b) $F = ma = 75\text{ kg} \cdot 69{,}44\,\dfrac{\text{m}}{\text{s}^2} = 5208$ N

497.

$F_{\text{res}} = ma \Rightarrow a = \dfrac{F_{\text{res}}}{m}$

$a = \dfrac{F - F_G}{m} = \dfrac{(F - F_G)g}{mg} = \dfrac{(F - F_G)g}{F_G}$

$a = \dfrac{(65\text{ N} - 50\text{ N}) \cdot 9{,}81\,\dfrac{\text{m}}{\text{s}^2}}{50\text{ N}} = 2{,}943\,\dfrac{\text{m}}{\text{s}^2}$

498.

Lageskizze   Krafteckskizze

$$\tan\alpha = \frac{T}{F_G} = \frac{ma}{mg} = \frac{a}{g}$$

$$a = g\tan\alpha = 9{,}81\,\frac{\text{m}}{\text{s}^2}\cdot\tan 18° = 3{,}187\,\frac{\text{m}}{\text{s}^2}$$

499.

v,t-Diagramm, siehe Lösung 496.

I. $a = \dfrac{\Delta v}{\Delta t} = \dfrac{v_0}{\Delta t}$ II. $\Delta s = \dfrac{v_0\,\Delta t}{2}$

a) II. $\Delta t = \dfrac{2\Delta s}{v_0}$ in I. eingesetzt:

$$\text{I. } a = \frac{v_0^2}{2\Delta s} = \frac{\left(0{,}05\,\frac{\text{m}}{\text{s}}\right)^2}{2\cdot 0{,}1\,\text{m}} = 0{,}0125\,\frac{\text{m}}{\text{s}^2}$$

b) $F_{\text{res}} = ma = 1250\cdot 10^3\,\text{kg}\cdot 0{,}0125\,\dfrac{\text{m}}{\text{s}^2} = 15{,}625\,\text{kN}$

500.

a) $F_{\text{res}} = ma \Rightarrow a = \dfrac{F_{\text{res}}}{m} = \dfrac{1000\,\frac{\text{kgm}}{\text{s}^2}}{3800\,\text{kg}} = 0{,}2632\,\dfrac{\text{m}}{\text{s}^2}$

(Kontrolle mit d'Alembert)

b) I. $a = \dfrac{\Delta v}{\Delta t} = \dfrac{v_t}{\Delta t}$

II. $\Delta s = \dfrac{v_t\,\Delta t}{2}$

I. $\Delta t = \dfrac{v_t}{a}$ II. $\Delta s = \dfrac{v_t^2}{2a}$

$v_t = \sqrt{2a\Delta s} = \sqrt{2\cdot 0{,}2632\,\frac{\text{m}}{\text{s}^2}\cdot 1\,\text{m}} = 0{,}7255\,\dfrac{\text{m}}{\text{s}}$

501.

$S = \dfrac{M_s}{M_k} = \dfrac{mg\,\frac{b}{2}}{ma\,\frac{h}{2}} = 1$

(S Standsicherheit)

502.

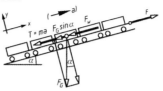

$\Sigma F_x = 0 = F - F_G\sin\alpha - F_w\,m - T$

$T = ma = F - mg\sin\alpha - F_w\,m$

$a = \dfrac{F}{m} - (g\sin\alpha + F_w)$

$\sin\alpha \approx \tan\alpha = \dfrac{30}{1000} = 0{,}03$

$F_w = \dfrac{40\,\text{N}}{1000\,\text{kg}} = 0{,}04\,\dfrac{\text{m}}{\text{s}^2}$

$a = \dfrac{280\,000\,\frac{\text{kgm}}{\text{s}^2}}{580\,000\,\text{kg}} - \left(9{,}81\,\dfrac{\text{m}}{\text{s}^2}\cdot 0{,}03 + 0{,}04\,\dfrac{\text{m}}{\text{s}^2}\right)$

$a = 0{,}1485\,\dfrac{\text{m}}{\text{s}^2}$

(Kontrolle mit dem Dynamischen Grundgesetz)

$$a = \frac{gb}{Sh} = \frac{9{,}81\,\frac{\text{m}}{\text{s}^2}\cdot 0{,}8\,\text{m}}{1\cdot 2\,\text{m}} = 3{,}924\,\frac{\text{m}}{\text{s}^2}$$

503.

Lösung nach d'Alembert

I. $\Sigma F_y = 0 = F - mg - ma$

$F = m(g + a)$

v,t-Diagramm siehe Lösung 496.

II. $a = \dfrac{\Delta v}{\Delta t} = \dfrac{v_0}{\Delta t}$

III. $\Delta s = \dfrac{v_0\,\Delta t}{2} \Rightarrow \Delta t = \dfrac{2\Delta s}{v_0}$

III in II. $a = \dfrac{v_0^2}{2\Delta s} = \dfrac{\left(18\,\frac{\text{m}}{\text{s}}\right)^2}{2\cdot 40\,\text{m}} = 4{,}05\,\dfrac{\text{m}}{\text{s}^2}$

$F = 11000\,\text{kg}\left(9{,}81\,\dfrac{\text{m}}{\text{s}^2} + 4{,}05\,\dfrac{\text{m}}{\text{s}^2}\right) = 152\,460\,\text{N}$

Ansatz nach dem Dynamischen Grundgesetz:

$F_{\text{res}} = F - F_G = ma$

$F = F_G + ma = mg + ma = m(g + a)$

504.

Rolle und Seil masselos und reibungsfrei bedeutet:
Seilkräfte F_1 und F_2 haben den gleichen Betrag: $F_1 = F_2$

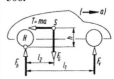

Körper 1: $\Sigma F_y = 0 = F_1 + T_1 - F_{G1}$

$F_1 = F_{G1} - T_1 = m_1 g - m_1 a$

Körper 2: $\Sigma F_y = 0 = F_2 - F_{G2} - T_2$

$F_2 = F_{G2} + T_2 = m_2 g + m_2 a$

$m_1 g - m_1 a = m_2 g + m_2 a$

$m_2 a + m_1 a = m_1 g - m_2 g$

$m_1 = 4 m_2$

$a = g \dfrac{m_1 - m_2}{m_1 + m_2} = g \dfrac{4m_2 - m_2}{4m_2 + m_2} = g \dfrac{3m_2}{5m_2} = 5{,}886 \ \dfrac{\text{m}}{\text{s}^2}$

Kontrolle mit dem Dynamischen Grundgesetz; siehe Lösung 505 b)

505.

a) Lösung nach d'Alembert

Trommel:

$F_1 = F_2 + F_u$

I. $F_u = F_1 - F_2$

Fahrkorb:

$\Sigma F_y = 0 = F_1 - F_{G1} - m_1 a$

II. $F_1 = m_1 g + m_1 a = m_1 (g + a)$

Gegengewicht:

$\Sigma F_y = 0 = F_2 + m_2 a - F_{G2}$

III. $F_2 = m_2 g - m_2 a = m_2 (g - a)$

III. und II. in I. eingesetzt:

$F_u = m_1 (g + a) - m_2 (g - a)$

$F_u = g(m_1 - m_2) + a(m_1 + m_2)$

Beschleunigung $a = \dfrac{\Delta v}{\Delta t} = \dfrac{1 \ \frac{\text{m}}{\text{s}}}{1{,}25 \ \text{s}} = 0{,}8 \ \dfrac{\text{m}}{\text{s}^2}$

$F_u = 9{,}81 \ \dfrac{\text{m}}{\text{s}^2} (3000 \ \text{kg} - 1800 \ \text{kg}) +$

$\quad + 0{,}8 \ \dfrac{\text{m}}{\text{s}^2} (3000 \ \text{kg} + 1800 \ \text{kg})$

$F_u = 15612 \ \text{N}$

b) Lösung mit dem Dynamischen Grundgesetz:
Fahrkorb abwärts: F_{G1} wirkt in Richtung der Beschleunigung;
Gegengewicht aufwärts: F_{G2} wirkt der Beschleunigung entgegen.

$F_{res} = F_{G1} - F_{G2} = g(m_1 - m_2)$

Die resultierende Kraft muss die Masse beider Körper beschleunigen:

$F_{res} = m a$

$a = \dfrac{F_{res}}{m} = \dfrac{g(m_1 - m_2)}{(m_1 + m_2)} = g \dfrac{1200 \ \text{kg}}{4800 \ \text{kg}} = \dfrac{g}{4}$

$a = \dfrac{9{,}81 \ \frac{\text{m}}{\text{s}^2}}{4} = 2{,}453 \ \dfrac{\text{m}}{\text{s}^2}$

Kontrolle mit d'Alembert; siehe Lösung 504.

506.

a) $\Sigma M_{(H)} = 0 = F_v l_1 - F_G l_2$

$F_v = \dfrac{F_G l_2}{l_1} = 1100 \ \text{kg} \cdot 9{,}81 \ \dfrac{\text{m}}{\text{s}^2} \cdot \dfrac{0{,}95 \ \text{m}}{2{,}35 \ \text{m}} = 4362 \ \text{N}$

$\Sigma F_y = 0 = F_h + F_v - F_G$

$F_h = F_G - F_v = 10791 \ \text{N} - 4362 \ \text{N} = 6429 \ \text{N}$

b) Lösung nach d'Alembert

$\Sigma M_{(H)} = 0 = F_v l_1 + m a h - F_G l_2$

$F_v = \dfrac{F_G l_2 - m a h}{l_1} = \dfrac{m}{l_1}(g l_2 - a h)$

$a = \dfrac{\Delta v}{\Delta t} = \dfrac{\frac{20 \ \text{m}}{3{,}6 \ \text{s}}}{1{,}8 \ \text{s}} = 3{,}086 \ \dfrac{\text{m}}{\text{s}^2}$

$F_v = \dfrac{1100 \ \text{kg}}{2{,}35 \ \text{m}} \left(9{,}81 \ \dfrac{\text{m}}{\text{s}^2} \cdot 0{,}95 \ \text{m} - 3{,}086 \ \dfrac{\text{m}}{\text{s}^2} \cdot 0{,}58 \ \text{m} \right)$

$F_v = 3525 \ \text{N}$

$F_h = F_G - F_v = 7266 \ \text{N}$

507.

a) $\Sigma F_x = 0 = m a - F_{R0 \max}$

$m a = F_N \mu_0 = F_G \mu_0$

$a = \dfrac{m g \mu_0}{m} = \mu_0 g$

$a = 0{,}3 \cdot 9{,}81 \ \dfrac{\text{m}}{\text{s}^2} = 2{,}943 \ \dfrac{\text{m}}{\text{s}^2}$

b) $\Sigma F_x = 0 = F_{R0max} - F_{Gx} - ma$

$ma = F_{R0max} - F_{Gx}$

I. $ma = F_N \mu_0 - mg \sin\alpha$

$\Sigma F_y = 0 = F_N - F_{Gy}$

II. $F_N = F_{Gy} = mg \cos\alpha$

II. in I. $ma = mg\mu_0 \cos\alpha - mg \sin\alpha$

$\alpha = \arctan 0{,}1 = 5{,}71°$

$a = g(\mu_0 \cos\alpha - \sin\alpha)$

$a = 9{,}81 \dfrac{m}{s^2}(0{,}3 \cdot \cos 5{,}71° - \sin 5{,}71°) = 1{,}952 \dfrac{m}{s^2}$

508.

Lösung nach d'Alembert

$a = \dfrac{\Delta v}{\Delta t} = \dfrac{v_r}{\Delta t} = \dfrac{0{,}5 \dfrac{m}{s}}{1\,s} = 0{,}5 \dfrac{m}{s^2}$

Tisch und Werkstück können als *ein* Körper mit der Masse $m_{ges} = m_1 + m_2$ und der Gewichtskraft $F_{Gges} = F_{G1} + F_{G2} = m_{ges}\,g$ betrachtet werden.

$\Sigma F_x = 0 = F - m_{ges}\,a - F_R$

$F_R = F_N \mu = (F_{G1} + F_{G2})\mu$

$F = m_{ges}\,a + F_R = m_{ges}\,a + m_{ges}\,g\mu = (m_1 + m_2)(a + \mu g)$

$F = 5000\,kg\left(0{,}5\,\dfrac{m}{s^2} + 0{,}08 \cdot 9{,}81\,\dfrac{m}{s^2}\right) = 6424\,N$

(Kontrolle mit dem Dynamischen Grundgesetz)

509.

Lösung mit dem Dynamischen Grundgesetz:

$F_{res} = ma$

F_{res} = Summe aller Kräfte, die längs des Seils wirken: Gewichtskraft F_G des rechten Körpers beschleunigend (+), Reibungskraft $F_R = F_G\,\mu$ des linken Körpers verzögernd (−). F_{res} muss beide Körper mit der Gesamtmasse $2m$ beschleunigen.

$a = \dfrac{F_{res}}{m} = \dfrac{F_G - F_R}{2m} = \dfrac{mg - mg\mu}{2m} = g\,\dfrac{1 - \mu}{2}$

$a = 9{,}81\,\dfrac{m}{s^2} \cdot \dfrac{1 - 0{,}15}{2} = 4{,}169\,\dfrac{m}{s^2}$

(Kontrolle mit d'Alembert)

510.

a) $\Sigma F_x = 0 = F - F_w$

$F = F_w = F'_w\,m = 350\,\dfrac{N}{t} \cdot 3{,}6\,t = 1260\,N$

b) $\Sigma F_x = 0 = F - F_w - ma$

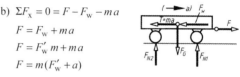

$F = F_w + ma$

$F = F'_w\,m + ma$

$F = m(F'_w + a)$

Beschleunigung a nach Lösung 423:

$a = \dfrac{v^2}{2\Delta s} = \dfrac{\left(\dfrac{15}{3{,}6}\,\dfrac{m}{s}\right)^2}{2 \cdot 6\,m} = 1{,}447\,\dfrac{m}{s^2}$

$F = 3600\,kg\left(\dfrac{350\,\dfrac{kgm}{s^2}}{1000\,kg} + 1{,}447\,\dfrac{m}{s^2}\right) = 6469\,N$

511.

Standsicherheit beim Ankippen $S = 1$

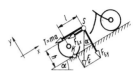

$S = \dfrac{M_s}{M_k} = \dfrac{F_{Gy}\,l}{(ma + F_{Gx})h} = \dfrac{mgl\cos\alpha}{mah + mgh\sin\alpha} = 1$

$mah = m(gl\cos\alpha - gh\sin\alpha)$

$a = g\,\dfrac{l\cos\alpha - h\sin\alpha}{h} = g\left(\dfrac{l}{h}\cos\alpha - \sin\alpha\right)$

$a = 9{,}81\,\dfrac{m}{s^2}\left(\dfrac{0{,}7\,m}{0{,}5\,m} \cdot \cos 35° - \sin 35°\right) = 5{,}623\,\dfrac{m}{s^2}$

512.

Lösung nach d'Alembert

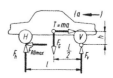

I. $\Sigma F_x = 0 = ma - F_{R0max} = ma - F_h \mu_0$

II. $\Sigma F_y = 0 = F_v + F_h - F_G$

III. $\Sigma M_{(V)} = 0 = F_G \cdot \dfrac{l}{2} - mah - F_h\,l$

I. = III. $F_h = \dfrac{ma}{\mu_0} = \dfrac{mg\dfrac{l}{2} - mah}{l}$

$mal = mg\mu_0 \dfrac{l}{2} - ma\mu_0 h$

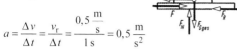

$$a = \frac{g\mu_0 \frac{l}{2}}{l + \mu_0 h} = g\frac{\mu_0 l}{2(l + \mu_0 h)}$$

$$a = 9{,}81\,\frac{\text{m}}{\text{s}^2} \cdot \frac{0{,}6 \cdot 3\,\text{m}}{2(3\,\text{m} + 0{,}6 \cdot 0{,}6\,\text{m})} = 2{,}628\,\frac{\text{m}}{\text{s}^2}$$

513.

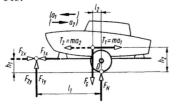

a) $\Sigma M_{(D)} = 0 = F_G l_2 - F_{1y} l_1$

(Waagerechte Kräfte treten im Stillstand nicht auf.)

$$F_{1y} = \frac{F_G l_2}{l_1} = \frac{10^3\,\text{kg} \cdot 9{,}81\,\frac{\text{m}}{\text{s}^2} \cdot 0{,}1\,\text{m}}{3\,\text{m}} = 327\,\text{N}$$

Richtungssinn auf Pkw ↓ (Reaktion)

b) Lösung nach d'Alembert.
Es gelten die Kräfte mit dem Index 1.

$\Sigma F_x = 0 = m a_1 - F_{1x}$

$F_{1x} = m a_1 = 1000\,\text{kg} \cdot 2\,\frac{\text{m}}{\text{s}^2} = 2000\,\text{N}$

Richtungssinn auf Pkw → (Reaktion)

$\Sigma M_{(D)} = 0 = F_G l_2 + F_{1x} h_1 - m a_1 h_2 - F_{1y} l_1$

$$F_{1y} = \frac{m g l_2 + m a_1 h_1 - m a_1 h_2}{l_1} = \frac{m}{l_1}\left[g l_2 - a_1(h_2 - h_1) \right]$$

$$F_{1y} = \frac{10^3\,\text{kg}}{3\,\text{m}}\left[9{,}81\,\frac{\text{m}}{\text{s}^2} \cdot 0{,}1\,\text{m} - 2\,\frac{\text{m}}{\text{s}^2}(1\,\text{m} - 0{,}4\,\text{m}) \right]$$

$F_{1y} = -73\,\text{N}$

Richtungssinn in der Skizze falsch angenommen;
Richtungssinn auf Pkw ↑ (Reaktion).

c) Es gelten die Kräfte mit dem Index 2.

$\Sigma F_x = 0 = F_{2x} - m a_2$

$F_{2x} = m a_2 = 1000\,\text{kg} \cdot 5\,\frac{\text{m}}{\text{s}^2} = 5000\,\text{N}$

Richtungssinn auf Pkw ← (Reaktion)

$\Sigma M_{(D)} = 0 = F_G l_2 + m a_2 h_2 - F_{2x} h_1 - F_{2y} l_1$

$$F_{2y} = \frac{m g l_2 + m a_2 h_2 - m a_2 h_1}{l_1} = \frac{m}{l_1}\left[g l_2 + a_2(h_2 - h_1) \right]$$

$$F_{2y} = \frac{10^3\,\text{kg}}{3\,\text{m}}\left[9{,}81\,\frac{\text{m}}{\text{s}^2} \cdot 0{,}1\,\text{m} + 5\,\frac{\text{m}}{\text{s}^2} \cdot 0{,}6\,\text{m} \right] = 1327\,\text{N}$$

Richtungssinn auf Pkw ↓ (Reaktion).

514.

a) Lösung nach d'Alembert

I. $\Sigma F_x = 0 = m a_1 + F_N \mu - F_G \sin\alpha$

$m a_1 = m g \sin\alpha - F_N \mu$

II. $\Sigma F_y = 0 = F_N - F_G \cos\alpha$

$F_N = m g \cos\alpha$

II. in I. $m a_1 = m g \sin\alpha - m g \mu \cos\alpha$

$a_1 = g(\sin\alpha - \mu\cos\alpha)$

$a_1 = 9{,}81\,\frac{\text{m}}{\text{s}^2}(\sin 30° - 0{,}3 \cdot \cos 30°) = 2{,}356\,\frac{\text{m}}{\text{s}^2}$

b) I. $\Sigma F_x = 0 = F_N \mu - m a_2$

$m a_2 = F_N \mu$

II. $\Sigma F_y = 0 = F_N - F_G$

$F_N = F_G = m g$

I. = II. $m a_2 = m g \mu$

$a_2 = \mu g = 0{,}3 \cdot 9{,}81\,\frac{\text{m}}{\text{s}^2} = 2{,}943\,\frac{\text{m}}{\text{s}^2}$

c) Vergleich mit der Lösung 427.: Beschleunigte Bewegung mit Anfangsgeschwindigkeit $v_1 = 1{,}2$ m/s und Beschleunigung $a_1 = 2{,}356$ m/s² längs des Weges Δs.

$$l_1 = \frac{h}{\sin\alpha} = \frac{4\,\text{m}}{\sin 30°} = 8\,\text{m}$$

$v_t = \sqrt{v_1^2 + 2 a_1 l_1}$

$v_t = \sqrt{1{,}44\,\frac{\text{m}^2}{\text{s}^2} + 2 \cdot 2{,}356\,\frac{\text{m}}{\text{s}^2} \cdot 8\,\text{m}} = 6{,}256\,\frac{\text{m}}{\text{s}}$

d) Länge l aus den Größen v_t, a_2 und v_2 mit Hilfe eines v,t-Diagramms wie in der Lösung 424.

I. $a_2 = \dfrac{\Delta v}{\Delta t} = \dfrac{v_1 - v_2}{\Delta t} \Rightarrow \Delta t = \dfrac{v_1 - v_2}{a_2}$

II. $l = \dfrac{v_1 + v_2}{2}\Delta t$

I. in II. $l = \dfrac{v_1 + v_2}{2} \cdot \dfrac{v_1 - v_2}{a_2}$

$$l = \frac{v_t^2 - v_2^2}{2 a_2} = \frac{\left(6{,}256\,\frac{\text{m}}{\text{s}}\right)^2 - \left(1\,\frac{\text{m}}{\text{s}}\right)^2}{2 \cdot 2{,}943\,\frac{\text{m}}{\text{s}^2}} = 6{,}479\,\text{m}$$

Impuls

515.

$F_{res} \Delta t = m \Delta v$

$\Delta t = \dfrac{m \Delta v}{F_{res}} = \dfrac{2 \cdot 18000 \text{ kg} \cdot 2 \dfrac{\text{m}}{\text{s}}}{6000 \dfrac{\text{kgm}}{\text{s}^2}} = 12 \text{ s}$

516.

a) Weg Δs entspricht der Dreiecksfläche im v,t-Diagramm:

$\Delta s = \dfrac{\Delta v \Delta t}{2}$

$\Delta t = \dfrac{2 \Delta s}{\Delta v} = \dfrac{2 \cdot 6{,}5 \text{ m}}{800 \dfrac{\text{m}}{\text{s}}} = 0{,}01625 \text{ s}$

b) $F_{res} \Delta t = m \Delta v \Rightarrow F_{res} = \dfrac{m \Delta v}{\Delta t}$

$F_{res} = \dfrac{15 \text{ kg} \cdot 800 \dfrac{\text{m}}{\text{s}}}{0{,}01625 \text{ s}} = 738461 \text{ N} = 738{,}461 \text{ kN}$

517.

a) $F_{res} \Delta t = m \Delta v \Rightarrow F_{res} = \dfrac{m \Delta v}{\Delta t}$

$F_{res} = \dfrac{5000 \text{ kg} \cdot \dfrac{40}{3{,}6} \dfrac{\text{m}}{\text{s}}}{6 \text{ s}} = 9259 \text{ N}$

b) Der Bremsweg entspricht der Dreiecksfläche im v,t-Diagramm:

$\Delta s = \dfrac{\Delta v \Delta t}{2} = \dfrac{\dfrac{40}{3{,}6} \dfrac{\text{m}}{\text{s}} \cdot 6 \text{ s}}{2} = 33{,}33 \text{ m}$

518.

a) $F_{res} \Delta t = m \Delta v \quad F_{res} = F - F_G$

$\Delta v = \dfrac{(F - F_G) \Delta t}{m} = \dfrac{(F - mg) \Delta t}{m}$

$\Delta v = \dfrac{\left(600 \dfrac{\text{kgm}}{\text{s}^2} - 40 \text{ kg} \cdot 9{,}81 \dfrac{\text{m}}{\text{s}^2}\right) \cdot 100 \text{ s}}{40 \text{ kg}}$

$\Delta v = 519 \dfrac{\text{m}}{\text{s}}$

b) $F_{res} = ma \Rightarrow a = \dfrac{F_{res}}{m} = \dfrac{207{,}6 \dfrac{\text{kgm}}{\text{s}^2}}{40 \text{ kg}}$

$a = 5{,}19 \dfrac{\text{m}}{\text{s}^2} \quad \left(\text{Kontrolle mit } a = \dfrac{\Delta v}{\Delta t}\right)$

c) Die Steighöhe h entspricht der Dreiecksfläche im v,t-Diagramm:

$h = \dfrac{\Delta v \Delta t}{2} = \dfrac{519 \dfrac{\text{m}}{\text{s}} \cdot 100 \text{ s}}{2} = 25950 \text{ m} = 25{,}95 \text{ km}$

519.

a) $F_{res} \Delta t = m \Delta v \quad F_{res} = F_w$

$\Delta t = \dfrac{m \Delta v}{F_w} = \dfrac{100 \text{ kg} \cdot \dfrac{43}{3{,}6} \dfrac{\text{m}}{\text{s}}}{20 \dfrac{\text{kgm}}{\text{s}^2}} = 59{,}72 \text{ s}$

b) Der Ausrollweg Δs entspricht der Dreiecksfläche im v,t-Diagramm:

$\Delta s = \dfrac{\Delta v \Delta t}{2} = \dfrac{\dfrac{43}{3{,}6} \dfrac{\text{m}}{\text{s}} \cdot 59{,}72 \text{ s}}{2} = 356{,}7 \text{ m}$

520.

$F_{res} \Delta t = m \Delta v \quad F_{res} = F_{br}$

$\Delta v = \dfrac{F_{br} \Delta t}{m} = \dfrac{12000 \dfrac{\text{kgm}}{\text{s}^2} \cdot 4 \text{ s}}{10000 \text{ kg}} = 4{,}8 \dfrac{\text{m}}{\text{s}} = 17{,}28 \dfrac{\text{km}}{\text{h}}$

$v_t = v_0 - \Delta v = 30 \dfrac{\text{km}}{\text{h}} - 17{,}28 \dfrac{\text{km}}{\text{h}}$

$v_t = 12{,}72 \dfrac{\text{km}}{\text{h}} = 3{,}533 \dfrac{\text{m}}{\text{s}}$

521.

a) $F_{res} \Delta t = m \Delta v \quad F_{res} = F_z$

$F_z = \dfrac{m \Delta v}{\Delta t} = \dfrac{210000 \text{ kg} \cdot \dfrac{72}{3{,}6} \dfrac{\text{m}}{\text{s}}}{60 \text{ s}} = 70 \text{ kN}$

b) $a = \dfrac{\Delta v}{\Delta t} = \dfrac{\dfrac{72}{3{,}6} \dfrac{\text{m}}{\text{s}}}{60 \text{ s}} = 0{,}3333 \dfrac{\text{m}}{\text{s}^2}$

c) Der Weg Δs entspricht der Dreiecksfläche im v,t-Diagramm:

$\Delta s = \dfrac{\Delta v \Delta t}{2} = \dfrac{\dfrac{72}{3{,}6} \dfrac{\text{m}}{\text{s}} \cdot 60 \text{ s}}{2} = 600 \text{ m}$

522.

a) $a = \dfrac{\Delta v}{\Delta t_1} \Rightarrow \Delta v = a \Delta t_1 = 4 \dfrac{m}{s^2} \cdot 2{,}5\,s = 10 \dfrac{m}{s}$

b) I. $F_{res} \Delta t_2 = m \Delta v$

II. $F_{res} = F - F_G$

I. = II. $\dfrac{m \Delta v}{\Delta t_2} = F - F_G$

$F = m\left(\dfrac{\Delta v}{\Delta t_2} + g\right) = 150\,kg \left(\dfrac{10 \dfrac{m}{s}}{1\,s} + 9{,}81 \dfrac{m}{s^2}\right)$

$F = 2971{,}5\,N$

523.

a) v,t-Diagramm siehe Lösung 500.

I. $g = \dfrac{\Delta v}{\Delta t} = \dfrac{v_t}{\Delta t}$

II. $\Delta s = \dfrac{v_t \Delta t}{2}$

I. $v_t = g \Delta t$ II. $v_t = \dfrac{2 \Delta s}{\Delta t}$

I. = II. $g \Delta t = \dfrac{2 \Delta s}{\Delta t} \Rightarrow \Delta t = \sqrt{\dfrac{2 \Delta s}{g}} = \Delta t_f$

$\Delta t_f = \sqrt{\dfrac{2 \cdot 1{,}6\,m}{9{,}81 \dfrac{m}{s^2}}} = 0{,}5711\,s$

b) $F_{res} \Delta t_b = m \Delta v = m v_u$

$F_{res} = 2F_R - F_G = 2F_N \mu - mg$

$\Delta t_b = \dfrac{m v_u}{2 F_N \mu - mg}$

$\Delta t_b = \dfrac{1000\,kg \cdot 3 \dfrac{m}{s}}{2 \cdot 20\,000 \dfrac{kg\,m}{s^2} \cdot 0{,}4 - 1000\,kg \cdot 9{,}81 \dfrac{m}{s^2}}$

$\Delta t_b = 0{,}4847\,s$

c) Senkrechter Wurf mit $v = 3\,m/s$ als Anfangsgeschwindigkeit.

$g = \dfrac{\Delta v}{\Delta t} = \dfrac{v_u}{\Delta t_v} \Rightarrow \Delta t_v = \dfrac{v_u}{g} = \dfrac{3 \dfrac{m}{s}}{9{,}81 \dfrac{m}{s^2}} = 0{,}3058\,s$

d) Zeit Δt_{ges} für ein Arbeitsspiel. Teilzeiten sind bis auf Δt_h bekannt.

I. $\Delta t_h = \dfrac{\Delta s_2}{v_u}$

II. $h = \Delta s_1 + \Delta s_2 + \Delta s_3$

$\Delta s_2 = h - \Delta s_1 - \Delta s_3$

III. $\Delta s_1 = \dfrac{v_u \Delta t_b}{2}$

IV. $\Delta s_3 = \dfrac{v_u \Delta t_v}{2}$

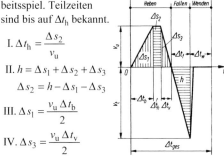

III. und IV. in II. $\Delta s_2 = h - \dfrac{v_u}{2}(\Delta t_b + \Delta t_v)$

in I. eingesetzt:

I. $\Delta t_h = \dfrac{h - \dfrac{v_u}{2}(\Delta t_b + \Delta t_v)}{v_u} = \dfrac{h}{v_u} - \dfrac{\Delta t_b + \Delta t_v}{2}$

$\Delta t_h = \dfrac{1{,}6\,m}{3 \dfrac{m}{s}} - \dfrac{0{,}4847\,s + 0{,}3058\,s}{2} = 0{,}1381\,s$

$\Delta t_{ges} = \Delta t_b + \Delta t_h + \Delta t_v + \Delta t_f + \Delta t_w$

$\Delta t_{ges} = 0{,}4847\,s + 0{,}1381\,s + 0{,}3058\,s + 0{,}5711\,s + 0{,}5\,s$

$\Delta t_{ges} = 1{,}9997\,s$

$n = \dfrac{1}{\Delta t_{ges}} = \dfrac{1}{2\,s} = 0{,}5 \dfrac{1}{s} = 30 \dfrac{1}{min} = 30\,min^{-1}$

(n Schlagzahl)

Arbeit, Leistung und Wirkungsgrad bei geradliniger Bewegung

526.

Lageskizze   Krafteckskizze

a) $\sin \alpha = \dfrac{F}{F_G} \Rightarrow F = mg \sin \alpha$

$F = 2500\,kg \cdot 9{,}81 \dfrac{m}{s^2} \cdot \sin 23° = 9583\,N$

b) $W = F s = 9{,}583\,kN \cdot 38\,m = 364{,}2\,kJ$

527.

a) $R = \dfrac{\Delta F}{\Delta s} \Rightarrow F = R \Delta s$

$F = 8 \dfrac{\text{N}}{\text{mm}} \cdot 70 \text{ mm} = 560 \text{ N}$

b) W_f entspricht der Dreiecksfläche

$W_f = \dfrac{F \Delta s}{2} = \dfrac{R(\Delta s)^2}{2}$

$W_f = \dfrac{8 \dfrac{\text{N}}{\text{mm}} \cdot (70 \text{ mm})^2}{2} = 19600 \text{ Nmm} = 19{,}6 \text{ J}$

528.
Lageskizze   Krafteckskizze

$\cos \alpha = \dfrac{F}{F_s} \Rightarrow F = F_s \cos \alpha$

$F = 8000 \text{ N} \cdot \cos 28° = 7{,}064 \text{ kN}$

a) $W = F s = 7{,}064 \text{ kN} \cdot 3000 \text{ m}$
$W = 21192 \text{ kJ} = 21{,}192 \text{ MJ}$

b) $P = F v = 7064 \text{ N} \cdot \dfrac{9}{3{,}6} \dfrac{\text{m}}{\text{s}}$

$P = 17660 \dfrac{\text{Nm}}{\text{s}} = 17{,}66 \text{ kW}$

529.
a) $W = F s = z F_z l = 3 \cdot 120000 \text{ N} \cdot 20 \text{ m}$
$W = 7200000 \text{ Nm} = 7{,}2 \text{ MJ}$

b) $P = \dfrac{W}{\Delta t} = \dfrac{7200000 \text{ Nm}}{30 \text{ s}} = 240000 \text{ W} = 240 \text{ kW}$

530.
$P = F v$

Antriebskraft F = Hangabtriebskomponente $F_G \sin \alpha$

$v = \dfrac{P}{F} = \dfrac{P}{m g \sin \alpha}$ $\quad \alpha = \arctan 0{,}12 = 6{,}892°$

$v = \dfrac{4500 \dfrac{\text{Nm}}{\text{s}}}{1800 \text{ kg} \cdot 9{,}81 \dfrac{\text{m}}{\text{s}^2} \cdot \sin 6{,}892°} = 2{,}124 \dfrac{\text{m}}{\text{s}}$

531.
$P = \dfrac{W_h}{\Delta t} = \dfrac{F_G h}{\Delta t} = \dfrac{m g h}{\Delta t} = \dfrac{V \varrho g h}{\Delta t}$ $\quad (W_h$ Hubarbeit$)$

$P = \dfrac{160 \text{ m}^3 \cdot 1200 \dfrac{\text{kg}}{\text{m}^3} \cdot 9{,}81 \dfrac{\text{m}}{\text{s}^2} \cdot 12 \text{ m}}{3600 \text{ s}}$

$P = 6278 \dfrac{\text{Nm}}{\text{s}} = 6278 \text{ W} = 6{,}278 \text{ kW}$

532.

$P_h = \dfrac{W_h}{\Delta t} = \dfrac{m g h}{\Delta t} = \dfrac{10000 \text{ kg} \cdot 9{,}81 \dfrac{\text{m}}{\text{s}^2} \cdot 1050 \text{ m}}{95 \text{ s}}$

$P_h = 1084000 \dfrac{\text{Nm}}{\text{s}} = 1084 \text{ kW}$

533.
a) $P_n = F_w v \quad P_n = P_a \eta$

$F_w = \dfrac{P_n}{v} = \dfrac{P_a \eta}{v} = \dfrac{25000 \dfrac{\text{Nm}}{\text{s}} \cdot 0{,}83}{\dfrac{30}{3{,}6} \dfrac{\text{m}}{\text{s}}} = 2490 \text{ N}$

b) Steigung 4 % entspricht
$\tan \alpha = 0{,}04$
$\sin \alpha \approx \tan \alpha = 0{,}04$

$P_a = \dfrac{F v}{\eta}$

$\Sigma F_x = 0 = F - F_{Gx} - F_w$
$F = F_{Gx} + F_w = m g \sin \alpha + F_w$

$P_a = \dfrac{(m g \sin \alpha + F_w) v}{\eta}$

$P_a = \dfrac{\left(10000 \text{ kg} \cdot 9{,}81 \dfrac{\text{m}}{\text{s}^2} \cdot 0{,}04 + 2490 \text{ N}\right) \cdot \dfrac{30}{3{,}6} \dfrac{\text{m}}{\text{s}}}{0{,}83}$

$P_a = 64398 \dfrac{\text{Nm}}{\text{s}} = 64{,}398 \text{ kW}$

534.
a) $P_R = F_R v = (F_{GT} + F_{GW}) \mu v$
$P_R = (m_T + m_W) g \mu v$
$P_R = (2600 + 1800) \text{ kg} \cdot 9{,}81 \dfrac{\text{m}}{\text{s}^2} \cdot 0{,}15 \cdot 0{,}25 \dfrac{\text{m}}{\text{s}}$
$P_R = 1619 \dfrac{\text{Nm}}{\text{s}} = 1{,}619 \text{ kW}$

b) $P_s = F_s v = 20 \text{ kN} \cdot 0{,}25 \dfrac{\text{m}}{\text{s}} = 5 \text{ kW}$

c) $P_{mot} = \dfrac{P_n}{\eta} = \dfrac{P_R + P_s}{\eta} = \dfrac{1{,}619 \text{ kW} + 5 \text{ kW}}{0{,}96}$

$P_{mot} = 6{,}895 \text{ kW}$

535.

$P_h = P_{mot}\,\eta = mgv \Rightarrow v = \dfrac{P_{mot}\,\eta}{mg}$ (P_h Hubleistung)

$v = \dfrac{445\,000\,\frac{Nm}{s} \cdot 0{,}78}{30\,000\text{ kg} \cdot 9{,}81\,\frac{m}{s^2}} = 1{,}179\,\dfrac{m}{s} = 70{,}76\,\dfrac{m}{min}$

536.

$P_h = P_{mot}\,\eta = \dfrac{W_h}{\Delta t} = \dfrac{F_G h}{\Delta t} = \dfrac{mgh}{\Delta t} = \dfrac{V\varrho g h}{\Delta t}$

$P_{mot} = \dfrac{V\varrho g h}{\eta\,\Delta t} = \dfrac{1250\text{ m}^3 \cdot 100\,\frac{kg}{m^3} \cdot 9{,}81\,\frac{m}{s^2} \cdot 830\text{ m}}{0{,}72 \cdot 86\,400\text{ s}}$

$P_{mot} = 163\,610\,\dfrac{Nm}{s} = 163{,}61\text{ kW}$

537.

$P_h = P_{mot}\,\eta = \dfrac{W_h}{\Delta t} \Rightarrow P_{mot} = \dfrac{mgh}{\eta\,\Delta t}$

$P_{mot} = \dfrac{5000\text{ kg} \cdot 9{,}81\,\frac{m}{s^2} \cdot 4{,}5\text{ m}}{0{,}96 \cdot 12\text{ s}} = 19\,160\,\dfrac{Nm}{s} = 19{,}16\text{ kW}$

538.

$P_h = P_a\,\eta = \dfrac{W_h}{\Delta t} = \dfrac{mgh}{\Delta t} = \dfrac{V\varrho g h}{\Delta t}$

$V = \dfrac{P_a\,\eta\,\Delta t}{\varrho g h} = \dfrac{44\,000\,\frac{Nm}{s} \cdot 0{,}77 \cdot 3600\text{ s}}{1000\,\frac{kg}{m^3} \cdot 9{,}81\,\frac{m}{s^2} \cdot 50\text{ m}} = 248{,}661\text{ m}^3$

539.

a) $P_n = P_{mot}\,\eta = Fv$

Antriebskraft F = Hangabtriebskomponente $F_G \sin\alpha$ des Fördergutes

$F = mg\sin\alpha$

$P_{mot}\,\eta = mg\sin\alpha \cdot v \Rightarrow m = \dfrac{P_{mot}\,\eta}{vg\sin\alpha}$

$m = \dfrac{4400\,\frac{Nm}{s} \cdot 0{,}65}{1{,}8\,\frac{m}{s} \cdot 9{,}81\,\frac{m}{s^2} \cdot \sin 12°} = 779\text{ kg}$

b) $\dot m = m'v = \dfrac{mv}{l} = \dfrac{779\text{ kg} \cdot 1{,}8\,\frac{m}{s}}{10\text{ m}}$

(m' Masse je Meter Bandlänge $= m/l$)

$\dot m = 140{,}22\,\dfrac{kg}{s} = 504\,792\,\dfrac{kg}{h} = 504{,}792\,\dfrac{t}{h}$

540.

a) $P_s = F_s v = 6500\text{ N} \cdot \dfrac{34}{60}\,\dfrac{m}{s}$

$P_s = 3683\,\dfrac{Nm}{s} = 3{,}683\text{ kW}$

b) $\eta = \dfrac{P_n}{P_a} = \dfrac{P_s}{P_{mot}} = \dfrac{3{,}683\text{ kW}}{4\text{ kW}} = 0{,}9208$

541.

a) $P_n = P_{mot}\,\eta = Fv_s \Rightarrow F = \dfrac{P_{mot}\,\eta}{v_s}$

$F = \dfrac{10\,000\,\frac{Nm}{s} \cdot 0{,}55}{\frac{16}{60}\,\frac{m}{s}} = 20\,625\text{ N} = 20{,}625\text{ kN}$

b) $v_{max} = \dfrac{P_n}{F} = \dfrac{P_{mot}\,\eta}{F} = \dfrac{10\,000\,\frac{Nm}{s} \cdot 0{,}55}{13\,800\text{ N}}$

$v_{max} = 0{,}3986\,\dfrac{m}{s} = 23{,}91\,\dfrac{m}{min}$

542.

a) $\eta_{ges} = \dfrac{P_n}{P_a} = \dfrac{F_G h}{\Delta t\,P_a} = \dfrac{mgh}{\Delta t\,P_a} = \dfrac{V\varrho g h}{\Delta t\,P_a}$

$\eta_{ges} = \dfrac{60\text{ m}^3 \cdot 1000\,\frac{kg}{m^3} \cdot 9{,}81\,\frac{m}{s^2} \cdot 7\text{ m}}{600\text{ s} \cdot 11\,500\,\frac{Nm}{s}} = 0{,}5971$

b) $\eta_{ges} = \eta_{mot}\,\eta_P \Rightarrow \eta_P = \dfrac{\eta_{ges}}{\eta_{mot}} = \dfrac{0{,}5971}{0{,}85} = 0{,}7025$

Arbeit, Leistung und Wirkungsgrad bei Drehbewegung

543.

a) $W_{rot} = M\varphi = M\,2\pi z$

$W_{rot} = 45\text{ Nm} \cdot 2\pi \cdot 127{,}5\text{ rad} = 36\,050\text{ J} = 36{,}05\text{ kJ}$

b) $W_h = W_{rot} = F_s s \Rightarrow F_s = \dfrac{W_{rot}}{s}$

$F_s = \dfrac{36{,}05\text{ kJ}}{25\text{ m}} = 1{,}442\text{ kN}$

4 Dynamik

544.

a) $i = \dfrac{M_2}{M_1} = \dfrac{M_{tr}}{M_k} \Rightarrow M_{tr} = i\, M_k$

$M_{tr} = F_G \dfrac{d}{2} \Rightarrow F_G = \dfrac{2M_{tr}}{d} = mg$

$m = \dfrac{2\,i\,M_k}{d\,g} = \dfrac{2 \cdot 6 \cdot 40\text{ Nm}}{0{,}24\text{ m} \cdot 9{,}81\,\dfrac{\text{m}}{\text{s}^2}} = 203{,}9\text{ kg}$

b) Dreharbeit = Hubarbeit
$M_k\,\varphi = F_G\,h$

$\varphi = 2\pi z = \dfrac{F_G\,h}{M_k}$

$z = \dfrac{F_G\,h}{2\pi M_k} = \dfrac{2000\text{ N} \cdot 10\text{ m}}{2\pi \cdot 40\text{ Nm}} = 79{,}58\text{ Umdrehungen}$

545.

a) $\eta = \dfrac{M_2}{M_1} \cdot \dfrac{1}{i}$

$i = \dfrac{z_h}{z_k}$ (i<1, ins Schnelle)

$M_2 = F_u \dfrac{d}{2} = i\eta M_1 = \dfrac{z_h\,\eta\,M_1}{z_k}$

$F_u = \dfrac{2 z_h\,\eta\,M_1}{d\,z_k} = \dfrac{2 \cdot 23 \cdot 0{,}7 \cdot 18\text{ Nm}}{0{,}65\text{ m} \cdot 48} = 18{,}58\text{ N}$

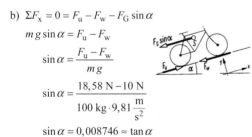

b) $\Sigma F_x = 0 = F_u - F_w - F_G \sin\alpha$

$mg\sin\alpha = F_u - F_w$

$\sin\alpha = \dfrac{F_u - F_w}{mg}$

$\sin\alpha = \dfrac{18{,}58\text{ N} - 10\text{ N}}{100\text{ kg} \cdot 9{,}81\,\dfrac{\text{m}}{\text{s}^2}}$

$\sin\alpha = 0{,}008746 \approx \tan\alpha$

Steigung 8,7 : 1000 = 0,87 %

546.

a) $\omega_1 = \dfrac{\pi n_1}{30} = \dfrac{\pi \cdot 1500}{30}\,\dfrac{\text{rad}}{\text{s}} = 157{,}08\,\dfrac{\text{rad}}{\text{s}}$

$\Delta\varphi = \dfrac{\omega_1 \Delta t}{2} = \dfrac{157{,}08\,\dfrac{\text{rad}}{\text{s}} \cdot 10\text{ s}}{2}$

$\Delta\varphi = 785{,}4\text{ rad}$

b) $W_R = M_R\,\Delta\varphi = 100\text{ Nm} \cdot 785{,}4\text{ rad}$

$W_R = 78540\text{ J} = 78{,}54\text{ kJ}$

547.

$P_{rot} = \dfrac{M n}{9550} = \dfrac{F_s \dfrac{d}{2} n}{9550}$

$P_{rot} = \dfrac{1800 \cdot 0{,}03 \cdot 250}{9550}\text{ kW} = 1{,}414\text{ kW}$

548.

$P_{rot} = M \omega = M \dfrac{\Delta\varphi}{\Delta t}$

$P_{rot} = \dfrac{30000\text{ Nm} \cdot \pi\text{ rad}}{40\text{ s}} = 2356\,\dfrac{\text{Nm}}{\text{s}} = 2{,}356\text{ kW}$

549.

$P_{rot} = \dfrac{M n}{9550} = \dfrac{F_u \dfrac{d}{2} n}{9550}$

$F_u = \dfrac{9550 \cdot P_{rot} \cdot 2}{d\,n} = \dfrac{9550 \cdot 22 \cdot 2}{0{,}3 \cdot 120}\text{ N} = 11672\text{ N}$

550.

$P_{rot} = \dfrac{M n}{9550} = \dfrac{F_u \dfrac{d}{2} n}{9550}$

$F_u = \dfrac{9550 \cdot P_{rot} \cdot 2}{d\,n} = \dfrac{9550 \cdot 900 \cdot 2}{12 \cdot 3{,}8}\text{ N} = 376974\text{ N}$

$F_u \approx 377\text{ kN}$

551.

$P_{rot} = \dfrac{M n}{9550}$

$P_{rot1} = \dfrac{100 \cdot 1800}{9550}\text{ kW} = 18{,}85\text{ kW}$

$P_{rot2} = \dfrac{100 \cdot 2800}{9550}\text{ kW} = 29{,}32\text{ kW}$

552.

$i_{I,II,III} = \dfrac{n_{mot}}{n_{I,II,III}} \Rightarrow n_I = \dfrac{n_{mot}}{i_I}$

$n_I = \dfrac{3600\text{ min}^{-1}}{3{,}5} = 1029\text{ min}^{-1}$

$n_{II} = \dfrac{n_{mot}}{i_{II}} = \dfrac{3600\text{ min}^{-1}}{2{,}2} = 1636\text{ min}^{-1}$

$n_{III} = n_{mot} = 3600\text{ min}^{-1}$

$P = M_{mot}\,\omega \qquad \omega = \dfrac{\pi n}{30} = \dfrac{3600\pi}{30}\,\dfrac{\text{rad}}{\text{s}} = 377\,\dfrac{\text{rad}}{\text{s}}$

$$M_{\text{mot}} = \frac{P}{\omega} = \frac{65000 \frac{\text{Nm}}{\text{s}}}{377 \frac{\text{rad}}{\text{s}}} = 172,4 \text{ Nm} = M_{\text{III}}$$

Die Momente verhalten sich umgekehrt wie die Drehzahlen:

$$\frac{M_{\text{I}}}{M_{\text{mot}}} = \frac{n_{\text{mot}}}{n_{\text{I}}} \Rightarrow M_{\text{I}} = M_{\text{mot}} \frac{n_{\text{mot}}}{i_{\text{I}}} = M_{\text{mot}} \, i_{\text{I}}$$

$M_{\text{I}} = 172,4 \text{ Nm} \cdot 3,5 = 603,4 \text{ Nm}$
$M_{\text{II}} = 172,4 \text{ Nm} \cdot 2,2 = 379,3 \text{ Nm}$

553.

a) $v = \dfrac{\pi d n}{1000}$

$n = \dfrac{1000 v}{\pi d} = \dfrac{1000 \cdot 78,6}{\pi \cdot 50} \text{ min}^{-1} = 500,4 \text{ min}^{-1}$

b) $P_s = F_s v_s = 12000 \text{ N} \cdot 78,6 \dfrac{\text{m}}{\text{min}} = 943200 \dfrac{\text{Nm}}{\text{min}}$

$P_s = 15720 \dfrac{\text{Nm}}{\text{s}} = 15,72 \text{ kW}$

c) $P_v = F_v u = \dfrac{F_s}{4} f n$

$P_v = 3000 \text{ N} \cdot 0,2 \text{ mm} \cdot 500,4 \dfrac{1}{\text{min}} = 300240 \dfrac{\text{Nmm}}{\text{min}}$

$P_v = 5004 \dfrac{\text{Nmm}}{\text{s}} = 5,004 \dfrac{\text{Nm}}{\text{s}} = 5,004 \text{ W}$

554.

a) $P_n = \dfrac{M n}{9550} = \dfrac{F_u \frac{d}{2} n}{9550}$

$P_n = \dfrac{150 \cdot 0,07 \cdot 1400}{9550} \text{ kW} = 1,539 \text{ kW}$

b) $\eta_m = \dfrac{P_n}{P_a} = \dfrac{1,539 \text{ kW}}{2 \text{ kW}} = 0,7695$

555.

$\eta = \dfrac{P_n}{P_a} = \dfrac{M \omega}{P_{\text{mot}}} \quad \omega = \dfrac{\pi n}{30} = \dfrac{125 \pi}{30} \dfrac{\text{rad}}{\text{s}} = 13,09 \dfrac{\text{rad}}{\text{s}}$

$\eta = \dfrac{700 \text{ Nm} \cdot 13,09 \frac{\text{rad}}{\text{s}}}{11000 \frac{\text{Nm}}{\text{s}}} = 0,833$

556.

a) $i_{\text{ges}} = i_1 \cdot i_2 \cdot i_3 = 15 \cdot 3,1 \cdot 4,5 = 209,25$

b) $\eta_{\text{ges}} = \eta_1 \cdot \eta_2 \cdot \eta_3 = 0,73 \cdot 0,95 \cdot 0,95 = 0,6588$

c) $M_{\text{I}} = \dfrac{9550 P_{\text{rot}}}{n_m} = \dfrac{9550 \cdot 0,85}{1420} \text{ Nm} = 5,717 \text{ Nm}$

$M_{\text{II}} = M_{\text{I}} i_1 \eta_1 = 5,717 \text{ Nm} \cdot 15 \cdot 0,73 = 62,6 \text{ Nm}$

$n_{\text{II}} = \dfrac{n_m}{i_1} = \dfrac{1420 \text{ min}^{-1}}{15} = 94,67 \text{ min}^{-1}$

$M_{\text{III}} = M_{\text{I}} i_1 i_2 \eta_1 \eta_2 = 5,717 \text{ Nm} \cdot 15 \cdot 3,1 \cdot 0,73 \cdot 0,95$
$M_{\text{III}} = 184,36 \text{ Nm}$

$n_{\text{III}} = \dfrac{n_m}{i_1 i_2} = \dfrac{1420 \text{ min}^{-1}}{15 \cdot 3,1} = 30,54 \text{ min}^{-1}$

$M_{\text{IV}} = M_{\text{I}} i_{\text{ges}} \eta_{\text{ges}} = 5,717 \text{ Nm} \cdot 209,25 \cdot 0,6588$
$M_{\text{IV}} = 788,1 \text{ Nm}$

$n_{\text{IV}} = \dfrac{n_m}{i_{\text{ges}}} = \dfrac{1420 \text{ min}^{-1}}{209,25} = 6,786 \text{ min}^{-1}$

557.

a) $\eta = \dfrac{P_n}{P_a} \Rightarrow P_a = \dfrac{P_n}{\eta} = \dfrac{1 \text{ kW}}{0,8} = 1,25 \text{ kW}$

b) $P_n = \dfrac{M n}{9550} = \dfrac{F_u \frac{d}{2} n}{9550}$

$F_u = \dfrac{2 \cdot 9550 \cdot P_n}{d n} = \dfrac{2 \cdot 9550 \cdot 1}{0,16 \cdot 1000} \text{ N} = 119,4 \text{ N}$

558.

a) $M_{\text{mot}} = 9550 \dfrac{P_{\text{mot}}}{n_{\text{mot}}} = 9550 \cdot \dfrac{2,6}{1420} \text{ Nm} = 17,49 \text{ Nm}$

$M_{\text{tr}} = F_s \dfrac{d}{2} = 3000 \text{ N} \cdot 0,2 \text{ m} = 600 \text{ Nm}$

b) $i = \dfrac{M_{\text{tr}}}{M_{\text{mot}} \eta} = \dfrac{600 \text{ Nm}}{17,49 \text{ Nm} \cdot 0,96} = 35,7$

559.

$v = v_M = v_u = \pi d_r n_r$ (Index r: Räder)

Raddrehzahl $n_r = \dfrac{v}{\pi d_r}$

$i = \dfrac{n_k}{n_r} \Rightarrow n_k = i n_r$ (Index k: Kegelrad)

a) $n_k = \dfrac{i v}{\pi d_r} = \dfrac{5,2 \cdot \frac{20}{3,6} \frac{\text{m}}{\text{s}}}{\pi \cdot 1,05 \text{ m}} = 8,758 \dfrac{1}{\text{s}} = 525,5 \dfrac{1}{\text{min}}$

$n_k = 525,5 \text{ min}^{-1}$

4 Dynamik

b) $M = F_u \dfrac{d_k}{2} = 9550 \dfrac{P_n}{n_k} = 9550 \dfrac{P_{mot}\,\eta}{n_k}$

$F_u = \dfrac{2 \cdot 9550 \cdot P_{mot}\,\eta}{d_k\, n_k}$

$F_u = \dfrac{2 \cdot 9550 \cdot 66 \cdot 0{,}7}{0{,}06 \cdot 525{,}5}\, \text{N} = 27987\ \text{N} = 27{,}987\ \text{kN}$

560.

a) $i = \dfrac{n_{mot}}{n_r}$

n_r aus $v = v_M = v_u = \pi d\, n_r$

$n_r = \dfrac{v_u}{\pi d} = \dfrac{\tfrac{20}{3{,}6}\ \tfrac{m}{s}}{\pi \cdot 0{,}65\ m} = 2{,}72\ \dfrac{1}{s}$

$n_r = 163{,}2\ \dfrac{1}{\min} = 163{,}2\ \min^{-1}$

$i = \dfrac{3600\ \min^{-1}}{163{,}2\ \min^{-1}} = 22{,}06$

b) „Steigung 8 %" bedeutet: $\tan \alpha = 0{,}08$, $\alpha = 4{,}574°$
$\sin \alpha = 0{,}07975$

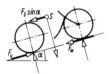

$\Sigma F_x = 0 = F_u - F_G \sin \alpha - F_w$
$F_u = F_w + F_G \sin \alpha = F_w + m g \sin \alpha$
$F_u = 20\ \text{N} + 100\ \text{kg} \cdot 9{,}81\ \tfrac{m}{s^2} \cdot \sin 4{,}574° = 98{,}23\ \text{N}$

c) $\eta = \dfrac{M_n}{i\, M_{mot}} = \dfrac{F_u \tfrac{d}{2}}{i\, M_{mot}}$

$M_{mot} = \dfrac{F_u\, d}{2\,\eta\, i} = \dfrac{98{,}23\ \text{N} \cdot 0{,}6\ \text{m}}{2 \cdot 0{,}7 \cdot 22{,}05} = 2{,}068\ \text{Nm}$

d) $P_{mot} = \dfrac{M_{mot}\, n_{mot}}{9550} = \dfrac{2{,}068 \cdot 3600}{9550}\ \text{kW} = 0{,}7796\ \text{kW}$

Energie und Energieerhaltungssatz

561.

a) $\Delta E_{kin} = \dfrac{m}{2}(v_1^2 - v_2^2)$

$\Delta E_{kin} = \dfrac{8000\ \text{kg}}{2}\left[\left(\dfrac{80}{3{,}6}\ \tfrac{m}{s}\right)^2 - \left(\dfrac{30}{3{,}6}\ \tfrac{m}{s}\right)^2\right]$

$\Delta E_{kin} = 1698000\ \text{kg}\,\dfrac{m^2}{s^2} = 1{,}698\ \text{MJ}$

b) $\Delta E_{kin} = W_a = F_u\, s \Rightarrow F_u = \dfrac{\Delta E_{kin}}{s}$

$F_u = \dfrac{1698000\ \tfrac{\text{kgm}^2}{s^2}}{150\ \text{m}} = 11320\ \dfrac{\text{kgm}}{s^2} = 11{,}32\ \text{kN}$

562.

a) Schlagarbeit $W = E_{pot} = m g h$

$h = \dfrac{E_{pot}}{m g} = \dfrac{70000\ \text{Nm}}{1500\ \text{kg} \cdot 9{,}81\ \tfrac{m}{s^2}} = 4{,}757\ \text{m}$

b) $v = \sqrt{2 g h} = \sqrt{2 \cdot 9{,}81\ \tfrac{m}{s^2} \cdot 4{,}757\ \text{m}} = 9{,}661\ \tfrac{m}{s}$

563.

a) $E_E = E_A - W_{ab}$

$0 = \dfrac{m v^2}{2} - F_w\, s$

b) $s = \dfrac{m v^2}{2 F_w} = \dfrac{m v^2}{2 F'_w\, m} = \dfrac{v^2}{2 F'_w}$

$s = \dfrac{\left(\tfrac{9{,}5}{3{,}6}\ \tfrac{m}{s}\right)^2}{2 \cdot \tfrac{40\ \text{N}}{1000\ \text{kg}}} = 87{,}05\ \text{m}$

564.

$E_E = E_A - W_{ab}$

$E_E = E_{pot} = m g h = m g s \sin \alpha$

$\tan \alpha = 0{,}003 \approx \sin \alpha$

$E_A = \dfrac{m v^2}{2} \qquad W_{ab} = F_w\, s$

$m g s \sin \alpha = \dfrac{m v^2}{2} - F_w\, s$

$s(m g \sin \alpha + F_w) = \dfrac{m v^2}{2}$

$s = \dfrac{m v^2}{2(m g \sin \alpha + F_w)}$

$$s = \frac{34000\,\text{kg} \cdot \left(\frac{10}{3{,}6}\,\frac{\text{m}}{\text{s}}\right)^2}{2\left(34000\,\text{kg} \cdot 9{,}81\,\frac{\text{m}}{\text{s}^2} \cdot 0{,}003 + 1360\,\frac{\text{kg}\,\text{m}}{\text{s}^2}\right)}$$

$s = 55{,}57\,\text{m}$

565.

a) $W = E_{\text{pot}} + F\,h$

$W = m\,g\,h + F\,h = h(m\,g + F)$

$W = 1{,}5\,\text{m}\left(500\,\text{kg} \cdot 9{,}81\,\frac{\text{m}}{\text{s}^2} + 65000\,\text{N}\right)$

$W = 104858\,\text{J} = 104{,}858\,\text{kJ}$

b) $E_E = E_A + W_{\text{zu}}$

$\dfrac{m\,v^2}{2} = m\,g\,h + F\,h$

$v = \sqrt{\dfrac{2h}{m}(m\,g + F)}$

$v = \sqrt{\dfrac{3\,\text{m}}{500\,\text{kg}}\left(500\,\text{kg} \cdot 9{,}81\,\dfrac{\text{m}}{\text{s}^2} + 65000\,\text{N}\right)}$

$v = 20{,}48\,\dfrac{\text{m}}{\text{s}}$

566.

$E_E = E_A - W_{\text{ab}}$

$0 = \dfrac{m\,v^2}{2} - 2W_f$ (W_f Federarbeit für einen Puffer)

$W_f = \dfrac{R}{2}(s_2^2 - s_1^2) = \dfrac{R\,s^2}{2}$ ($s_1 = 0$)

$0 = \dfrac{m\,v^2}{2} - R\,s^2 \;\Rightarrow\; v^2 = \dfrac{2R\,s^2}{m}$

$v = s\sqrt{\dfrac{2R}{m}}\qquad R = 3\,\dfrac{\text{kN}}{\text{cm}} = \dfrac{3000\,\text{N}}{0{,}01\,\text{m}} = 3 \cdot 10^5\,\dfrac{\text{N}}{\text{m}}$

$v = 0{,}08\,\text{m} \cdot \sqrt{\dfrac{2 \cdot 3 \cdot 10^5\,\frac{\text{kg}}{\text{s}^2}}{25000\,\text{kg}}} = 0{,}3919\,\dfrac{\text{m}}{\text{s}} = 1{,}411\,\dfrac{\text{km}}{\text{h}}$

567.

$R = 2\,\dfrac{\text{N}}{\text{mm}} = 2000\,\dfrac{\text{N}}{\text{m}} = 2000\,\dfrac{\text{kg}}{\text{s}^2}$

a) Federkraft F_f = Gewichtskraft F_G

$F_f = R\,\Delta s = m\,g$

$\Delta s = \dfrac{m\,g}{R} = \dfrac{10\,\text{kg} \cdot 9{,}81\,\frac{\text{m}}{\text{s}^2}}{2000\,\frac{\text{kg}}{\text{s}^2}}$

$\Delta s = 0{,}04905\,\text{m} = 4{,}905\,\text{cm}$

b) $E_E = E_A - W_{\text{ab}}$ ($W_{\text{ab}} = W_f$)

$0 = m\,g\,\Delta s - \dfrac{R\,\Delta s^2}{2}$

quadratische Gleichung ohne absolutes Glied

$0 = \Delta s\left(m\,g - \dfrac{R\,\Delta s}{2}\right)$

$\Delta s = 0$ oder $m\,g - \dfrac{R\,\Delta s}{2} = 0$

$\Delta s = \dfrac{2m\,g}{R} = \dfrac{2 \cdot 10\,\text{kg} \cdot 9{,}81\,\frac{\text{m}}{\text{s}^2}}{2000\,\frac{\text{kg}}{\text{s}^2}} = 0{,}0981\,\text{m}$

$\Delta s = 9{,}81\,\text{cm}$ (doppelt so groß wie bei a))

568.

$E_E = E_A - W_{\text{ab}}$

$E_E = 0 \qquad E_A = m\,g\,h = m\,g\,s_1\sin\alpha$

$W_{\text{ab}} = W_{r1} + W_{r2} + W_f$

$W_{r1} = m\,g\,\mu\,s_1\cos\alpha$

($m\,g\cos\alpha$ Normalkraftkomponente der Gewichtskraft F_G)

$W_{r2} = m\,g\,\mu(s_2 + \Delta s)$

$W_f = \dfrac{R(\Delta s)^2}{2}$

$0 = m\,g\,s_1\sin\alpha - m\,g\,\mu\,s_1\cos\alpha - m\,g\,\mu(s_2 + \Delta s) - \dfrac{R(\Delta s)^2}{2}$

$s_1(m\,g\sin\alpha - m\,g\,\mu\cos\alpha) = m\,g\,\mu(s_2 + \Delta s) + \dfrac{R(\Delta s)^2}{2}$

$s_1 = \dfrac{2m\,g\,\mu(s_2 + \Delta s) + R(\Delta s)^2}{2m\,g(\sin\alpha - \mu\cos\alpha)}$

$s_1 = \dfrac{\mu(s_2 + \Delta s) + \dfrac{R(\Delta s)^2}{2m\,g}}{\sin\alpha - \mu\cos\alpha}$

569.

Energieerhaltungssatz allgemein:

$E_E = E_A - W_{l1} - W_{l2}$

Energie E_E am Ende des Vorgangs:

$E_E = \dfrac{m\,v_2^2}{2}$

Energie E_A am Anfang des Vorgangs:

$$E_A = \frac{mv_1^2}{2} + mgh$$

Reibungsarbeit W_{l1} auf der Rutsche:

$$W_{l1} = mg\mu\cos\alpha\frac{h}{\sin\alpha} = mg\mu\frac{h}{\tan\alpha}$$

$\left(\frac{h}{\sin\alpha} \triangleq \text{Länge } l_1 \text{ der Rutsche}\right)$

Reibungsarbeit W_l im Auslauf:
$W_l = mg\mu l$

Energieerhaltungssatz:

$$\frac{mv_2^2}{2} = \frac{mv_1^2}{2} + mgh - mg\mu\frac{h}{\tan\alpha} - mg\mu l \;|\;:m$$

$$g\mu l = \frac{v_1^2 - v_2^2}{2} + gh - g\mu\frac{h}{\tan\alpha}$$

$$l = \frac{v_1^2 - v_2^2}{2\mu g} + \frac{h}{\mu} - \frac{h}{\tan\alpha} = \frac{v_1^2 - v_2^2}{2\mu g} + h\left(\frac{1}{\mu} - \frac{1}{\tan\alpha}\right)$$

$$l = \frac{\left(1{,}2\,\frac{m}{s}\right)^2 - \left(1\,\frac{m}{s}\right)^2}{2\cdot 0{,}3\cdot 9{,}81\,\frac{m}{s^2}} + 4\,m\left(\frac{1}{0{,}3} - \frac{1}{\tan 30°}\right) = 6{,}48\,m$$

Wenn ein Paket den Auslauf der Rutsche mit einer Geschwindigkeit $v_2 = 1\,\frac{m}{s}$ verlassen soll, muss die Auslauflänge $l = 6{,}48\,m$ betragen.

570.

a) $\alpha_1 = \alpha - 90° = 61°$

$h_1 = l + l_1 = l + l\sin\alpha_1$

$h_1 = l(1 + \sin\alpha_1)$

$h_1 = 0{,}655\,m\,(1 + \sin 61°)$

$h_1 = 1{,}228\,m$

$h_2 = l - l_2 = l - l\cos\beta = l(1 - \cos\beta)$

$h_2 = 0{,}655\,m\,(1 - \cos 48{,}5°) = 0{,}221\,m$

b) $E_A = F_G h_1 = mgh_1$

$E_A = 8{,}2\,kg\cdot 9{,}81\,\frac{m}{s^2}\cdot 1{,}228\,m = 98{,}78\,J$

c) $W = E_A - E_E$

$E_E = mgh_2 = 8{,}2\,kg\cdot 9{,}81\,\frac{m}{s^2}\cdot 0{,}221\,m = 17{,}78\,J$

$W = 98{,}78\,J - 17{,}78\,J = 81\,J$

571.

$E_E = E_A \pm 0$ (reibungsfrei)

$$\frac{mv^2}{2} + mgh = mgl$$

$v^2 = 2gl - 2gh$

$v = \sqrt{2g(l-h)}$

572.

$E = E_{pot}\,\eta = mgh\eta$ (Hinweis: $1\,kWh = 3{,}6\cdot 10^6\,Ws$)

$$m = \frac{E}{gh\eta} = \frac{10^4\cdot 3{,}6\cdot 10^6\,Ws\,\left(=\frac{kgm^2}{s^2}\right)}{9{,}81\,\frac{m}{s^2}\cdot 24\,m\cdot 0{,}87}$$

$m = 175{,}753\cdot 10^6\,kg = 175\,753\,t$

$V = 175\,753\,m^3$

573.

Energieerhaltungssatz für das durchströmende Wasser je Minute:

$E_E = E_A - W_a$

$$\frac{mv_2^2}{2} = \frac{mv_1^2}{2} - W_a$$

$$W_a = \frac{m}{2}(v_1^2 - v_2^2) = \frac{45\,000\,kg}{2}\left(225\,\frac{m^2}{s^2} - 4\,\frac{m^2}{s^2}\right)$$

$W_a = 4\,972\,500\,J \;\Rightarrow\; P_a = 4\,972\,500\,\frac{J}{min} = 82\,875\,\frac{J}{s}$

$P_n = P_a\,\eta = 82{,}875\,kW\cdot 0{,}84 = 69{,}615\,kW$

574.

$$\eta = \frac{W_n}{Q} = \frac{1\,kWh}{10{,}4\,MJ} = \frac{3{,}6\cdot 10^6\,Ws}{10{,}4\cdot 10^6\,J} = 0{,}3462$$

(Hinweis: $1\,Ws = 1\,J$)

575.

$$\eta = \frac{W_n}{W_a} = \frac{P_n\,\Delta t}{mH} \;\Rightarrow\; m = \frac{P_n\,\Delta t}{\eta\,H}$$

$$m = \frac{120\cdot 10^3\,\frac{Nm}{s}\cdot 45\cdot 60\,s}{0{,}35\cdot 42\cdot 10^6\,\frac{Nm}{kg}} = 22{,}041\,kg$$

576.

$$\eta = \frac{W_n}{W_a} = \frac{W_n}{mH}$$

$$\eta = \frac{3,6 \cdot 10^6 \text{ Ws}}{0,224 \text{ kg} \cdot 42 \cdot 10^6 \frac{\text{J}}{\text{kg}}} = 0,3827 \quad (1 \text{ Ws} = 1 \text{ J})$$

Gerader, zentrischer Stoß

577.

a) $c_1 = 0 = \dfrac{m_1 v_1 + m_2 v_2 - m_2 (v_1 - v_2) k}{m_1 + m_2}$

$v_2 (m_2 k + m_2) = v_1 (m_2 k - m_1)$

$v_2 = v_1 \dfrac{m_2 k - m_1}{m_2 k + m_2} = v_1 \dfrac{m_2 k - m_1}{m_2 (k+1)}$

$v_2 = 0,5 \dfrac{\text{m}}{\text{s}} \cdot \dfrac{20 \text{ g} \cdot 0,7 - 100 \text{ g}}{20 \text{ g}(0,7+1)} = -1,265 \dfrac{\text{m}}{\text{s}}$

(v_2 ist *gegen* v_1 gerichtet)

b) $c_1 = 0 = \dfrac{(m_1 - m_2) v_1 + 2 m_2 v_2}{m_1 + m_2}$

$v_2 = v_1 \dfrac{m_2 - m_1}{2 m_2} = 0,5 \dfrac{\text{m}}{\text{s}} \cdot \dfrac{20 \text{ g} - 100 \text{ g}}{40 \text{ g}} = -1 \dfrac{\text{m}}{\text{s}}$

c) $c = 0 = \dfrac{m_1 v_1 + m_2 v_2}{m_1 + m_2}$

$v_2 = -v_1 \dfrac{m_1}{m_2} = -0,5 \dfrac{\text{m}}{\text{s}} \cdot \dfrac{100 \text{ g}}{20 \text{ g}} = -2,5 \dfrac{\text{m}}{\text{s}}$

578.
Unelastischer Stoß mit $v_2 = 0$. Beide Körper schwingen mit der Geschwindigkeit c aus der Ruhelage des Sandsacks in die Endlage.
$E_E = E_A$

$(m_1 + m_2) g h = \dfrac{(m_1 + m_2) c^2}{2}$

$h = l_s - l_s \cos\alpha = l_s (1 - \cos\alpha)$

$c^2 = 2gh = 2 g l_s (1 - \cos\alpha)$

$c = \sqrt{2 g l_s (1 - \cos\alpha)}$

c aus unelastischem Stoß:

$c = \dfrac{m_1 v_1 + m_2 v_2}{m_1 + m_2} = \dfrac{m_1 v_1}{m_1 + m_2} \quad (v_2 = 0)$

$v_1 = c \dfrac{m_1 + m_2}{m_1} = \dfrac{m_1 + m_2}{m_1} \sqrt{2 g l_s (1 - \cos\alpha)}$

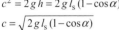

$v_1 = \dfrac{10,01 \text{ kg}}{0,01 \text{ kg}} \sqrt{2 \cdot 9,81 \dfrac{\text{m}}{\text{s}^2} \cdot 2,5 \text{ m}(1 - \cos 10°)} = 864,1 \dfrac{\text{m}}{\text{s}}$

579.

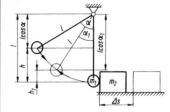

a) $v_1 = \sqrt{2 g h} = \sqrt{2 g (l - l \cos\alpha)} = \sqrt{2 g l (1 - \cos\alpha)}$

$v_1 = \sqrt{2 \cdot 9,81 \dfrac{\text{m}}{\text{s}^2} \cdot 1 \text{ m}(1 - \cos 60°)} = 3,132 \dfrac{\text{m}}{\text{s}}$

b) $c_1 = \dfrac{(m_1 - m_2) v_1 + 2 m_2 v_2}{m_1 + m_2} \quad (v_2 = 0)$

$c_1 = \dfrac{(m_1 - m_2) v_1}{m_1 + m_2} = \dfrac{m_1 - 4 m_1}{5 m_1} v_1 = -\dfrac{3}{5} v_1$

$c_1 = -0,6 \cdot 3,132 \dfrac{\text{m}}{\text{s}} = -1,879 \dfrac{\text{m}}{\text{s}}$

$c_2 = \dfrac{(m_2 - m_1) v_2 + 2 m_1 v_1}{m_1 + m_2} \quad (v_2 = 0)$

$c_2 = \dfrac{2 m_1 v_1}{m_1 + m_2} = \dfrac{2 m_1 v_1}{m_1 + 4 m_1} = \dfrac{2}{5} v_1$

$c_2 = 0,4 \cdot 3,132 \dfrac{\text{m}}{\text{s}} = 1,253 \dfrac{\text{m}}{\text{s}}$

c) Energieerhaltungssatz für den Rückprall der Kugel:
$E_E = E_A$

$m_1 g h_1 = \dfrac{m_1 c_1^2}{2} \Rightarrow h_1 = \dfrac{c_1^2}{2g} = \dfrac{(0,6 v_1)^2}{2g}$

$h_1 = \dfrac{0,36 \cdot 2 g l (1 - \cos\alpha)}{2g} = 0,36 \, l (1 - \cos\alpha)$

$h_1 = 0,36 \cdot 1 \text{ m}(1 - \cos 60°) = 0,18 \text{ m}$

$h_1 = l(1 - \cos\alpha_1) \Rightarrow \cos\alpha_1 = 1 - \dfrac{h_1}{l}$

$\alpha_1 = \arccos\left(1 - \dfrac{h_1}{l}\right) = \arccos\left(1 - \dfrac{0,18 \text{ m}}{1 \text{ m}}\right) = 34,92°$

d) $m_2 \dfrac{c_2^2}{2} = m_2 g \mu \Delta s$

$\Delta s = \dfrac{m_2 c_2^2}{2 m_2 g \mu} = \dfrac{c_2^2}{2 g \mu}$

$\Delta s = \dfrac{(0,4 v_1)^2}{2 g \mu} = \dfrac{0,16 \cdot 2 g h}{2 g \mu} = \dfrac{0,16 h}{\mu}$

$h = l(1-\cos\alpha)$ eingesetzt:

$$\Delta s = \frac{0{,}16\, l(1-\cos\alpha)}{\mu} = \frac{0{,}16 \cdot 1\,\text{m}\,(1-\cos 60°)}{0{,}15}$$

$$\Delta s = 0{,}5333\,\text{m}$$

e) Energieerhaltungssatz für beide Körper als Probe:

$m_1 g h_1 = m_1 g h - m_2 g \mu \Delta s$

$m_1 g h_1 = m_1 g h - 4 m_1 g \mu \Delta s$

$h_1 = h - 4\mu\Delta s$

$0{,}18\,\text{m} = 0{,}5\,\text{m} - 4\cdot 0{,}15 \cdot 0{,}5333\,\text{m}$

$0{,}18\,\text{m} = 0{,}18\,\text{m}$

580.

a) $v_1 = \sqrt{2gh} = \sqrt{2\cdot 9{,}81\,\frac{\text{m}}{\text{s}^2}\cdot 3\,\text{m}} = 7{,}672\,\frac{\text{m}}{\text{s}}$

b) $c = \frac{m_1 v_1 + m_2 v_2}{m_1 + m_2} = \frac{m_1 v_1}{m_1 + m_2}$ $(v_2 = 0)$

$$c = \frac{3000\,\text{kg}\cdot 7{,}672\,\frac{\text{m}}{\text{s}}}{3600\,\text{kg}} = 6{,}393\,\frac{\text{m}}{\text{s}}$$

c) $\Delta W = \frac{m_1 m_2 v_1^2}{2(m_1 + m_2)}$ $(v_2 = 0)$

$$\Delta W = \frac{3000\,\text{kg}\cdot 600\,\text{kg}\cdot 7{,}672^2\,\frac{\text{m}^2}{\text{s}^2}}{2\cdot 3600\,\text{kg}}$$

$$\Delta W = 14\,715\,\frac{\text{kgm}^2}{\text{s}^2} = 14{,}715\,\text{kJ}$$

d) Energieerhaltungssatz für beide Körper vom Ende des ersten Stoßabschnitts bis zum Stillstand:

$$0 = (m_1+m_2)\frac{c^2}{2} + (m_1+m_2)g\Delta s - F_R \Delta s$$

$$F_R = \frac{(m_1+m_2)\cdot\left(\frac{c^2}{2} + g\Delta s\right)}{\Delta s}$$

$$F_R = \frac{3600\,\text{kg}\left(20{,}435\,\frac{\text{m}^2}{\text{s}^2} + 9{,}81\,\frac{\text{m}}{\text{s}^2}\cdot 0{,}3\,\text{m}\right)}{0{,}3\,\text{m}}$$

$$F_R = 280\,536\,\frac{\text{kgm}}{\text{s}^2} = 280{,}536\,\text{kN}$$

e) $\eta = \frac{1}{1+\frac{m_2}{m_1}}$

$$\eta = \frac{1}{1+\frac{600\,\text{kg}}{3000\,\text{kg}}} = 0{,}833 = 83{,}33\,\%$$

581.

a) Arbeitsvermögen = Energieabnahme beim unelastischen Stoß.

$$\Delta W = \frac{m_1 m_2}{2(m_1+m_2)}v_1^2 \quad (v_2 = 0)$$

$$m_1 = \frac{2\Delta W\, m_2}{m_2 v_1^2 - 2\Delta W} = \frac{2\Delta W\, m_2}{2 m_2 g h - 2\Delta W} = \frac{\Delta W\, m_2}{g h m_2 - \Delta W}$$

$$m_1 = \frac{10^3\,\text{Nm}\cdot 10^3\,\text{kg}}{10^3\,\text{kg}\cdot 9{,}81\,\frac{\text{m}}{\text{s}^2}\cdot 1{,}8\,\text{m} - 10^3\,\text{Nm}} = 60{,}03\,\text{kg}$$

b) $\eta = \frac{1}{1+\frac{m_1}{m_2}} = \frac{1}{1+\frac{60{,}03\,\text{kg}}{1000\,\text{kg}}}$

$\eta = 0{,}9434 = 94{,}34\,\%$

Dynamik der Drehbewegung

582.

a) $\alpha = \frac{\Delta\omega}{\Delta t} = \frac{20\pi\,\frac{\text{rad}}{\text{s}}}{2{,}6\cdot 60\,\text{s}} = 0{,}4028\,\frac{\text{rad}}{\text{s}^2}$

b) $M_R = M_{res} = J\alpha$

$M_R = 3\,\text{kgm}^2 \cdot 0{,}4028\,\frac{\text{rad}}{\text{s}^2} = 1{,}208\,\text{Nm}$

583.

Bremsmoment = resultierendes Moment

$M_{res}\Delta t = J\Delta\omega \Rightarrow J = \frac{M_{res}\Delta t}{\Delta\omega}$

$\Delta\omega = \frac{\pi n}{30} = \frac{\pi\cdot 300}{30}\,\frac{\text{rad}}{\text{s}} = 10\pi\,\frac{\text{rad}}{\text{s}}$

$$J = \frac{100\,\text{Nm}\cdot 100\,\text{s}}{10\pi\,\frac{\text{rad}}{\text{s}}} = 318{,}31\,\text{kgm}^2$$

584.

a) $\alpha = \frac{\Delta\omega}{\Delta t}$ $\Delta\omega = \frac{\pi n}{30} = \frac{\pi\cdot 1500}{30}\,\frac{\text{rad}}{\text{s}} = 50\pi\,\frac{\text{rad}}{\text{s}}$

$$\alpha = \frac{50\pi\,\frac{\text{rad}}{\text{s}}}{10\,\text{s}} = 15{,}71\,\frac{\text{rad}}{\text{s}^2}$$

b) $M_{mot} = M_{res} = J\alpha$

$M_{mot} = 15\,\text{kgm}^2\cdot 15{,}71\,\frac{\text{rad}}{\text{s}^2} = 235{,}5\,\text{Nm}$

585.

a) $\alpha = \dfrac{\Delta\omega}{\Delta t} = \dfrac{12\pi \, \dfrac{\text{rad}}{\text{s}}}{5 \text{ s}} = 7{,}54 \, \dfrac{\text{rad}}{\text{s}^2}$

b) $M_{\text{res}} = M_a - M_R \Rightarrow M_a = M_{\text{res}} + M_R$

$M_a = J\alpha + M_R = 3{,}5 \text{ kgm}^2 \cdot 7{,}54 \, \dfrac{\text{rad}}{\text{s}^2} + 0{,}5 \text{ Nm}$

$M_a = 26{,}89 \text{ Nm}$

c) $P = M_a \omega = 26{,}89 \text{ Nm} \cdot 12\pi \, \dfrac{\text{rad}}{\text{s}}$

$P = 1014 \, \dfrac{\text{Nm}}{\text{s}} = 1{,}014 \text{ kW}$

586.

a) Bremsmoment = resultierendes Moment aus dem Impulserhaltungssatz

$M_{\text{res}} \Delta t = J \Delta\omega \Rightarrow M_{\text{res}} = \dfrac{J \Delta\omega}{\Delta t}$

$\Delta\omega = \dfrac{\pi n}{30} = \dfrac{1500\pi}{30} \, \dfrac{\text{rad}}{\text{s}} = 50\pi \, \dfrac{\text{rad}}{\text{s}}$

$M_{\text{res}} = M_R = \dfrac{0{,}18 \text{ kgm}^2 \cdot 50\pi \, \dfrac{\text{rad}}{\text{s}}}{235 \text{ s}} = 0{,}1203 \text{ Nm}$

b) $M_R = F_G \mu \dfrac{d}{2} = mg\mu \dfrac{d}{2} \Rightarrow \mu = \dfrac{2 M_R}{mgd}$

$\mu = \dfrac{2 \cdot 0{,}1203 \text{ Nm}}{10 \text{ kg} \cdot 9{,}81 \, \dfrac{\text{m}}{\text{s}^2} \cdot 0{,}020 \text{ m}} = 0{,}1226$

587.

a) $M_{\text{res}} = F\dfrac{l}{2} = J\alpha \Rightarrow \alpha = \dfrac{Fl}{2J}$

$\alpha = \dfrac{400 \text{ N} \cdot 40 \text{ m}}{2 \cdot 10^7 \text{ kgm}^2} = 8 \cdot 10^{-4} \, \dfrac{\text{rad}}{\text{s}^2}$

b) $\alpha = \dfrac{\Delta\omega}{\Delta t} = \dfrac{\omega_t}{\Delta t} \Rightarrow \omega_t = \alpha \Delta t$

$\omega_t = 8 \cdot 10^{-4} \, \dfrac{\text{rad}}{\text{s}^2} \cdot 30 \text{ s} = 2{,}4 \cdot 10^{-2} \, \dfrac{\text{rad}}{\text{s}}$

c) Bremskraft F_1 aus

$M_{\text{res}} = F_1 \dfrac{d}{2} = J\alpha_1 \Rightarrow F_1 = \dfrac{2 J \alpha_1}{d}$

I. $\alpha_1 = \dfrac{\omega_t}{\Delta t}$ II. $\Delta\varphi = \dfrac{\omega_t \Delta t}{2}$

ω, t-Diagramm siehe Lösung 486.

I. $\Delta t = \dfrac{\omega_t}{\alpha_1}$ in II. eingesetzt: $\Delta\varphi = \dfrac{\omega_t^2}{2\alpha_1}$

$\alpha_1 = \dfrac{\omega_t^2}{2\Delta\varphi} = \dfrac{\left(2{,}4 \cdot 10^{-2} \, \dfrac{\text{rad}}{\text{s}}\right)^2}{2\left(\dfrac{5 \text{ m}}{20 \text{ m}}\right) \text{rad}} = 11{,}52 \cdot 10^{-4} \, \dfrac{\text{rad}}{\text{s}^2}$

$F_1 = \dfrac{2 \cdot 10^7 \text{ kgm}^2 \cdot 11{,}52 \cdot 10^{-4} \, \dfrac{\text{rad}}{\text{s}^2}}{40 \text{ m}} = 576 \text{ N}$

oder mit dem Energieerhaltungssatz für den Bremsvorgang:

$E_{\text{rot E}} = E_{\text{rot A}} - W_{\text{ab}}$

$0 = E_{\text{rot A}} - F_1 \Delta s \Rightarrow F_1 = \dfrac{E_{\text{rot A}}}{\Delta s}$

$F_1 = \dfrac{J \omega_t^2}{2 \Delta s} = \dfrac{10^7 \text{ kgm}^2 \left(2{,}4 \cdot 10^{-2} \, \dfrac{\text{rad}}{\text{s}}\right)^2}{2 \cdot 5 \text{ m}} = 576 \text{ N}$

588.

a) Trommel:

$\Sigma M = 0 = F_s r - J\alpha$

$F_s = \dfrac{J\alpha}{r}$

Last:

$\Sigma F_y = 0 = F_s + ma - mg$

$F_s = mg - ma = mg - m\alpha r$

$F_s = \dfrac{J\alpha}{r} = mg - m\alpha r$

$\alpha = \dfrac{mgr}{J + mr^2}$

$\alpha = \dfrac{2500 \text{ kg} \cdot 9{,}81 \, \dfrac{\text{m}}{\text{s}^2} \cdot 0{,}2 \text{ m}}{4{,}8 \text{ kgm}^2 + 2500 \text{ kg} \cdot (0{,}2 \text{ m})^2} = 46{,}8 \, \dfrac{\text{rad}}{\text{s}^2}$

b) $a = \alpha r = 46{,}8 \, \dfrac{\text{rad}}{\text{s}^2} \cdot 0{,}2 \text{ m} = 9{,}36 \, \dfrac{\text{m}}{\text{s}^2}$

c) $v = \sqrt{2a\Delta s} = \sqrt{2 \cdot 9{,}36 \, \dfrac{\text{m}}{\text{s}^2} \cdot 3 \text{ m}} = 7{,}494 \, \dfrac{\text{m}}{\text{s}}$

589.

a) $M_{\text{res}} = \Sigma M_{(M)} = J\alpha - F_{R0\max} r$

$\alpha = \dfrac{a}{r}$

$\dfrac{a}{r} = \dfrac{F_{R0\,max}\, r}{J}$

$a = \dfrac{F_{R0\,max}\, r^2}{J}$

$a = \dfrac{mg\cos\beta\, \mu_0\, r^2}{\dfrac{m r^2}{2}} = 2g\mu_0 \cos\beta$

$a = 2 \cdot 9{,}81\,\dfrac{m}{s^2} \cdot 0{,}2 \cdot \cos 30° = 3{,}398\,\dfrac{m}{s^2}$

b) $F_{res} = \Sigma F_x = F - F_G \sin\beta - ma - F_{R0\,max}$

$F = F_G \sin\beta + ma + F_{R0\,max}$

$F = mg\sin\beta + ma + mg\mu_0 \cos\beta$

$F = m[a + g(\sin\beta + \mu_0 \cos\beta)]$

$F = 10\,kg\left[3{,}398\,\dfrac{m}{s^2} + 9{,}81\,\dfrac{m}{s^2}\left(\sin 30° + 0{,}2\cdot\cos 30°\right)\right]$

$F = 100\,N$

590.

a) $m_{2\,red} = \dfrac{J_2}{r_2^2}$

$m_{2\,red} = \dfrac{0{,}05\,kgm^2}{(0{,}1\,m)^2} = 5\,kg$

b) $m_{ges} = m_1 + m_{2\,red} = 7\,kg$

c) $F_{res} = F_{G1} = m_1 g = 2\,kg \cdot 9{,}81\,\dfrac{m}{s^2} = 19{,}62\,N$

d) $F_{res} = m_{ges}\, a \;\Rightarrow\; a = \dfrac{F_{res}}{m_{ges}}$

$a = \dfrac{m_1 g}{m_1 + \dfrac{J_2}{r_2^2}} = g\,\dfrac{m_1 r_2^2}{m_1 r_2^2 + J_2}$

$a = 9{,}81\,\dfrac{m}{s^2} \cdot \dfrac{2\,kg \cdot (0{,}1\,m)^2}{2\,kg \cdot (0{,}1\,m)^2 + 0{,}05\,kgm^2} = 2{,}803\,\dfrac{m}{s^2}$

Wird nach der Kraft F_S im Seil während des Beschleunigungsvorgangs mit $a = 2{,}803\,m/s^2$ gefragt, führt ein gedachter Schnitt unterhalb der (eingezeichneten) reduzierten Masse $m_{2\,red}$ zum Ziel. Mit dem Dynamischen Grundgesetz gilt dann:

$F_S = m_{2\,red} \cdot a$

$F_S = 5\,kg \cdot 2{,}803\,\dfrac{m}{s^2} = 14{,}015\,\dfrac{kgm}{s^2} = 14{,}015\,N$

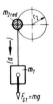

591.

a) $J = \dfrac{m r^2}{2} = \dfrac{V\varrho\, r^2}{2} = \dfrac{\pi r^2 s\varrho\, r^2}{2}$

$J = \dfrac{\pi r^4 s \varrho}{2} = \dfrac{\pi (0{,}15\,m)^4 \cdot 0{,}002\,m \cdot 7850\,\dfrac{kg}{m^3}}{2}$

$J = 0{,}012\,485\,kgm^2$

$i = \sqrt{\dfrac{r^2}{2}} = \sqrt{\dfrac{(0{,}15\,m)^2}{2}} = 0{,}1061\,m = 106{,}1\,mm$

b) $J = \dfrac{m}{2}(R^2 + r^2) = \dfrac{(R^2+r^2)\pi s\varrho (R^2 - r^2)}{2}$

$J = \dfrac{\pi s\varrho}{2}(R^4 - r^4)$

$J = \dfrac{\pi \cdot 0{,}002\,m \cdot 7850\,\dfrac{kg}{m^3}}{2}(0{,}15^4 - 0{,}02^4)\,m^4$

$J = 0{,}012\,481\,kgm^2$

(d. h., die Bohrung ist vernachlässigbar)

$i = \sqrt{\dfrac{R^2 + r^2}{2}} = \sqrt{\dfrac{(0{,}15\,m)^2 + (0{,}02\,m)^2}{2}} = 0{,}107\,m$

$i = 107\,mm$

592.

Einteilung:

Teil	Anzahl/Bezeichnung	Abmessungen
1	1 große Scheibe	Ø 0,2 m × 0,02 m
2	1 kleine Scheibe	Ø 0,1 m × 0,02 m
3	1 Wellenrest	Ø 0,02 m × 0,05 m

$J = \dfrac{m r^2}{2} \quad m = \pi\varrho r^2 h \;\Rightarrow\; J = \dfrac{1}{2}(\pi\varrho r^4 h)$

Teil 1: $J_1 = \dfrac{1}{2}\left(\pi \cdot 7850\,\dfrac{kg}{m^3} \cdot 0{,}1^4\,m^4 \cdot 0{,}02\,m\right)$

$J_1 = 246{,}6 \cdot 10^{-4}\,kgm^2$

Teil 2: $J_2 = \dfrac{1}{2}\left(\pi \cdot 7850\,\dfrac{kg}{m^3} \cdot 0{,}05^4\,m^4 \cdot 0{,}02\,m\right)$

$J_2 = 15{,}41 \cdot 10^{-4}\,kgm^2$

Teil 3: $J_3 = \dfrac{1}{2}\left(\pi \cdot 7850\,\dfrac{kg}{m^3} \cdot 0{,}01^4\,m^4 \cdot 0{,}05\,m\right)$

$J_3 = 0{,}062 \cdot 10^{-4}\,kgm^2$

$J_{ges} = J_1 + J_2 + J_3$

$J_{ges} = (246{,}61 + 15{,}41 + 0{,}062) \cdot 10^{-4}\,kgm^2$

$J_{ges} = 262{,}1 \cdot 10^{-4}\,kgm^2 = 2{,}621 \cdot 10^{-2}\,kgm^2$

593.

a) Einteilung:

Teil	Anzahl / Bezeichnung	Abmessungen
1	1 Außenzylinder	Ø 2 m × 0,9 m
2	2 Vollscheiben	Ø 1,97 m × 0,02 m
3	1 Wellenmittelstück	Ø 0,2 m × 0,6 m
4	2 Lagerzapfen	Ø 0,16 m × 0,3 m
5	2 Bohrungen	Ø 0,16 m × 0,02 m
6	1 Innenzylinder	Ø 1,97 m × 0,9 m

$$J = \frac{mr^2}{2} \quad m = \pi \varrho r^2 h \Rightarrow J = \frac{1}{2}(\pi \varrho r^4 h)$$

Teil 1: $J_1 = \frac{1}{2}\left(\pi \cdot 7850 \frac{\text{kg}}{\text{m}^3} \cdot 1^4 \text{ m}^4 \cdot 0,9 \text{ m}\right)$

$J_1 = 11097,7 \text{ kgm}^2$

Teil 2: $J_2 = \pi \cdot 7850 \frac{\text{kg}}{\text{m}^3} \cdot 0,985^4 \text{ m}^4 \cdot 0,02 \text{ m}$

$J_2 = 464,3 \text{ kgm}^2$

Teil 3: $J_3 = \frac{1}{2}\left(\pi \cdot 7850 \frac{\text{kg}}{\text{m}^3} \cdot 0,1^4 \text{ m}^4 \cdot 0,6 \text{ m}\right)$

$J_3 = 0,74 \text{ kgm}^2$

Teil 4: $J_4 = \pi \cdot 7850 \frac{\text{kg}}{\text{m}^3} \cdot 0,08^4 \text{ m}^4 \cdot 0,3 \text{ m}$

$J_4 = 0,3 \text{ kgm}^2$

Teil 5: $J_5 = \pi \cdot 7850 \frac{\text{kg}}{\text{m}^3} \cdot 0,08^4 \text{ m}^4 \cdot 0,02 \text{ m}$

$J_5 = 0,02 \text{ kgm}^2$

Teil 6: $J_6 = \frac{1}{2}\left(\pi \cdot 7850 \frac{\text{kg}}{\text{m}^3} \cdot 0,985^4 \text{ m}^4 \cdot 0,9 \text{ m}\right)$

$J_6 = 10446,6 \text{ kgm}^2$

$J_{\text{ges}} = J_1 + J_2 + J_3 + J_4 - J_5 - J_6$

$J_{\text{ges}} = (11097,7 + 464,3 + 0,74 + 0,3 - 0,02 - 10446,6) \text{ kgm}^2$

$J_{\text{ges}} = 1116,4 \text{ kgm}^2$

b) $m_{\text{ges}} = m_1 + 2m_2 + m_3 + 2m_4 - 2m_5 - m_6$

$m_1 = \pi \varrho r_1^2 h_1 = \pi \cdot 7850 \frac{\text{kg}}{\text{m}^3} \cdot 1^2 \text{ m}^2 \cdot 0,9 \text{ m}$

$m_1 = 22195,35 \text{ kg}$

$m_2 = \pi \varrho r_2^2 h_2 = \pi \cdot 7850 \frac{\text{kg}}{\text{m}^3} \cdot 0,985^2 \text{ m}^2 \cdot 0,02 \text{ m}$

$m_2 = 478,544 \text{ kg}$

$m_3 = \pi \varrho r_3^2 h_3 = \pi \cdot 7850 \frac{\text{kg}}{\text{m}^3} \cdot 0,1^2 \text{ m}^2 \cdot 0,6 \text{ m}$

$m_3 = 147,969 \text{ kg}$

$m_4 = \pi \varrho r_4^2 h_4 = \pi \cdot 7850 \frac{\text{kg}}{\text{m}^3} \cdot 0,08^2 \text{ m}^2 \cdot 0,3 \text{ m}$

$m_4 = 47,35 \text{ kg}$

$m_5 = \pi \varrho r_5^2 h_5 = \pi \cdot 7850 \frac{\text{kg}}{\text{m}^3} \cdot 0,08^2 \text{ m}^2 \cdot 0,02 \text{ m}$

$m_5 = 3,157 \text{ kg}$

$m_6 = \pi \varrho r_6^2 h_6 = \pi \cdot 7850 \frac{\text{kg}}{\text{m}^3} \cdot 0,985^2 \text{ m}^2 \cdot 0,9 \text{ m}$

$m_6 = 21534,483 \text{ kg}$

$m_{\text{ges}} = (22195,35 + 2 \cdot 478,544 + 147,969 + + 2 \cdot 47,35 - 2 \cdot 3,157 - 21534,483) \text{ kg}$

$m_{\text{ges}} = 1854,31 \text{ kg}$

c) $i = \sqrt{\dfrac{J_{\text{ges}}}{m_{\text{ges}}}} = \sqrt{\dfrac{1116,4 \text{ kgm}^2}{1854,31 \text{ kg}}} = 0,776 \text{ m}$

594.

a) Einteilung:

Teil	Anzahl / Bezeichnung	Abmessungen
1	1 Vollscheibe	Ø 0,5 m × 0,06 m
2	1 Vollzylinder	Ø 0,5 m × 0,14 m
3	1 Vollzylinder	Ø 0,19 m × 0,24 m
4	1 Zylinder	Ø 0,46 m × 0,14 m
5	1 Bohrung	Ø 0,1 m × 0,3 m
6	6 Bohrungen	Ø 0,06 m × 0,06 m

$$J = \frac{mr^2}{2} \quad m = \pi \varrho r^2 h \Rightarrow J = \frac{1}{2}(\pi \varrho r^4 h)$$

Teil 1: $J_1 = \frac{1}{2}\left(\pi \cdot 7850 \frac{\text{kg}}{\text{m}^3} \cdot 0,25^4 \text{ m}^4 \cdot 0,06 \text{ m}\right)$

$J_1 = 2,89 \text{ kgm}^2$

Teil 2: $J_2 = \frac{1}{2}\left(\pi \cdot 7850 \frac{\text{kg}}{\text{m}^3} \cdot 0,25^4 \text{ m}^4 \cdot 0,14 \text{ m}\right)$

$J_2 = 6,7434 \text{ kgm}^2$

Teil 3: $J_3 = \frac{1}{2}\left(\pi \cdot 7850 \frac{\text{kg}}{\text{m}^3} \cdot 0,095^4 \text{ m}^4 \cdot 0,24 \text{ m}\right)$

$J_3 = 0,241 \text{ kgm}^2$

Teil 4: $J_4 = \frac{1}{2}\left(\pi \cdot 7850 \frac{\text{kg}}{\text{m}^3} \cdot 0,23^4 \text{ m}^4 \cdot 0,14 \text{ m}\right)$

$J_4 = 4,8309 \text{ kgm}^2$

Teil 5: $J_5 = \frac{1}{2}\left(\pi \cdot 7850 \frac{\text{kg}}{\text{m}^3} \cdot 0,05^4 \text{ m}^4 \cdot 0,3 \text{ m}\right)$

$J_5 = 0,0231 \text{ kgm}^2$

Teil 6: $J_6 = (\pi \varrho r^2 \cdot 6 \cdot h)\left(\dfrac{r^2}{2} + l^2\right)$

Steiner'scher Verschiebesatz:

$$J_6 = \left(\pi \cdot 7850 \frac{\text{kg}}{\text{m}^3} \cdot 0{,}04^2 \text{ m}^2 \cdot 6 \cdot 0{,}06 \text{ m}\right) \cdot$$

$$\cdot \left(\frac{0{,}04^2 \text{ m}^2}{2} + 0{,}165^2 \text{ m}^2\right)$$

$$J_6 = 0{,}3981 \text{ kgm}^2$$

$$J_{ges} = J_1 + J_2 + J_3 - J_4 - J_5 - J_6$$
$$J_{ges} = (2{,}89 + 6{,}7434 + 0{,}241 - 4{,}8309 -$$
$$- 0{,}0231 - 0{,}3981) \text{ kgm}^2 = 4{,}6223 \text{ kgm}^2$$

b) $m_{ges} = m_1 + m_2 + m_3 - m_4 - m_5 - 6 \cdot m_6$

$$m_1 = \pi \varrho r_1^2 h_1 = \pi \cdot 7850 \frac{\text{kg}}{\text{m}^3} \cdot 0{,}25^2 \text{ m}^2 \cdot 0{,}06 \text{ m}$$
$$m_1 = 92{,}48 \text{ kg}$$

$$m_2 = \pi \varrho r_2^2 h_2 = \pi \cdot 7850 \frac{\text{kg}}{\text{m}^3} \cdot 0{,}25^2 \text{ m}^2 \cdot 0{,}14 \text{ m}$$
$$m_2 = 215{,}79 \text{ kg}$$

$$m_3 = \pi \varrho r_3^2 h_3 = \pi \cdot 7850 \frac{\text{kg}}{\text{m}^3} \cdot 0{,}095^2 \text{ m}^2 \cdot 0{,}24 \text{ m}$$
$$m_3 = 53{,}42 \text{ kg}$$

$$m_4 = \pi \varrho r_4^2 h_4 = \pi \cdot 7850 \frac{\text{kg}}{\text{m}^3} \cdot 0{,}23^2 \text{ m}^2 \cdot 0{,}14 \text{ m}$$
$$m_4 = 182{,}64 \text{ kg}$$

$$m_5 = \pi \varrho r_5^2 h_5 = \pi \cdot 7850 \frac{\text{kg}}{\text{m}^3} \cdot 0{,}05^2 \text{ m}^2 \cdot 0{,}3 \text{ m}$$
$$m_5 = 18{,}5 \text{ kg}$$

$$m_6 = 6 \cdot \pi \varrho r_6^2 h_6 = 6 \cdot \pi \cdot 7850 \frac{\text{kg}}{\text{m}^3} \cdot 0{,}04^2 \text{ m}^2 \cdot 0{,}06 \text{ m}$$
$$m_6 = 14{,}21 \text{ kg}$$

$$m_{ges} = (92{,}48 + 215{,}79 + 53{,}42 - 182{,}64 -$$
$$- 18{,}5 - 14{,}21) \text{ kg}$$
$$m_{ges} = 146{,}34 \text{ kg}$$

c) $i = \sqrt{\dfrac{J_{ges}}{m_{ges}}} = \sqrt{\dfrac{4{,}6223 \text{ kgm}^2}{146{,}34 \text{ kg}}}$

$i = 0{,}1777 \text{ m} = 177{,}7 \text{ mm}$

595.

Einteilung:

Teil	Anzahl/Bezeichnung	Abmessungen
1	1 Vollscheibe	Ø 0,18 m × 0,03 m
2	1 Zentralbohrung	Ø 0,04 m × 0,03 m
3	3 exzentrische Bohrungen	Ø 0,05 m × 0,03 m

$$J = \frac{mr^2}{2} \quad m = \pi \varrho r^2 h \;\Rightarrow\; J = \frac{1}{2}(\pi \varrho r^4 h)$$

Teil 1: $J_1 = \dfrac{1}{2}\left(\pi \cdot 7850 \dfrac{\text{kg}}{\text{m}^3} \cdot 0{,}09^4 \text{ m}^4 \cdot 0{,}03 \text{ m}\right)$

$J_1 = 242{,}71 \cdot 10^{-4} \text{ kgm}^2$

Teil 2: $J_2 = \dfrac{1}{2}\left(\pi \cdot 7850 \dfrac{\text{kg}}{\text{m}^3} \cdot 0{,}02^4 \text{ m}^4 \cdot 0{,}03 \text{ m}\right)$

$J_2 = 0{,}592 \cdot 10^{-4} \text{ kgm}^2$

$$J_3 = (\pi \varrho r^2 \cdot 3 \cdot h)\left(\frac{r^2}{2} + l^2\right)$$

Steiner'scher Verschiebesatz:

Teil 3: $J_3 = \left(\pi \cdot 7850 \dfrac{\text{kg}}{\text{m}^3} \cdot 0{,}025^2 \text{ m}^2 \cdot 3 \cdot 0{,}03 \text{ m}\right) \cdot$

$$\cdot \left(\frac{0{,}025^2 \text{ m}^2}{2} + 0{,}055^2 \text{ m}^2\right)$$

$J_3 = 46{,}298 \cdot 10^{-4} \text{ kgm}^2$

$J_{ges} = J_1 - J_2 - J_3$
$J_{ges} = (242{,}71 - 0{,}592 - 46{,}298) \cdot 10^{-4} \text{ kgm}^2$
$J_{ges} = 195{,}82 \cdot 10^{-4} \text{ kgm}^2 = 0{,}019582 \text{ kgm}^2$

596.

Einteilung:
Nabe 1, Segmentstück 2

$m_1 = \pi l \varrho (r^2 - r_1^2)$

$m_1 = \pi \cdot 0{,}02 \text{ m} \cdot 7850 \dfrac{\text{kg}}{\text{m}^3}(0{,}02^2 - 0{,}0125^2) \text{ m}^2$

$m_1 = 0{,}1202 \text{ kg}$

$J_1 = m\dfrac{r^2 + r_1^2}{2} = 0{,}1202 \text{ kg}\dfrac{(2^2 + 1{,}25^2) \cdot 10^{-4} \text{ m}^2}{2}$

$J_1 = 0{,}3343 \cdot 10^{-4} \text{ kgm}^2$

$m_2 = \dfrac{\pi b \varrho (R^2 - r^2)}{6}$ $\left(\dfrac{1}{6} \text{ Hohlzylinder}\right)$

$m_2 = \dfrac{\pi \cdot 0{,}04 \text{ m} \cdot 7850 \dfrac{\text{kg}}{\text{m}^3}(0{,}06^2 - 0{,}02^2) \text{ m}^2}{6}$

$m_2 = 0{,}5261 \text{ kg}$

$J_2 = m_2 \dfrac{R^2 + r^2}{2} = 0{,}5261 \text{ kg}\dfrac{(6^2 + 2^2) \cdot 10^{-4} \text{ m}^2}{2}$

$J_2 = 10{,}52 \cdot 10^{-4} \text{ kgm}^2$

$J_{ges} = J_1 + J_2 = (0{,}3343 + 10{,}52) \cdot 10^{-4} \text{ kgm}^2$

$J_{ges} = 10{,}85 \cdot 10^{-4} \text{ kgm}^2 = 0{,}001085 \text{ kgm}^2$

Energie bei Drehbewegung

597.

$$\Delta E_{\text{rot}} = \frac{J}{2}(\omega_1^2 - \omega_2^2)$$

$$\omega_1 = \frac{\pi n_1}{30} = \frac{\pi \cdot 2800}{30}\frac{\text{rad}}{\text{s}} = 293,2\frac{\text{rad}}{\text{s}}$$

$$\omega_2^2 = \frac{J\omega_1^2 - 2\Delta E_{\text{rot}}}{J}$$

$$\omega_2 = \sqrt{\frac{145\,\text{kgm}^2 \cdot \left(293,2\frac{\text{rad}}{\text{s}}\right)^2 - 2 \cdot 1,2 \cdot 10^6\,\text{Nm}}{145\,\text{kgm}^2}}$$

$$\omega_2 = 263,5\,\frac{\text{rad}}{\text{s}}$$

$$n_2 = \frac{30\,\omega_2}{\pi} = 2516\,\frac{1}{\text{min}} = 2516\,\text{min}^{-1}$$

598.

a) $\Delta E_{\text{rot}} = \frac{J}{2}(\omega_1^2 - \omega_2^2)$

$$\omega_1 = \frac{\pi n_1}{30} = 100\pi\,\frac{\text{rad}}{\text{s}} \qquad \omega_2 = \frac{\pi n_2}{30} = 66,67\pi\,\frac{\text{rad}}{\text{s}}$$

$$J = \frac{2\Delta E_{\text{rot}}}{\omega_1^2 - \omega_2^2} = \frac{2 \cdot 10^5\,\text{Nm}}{\pi^2(100^2 - 66,67^2)\frac{\text{rad}^2}{\text{s}^2}}$$

$$J = 7,3\,\text{kgm}^2$$

b) $J_k = 0,9\,J = m\frac{R^2 + r^2}{2}$

$$m = \frac{2 \cdot 0,9\,J}{R^2 + r^2} = \frac{2 \cdot 0,9 \cdot 7,3\,\text{kgm}^2}{(0,4\,\text{m})^2 + (0,38\,\text{m})^2} = 43,167\,\text{kg}$$

599.

a) $E_E = E_A - W_{\text{ab}}$

$$0 = \frac{mv^2}{2} - F_w'\,m\,\Delta s$$

(F_w' Fahrwiderstand in N je t Waggonmasse)

$$\Delta s = \frac{mv^2}{2F_w'\,m} = \frac{v^2}{2F_w'}$$

$$F_w' = \frac{40\,\text{N}}{10^3\,\text{kg}} = \frac{40\,\text{kgm}}{1000\,\text{kgs}^2} = 0,04\,\frac{\text{m}}{\text{s}^2}$$

$$\Delta s = \frac{\left(\frac{18}{3,6}\,\frac{\text{m}}{\text{s}}\right)^2}{2 \cdot 0,04\,\frac{\text{m}}{\text{s}^2}} = 312,5\,\text{m}$$

b) $0 = \frac{mv^2}{2} + \frac{J\omega^2}{2} - F_w'\,m\,\Delta s$

$$J = \frac{m_r r^2}{2} \qquad \omega^2 = \frac{v^2}{r^2}$$

$$0 = \frac{mv^2}{2} + \frac{m_r r^2 v^2}{2 \cdot 2 r^2} - F_w'\,m\,\Delta s$$

$$\Delta s = \frac{v^2}{2F_w'} \cdot \frac{m_r \cdot v^2}{4 \cdot F_w'\,m} = \frac{v^2}{2F_w'}\left(1 + \frac{m_r}{2m}\right)$$

Masse m_r für 4 Räder:

$$m_r = \frac{4\pi d^2 s \varrho}{4} = \pi \cdot (0,9\,\text{m})^2 \cdot 0,1\,\text{m} \cdot 7850\,\frac{\text{kg}}{\text{m}^3}$$

$$m_r = 1997,582\,\text{kg}$$

$$\Delta s = \frac{\left(5\,\frac{\text{m}}{\text{s}}\right)^2}{2 \cdot 0,04\,\frac{\text{m}}{\text{s}^2}}\left(1 + \frac{1,998\,\text{t}}{2 \cdot 40\,\text{t}}\right) = 320,3\,\text{m}$$

600.

Energie der Kugel an der Ablaufkante = Energie am Startpunkt:

$E_E = E_A$ E_E mit $v_x = 1,329$ m/s nach Lösung 447. berechnet.

$$\frac{mv_x^2}{2} + \frac{J\omega^2}{2} = m g h_2$$

$$\frac{mv_x^2}{2} + \frac{2mr^2}{2 \cdot 5} \cdot \frac{v_x^2}{r^2} = m g h_2$$

$$\frac{v_x^2}{2} + \frac{v_x^2}{5} = g h_2$$

$$h_2 = \frac{7v_x^2}{10g} = 0,7\,\frac{v_x^2}{g}$$

$$h_2 = 0,7\,\frac{\left(1,329\,\frac{\text{m}}{\text{s}}\right)^2}{9,81\,\frac{\text{m}}{\text{s}^2}} = 0,126\,\text{m}$$

Rechnung ohne Kenntnis des Betrags von v_x: Kugel fällt während Δt im freien Fall $h = 1$ m tief, gleichzeitig legt sie gleichförmig den Weg $s_x = 0,6$ m zurück.

$$s_x = v_x \sqrt{\frac{2h}{g}}$$

$$s_x^2 = v_x^2 \frac{2h}{g} \Rightarrow v_x^2 = s_x^2 \frac{g}{2h}$$

(weiter wie oben, vorletzte Zeile:)

$$h_2 = \frac{0,7\,g\,s_x^2}{2g h} = \frac{0,7\,s_x^2}{2h} = \frac{0,7 \cdot (0,6\,\text{m})^2}{2 \cdot 1\,\text{m}} = 0,126\,\text{m}$$

601.

a) $E_E = E_A \pm 0$

$$\frac{m_1 v^2}{2} + \frac{J_2 \omega^2}{2} = m_1 g h$$

b) $\omega = \frac{v}{r_2}$ eingesetzt

$$v^2 \left(\frac{m_1}{2} + \frac{J_2}{2 r_2^2} \right) = m_1 g h$$

$$v = \sqrt{\frac{2 m_1 g h}{m_1 + \frac{J_2}{r_2^2}}} = \sqrt{\frac{2 \cdot 2 \text{ kg} \cdot 9{,}81 \frac{\text{m}}{\text{s}^2} \cdot 1 \text{ m}}{2 \text{ kg} + \frac{0{,}05 \text{ kgm}^2}{(0{,}1 \text{ m})^2}}}$$

$$v = 2{,}368 \frac{\text{m}}{\text{s}}$$

602.

a) $E_E = E_A \pm 0$

$$\frac{J_1 \omega^2}{2} + \frac{J_2 \omega^2}{2} + mg\left(l + \frac{l}{2}\right) = 3 m g l$$

$$J_1 = \frac{ml^2}{12} + m\left(\frac{l}{2}\right)^2 = \frac{ml^2}{3}$$

$$J_2 = \frac{2m \cdot (2l)^2}{12} + 2m \cdot \left(\frac{2l}{2}\right)^2 = \frac{8ml^2}{3}$$

$$\frac{\omega^2}{2}\left(\frac{ml^2}{3} + \frac{2m(2l)^2}{3}\right) = mg\left(3l - l - \frac{l}{2}\right)$$

$$\frac{m\omega^2}{2}\left(\frac{l^2}{3} + \frac{8l^2}{3}\right) = \frac{3}{2} m g l$$

$$\frac{3 \omega^2 l^2}{2} = \frac{3 g l}{2} \Rightarrow \omega = \sqrt{\frac{g}{l}}$$

b) $v_u = 2l \omega = 2l \sqrt{\frac{g}{l}} = 2\sqrt{gl}$

603.

a) $E_E = E_A + W_{zu}$

$$\frac{J \omega_2^2}{2} = 0 + M_k \Delta \varphi$$

b) $M_k = F r \quad \Delta \varphi = 2 \pi z$

$$\frac{J \omega_2^2}{2} = 2 \pi z F r$$

$$z = \frac{J \omega_2^2}{4 \pi F r} \quad \omega = \frac{1000 \pi}{30} \frac{\text{rad}}{\text{s}} = 33{,}33 \pi \frac{\text{rad}}{\text{s}}$$

$$z = \frac{3 \text{ kgm}^2 \left(33{,}33 \pi \frac{\text{rad}}{\text{s}}\right)^2}{4 \pi \cdot 150 \text{ N} \cdot 0{,}4 \text{ m}} = 43{,}63 \text{ Kurbelumläufe}$$

c) $M_2 \Delta t = J \Delta \omega \quad i = \frac{n_1}{n_2} = \frac{M_2}{M_k} \Rightarrow M_2 = i M_k$

$$\Delta t = \frac{J \omega_2}{i M_k} = \frac{3 \text{ kgm}^2 \cdot 33{,}33 \pi \frac{\text{rad}}{\text{s}}}{0{,}1 \cdot 150 \text{ N} \cdot 0{,}4 \text{ m}} = 52{,}36 \text{ s}$$

604.

a) $\Delta W = \frac{J}{2}(\omega_1^2 - \omega_2^2)$

$$n_1 = \frac{n_{\text{mot}}}{i} = \frac{960 \text{ min}^{-1}}{8} = 120 \text{ min}^{-1}$$

$$\omega_1 = \frac{\pi n_1}{30} = \frac{\pi \cdot 120}{30} \frac{\text{rad}}{\text{s}} = 4 \pi \frac{\text{rad}}{\text{s}}$$

$$\omega_2 = \frac{\pi n_2}{30} = \frac{\pi \cdot 100}{30} \frac{\text{rad}}{\text{s}} = 3{,}333 \pi \frac{\text{rad}}{\text{s}}$$

$$\Delta W = 8 \text{ kgm}^2 \cdot \pi^2 \left[\left(4 \frac{\text{rad}}{\text{s}}\right)^2 - \left(3{,}333 \frac{\text{rad}}{\text{s}}\right)^2\right]$$

$$\Delta W = 386{,}2 \text{ J}$$

b) $P_{\text{mot}} = M_{\text{mot}} \omega_{\text{mot}}$

$$\omega_{\text{mot}} = \frac{\pi n_{\text{mot}}}{30} = \frac{\pi \cdot 960}{30} \frac{\text{rad}}{\text{s}} = 32 \pi \frac{\text{rad}}{\text{s}}$$

$$M_{\text{mot}} = \frac{P_{\text{mot}}}{\omega_{\text{mot}}} = \frac{1000 \frac{\text{Nm}}{\text{s}}}{32 \pi \frac{\text{rad}}{\text{s}}} = 9{,}947 \text{ Nm}$$

$$M_s = i M_{\text{mot}} = 8 \cdot 9{,}947 \text{ Nm} = 79{,}58 \text{ Nm}$$

c) $M_s \Delta t = J \Delta \omega$

$$\Delta t = \frac{J(\omega_1 - \omega_2)}{M_s} = \frac{16 \text{ kgm}^2 \cdot \pi \left(4 \frac{\text{rad}}{\text{s}} - 3{,}333 \frac{\text{rad}}{\text{s}}\right)}{79{,}58 \text{ Nm}}$$

$$\Delta t = 0{,}4213 \text{ s}$$

605.

a) $M_{res}\,\Delta t = J\,\Delta\omega \Rightarrow \Delta t = \dfrac{J\,\omega}{M_{res}}$

$\Delta t = \dfrac{0{,}8\ \text{kgm}^2 \cdot 33{,}33\,\pi\,\dfrac{\text{rad}}{\text{s}}}{50\ \text{Nm}} = 1{,}675\ \text{s}$

b) $\Delta\varphi = \dfrac{\omega\,\Delta t}{2} = 2\pi z$

$z = \dfrac{\omega\,\Delta t}{2 \cdot 2\pi} = \dfrac{33{,}33\,\pi\,\dfrac{\text{rad}}{\text{s}} \cdot 1{,}675\ \text{s}}{4\pi}$

$z = 13{,}96\ \text{Umdrehungen}$

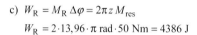

c) $W_R = M_R\,\Delta\varphi = 2\pi z\,M_{res}$

$W_R = 2 \cdot 13{,}96 \cdot \pi\ \text{rad} \cdot 50\ \text{Nm} = 4386\ \text{J}$

d) $Q = 4386\ \text{J} \cdot 40\,\dfrac{1}{\text{h}} = 175{,}44\,\dfrac{\text{kJ}}{\text{h}}$

Fliehkraft

610.

a) $v_u = r_s\,\omega = 0{,}42\ \text{m} \cdot \dfrac{80\,\pi}{30}\,\dfrac{\text{rad}}{\text{s}} = 3{,}519\,\dfrac{\text{m}}{\text{s}}$

b) $F_z = m\,r_s\,\omega^2 = m\,\dfrac{v_u^2}{r_s} = 110\ \text{kg} \cdot \dfrac{\left(3{,}519\,\dfrac{\text{m}}{\text{s}}\right)^2}{0{,}42\ \text{m}}$

$F_z = 3243\ \text{N}$

611.

$F_z = m\,r\,\omega^2 = 1300\ \text{kg} \cdot 7{,}2\ \text{m}\left(\dfrac{250\,\pi}{30}\,\dfrac{\text{rad}}{\text{s}}\right)^2$

$F_z = 6\,415\,000\ \text{N} = 6{,}415\ \text{MN}$

612.

$F_z = \dfrac{m\,r_s\,\omega^2}{2} \qquad r_s = \dfrac{2\,r_m}{\pi}$

$F_z = \dfrac{m \cdot 2\,r_m\,\omega^2}{2\pi} = \dfrac{m\,r_m\,\omega^2}{\pi}$

$F_z = \dfrac{120\ \text{kg} \cdot 0{,}5\ \text{m}}{\pi} \cdot \left(20\,\pi\,\dfrac{\text{rad}}{\text{s}}\right)^2$

$F_z = 75\,398\ \text{N} = 75{,}4\ \text{kN}$

613.

$\Sigma F_y = 0 = F_s - F_G - F_z$

$F_s = m\,g + \dfrac{m\,v^2}{l}$

$F_s = m\left(g + \dfrac{v^2}{l}\right)$

$v = \sqrt{2\,g\,h}$

$h = l - l\cos\alpha$

$v = \sqrt{2\,g\,l\,(1 - \cos\alpha)}$

$F_s = m\left(g + \dfrac{2\,g\,l\,(1 - \cos\alpha)}{l}\right) = m[g + 2g(1-\cos\alpha)]$

$F_s = m\,g\,(3 - 2\cos\alpha) = 2000\ \text{kg} \cdot 9{,}81\,\dfrac{\text{m}}{\text{s}^2}(3 - 2\cdot\cos 20°)$

$F_s = 21986\ \text{N} = 21{,}99\ \text{kN}$

614.

I. $\Sigma F_y = 0 = F_{R0\,max} - F_G$

II. $\Sigma F_x = 0 = F_z - F_N$

I. $F_{R0\,max} = F_N\,\mu_0 = F_G$

II. $F_N = F_z = m\,r\,\omega^2$ in I. eingesetzt:

$F_{R0\,max} = m\,r\,\omega^2\,\mu_0 = F_G$

$m\,r\,\omega^2\,\mu_0 = m\,g \Rightarrow \omega = \sqrt{\dfrac{g}{r\,\mu_0}}$

$n = \dfrac{30\,\omega}{\pi} = \dfrac{30}{\pi}\sqrt{\dfrac{2\,g}{d\,\mu_0}}$

n	g	d	μ_0
min^{-1}	$\dfrac{\text{m}}{\text{s}^2}$	m	1

(Zahlenwertgleichung)

$n = \dfrac{30}{\pi}\sqrt{\dfrac{2\cdot 9{,}81}{3\cdot 0{,}4}}\ \text{min}^{-1} = 38{,}61\ \text{min}^{-1}$

615.

a) $F_z = \dfrac{m\,v^2}{r_s}$

$F_z = \dfrac{900\ \text{kg}\left(\dfrac{40}{3{,}6}\,\dfrac{\text{m}}{\text{s}}\right)^2}{20\ \text{m}}$

$F_z = 5556\ \text{N}$

b) $F_r = \sqrt{F_G^2 + F_z^2} = m\sqrt{g^2 + \left(\dfrac{v^2}{r_s}\right)^2}$

$$F_r = 900 \text{ kg} \cdot \sqrt{\left(9{,}81\frac{\text{m}}{\text{s}^2}\right)^2 + \left(\frac{123{,}5\frac{\text{m}^2}{\text{s}^2}}{20\text{ m}}\right)^2}$$

$F_r = 10{,}432$ kN

$$\tan\alpha_r = \frac{F_G}{F_z} = \frac{mg}{\frac{mv^2}{r_s}} = \frac{gr_s}{v^2}$$

$$\alpha_r = \arctan\frac{gr_s}{v^2} = \arctan\frac{9{,}81\frac{\text{m}}{\text{s}^2} \cdot 20\text{ m}}{\left(\frac{40}{3{,}6}\frac{\text{m}}{\text{s}}\right)^2}$$

$\alpha_r = 57{,}82° \Rightarrow \beta = 32{,}18°$

c) $\rho_0 = \beta - \gamma = 32{,}18° - 4° = 28{,}18°$

$\mu_0 = \tan\rho_0 = \tan 28{,}18° = 0{,}5357$

$\mu_0 \geq 0{,}5357$

616.

a) Die Wirklinie der Resultierenden aus F_G und F_z verläuft durch die Kippkante K.

$$\tan\alpha_r = \frac{F_G}{F_z} = \frac{2h}{l}$$

$$F_z = \frac{F_G l}{2h} = \frac{mgl}{2h}$$

$$\frac{mv^2}{r_s} = \frac{mgl}{2h} \Rightarrow v = \sqrt{\frac{glr_s}{2h}}$$

$$v = \sqrt{\frac{9{,}81\frac{\text{m}}{\text{s}^2} \cdot 1{,}435\text{ m} \cdot 200\text{ m}}{2 \cdot 1{,}35\text{ m}}}$$

$v = 32{,}29\ \dfrac{\text{m}}{\text{s}} = 116{,}251\ \dfrac{\text{km}}{\text{h}}$

b) Überhöhungswinkel α tritt zwischen den WL der Kraft F_G und der Resultierenden aus F_G und F_z auf.

$$\tan\alpha = \frac{F_z}{F_G} = \frac{mv^2}{mgr_s} = \frac{v^2}{r_s}$$

$$\alpha = \arctan\frac{v^2}{gr_s} = \arctan\frac{\left(\frac{50}{3{,}6}\frac{\text{m}}{\text{s}}\right)^2}{9{,}81\frac{\text{m}}{\text{s}^2} \cdot 200\text{ m}} = 5{,}615°$$

$\sin\alpha = \dfrac{h}{l} \Rightarrow h = l\sin\alpha = 1{,}435\text{ m} \cdot \sin 5{,}615°$

$h = 0{,}1404$ m $= 140{,}4$ mm

617.

a) $\beta = \alpha + \gamma$

$\tan\alpha = \dfrac{l}{2h} = \dfrac{1{,}5\text{ m}}{2 \cdot 1{,}5\text{ m}} = 0{,}5$

$\alpha = \arctan 0{,}5 = 26{,}57°$

$\sin\gamma = \dfrac{h_1}{l}$

$\gamma = \arcsin\dfrac{h_1}{l} = \arcsin\dfrac{30\text{ mm}}{1500\text{ mm}} = 1{,}146°$

$\beta = \alpha + \gamma = 27{,}72°$

b) $\tan\beta = \dfrac{F_z}{F_G} = \dfrac{ma_z}{mg} = \dfrac{a_z}{g}$

$a_z = g\tan\beta = 9{,}81\dfrac{\text{m}}{\text{s}^2} \cdot \tan 27{,}72° = 5{,}155\dfrac{\text{m}}{\text{s}^2}$

c) $a_z = \dfrac{v^2}{r_s} \Rightarrow v = \sqrt{a_z r_s}$

$v = \sqrt{5{,}155\dfrac{\text{m}}{\text{s}^2} \cdot 150\text{ m}} = 27{,}8\dfrac{\text{m}}{\text{s}} = 100{,}1\dfrac{\text{km}}{\text{h}}$

618.

a) $\Sigma F_y = 0 = F_z - F_G = \dfrac{mv_o^2}{r_s} - mg$

$\dfrac{mv_o^2}{r_s} = mg$

$v_o = \sqrt{gr_s}$

$v_o = \sqrt{9{,}81\dfrac{\text{m}}{\text{s}^2} \cdot 2{,}9\text{ m}} = 5{,}334\dfrac{\text{m}}{\text{s}} = 19{,}2\dfrac{\text{km}}{\text{h}}$

b) $E_E = E_A \pm 0$

$E_{pot\,o} + E_{kin\,o} = E_{kin\,u}$

$mg\,2r_s + \dfrac{mv_o^2}{2} = \dfrac{mv_u^2}{2}$

$v_u^2 = 4gr_s + v_o^2 = 4gr_s + gr_s$

$v_u = \sqrt{5gr_s} = \sqrt{5 \cdot 9{,}81\dfrac{\text{m}}{\text{s}^2} \cdot 2{,}9\text{ m}}$

$v_u = 11{,}93\dfrac{\text{m}}{\text{s}} = 42{,}94\dfrac{\text{km}}{\text{h}}$

c) $v_u = \sqrt{2gh} \Rightarrow h = \dfrac{v_u^2}{2g} = \dfrac{5gr_s}{2g}$

$h = 2{,}5\,r_s = 2{,}5 \cdot 2{,}9\text{ m} = 7{,}25\text{ m}$

619.

a) $\Sigma M_{(A)} = 0 = F_B(l_1+l_2) - F_G\, l_1$

$$F_B = \frac{F_G\, l_1}{l_1+l_2}$$

$F_G = mg = 1100\text{ kg} \cdot 9{,}81\text{ N} = 10791\text{ N}$

$$F_B = \frac{10791\text{ N} \cdot 0{,}45\text{ m}}{0{,}45\text{ m}+1{,}05\text{ m}} = 3237\text{ N} = 3{,}237\text{ kN}$$

$\Sigma F_y = 0 = F_A + F_B - F_G \Rightarrow F_A = F_G - F_B$

$F_A = 10791\text{ N} - 3237\text{ N} = 7554\text{ N} = 7{,}554\text{ kN}$

b) $F_z = m r_s \omega^2 \quad \omega = \frac{\pi n}{30} = \frac{\pi \cdot 180}{30}\frac{\text{rad}}{\text{s}} = 6\pi\,\frac{\text{rad}}{\text{s}}$

$F_z = 1100\text{ kg} \cdot 0{,}0023\text{ m}\left(6\pi\,\frac{\text{rad}}{\text{s}}\right)^2 = 898{,}9\text{ N}$

c)

$\Sigma M_{(A)} = 0 = F_B(l_1+l_2) - (F_G + F_z)l_1$

$$F_B = \frac{(F_G+F_z)l_1}{l_1+l_2} = \frac{(10{,}791+0{,}8989)\text{ kN} \cdot 0{,}45\text{ m}}{1{,}5\text{ m}}$$

$F_B = 3{,}507\text{ kN}$

$\Sigma F_y = 0 = F_A + F_B - F_G - F_z$

$F_A = F_G + F_z - F_B$

$F_A = 10{,}791\text{ kN} + 0{,}8989\text{ kN} - 3{,}507\text{ kN} = 8{,}183\text{ kN}$

d)

$\Sigma M_{(A)} = 0 = F_B(l_1+l_2) + (F_G - F_z)l_1$

$$F_B = \frac{(F_G - F_z)l_1}{l_1+l_2} = \frac{(10{,}791 - 0{,}8989)\text{ kN}\cdot 0{,}45\text{ m}}{1{,}5\text{ m}}$$

$F_B = 2{,}968\text{ kN}$

$\Sigma F_y = 0 = F_A + F_B - F_G + F_z$

$F_A = F_G - F_B - F_z$

$F_A = 10{,}791\text{ kN} - 2{,}968\text{ kN} - 0{,}8989\text{ kN} = 6{,}924\text{ kN}$

Beide Stützkräfte sind, wie in der Skizze angenommen, nach oben gerichtet.

620.

a) $\omega = \dfrac{\pi n}{30} = \dfrac{\pi \cdot 250}{30}\dfrac{\text{rad}}{\text{s}} = 26{,}18\,\dfrac{\text{rad}}{\text{s}}$

$\tan\alpha = \dfrac{F_G}{F_z} = \dfrac{mg}{m r\omega^2} = \dfrac{h}{r}$

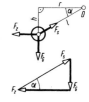

$$h = \frac{g}{\omega^2} = \frac{9{,}81\,\frac{\text{m}}{\text{s}^2}}{\left(26{,}18\,\frac{\text{rad}}{\text{s}}\right)^2}$$

$h = 0{,}01431\text{ m} = 14{,}31\text{ mm}$

b) $\omega^2 = \dfrac{g}{h} \Rightarrow \omega = \sqrt{\dfrac{g}{h}}$

$$\omega = \sqrt{\frac{9{,}81\,\frac{\text{m}}{\text{s}^2}}{0{,}1\text{ m}}} = 9{,}9045\,\frac{\text{rad}}{\text{s}}$$

$$n = \frac{30\omega}{\pi} = \frac{30 \cdot 9{,}9045}{\pi}\,\text{min}^{-1} = 94{,}58\text{ min}^{-1}$$

c) $\tan\beta = \dfrac{F_G}{F_z} = \dfrac{mg}{m r_0 \omega_0^2} = \dfrac{g}{r_0 \omega_0^2}$

$$\omega_0 = \sqrt{\frac{g}{r_0 \tan\beta}}$$

Mit den gegebenen Längen l und r_0 kann im Dreieck die cos-Funktion angesetzt werden.

$\cos\beta = \dfrac{r_0}{l}$

Jetzt muss $\tan\beta$ mit Hilfe von $\cos\beta$ ausgedrückt werden.

$$\tan\beta = \frac{\sin\beta}{\cos\beta} = \frac{\sqrt{1-\cos^2\beta}}{\cos\beta} = \frac{\sqrt{1-\left(\frac{r_0}{l}\right)^2}}{\frac{r_0}{l}}$$

$$\tan\beta = \frac{l}{r_0}\sqrt{\frac{l^2 - r_0^2}{l^2}} = \frac{1}{r_0}\sqrt{l^2 - r_0^2}$$

$r_0 \tan\beta = \sqrt{l^2 - r_0^2}$

$$\omega_0 = \sqrt{\frac{g}{\sqrt{l^2 - r_0^2}}} = \sqrt{\frac{9{,}81\,\frac{\text{m}}{\text{s}^2}}{\sqrt{(0{,}2\text{ m})^2 - (0{,}05\text{ m})^2}}}$$

$\omega_0 = 7{,}117\,\dfrac{\text{rad}}{\text{s}}$

$$n_0 = \frac{30\omega_0}{\pi} = \frac{30 \cdot 7{,}117}{\pi}\,\text{min}^{-1} = 67{,}97\text{ min}^{-1}$$

Mechanische Schwingungen

621.

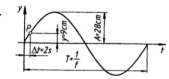

a) $y = A \sin \Delta\varphi = A \sin\left(2\pi f \Delta t \cdot \dfrac{180°}{\pi}\right)$

$\sin \Delta\varphi = \dfrac{y}{A} = \dfrac{9 \text{ cm}}{28 \text{ cm}} = 0{,}321 \Rightarrow \Delta\varphi = 18{,}72°$

$2\pi f \Delta t \cdot \dfrac{180°}{\pi} = 18{,}75°$

$T = \dfrac{1}{f} = 38{,}46 \text{ s}$

b) $f = \dfrac{18{,}75°}{2 \cdot 180° \cdot 2 \text{ s}} = 0{,}026 \, \dfrac{1}{\text{s}}$

622.

a) $T = \dfrac{\Delta t}{z} = \dfrac{10 \text{ s}}{25} = 0{,}4 \text{ s}$

b) $f = \dfrac{z}{\Delta t} = \dfrac{1}{T} = 2{,}5 \, \dfrac{1}{\text{s}} = 2{,}5 \text{ Hz}$

c) $\omega = 2\pi f = 2\pi \cdot 2{,}5 \, \dfrac{1}{\text{s}} = 15{,}71 \, \dfrac{1}{\text{s}}$

623.

a) $y = A \sin(2\pi f \Delta t) = 30 \text{ mm} \cdot \sin\left(2\pi \cdot 50 \, \dfrac{1}{\text{s}} \cdot 2 \cdot 10^{-2} \text{ s}\right)$

$y = 30 \text{ mm} \cdot \sin(2\pi)$

$y = 30 \text{ mm} \cdot \sin 360° = 30 \text{ mm} \cdot 0 = 0 \text{ (Nulllage)}$

b) $v_y = A\omega \cos(2\pi f t)$

$\omega = 2\pi f = 2\pi \cdot 50 \, \dfrac{1}{\text{s}} = 100\pi \, \dfrac{1}{\text{s}}$

$v_y = 30 \text{ mm} \cdot 100\pi \, \dfrac{1}{\text{s}} \cdot \cos\left(2\pi \cdot 50 \, \dfrac{1}{\text{s}} \cdot 2 \cdot 10^{-2} \text{ s}\right)$

$v_y = 30 \text{ mm} \cdot 100\pi \, \dfrac{1}{\text{s}} \cdot \cos 2\pi = 9{,}368 \, \dfrac{\text{m}}{\text{s}}$

c) $a_y = -y\omega^2 = -0 \cdot \omega^2 = 0$

624.

Aus dem Bild der harmonischen Schwingung kann abgelesen werden:

$y_2 = 2y_1$

$A \sin \varphi_2 = 2A \sin \varphi_1 \quad \varphi_2 = \varphi_1 + \Delta\varphi$

$\sin(\varphi_1 + \Delta\varphi) = 2 \sin \varphi_1$

$\sin \varphi_1 \cos \Delta\varphi + \cos \varphi_1 \sin \Delta\varphi = 2 \sin \varphi_1 \; | : \sin \varphi_1$

$\cos \Delta\varphi + \dfrac{1}{\tan \varphi_1} \sin \Delta\varphi = 2 \quad \tan \varphi_1 = \dfrac{\sin \Delta\varphi}{2 - \cos \Delta\varphi}$

$\sin \Delta\varphi$ und $\cos \Delta\varphi$ sind gegebene Größen, denn es ist

$\sin \Delta\varphi = \sin\left(2\pi \dfrac{\Delta t}{T}\right) = \sin\left(2\pi \dfrac{2{,}5 \text{ s}}{20 \text{ s}} \cdot \dfrac{180°}{\pi}\right) = \sin 45° = 0{,}707 = \cos 45°$

Damit wird

$\tan \varphi_1 = \dfrac{\sin \Delta\varphi}{2 - \cos \Delta\varphi} = \dfrac{0{,}707}{2 - 0{,}707} = 0{,}5468 \Rightarrow \varphi_1 = 28{,}7°$

$y_1 = A \sin \varphi_1 = A \sin 28{,}7° = 40 \text{ cm} \cdot 0{,}48 = 19{,}2 \text{ cm}$

$y_2 = A \sin(\varphi_1 + \Delta\varphi) = 40 \text{ cm} \cdot \sin(28{,}7° + 45°) = 38{,}4 \text{ cm} = 2 y_1$

625.

a) $T = 2\pi\sqrt{\dfrac{m}{R}} = 2\pi\sqrt{\dfrac{6{,}5 \text{ kg} \cdot \text{s}^2 \cdot \text{m}}{0{,}8 \cdot 10^4 \text{ kg} \cdot \text{m}}} = 0{,}179 \text{ s}$

b) $f = \dfrac{1}{T} = \dfrac{1}{0{,}179 \text{ s}} = 5{,}587 \dfrac{1}{\text{s}} = 5{,}587 \text{ Hz}$

c) $v_0 = A\sqrt{\dfrac{R}{m}} = 0{,}25 \text{ m}\sqrt{\dfrac{0{,}8 \cdot 10^4 \text{ kgm}}{6{,}5 \text{ kgs}^2 \text{ m}}} = 8{,}771 \dfrac{\text{m}}{\text{s}}$

626.

a) $R_0 = \dfrac{F_G}{\Delta s} = \dfrac{mg}{\Delta s} = \dfrac{225 \text{ kg} \cdot 9{,}81 \dfrac{\text{m}}{\text{s}^2}}{22 \cdot 10^{-3} \text{ m}} = 10{,}03 \cdot 10^4 \dfrac{\text{N}}{\text{m}}$

b) $f_0 = \dfrac{1}{T} = \dfrac{1}{2\pi}\sqrt{\dfrac{R_0}{m}} = \dfrac{1}{2\pi}\sqrt{\dfrac{mg}{m\Delta s}}$

$f_0 = \dfrac{1}{2\pi}\sqrt{\dfrac{9{,}81 \dfrac{\text{m}}{\text{s}^2}}{22 \cdot 10^{-3} \text{ m}}} = 3{,}361 \text{ Hz}$

627.

Für hintereinander geschaltete Federn wird die resultierende Federrate R_0 berechnet aus:

$\dfrac{1}{R_0} = \dfrac{1}{R_2 + R_2} + \dfrac{1}{R_1} = \dfrac{1}{2R_2} + \dfrac{1}{R_1} = \dfrac{1 \cdot \text{cm}}{190 \text{ N}} + \dfrac{1 \cdot \text{cm}}{60 \text{ N}}$

$\dfrac{1}{R_0} = 0{,}02193 \dfrac{\text{cm}}{\text{N}} \Rightarrow R_0 = 45{,}6 \dfrac{\text{N}}{\text{cm}}$

Für die Periodendauer T gilt damit:

$T = 2\pi\sqrt{\dfrac{m}{R_0}} = 2\pi\sqrt{\dfrac{15 \text{ kg} \cdot \text{s}^2 \cdot 10^{-2} \text{ m}}{45{,}6 \text{ kgm}}} = 0{,}36 \text{ s}$

Die Anzahl z der Perioden ist dann:

$z = \dfrac{\Delta t}{T} = \dfrac{60 \text{ s}}{0{,}36 \text{ s}} = 166{,}7$

628.

$T_1 = 2\pi\sqrt{\dfrac{m_1}{R_{01}}} \quad T_2 = 2\pi\sqrt{\dfrac{m_2}{R_{02}}}$

Bei hintereinander geschalteten Federn gilt für die resultierende Federrate R_{01}:

$R_{01} = \dfrac{R_1 R_2}{R_1 + R_2} = \dfrac{2R_1^2}{3R_1} = \dfrac{2}{3}R_1 \quad \text{(mit } R_2 = 2R_1\text{)}$

Für parallel geschaltete Federn ist

$R_{02} = R_1 + R_2 = 3R_1$

Setzt man $T_1 = T_2 = T$ und dividiert beide Gleichungen durcheinander, so ergibt sich:

$\dfrac{T^2}{T^2} = \dfrac{4\pi^2 \cdot m_1 \cdot 3R_1}{4\pi^2 \cdot \dfrac{2}{3} R_1 \cdot m_2} = \dfrac{9}{2} \dfrac{m_1}{m_2} \quad m_1 : m_2 = 2 : 9$

629.

Die Periodendauer T eines Schwingkörpers mit dem Trägheitsmoment J beträgt beim Torsionsfederpendel

$T = 2\pi\sqrt{\dfrac{J}{R}}$

Mit dem Quotienten aus der Periodendauer für beide Schwingungsvorgänge erhält man eine Gleichung zur Berechnung des gesuchten Trägheitsmoments:

$\dfrac{T_1^2}{T_{KS}^2} = \dfrac{4\pi^2 \cdot \dfrac{J_1}{R}}{4\pi^2 \dfrac{J_1 + J_{KS}}{R}} = \dfrac{J_1}{J_1 + J_{KS}}$ und daraus

$J_{KS} = J_1 \dfrac{T_{KS}^2 - T_1^2}{T_1^2} = 4{,}622 \text{ kgm}^2 \cdot \dfrac{0{,}8^2 \text{ s}^2 - 0{,}5^2 \text{ s}^2}{0{,}5^2 \text{ s}^2}$

$J_{KS} = 7{,}21032 \text{ kgm}^2$

630.

Die Federrate R des Torsionsstabs ist der Quotient aus dem Rückstellmoment M_R und dem Drehwinkel $\Delta\varphi$:

$R = \dfrac{M_R}{\Delta\varphi}$

Mit den in der Festigkeitslehre im Lehrbuch (Kapitel 5.8.3) hergeleiteten Beziehungen kann eine Gleichung für die Federrate R des Torsionsstabs entwickelt werden:

$R = \dfrac{M_R}{\Delta\varphi} = \dfrac{M_T}{\Delta\varphi} \quad M_T = \dfrac{\Delta\varphi I_p G}{l} \quad I_p = \dfrac{\pi d^4}{32}$

$R = \dfrac{\pi d^4 G}{32 \cdot l}$ und mit Gleitmodul $G = 80\,000$ N/mm^2:

$R = \dfrac{\pi (4 \text{ mm})^4 \cdot 8 \cdot 10^4 \text{ N}}{32 \cdot 1 \cdot 10^3 \text{ mm} \cdot \text{mm}^2}$

$R = 2010{,}62 \text{ Nmm} = 2{,}011 \dfrac{\text{kgm}^2}{\text{s}^2}$

(*Hinweis:* 1 N = 1 kg m/s^2)

Mit der Gleichung für die Periodendauer T des Torsionsfederpendels kann nun das Trägheitsmoment berechnet werden:

$J_{RS} = \dfrac{R T^2}{4\pi^2}$

$J_{RS} = \dfrac{2{,}011 \dfrac{\text{kgm}^2}{\text{s}^2} \cdot 0{,}2^2 \text{ s}^2}{4\pi^2} = 2{,}038 \cdot 10^{-3} \text{ kgm}^2$

631.

I. $T_1^2 = 4\pi^2 \dfrac{l_1}{g} \Rightarrow l_1 = \dfrac{T_1^2 g}{4\pi^2}$

II. $T_2^2 = 4\pi^2 \dfrac{l_1 - \Delta l}{g} = \dfrac{4\pi^2}{g}\left(\dfrac{T_1^2 g}{4\pi^2} - \Delta l\right)$

$T_2 = \sqrt{T_1^2 - \dfrac{4\pi^2 \Delta l}{g}} = \sqrt{2^2\,\text{s}^2 - \dfrac{4\pi^2 \cdot 0,4\,\text{m}}{9,81\,\tfrac{\text{m}}{\text{s}^2}}} = 1,55\,\text{s}$

632.

a) $T = 2\pi\sqrt{\dfrac{l}{g}} = 2\pi\sqrt{\dfrac{8\,\text{m}}{9,81\,\tfrac{\text{m}}{\text{s}^2}}} = 5,674\,\text{s}$

b) $f = \dfrac{1}{T} = 0,176\,\text{Hz}$

c) $\arcsin \alpha_{max} = \arcsin \dfrac{A}{l} = \arcsin \dfrac{1,5\,\text{m}}{8\,\text{m}} = 10,8°$

$\cos \alpha_{max} = 0,9823$

$v_0 = \sqrt{2gl(1 - \cos \alpha_{max})} = 1,67\,\dfrac{\text{m}}{\text{s}}$

d) Es gilt mit $y = y_{max} = A$ und $\omega = \dfrac{2\pi}{T}$

$\omega = \dfrac{2\pi}{5,674\,\text{s}} = 1,107\,\dfrac{1}{\text{s}}$

$a_{max} = A\omega^2 = 1,5\,\text{m} \cdot 1,107^2\,\dfrac{1}{\text{s}^2} = 1,838\,\dfrac{\text{m}}{\text{s}^2}$

e) $y_1 = A \sin \dfrac{2\pi t_1 \cdot 180°}{T \cdot \pi} = 1,5\,\text{m} \cdot \sin \dfrac{2 \cdot 2,5\,\text{s} \cdot 180°}{5,674\,\text{s}}$

$y_1 = 0,547\,\text{m}$

633.

Es gilt

$T_1 = 2\pi\sqrt{\dfrac{l_1}{g}}$ und $T_2 = 2\pi\sqrt{\dfrac{l_2}{g}}$ also auch

$\dfrac{T_1}{T_2} = \dfrac{\sqrt{4}}{\sqrt{5}} = 0,8944 = \dfrac{f_2}{f_1}$

Mit z_1, z_2 als Anzahl der Perioden und $\Delta t = 60\,\text{s}$ wird

$f_1 = \dfrac{z_1}{\Delta t}\quad f_2 = \dfrac{z_2}{\Delta t} = \dfrac{z_1 - 20}{\Delta t}\quad \dfrac{f_2}{f_1} = \dfrac{z_1 - 20}{z_1} = 0,8944$

daraus

$z_1 = \dfrac{20}{0,1056} = 189,4$ Perioden

$z_2 = z_1 - 20 = 169,4$ Perioden

$f_1 = \dfrac{z_1}{\Delta t} = \dfrac{189,4}{60\,\text{s}} = 3,157\,\text{Hz}$

$f_2 = \dfrac{z_2}{\Delta t} = \dfrac{169,4}{60\,\text{s}} = 2,823\,\text{Hz}$

634.

Beim U-Rohr ist die Periodendauer T unabhängig von der Art der Flüssigkeit (Dichte ϱ), sie ist an ein und demselben Ort nur abhängig von der Länge l der Flüssigkeitssäule.

$T = 2\pi\sqrt{\dfrac{l}{2g}} = 2\pi\sqrt{\dfrac{0,2\,\text{m}}{2 \cdot 9,81\,\tfrac{\text{m}}{\text{s}^2}}} = 0,634\,\text{s}$

635.

$E_p = \dfrac{R}{2} A^2 = E_{th} = m_F \cdot c_{Stahl}\, \Delta T$

Hinweis: R ist die Federrate, $c_{Stahl} = 461\,\text{J/(kg K)}$ ist die spezifische Wärmekapazität.

$\Delta T = \dfrac{R\, A^2}{2 \cdot m_F\, c_{Stahl}}$

$\Delta T = \dfrac{36,5\,\tfrac{\text{N}}{\text{m}} \cdot 0,12^2\,\text{m}^2}{2 \cdot 0,18\,\text{kg} \cdot 461\,\tfrac{\text{J}}{\text{kg K}}} = 0,32 \cdot 10^{-2}\,\text{K}$

Die Periodendauer erhöht nicht die Temperatur des Federwerkstoffs.

636.

Für die Eigenfrequenz eines Federpendels gilt:

$f_0 = \dfrac{1}{T} = \dfrac{1}{2\pi}\sqrt{\dfrac{R_0}{m}}$

m Masse des Schwingers, R_0 resultierende Federrate

Für Biegeträger ist:

$R = \dfrac{F}{f} = \dfrac{48 \cdot E \cdot I}{l^3}\qquad E = 2,1 \cdot 10^7\,\dfrac{\text{N}}{\text{cm}^2}$

$I = I_y = 43,2\,\text{cm}^4$

Für zwei parallel geschaltete „Federn" wird die resultierende Federrate:

$R_0 = 2R = 2 \cdot \dfrac{48 \cdot E \cdot I}{l^3} = 10886\,\dfrac{\text{N}}{\text{cm}}$

Damit wird die Eigenfrequenz f_0:

$f_0 = \dfrac{1}{2\pi}\sqrt{\dfrac{10886 \cdot 10^2\,\tfrac{\text{N}}{\text{m}}}{500\,\text{kg}}} = \dfrac{1}{2\pi}\sqrt{2177\,\text{s}^{-2}} = 7,426\,\dfrac{1}{\text{s}}$

$n_{krit} = 60 f_0 = 445,6\,\text{min}^{-1}$

637.

a) Eigenperiodendauer T_0

Für Torsionsschwingungen gilt:

$$T = 2\pi\sqrt{\frac{J}{R}}$$

T Periodendauer in s

J Trägheitsmoment der Schwungscheibe in kgm²

$R = R_0$ resultierende Federrate in Ncm

Trägheitsmoment der Schwungscheibe:

$$J = \frac{1}{2}\varrho\pi r^4 b = 0,5 \cdot 7850\,\frac{\text{kg}}{\text{m}^3} \cdot \pi \cdot 0,25^4\,\text{m}^4 \cdot 0,06\,\text{m}$$

$$J = 2,89\,\text{kgm}^2$$

Federraten R_1, R_2, R_3:

$$R_1 = \frac{\pi \cdot d_1^4 \cdot G}{32 \cdot l}$$

$$R_1 = \frac{\pi \cdot 5^4\,\text{cm}^4 \cdot 8 \cdot 10^6\,\frac{\text{N}}{\text{cm}^2}}{32 \cdot 20\,\text{cm}} = 2,454 \cdot 10^7\,\text{Ncm}$$

G Schubmodul in $\frac{\text{N}}{\text{cm}^2}$

$R_2 = 10,179 \cdot 10^7\,\text{Ncm}$

$R_3 = 3,351 \cdot 10^7\,\text{Ncm}$

Für hintereinander geschaltete Federn gilt:

$$\frac{1}{R_0} = \left(\frac{1}{R_1} + \frac{1}{R_2} + \frac{1}{R_3}\right)$$

$$\frac{1}{R_0} = \left(\frac{1}{2,454} + \frac{1}{10,179} + \frac{1}{3,351}\right) \cdot 10^{-7}\,\frac{1}{\text{Ncm}}$$

$$R_0 = 1,244 \cdot 10^7\,\text{Ncm} = 1,244 \cdot 10^5\,\text{Nm}$$

Damit wird die Eigenperiodendauer T_0:

$$T_0 = 2\pi \cdot \sqrt{\frac{J}{R_0}} = 2\pi \cdot \sqrt{\frac{2,89\,\text{kgm}^2}{1,244 \cdot 10^5\,\text{Nm}}} = 0,0303\,\text{s}$$

b) Periodenzahl z in einer Minute:

$$z = \frac{t}{T_0} = \frac{60\,\text{s}}{0,0303\,\text{s}} = 1980\,\text{Perioden}$$

c) Eigenfrequenz f_0:

$$f_0 = \frac{1}{T_0} = \frac{1}{0,0303\,\text{s}} = 33\frac{1}{\text{s}} = 33\,\text{Hz}$$

d) kritische Drehzahl n_{krit}

Die kritische Drehzahl n_{krit} entspricht der Anzahl z der Eigenperioden pro Minute:

$$n_{\text{krit}} = 60 f_0 = (60 \cdot 33)\,\text{min}^{-1} = 1980\,\text{min}^{-1}$$

5 Festigkeitslehre

Inneres Kräftesystem und Beanspruchungsarten

651.
Schnitt A–B hat zu übertragen:
eine im Schnitt liegende Querkraft $F_q = F_s = 12\,000$ N; sie erzeugt Schubspannungen τ (Abscherspannung τ_a),
ein rechtwinklig auf der Schnittebene stehendes Biegemoment $M_b = F_s\, l = 12\,000$ N $\cdot$ 40 mm $= 48 \cdot 10^4$ Nmm; es erzeugt Normalspannungen σ (Biegespannung σ_b).

652.
Schnitt A–B hat zu übertragen:
eine rechtwinklig zum Schnitt stehende Normalkraft $F_N = 5640$ N; sie erzeugt Normalspannungen σ (Zugspannungen σ_z),
eine im Schnitt liegende Querkraft $F_q = 2050$ N; sie erzeugt Schubspannungen τ (Abscherspannungen τ_a),
ein rechtwinklig zum Schnitt stehendes Biegemoment $M_b = F_y\, l = 2050$ N $\cdot$ 60 mm $= 12{,}3 \cdot 10^4$ Nmm es erzeugt Normalspannungen σ (Biegespannungen σ_b).

653.
Schnitt x–x hat zu übertragen:
eine rechtwinklig zum Schnitt stehende Normalkraft $F_N = 5000$ N; sie erzeugt Normalspannungen σ (Zugspannungen σ_z).

Schnitt y–y hat zu übertragen:
eine rechtwinklig zum Schnitt stehende Normalkraft $F_N = 5000$ N; sie erzeugt Normalspannungen σ (Zugspannungen σ_z) und
ein rechtwinklig zum Schnitt stehendes Biegemoment $M_b = F\, l = 5000$ N $\cdot$ 50 mm $= 25 \cdot 10^4$ Nmm; es erzeugt Normalspannungen σ (Biegespannungen σ_b).

654.
a) eine rechtwinklig zum Schnitt stehende Normalkraft $F_N = F_{Lx} \cdot 1000$ N; sie erzeugt Normalspannungen σ (Druckspannungen σ_d),
eine im Schnitt liegende Querkraft $F_q = F_{Ly} = 2463$ N; sie erzeugt Schubspannungen τ (Abscherspannungen τ_a),
ein rechtwinklig zum Schnitt stehendes Biegemoment $M_b = F_q\, l_3/2 = 2463$ N $\cdot$ 1,05 m $= 2586$ Nm; es erzeugt Normalspannungen σ (Biegespannungen σ_b).

b) eine rechtwinklig zum Schnitt stehende Normalkraft $F_N = F_{2x} = 1000$ N; sie erzeugt Normalspannungen σ (Druckspannungen σ_d),
eine im Schnitt liegende Querkraft $F_q = F_{2y} = 1732$ N; sie erzeugt Schubspannungen τ (Abscherspannungen τ_a),
ein rechtwinklig zum Schnitt stehendes Biegemoment $M_b = F_q\, l_1/2 = 1732$ N $\cdot$ 1,3 m $= 2252$ Nm; es erzeugt Normalspannungen σ (Biegespannungen σ_b).

655.
Schnitt x–x hat zu übertragen:
eine in der Schnittfläche liegende Querkraft $F_q = 5$ kN; sie erzeugt Schubspannungen τ (Abscherspannungen τ_a),
eine rechtwinklig auf der Schnittfläche stehende Normalkraft $F_N = 10$ kN; sie erzeugt Normalspannungen σ (Druckspannungen σ_d),
ein rechtwinklig auf der Schnittfläche stehendes Biegemoment $M_b = 10^4$ Nm; es erzeugt Normalspannungen σ (Biegespannungen σ_b).

656.
Es überträgt Schnitt A–B:
eine rechtwinklig zum Schnitt stehende Normalkraft $F_N = 900$ N; sie erzeugt Normalspannungen σ (Zugspannungen σ_z).

Schnitt C–D:
eine rechtwinklig zum Schnitt stehende Normalkraft $F_N = 900$ N; sie erzeugt Normalspannungen σ (Zugspannungen σ_z),
ein rechtwinklig zum Schnitt stehendes Biegemoment $M_b = 18$ Nm; es erzeugt Normalspannungen σ (Biegespannungen σ_b).

Schnitt E–F:
wie Schnitt C–D

Schnitt G–H:
eine im Schnitt liegende Querkraft $F_q = 900$ N; sie erzeugt Schubspannungen τ (Abscherspannung τ_a),
ein rechtwinklig zum Schnitt stehendes Biegemoment $M_b = 15{,}75$ Nm; es erzeugt Normalspannungen σ (Biegespannungen σ_b).

Beanspruchung auf Zug

661.
$$\sigma_{z\,vorh} = \frac{F}{A} = \frac{12\,000\ \text{N}}{60\ \text{mm} \cdot 6\ \text{mm}} = 33{,}3\ \frac{\text{N}}{\text{mm}^2}$$

662.
$$A_{erf} = \frac{F}{\sigma_{z\,zul}} = \frac{25\,000\ \text{N}}{140\ \frac{\text{N}}{\text{mm}^2}} = 178{,}57\ \text{mm}^2$$

$d_{erf} = 15{,}1$ mm
ausgeführt $d = 16$ mm (Normmaß) oder zusammenfassend:

$$\sigma_z = \frac{F}{A} = \frac{F}{\frac{\pi d^2}{4}} = \frac{4F}{\pi d^2}$$

$$d_{erf} = \sqrt{\frac{4F}{\pi \sigma_{z\,zul}}} = \sqrt{\frac{4 \cdot 25\,000\ \text{N}}{\pi \cdot 140\ \frac{\text{N}}{\text{mm}^2}}} = 15{,}1\ \text{mm}$$

ausgeführt $d = 16$ mm (Normmaß)

663.
Spannungsquerschnitt $A_S = 157$ mm²
$$F_{max} = \sigma_{z\,zul}\, A_S = 90\ \frac{\text{N}}{\text{mm}^2} \cdot 157\ \text{mm}^2 = 14\,130\ \text{N}$$

664.
$$A_{erf} = \frac{F}{\sigma_{z\,zul}} = \frac{4800\ \text{N}}{70\ \frac{\text{N}}{\text{mm}^2}} = 68{,}57\ \text{mm}^2$$

ausgeführt M 12 mit $A_S = 84{,}3$ mm²

665.
$$\sigma_z = \frac{F}{A} = \frac{F}{n \cdot \frac{\pi d^2}{4}} \quad n\ \text{Anzahl der Drähte}$$

$$n_{erf} = \frac{4F}{\pi d^2 \sigma_{z\,zul}}$$

$$n_{erf} = \frac{4 \cdot 90\,000\ \text{N}}{\pi \cdot 1{,}6^2\ \text{mm}^2 \cdot 200\ \frac{\text{N}}{\text{mm}^2}} = 224\ \text{Drähte}$$

666.
$$\sigma_z = \frac{F + F_G}{A}$$

$$F_G = mg = V\varrho g = Al\varrho g = n\frac{\pi d^2}{4} l\varrho g$$

$$\sigma_z = \frac{F + n\frac{\pi d^2}{4} l\varrho g}{n\frac{\pi d^2}{4}}$$

n Anzahl der Drähte
ϱ Dichte des Werkstoffs (7850 kg/m³ für Stahl)
g Fallbeschleunigung (9,81 m/s²)

$$\sigma_z n\pi d^2 = 4F + n\pi d^2 l\varrho g$$
$$d^2(n\sigma_z \pi - n\pi l\varrho g) = 4F$$

$$d_{erf} = \sqrt{\frac{4F}{\pi n(\sigma_{z\,zul} - l\varrho g)}}$$

$$\sigma_{z\,zul} = \frac{1600\ \frac{\text{N}}{\text{mm}^2}}{8} = 200 \cdot 10^6\ \frac{\text{N}}{\text{m}^2}$$

$$d_{erf} = \sqrt{\frac{4 \cdot 40\,000\ \text{N}}{\pi \cdot 222\left(200 \cdot 10^6\ \frac{\text{N}}{\text{m}^2} - 600\ \text{m} \cdot 7{,}85 \cdot 10^3\ \frac{\text{kg}}{\text{m}^3} \cdot 9{,}81\ \frac{\text{m}}{\text{s}^2}\right)}}$$

$d_{erf} = 1{,}22 \cdot 10^{-3}$ m $= 1{,}22$ mm

ausgeführt $d = 1{,}4$ mm (Normmaß)

667.
$$\sigma_z = \frac{F}{A} = \frac{F}{n\frac{\pi d^2}{4}} = \frac{4F}{\pi n d^2}$$

$$F = \frac{\pi n d^2 \sigma_{z\,vorh}}{4} = \frac{\pi \cdot 114 \cdot 1\ \text{mm}^2 \cdot 300\ \frac{\text{N}}{\text{mm}^2}}{4}$$

$F = 26\,861$ N

668.
$$\sigma_z = \frac{F}{A} = \frac{F}{2\frac{\pi d^2}{4}} = \frac{2F}{\pi d^2}$$

$$d_{erf} = \sqrt{\frac{2F}{\pi \sigma_{z\,zul}}} = \sqrt{\frac{2 \cdot 20\,000\ \text{N}}{\pi \cdot 50\ \frac{\text{N}}{\text{mm}^2}}}$$

$d_{erf} = 15{,}96$ mm
ausgeführt $d = 16$ mm (Normmaß)

669.
$$A_{erf} = \frac{F}{\sigma_{z\,zul}} = \frac{40\,000\ \text{N}}{65\ \frac{\text{N}}{\text{mm}^2}} = 615{,}4\ \text{mm}^2$$

ausgeführt M 33 mit $A_S = 694$ mm²

670.

$$\sigma_z = \frac{F}{A} = \frac{F}{A_1 - 4 d_1 s}$$

$A_1 = 2850 \text{ mm}^2 \quad d_1 = 17 \text{ mm} \quad s = 5,6 \text{ mm}$

$F_{\max} = \sigma_{z\,\text{zul}} (A_1 - 4 d_1 s)$

$F_{\max} = 140 \dfrac{\text{N}}{\text{mm}^2} (2850 \text{ mm}^2 - 4 \cdot 17 \text{ mm} \cdot 5,6 \text{ mm})$

$F_{\max} = 345\,700 \text{ N} = 345,7 \text{ kN}$

671.

$P = F_R v_R \Rightarrow F_R = \dfrac{P}{v_R}$

(F_R Riemenzugkraft; v_R Riemengeschwindigkeit)

$$\sigma_z = \frac{F_R}{A_R} = \frac{P}{v_R A_R} = \frac{7350 \dfrac{\text{Nm}}{\text{s}}}{8 \dfrac{\text{m}}{\text{s}} \cdot 0,12 \text{ m} \cdot 0,006 \text{ m}}$$

$\sigma_z = 1,276 \cdot 10^6 \dfrac{\text{N}}{\text{m}^2} = 1,276 \dfrac{\text{N}}{\text{mm}^2}$

672.

$F_{\text{vorh}} = \sigma_{z\,\text{zul}} A \quad A = 2 \cdot 32,2 \cdot 10^2 \text{ mm}^2$

$F_{\text{vorh}} = 100 \dfrac{\text{N}}{\text{mm}^2} \cdot 6440 \text{ mm}^2 = 644 \text{ kN}$

673.

$$\sigma_{z\,\text{vorh}} = \frac{F}{A} = \frac{F}{2 \dfrac{\pi d^2}{4}} = \frac{2F}{\pi d^2} = \frac{2 \cdot 5000 \text{ N}}{\pi \cdot 64 \text{ mm}^2}$$

$\sigma_{z\,\text{vorh}} = 49,74 \dfrac{\text{N}}{\text{mm}^2}$

674.

$F_K = p A = p \dfrac{\pi d^2}{4}$

(F_K Kolbenkraft; p Dampfdruck; A Zylinderfläche)

1 Pa = 1 N/m^2

$F_K = 20 \cdot 10^5 \text{ Pa} \cdot \dfrac{\pi}{4} \cdot (0,38 \text{ m})^2$

$F_K = 20 \cdot 10^5 \dfrac{\text{N}}{\text{m}^2} \cdot \dfrac{\pi}{4} (0,38 \text{ m})^2 = 226\,823 \text{ N}$

$F_B = 1,5 F_K$

$A_{\text{erf}} = \dfrac{F_B}{16 \sigma_{z\,\text{zul}}} = \dfrac{1,5 \cdot 226\,823 \text{ N}}{16 \cdot 60 \dfrac{\text{N}}{\text{mm}^2}}$

$A_{\text{erf}} = 354,4 \text{ mm}^2$

ausgeführt M 24 mit $A_S = 353 \text{ mm}^2$ (ist nur geringfügig kleiner als A_{erf})

675.

$\tan \alpha = \dfrac{l_3}{l_1 + l_2} = \dfrac{2 \text{ m}}{4 \text{ m}} = 0$

$\alpha = \arctan 0,5 = 26,57°$

$l_4 = (l_1 + l_2) \cdot \sin \alpha = 4 \text{ m} \cdot \sin 26,57° = 1,7889 \text{ m}$

$\Sigma M_{(A)} = 0 = F_K l_4 - F l_2$

$F_K = \dfrac{F l_2}{l_4} = \dfrac{8000 \text{ N} \cdot 3 \text{ m}}{1,7889 \text{ m}} = 13\,416 \text{ N}$

$\sigma_z = \dfrac{F_N}{A} = \dfrac{F_K}{2 \cdot \dfrac{\pi d^2}{4}} = \dfrac{2 F_K}{\pi d^2}$

$d_{\text{erf}} = \sqrt{\dfrac{2 F_K}{\pi \sigma_{z\,\text{zul}}}} = \sqrt{\dfrac{2 \cdot 13\,416 \text{ N}}{\pi \cdot 60 \dfrac{\text{N}}{\text{mm}^2}}} = 11,9 \text{ mm}$

ausgeführt $d = 12$ mm (Normmaß)

676.

a) $F_{\max 1} = \sigma_{z\,\text{zul}} A_{\perp,\text{voll}} = 140 \dfrac{\text{N}}{\text{mm}^2} \cdot 3020 \text{ mm}^2$

$F_{\max 1} = 422\,800 \text{ N} = 422,8 \text{ kN}$

b) $F_{\max 2} = \sigma_{z\,\text{zul}} A_{\perp\,\text{geschwächt}}$

$F_{\max 2} = 140 \dfrac{\text{N}}{\text{mm}^2} \cdot (3020 - 4 \cdot 17 \cdot 10) \text{ mm}^2$

$F_{\max 2} = 327\,600 \text{ N} = 327,6 \text{ kN}$

677.

a) $\Sigma M_{(D)} = 0 = F_z l_2 \cos \alpha - F l_1$

$F_z = \dfrac{F l_1}{l_2 \cos \alpha} = \dfrac{50 \text{ N} \cdot 80 \text{ mm}}{25 \text{ mm} \cdot \cos 20°} = 170,3 \text{ N}$

b) $\sigma_{z\,\text{vorh}} = \dfrac{F_z}{A} = \dfrac{F_z}{\dfrac{\pi d^2}{4}} = \dfrac{4 F_z}{\pi d^2} = \dfrac{4 \cdot 170,3 \text{ N}}{\pi \cdot 2,25 \text{ mm}^2}$

$\sigma_{z\,\text{vorh}} = 96,4 \dfrac{\text{N}}{\text{mm}^2}$

678.

$\sigma_z = \dfrac{F}{A} = \dfrac{F}{bs}$

$b_{\text{erf}} = \dfrac{F}{s \sigma_{z\,\text{zul}}} = \dfrac{3200 \text{ N}}{8 \text{ mm} \cdot 2,5 \dfrac{\text{N}}{\text{mm}^2}} = 160 \text{ mm}$

679.

$A_{gef} = s(b-d)$

entweder $b = 10\,s$ oder $s = b/10$ einsetzen:

$A_{gef} = \dfrac{b}{10}(b-d)$

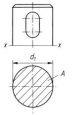

$\sigma_z = \dfrac{F}{A_{gef}} = \dfrac{F}{\dfrac{b}{10}(b-d)} = \dfrac{10F}{b^2 - bd}$

$(b^2 - bd)\sigma_z - 10F = 0 \;|\; :\sigma_z$

$b^2 - bd - \dfrac{10F}{\sigma_z} = 0$

$b_{erf} = \dfrac{d}{2} \pm \sqrt{\left(\dfrac{d}{2}\right)^2 + \dfrac{10F}{\sigma_{z\,zul}}}$

$b_{erf} = 12{,}5\text{ mm} \pm \sqrt{156{,}25\text{ mm}^2 + 2000\text{ mm}^2}$

$b_{erf} = 12{,}5\text{ mm} + 46\text{ mm} = 58{,}5\text{ mm}$

ausgeführt ☐ 60 × 6

Spannungsnachweis:

$\sigma_{z\,vorh} = \dfrac{F}{A} = \dfrac{F}{s(b-d)} = 85{,}7\,\dfrac{\text{N}}{\text{mm}^2} < \sigma_{zul} = 90\,\dfrac{\text{N}}{\text{mm}^2}$

680.

Die Lösung der Aufgabe 680 wird schrittweise erläutert. Ziel ist es, die Form des gefährdeten Querschnitts richtig zu erkennen.

Die in der Aufgabenstellung skizzierte Querkeilverbindung wird auf Zug beansprucht. Um die auftretenden Spannungen sowohl in der Hülse als auch im Zapfen ermitteln zu können, wird mit der Zug-Hauptgleichung

$\sigma_z = \dfrac{F}{A}$

gearbeitet. Da die Zugkraft $F = 14{,}5$ kN gegeben ist, müssen zur Ermittlung der Zugspannungen die jeweils in die Zug-Hauptgleichung einzusetzenden Querschnittsflächen bestimmt und berechnet werden.

a) Spannung im kreisförmigen Querschnitt

Die Größe der tatsächlich vorhandenen Zugspannung im kreisförmigen Zapfenquerschnitt mit dem Durchmesser $d_1 = 25$ mm im (gedachten) Schnitt x–x wird über die Zug-Hauptgleichung

$\sigma_{z\,vorh} = \dfrac{F}{A}$ ermittelt.

$\sigma_{z\,vorh} = \dfrac{F}{A} = \dfrac{F}{\dfrac{\pi}{4}d_1^2} = \dfrac{4F}{\pi d_1^2}$

$\sigma_{z\,vorh} = \dfrac{4 \cdot 14500\text{ N}}{\pi \cdot (25\text{ mm})^2} = 29{,}54\,\dfrac{\text{N}}{\text{mm}^2}$

b) Spannung im dem durch die Keilnut geschwächtem Zapfenquerschnitt

Diese Zugspannung tritt im (gedachten) Zapfenquerschnitt y–y auf. Die Querschnittsfläche A besteht nun aus zwei Kreisabschnitten. Obwohl nicht ganz genau, ermittelt man vereinfacht die gefährdete Querschnittsfläche A_{gef} aus der Kreisfläche (mit dem Durchmesser d_1) minus der Rechteckfläche $b \cdot d$.

$A_{gef} = \dfrac{\pi}{4}d_1^2 - b \cdot d_1$

$A_{gef} = \dfrac{\pi}{4}(25\text{ mm})^2 - 6\text{ mm} \cdot 25\text{ mm}$

$A_{gef} = 340{,}87\,\dfrac{\text{N}}{\text{mm}^2}$

$\sigma_{z\,vorh} = \dfrac{F}{A_{erf}} = \dfrac{14500\text{ N}}{340{,}87\text{ mm}^2}$

$\sigma_{z\,vorh} = 42{,}54\,\dfrac{\text{N}}{\text{mm}^2}$

c) Spannung im gefährdeten Querschnitt der Hülse

Die größte Zugspannung tritt immer da auf, wo der Querschnitt am kleinsten ist. Das ist der „gefährdete" Querschnitt im Schnitt z–z. Auch hier wird die Querschnittsfläche nicht als Summe der beiden Kreisringabschnitte, sondern – wieder vereinfacht – aus der Kreisringfläche minus der zwei Rechteckflächen $b(d_2 - d_1)$ ermittelt.

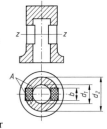

$A_{gef} = \dfrac{\pi}{4}(d_2^2 - d_1^2) - b \cdot (d_2 - d_1)$

$A_{gef} = \dfrac{\pi}{4}(45^2\text{ mm}^2 - 25^2\text{ mm}^2) -$

$\qquad\quad - 6\text{ mm}(45\text{ mm} - 25\text{ mm})$

$A_{gef} = 979{,}56\text{ mm}^2$

$\sigma_{z\,vorh} = \dfrac{F}{A_{erf}} = \dfrac{14500\text{ N}}{979{,}56\text{ mm}^2} = 14{,}8\,\dfrac{\text{N}}{\text{mm}^2}$

Ergebnisbetrachtung:
Die größte Zugspannung mit

$\sigma_{z\,vorh} = 42{,}54 \dfrac{\text{N}}{\text{mm}^2}$

tritt in dem durch die Keilnut geschwächten Zapfenquerschnitt im Schnitt y–y auf, weil hier der gefährdete Querschnitt mit

$A_{gef} = 340{,}87 \dfrac{\text{N}}{\text{mm}^2}$ am kleinsten ist.

681.

a) $\sigma_z = \dfrac{F}{A} = \dfrac{F}{hs} \quad h = 4s$ eingesetzt

$\sigma_z = \dfrac{F}{4s \cdot s} = \dfrac{F}{4s^2}$

$s_{erf} = \sqrt{\dfrac{F}{4\sigma_{z\,zul}}} = \sqrt{\dfrac{16\,000\,\text{N}}{4 \cdot 40 \dfrac{\text{N}}{\text{mm}^2}}} = 10\,\text{mm}$

b) $h = 4s = 4 \cdot 10\,\text{mm} = 40\,\text{mm}$

c) $A_{gef} = Ds - ds = s(D - d)$

$\sigma_z = \dfrac{F}{A_{gef}} = \dfrac{F}{s(D-d)}$

$D - d = \dfrac{F}{s\sigma_z}$

$D_{erf} = \dfrac{F}{s\sigma_{z\,zul}} + d$

$D_{erf} = \dfrac{16\,000\,\text{N}}{10\,\text{mm} \cdot 40 \dfrac{\text{N}}{\text{mm}^2}} + 30\,\text{mm} = 70\,\text{mm}$

682.

$A_{gef} = A_{\perp} - 2d_1 s$

$A_{gef} = 1018\,\text{mm}^2 - 2 \cdot 11\,\text{mm} \cdot 6\,\text{mm}$

$A_{gef} = 886\,\text{mm}^2$

$\sigma_{z\,vorh} = \dfrac{F}{A_{gef}} = \dfrac{85 \cdot 10^3\,\text{N}}{0{,}886 \cdot 10^3\,\text{mm}^2} = 95{,}94 \dfrac{\text{N}}{\text{mm}^2}$

683.

a) $\sigma_z = \dfrac{F}{\nu A_{\perp}} = \dfrac{F}{\nu \cdot 2A_L}$

$A_{L\,erf} = \dfrac{F}{2\nu\sigma_{z\,zul}} = \dfrac{120\,000\,\text{N}}{2 \cdot 0{,}8 \cdot 160 \dfrac{\text{N}}{\text{mm}^2}} = 468{,}75\,\text{mm}^2$

ausgeführt L 45 × 6 mit $A_L = 509\,\text{mm}^2$

b) *Spannungsnachweis:*

$\sigma_{z\,vorh} = \dfrac{F}{A_{\perp} - 2d_1 s} = \dfrac{120\,000\,\text{N}}{1018\,\text{mm}^2 - 2 \cdot 13\,\text{m} \cdot 6\,\text{mm}}$

$\sigma_{z\,vorh} = 139 \dfrac{\text{N}}{\text{mm}^2} < \sigma_{zul} = 160 \dfrac{\text{N}}{\text{mm}^2}$

684.

$\sigma_z = \dfrac{F}{A} = \dfrac{F}{\dfrac{\pi}{4}(D^2 - d^2)} = \dfrac{4F}{\pi(D^2 - d^2)}$

$D^2 - d^2 = \dfrac{4F}{\pi\sigma_z}$

$d_{erf} = \sqrt{D^2 - \dfrac{4F}{\pi \cdot \sigma_{z\,zul}}}$

$d_{erf} = \sqrt{400\,\text{mm}^2 - \dfrac{4 \cdot 13\,500\,\text{N}}{\pi \cdot 80 \dfrac{\text{N}}{\text{mm}^2}}} = 13{,}6\,\text{mm}$

ausgeführt $d = 13\,\text{mm}$

685.

a) $\sigma_{z\,vorh} = \dfrac{F}{A} = \dfrac{F}{\dfrac{\pi}{4}d^2} = \dfrac{4F}{\pi d^2}$

$\sigma_{z\,vorh} = \dfrac{4 \cdot 20\,000\,\text{N}}{\pi \cdot 18^2\,\text{mm}^2} = 78{,}6 \dfrac{\text{N}}{\text{mm}^2}$

b) Sicherheit

$\nu = \dfrac{R_m}{\sigma_{z\,vorh}} = \dfrac{420 \dfrac{\text{N}}{\text{mm}^2}}{78{,}6 \dfrac{\text{N}}{\text{mm}^2}} = 5{,}3$

686.

$R_m = \dfrac{F_{max}}{A} = \dfrac{153\,000\,\text{N}}{\dfrac{\pi}{4}(20\,\text{mm})^2} = 487 \dfrac{\text{N}}{\text{mm}^2}$

687.

Sicherheit

$\nu = \dfrac{R_m}{\sigma_{z\,vorh}} = \dfrac{R_m}{\dfrac{F}{A}} = \dfrac{R_m A}{F}$

$\nu = \dfrac{420 \dfrac{\text{N}}{\text{mm}^2} \cdot (120 \cdot 12)\,\text{mm}^2}{150\,000\,\text{N}} = 4$

688.

$$\sigma_z = \frac{F}{A} = \frac{F_G}{A} = \frac{mg}{A} \quad m = V\varrho = Al\varrho$$

$$\sigma_z = \frac{Al\varrho g}{A} = l\varrho g$$

$$R_m = 340 \frac{N}{mm^2} = 340 \cdot 10^6 \frac{N}{m^2}$$

$$l_{zB} = \frac{R_m}{\varrho g} = \frac{340 \cdot 10^6 \frac{N}{m^2}}{7{,}85 \cdot 10^3 \frac{kg}{m^3} \cdot 9{,}81 \frac{m}{s^2}} \quad 1\,N = 1\frac{kgm}{s^2}$$

$$l_{zB} = \frac{340 \cdot 10^6}{7{,}85 \cdot 10^3 \cdot 9{,}81} \frac{\frac{kgm}{s^2 m^2}}{\frac{kg}{m^3} \cdot \frac{m}{s^2}} = 4415 \frac{kgm \cdot m^3 \cdot s^2}{kg \cdot m \cdot s^2 \cdot m^2}$$

$$l_{zB} = 4415\,m = 4{,}415\,km$$

689.

$$\sigma_z = \frac{F}{A} = \frac{F_{Nutz} + F_G}{A} \quad F_G = mg = V\varrho g = Al\varrho g$$

$$F_{Nutz} = \sigma_{z\,zul} A - Al\varrho g = A(\sigma_{z\,zul} - l\varrho g)$$

$$F_{Nutz} = 320 \cdot 10^{-6}\,m^2 \left(180 \cdot 10^6 \frac{N}{m^2} - 900\,m \cdot 7{,}85 \cdot 10^3 \frac{kg}{m^3} \cdot 9{,}81 \frac{m}{s^2} \right)$$

Hinweis für die Klammer:

$$\frac{N}{m^2} = \frac{kgm}{s^2 m^2} = \frac{kg}{s^2 m}$$

d. h., beide Glieder haben dieselbe Einheit.

$$F_{Nutz} = 320 \cdot 10^{-6}\,m^2 \left(180 \cdot 10^6 \frac{kg}{s^2 m} - 69{,}31 \cdot 10^6 \frac{kg}{s^2 m} \right)$$

$$F_{Nutz} = 35421\,N = 35{,}421\,kN$$

690.

a) Reibungskraft $F_R = F_N \mu = F = 3{,}5\,kN$

$$F_N = \frac{F_R}{\mu} = \frac{F}{\mu} = \frac{3500\,N}{0{,}15} = 23333\,N$$

Schraubenzugkraft

$$F_S = \frac{F_N}{4} = 5833\,N \text{ je Schraube}$$

Spannungsquerschnitt

$$A_{S\,erf} = \frac{F_S}{\sigma_{z,zul}} = \frac{5833\,N}{80 \frac{N}{mm^2}} = 72{,}9\,mm^2$$

ausgeführt M 12 mit $A_S = 84{,}3\,mm^2$

b) $\sigma_{z\,vorh} = \frac{F}{A} = \frac{F}{bs - 2ds} \quad d = 13\,mm$ für M 12

$$\sigma_{z\,vorh} = \frac{3500\,N}{1\,mm\,(60\,mm - 26\,mm)} = 103 \frac{N}{mm^2}$$

691.

a) Reibungskraft $F_R = F_N \mu = F = 5\,kN$

$$F_N = \frac{F_R}{\mu} = \frac{F}{\mu}$$

Schraubenzugkraft

$$F_S = \frac{F_N}{2} = \frac{F}{2\mu} = \frac{5000\,N}{2 \cdot 0{,}15} = 16667\,N = 16{,}667\,kN$$

b) $$A_{S\,erf} = \frac{F_S}{\sigma_{z\,zul}} = \frac{16667\,N}{60 \frac{N}{mm^2}} = 278\,mm^2$$

ausgeführt M 22 mit $A_S = 303\,mm^2$

c) $\sigma_z = \frac{F}{A} = \frac{F}{bs - ds} \quad d = 23\,mm$ für M 22, $b = 6s$ eingesetzt

$$\sigma_z = \frac{F}{6s \cdot s - ds} = \frac{F}{6s^2 - ds}$$

$$(6s^2 - ds)\sigma_z - F = 0 \;|\; :\sigma_z$$

$$6s^2 - ds - \frac{F}{\sigma_z} = 0 \;|\; :6$$

$$s^2 - \frac{d}{6}s - \frac{F}{6\sigma_z} = 0$$

$$s_{erf} = \frac{d}{12} \pm \sqrt{\left(\frac{d}{12}\right)^2 + \frac{F}{6\sigma_{z\,zul}}}$$

$$s_{erf} = 1{,}92\,mm \pm \sqrt{3{,}69\,mm^2 + \frac{5000\,N}{6 \cdot 60 \frac{N}{mm^2}}}$$

$$s_{erf} = 6{,}12\,mm$$

ausgeführt ▢ 40 × 6

Spannungsnachweis:

$$\sigma_{z\,vorh} = \frac{F}{bs - ds}$$

$$\sigma_{z\,vorh} = \frac{5000\,N}{(240 - 138)\,mm^2}$$

$$\sigma_{z\,vorh} = 49 \frac{N}{mm^2} < \sigma_{z\,zul} = 60 \frac{N}{mm^2}$$

692.

Lageskizze   Krafteckskizze

Sinussatz nach Krafteckskizze:

$$\frac{F}{\sin \gamma} = \frac{F_1}{\sin 2\alpha} \qquad \frac{F}{\sin \gamma} = \frac{F_2}{\sin \alpha}$$

$$F_1 = F \frac{\sin 2\alpha}{\sin \gamma} = 20000 \text{ N} \frac{\sin 50°}{\sin 105°} = 15861 \text{ N}$$

$$F_2 = F \frac{\sin \alpha}{\sin \gamma} = 20000 \text{ N} \frac{\sin 25°}{\sin 105°} = 8751 \text{ N}$$

$$\sigma_{z1\,vorh} = \frac{F_1}{\frac{\pi}{4}d^2} = \frac{4F_1}{\pi d^2} = \frac{4 \cdot 15861 \text{ N}}{\pi \cdot (16 \text{ mm})^2} = 78,9 \frac{\text{N}}{\text{mm}^2}$$

$$\sigma_{z2\,vorh} = \frac{4F_2}{\pi d^2} = \frac{4 \cdot 8751 \text{ N}}{\pi \cdot (16 \text{ mm})^2} = 43,5 \frac{\text{N}}{\text{mm}^2}$$

693.

a) $\sigma_{z\,vorh} = \frac{4F}{\pi d^2} = \frac{4 \cdot 100000 \text{ N}}{\pi \cdot (72 \text{ mm})^2} = 24,6 \frac{\text{N}}{\text{mm}^2}$

b) $\sigma_{z\,vorh} = \frac{F}{A_S} \qquad A_S = 3060 \text{ mm}^2$ für M 68

$$\sigma_{z\,vorh} = \frac{100000 \text{ N}}{3060 \text{ mm}^2} = 32,7 \frac{\text{N}}{\text{mm}^2}$$

694.

a) $\sigma_{z\,zul} = \frac{\sigma_{zSch}\, b_1\, b_2}{\nu\, \beta_k}$

Zug-Schwellfestigkeit $\sigma_{zSch} = 300 \frac{\text{N}}{\text{mm}^2}$

Oberflächenbeiwert $b_1 = 0,95$

Größenbeiwert $b_2 = 1$

Sicherheit $\nu = 1,5$

$$\sigma_{z\,zul} = \frac{300 \frac{\text{N}}{\text{mm}^2} \cdot 0,95 \cdot 1}{1,5 \cdot 2,8} = 67,9 \frac{\text{N}}{\text{mm}^2}$$

b) $F_{max} = \sigma_{z\,zul}\, A = \sigma_{z\,zul}\left(\frac{\pi}{4}d^2 - d\, d_1\right)$

$d = 8 \text{ mm} \qquad d_1 = 2 \text{ mm}$

$$F_{max} = 67,9 \frac{\text{N}}{\text{mm}^2}\left(\frac{\pi}{4}8^2 \text{ mm}^2 - (8 \cdot 2) \text{ mm}^2\right)$$

$$F_{max} = 2327 \text{ N}$$

695.

$$\sigma_{z\,zul} = \frac{F_{S2}}{A_2} \rightarrow A_2 = \frac{F_{S2}}{\sigma_{z\,zul}}$$

$$A_2 = \frac{100,606 \cdot 10^3 \text{ N}}{300 \frac{\text{N}}{\text{mm}^2}} = 335,35 \text{ mm}^2$$

$$A_2 = n \cdot A_{2n} = n \cdot \frac{\pi \cdot d_{2n}^2}{4}$$

$$d_{2n} = \sqrt{\frac{4 \cdot A_2}{\pi \cdot n}} = \sqrt{\frac{4 \cdot 335,35 \text{ mm}^2}{\pi \cdot 22}} = 4,41 \text{ mm}$$

ausgeführt $d_{2n} = 4,5$ mm

$$\sigma_{z\,zul} = \frac{F_{S1}}{A_1} \rightarrow A_1 = \frac{F_{S1}}{\sigma_{z\,zul}}$$

$$A_1 = \frac{75 \cdot 10^3 \text{ N}}{300 \frac{\text{N}}{\text{mm}^2}} = 250 \text{ mm}^2$$

$$A_1 = n \cdot A_{1n} = n \cdot \frac{\pi \cdot d_{1n}^2}{4}$$

$$d_{1n} = \sqrt{\frac{4 \cdot A_1}{\pi \cdot n}} = \sqrt{\frac{4 \cdot 250 \text{ mm}^2}{\pi \cdot 22}} = 3,804 \text{ mm}$$

ausgeführt $d_{1n} = 4$ mm

Hooke'sches Gesetz

696.

a) $\sigma_{z\,vorh} = \frac{F}{A} = \frac{4F_1}{\pi d^2} = \frac{4 \cdot 60 \text{ N}}{\pi \cdot (0,8 \text{ mm})^2} = 119,4 \frac{\text{N}}{\text{mm}^2}$

b) $\varepsilon = \frac{\sigma_z}{E} = \frac{119,4 \frac{\text{N}}{\text{mm}^2}}{2,1 \cdot 10^5 \frac{\text{N}}{\text{mm}^2}} = 56,9 \cdot 10^{-5}$

$\varepsilon \approx 0,0569 \cdot 10^{-2} = 0,0569 \%$

c) $\varepsilon = \frac{\Delta l}{l_0} \Rightarrow \Delta l = \varepsilon\, l_0$

$\Delta l = 56,9 \cdot 10^{-5} \cdot 120 \text{ mm} = 0,068 \text{ mm}$

697.

$$\sigma_z = \varepsilon E = \frac{\Delta l}{l_0} E$$

$$\Delta l = \frac{\sigma_{z\,vorh}\, l_0}{E} = \frac{100 \frac{\text{N}}{\text{mm}^2} \cdot 6 \cdot 10^3 \text{ mm}}{2,1 \cdot 10^5 \frac{\text{N}}{\text{mm}^2}} = 2,857 \text{ mm}$$

698.

a) $\sigma_z = \dfrac{F}{A} = \dfrac{F}{\dfrac{\pi}{4}d^2} = \dfrac{4F}{\pi d^2}$

$d_{erf} = \sqrt{\dfrac{4F}{\pi \sigma_{z\,zul}}} = \sqrt{\dfrac{4 \cdot 40000 \text{ N}}{\pi \cdot 100 \dfrac{\text{N}}{\text{mm}^2}}} = 22{,}6 \text{ mm}$

ausgeführt $d = 30$ mm

b) $\sigma_{z\,vorh} = \dfrac{F + F_G}{A} = \dfrac{F + Al\varrho g}{A} = 57{,}1 \dfrac{\text{N}}{\text{mm}^2}$

c) $\varepsilon = \dfrac{\sigma_{z\,vorh}}{E}$

$\varepsilon = \dfrac{57{,}1 \dfrac{\text{N}}{\text{mm}^2}}{2{,}1 \cdot 10^5 \dfrac{\text{N}}{\text{mm}^2}} = 27{,}2 \cdot 10^{-5} = 0{,}0272\,\%$

d) $\Delta l = \varepsilon l_0$

$\Delta l = 27{,}2 \cdot 10^{-5} \cdot 6 \cdot 10^3 \text{ mm} = 1{,}632 \text{ mm}$

e) $W_f = \dfrac{F \Delta l}{2}$

$W_f = \dfrac{40000 \text{ N} \cdot 1{,}632 \cdot 10^{-3} \text{ m}}{2} = 32{,}64 \text{ J}$

699.

a) $\varepsilon = \dfrac{2\Delta l}{l_0} = \dfrac{160 \text{ mm}}{2 \cdot 2000 \text{ mm} + \pi \cdot 600 \text{ mm}} = 0{,}0272$

b) $\sigma_{z\,vorh} = \varepsilon E = 0{,}0272 \cdot 60 \dfrac{\text{N}}{\text{mm}^2} = 1{,}632 \dfrac{\text{N}}{\text{mm}^2}$

c) $F_{vorh} = \sigma_{z\,vorh} A = 1{,}632 \dfrac{\text{N}}{\text{mm}^2} \cdot 500 \text{ mm}^2 = 816 \text{ N}$

700.

a) $\sigma_{d\,vorh} = \varepsilon E = \dfrac{\Delta l}{l_0}E = \dfrac{l_0 - l_1}{l_0}E$

$\sigma_{d\,vorh} = \dfrac{5 \text{ mm}}{30 \text{ mm}} \cdot 5 \dfrac{\text{N}}{\text{mm}^2} = 0{,}833 \dfrac{\text{N}}{\text{mm}^2}$

b) $d_{erf} = \sqrt{\dfrac{4F}{\pi \sigma_{d\,vorh}}} = \sqrt{\dfrac{4 \cdot 500 \text{ N}}{\pi \cdot 0{,}833 \dfrac{\text{N}}{\text{mm}^2}}} = 27{,}7 \text{ mm}$

ausgeführt $d = 28$ mm

c) $W_f = \dfrac{F \Delta l}{2} = \dfrac{500 \text{ N} \cdot 5 \text{ mm}}{2}$

$W_f = 1250 \text{ Nmm} = 1{,}25 \text{ Nm} = 1{,}25 \text{ J}$

701.

a) $\sigma_{z\,vorh} = \varepsilon E = \dfrac{\Delta l}{l_0}E$

$\sigma_{z\,vorh} = \dfrac{6 \text{ mm}}{9200 \text{ mm}} \cdot 2{,}1 \cdot 10^5 \dfrac{\text{N}}{\text{mm}^2} = 137 \dfrac{\text{N}}{\text{mm}^2}$

b) $F_{max} = \sigma_{z\,vorh} A_{][}$ $\quad A_{][} = 6440 \text{ mm}^2$

$F_{max} = 137 \dfrac{\text{N}}{\text{mm}^2} \cdot 6440 \text{ mm}^2$

$F_{max} = 882\,280 \text{ N} = 882{,}28 \text{ kN}$

702.

a) $\sigma_{z\,vorh} = \varepsilon E = \dfrac{\Delta l}{l_0}E$

$\sigma_{z\,vorh} = \dfrac{0{,}25 \text{ mm}}{400 \text{ mm}} \cdot 2{,}1 \cdot 10^5 \dfrac{\text{N}}{\text{mm}^2} = 131 \dfrac{\text{N}}{\text{mm}^2}$

b) $\varepsilon = \dfrac{\Delta l}{l_0} = \dfrac{0{,}25 \text{ mm}}{400 \text{ mm}} = 0{,}625 \cdot 10^{-3}$

703.

a) $\varepsilon = \dfrac{\Delta l}{l_0} = \dfrac{4 \text{ mm}}{2 \cdot 10^3 \text{ mm}} = 2 \cdot 10^{-3}$

b) $\sigma_{z\,vorh} = \varepsilon E = 2 \cdot 10^{-3} \cdot 2{,}1 \cdot 10^5 \dfrac{\text{N}}{\text{mm}^2} = 420 \dfrac{\text{N}}{\text{mm}^2}$

c) $F_{vorh} = \sigma_{z\,vorh} A = 420 \dfrac{\text{N}}{\text{mm}^2} \cdot 0{,}2 \text{ mm}^2 = 84 \text{ N}$

704.

a) $\sigma_{z\,vorh} = \dfrac{F}{A} = \dfrac{50 \text{ N}}{0{,}4 \text{ mm}^2} = 125 \dfrac{\text{N}}{\text{mm}^2}$

b) $\sigma = \varepsilon E = \dfrac{\Delta l}{l_0}E$

$\Delta l = \dfrac{\sigma_{z\,vorh} l_0}{E} = \dfrac{125 \dfrac{\text{N}}{\text{mm}^2} \cdot 800 \text{ mm}}{2{,}1 \cdot 10^5 \dfrac{\text{N}}{\text{mm}^2}} = 0{,}476 \text{ mm}$

705.

$\sigma_{z\,vorh} = \dfrac{F}{A} = \dfrac{4F}{\pi d^2} = \dfrac{4 \cdot 10000 \text{ N}}{\pi \cdot 144 \text{ mm}^2} = 88{,}4 \dfrac{\text{N}}{\text{mm}^2}$

$\sigma_z = \dfrac{\Delta l}{l_0}E \Rightarrow \Delta l = \dfrac{\sigma_{z\,vorh} l_0}{E}$

$\Delta l = \dfrac{88{,}4 \dfrac{\text{N}}{\text{mm}^2} \cdot 8 \cdot 10^3 \text{ mm}}{2{,}1 \cdot 10^5 \dfrac{\text{N}}{\text{mm}^2}} = 3{,}368 \text{ mm}$

706.

a) $F_{vorh} = \sigma_{z\,vorh} A$

$F_{vorh} = 140 \dfrac{N}{mm^2} \cdot \dfrac{\pi}{4} \cdot 50^2 \, mm^2 = 274,9 \, kN$

b) $\varepsilon_{vorh} = \dfrac{\sigma_{z\,vorh}}{E}$

$\varepsilon_{vorh} = \dfrac{140 \dfrac{N}{mm^2}}{2,1 \cdot 10^5 \dfrac{N}{mm^2}} = 0,67 \cdot 10^{-3} = 0,067 \, \%$

c) $\varepsilon = \dfrac{\Delta l}{l_0}$

$\Delta l_{vorh} = \varepsilon_{vorh} \, l_0 = 0,67 \cdot 10^{-3} \cdot 8 \cdot 10^3 \, mm = 5,36 \, mm$

d) $W_f = \dfrac{F_{vorh} \cdot \Delta l_{vorh}}{2}$

$W_f = \dfrac{274,9 \cdot 10^3 \, N \cdot 5,36 \cdot 10^{-3} \, m}{2} = 736,7 \, J$

707.

a) $\varepsilon = \dfrac{\Delta l}{l_0} = \dfrac{400 \, mm}{600 \, mm} = 0,667 = 66,7 \, \%$

b) $\sigma_{z\,vorh} = \dfrac{F}{A} = \dfrac{5 \, N}{2 \, mm^2} = 2,5 \, \dfrac{N}{mm^2}$

c) $E = \dfrac{\sigma_{z\,vorh}}{\varepsilon} = \dfrac{2,5 \dfrac{N}{mm^2}}{0,667} = 3,75 \, \dfrac{N}{mm^2}$

708.

a) $\sigma_{z\,vorh} = \varepsilon E = \dfrac{\Delta l}{l_0} E = \dfrac{1 \, m}{5 \, m} \cdot 8 \, \dfrac{N}{mm^2} = 1,6 \, \dfrac{N}{mm^2}$

b) $\sigma_z = \dfrac{F}{A} = \dfrac{F}{\dfrac{\pi}{4} d^2} = \dfrac{4F}{\pi d^2}$

$d_{vorh} = \sqrt{\dfrac{4F}{\pi \sigma_{z\,vorh}}} = \sqrt{\dfrac{4 \cdot 1000 \, N}{\pi \cdot 1,6 \dfrac{N}{mm^2}}} = 28,2 \, mm$

c) $W_f = \dfrac{F \cdot \Delta l}{2} = \dfrac{1000 \, N \cdot 1 \, m}{2} = 500 \, J$

709.

a) $F_{max} = \sigma_{z\,zul} A = \dfrac{R_m}{v} n \dfrac{\pi}{4} d^2$

$F_{max} = \dfrac{1600 \dfrac{N}{mm^2}}{6} \cdot 86 \cdot \dfrac{\pi}{4} \cdot 1,2^2 \, mm^2$

$F_{max} = 25937 \, N = 25,937 \, kN$

b) $\sigma_z = \varepsilon E = \dfrac{\Delta l}{l_0} E$

$\Delta l_{vorh} = \dfrac{\sigma_{z\,zul} \, l_0}{E}$

$\Delta l_{vorh} = \dfrac{\dfrac{1600}{6} \dfrac{N}{mm^2} \cdot 22 \cdot 10^3 \, mm}{2,1 \cdot 10^5 \dfrac{N}{mm^2}} = 27,9 \, mm$

710.

a) $\sigma_{z\,vorh\,u} = \dfrac{F}{A} = \dfrac{4F}{\pi d^2} = \dfrac{4 \cdot 22\,000 \, N}{\pi \cdot 256 \, mm^2} = 109,4 \, \dfrac{N}{mm^2}$

$\sigma_{z\,vorh\,o} = \dfrac{F + F_G}{A}$

$F_G = mg = V \varrho g = A l \varrho g = \dfrac{\pi}{4} d^2 l \varrho g$

$\sigma_{z\,vorh\,o} = \dfrac{22\,000 \, N}{\dfrac{\pi}{4} \cdot 16^2 \, mm^2} +$

$+ \dfrac{\dfrac{\pi}{4} \cdot 256 \cdot 10^{-6} \, m^2 \cdot 80 \, m \cdot 7,85 \cdot 10^3 \dfrac{kg}{m^3} \cdot 9,81 \dfrac{m}{s^2}}{\dfrac{\pi}{4} \cdot 16^2 \, mm^2}$

$\sigma_{z\,vorh\,o} = 115,6 \, \dfrac{N}{mm^2}$

b) $\sigma_{z\,mittl} = \dfrac{\Delta l}{l_0} E = \dfrac{\sigma_{z\,vorh\,o} + \sigma_{z\,vorh\,u}}{2} = 112,5 \, \dfrac{N}{mm^2}$

$\Delta l = \dfrac{\sigma_{z\,mittl} \, l_0}{E}$

$\Delta l = \dfrac{112,5 \dfrac{N}{mm^2} \cdot 80 \cdot 10^3 \, mm}{2,1 \cdot 10^5 \dfrac{N}{mm^2}} = 42,86 \, mm$

711.

a) Lageskizze   Krafteckskizze

$\tan \alpha = \dfrac{\dfrac{F}{2}}{F_z} \Rightarrow F_z = \dfrac{F}{2 \tan \alpha}$

$F_z = \dfrac{65\,000 \, N}{2 \tan 30°} = 56\,287 \, N = 56,287 \, kN$

b) $A_{erf} = \dfrac{F_z}{\sigma_{z\,zul} \, v} = \dfrac{56\,287 \, N}{120 \dfrac{N}{mm^2} \cdot 0,8} = 586,3 \, mm^2$

ausgeführt $\llcorner 35 \times 5$ mit $A = 328 \, mm^2$,

also $A_{\llcorner\llcorner} = 656 \, mm^2$

c) $\sigma_{z\,\text{vorh}} = \dfrac{F_z}{A_{\perp\!\perp} - 2d_1 s} = \dfrac{56\,287\text{ N}}{656\text{ mm}^2 - 2\cdot 11\text{ mm}\cdot 5\text{ mm}}$

$\sigma_{z\,\text{vorh}} = 103\,\dfrac{\text{N}}{\text{mm}^2} < \sigma_{z\,\text{zul}} = 120\,\dfrac{\text{N}}{\text{mm}^2}$

d) $\sigma_z = \dfrac{\Delta l}{l_0} E \qquad \sigma_{z\,\text{vorh}} = \dfrac{F_z}{A_{\perp\!\perp}} = \dfrac{56\,287\text{ N}}{656\text{ mm}^2} = 85{,}8\,\dfrac{\text{N}}{\text{mm}^2}$

$\Delta l_{\text{vorh}} = \dfrac{\sigma_{z\,\text{vorh}}\, l_0}{E}$

$\Delta l_{\text{vorh}} = \dfrac{85{,}8\,\dfrac{\text{N}}{\text{mm}^2}\cdot 3\cdot 10^3\text{ mm}}{2{,}1\cdot 10^5\,\dfrac{\text{N}}{\text{mm}^2}} = 1{,}226\text{ mm}$

712.

Es liegt ein statisch unbestimmtes System vor, weil drei Unbekannten (Stabkräfte F_1, F_2, F_3 bzw. die entsprechenden Spannungen) nur zwei Gleichungen gegenüberstehen:

$\Sigma F_x = 0 = +F_3 \sin\alpha - F_1 \sin\alpha$

$\Sigma F_y = 0 = +F_2 + 2F_1 \cos\alpha - F$, also

$F = F_2 + 2F_1 \cos\alpha$

Wegen Symmetrie ist $F_1 = F_3$

Fehlende dritte Gleichung ist das Hooke'sche Gesetz für Zugbeanspruchung:

$\sigma = \varepsilon E = \dfrac{F}{A}$

Für Stab 2 ist $\varepsilon_2 = \dfrac{\Delta l}{l_0}$, für Stab 1 ist $\varepsilon_1 = \dfrac{\Delta l \cos\alpha}{\dfrac{l_0}{\cos\alpha}}$

Damit wird:

$F = F_2 + 2F_1 \cos\alpha = \varepsilon_2 E A + 2\varepsilon_1 E A \cos\alpha$

$F = \dfrac{\Delta l}{l_0} E A (1 + 2\cos^3\alpha)$ und daraus

$\dfrac{\Delta l}{l_0} = \dfrac{F}{E A (1 + 2\cos^3\alpha)}$

$\sigma_2 = \dfrac{F_2}{A} = \dfrac{\Delta l}{l_0} E \qquad \sigma_1 = \sigma_3 = \dfrac{F_1}{A} = \dfrac{\Delta l}{l_0} E \cos^2\alpha$

$\sigma_2 = \dfrac{\Delta l}{l_0} E = \dfrac{F}{A(1+2\cos^3\alpha)}$ (E kürzt sich heraus)

$\sigma_2 = \dfrac{40\,000\text{ N}}{314\text{ mm}^2 (1 + 2\cdot \cos^3 30°)} = 55{,}4\,\dfrac{\text{N}}{\text{mm}^2}$

$\sigma_1 = \sigma_3 = \dfrac{F}{A(1+2\cos^3\alpha)}\cdot \cos^2\alpha = 41{,}6\,\dfrac{\text{N}}{\text{mm}^2}$

713.

Lageskizze   Kraftecksskizze

$F_G = F'_G\, l + 0{,}1 F'_G\, l + F_{G\,\text{Wasser}}$

$F_G = 1{,}1\cdot 94{,}6\,\dfrac{\text{N}}{\text{m}}\cdot 10\text{ m} +$

$\qquad + \dfrac{\pi}{4}(0{,}1\text{ m})^2 \cdot 10\text{ m} \cdot 10^3\,\dfrac{\text{kg}}{\text{m}^3}\cdot 9{,}81\,\dfrac{\text{m}}{\text{s}^2}$

$F_G = 1040{,}6\text{ N} + 770{,}5\text{ N} \approx 1811\text{ N}$

$\tan\alpha = \dfrac{l_2 - l_1}{\dfrac{l}{2}} \qquad \alpha = \arctan\dfrac{(3{,}5-1)\text{ m}}{5\text{ m}} = 26{,}6°$

$F = \dfrac{\dfrac{F_G}{2}}{\sin\alpha} = \dfrac{905{,}5\text{ N}}{\sin 26{,}6°} = 2022\text{ N}$

a) $\sigma_z = \dfrac{F}{A} = \dfrac{F}{n\dfrac{\pi}{4}d^2} = \dfrac{4F}{n\pi d^2}$ (n Anzahl der Drähte)

$n_{\text{erf}} = \dfrac{4F}{\pi d^2\, \sigma_{z\,\text{zul}}} = \dfrac{4\cdot 2022\text{ N}}{\pi\cdot 1\text{ mm}^2\cdot 100\,\dfrac{\text{N}}{\text{mm}^2}} = 25{,}7$

ausgeführt $n = 26$ Drähte

b) *Annahme:* Winkel α bleibt bei Senkung konstant, also $\alpha = 26{,}6°$. Mit $l_0 = 5590$ mm als halbe Ursprungslänge des Seils wird mit dem nach Δl aufgelösten Hooke'schen Gesetz:

$\Delta l = \dfrac{l_0 F}{A E}$

$\Delta l = \dfrac{5590\text{ mm}\cdot 2022\text{ N}}{26\cdot \dfrac{\pi}{4}\cdot 1^2\text{ mm}^2 \cdot 2{,}1\cdot 10^5\,\dfrac{\text{N}}{\text{mm}^2}} = 2{,}636\text{ mm}$

$\Delta l_1 = \dfrac{\Delta l}{\sin\alpha} = \dfrac{2{,}636\text{ mm}}{\sin 26{,}6°} \approx 5{,}9\text{ mm}$

Beanspruchung auf Druck und Flächenpressung

714.

$p = \dfrac{F_N}{A} = \dfrac{F}{a^2}$

$a_{\text{erf}} = \sqrt{\dfrac{F}{p_{\text{zul}}}} = \sqrt{\dfrac{16\cdot 10^4\text{ N}}{4\,\dfrac{\text{N}}{\text{mm}^2}}} = 200\text{ mm}$

715.

$$p = \frac{F_N}{A} = \frac{F}{bl} = \frac{F}{b \cdot 1,6b} = \frac{F}{1,6b^2}$$

$$b_{erf} = \sqrt{\frac{F}{1,6 p_{zul}}} = \sqrt{\frac{20 \cdot 10^4 \text{ N}}{1,6 \cdot 1,2 \frac{\text{N}}{\text{mm}^2}}} = 322 \text{ mm}$$

$l = 1,6b = 1,6 \cdot 322 \text{ mm} = 515 \text{ mm}$

ausgeführt ☐ 320 × 520

716.

$$p = \frac{F}{A_{proj}} = \frac{F}{dl} = \frac{F}{\frac{l}{1,6}l} = \frac{1,6F}{l^2}$$

$$l_{erf} = \sqrt{\frac{1,6 F}{p_{zul}}} = \sqrt{\frac{1,6 \cdot 12500 \text{ N}}{10 \frac{\text{N}}{\text{mm}^2}}} = 44,7 \text{ mm}$$

ausgeführt $l = 45$ mm, damit ist

$$d = \frac{l}{1,6} = \frac{45 \text{ mm}}{1,6} \approx 28 \text{ mm}$$

717.

a) $p = \dfrac{F}{A_{proj}} = \dfrac{F}{dl}$

$$l_{erf} = \frac{F}{d \, p_{zul}} = \frac{18000 \text{ N}}{30 \text{ mm} \cdot 10 \frac{\text{N}}{\text{mm}^2}} = 60 \text{ mm}$$

b) $p_{vorh} = \dfrac{F}{A_{proj}} = \dfrac{F}{2ds}$

$$p_{vorh} = \frac{18000 \text{ N}}{2 \cdot 30 \text{ mm} \cdot 6 \text{ mm}} = 50 \frac{\text{N}}{\text{mm}^2}$$

718.

$$p = \frac{F_N}{A} = \frac{F}{\frac{\pi}{4}(D^2 - d^2)} = \frac{4F}{\pi(D^2 - d^2)}$$

$$D^2 - d^2 = \frac{4F}{\pi p}$$

$$D_{erf} = \sqrt{\frac{4F}{\pi p_{zul}} + d^2} = \sqrt{\frac{4 \cdot 8000 \text{ N}}{\pi \cdot 6 \frac{\text{N}}{\text{mm}^2}} + 40^2 \text{ mm}^2}$$

$D_{erf} = 57,4$ mm

ausgeführt $D = 58$ mm

719.

a) $d_{erf} = \sqrt{\dfrac{4F}{\pi \sigma_{zzul}}} = \sqrt{\dfrac{4 \cdot 30000 \text{ N}}{\pi \cdot 80 \frac{\text{N}}{\text{mm}^2}}} = 21,9$ mm

ausgeführt $d = 22$ mm

b) $D_{erf} = \sqrt{\dfrac{4F}{\pi p_{zul}} + d^2}$ (siehe Herleitung in 718.)

$$D_{erf} = \sqrt{\frac{4 \cdot 30000 \text{ N}}{\pi \cdot 60 \frac{\text{N}}{\text{mm}^2}} + 22^2 \text{ mm}^2} = 33,5 \text{ mm}$$

ausgeführt $D = 34$ mm

720.

$$p = \frac{F}{A_{proj}} = \frac{F}{dl} = \frac{F}{d \cdot 1,2d} = \frac{F}{1,2d^2}$$

$$d_{erf} = \sqrt{\frac{F}{1,2 p_{zul}}} = \sqrt{\frac{16000 \text{ N}}{1,2 \cdot 6 \frac{\text{N}}{\text{mm}^2}}} = 47,1 \text{ mm}$$

ausgeführt $d = 48$ mm,

$l_{erf} = 1,2 d = 1,2 \cdot 48$ mm $= 57,6$ mm

ausgeführt $l = 58$ mm

$$D_{erf} = \sqrt{\frac{4F}{\pi p_{zul}} + d^2}$$ (siehe Herleitung in 718.)

$$D_{erf} = \sqrt{\frac{4 \cdot 7500 \text{ N}}{\pi \cdot 6 \frac{\text{N}}{\text{mm}^2}} + 48^2 \text{ mm}^2} = 62,4 \text{ mm}$$

ausgeführt $D = 63$ mm

721.

a) $p = \dfrac{F}{A_{proj}} = \dfrac{F}{\frac{\pi}{4}(D^2 - d^2)} = \dfrac{4F}{\pi(D^2 - d^2)}$

$$F_a = \frac{p_{zul} \pi (D^2 - d^2)}{4}$$

$$F_a = \frac{50 \frac{\text{N}}{\text{mm}^2} \cdot \pi \cdot (60^2 - 44^2) \text{ mm}^2}{4} = 65345 \text{ N}$$

b) $A_{Serf} = \dfrac{F_{max}}{\sigma_{zzul}} = \dfrac{65345 \text{ N}}{80 \frac{\text{N}}{\text{mm}^2}} = 816,8$ mm²

ausgeführt M 36 mit $A_S = 817$ mm²

722.

a) $F_{max} = \sigma_{zzul} A_3$

(A_3 Kernquerschnitt Trapezgewinde)

$F_{max} = 120 \frac{\text{N}}{\text{mm}^2} \cdot 398 \text{ mm}^2 = 47760$ N

b) $m_{erf} = \dfrac{F_{max} P}{\pi d_2 H_1 p_{zul}}$

(P Steigung, d_2 Flankendurchmesser, H_1 Tragtiefe des Trapezgewindes)

$$m_{erf} = \frac{47760 \text{ N} \cdot 5 \text{ mm}}{\pi \cdot 25,5 \text{ mm} \cdot 2,5 \text{ mm} \cdot 30 \frac{\text{N}}{\text{mm}^2}} = 39,75 \text{ mm}$$

ausgeführt $m = 40$ mm

723.

a) $A_{3\,erf} = \frac{F}{\sigma_{z\,zul}} = \frac{36000 \text{ N}}{100 \frac{\text{N}}{\text{mm}^2}} = 360 \text{ mm}^2$

ausgeführt Tr 28×5 mit $A_3 = 398$ mm²

b) $m_{erf} = \frac{F P}{\pi d_2 H_1 p_{zul}}$

$m_{erf} = \frac{36000 \text{ N} \cdot 5 \text{ mm}}{\pi \cdot 25,5 \text{ mm} \cdot 2,5 \text{ mm} \cdot 12 \frac{\text{N}}{\text{mm}^2}} = 74,9 \text{ mm}$

ausgeführt $m = 75$ mm

724.

a) $\sigma_{d\,vorh} = \frac{F}{A} = \frac{F}{A_3}$

$\sigma_{d\,vorh} = \frac{100 \cdot 10^3 \text{ N}}{2734 \text{ mm}^2} = 36,6 \frac{\text{N}}{\text{mm}^2}$

b) $m_{erf} = \frac{F P}{\pi d_2 H_1 p_{zul}}$

$m_{erf} = \frac{100 \text{ kN} \cdot 10 \text{ mm}}{\pi \cdot 65 \text{ mm} \cdot 5 \text{ mm} \cdot 10 \frac{\text{N}}{\text{mm}^2}} = 97,9 \text{ mm}$

ausgeführt $m = 98$ mm

725.

a) $A_{3\,erf} = \frac{F}{\frac{R_m}{\nu}} = \frac{F \nu}{R_m} = \frac{200 \text{ kN} \cdot 4}{600 \frac{\text{N}}{\text{mm}^2}} = 1333 \text{ mm}^2$

ausgeführt Tr 52×8 mit $A_3 = 1452$ mm²

b) $m_{erf} = \frac{F P}{\pi d_2 H_1 p_{zul}}$

$m_{erf} = \frac{200 \cdot 10^3 \text{ N} \cdot 8 \text{ mm}}{\pi \cdot 48 \text{ mm} \cdot 4 \text{ mm} \cdot 8 \frac{\text{N}}{\text{mm}^2}} = 331,6 \text{ mm}$

ausgeführt $m = 332$ mm

726.

a) $F_{max} = \sigma_{z\,zul} A_S$

$F_{max} = 45 \frac{\text{N}}{\text{mm}^2} \cdot 245 \text{ mm}^2 = 11025 \text{ N}$

b) $p_{vorh} = \frac{F P}{\pi d_2 H_1 m} = \frac{F P}{\pi d_2 H_1 \cdot 0,8 d}$

$p_{vorh} = \frac{11025 \text{ N} \cdot 2,5 \text{ mm}}{\pi \cdot 18,376 \text{ mm} \cdot 1,353 \text{ mm} \cdot 0,8 \cdot 20 \text{ mm}}$

$p_{vorh} = 22,1 \frac{\text{N}}{\text{mm}^2}$

727.

Lageskizze Krafteckskizze

$\sin \alpha = \frac{\frac{F}{2}}{F_N} = \frac{F}{2 F_N}$

$F_N = \frac{F}{2 \sin \alpha}$

$M = F_R d = F_N \mu d$

$M = \frac{F}{2 \sin \alpha} \mu d$

$F = \frac{2 M \sin \alpha}{\mu d} = \frac{2 \cdot 110 \text{ Nm} \cdot \sin 15°}{0,1 \cdot 0,4 \text{ m}} = 1424 \text{ N}$

$p_{vorh} = \frac{F}{\pi d b \sin \alpha}$

$p_{vorh} = \frac{1424 \text{ N}}{\pi \cdot 400 \text{ mm} \cdot 30 \text{ mm} \cdot \sin 15°} = 0,146 \frac{\text{N}}{\text{mm}^2}$

728.

a) $A_{s\,erf} = \frac{F}{\sigma_{z\,zul}} = \frac{5000 \text{ N}}{80 \frac{\text{N}}{\text{mm}^2}} = 62,5 \text{ mm}^2$

ausgeführt M 12 mit $A_s = 84,3$ mm²

b) $\sigma = \frac{F}{A} = \frac{\Delta l}{l_0} E$

$\Delta l_{vorh} = \frac{F l_0}{A E} = \frac{5000 \text{ N} \cdot 350 \text{ mm}}{\frac{\pi}{4} \cdot (12 \text{ mm})^2 \cdot 2,1 \cdot 10^5 \frac{\text{N}}{\text{mm}^2}}$

$\Delta l_{vorh} = 0,074 \text{ mm} \approx 0,1 \text{ mm}$

c) $d_{erf} = \sqrt{\frac{4 F}{\pi p_{zul}} + d_i^2}$

(Herleitung in 718.)

$d_{erf} = \sqrt{\frac{4 \cdot 5000 \text{ N}}{\pi \cdot 5 \frac{\text{N}}{\text{mm}^2}} + 13^2} \text{ mm}^2 = 38 \text{ mm}$

d) $m_{erf} = \frac{F P}{\pi d_2 H_1 p_{zul}}$

$m_{erf} = \frac{5000 \text{ N} \cdot 1,75 \text{ mm}}{\pi \cdot 10,863 \text{ mm} \cdot 0,947 \text{ mm} \cdot 5 \frac{\text{N}}{\text{mm}^2}} = 54,15 \text{ mm}$

ausgeführt $m = 55$ mm

729.

a) $\sigma_d = \dfrac{F}{A} = \dfrac{F}{\dfrac{\pi}{4}(d_a^2 - d_i^2)} = \dfrac{4F}{\pi(d_a^2 - d_i^2)}$

$d_a^2 - d_i^2 = \dfrac{4F}{\pi \sigma_d}$

$d_{i\,erf} = \sqrt{d_a^2 - \dfrac{4F}{\pi \cdot \sigma_{d\,zul}}}$

$d_{i\,erf} = \sqrt{(200\,\text{mm})^2 - \dfrac{4 \cdot 320\,000\,\text{N}}{\pi \cdot 80\,\dfrac{\text{N}}{\text{mm}^2}}} = 186{,}85\,\text{mm}$

ausgeführt $d_i = 186$ mm

b) Gewichtskraft ohne Fuß und Rippen:

$F_G = m\,g = V \varrho\,g = A h \varrho\,g$

$\varrho_{GG} = 7{,}3 \cdot 10^3 \,\dfrac{\text{kg}}{\text{m}^3}$ angenommen

$F_G = \dfrac{\pi}{4}(d_a^2 - d_i^2) h \varrho\,g$

$F_G = \dfrac{\pi}{4}(0{,}2^2 - 0{,}186^2)\,\text{m}^2 \cdot 6\,\text{m} \cdot 7300\,\dfrac{\text{kg}}{\text{m}^3} \cdot 9{,}81\,\dfrac{\text{m}}{\text{s}^2}$

$F_G = 1824\,\text{N}$

$p = \dfrac{F + F_G}{A} = \dfrac{F + F_G}{\dfrac{\pi}{4}(d_f^2 - d_i^2)}$

$d_{f\,erf} = \sqrt{\dfrac{4(F + F_G)}{\pi\,p_{zul}} + d_i^2}$

$d_{f\,erf} = \sqrt{\dfrac{4(320 + 1{,}824) \cdot 10^3\,\text{N}}{\pi \cdot 2{,}5\,\dfrac{\text{N}}{\text{mm}^2}} + 186^2\,\text{mm}^2}$

$d_{f\,erf} = 445{,}5\,\text{mm}$

ausgeführt $d_f = 446$ mm

730.

a) $d_{i\,erf} = \sqrt{d_a^2 - \dfrac{4F}{\pi \cdot \sigma_{d\,zul}}}$ (Herleitung in 729.)

$d_{i\,erf} = \sqrt{400^2\,\text{mm}^2 - \dfrac{4 \cdot 1500 \cdot 10^3\,\text{N}}{\pi \cdot 65\,\dfrac{\text{N}}{\text{mm}^2}}} = 360{,}2\,\text{mm}$

ausgeführt $d_i = 360$ mm, $s = 20$ mm

b) Annahme: Wegen der großen Belastung ($F = 1500$ kN) kann die Gewichtskraft vernachlässigt werden.

$p = \dfrac{F_N}{A} = \dfrac{F}{a^2}$

$a_{erf} = \sqrt{\dfrac{F}{p_{zul}}} = \sqrt{\dfrac{150 \cdot 10^4\,\text{N}}{4\,\dfrac{\text{N}}{\text{mm}^2}}} = 612\,\text{mm}$

731.

Mit dem Wasserdruck $p_W = 8{,}5 \cdot 10^5\,\text{N/m}^2$ wird die Druckkraft

$F = \dfrac{\pi}{4} d_a^2\,p_W$, damit die Flächenpressung

$p = \dfrac{F}{A_{proj}} = \dfrac{\dfrac{\pi}{4} d_a^2\,p_W}{\dfrac{\pi}{4}(d_a^2 - d_i^2)} = \dfrac{d_a^2\,p_W}{d_a^2 - d_i^2} = \dfrac{p_W}{1 - \dfrac{d_i^2}{d_a^2}}$

$p = \dfrac{8{,}5 \cdot 10^5\,\dfrac{\text{N}}{\text{m}^2}}{1 - \dfrac{65^2\,\text{mm}^2}{80^2\,\text{mm}^2}} = 25 \cdot 10^5\,\dfrac{\text{N}}{\text{m}^2} = 2{,}5\,\dfrac{\text{N}}{\text{mm}^2}$

732.

$D_{erf} = \sqrt{\dfrac{4F}{\pi \cdot p_{zul}} + d^2}$ (Herleitung in 718.)

$D_{erf} = \sqrt{\dfrac{4 \cdot 5000\,\text{N}}{\pi \cdot 2{,}5\,\dfrac{\text{N}}{\text{mm}^2}} + 6400\,\text{mm}^2} = 94{,}6\,\text{mm}$

ausgeführt $D = 95$ mm

733.

a) $p = \dfrac{F_N}{A} = \dfrac{F}{\dfrac{\pi}{4} d^2} = \dfrac{4F}{\pi d^2}$

$d_{erf} = \sqrt{\dfrac{4F}{\pi \cdot p_{zul}}} = \sqrt{\dfrac{4 \cdot 10\,000\,\text{N}}{\pi \cdot 5\,\dfrac{\text{N}}{\text{mm}^2}}} = 50{,}45\,\text{mm}$

ausgeführt $d = 50$ mm

b) $\sigma_{d\,vorh} = \dfrac{F}{A} = \dfrac{4F}{\pi d^2} = \dfrac{4 \cdot 10\,000\,\text{N}}{\pi \cdot (50\,\text{mm})^2} = 5{,}1\,\dfrac{\text{N}}{\text{mm}^2}$

734.

a) $p = \dfrac{F_N}{A} = \dfrac{4F}{\pi(D^2 - d^2)}$

$p = \dfrac{4F}{\pi\left[D^2 - \left(\dfrac{D}{2{,}8}\right)^2\right]} = \dfrac{4F}{\pi \cdot D^2\left(1 - \dfrac{1}{2{,}8^2}\right)}$

$$D_{erf} = \sqrt{\frac{4F}{\pi \cdot \left(1 - \frac{1}{2,8^2}\right) p_{zul}}}$$

$$D_{erf} = \sqrt{\frac{4 \cdot 20000 \text{ N}}{\pi \cdot \left(1 - \frac{1}{2,8^2}\right) \cdot 2,5 \frac{\text{N}}{\text{mm}^2}}} \approx 108 \text{ mm}$$

$$D \approx 108 \text{ mm, also } d = \frac{108 \text{ mm}}{2,8} = 38,6 \text{ mm}$$

ausgeführt $d = 38$ mm

b) $\sigma_{d\,vorh} = \frac{F}{A} = \frac{4F}{\pi(D^2 - d^2)}$

$$\sigma_{d\,vorh} = \frac{4 \cdot 20000 \text{ N}}{\pi(108^2 - 38^2) \text{ mm}^2} \approx 2,5 \frac{\text{N}}{\text{mm}^2}$$

735.

$\sigma_{d\,vorh} = \frac{F}{A} = \frac{4F}{A_{][} - 4d_1 s} \quad A_{][} = 4080 \text{ mm}^2 \quad s = 7 \text{ mm}$

$$\sigma_{d\,vorh} = \frac{48000 \text{ N}}{4080 \text{ mm}^2 - 4 \cdot 17 \text{ mm} \cdot 7 \text{ mm}} = 13,3 \frac{\text{N}}{\text{mm}^2}$$

736.

$$p = \frac{F_N}{A} = \frac{4F}{z \cdot \pi d_m b} = \frac{F}{\pi z d_m \cdot 0,15 d}$$

$d_m = d + b = d + 0,15d = d(1 + 0,15) = 1,15d$

$$p = \frac{F}{\pi z \cdot 1,15d \cdot 0,15d} = \frac{F}{0,1725 \pi z d^2}$$

$$z_{erf} = \frac{F}{0,1725 \pi d^2 p_{zul}}$$

$$z_{erf} = \frac{12000 \text{ N}}{0,1725 \cdot \pi \cdot 70^2 \text{ mm}^2 \cdot 1,5 \frac{\text{N}}{\text{mm}^2}} = 3,01$$

ausgeführt $z = 3$ Kämme
(die Erhöhung der Flächenpressung wegen
$z = 3 < 3,01$ ist vertretbar gering)

Beanspruchung auf Abscheren

738.

$F_{min} = \tau_{aB} A = \tau_{aB} \pi d s$

$F_{min} = 310 \frac{\text{N}}{\text{mm}^2} \cdot \pi \cdot 30 \text{ mm} \cdot 2 \text{ mm} = 58,4 \text{ kN}$

739.

$$\tau_a = \frac{F_{max}}{A} = \frac{\sigma_{d\,zul} A_{st}}{A_L} = \frac{\sigma_{d\,zul} \frac{\pi}{4} d^2}{\pi d s} = \frac{\sigma_{d\,zul} d}{4s}$$

$$s_{max} = \frac{\sigma_{d\,zul} d}{4 \tau_{aB}} = \frac{600 \frac{\text{N}}{\text{mm}^2} \cdot 25 \text{ mm}}{4 \cdot 390 \frac{\text{N}}{\text{mm}^2}} = 9,6 \text{ mm}$$

740.

$F_{min} = \tau_{aB} A = \tau_{aB} 4as$

$F_{min} = 425 \frac{\text{N}}{\text{mm}^2} \cdot 4 \cdot 20 \text{ mm} \cdot 6 \text{ mm} = 204 \text{ kN}$

741.

a) $F_{max} = \sigma_{d\,zul} A = \sigma_{d\,zul} \frac{\pi}{4} d^2$

$$F_{max} = \frac{600 \frac{\text{N}}{\text{mm}^2} \cdot \pi \cdot 30^2 \text{ mm}^2}{4} = 424,1 \text{ kN}$$

b) $\tau_a = \frac{F}{A} = \frac{F}{\pi d s} \quad \tau_{aB} = 0,85 R_m$

$$s_{max} = \frac{F_{max}}{\pi d \cdot 0,85 R_m}$$

$$s_{max} = \frac{424100 \text{ N}}{\pi \cdot 30 \text{ mm} \cdot 0,85 \cdot 360 \frac{\text{N}}{\text{mm}^2}}$$

$s_{max} = 14,705 \text{ mm} \approx 15 \text{ mm}$

742.

a) $\tau_a = \frac{F}{A} = \frac{F}{\pi d k} = \frac{F}{\pi d \cdot 0,7 d} = \frac{F}{\pi \cdot 0,7 d^2}$

$F = \sigma_{z\,vorh} \frac{\pi}{4} d^2$

$$\tau_{a\,vorh} = \frac{\sigma_{z\,vorh} \frac{\pi}{4} d^2}{\pi \cdot 0,7 d^2} = \frac{\sigma_{z\,vorh}}{4 \cdot 0,7}$$

$$\tau_{a\,vorh} = \frac{80 \frac{\text{N}}{\text{mm}^2}}{2,8} = 28,6 \frac{\text{N}}{\text{mm}^2}$$

b) $p = \frac{F_N}{A} = \frac{F}{\frac{\pi}{4}(D^2 - d^2)} = \frac{4F}{\pi(D^2 - d^2)}$

$$D_{erf} = \sqrt{\frac{4F}{\pi \cdot p_{zul}} + d^2} = \sqrt{\frac{4 \cdot \sigma_{z\,vorh} \frac{\pi}{4} d^2}{\pi \cdot p_{zul}} + d^2}$$

5 Festigkeitslehre

$$D_{erf} = \sqrt{d^2 \left(\frac{\sigma_{z\,vorh}}{p_{zul}} + 1\right)}$$

$$D_{erf} = d\sqrt{\frac{\sigma_{z\,vorh}}{p_{zul}} + 1} = 20 \text{ mm} \cdot \sqrt{\frac{80\frac{N}{mm^2}}{20\frac{N}{mm^2}} + 1}$$

$D_{erf} = 44{,}8$ mm

ausgeführt $D = 45$ mm

743.

$$\tau_a = \frac{F}{A} = \frac{F}{2\frac{\pi}{4}d^2} = \frac{2F}{\pi d^2} \quad \text{Hinweis: } A_{gef} = 2 \cdot \frac{\pi}{4}d^2$$

$$d_{erf} = \sqrt{\frac{2F}{\pi \cdot \tau_{a\,zul}}} = \sqrt{\frac{2 \cdot 1900 \text{ N}}{\pi \cdot 60 \frac{N}{mm^2}}} = 4{,}489 \text{ mm}$$

ausgeführt $d = 4{,}5$ mm

744.

a) $A_{gef} = bs - ds = s(b-d)$

$$\sigma_{z\,vorh} = \frac{\frac{F}{2}}{A_{gef}} = \frac{F}{2s(b-d)}$$

$$\sigma_{z\,vorh} = \frac{7000 \text{ N}}{2 \cdot 1{,}5 \text{ mm} \cdot (10-4) \text{ mm}} = 389 \frac{N}{mm^2}$$

b) $\tau_a = \dfrac{F}{A} = \dfrac{F}{m\frac{\pi}{4}d^2} = \dfrac{4F}{m\pi d^2}$

(m Schnittzahl, hier ist $m = 2$)

$$\tau_{a\,vorh} = \frac{4F}{m\pi d^2} = \frac{4 \cdot 7000 \text{ N}}{2 \cdot \pi \cdot 4^2 \text{ mm}^2} = 278{,}5 \frac{N}{mm^2}$$

c) $\sigma_{l\,vorh} = \dfrac{F}{2ds} = \dfrac{7000 \text{ N}}{2 \cdot 4 \text{ mm} \cdot 1{,}5 \text{ mm}} = 583 \dfrac{N}{mm^2}$

745.

a) $\Sigma M_{(D)} = 0 = -F_G\, r_{Kurbel} + F_z\, r_{Kettenrad}$

$$F_z = \frac{F_G\, r_{Kurbel}}{r_{Kettenrad}} = \frac{1000 \text{ N} \cdot 160 \text{ mm}}{45 \text{ mm}} = 3556 \text{ N}$$

b) $\sigma_{z\,vorh} = \dfrac{F_z}{A} = \dfrac{F_z}{2bs}$

$$\sigma_{z\,vorh} = \frac{3556 \text{ N}}{2 \cdot 5 \text{ mm} \cdot 0{,}8 \text{ mm}} = 444 \frac{N}{mm^2}$$

c) $p_{vorh} = \dfrac{F_z}{A_{proj}} = \dfrac{F_z}{2ds}$

$$p_{vorh} = \frac{3556 \text{ N}}{2 \cdot 3{,}5 \text{ mm} \cdot 0{,}8 \text{ mm}} = 635 \frac{N}{mm^2}$$

d) $\tau_{a\,vorh} = \dfrac{F_z}{m\dfrac{\pi}{4}d^2} = \dfrac{4 \cdot 3556 \text{ N}}{2 \cdot \pi \cdot 3{,}5^2 \text{ mm}^2} = 184{,}8 \dfrac{N}{mm^2}$

746.

$F_{min} = \tau_{aB}\, A_\bot \qquad A_\bot = 691 \text{ mm}^2$

$F_{min} = 450 \dfrac{N}{mm^2} \cdot 691 \text{ mm}^2 \approx 311 \text{ kN}$

747.

Lageskizze Krafteckskizze
(gleichschenkliges Dreieck)

Sinussatz nach Krafteckskizze:

$$\frac{F}{\sin(90°-\beta)} = \frac{F_N}{\sin\alpha} \qquad \frac{F}{\sin(90°-\beta)} = \frac{F_a}{\sin\delta}$$

$$F_N = F\frac{\sin\alpha}{\sin(90°-\beta)} = F\frac{\sin 30°}{\sin 75°}$$

$$F_N = 20 \text{ kN} \cdot \frac{\sin 30°}{\sin 75°} = 10{,}353 \text{ kN}$$

$$F_a = F\frac{\sin\delta}{\sin(90°-\beta)} = F\frac{\sin 75°}{\sin 75°} = F = 20 \text{ kN}$$

a) $\tau_a = \dfrac{F_a}{A} = \dfrac{F_a}{l_v b + 2 l_v a} = \dfrac{F_a}{l_v(b+2a)}$

$$l_{v\,erf} = \frac{F_a}{\tau_{a\,zul}(b+2a)}$$

$$l_{v\,erf} = \frac{20\,000 \text{ N}}{1\,\frac{N}{mm^2} \cdot (120+80) \text{ mm}} = 100 \text{ mm}$$

b) $p_{vorh} = \dfrac{F_N}{A} = \dfrac{F_a}{ab} = \dfrac{20\,000 \text{ N}}{(40 \cdot 120) \text{ mm}^2} = 4{,}17 \dfrac{N}{mm^2}$

Hinweis: Nachdem aus der Krafteckskizze erkannt wurde, dass ein gleichschenkliges Dreieck vorliegt, könnte man sofort $F_a = F = 20$ kN schreiben. Die Berechnung von F_N war nach der Aufgabenstellung nicht erforderlich; in der Praxis wird man sich aber über *alle* Größen orientieren müssen.

748.

a) $A_{gef} = 2\left[s(h-s) + \dfrac{\pi}{4}s^2\right]$

$h = 3s$ eingesetzt

$A_{gef} = 4s^2 + \dfrac{\pi}{2}s^2 = 5{,}5708\,s^2$

$\tau_a = \dfrac{F}{A_{gef}} = \dfrac{F}{5{,}5708\,s^2}$

$s_{erf} = \sqrt{\dfrac{F}{5{,}5708\,\tau_{a\,zul}}}$

$s_{erf} = \sqrt{\dfrac{13000\text{ N}}{5{,}5708 \cdot 30\,\dfrac{\text{N}}{\text{mm}^2}}} = 8{,}82\text{ mm}$

ausgeführt $s = 10$ mm, damit
$h = 3 \cdot 10$ mm $= 30$ mm

b) $A_{gef,\,Zug} = \dfrac{\pi}{4}d^2 - ds$

$A_{proj} = ds$

$\sigma_z = \dfrac{F}{A_{gef,\,Zug}} = \dfrac{F}{\dfrac{\pi}{4}d^2 - ds}$

$p = \dfrac{F}{A_{proj}} = \dfrac{F}{ds}$

$\dfrac{F}{\dfrac{\pi}{4}d^2 - ds} = \dfrac{F}{ds}$

($\sigma_{z\,vorh}$ soll gleich p_{vorh} sein)

$\dfrac{\pi}{4}d^2 - ds = ds$

$\dfrac{\pi}{4}d^2 - 2ds = 0$

$d\left(\dfrac{\pi}{4}d - 2s\right) = 0$

da $d \neq 0$ ist, muss $\dfrac{\pi}{4}d - 2s = 0$ sein:

$\dfrac{\pi}{4}d = 2s$

$d = \dfrac{8s}{\pi} = \dfrac{8 \cdot 10\text{ mm}}{\pi} = 25{,}46$ mm

ausgeführt $d = 25$ mm

749.

$\Sigma M_{(D)} = 0 = F\dfrac{d_2}{2} - F_s\dfrac{d_1}{2}$

$F_s = F\dfrac{d_2}{d_1} = 20\text{ kN} \cdot \dfrac{350\text{ mm}}{450\text{ mm}} = 15{,}556\text{ kN}$

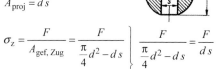

$\tau_a = \dfrac{F_s}{3 \cdot \dfrac{\pi}{4}(d_a^2 - d_i^2)} = \dfrac{4F_s}{3\pi(d_a^2 - d_i^2)}$

$d_a^2 = \dfrac{4F_s}{3\pi\tau_a} + d_i^2$

$d_{a\,erf} = \sqrt{\dfrac{4F_s}{3\pi\tau_{a\,zul}} + d_i^2} = \sqrt{\dfrac{4 \cdot 15556\text{ N}}{3\pi \cdot 50\,\dfrac{\text{N}}{\text{mm}^2}} + 12^2\text{ mm}^2}$

$d_{a\,erf} = 16{,}6$ mm

ausgeführt $d_a = 17$ mm, also $s = \dfrac{d_a - d_i}{2} = 2{,}5$ mm

750.

a) $F_{max} = \tau_{a\,zul}\,A = 70\,\dfrac{\text{N}}{\text{mm}^2} \cdot 5\text{ mm} \cdot 18\text{ mm} = 6300\text{ N}$

b) $\left.\begin{array}{l}\tau_{aB} = \dfrac{F_{max}}{bl} \\[6pt] R_m = \dfrac{F_{max}}{sl}\end{array}\right\}\quad \dfrac{\tau_{aB}}{R_m} = \dfrac{F_{max}\,sl}{F_{max}\,bl} = \dfrac{s}{b}$

$b_{erf} = \dfrac{R_m}{\tau_{aB}}\,s = \dfrac{410\,\dfrac{\text{N}}{\text{mm}^2}}{140\,\dfrac{\text{N}}{\text{mm}^2}} \cdot 2\text{ mm} = 5{,}86\text{ mm}$

ausgeführt $b = 6$ mm

751.

a) $\tau_a = \dfrac{F}{m\,n\,A_1}$

m Schnittzahl der Nietverbindung
n Anzahl der Niete

$A_1 = \dfrac{\pi}{4}d_1^2$ Fläche des geschlagenen Nietes

$A_{1\,erf} = \dfrac{F}{m\,n\,\tau_{a\,zul}} = \dfrac{30000\text{ N}}{1 \cdot 2 \cdot 140\,\dfrac{\text{N}}{\text{mm}^2}} = 107\text{ mm}^2$

ausgeführt $d_1 = 13$ mm ($A_1 = 133\text{ mm}^2$)

b) $\sigma_l = \dfrac{F}{n\,d_1\,s}$

n Anzahl der Niete
d_1 Durchmesser des geschlagenen Nietes
s kleinste Blechdickensumme in einer Kraftrichtung

$\sigma_{l\,vorh} = \dfrac{F}{n\,d_1\,s} = \dfrac{30000\text{ N}}{2 \cdot 13\text{ mm} \cdot 8\text{ mm}} = 144\,\dfrac{\text{N}}{\text{mm}^2}$

5 Festigkeitslehre

c) $\sigma_z = \dfrac{F}{A} = \dfrac{F}{bs - d_1 s}$

$b_{erf} = \dfrac{\dfrac{F}{\sigma_{z\,zul}} + d_1 s}{s} = 39{,}8$ mm

ausgeführt $b = 40$ mm

752.

a) $A_{1\,erf} = \dfrac{F}{m n \tau_{a\,zul}}$ (siehe 751.)

$A_{1\,erf} = \dfrac{8000\ \text{N}}{1 \cdot 1 \cdot 40\ \dfrac{\text{N}}{\text{mm}^2}} = 200\ \text{mm}^2$

ausgeführt $d_1 = 17$ mm ($A_1 = 227$ mm²)

b) $\sigma_{l\,vorh} = \dfrac{F}{n d_1 s}$ (siehe 751.)

$\sigma_{l\,vorh} = \dfrac{8000\ \text{N}}{1 \cdot 17\ \text{mm} \cdot 8\ \text{mm}} = 58{,}8\ \dfrac{\text{N}}{\text{mm}^2}$

c) $\tau_a = \dfrac{F}{A} = \dfrac{F}{2as}$

$a_{erf} = \dfrac{F}{2 s \tau_{a\,zul}} = \dfrac{8000\ \text{N}}{2 \cdot 8\ \text{mm} \cdot 40\ \dfrac{\text{N}}{\text{mm}^2}} = 12{,}5$ mm

753.

$F = \tau_{a\,zul}\, m n A_1$ (siehe 751.)

$F = 120\ \dfrac{\text{N}}{\text{mm}^2} \cdot 2 \cdot 1 \cdot 227\ \text{mm}^2 = 54480\ \text{N} \approx 54{,}5$ kN

754.

a) $A_{1\,erf} = \dfrac{F}{m n \tau_{a\,zul}}$ (siehe 751.)

$A_{1\,erf} = \dfrac{23000\ \text{N}}{1 \cdot 2 \cdot 80\ \dfrac{\text{N}}{\text{mm}^2}} = 143{,}75\ \text{mm}^2$

ausgeführt $d = 14$ mm
($d_1 = 15$ mm, $A_1 = 177$ mm²)

b) $\sigma_z = \dfrac{F}{A} = \dfrac{F}{bs - d_1 s} = \dfrac{F}{6s \cdot s - d_1 s}$

($b = 6s$ eingesetzt)

$6 s^2 - d_1 s = \dfrac{F}{\sigma_z}\ \bigg|\ :6$

$s^2 - \dfrac{d_1}{6} s - \dfrac{F}{6 \sigma_z} = 0$

$s_{erf} = \dfrac{d_1}{12} \pm \sqrt{\left(\dfrac{d_1}{12}\right)^2 + \dfrac{F}{6 \sigma_{z\,zul}}}$

$s_{erf} = \dfrac{15\ \text{mm}}{12} \pm \sqrt{\left(\dfrac{15\ \text{mm}}{12}\right)^2 + \dfrac{23000\ \text{N}}{6 \cdot 120\ \dfrac{\text{N}}{\text{mm}^2}}}$

$s_{erf} = 7{,}05$ mm

$b_{erf} = 6 s_{erf} = 42{,}3$ mm

ausgeführt □ 45 × 8

c) $\sigma_{l\,vorh} = \dfrac{F}{n d_1 s}$ (siehe 751.)

$\sigma_{l\,vorh} = \dfrac{23000\ \text{N}}{2 \cdot 15\ \text{mm} \cdot 8\ \text{mm}} = 95{,}8\ \dfrac{\text{N}}{\text{mm}^2}$

d) $\tau_{a\,vorh} = \dfrac{F}{m n A_1} = \dfrac{23000\ \text{N}}{1 \cdot 2 \cdot 177\ \text{mm}^2} = 65\ \dfrac{\text{N}}{\text{mm}^2}$

e) $\sigma_{z\,vorh} = \dfrac{F}{bs - d_1 s} = \dfrac{F}{s(b - d_1)}$ (siehe unter b))

$\sigma_{z\,vorh} = \dfrac{23000\ \text{N}}{8\ \text{mm} \cdot (45 - 15)\ \text{mm}} = 95{,}8\ \dfrac{\text{N}}{\text{mm}^2}$

755.

a) $\tau_{a\,vorh} = \dfrac{F}{m n A_1}$ (siehe 751.)

$\tau_{a\,vorh} = \dfrac{40000\ \text{N}}{2 \cdot 2 \cdot 95\ \text{mm}^2} = 105\ \dfrac{\text{N}}{\text{mm}^2}$

b) $\sigma_{l\,vorh} = \dfrac{F}{n d_1 s} = \dfrac{40000\ \text{N}}{2 \cdot 11\ \text{mm} \cdot 6\ \text{mm}} = 303\ \dfrac{\text{N}}{\text{mm}^2}$

c) $\sigma_{z\,vorh} = \dfrac{F}{A} = \dfrac{F}{s(b - d_1)}$

$\sigma_{z\,vorh} = \dfrac{40000\ \text{N}}{6\ \text{mm} \cdot (60 - 11)\ \text{mm}} = 136\ \dfrac{\text{N}}{\text{mm}^2}$

756.

$F_{z\,max} = \sigma_{z\,zul}\, A = \sigma_{z\,zul}\, s_1 (b - d_1)$

$F_{z\,max} = 140\ \dfrac{\text{N}}{\text{mm}^2} \cdot 12\ \text{mm} \cdot (50 - 21)\ \text{mm} = 48720\ \text{N}$

$F_{a\,max} = \tau_{a\,zul}\, m n A_1$ (siehe 751.)

$F_{a\,max} = 100\ \dfrac{\text{N}}{\text{mm}^2} \cdot 2 \cdot 1 \cdot 346\ \text{mm}^2 = 69200\ \text{N}$

$F_{l\,max} = \sigma_{l\,zul}\, n d_1 s_1$ (siehe 751.)

s_1 ist die kleinste Blechdickensumme in einer Kraftrichtung.

$F_{l\,max} = 240 \dfrac{\text{N}}{\text{mm}^2} \cdot 1 \cdot 21 \text{ mm} \cdot 12 \text{ mm} = 60\,480 \text{ N}$

Die drei Rechnungen zeigen $F_{z\,max} < F_{l\,max} < F_{a\,max}$, folglich darf $F_{z\,max} = 48\,720 \text{ N} \approx 48{,}7 \text{ kN}$ nicht überschritten werden.

757.

a) $\tau_{a\,vorh} = \dfrac{F}{m\,n\,A_1} = \dfrac{80\,000 \text{ N}}{2 \cdot 4 \cdot 227 \text{ mm}^2} = 44 \dfrac{\text{N}}{\text{mm}^2}$

b) $\sigma_{l\,vorh} = \dfrac{F}{n\,d_1\,s_1} = \dfrac{80\,000 \text{ N}}{4 \cdot 17 \text{ mm} \cdot 8 \text{ mm}} = 147 \dfrac{\text{N}}{\text{mm}^2}$

c) $\sigma_z = \dfrac{F}{s_1(b - 2d_1)}$

$b_{erf} = \dfrac{F}{\sigma_{z\,zul}\,s_1} + 2d_1 = \dfrac{80\,000 \text{ N}}{120 \dfrac{\text{N}}{\text{mm}^2} \cdot 8 \text{ mm}} + 34 \text{ mm}$

$b_{erf} = 117{,}3 \text{ mm}$

ausgeführt $b = 120$ mm

758.

a) $A_{erf} = \dfrac{F}{\sigma_{z\,zul}\,v}$

$A_{erf} = \dfrac{120\,000 \text{ N}}{140 \dfrac{\text{N}}{\text{mm}^2} \cdot 0{,}75} = 1143 \text{ mm}^2$

b) $b_{erf} = \dfrac{A_{erf}}{s} = \dfrac{1143 \text{ mm}^2}{8 \text{ mm}} = 142{,}9 \text{ mm}$

ausgeführt $b = 145$ mm

c) $n_{a\,erf} = \dfrac{F}{\tau_{a\,zul}\,m\,A_1} = \dfrac{120\,000 \text{ N}}{110 \dfrac{\text{N}}{\text{mm}^2} \cdot 2 \cdot 227 \text{ mm}^2} = 2{,}4$

also $n_a = 3$ Niete

d) $n_{l\,erf} = \dfrac{F}{\sigma_{l\,zul}\,d_1\,s} = \dfrac{120\,000 \text{ N}}{280 \dfrac{\text{N}}{\text{mm}^2} \cdot 17 \text{ mm} \cdot 8 \text{ mm}} = 3{,}15$

also $n_l = 4$ Niete

e) $\sigma_{z\,vorh} = \dfrac{F}{s(b - 4d_1)} = \dfrac{120\,000 \text{ N}}{8 \text{ mm} \cdot (145 - 4 \cdot 17) \text{ mm}}$

$\sigma_{z\,vorh} = 195 \dfrac{\text{N}}{\text{mm}^2} > \sigma_{z\,zul} = 140 \dfrac{\text{N}}{\text{mm}^2}$

f) $\tau_{a\,vorh} = \dfrac{F}{m\,n\,A_1} = \dfrac{120\,000 \text{ N}}{2 \cdot 4 \cdot 227 \text{ mm}^2}$

$\tau_{a\,vorh} = 66 \dfrac{\text{N}}{\text{mm}^2} < \tau_{a\,zul} = 110 \dfrac{\text{N}}{\text{mm}^2}$

g) $\sigma_{l\,vorh} = \dfrac{F}{n\,d_1\,s} = \dfrac{120\,000 \text{ N}}{4 \cdot 17 \text{ mm} \cdot 8 \text{ mm}}$

$\sigma_{l\,vorh} = 221 \dfrac{\text{N}}{\text{mm}^2} < \sigma_{l\,zul} = 280 \dfrac{\text{N}}{\text{mm}^2}$

Hinweis:

zu d): 4 Niete 17 Ø würden eine größere Breite b erfordern (Nietabstände nach DIN 9119). Einfacher wäre es, die Niete je Seite zweireihig anzuordnen.

zu e): Die vorhandene Zugspannung ist größer als die zulässige. Bei der unter d) vorgeschlagenen Ausführung (zweireihige Nietung) ist der Lochabzug geringer und damit die vorhandene Zugspannung kleiner als die zulässige.

759.

a) Lageskizze   Krafteckskizze

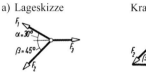

Sinussatz:

$\dfrac{F_2}{\sin \alpha} = \dfrac{F_1}{\sin \beta} \qquad \dfrac{F_2}{\sin \alpha} = \dfrac{F_3}{\sin \gamma}$

$F_1 = F_2 \dfrac{\sin \beta}{\sin \alpha} = 65\,000 \text{ N} \cdot \dfrac{\sin 45°}{\sin 30°} = 91\,924 \text{ N}$

$F_3 = F_2 \dfrac{\sin \gamma}{\sin \alpha} = 65\,000 \text{ N} \cdot \dfrac{\sin 105°}{\sin 30°} = 125\,570 \text{ N}$

b) $A_{1\,erf} = \dfrac{F_1}{\sigma_{z\,zul}\,v} = \dfrac{91\,924 \text{ N}}{140 \dfrac{\text{N}}{\text{mm}^2} \cdot 0{,}8} = 821 \text{ mm}^2$

ausgeführt ⌐ 40×6

mit $A_{\llcorner\!\lrcorner} = 2 \cdot 448 \text{ mm}^2 = 896 \text{ mm}^2$

$A_{2\,erf} = \dfrac{F_2}{\sigma_{z\,zul}\,v} = \dfrac{65\,000 \text{ N}}{140 \dfrac{\text{N}}{\text{mm}^2} \cdot 0{,}8} = 580 \text{ mm}^2$

ausgefürt ⌐ 35×5

mit $A_{\llcorner\!\lrcorner} = 2 \cdot 328 \text{ mm}^2 = 656 \text{ mm}^2$

$A_{3\,erf} = \dfrac{F_3}{\sigma_{z\,zul}\,v} = \dfrac{125\,570 \text{ N}}{140 \dfrac{\text{N}}{\text{mm}^2} \cdot 0{,}8} = 1121 \text{ mm}^2$

ausgeführt ⌐ 50×6

mit $A_{\llcorner\!\lrcorner} = 2 \cdot 569 \text{ mm}^2 = 1138 \text{ mm}^2$

c) $n_{1\,erf} = \dfrac{F_1}{\tau_{a\,zul}\,m\,A_1} = \dfrac{91\,924 \text{ N}}{120 \dfrac{\text{N}}{\text{mm}^2} \cdot 2 \cdot 133 \text{ mm}^2} = 2{,}9$

$n_1 = 3$ Niete $d = 12$ mm

$$n_{2\,erf} = \frac{F_2}{\tau_{a\,zul}\,m\,A_2} = \frac{65\,000\text{ N}}{120\,\dfrac{\text{N}}{\text{mm}^2}\cdot 2\cdot 95\text{ mm}^2} = 2{,}85$$

$n_2 = 3$ Niete $\quad d = 10$ mm

$$n_{3\,erf} = \frac{F_3}{\tau_{a\,zul}\,m\,A_3} = \frac{125\,570\text{ N}}{120\,\dfrac{\text{N}}{\text{mm}^2}\cdot 2\cdot 133\text{ mm}^2} = 3{,}93$$

$n_3 = 4$ Niete $\quad d = 12$ mm

d) $\sigma_{l1\,vorh} = \dfrac{F_1}{n_1\,d_1\,s} = \dfrac{91\,924\text{ N}}{3\cdot 13\text{ mm}\cdot 8\text{ mm}} = 295\,\dfrac{\text{N}}{\text{mm}^2}$

$\sigma_{l2\,vorh} = \dfrac{F_2}{n_2\,d_1\,s} = \dfrac{65\,000\text{ N}}{3\cdot 11\text{ mm}\cdot 8\text{ mm}} = 246\,\dfrac{\text{N}}{\text{mm}^2}$

$\sigma_{l3\,vorh} = \dfrac{F_3}{n_3\,d_1\,s} = \dfrac{125\,570\text{ N}}{4\cdot 13\text{ mm}\cdot 8\text{ mm}} = 302\,\dfrac{\text{N}}{\text{mm}^2}$

$\sigma_{l3\,vorh} = \sigma_{l\,max}$

Hinweis: Für den Stahlhochbau und Kranbau sind die zulässigen Spannungen vorgeschrieben, z. B. der Lochleibungsdruck für Niete im Stahlhochbau nach DIN 1050, Tabelle b, $\sigma_{l\,zul} = 275$ N/mm². In diesem Fall müssten die Stäbe 1 und 3 je einen Niet mehr erhalten ($n_1 = 4$ Niete und $n_3 = 5$ Niete).

760.

a) $A_{erf} = \dfrac{F_1}{\sigma_{z\,zul}} = \dfrac{100\,000\text{ N}}{160\,\dfrac{\text{N}}{\text{mm}^2}} = 625\text{ mm}^2$

ausgeführt $\llcorner 35\times 5$

mit $A_{\llcorner} = 2\cdot 328\text{ mm}^2 = 656\text{ mm}^2\quad (d_1 = 11\text{ mm})$

b) $A_{erf} = \dfrac{F_2}{\sigma_{z\,zul}} = \dfrac{240\,000\text{ N}}{160\,\dfrac{\text{N}}{\text{mm}^2}} = 1500\text{ mm}^2$

ausgeführt $\llcorner 65\times 8$

mit $A_{\llcorner} = 2\cdot 985\text{ mm}^2 = 1970\text{ mm}^2\quad (d_1 = 17\text{ mm})$

c) $n_{1\,erf} = \dfrac{F_1}{\tau_{a\,zul}\,m\,A_1} = \dfrac{100\,000\text{ N}}{140\,\dfrac{\text{N}}{\text{mm}^2}\cdot 2\cdot 95\text{ mm}^2} = 3{,}75$

$n_1 = 4$ Niete; $d = 10$ mm

d) $n_{2\,erf} = \dfrac{F_2}{\tau_{a\,zul}\,m\,A_2} = \dfrac{240\,000\text{ N}}{140\,\dfrac{\text{N}}{\text{mm}^2}\cdot 2\cdot 227\text{ mm}^2} = 3{,}8$

$n_2 = 4$ Niete; $d = 16$ mm

e) $\sigma_{l1\,vorh} = \dfrac{F_1}{n_1\,d_1\,s} = \dfrac{100\,000\text{ N}}{4\cdot 11\text{ mm}\cdot 10\text{ mm}} = 227\,\dfrac{\text{N}}{\text{mm}^2}$

$\sigma_{l2\,vorh} = \dfrac{F_2}{n_2\,d_1\,s} = \dfrac{240\,000\text{ N}}{4\cdot 17\text{ mm}\cdot 12\text{ mm}} = 294\,\dfrac{\text{N}}{\text{mm}^2}$

f) $\sigma_{z1\,vorh} = \dfrac{F_1}{A_{\llcorner} - 2\,d_1\,s}$

$\sigma_{z1\,vorh} = \dfrac{100\,000\text{ N}}{656\text{ mm}^2 - 2\cdot 11\text{ mm}\cdot 5\text{ mm}} = 183\,\dfrac{\text{N}}{\text{mm}^2}$

$\sigma_{z2\,vorh} = \dfrac{F_2}{A_{\llcorner} - 2\,d_1\,s}$

$\sigma_{z2\,vorh} = \dfrac{240\,000\text{ N}}{1970\text{ mm}^2 - 2\cdot 17\text{ mm}\cdot 8\text{ mm}} = 141\,\dfrac{\text{N}}{\text{mm}^2}$

g)

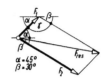

Rechnerische Lösung mit Hilfe des Kosinussatzes:

$\alpha = 45°$
$\beta = 30°$

$F_{res} = \sqrt{F_1^2 + F_2^2 - 2\,F_1\,F_2\cos\gamma}$

$\cos\gamma = \cos[180° - (\alpha + \beta)] = \cos 105°$

$F_{res} = \sqrt{(100\text{ kN})^2 + (240\text{ kN})^2 - 2(100\cdot 240)\text{ kN}^2 \cdot \cos 105°}$

$F_{res} = 283$ kN

$n_{a\,erf} = \dfrac{F_{res}}{\tau_{a\,zul}\,m\,A_1} = \dfrac{283\,000\text{ N}}{140\,\dfrac{\text{N}}{\text{mm}^2}\cdot 2\cdot 491\text{ mm}^2} = 2{,}1$

$n = 3$ Niete $\quad d = 24$ mm

$n_{l\,erf} = \dfrac{F_{res}}{\sigma_{l\,zul}\,d_1\,s} = \dfrac{283\,000\text{ N}}{280\,\dfrac{\text{N}}{\text{mm}^2}\cdot 25\text{ mm}\cdot 12\text{ mm}} = 3{,}4$

$n = 4$ Niete $\quad d = 24$ mm

Ausführung also mit $n = 4$ Nieten mit dem zulässigen Lochleibungsdruck.

761.

a) $A_{erf} = \dfrac{F}{\sigma_{z\,zul}} = \dfrac{180\,000\text{ N}}{160\,\dfrac{\text{N}}{\text{mm}^2}} = 1125\text{ mm}^2$

ausgeführt $\llcorner 50\times 8$

mit $A_{\llcorner} = 2\cdot 741\text{ mm}^2 = 1482\text{ mm}^2$

b) $\sigma_{z\,vorh} = \dfrac{F}{A_{\llcorner} - 2\,d_1\,s}$

$\sigma_{z\,vorh} = \dfrac{180\,000\text{ N}}{1482\text{ mm}^2 - 2\cdot 17\text{ mm}\cdot 8\text{ mm}} = 149\,\dfrac{\text{N}}{\text{mm}^2}$

c) $\sigma_z = \varepsilon\,E = \dfrac{\Delta l}{l_0}E\quad l_0 = l = 4000$ mm

$\Delta l_{vorh} = \dfrac{\sigma_{z\,vorh}\,l_0}{E} = \dfrac{149\,\dfrac{\text{N}}{\text{mm}^2}\cdot 4000\text{ mm}}{2{,}1\cdot 10^5\,\dfrac{\text{N}}{\text{mm}^2}} = 2{,}84$ mm

d) $n_{a\,erf} = \dfrac{F}{\tau_{a\,zul}\, m\, A_1} = \dfrac{180000\text{ N}}{160\,\dfrac{\text{N}}{\text{mm}^2}\cdot 2\cdot 227\text{ mm}^2} = 2{,}5$

$n_a = 3$ Niete $d = 16$ mm

$n_{l\,erf} = \dfrac{F}{\sigma_{l\,zul}\, d_1\, s} = \dfrac{180000\text{ N}}{320\,\dfrac{\text{N}}{\text{mm}^2}\cdot 17\text{ mm}\cdot 12\text{ mm}} = 2{,}8$

$n_l = n_a = 3$ Niete; $d = 16$ mm

762.

a) Die Herleitung der rechnerischen Beziehungen wird im Lehrbeispiel „Nietverbindung im Stahlbau" gezeigt. Mit den dort verwendeten Bezeichnungen erhält man hier:

$F_1 = \dfrac{F\, l}{3a + \dfrac{a}{3}} = \dfrac{200\text{ kN}\cdot 80\text{ mm}}{3\cdot 75\text{ mm} + 25\text{ mm}} = 64\text{ kN}$

$F_{max} = \sqrt{F_1^2 + \left(\dfrac{F}{4}\right)^2}$

$F_{max} = \sqrt{(64^2 + 50^2)\text{ kN}^2} = 81{,}2\text{ kN}$

$\tau_{a\,max} = \dfrac{F_{max}}{m\, n\, A_1} = \dfrac{81200\text{ N}}{2\cdot 1\cdot 491\text{ mm}^2} = 82{,}7\,\dfrac{\text{N}}{\text{mm}^2}$

b) $\sigma_{l\,max} = \dfrac{F_{max}}{n\, d_1\, s} = \dfrac{81200\text{ N}}{1\cdot 25\text{ mm}\cdot 8{,}6\text{ mm}} = 378\,\dfrac{\text{N}}{\text{mm}^2}$

763.

a) $\sin\alpha = \dfrac{F}{F_1} \Rightarrow F_1 = \dfrac{F}{\sin\alpha}$

$F_1 = \dfrac{86\text{ kN}}{\sin 40°} = 133{,}792\text{ kN}$

$\tan\alpha = \dfrac{F}{F_2} \Rightarrow F_2 = \dfrac{F}{\tan\alpha} = \dfrac{86\text{ kN}}{\tan 40°} = 102{,}491\text{ kN}$

b) $\sigma_z = \dfrac{F_1}{2\cdot b\, s} = \dfrac{F_1}{2\cdot b\cdot \dfrac{b}{10}} = \dfrac{5 F_1}{b^2}$

$b_{erf} = \sqrt{\dfrac{5 F_1}{\sigma_{z\,zul}}} = \sqrt{\dfrac{5\cdot 133{,}792\cdot 10^3\text{ N}}{140\,\dfrac{\text{N}}{\text{mm}^2}}} = 69{,}1\text{ mm}$

ausgeführt 2 ▭ 70 × 7

c) $\tau_{schw} = \dfrac{\dfrac{F_1}{2}}{2a(l-2a)} = \dfrac{F_1}{4a(l-2a)}$

$l_{erf} = \dfrac{F_1}{\tau_{schw\,zul}\, 4a} + 2a = \dfrac{133792\text{ N}}{90\,\dfrac{\text{N}}{\text{mm}^2}\cdot 4\cdot 5\text{ mm}} + 10\text{ mm}$

$l_{erf} = 84{,}3$ mm

ausgeführt $l = 85$ mm

d) $\tau_a = \dfrac{F_1}{m\, n\, A}$

$A = \dfrac{\pi}{4} d^2 = \dfrac{\pi}{4}(20\text{ mm})^2 = 314\text{ mm}^2$

(A Schaftquerschnitt)

$n_{a\,erf} = \dfrac{F_1}{\tau_{a\,zul}\, m\, A} = \dfrac{133792\text{ N}}{70\,\dfrac{\text{N}}{\text{mm}^2}\cdot 2\cdot 314\text{ mm}^2} = 3$

$\sigma_l = \dfrac{F_1}{n\, d\, s}$

$n_{l\,erf} = \dfrac{F_1}{\sigma_{l\,zul}\, d\, s} = \dfrac{133792\text{ N}}{160\,\dfrac{\text{N}}{\text{mm}^2}\cdot 20\text{ mm}\cdot 8\text{ mm}} = 5{,}2$

ausgeführt $n = 6$ Schrauben M 20

764.

a) $\sigma_{z\,vorh} = \dfrac{F}{b\, s} = \dfrac{50000\text{ N}}{100\text{ mm}\cdot 12\text{ mm}} = 41{,}7\,\dfrac{\text{N}}{\text{mm}^2}$

b) $\tau_{schw} = \dfrac{F}{A_{schw}} = \dfrac{F}{a(l-4a)}$

$\tau_{schw} = \dfrac{50000\text{ N}}{6\text{ mm}\cdot(500 - 4\cdot 6)\text{ mm}} = 17{,}5\,\dfrac{\text{N}}{\text{mm}^2}$

765.

$\tau_a = \dfrac{F}{A} = \dfrac{F}{\dfrac{\pi}{4} d_2^2} = \dfrac{4F}{\pi d_2^2}$ $M = F\, d_1$ (Kräftepaar)

$\tau_a = \dfrac{4\dfrac{M}{d_1}}{\pi d_2^2} = \dfrac{4M}{\pi d_2^2\, d_1}$

$d_{2\,erf} = \sqrt{\dfrac{4M}{\tau_{a\,zul}\, \pi\, d_1}} = \sqrt{\dfrac{4\cdot 7500\text{ Nmm}}{50\,\dfrac{\text{N}}{\text{mm}^2}\cdot \pi\cdot 14\text{ mm}}} = 3{,}7$

ausgeführt $d = 4$ mm

Flächenmomente 2. Grades und Widerstandsmomente

766.

a) $A = \dfrac{\pi}{4}d^2 = 2827$ mm²

$W_p = \dfrac{\pi}{16}d^3 = 42,4 \cdot 10^3$ mm³

b) $A = \dfrac{\pi}{4}(D^2 - d^2) = \dfrac{\pi}{4}\left[\left(\dfrac{10}{8}d\right)^2 - d^2\right]$

$A = \dfrac{\pi}{4}\left(\dfrac{100}{64}d^2 - \dfrac{64}{64}d^2\right) = \dfrac{\pi}{256}d^2(100 - 64)$

$A = \dfrac{\pi \cdot 36}{256}d^2$

$d = \sqrt{\dfrac{256 \cdot A}{36\pi}} = \sqrt{\dfrac{256 \cdot 2827 \text{ mm}^2}{36 \cdot \pi}} = 80$ mm

$D = \dfrac{10}{8}d = 100$ mm

c) $W_p = \dfrac{\pi}{16}\left(\dfrac{D^4 - d^4}{D}\right)$

$W_p = \dfrac{\pi}{16}\left(\dfrac{10^4 \text{ cm}^4 - 8^4 \text{ cm}^4}{10 \text{ cm}}\right) = 115,9$ cm³

$W_p = 115,9 \cdot 10^3$ mm³

767.

a) $W = \dfrac{bh^2}{6} = \dfrac{160 \text{ mm} \cdot (40 \text{ mm})^2}{6} = 42,7 \cdot 10^3$ mm³

b) $W = \dfrac{h^3}{6} = \dfrac{(80 \text{ mm})^3}{6} = 85,3 \cdot 10^3$ mm³

c) $W = \dfrac{bh^2}{6} = \dfrac{40 \text{ mm} \cdot (160 \text{ mm})^2}{6} = 170,7 \cdot 10^3$ mm³

d) $W = \dfrac{bh^2}{6} = \dfrac{20 \text{ mm} \cdot (320 \text{ mm})^2}{6} = 341,3 \cdot 10^3$ mm³

e) $W = \dfrac{BH^3 - bh^3}{6H}$

$W = \dfrac{80 \text{ mm} \cdot (110 \text{ mm})^3 - 48 \text{ mm} \cdot (50 \text{ mm})^3}{6 \cdot 110 \text{ mm}}$

$W = 152,2 \cdot 10^3$ mm³

f) $W = \dfrac{90 \text{ mm} \cdot (320 \text{ mm})^3 - 80 \text{ mm} \cdot (280 \text{ mm})^3}{6 \cdot 320 \text{ mm}}$

$W = 621,4 \cdot 10^3$ mm³

768.

a) $I_x = \dfrac{BH^3 + bh^3}{12}$

$I_x = \dfrac{80 \text{ mm} \cdot (240 \text{ mm})^3 + 100 \text{ mm} \cdot (30 \text{ mm})^3}{12}$

$I_x = \dfrac{(1106 \cdot 10^6 + 2,7 \cdot 10^6) \text{ mm}^4}{12} = 92,4 \cdot 10^6$ mm⁴

b) $W_x = \dfrac{I_x}{\dfrac{H}{2}} = \dfrac{92,4 \cdot 10^6 \text{ mm}^4}{120 \text{ mm}} = 770 \cdot 10^3$ mm³

Hinweis: Um die großen Zahlenwerte zu vermeiden, kann man in cm rechnen:

$I_x = \dfrac{BH^3 + bh^3}{12} = \dfrac{8 \text{ cm} \cdot (24 \text{ cm})^3 + 10 \text{ cm} \cdot (3 \text{ cm})^3}{12}$

$I_x = 9,24 \cdot 10^3$ cm⁴ $= 9,24 \cdot 10^3 \cdot 10^4$ mm⁴

$I_x = 92,4 \cdot 10^6$ mm⁴ (wie oben)

769.

a) $I_x = \dfrac{BH^3 + bh^3}{12}$

$I_x = \dfrac{30 \text{ mm} \cdot (50 \text{ mm})^3 + 50 \text{ mm} \cdot (10 \text{ mm})^3}{12}$

$I_x = 31,7 \cdot 10^4$ mm⁴

$I_y = \dfrac{BH^3 - bh^3}{12}$

$I_y = \dfrac{50 \text{ mm} \cdot (80 \text{ mm})^3 - 40 \text{ mm} \cdot (50 \text{ mm})^3}{12}$

$I_y = 171,7 \cdot 10^4$ mm⁴

b) $W_x = \dfrac{I_x}{\dfrac{H}{2}} = \dfrac{31,7 \cdot 10^4 \text{ mm}^4}{25 \text{ mm}} = 12,7 \cdot 10^3$ mm³

$W_y = \dfrac{I_y}{\dfrac{H}{2}} = \dfrac{171,7 \cdot 10^4 \text{ mm}^4}{40 \text{ mm}} = 42,9 \cdot 10^3$ mm³

770.

a) $I_x = I_y = I_\square - I_\circ = \dfrac{h^4}{12} - \dfrac{\pi}{64}d^4$

$I_x = \dfrac{(60 \text{ mm})^4}{12} - \dfrac{\pi}{64} \cdot (50 \text{ mm})^4$

$I_x = I_y = 77,3 \cdot 10^4$ mm⁴

b) $W_x = W_y = \dfrac{I_x}{\dfrac{h}{2}} = \dfrac{77,3 \cdot 10^4 \text{ mm}^4}{30 \text{ mm}} = 25,8 \cdot 10^3$ mm³

771.

a) $I_x = \dfrac{BH^3 + bh^3}{12}$

$I_x = \dfrac{5 \text{ mm} \cdot (40 \text{ mm})^3 + 25 \text{ mm} \cdot (5 \text{ mm})^3}{12}$

$I_x = 2{,}693 \cdot 10^4 \text{ mm}^4$

Mit denselben Bezeichnungen am um 90° gedrehten Profil:

$I_y = \dfrac{5 \text{ mm} \cdot (30 \text{ mm})^3 + 35 \text{ mm} \cdot (5 \text{ mm})^3}{12}$

$I_y = 1{,}1615 \cdot 10^4 \text{ mm}^4$

b) $W_x = \dfrac{I_x}{\tfrac{H}{2}} = \dfrac{2{,}693 \cdot 10^4 \text{ mm}^4}{20 \text{ mm}} = 1{,}346 \cdot 10^3 \text{ mm}^3$

$W_y = \dfrac{I_y}{\tfrac{H}{2}} = \dfrac{11{,}615 \cdot 10^3 \text{ mm}^4}{15 \text{ mm}} = 0{,}774 \cdot 10^3 \text{ mm}^3$

772.

a) $I_\odot = \dfrac{\pi}{64}(D^4 - d^4)$

$I_\odot = \dfrac{\pi}{64}\left[(100 \text{ mm})^4 - (80 \text{ mm})^4\right] = 2\,898\,117 \text{ mm}^4$

$I_\square = \dfrac{b}{12}(H^3 - h^3)$

$I_\square = \dfrac{10 \text{ mm}}{12}\left[(400 \text{ mm})^3 - (100 \text{ mm})^3\right]$

$I_\square = 52\,500\,000 \text{ mm}^4$

Nach dem Verschiebesatz von Steiner wird:

$I_x = I_\square + 2(I_\odot + A_\odot l^2)$

$A_\odot = \dfrac{\pi}{4}(D^2 - d^2)$

$A_\odot = \dfrac{\pi}{4}\left[(100 \text{ mm})^2 - (80 \text{ mm})^2\right]$

$A_\odot = 2827 \text{ mm}^2$

$l^2 = 250^2 \text{ mm}^2 = 62\,500 \text{ mm}^2$

$I_x = [52\,500\,000 + 2(2\,898\,117 + 2827 \cdot 62\,500)] \text{ mm}^4$

$I_x = 4{,}1 \cdot 10^8 \text{ mm}^4$

b) $W_x = \dfrac{I_x}{\tfrac{h}{2}} = \dfrac{4{,}1 \cdot 10^8 \text{ mm}^4}{300 \text{ mm}} = 1{,}37 \cdot 10^6 \text{ mm}^3$

773.

a) $I_x = \dfrac{H^4}{12} - \dfrac{h^4}{12} = \dfrac{(80 \text{ mm})^4}{12} - \dfrac{(60 \text{ mm})^4}{12}$

$I_x = 233 \cdot 10^4 \text{ mm}^4$

b) $W_x = \dfrac{I_x}{e}$

(e Randfaserabstand)

$\alpha = 45°$ $e = H \sin \alpha$

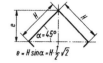

$W_x = \dfrac{I_x}{H \sin \alpha} = \dfrac{233 \cdot 10^4 \text{ mm}^4}{80 \text{ mm} \cdot \sin 45°} = 41{,}2 \cdot 10^3 \text{ mm}^3$

774.

a) $A e_1 = A_1 y_1 - A_2 y_2$

$A_1 = (80 \cdot 50) \text{ mm}^2$

$A_1 = 4000 \text{ mm}^2$

$A_2 = (40 \cdot 34) \text{ mm}^2 = 1360 \text{ mm}^2$

$A = A_1 - A_2 = (4000 - 1360) \text{ mm}^2 = 2640 \text{ mm}^2$

$y_1 = 40 \text{ mm}$ $y_2 = 50 \text{ mm}$

$e_1 = \dfrac{A_1 y_1 - A_2 y_2}{A}$

$e_1 = \dfrac{4000 \text{ mm}^2 \cdot 40 \text{ mm} - 1360 \text{ mm}^2 \cdot 50 \text{ mm}}{2640 \text{ mm}^2}$

$e_1 = 34{,}8 \text{ mm}$

$e_2 = 80 \text{ mm} - 34{,}8 \text{ mm} = 45{,}2 \text{ mm}$

b) $I_x = I_{x1} + A_1 l_1^2 - \left(I_{x2} + A_2 l_2^2\right)$ (Steiner'scher Satz)

$I_{x1} = \dfrac{bh^3}{12} = \dfrac{50 \text{ mm} \cdot 80^3 \text{ mm}^3}{12} = 213{,}3 \cdot 10^4 \text{ mm}^4$

$I_{x2} = \dfrac{bh^3}{12} = \dfrac{34 \text{ mm} \cdot 40^3 \text{ mm}^3}{12} = 18{,}13 \cdot 10^4 \text{ mm}^4$

$l_1 = y_1 - e_1 = (40 - 34{,}8) \text{ mm} = 5{,}2 \text{ mm}$

$l_1^2 \approx 27 \text{ mm}^2$

$l_2 = y_2 - e_1 = (50 - 34{,}8) \text{ mm} = 15{,}2 \text{ mm}$

$l_2^2 \approx 231 \text{ mm}^2$

$I_x = 213{,}3 \cdot 10^4 \text{ mm}^4 + 0{,}4 \cdot 10^4 \text{ mm}^2 \cdot 27 \text{ mm}^2 -$
$\qquad - 18{,}13 \cdot 10^4 \text{ mm}^4 - 0{,}136 \cdot 10^4 \text{ mm}^4 \cdot 231 \text{ mm}^2$

$I_x = 174{,}6 \cdot 10^4 \text{ mm}^4$

5 Festigkeitslehre

$I_y = I_{y1} - I_{y2}$

$I_{y1} = \dfrac{bh^3}{12} = \dfrac{80 \text{ mm} \cdot 50^3 \text{ mm}^3}{12} = 83,3 \cdot 10^4 \text{ mm}^4$

$I_{y2} = \dfrac{bh^3}{12} = \dfrac{40 \text{ mm} \cdot 34^3 \text{ mm}^3}{12} = 13,1 \cdot 10^4 \text{ mm}^4$

$I_y = (83,3 - 13,1) \cdot 10^4 \text{ mm}^4 = 70,2 \cdot 10^4 \text{ mm}^4$

c) $W_{x1} = \dfrac{I_x}{e_1} = \dfrac{1746 \cdot 10^3 \text{ mm}^4}{34,8 \text{ mm}} = 50,2 \cdot 10^3 \text{ mm}^3$

$W_{x2} = \dfrac{I_x}{e_2} = \dfrac{1746 \cdot 10^3 \text{ mm}^4}{45,2 \text{ mm}} = 38,6 \cdot 10^3 \text{ mm}^3$

$W_y = \dfrac{I_y}{e} = \dfrac{702 \cdot 10^3 \text{ mm}^4}{25 \text{ mm}} = 28,1 \cdot 10^3 \text{ mm}^3$

775.

a) $A e_1 = A_1 y_1 + A_2 y_2$

$A_1 = (50 \cdot 12) \text{ mm}^2 = 600 \text{ mm}^2$

$A_2 = (88 \cdot 5) \text{ mm}^2 = 440 \text{ mm}^2$

$A = A_1 + A_2 = 1040 \text{ mm}^2$

$y_1 = 6 \text{ mm} \quad y_2 = 56 \text{ mm}$

$e_1 = \dfrac{A_1 y_1 + A_2 y_2}{A}$

$e_1 = \dfrac{(600 \cdot 6 + 440 \cdot 56) \text{ mm}^3}{1040 \text{ mm}^2} = 27,15 \text{ mm}$

$e_2 = 100 \text{ mm} - 27,15 \text{ mm} = 72,85 \text{ mm}$

b) $I_x = I_{x1} + A_1 l_1^2 + I_{x2} + A_2 l_2^2$

$I_{x1} = \dfrac{bh^3}{12} = \dfrac{50 \text{ mm} \cdot 12^3 \text{ mm}^3}{12} = 7200 \text{ mm}^4$

$I_{x2} = \dfrac{bh^3}{12} = \dfrac{5 \text{ mm} \cdot 88^3 \text{ mm}^3}{12} = 283947 \text{ mm}^4$

$l_1 = e_1 - y_1 = (27,15 - 6) \text{ mm} = 21,15 \text{ mm}$

$l_1^2 = 447,3 \text{ mm}^2$

$l_2 = y_2 - e_1 = (56 - 27,15) \text{ mm} = 28,85 \text{ mm}$

$l_2^2 = 832,3 \text{ mm}^2$

$I_x = (7200 + 600 \cdot 447,3 + 283947 + 440 \cdot 832,3) \text{ mm}^4$

$I_x = 925739 \text{ mm}^4 \approx 92,6 \cdot 10^4 \text{ mm}^4$

$I_y = I_{y1} + I_{y2}$

$I_y = \dfrac{12 \text{ mm} \cdot 50^3 \text{ mm}^3}{12} + \dfrac{88 \text{ mm} \cdot 5^3 \text{ mm}^3}{12}$

$I_y = 12,6 \cdot 10^4 \text{ mm}^4$

c) $W_{x1} = \dfrac{I_x}{e_1} = \dfrac{926 \cdot 10^3 \text{ mm}^4}{27,15 \text{ mm}} = 34,1 \cdot 10^3 \text{ mm}^3$

$W_{x2} = \dfrac{I_x}{e_2} = \dfrac{926 \cdot 10^3 \text{ mm}^4}{72,85 \text{ mm}} = 12,7 \cdot 10^3 \text{ mm}^3$

$W_y = \dfrac{I_y}{e} = \dfrac{126 \cdot 10^3 \text{ mm}^4}{25 \text{ mm}} = 5,04 \cdot 10^3 \text{ mm}^3$

776.

a) $I_x = I_\square - I_\bigcirc - I_\square$

$I_\square = \dfrac{120 \text{ mm} \cdot 70^3 \text{ mm}^3}{12} = 343 \cdot 10^4 \text{ mm}^4$

$I_\bigcirc = \dfrac{\pi \cdot 30^4 \text{ mm}^4}{64} = 3,976 \cdot 10^4 \text{ mm}^4$

$I_\square = \dfrac{60 \text{ mm} \cdot 30^3 \text{ mm}^3}{12} = 13,5 \cdot 10^4 \text{ mm}^4$

$I_x = (343 - 3,976 - 13,5) \cdot 10^4 \text{ mm}^4$

$I_x = 325,5 \cdot 10^4 \text{ mm}^4$

$I_y = I_\square - 2(I_\frown + A_\frown l^2) - I_\square$

$I_\square = \dfrac{70 \text{ mm} \cdot 120^3 \text{ mm}^3}{12} = 1008 \cdot 10^4 \text{ mm}^4$

$I_\frown = 0,0068 \, d^4 = 0,0068 \cdot 30^4 \text{ mm}^4$

$I_\frown = 0,5508 \cdot 10^4 \text{ mm}^4$

$I_\square = \dfrac{30 \text{ mm} \cdot 60^3 \text{ mm}^3}{12} = 54 \cdot 10^4 \text{ mm}^4$

$A_\frown = \dfrac{\pi}{8} d^2 = \dfrac{\pi}{8} 30^2 \text{ mm}^2 = 353,4 \text{ mm}^2$

$e_1 = \dfrac{4r}{3\pi} = \dfrac{4 \cdot 15 \text{ mm}}{3\pi} = 6,366 \text{ mm}$

$l = 30 \text{ mm} + e_1 = 36,366 \text{ mm} \quad l^2 = 0,1322 \cdot 10^4 \text{ mm}^2$

$I_y = [1008 - 2(0,5508 + 46,7195) - 54] \cdot 10^4 \text{ mm}^4$

$I_y = 859,5 \cdot 10^4 \text{ mm}^4$

b) $W_x = \dfrac{I_x}{e_x} = \dfrac{3255 \cdot 10^3 \text{ mm}^4}{35 \text{ mm}} = 93 \cdot 10^3 \text{ mm}^3$

$W_y = \dfrac{I_y}{e_y} = \dfrac{8595 \cdot 10^3 \text{ mm}^4}{60 \text{ mm}} = 143 \cdot 10^3 \text{ mm}^3$

777.

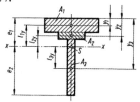

a) $Ae_1 = A_1 y_1 + A_2 y_2 + A_3 y_3$

$A_1 = (200 \cdot 60) \text{ mm}^2 = 12\,000 \text{ mm}^2$

$A_2 = (100 \cdot 20) \text{ mm}^2 = 2000 \text{ mm}^2$

$A_3 = (20 \cdot 320) \text{ mm}^2 = 6400 \text{ mm}^2$

$A = 20\,400 \text{ mm}^2$

$y_1 = 30 \text{ mm}$

$y_2 = 70 \text{ mm}$

$y_3 = 240 \text{ mm}$

$e_1 = \dfrac{12\,000 \cdot 30 + 2000 \cdot 70 + 6400 \cdot 240}{20\,400} \text{ mm}$

$e_1 = 99{,}8 \text{ mm}$

$e_2 = 400 \text{ mm} - e_1 = 300{,}2 \text{ mm}$

b) $I_{x1} = \dfrac{200 \cdot 60^3}{12} \text{ mm}^4 = 36 \cdot 10^5 \text{ mm}^4$

$I_{x2} = \dfrac{100 \cdot 20^3}{12} \text{ mm}^4 = 66\,667 \text{ mm}^4$

$I_{x3} = \dfrac{20 \cdot 320^3}{12} \text{ mm}^4 = 54\,613\,333 \text{ mm}^4$

$l_{1y} = e_1 - y_1 = 69{,}8 \text{ mm}$

$l_{2y} = e_1 - y_2 = 29{,}8 \text{ mm}$

$l_{3y} = e_1 - y_3 = -140{,}2 \text{ mm}$

$I_x = I_{x1} + A_1 l_{1y}^2 + I_{x2} + A_2 l_{2y}^2 + I_{x3} + A_3 l_{3y}^2$

$I_x = 2{,}44 \cdot 10^8 \text{ mm}^4$

c) $W_{x1} = \dfrac{I_x}{e_1} = \dfrac{2{,}44 \cdot 10^8 \text{ mm}^4}{99{,}8 \text{ mm}} = 2{,}44 \cdot 10^6 \text{ mm}^3$

$W_{x2} = \dfrac{I_x}{e_2} = \dfrac{2{,}44 \cdot 10^8 \text{ mm}^4}{300{,}2 \text{ mm}} = 812{,}8 \cdot 10^3 \text{ mm}^3$

778.

a) $Ae_1 = A_1 y_1 + A_2 y_2 + A_3 y_3 + A_4 y_4$

$A_1 = (450 \cdot 60) \text{ mm}^2 = 27\,000 \text{ mm}^2$

$A_2 = (35 \cdot 50) \text{ mm}^2 = 1750 \text{ mm}^2$

$A_3 = (35 \cdot 40) \text{ mm}^2 = 1400 \text{ mm}^2$

$A_4 = (120 \cdot 40) \text{ mm}^2 = 4800 \text{ mm}^2$

$A = 34\,950 \text{ mm}^2$

$y_1 = 30 \text{ mm}$

$y_2 = 85 \text{ mm}$

$y_3 = 480 \text{ mm}$

$y_4 = 520 \text{ mm}$

$e_1 = \dfrac{27\,000 \cdot 30 + 1750 \cdot 85 + 1400 \cdot 480 + 4800 \cdot 520}{34\,950} \text{ mm}$

$e_1 = 118 \text{ mm}$

$e_2 = 540 \text{ mm} - e_1 = 422 \text{ mm}$

b) $I_{x1} = \dfrac{450 \cdot 60^3}{12} \text{ mm}^4 = 81 \cdot 10^5 \text{ mm}^4$

$I_{x2} = \dfrac{35 \cdot 50^3}{12} \text{ mm}^4 = 364\,583 \text{ mm}^4$

$I_{x3} = \dfrac{35 \cdot 40^3}{12} \text{ mm}^4 = 186\,667 \text{ mm}^4$

$I_{x4} = \dfrac{120 \cdot 40^3}{12} \text{ mm}^4 = 64 \cdot 10^4 \text{ mm}^4$

$l_{1y} = e_1 - y_1 = 88 \text{ mm}$

$l_{2y} = e_1 - y_2 = 33 \text{ mm}$

$l_{3y} = e_1 - y_3 = -362 \text{ mm}$

$l_{4y} = e_1 - y_4 = -402 \text{ mm}$

$I_x = I_{x1} + A_1 l_{1y}^2 + I_{x2} + A_2 l_{2y}^2 + I_{x3} + A_3 l_{3y}^2 +$
$\qquad + I_{x4} + A_4 l_{4y}^2$

$I_x = 11{,}794 \cdot 10^8 \text{ mm}^4$

c) $W_{x1} = \dfrac{I_x}{e_1} = 9{,}995 \cdot 10^6 \text{ mm}^3$

$W_{x2} = \dfrac{I_x}{e_2} = 2{,}795 \cdot 10^6 \text{ mm}^3$

779.

a)

$Ae_1 = A_1 x_1 + A_2 x_2 + A_3 x_3$

$A_1 = A_3 = (80 \cdot 20) \text{ mm}^2 = 1600 \text{ mm}^2$

$A_2 = (20 \cdot 120) \text{ mm}^2 = 2400 \text{ mm}^2$

$A = 5600 \text{ mm}^2$

$x_1 = x_3 = 40 \text{ mm}$

$x_2 = 10 \text{ mm}$

$e_1 = \dfrac{2(1600 \cdot 40) + 2400 \cdot 10}{5600} \text{ mm}$

$e_1 = 27{,}14 \text{ mm}$

$e_2 = 80 \text{ mm} - e_1 = 52{,}86 \text{ mm}$

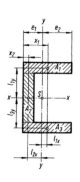

b) $I_{x1} = I_{x3} = \dfrac{80 \cdot 20^3}{12}$ mm^4 = 53333 mm^4

$I_{x2} = \dfrac{20 \cdot 120^3}{12}$ mm^4 = $28,8 \cdot 10^5$ mm^4

$l_{1y} = l_{3y} = 70$ mm

$l_{2y} = 0$ mm

$I_x = I_{x1} + 2(A_1 l_{1y}^2) + I_{x2} + A_2 l_{2y}^2$

$I_x = 18,77 \cdot 10^6$ mm^4

$I_{y1} = I_{y3} = \dfrac{20 \cdot 80^3}{12}$ mm^4 = 853333 mm^4

$I_{y2} = \dfrac{120 \cdot 20^3}{12}$ mm^4 = $80 \cdot 10^3$ mm^4

$l_{1x} = l_{3x} = e_1 - x_1 = -12,86$ mm

$l_{2x} = e_1 - x_2 = 17,14$ mm

$I_y = I_{y1} + 2(A_1 l_{1x}^2) + I_{y2} + A_2 l_{2x}^2$

$I_y = 302 \cdot 10^4$ mm^4

c) $W_x = \dfrac{I_x}{80} = 233 \cdot 10^3$ mm^3

$W_{y1} = \dfrac{I_y}{e_1} = 111,31 \cdot 10^3$ mm^3

$W_{y2} = \dfrac{I_y}{e_2} = 57,15 \cdot 10^3$ mm^3

780.
a) $A e_1 = A_1 y_1 + A_2 y_2$

$A_1 = (40 \cdot 10)$ mm^2

$A_1 = 400$ mm^2

$A_2 = (10 \cdot 80)$ mm^2

$A_2 = 800$ mm^2

$A = 1200$ mm^2

$y_1 = 5$ mm

$y_2 = 40$ mm

$e_1 = \dfrac{400 \cdot 5 + 800 \cdot 40}{1200}$ mm = 28,33 mm

$e_2 = 80$ mm $- e_1 = 51,67$ mm

$A e_1' = A_1 x_1 + A_2 x_2$

$x_1 = 30$ mm

$x_2 = 5$ mm

$e_1' = \dfrac{400 \cdot 30 + 800 \cdot 5}{1200}$ mm = 13,33 mm

$e_2' = 50$ mm $- e_1' = 36,67$ mm

b) $I_{x1} = \dfrac{10 \cdot 80^3}{12}$ mm^4 = 426667 mm^4

$I_{x2} = \dfrac{40 \cdot 10^3}{12}$ mm^4 = 3333,3 mm^4

$l_{1y} = e_1 - y_1 = 23,33$ mm

$l_{2y} = e_1 - y_2 = 11,67$ mm

$I_x = I_{x1} + A_1 l_{1y}^2 + I_{x2} + A_2 l_{2y}^2$

$I_x = 75,7 \cdot 10^4$ mm^4

$I_{y1} = \dfrac{80 \cdot 10^3}{12}$ mm^4 = 6667 mm^4

$I_{y2} = \dfrac{10 \cdot 40^3}{12}$ mm^4 = 53333 mm^4

$l_{1x} = e_1' - x_1 = -16,67$ mm

$l_{2x} = e_1' - x_2 = 8,33$ mm

$I_y = I_{y1} + A_1 l_{1x}^2 + I_{y2} + A_2 l_{2x}^2$

$I_y = 22,6 \cdot 10^4$ mm^4

c) $W_{x1} = \dfrac{I_x}{e_1} = 26,7 \cdot 10^3$ mm^3

$W_{x2} = \dfrac{I_x}{e_2} = 14,7 \cdot 10^3$ mm^3

$W_{y1} = \dfrac{I_y}{e_1'} = 17,05 \cdot 10^3$ mm^3

$W_{y2} = \dfrac{I_y}{e_2'} = 6,2 \cdot 10^3$ mm^3

781.

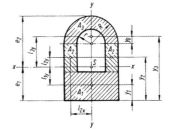

a) $A e_1 = A_1 y_1 + 2 \cdot A_2 y_2 + A_3 y_3$

$A_1 = (350 \cdot 200)$ mm^2 = 70000 mm^2

$A_2 = (80 \cdot 200)$ mm^2 = 16000 mm^2

$A_3 = \dfrac{\pi}{2}(175^2 - 95^2)$ mm^2 = 33929 mm^2

$A = A_1 + 2 A_2 + A_3 = 135929$ mm^2

$$y_0 = \frac{2(D^3 - d^3)}{3\pi(D^2 - d^2)}$$

$$y_0 = \frac{2(350^3 - 190^3)}{3\pi(350^2 - 190^2)} \text{ mm} = 88,46 \text{ mm}$$

$D = 2R = 350$ mm

$d = 2r = 190$ mm

$y_1 = 100$ mm

$y_2 = 300$ mm

$y_3 = 400 \text{ mm} + y_0 = 488,46$ mm

$$e_1 = \frac{70000 \cdot 100 + 2(16000 \cdot 300)}{135929} +$$

$$+ \frac{33929 \cdot 488,46}{135929} \text{ mm}$$

$e_1 = 244$ mm

$e_2 = 575 \text{ mm} - e_1 = 331$ mm

$e'_1 = \dfrac{350}{2}$ mm $= 175$ mm

b) $I_{x1} = \dfrac{350 \cdot 200^3}{12}$ mm$^4 = 23,3 \cdot 10^7$ mm^4

$I_{x2} = \dfrac{80 \cdot 200^3}{12}$ mm$^4 = 53,3 \cdot 10^6$ mm^4

$I_{x3} = 0,1098(R^4 - r^4) - 0,283 R^2 r^2 \dfrac{R-r}{R+r}$

(nach Formelsammlung, Tabelle 4.13)

$I_{x3} = 70861246$ mm^4

$l_{1y} = e_1 - y_1 = 144$ mm

$l_{2y} = e_1 - y_2 = -56$ mm

$l_{3y} = e_1 - y_3 = -244,46$ mm

$I_x = I_{x1} + A_1 l_{1y}^2 + 2(I_{x2} + A_2 l_{2y}^2) + I_{x3} + A_3 l_{3y}^2$

$I_x = 39,9 \cdot 10^8$ mm^4

$I_{y1} = \dfrac{200 \cdot 350^3}{12}$ mm$^4 = 71,46 \cdot 10^7$ mm^4

$I_{y2} = \dfrac{200 \cdot 80^3}{12}$ mm$^4 = 17,1 \cdot 10^6$ mm^4

$I_{y3} = \pi \dfrac{R^4 - r^4}{8} = \pi \dfrac{175^4 - 95^4}{8}$ mm^4

$I_{y3} = 33,632 \cdot 10^7$ mm^4

$l_{1x} = 0$ mm

$l_{2x} = (175 - 40)$ mm $= 135$ mm

$l_{3x} = 0$ mm

$I_y = I_{y1} + 2(I_{y2} + A_2 l_{2x}^2) + I_{y3}$

$I_y = 16,34 \cdot 10^8$ mm^4

c) $W_{x1} = \dfrac{I_x}{e_1} = 163,52 \cdot 10^5$ mm^3

$W_{x2} = \dfrac{I_x}{e_2} = 120,54 \cdot 10^5$ mm^3

$W_y = \dfrac{I_y}{e'_1} = 93,37 \cdot 10^5$ mm^3

782.

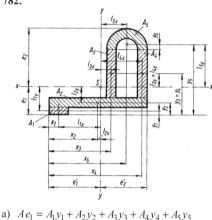

a) $Ae_1 = A_1 y_1 + A_2 y_2 + A_3 y_3 + A_4 y_4 + A_5 y_5$

$Ae'_1 = A_1 x_1 + A_2 x_2 + A_3 x_3 + A_4 x_4 + A_5 x_5$

(nach Formelsammlung, Tabelle 1.10)

$A_1 = (100 \cdot 50)$ mm$^2 = 5000$ mm^2

$A_2 = (450 \cdot 50)$ mm$^2 = 22500$ mm^2

$A_3 = A_4 = (50 \cdot 250)$ mm$^2 = 12500$ mm^2

$A_5 = \dfrac{\pi}{2}(R^2 - r^2) = \dfrac{\pi}{2}(100^2 - 50^2)$ mm^2

$A_5 = 11781$ mm^2

$A = 64281$ mm^2

$y_1 = 25$ mm $y_2 = 75$ mm $y_3 = y_4 = 225$ mm

$$y_0 = \frac{2(D^3 - d^3)}{3\pi(D^2 - d^2)}$$

(nach Formelsammlung Tabelle 4.13)

$$y_0 = \frac{2(200^3 - 100^3)}{3\pi(200^2 - 100^2)} \text{ mm} = 49,5 \text{ mm}$$

$y_5 = 350 \text{ mm} + y_0 = 399,5$ mm

$x_1 = 50$ mm $x_2 = 225$ mm $x_3 = 275$ mm

$x_4 = 425$ mm $x_5 = 350$ mm

$$e_1 = \frac{5000 \cdot 25 + 22500 \cdot 75 + 2 \cdot 12500 \cdot 225}{64281} +$$

$$+ \frac{11781 \cdot 399,5}{64281} \text{ mm}$$

$e_1 = 189$ mm $e_2 = (450 - 189)$ mm $= 261$ mm

$$e_1' = \frac{5000 \cdot 50 + 22500 \cdot 225 + 12500 \cdot 275}{64281} +$$

$$+ \frac{12500 \cdot 425 + 11781 \cdot 350}{64281} \text{ mm}$$

$e_1' = 283 \text{ mm} \quad e_2' = (450 - 283) \text{ mm} = 167 \text{ mm}$

b) $I_{x1} = \dfrac{100 \cdot 50^3}{12} \text{ mm}^4 = 1041667 \text{ mm}^4$

$I_{x2} = \dfrac{450 \cdot 50^3}{12} \text{ mm}^4 = 4687500 \text{ mm}^4$

$I_{x3} = I_{x4} = \dfrac{50 \cdot 250^3}{12} \text{ mm}^4 = 65104167 \text{ mm}^4$

$I_{x5} = 0{,}1098(R^4 - r^4) - 0{,}283 R^2 r^2 \dfrac{R-r}{R+r}$

(nach Formelsammlung, Tabelle 4.13)

$I_{x5} = \left[0{,}1098(100^4 - 50^4) - \right.$
$\left. - 0{,}283 \cdot 100^2 \cdot 50^2 \cdot \dfrac{100-50}{100+50} \right] \text{ mm}^4$

$I_{x5} = 7935417 \text{ mm}^4$

$l_{1y} = e_1 - y_1 = (189 - 25) \text{ mm} = 164 \text{ mm}$

$l_{2y} = e_1 - y_2 = (189 - 75) \text{ mm} = 114 \text{ mm}$

$l_{3y} = l_{4y} = y_3 - e_1 = (225 - 189) \text{ mm} = 36 \text{ mm}$

$l_{5y} = y_5 - e_1 = (399{,}5 - 189) \text{ mm} = 210{,}5 \text{ mm}$

$I_x = I_{x1} + A_1 l_{1y}^2 + I_{x2} + A_2 l_{2y}^2 + 2(I_{x3} + A_3 l_{3y}^2) +$
$+ I_{x5} + A_5 l_{5y}^2$

$I_x = 11{,}252 \cdot 10^8 \text{ mm}^4$

$I_{y1} = \dfrac{50 \cdot 100^3}{12} \text{ mm}^4 = 4166667 \text{ mm}^4$

$I_{y2} = \dfrac{50 \cdot 450^3}{12} \text{ mm}^4 = 3{,}7969 \cdot 10^8 \text{ mm}^4$

$I_{y3} = I_{y4} = \dfrac{250 \cdot 50^3}{12} \text{ mm}^4 = 2604167 \text{ mm}^4$

$I_{y5} = \pi \dfrac{R^4 - r^4}{8} = \pi \dfrac{100^4 - 50^4}{8} \text{ mm}^4$

$I_{y5} = 36815539 \text{ mm}^4$

$l_{1x} = e_1' - x_1 = (283 - 50) \text{ mm} = 233 \text{ mm}$

$l_{2x} = e_1' - x_2 = (283 - 225) \text{ mm} = 58 \text{ mm}$

$l_{3x} = e_1' - x_3 = (283 - 275) \text{ mm} = 8 \text{ mm}$

$l_{4x} = x_4 - e_1' = (425 - 283) \text{ mm} = 142 \text{ mm}$

$l_{5x} = x_5 - e_1' = (350 - 283) \text{ mm} = 67 \text{ mm}$

$I_y = I_{y1} + A_1 l_{1x}^2 + I_{y2} + A_2 l_{2x}^2 + I_{y3} + A_3 l_{3x}^2 +$
$+ I_{y4} + A_4 l_{4x}^2 + I_{y5} + A_5 l_{5x}^2$

$I_y = 10{,}788 \cdot 10^8 \text{ mm}^4$

c) $W_{x1} = \dfrac{I_x}{e_1} = 59{,}534 \cdot 10^5 \text{ mm}^3$

$W_{x2} = \dfrac{I_x}{e_2} = 43{,}111 \cdot 10^5 \text{ mm}^3$

$W_{y1} = \dfrac{I_y}{e_1'} = 38{,}12 \cdot 10^5 \text{ mm}^3$

$W_{y2} = \dfrac{I_y}{e_2'} = 64{,}599 \cdot 10^5 \text{ mm}^3$

783.

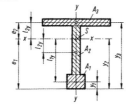

a) $A e_1 = A_1 y_1 + A_2 y_2 + A_3 y_3$

$A_1 = (25 \cdot 29) \text{ mm}^2 = 725 \text{ mm}^2$

$A_2 = (10 \cdot 61) \text{ mm}^2 = 610 \text{ mm}^2$

$A_3 = (100 \cdot 10) \text{ mm}^2 = 1000 \text{ mm}^2$

$A = 2335 \text{ mm}^2$

$y_1 = 14{,}5 \text{ mm}$

$y_2 = 59{,}5 \text{ mm}$

$y_3 = 95 \text{ mm}$

$e_1 = \dfrac{725 \cdot 14{,}5 + 610 \cdot 59{,}5 + 1000 \cdot 95}{2335} \text{ mm}$

$e_1 = 60{,}73 \text{ mm}$

$e_2 = (100 - 60{,}73) \text{ mm} = 39{,}27 \text{ mm}$

b) $I_{x1} = \dfrac{25 \cdot 29^3}{12} \text{ mm}^4 = 50810 \text{ mm}^4$

$I_{x2} = \dfrac{10 \cdot 61^3}{12} \text{ mm}^4 = 189151 \text{ mm}^4$

$I_{x3} = \dfrac{100 \cdot 10^3}{12} \text{ mm}^4 = 8333 \text{ mm}^4$

$l_{1y} = e_1 - y_1 = 46{,}23 \text{ mm}$

$l_{2y} = e_1 - y_2 = 1{,}23 \text{ mm}$

$l_{3y} = e_1 - y_3 = -34{,}27 \text{ mm}$

$I_x = I_{x1} + A_1 l_{1y}^2 + I_{x2} + A_2 l_{2y}^2 + I_{x3} + A_3 l_{3y}^2$

$I_x = 297{,}3 \cdot 10^4 \text{ mm}^4$

c) $W_{x1} = \dfrac{I_x}{e_1} = 48{,}9 \cdot 10^3 \text{ mm}^3$

$W_{x2} = \dfrac{I_x}{e_2} = 75{,}7 \cdot 10^3 \text{ mm}^3$

784.

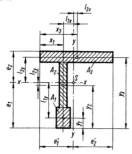

a) $A e_1 = A_1 y_1 + A_2 y_2 + A_3 y_3$

$A_1 = (90 \cdot 140) \text{ mm}^2 = 12\,600 \text{ mm}^2$

$A_2 = (30 \cdot 400) \text{ mm}^2 = 12\,000 \text{ mm}^2$

$A_3 = (400 \cdot 60) \text{ mm}^2 = 24\,000 \text{ mm}^2$

$A = 48\,600 \text{ mm}^2$

$y_1 = 70 \text{ mm}$

$y_2 = 340 \text{ mm}$

$y_3 = 570 \text{ mm}$

$e_1 = \dfrac{12\,600 \cdot 70 + 12\,000 \cdot 340 + 24\,000 \cdot 570}{48\,600} \text{ mm}$

$e_1 = 383{,}6 \text{ mm}$

$e_2 = 600 \text{ mm} - e_1 = 216{,}4 \text{ mm}$

$x_1 = x_2 = 115 \text{ mm}$

$x_3 = 200 \text{ mm}$

$e_1' = \dfrac{12\,600 \cdot 115 + 12\,000 \cdot 115 + 24\,000 \cdot 200}{48\,600} \text{ mm}$

$e_1' = 156{,}97 \text{ mm}$

$e_2' = 600 \text{ mm} - e_1' = 443{,}03 \text{ mm}$

b) $I_{x1} = \dfrac{90 \cdot 140^3}{12} \text{ mm}^4 = 20{,}58 \cdot 10^6 \text{ mm}^4$

$I_{x2} = \dfrac{30 \cdot 400^3}{12} \text{ mm}^4 = 16 \cdot 10^7 \text{ mm}^4$

$I_{x3} = \dfrac{400 \cdot 60^3}{12} \text{ mm}^4 = 72 \cdot 10^5 \text{ mm}^4$

$l_{1y} = e_1 - y_1 = 313{,}6 \text{ mm}$

$l_{2y} = e_1 - y_2 = 43{,}6 \text{ mm}$

$l_{3y} = e_1 - y_3 = -186{,}4 \text{ mm}$

$I_x = I_{x1} + A_1 l_{1y}^2 + I_{x2} + A_2 l_{2y}^2 + I_{x3} + A_3 l_{3y}^2$

$I_x = 22{,}84 \cdot 10^8 \text{ mm}^4$

$I_{y1} = \dfrac{140 \cdot 90^3}{12} \text{ mm}^4 = 85{,}1 \cdot 10^5 \text{ mm}^4$

$I_{y2} = \dfrac{400 \cdot 30^3}{12} \text{ mm}^4 = 9 \cdot 10^5 \text{ mm}^4$

$I_{y3} = \dfrac{60 \cdot 400^3}{12} \text{ mm}^4 = 32 \cdot 10^7 \text{ mm}^4$

$l_{1x} = l_{2x} = e_1' - x_1 = 41{,}97 \text{ mm}$

$l_{3x} = e_1' - x_3 = -43{,}03 \text{ mm}$

$I_y = I_{y1} + A_1 l_{1x}^2 + I_{y2} + A_2 l_{2x}^2 + I_{y3} + A_3 l_{3x}^2$

$I_y = 4{,}17 \cdot 10^8 \text{ mm}^4$

c) $W_{x1} = \dfrac{I_x}{e_1} = 5\,954\,119 \text{ mm}^3 = 5{,}95 \cdot 10^6 \text{ mm}^3$

$W_{x2} = \dfrac{I_x}{e_2} = 10\,554\,529 \text{ mm}^3 = 10{,}6 \cdot 10^6 \text{ mm}^3$

$W_{y1} = \dfrac{I_y}{e_1'} = 2\,656\,559 \text{ mm}^3 = 2{,}66 \cdot 10^6 \text{ mm}^3$

$W_{y2} = \dfrac{I_y}{e_2'} = 1\,715\,838 \text{ mm}^3 = 1{,}72 \cdot 10^6 \text{ mm}^3$

785.

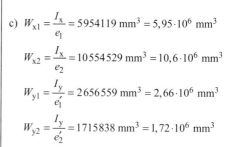

a) $A e_1 = A_1 y_1 + A_2 y_2 + A_3 y_3 + A_4 y_4 - A_5 y_5$

$A_1 = (220 \cdot 30) \text{ mm}^2 = 6600 \text{ mm}^2$

$A_2 = (35 \cdot 100) \text{ mm}^2 = 3500 \text{ mm}^2$

$A_3 = (35 \cdot 80) \text{ mm}^2 = 2800 \text{ mm}^2$

$A_4 = 220^2 \text{ mm}^2 = 48\,400 \text{ mm}^2$

$A_5 = \dfrac{d^2 \pi}{4} = \dfrac{140^2 \pi}{4} \text{ mm}^2 = 15\,394 \text{ mm}^2$

$A = A_1 + A_2 + A_3 + A_4 - A_5 = 45\,906 \text{ mm}^2$

$y_1 = 15$ mm
$y_2 = 80$ mm
$y_3 = 370$ mm
$y_4 = y_5 = 520$ mm

$$e_1 = \frac{6600 \cdot 15 + 3500 \cdot 80 + 2800 \cdot 370}{45906} +$$
$$+ \frac{48400 \cdot 520 - 15394 \cdot 520}{45906} \text{ mm}$$

$e_1 = 404{,}7$ mm
$e_2 = 225{,}3$ mm

b) $I_{x1} = \dfrac{220 \cdot 30^3}{12}$ mm$^4 = 49{,}5 \cdot 10^4$ mm^4

$I_{x2} = \dfrac{35 \cdot 100^3}{12}$ mm$^4 = 2916667$ mm^4

$I_{x3} = \dfrac{35 \cdot 80^3}{12}$ mm$^4 = 1493333$ mm^4

$I_{x4} = \dfrac{220 \cdot 220^3}{12}$ mm$^4 = 195213333$ mm^4

$I_{x5} = \dfrac{\pi \cdot 140^4}{64}$ mm$^4 = 18857401$ mm^4

$l_{1y} = e_1 - y_1 = 389{,}7$ mm
$l_{2y} = e_1 - y_2 = 324{,}7$ mm
$l_{3y} = e_1 - y_3 = 34{,}7$ mm
$l_{4y} = l_{5y} = e_1 - y_4 = -115{,}3$ mm

$I_x = I_{x1} + A_1 l_{1y}^2 + I_{x2} + A_2 l_{2y}^2 + I_{x3} + A_3 l_{3y}^2 +$
$\quad + I_{x4} + A_4 l_{4y}^2 - (I_{x5} + A_5 l_{5y}^2)$

$I_x = 19{,}945 \cdot 10^8$ mm^4

c) $W_{x1} = \dfrac{I_x}{e_1} = 4928342$ mm$^3 = 4{,}93 \cdot 10^6$ mm^3

$W_{x2} = \dfrac{I_x}{e_2} = 8852641$ mm$^3 = 8{,}85 \cdot 10^6$ mm^3

786.

a) $A e_1 = A_1 y_1 + A_2 y_2$

$A_1 = (400 \cdot 20)$ mm$^2 = 8000$ mm^2

$A_2 = (20 \cdot 500)$ mm$^2 = 10000$ mm^2
$A = 18000$ mm^2

$y_1 = 10$ mm
$y_2 = 270$ mm

$e_1 = \dfrac{8000 \cdot 10 + 10000 \cdot 270}{18000}$ mm $= 154{,}4$ mm

$e_2 = 520$ mm $- e_1 = 365{,}6$ mm

b) $I_{x1} = \dfrac{400 \cdot 20^3}{12}$ mm$^4 = 266667$ mm^4

$I_{x2} = \dfrac{20 \cdot 500^3}{12}$ mm$^4 = 2083 \cdot 10^5$ mm^4

$l_{1y} = e_1 - y_1 = 144{,}4$ mm
$l_{2y} = e_1 - y_2 = -115{,}6$ mm

$I_x = I_{x1} + A_1 l_{1y}^2 + I_{x2} + A_2 l_{2y}^2 = 5{,}09 \cdot 10^8$ mm^4

$I_{y1} = \dfrac{20 \cdot 400^3}{12}$ mm$^4 = 1066 \cdot 10^5$ mm^4

$I_{y2} = \dfrac{500 \cdot 20^3}{12}$ mm$^4 = 333333$ mm^4

$I_y = I_{y1} + I_{y2} = 1{,}07 \cdot 10^8$ mm^4

c) $W_{x1} = \dfrac{I_x}{e_1} = 329{,}66 \cdot 10^4$ mm^3

$W_{x2} = \dfrac{I_x}{e_2} = 139{,}22 \cdot 10^4$ mm^3

$W_y = \dfrac{I_y}{\frac{b_1}{2}} = 53{,}5 \cdot 10^4$ mm^3

787.

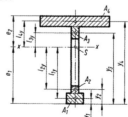

a) $A e_1 = A_1 y_1 + A_2 y_2 + A_3 y_3 + A_4 y_4$

$A_1 = (60 \cdot 50)$ mm$^2 = 3000$ mm^2

$A_2 = (25 \cdot 20)$ mm$^2 = 500$ mm^2

$A_3 = (25 \cdot 50)$ mm$^2 = 1250$ mm^2

$A_4 = (280 \cdot 40)$ mm$^2 = 11200$ mm^2

$A = 15950$ mm^2

$y_1 = 25$ mm

$y_2 = 60$ mm

$y_3 = 455$ mm

$y_4 = 50$ mm

$e_1 = \dfrac{3000 \cdot 25 + 500 \cdot 60 + 1250 \cdot 455 + 11200 \cdot 500}{15950}$ mm

$e_1 = 393{,}34$ mm

$e_2 = 520$ mm $- e_1 = 126{,}67$ mm

b) $I_{x1} = \dfrac{60 \cdot 50^3}{12}$ mm$^4 = 625 \cdot 10^3$ mm^4

$I_{x2} = \dfrac{25 \cdot 20^3}{12}$ mm$^4 = 166{,}67 \cdot 10^3$ mm^4

$I_{x3} = \dfrac{25 \cdot 50^3}{12}$ mm$^4 = 260{,}417 \cdot 10^3$ mm^4

$I_{x4} = \dfrac{280 \cdot 40^3}{12}$ mm$^4 = 1493 \cdot 10^3$ mm^4

$l_{1y} = e_1 - y_1 = 368{,}34$ mm

$l_{2y} = e_1 - y_2 = 333{,}34$ mm

$l_{3y} = e_1 - y_3 = -61{,}66$ mm

$l_{4y} = e_1 - y_4 = -106{,}66$ mm

$I_x = I_{x1} + A_1 l_{1y}^2 + I_{x2} + A_2 l_{2y}^2 + I_{x3} + A_3 l_{3y}^2 +$
$\qquad + I_{x4} + A_4 l_{4y}^2$

$I_x = (625 \cdot 10^3 + 3000 \cdot 368{,}34^2 + 166{,}67 \cdot 10^3 +$
$\qquad + 500 \cdot 333{,}34^2 + 260{,}417 \cdot 10^3 + 1250 \cdot 61{,}66^2 +$
$\qquad + 1493 \cdot 10^3 + 11200 \cdot 106{,}66^2)$ mm^4

$I_x = 5{,}97 \cdot 10^8$ mm^4

c) $W_{x1} = \dfrac{I_x}{e_1} = 1{,}52 \cdot 10^6$ mm^3

$W_{x2} = \dfrac{I_x}{e_2} = 4{,}71 \cdot 10^6$ mm^3

788.

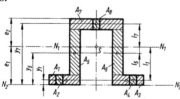

a) $A e_1 = 2(A_1 y_1) + 2(A_5 y_5) + A_7 y_7 -$
$\qquad - 2(A_4 y_4) - A_8 y_8$

$A_1 = A_3 = (100 \cdot 35)$ mm$^2 = 3500$ mm^2

$A_2 = A_4 = (25 \cdot 35)$ mm$^2 = 875$ mm^2

$A_5 = A_6 = (35 \cdot 180)$ mm$^2 = 6300$ mm^2

$A_7 = (270 \cdot 35)$ mm$^2 = 9450$ mm^2

$A_8 = (60 \cdot 35)$ mm$^2 = 2100$ mm^2

$A = 25\,200$ mm^2

$y_1 = y_2 = y_3 = y_4 = 17{,}5$ mm

$y_5 = y_6 = 125$ mm

$y_7 = y_8 = 232{,}5$ mm

$e_1 = \dfrac{2 \cdot 350 \cdot 17{,}5 + 2 \cdot 6300 \cdot 125 + 9450 \cdot 232{,}5}{25\,200} -$

$\qquad - \dfrac{2 \cdot 875 \cdot 17{,}5 - 2100 \cdot 232{,}5}{25\,200}$ mm

$e_1 = 129{,}58$ mm

$e_2 = 250$ mm $- e_1 = 120{,}42$ mm

b) $I_{x1} = I_{x3} = \dfrac{100 \cdot 35^3}{12}$ mm$^4 = 357\,292$ mm^4

$I_{x2} = I_{x4} = \dfrac{25 \cdot 35^3}{12}$ mm$^4 = 89\,323$ mm^4

$I_{x5} = I_{x6} = \dfrac{35 \cdot 180^3}{12}$ mm$^4 = 17\,010\,000$ mm^4

$I_{x7} = \dfrac{270 \cdot 35^3}{12}$ mm$^4 = 964\,688$ mm^4

$I_{x8} = \dfrac{60 \cdot 35^3}{12}$ mm$^4 = 214\,375$ mm^4

$l_1 = l_2 = l_3 = l_4 = e_1 - y_1 = 116{,}5$ mm

$l_5 = l_6 = e_1 - y_5 = 9$ mm

$l_7 = l_8 = e_1 - y_7 = -98{,}5$ mm

$I = 2I_1 + 2(A_1 l_1^2) - 2I_2 - 2(A_2 l_2^2) + 2I_5 + 2(A_5 l_5^2) +$
$\qquad + I_7 + A_7 l_7^2 - I_8 - A_8 l_8^2$

$I_{N1} = 178\,893\,331$ mm$^4 = 1{,}79 \cdot 10^8$ mm^4

$l_1 = l_2 = l_3 = l_4 = y_1 = y_2 = y_3 = y_4 = 17{,}5$ mm

$l_5 = l_6 = y_5 = y_6 = 125$ mm

$l_7 = l_8 = y_7 = y_8 = 232$ mm

$I_{N2} = 631\,103\,131$ mm$^4 = 6{,}3 \cdot 10^8$ mm^4

c) $W_{N1} = \dfrac{I_{N1}}{e_1} = \dfrac{1{,}79 \cdot 10^8}{129{,}58}$ mm$^3 = 138 \cdot 10^4$ mm^3

$W'_{N1} = \dfrac{I_{N1}}{e_2} = \dfrac{1{,}79 \cdot 10^8}{120{,}42}$ mm$^3 = 148{,}65 \cdot 10^4$ mm^3

$W_{N2} = \dfrac{I_{N2}}{250}$ mm$^3 = 252 \cdot 10^4$ mm^3

789.

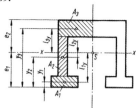

a) $A e_1 = A_1 y_1 + A_2 y_2 + A_3 y_3$

$A_1 = (100 \cdot 40) \text{ mm}^2 = 4000 \text{ mm}^2$

$A_2 = (30 \cdot 160) \text{ mm}^2 = 4800 \text{ mm}^2$

$A_3 = (100 \cdot 50) \text{ mm}^2 = 5000 \text{ mm}^2$

$A = 13800 \text{ mm}^2$

$y_1 = 20 \text{ mm}$

$y_2 = 120 \text{ mm}$

$y_3 = 225 \text{ mm}$

$e_1 = 129{,}1 \text{ mm}$

$e_2 = 120{,}9 \text{ mm}$

b) $I_{x1} = \dfrac{100 \cdot 40^3}{12} \text{ mm}^4 = 53{,}3 \cdot 10^4 \text{ mm}^4$

$I_{x2} = \dfrac{30 \cdot 160^3}{12} \text{ mm}^4 = 10{,}24 \cdot 10^6 \text{ mm}^4$

$I_{x3} = \dfrac{100 \cdot 50^3}{12} \text{ mm}^4 = 10{,}42 \cdot 10^5 \text{ mm}^4$

$l_{1y} = e_1 - y_1 = 109{,}1 \text{ mm}$

$l_{2y} = e_1 - y_2 = 9{,}1 \text{ mm}$

$l_{3y} = e_1 - y_3 = -95{,}9 \text{ mm}$

$I_x = 2(I_{x1} + A_1 l_{1y}^2 + I_{x2} + A_2 l_{2y}^2 + I_{x3} + A_3 l_{3y}^2)$

$I_x = 2{,}116 \cdot 10^8 \text{ mm}^4$

c) $W_{x1} = \dfrac{I_x}{e_1} = 1639040 \text{ mm}^3 = 1{,}64 \cdot 10^6 \text{ mm}^3$

$W_{x2} = \dfrac{I_x}{e_2} = 1750207 \text{ mm}^3 = 1{,}75 \cdot 10^6 \text{ mm}^3$

790.

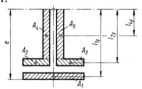

a) $A e_1 = A_1 y_1 + A_2 y_2 + A_3 y_3 + A_4 y_4 + A_5 y_5$

$A_1 = A_2 = (5 \cdot 255) \text{ mm}^2 = 1275 \text{ mm}^2$

$A_3 = A_4 = (74 \cdot 5) \text{ mm}^2 = 370 \text{ mm}^2$

$A_5 = (160 \cdot 5) \text{ mm}^2 = 800 \text{ mm}^2$

$A = 4090 \text{ mm}^2$

$y_1 = y_2 = 127{,}5 \text{ mm}$

$y_3 = y_4 = 257{,}5 \text{ mm}$

$y_5 = 272{,}5 \text{ mm}$

$e_1 = \dfrac{2(1275 \cdot 127{,}5) + 2(370 \cdot 257{,}5) + 800 \cdot 272{,}5}{4090} \text{ mm}$

$e_1 = 179{,}4 \text{ mm}$

$e_2 = 260 \text{ mm} + 10 \text{ mm} + a - e_1 = 95{,}6 \text{ mm}$

b) $I_{x1} = I_{x2} = \dfrac{5 \cdot 255^3}{12} \text{ mm}^4 = 6908906 \text{ mm}^4$

$I_{x3} = I_{x4} = \dfrac{74 \cdot 5^3}{12} \text{ mm}^4 = 770{,}8 \text{ mm}^4$

$I_{x5} = \dfrac{160 \cdot 5^3}{12} \text{ mm}^4 = 1666{,}6 \text{ mm}^4$

$l_{1y} = l_{2y} = e_1 - y_1 = 51{,}9 \text{ mm}$

$l_{3y} = l_{4y} = e_1 - y_3 = -78{,}1 \text{ mm}$

$l_{5y} = e_1 - y_5 = -93{,}1 \text{ mm}$

$I_x = 2 I_{x1} + 2 A_1 l_{1y}^2 + 2 I_{x3} + 2 A_3 l_{3y}^2 + I_{x5} + A_5 l_{5y}^2$

$I_x = 32137525 \text{ mm}^4 = 32{,}14 \cdot 10^6 \text{ mm}^4$

c) $W_{x1} = \dfrac{I_x}{e_1} = 179138{,}9 \text{ mm}^3 = 179 \cdot 10^3 \text{ mm}^3$

$W_{x2} = \dfrac{I_x}{e_2} = 336166{,}6 \text{ mm}^3 = 336 \cdot 10^3 \text{ mm}^3$

791.

a) $A_1 = (62 \cdot 6) \text{ mm}^2 = 1116 \text{ mm}^2$

$A_2 = A_3 = (28 \cdot 6) \text{ mm}^2 = 168 \text{ mm}^2$

$A_4 = A_5 = (6 \cdot 64{,}5) \text{ mm}^2 = 387 \text{ mm}^2$

$I_{x1} = \dfrac{62 \cdot 6^3}{12} \text{ mm}^4 = 1116 \text{ mm}^4$

$I_{x2} = I_{x3} = \dfrac{28 \cdot 6^3}{12} \text{ mm}^4 = 504 \text{ mm}^4$

$I_{x4} = I_{x5} = \dfrac{6 \cdot 64{,}5^3}{12} \text{ mm}^4 = 134186{,}1 \text{ mm}^4$

$l_{1y} = (86-3)$ mm $= 83$ mm

$l_{2y} = l_{3y} = (86-18,5)$ mm $= 67,5$ mm

$l_{4y} = l_{5y} = \dfrac{64,5}{2}$ mm $= 32,25$ mm

$I'_x = I_{x1} + A_1 l^2_{1y} + 2I_{x2} + 2(A_2 l^2_{2y}) + 2I_{x4} + 2(A_4 l^2_{4y})$

$I_x = 2I'_x = 10\,338\,283$ mm$^4 = 10,3 \cdot 10^6$ mm^4

b) $e = 86$ mm

$W_x = \dfrac{I_x}{e} = 120\,213$ mm$^3 = 120,2 \cdot 10^3$ mm^3

792.

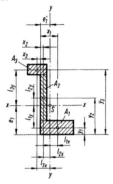

a) $A e_1 = A_1 y_1 + A_2 y_2 + A_3 y_3$

$A_1 = (70 \cdot 30)$ mm$^2 = 2100$ mm^2

$A_2 = (10 \cdot 150)$ mm$^2 = 1500$ mm^2

$A_3 = (50 \cdot 20)$ mm$^2 = 1000$ mm^2

$A = 4600$ mm^2

$y_1 = 15$ mm

$y_2 = 105$ mm

$y_3 = 190$ mm

$e_1 = \dfrac{2100 \cdot 15 + 1500 \cdot 105 + 1000 \cdot 190}{4600}$ mm

$e_1 = 82,4$ mm

$e_2 = 200$ mm $- e_1 = 117,6$ mm

$A e'_1 = A_1 x_1 + A_2 x_2 + A_3 x_3$

$x_1 = 35$ mm

$x_2 = 5$ mm

$x_3 = -15$ mm

$e'_1 = \dfrac{2100 \cdot 35 + 1500 \cdot 5 - (1000 \cdot 15)}{4600}$ mm

$e'_1 = 14,3$ mm

$e'_2 = 70$ mm $- e'_1 = 55,7$ mm

b) $I_{x1} = \dfrac{70 \cdot 30^3}{12}$ mm$^4 = 15,75 \cdot 10^4$ mm^4

$I_{x2} = \dfrac{10 \cdot 150^3}{12}$ mm$^4 = 28,13 \cdot 10^5$ mm^4

$I_{x3} = \dfrac{50 \cdot 20^3}{12}$ mm$^4 = 33,3 \cdot 10^3$ mm^4

$l_{1y} = e_1 - y_1 = 67,4$ mm

$l_{2y} = e_1 - y_2 = -22,6$ mm

$l_{3y} = e_1 - y_3 = -107,6$ mm

$I_x = I_{x1} + A_1 l^2_{1y} + I_{x2} + A_2 l^2_{2y} + I_{x3} + A_3 l^2_{3y}$

$I_x = 24,9 \cdot 10^6$ mm^4

$I_{y1} = \dfrac{30 \cdot 70^3}{12}$ mm$^4 = 85,75 \cdot 10^4$ mm^4

$I_{y2} = \dfrac{150 \cdot 10^3}{12}$ mm$^4 = 1,25 \cdot 10^4$ mm^4

$I_{y3} = \dfrac{20 \cdot 50^3}{12}$ mm$^4 = 20,83 \cdot 10^4$ mm^4

$l_{1x} = e'_1 - x_1 = -20,7$ mm

$l_{2x} = e'_1 - x_2 = 9,3$ mm

$l_{3x} = e'_1 - x_3 = 29,3$ mm

$I_y = I_{y1} + A_1 l^2_{1x} + I_{y2} + A_2 l^2_{2x} + I_{y3} + A_3 l^2_{3x}$

$I_y = 2,966 \cdot 10^6$ mm^4

c) $W_{x1} = \dfrac{I_x}{e_1} = 302,2 \cdot 10^3$ mm^3

$W_{x2} = \dfrac{I_x}{e_1} = 211,7 \cdot 10^3$ mm^3

$W_{y1} = \dfrac{I_y}{e'_1 + 40 \text{ mm}} = \dfrac{I_y}{54,3 \text{ mm}} = 54,6 \cdot 10^3$ mm^3

$W_{y2} = \dfrac{I_y}{e'_2} = 53,3 \cdot 10^3$ mm^3

793.

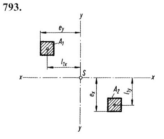

a) $I_\square = \dfrac{20 \cdot 20^3}{12}$ mm$^4 = 1,33 \cdot 10^4$ mm^4

$A_1 = A_2 = 400$ mm^2

$l_{1x} = 110$ mm $l_{1y} = 210$ mm

b) $I_x = 2(I_\square + A_1 l_{1y}^2)$ mm$^4 = 35{,}3 \cdot 10^6$ mm^4

$I_y = 2(I_\square + A_2 l_{1x}^2)$ mm$^4 = 9{,}7 \cdot 10^6$ mm^4

c) $W_x = \dfrac{I_x}{e_x} = 160 \cdot 10^3$ mm^3

$W_y = \dfrac{I_y}{e_y} = 80{,}8 \cdot 10^3$ mm^3

794.

a) $I_{x\,\text{Steg}} = 2 \cdot \dfrac{12 \text{ mm} \cdot 576^3 \text{ mm}^3}{12} = 38\,221 \cdot 10^4$ mm^4

$I_{x\,\text{Gurt}} = 2 \cdot \left(\dfrac{400 \text{ mm} \cdot 12^3 \text{ mm}^3}{12} \right.$

$\left. + 400 \cdot 12 \text{ mm}^2 \cdot 294^2 \text{ mm}^2 \right)$

$I_{x\,\text{Gurt}} = 2 \cdot (5{,}76 \cdot 10^4 \text{ mm}^4 + 41\,489 \cdot 10^4 \text{ mm}^4)$

$I_{x\,\text{Gurt}} = 82\,990 \cdot 10^4$ mm^4

$I_{xL} = 4 \cdot (87{,}5 \cdot 10^4 \text{ mm}^4 + 1510 \text{ mm}^2 \cdot 264{,}6^2 \text{ mm}^2)$

Aus der Formelsammlung für L 80 × 10:
$I_x = 87{,}5 \cdot 10^4$ mm^4
$A = 1510$ mm^2
$e = 23{,}4$ mm

Mit $e = 23{,}4$ mm wird dann
$l = (300 - 12 - 23{,}4)$ mm $= 264{,}6$ mm.

$I_{xL} = 4 \cdot (87{,}5 \cdot 10^4 + 10\,572 \cdot 10^4)$ mm^4

$I_{xL} = 42\,638 \cdot 10^4$ mm^4

$I_x = I_{x\,\text{Steg}} + I_{x\,\text{Gurt}} + I_{xL} = 163\,849 \cdot 10^4$ mm^4

$I_x = 16{,}4 \cdot 10^8$ mm^4

$I_{y\,\text{Steg}} = \left[2 \cdot \left(\dfrac{576 \cdot 12^3}{12} + 576 \cdot 12 \cdot 106^2 \right) \right]$ mm^4

$I_{y\,\text{Steg}} = 1{,}5549 \cdot 10^8$ mm^4

$I_{y\,\text{Gurt}} = 2 \cdot \dfrac{12 \cdot 400^3}{12}$ mm$^4 = 1{,}28 \cdot 10^8$ mm^4

$I_{yL} = [4 \cdot (87{,}5 \cdot 10^4 + 1510 \cdot 135{,}4^2)]$ mm^4

$I_{yL} = 1{,}1423 \cdot 10^8$ mm^4

$I_y = I_{y\,\text{Steg}} + I_{y\,\text{Gurt}} + I_{yL} = 3{,}9772 \cdot 10^8$ mm^4

b) $W_x = \dfrac{I_x}{e} = \dfrac{163\,849 \cdot 10^4 \text{ mm}^4}{300 \text{ mm}}$

$W_x = 5462 \cdot 10^3$ mm$^3 = 5{,}46 \cdot 10^6$ mm^3

$W_y = \dfrac{I_y}{200 \text{ mm}} = 1{,}9886 \cdot 10^6$ mm^3

795.

a) $I_x = 2 I_{x\,U260} + 2(I_{y\,U180} + A l_y^2)$

$l_y = (130 - 70 + 19{,}2)$ mm $= 79{,}2$ mm

$I_x = [2 \cdot 4820 \cdot 10^4 + 2(114 \cdot 10^4 + 2800 \cdot 79{,}2^2)]$ mm^4

$I_x = 1{,}3381 \cdot 10^8$ mm^4

$I_y = 2 I_{x\,U180} + 2(I_{y\,U260} + A l_x^2)$

$l_x = (90 + 23{,}6)$ mm $= 113{,}6$ mm

$I_y = [2 \cdot 1350 \cdot 10^4 + 2(317 \cdot 10^4 + 4830 \cdot 113{,}6^2)]$ mm^4

$I_y = 1{,}58 \cdot 10^8$ mm^4

b) $W_x = \dfrac{I_x}{130 \text{ mm}} = 1030 \cdot 10^3$ mm^3

$W_y = \dfrac{I_y}{180 \text{ mm}} = 878 \cdot 10^3$ mm^3

796.

a) $I_x = I_{y\,\text{IPE220}} + 2 I_{x\,U260}$

$I_x = (205 \cdot 10^4 + 2 \cdot 4820 \cdot 10^4)$ mm$^4 = 98{,}45 \cdot 10^6$ mm^4

$I_y = I_{x\,\text{IPE220}} + 2(I_{y\,U260} + A l_x^2)$

$l_x = 110$ mm $+ e_1 = (110 + 23{,}6)$ mm $= 133{,}6$ mm

$I_y = [2770 \cdot 10^4 + 2(317 \cdot 10^4 + 4830 \cdot 133{,}6^2)]$ mm^4

$I_y = 206{,}46 \cdot 10^6$ mm^4

b) $W_x = \dfrac{I_x}{130 \text{ mm}} = 757 \cdot 10^3$ mm^3

$W_y = \dfrac{I_y}{200 \text{ mm}} = 1032 \cdot 10^3$ mm^3

797.

a) $I_{x\,Steg} = \dfrac{10 \cdot 600^3}{12}$ mm^4 = $1,8 \cdot 10^8$ mm^4

$I_{x\,Gurt} = \dfrac{780 \cdot 10^3}{12}$ mm^4 = $6,5 \cdot 10^4$ mm^4

$I_{xL} = 87,5 \cdot 10^4$ mm^4

(nach Formelsammlung, Tabelle 4.24)

$I_x = 2I_{x\,Steg} + 2(I_{x\,Gurt} + A_{Gurt} \cdot l_{Gurt}^2) +$
$\quad + 4(I_{xL} + A_L \cdot l_L^2)$

$A_{Gurt} = (780 \cdot 10)$ mm^2 = 7800 mm^2

$l_{Gurt} = 305$ mm

$A_L = 1510$ mm^2

$l_L = (300 - 23,4)$ mm = 276,6 mm

$I_x = 22,769 \cdot 10^8$ mm^4

b) $W_x = \dfrac{I_x}{310 \text{ mm}} = 7,3449 \cdot 10^6$ mm^3

c) $M_b = \sigma_{b\,zul} \cdot W_x = 102,83 \cdot 10^4$ Nm

798.

a) $I_x = I_\square + 4(I_{xL} + A_L l_L^2) + 2(I_\square + A_\square l_\square^2) -$
$\quad - 4(I_\square + A_\square l_\square^2)$

Stegblech:

$I_\square = \dfrac{15 \cdot 570^3}{12}$ mm^4 = $2,3149 \cdot 10^8$ mm^4

Winkelprofil 120 × 13:

$I_{xL} + A_L l_L^2 = (394 \cdot 10^4 + 2970 \cdot 250,6^2)$ mm^4

$I_{xL} + A_L l_L^2 = 1,9046 \cdot 10^8$ mm^4

Gurtplatte:

$I_\square + A_\square l_\square^2 = \left(\dfrac{350 \cdot 15^3}{12} + 350 \cdot 15 \cdot 292,5^2\right)$ mm^4

$I_\square + A_\square l_\square^2 = 4,4927 \cdot 10^8$ mm^4

Bohrung:

$I_\square + A_\square l_\square^2 = \left(\dfrac{25 \cdot 28^3}{12} + 25 \cdot 28 \cdot 286^2\right)$ mm^4

$I_\square + A_\square l_\square^2 = 0,57259029 \cdot 10^8$ mm^4

$I_x = 16,628 \cdot 10^8$ mm^4

$I_y = I_\square + 4(I_{yL} + A_L l_L^2) + 2I_\square - 4(I_\square + A_\square l_\square^2)$

Stegblech:

$I_\square = \dfrac{570 \cdot 15^3}{12}$ mm^4 = 160 312,5 mm^4

Winkelprofil 120 × 13:

$I_{yL} + A_L l_L^2 = (394 \cdot 10^4 + 2970 \cdot 41,9^2)$ mm^4

$I_{yL} + A_L l_L^2 = 9,1542 \cdot 10^6$ mm^4

Gurtplatte:

$I_\square = \dfrac{15 \cdot 350^3}{12}$ mm^4 = $53,593750 \cdot 10^6$ mm^4

Bohrung:

$I_\square + A_\square l_\square^2 = \left(\dfrac{28 \cdot 25^3}{12} + 28 \cdot 25 \cdot 87,5^2\right)$ mm^4

$I_\square + A_\square l_\square^2 = 2,350833 \cdot 10^6$ mm^4

$I_y = 1,3456 \cdot 10^8$ mm^4

b) $W_x = \dfrac{I_x}{300 \text{ mm}} = 5,5427 \cdot 10^6$ mm^3

$W_y = \dfrac{I_y}{175 \text{ mm}} = 7,6891 \cdot 10^5$ mm^3

799.

a) $I_{x1} = 4(I_{xL} + A_L l_L^2)$

$I_{x1} = 4(177 \cdot 10^4 + 1920 \cdot 158,8^2)$ mm^4

$I_{x1} = 2,0075 \cdot 10^8$ mm^4

b) $I_{x2} = 2(I_\square + A_\square l_\square^2)$

$I_{x2} = 2\left(\dfrac{280 \cdot 13^3}{12} + 280 \cdot 13 \cdot 193,5^2\right)$ mm^4

$I_{x2} = 2,7268 \cdot 10^8$ mm^4

c) $I_{x3} = \dfrac{10 \cdot 374^3}{12} = 0,4359 \cdot 10^8$ mm^4

d) $I_x = I_{x1} + I_{x2} + I_{x3} = 5,1702 \cdot 10^8$ mm^4

e) $W_x = 2585,1 \cdot 10^3$ mm^3

800.

a) Indizes: Gp Gurtplatte, Nb Nietbohrung, U U-Profil
Das gesamte axiale Flächenmoment I_x setzt sich zusammen aus den zwei Flächenmomenten der beiden U-Profile (U 280) I_{xU} plus den Flächenmomenten der beiden Gurtplatten (300 × 13 mm)

I_{xGp} einschließlich deren Steiner'schen Anteils, abzüglich der Flächenmomente der Nietbohrungen I_{xNb} – wieder einschließlich des Steiner'schen Anteils.

$$I_x = 2I_{xU} + 2\left(I_{xGp} + A_{Gp} \cdot l_{Gp}^2\right) - 4\left(I_{xNb} + A_{Nb} \cdot l_{Nb}^2\right)$$

$$I_{xU} = 6280 \cdot 10^4 \text{ mm}^4$$

(s. Formeln u. Tabellen zur Technische Mechanik)

$$I_{xGp} = \frac{b \cdot h^3}{12}$$

$$I_{xGp} = \frac{300 \text{ mm} \cdot 13^3 \text{ mm}^3}{12} = 5{,}4925 \cdot 10^4 \text{ mm}^4$$

$$A_{Gp} = b \cdot h = 300 \text{ mm} \cdot 13 \text{ mm} = 3900 \text{ mm}^2$$

$$l_{Gp} = 146{,}5 \text{ mm}$$

$$\left(= \frac{\text{Gesamthöhe } 306 \text{ mm}}{2} - \frac{\text{Gurtplattendicke } 13 \text{ mm}}{2}\right)$$

$$I_{xNb} = \frac{b \cdot h^3}{12}$$

$$I_{xNb} = \frac{23 \text{ mm} \cdot 28^3 \text{ mm}^3}{12} = 4{,}2075 \cdot 10^4 \text{ mm}^4$$

$$A_{Nb} = b \cdot h = 23 \text{ mm} \cdot 28 \text{ mm} = 644 \text{ mm}^2$$

$$l_{Nb} = 139 \text{ mm}$$

$$\left(= \frac{\text{Gesamthöhe } 306 \text{ mm}}{2} - \frac{\text{Nietbohrungshöhe } 28 \text{ mm}}{2}\right)$$

$$I_x = 2 \cdot 6280 \cdot 10^4 \text{ mm}^4 +$$
$$+ 2\left(5{,}4925 \cdot 10^4 + 3900 \cdot 146{,}5^2\right) \text{ mm}^4 -$$
$$- 4\left(4{,}2075 \cdot 10^4 + 644 \cdot 139^2\right) \text{ mm}^4$$

$$I_x = 2{,}4318 \cdot 10^8 \text{ mm}^4$$

b) $W_x = \dfrac{I_x}{e}$; $e = \dfrac{280 \text{ mm} + 2 \cdot 13 \text{ mm}}{2} = 153 \text{ mm}$

$$W_x = \frac{2{,}4318 \cdot 10^8 \text{ mm}^4}{153 \text{ mm}} = 1{,}5894 \cdot 10^6 \text{ mm}^3$$

c) Über den Term $2I_{xU} + 2\left(I_{xGp} + A_{Gp} \cdot l_{Gp}^2\right)$ wird das Flächenmoment 2. Grades des gesamten Querschnitts (U-Profile mit Gurtplatten) *ohne* die Nietbohrungen ermittelt (100 %).

Über den Term $4\left(I_{xNp} + A_{Np} \cdot l_{Np}^2\right)$ kann der Anteil des Flächenmoments der Nietbohrungen berechnet werden. Daraus ergibt sich die Dreisatzbeziehung:

$$x = \frac{2\left(I_{xNb} + A_{Nb} \cdot l_{Nb}^2\right) \cdot 100\%}{I_{xU} + I_{xGp} + A_{Gp} \cdot l_{Gp}^2}$$

$$x = \frac{2\left(4{,}2075 \cdot 10^4 + 644 \cdot 139^2\right) \text{ mm}^4 \cdot 100\%}{\left(6280 \cdot 10^4 + 5{,}4925 \cdot 10^4 + 3900 \cdot 146{,}5^2\right) \text{ mm}^4}$$

$$x = 17{,}04\%$$

Die prozentuale Verringerung des gesamten Flächenmoments durch die Nietbohrungen beträgt 17,04 %.

801.

a) $I_x = 2\left(I_\square + A_\square l_\square^2\right) + 2I_{xU}$

$$I_x = \left[2\left(\frac{150 \cdot 10^3}{12} + 150 \cdot 10 \cdot 55^2\right) + 2 \cdot 206 \cdot 10^4\right] \text{ mm}^4$$

$$I_x = 1322 \cdot 10^4 \text{ mm}^4$$

b) $W_x = \dfrac{I_x}{60 \text{ mm}} = 220{,}33 \cdot 10^3 \text{ mm}^3$

c) $M_b = W_x \cdot \sigma_{b\,zul} = 3{,}0847 \cdot 10^4 \text{ Nm}$

802.

a) $I_x = 2\left(I_\square + A_\square l_\square^2\right) + 2I_{xU}$

$$I_x = \left[2\left(\frac{200 \cdot 10^3}{12} + 200 \cdot 10 \cdot 105^2\right) + \right.$$
$$\left. + 2 \cdot 1910 \cdot 10^4\right] \text{ mm}^4$$

$$I_x = 8233 \cdot 10^4 \text{ mm}^4$$

b) $W_x = \dfrac{I_x}{110 \text{ mm}} = 748{,}48 \cdot 10^3 \text{ mm}^3$

c) $\sigma_{b\,max} = \dfrac{M_{b\,max}}{W_x} = 66{,}8 \dfrac{\text{N}}{\text{mm}^2}$

d) $\dfrac{\sigma_{b\,max}}{\sigma_b} = \dfrac{110 \text{ mm}}{100 \text{ mm}}$

$$\sigma_b = \sigma_{b\,max} \cdot \frac{100 \text{ mm}}{110 \text{ mm}} = 60{,}7 \frac{\text{N}}{\text{mm}^2}$$

803.
Gegeben: U 200 mit
$I_{xU} = 1910$ cm^4
$e_y = 2{,}01$ cm
$A = 32{,}2$ cm^2
$I_{yU} = 148$ cm^4

$I_x = 2\,I_{xU} = 3820$ cm^4

$I_y = 2\left[I_{yU} + \left(\dfrac{l}{2} + e_y\right)^2 \cdot A\right]$

$I_y = 1{,}2\,I_x$

$2\left[I_{yU} + \left(\dfrac{l}{2} + e_y\right)^2 \cdot A\right] = 1{,}2\,I_x$

$\left(\dfrac{l}{2} + e_y\right)^2 = \dfrac{0{,}6\,I_x - I_{yU}}{A} = \dfrac{0{,}6 \cdot 3820 \text{ cm}^4 - 148 \text{ cm}^4}{32{,}2 \text{ cm}^2}$

$\left(\dfrac{l}{2} + e_y\right)^2 = 66{,}58$ cm$^2 = B$

$\dfrac{l^2}{4} + 2\dfrac{l}{2} e_y + e_y^2 = B \quad \Big| \cdot 4$

$l^2 + 4 e_y\, l + 4 e_y^2 - 4B = 0$

$l_{1/2} = -2 e_y \pm \sqrt{(2 e_y)^2 - 4(e_y^2 - B)}$

$l_{1/2} = -4{,}02$ cm $\pm 14{,}8$ cm

$l_{erf} = 10{,}78$ cm $= 107{,}8$ mm

804.
a) $A e = A_I y_I + A_U y_U$

$e = \dfrac{A_I y_I + A_U y_U}{A_I + A_U}$

$e = \dfrac{1030 \cdot 50 + 712 \cdot 113{,}7}{1030 + 712}$ mm $= 76{,}036$ mm

b) $I_{x1} = I_{xI} + A_I\, l_I^2$

$I_{x1} = [171 \cdot 10^4 + 1030 \cdot (76{,}036 - 50)^2]$ mm^4

$I_{x1} = 240{,}82 \cdot 10^4$ mm^4

$I_{x2} = I_{yU} + A_U\, l_U^2$

$I_{x2} = [9{,}12 \cdot 10^4 + 712 \cdot (113{,}7 - 76{,}036)^2]$ mm^4

$I_{x2} = 110{,}12 \cdot 10^4$ mm^4

c) $I_x = I_{x1} + I_{x2} = 351 \cdot 10^4$ mm^4

$I_y = I_{yI} + I_{xU} = (15{,}9 \cdot 10^4 + 26{,}4 \cdot 10^4)$ mm^4

$I_y = 42{,}3 \cdot 10^4$ mm^4

d) $W_{x1} = \dfrac{I_x}{e} = 46{,}2 \cdot 10^3$ mm^3

$W_{x2} = \dfrac{I_x}{(138 - 76{,}036) \text{ mm}} = 56{,}6 \cdot 10^3$ mm^3

$W_y = \dfrac{I_y}{27{,}5 \text{ mm}} = 15{,}4 \cdot 10^3$ mm^3

805
a) $I_x = 4(I_{xL} + A_L\, l^2)$

$I_x = 4 \cdot [177 \cdot 10^4 + 1920 \cdot (200 - 28{,}2)^2]$ mm^4

$I_x = 23376 \cdot 10^4$ mm^4

b) $W_x = \dfrac{I_x}{200 \text{ mm}} = 1169 \cdot 10^3$ mm^3

806.
$I_x = 2\,I_{xU} + 2\left(\dfrac{22 \text{ cm} \cdot 1{,}3^3 \text{ cm}^3}{12} + A_\square \cdot 9{,}65^2 \text{ cm}^2\right)$

$I_y = 2 \cdot \left[I_{yU} + A_U \left(\dfrac{l}{2} + e_1\right)^2\right] + 2 \cdot \dfrac{1{,}3 \text{ cm} \cdot 22^3 \text{ cm}^3}{12}$

$I_x = 2 \cdot 1350$ cm^4 +
$\quad + 2 \cdot [4{,}028$ cm$^4 + 28{,}6$ cm$^2 \cdot 9{,}65^2$ cm$^2]$

$I_x = 8035$ cm^4

$I_y = 2 \cdot \left[114 \text{ cm}^4 + 28 \text{ cm}^2 \left(\dfrac{l}{2} + 1{,}92 \text{ cm}\right)^2\right] +$

$\quad + 2307$ cm^4

$I_y = 228$ cm$^4 + 56$ cm$^2 \left(\dfrac{l}{2} + 1{,}92 \text{ cm}\right)^2 + 2307$ cm^4

$I_y = 2535$ cm$^4 + 56$ cm$^2 \left(\dfrac{l}{2} + 1{,}92 \text{ cm}\right)^2$

$I_x = I_y$

8035 cm$^4 = 2535$ cm$^4 + 56$ cm$^2 \left(\dfrac{l}{2} + 1{,}92 \text{ cm}\right)^2$

$\left(\dfrac{l}{2} + 1{,}92 \text{ cm}\right)^2 = \dfrac{8035 \text{ cm}^4 - 2535 \text{ cm}^4}{56 \text{ cm}^2}$

$\left(\dfrac{l}{2} + 1{,}92 \text{ cm}\right)^2 = 98{,}21$ cm^2

$\left(\dfrac{l}{2}\right)^2 + 2\dfrac{l}{2} \cdot 1{,}92 \text{ cm} + 1{,}92^2 \text{ cm}^2 = 98{,}21$ cm^2

$\dfrac{l^2}{4} + 1{,}92 \text{ cm} \cdot l + 1{,}92^2 \text{ cm}^2 - 98{,}21 \text{ cm}^2 = 0$

$l^2 + 7{,}68 \text{ cm} \cdot l + 14{,}75 \text{ cm}^2 - 392{,}9 \text{ cm}^2 = 0$

$l^2 + 7{,}68 \text{ cm} \cdot l - 378{,}2 \text{ cm}^2 = 0$

$l_{1/2} = -3{,}84 \text{ cm} \pm \sqrt{3{,}84^2 \text{ cm}^2 + 378{,}2 \text{ cm}^2}$

$l_{1/2} = -3{,}84 \text{ cm} \pm \sqrt{392{,}9 \text{ cm}^2}$

$l_1 = -3{,}84 \text{ cm} + 19{,}82 \text{ cm} = 15{,}98 \text{ cm} \approx 160 \text{ mm}$

l_2 nicht möglich

807.

a) $I_x = 4(I_{xL} + A_L l_L^2)$

$I_x = 4 \cdot [37{,}5 \cdot 10^4 + 985 \cdot (150 - 18{,}9)^2] \text{ mm}^4$

$I_x = 6922 \cdot 10^4 \text{ mm}^4$

b) $W_x = \dfrac{I_x}{150 \text{ mm}} = 461 \cdot 10^3 \text{ mm}^3$

808.

$I_x = I_{\text{IPE}} + 2\left[\dfrac{b\delta^3}{12} + b\delta\left(\dfrac{h}{2} + \dfrac{\delta}{2}\right)^2\right] = W_x\left(\dfrac{h}{2} + \delta\right)$

$I_{\text{IPE}} + \dfrac{b\delta^3}{6} + \dfrac{b\delta}{2}(h+\delta)^2 = W_x\left(\dfrac{h}{2} + \delta\right)$

$b\left[\dfrac{\delta^3}{6} + \dfrac{\delta}{2}(h+\delta)^2\right] = W_x\left(\dfrac{h}{2} + \delta\right) - I_{\text{IPE}}$

$b = \dfrac{W_x\left(\dfrac{h}{2} + \delta\right) - I_{\text{PE}}}{\dfrac{\delta^3}{6} + \dfrac{\delta}{2}(h+\delta)^2}$

$W_x = 4 \cdot 10^3 \text{ cm}^3$
$h = 36 \text{ cm}$
$\delta = 2{,}5 \text{ cm}$
$I_{\text{IPE}} = 16270 \text{ cm}^4$

$b = \dfrac{4000 \text{ cm}^3 (18 + 2{,}5) \text{ cm} - 16270 \text{ cm}^4}{2{,}6 \text{ cm}^3 + 1{,}25 \text{ cm} \cdot 38{,}5^2 \text{ cm}^2} = 35{,}4 \text{ cm}$

$b = 354 \text{ mm}$

Probe:

Mit der ermittelten Gurtplattenbreite $b = 354$ mm wird:

$I_x = I_{\text{IPE}} + 2\left[\dfrac{b\delta^3}{12} + b\delta\left(\dfrac{h}{2} + \dfrac{\delta}{2}\right)^2\right]$

$I_x = \left[16270 \cdot 10^4 + 2\left(\dfrac{354 \cdot 25^3}{12} + 354 \cdot 25 \cdot 192{,}5^2\right)\right] \text{ mm}^4$

$I_x = 8{,}1952 \cdot 10^8 \text{ mm}^4$

$W_{x\,\text{vorh}} = \dfrac{I_x}{205 \text{ mm}} = 3{,}9976 \cdot 10^6 \text{ mm}^3$

Beanspruchung auf Torsion

809.

$M_1 = 9550 \dfrac{P}{n_1} = \dfrac{K}{n_1}$

$K = 9550 \cdot 1470 = 14\,038\,500$

$M_1 = \dfrac{K}{n_1} = \dfrac{14\,038\,500}{50} \text{ Nm} = 280\,770 \text{ Nm} = M_{T1}$

Mit $M_2 = K/n_2$, $M_3 = K/n_3$ usw. erhält man:

$M_2 = 140\,385$ Nm $\quad M_3 = 35\,096$ Nm

$M_4 = 17\,548$ Nm $\quad M_5 = 11\,699$ Nm

$d_{1\,\text{erf}} = \sqrt[3]{\dfrac{16\,M_{T1}}{\pi\,\tau_{t\,\text{zul}}}}$

$d_{1\,\text{erf}} = \sqrt[3]{\dfrac{16 \cdot 280\,770 \cdot 10^3 \text{ Nmm}}{\pi \cdot 40 \dfrac{\text{N}}{\text{mm}^2}}} = 329 \text{ mm}$

ausgeführt $d_1 = 330$ mm

Entsprechend ergeben sich

$d_{2\,\text{erf}} = 260$ mm, ausgeführt $d_2 = 260$ mm

$d_{3\,\text{erf}} = 164$ mm, ausgeführt $d_3 = 165$ mm

$d_{4\,\text{erf}} = 130$ mm, ausgeführt $d_4 = 130$ mm

$d_{5\,\text{erf}} = 114$ mm, ausgeführt $d_5 = 115$ mm

810.

$n_2 = \dfrac{n_1}{i_{1,2}} = \dfrac{960 \text{ min}^{-1}}{3{,}9} = 246 \text{ min}^{-1}$

$n_3 = \dfrac{n_2}{i_{2,3}} = 87{,}9 \text{ min}^{-1}$

$d_1 = 40$ mm $\quad d_2 = 60$ mm $\quad d_3 = 80$ mm

811.

$\dfrac{d_2}{d_1} = \dfrac{\sqrt[3]{\dfrac{16\,M_{T2}}{\pi\,\tau_{t\,\text{zul}}}}}{\sqrt[3]{\dfrac{16\,M_{T1}}{\pi\,\tau_{t\,\text{zul}}}}} = \dfrac{\sqrt[3]{M_{T2}}}{\sqrt[3]{M_{T1}}} \qquad M_{T2} = M_{T1} \cdot i$

$\dfrac{d_2}{d_1} = \dfrac{\sqrt[3]{M_{T1} \cdot i}}{\sqrt[3]{M_{T1}}} = \sqrt[3]{i} \;\Rightarrow\; d_2 = d_1 \sqrt[3]{i}$

Hinweis: Der Durchmesser der folgenden Welle (d_2) ist immer größer als derjenige der vorhergehenden Welle (d_1).

812.

a) $\varphi° = \dfrac{\tau_t l}{G r} \cdot \dfrac{180°}{\pi}$ $G = 8 \cdot 10^4$ N/mm^2
   $r = d/2$ eingesetzt

$d_{erf} = \dfrac{2 \cdot 180° \cdot \tau_{t\,zul}\, l}{\pi \cdot \varphi° \cdot G}$

$d_{erf} = \dfrac{2 \cdot 180° \cdot 80 \,\dfrac{N}{mm^2} \cdot 15 \cdot 10^3 \text{ mm}}{\pi \cdot 6° \cdot 80\,000 \,\dfrac{N}{mm^2}} = 286{,}5 \text{ mm}$

b) $P = M\omega = M\,2\pi n$

$M = M_T = \tau_t W_p = \tau_t \dfrac{\pi}{16} d^3$

$P_{max} = \tau_{t\,zul} \dfrac{\pi}{16} d^3 \cdot 2\pi n$

$P_{max} = \dfrac{\pi^2}{8} \tau_{t\,zul}\, d^3\, n$

$P_{max} = \dfrac{\pi^2}{8} \cdot 80 \,\dfrac{N}{mm^2} \cdot 286{,}5^3 \text{ mm}^3 \cdot \dfrac{1460}{60} \dfrac{1}{s}$

$P_{max} = 56\,477 \cdot 10^6 \,\dfrac{Nmm}{s} = 56\,477 \cdot 10^3$ W

$P_{max} = 56\,477$ kW

813.

a) $M = M_T = 9550 \cdot \dfrac{P}{n}$

$M = 9550 \cdot \dfrac{12}{460}$ Nm $= 249{,}1$ Nm $= M_T$

b) $W_{p\,erf} = \dfrac{M_T}{\tau_{t\,zul}}$

$W_{p\,erf} = \dfrac{249{,}1 \cdot 10^3 \text{ Nmm}}{30 \,\dfrac{N}{mm^2}} = 8303 \text{ mm}^3$

c) $W_p = \dfrac{\pi}{16} d^3$

$d_{erf} = \sqrt[3]{\dfrac{16 W_{p\,erf}}{\pi}} = \sqrt[3]{\dfrac{16}{\pi} \cdot 8303 \text{ mm}^3} = 34{,}8 \text{ mm}$

ausgeführt $d = 35$ mm

Hinweis: Soll nur der Wellendurchmesser d bestimmt werden, dann wird man b) und c) zusammenfassen und

$d_{erf} = \sqrt[3]{\dfrac{16 M_T}{\pi \tau_{t\,zul}}}$

berechnen.

d) $W_p = \dfrac{\pi}{16} \cdot \dfrac{D^4 - d^4}{D}$

Hinweis: $W_{p\,erf}$ nach b) bleibt gleich groß, weil M_T und $\tau_{t\,zul}$ gleich bleiben.

$\dfrac{16 W_p D}{\pi} = D^4 - d^4$

$d_{erf} = \sqrt[4]{D^4 - \dfrac{16}{\pi} W_{p\,erf} \cdot D}$

$d_{erf} = 38{,}5$ mm

ausgeführt $d = 38$ mm

e) Strahlensatz:

$\dfrac{\tau_{ta}}{\tau_{ti}} = \dfrac{D}{d}$

$\tau_{ta} = \dfrac{M_T}{W_p} = \dfrac{M_T}{\dfrac{\pi}{16} \cdot \dfrac{D^4 - d^4}{D}}$

$\tau_{ta} = \dfrac{249{,}1 \cdot 10^3 \text{ Nmm}}{\dfrac{\pi}{16} \cdot \dfrac{(45^4 - 38^4) \text{ mm}^4}{45 \text{ mm}}} = 28{,}3 \,\dfrac{N}{mm^2}$

$\tau_{ti} = \tau_{ta} \dfrac{d}{D} = 28{,}3 \,\dfrac{N}{mm^2} \cdot \dfrac{38 \text{ mm}}{45 \text{ mm}} = 23{,}9 \,\dfrac{N}{mm^2}$

814.

$M_1 = 9550 \cdot \dfrac{P}{n} = 9550 \cdot \dfrac{10}{1460}$ Nm $= 65{,}41$ Nm $= M_{T1}$

$M_2 = M_1 i \eta$ $i = \dfrac{z_2}{z_1}$

$M_2 = 65{,}41 \text{ Nm} \cdot \dfrac{116}{29} \cdot 0{,}98 = 256{,}41 \text{ Nm} = M_{T2}$

$d_{1\,erf} = \sqrt[3]{\dfrac{16 M_{T1}}{\pi \tau_{t\,zul}}} = \sqrt[3]{\dfrac{16 \cdot 65{,}41 \cdot 10^3 \text{ Nmm}}{\pi \cdot 30 \,\dfrac{N}{mm^2}}} = 22{,}3 \text{ mm}$

$d_{2\,erf} = \sqrt[3]{\dfrac{16 M_{T2}}{\pi \tau_{t\,zul}}} = \sqrt[3]{\dfrac{16 \cdot 256{,}41 \cdot 10^3 \text{ Nmm}}{\pi \cdot 30 \,\dfrac{N}{mm^2}}} = 35{,}18 \text{ mm}$

ausgeführt $d_1 = 23$ mm, $d_2 = 35$ mm

815.

a) $d_{erf} = \sqrt[3]{\dfrac{16 M_T}{\pi \tau_{t\,zul}}} = \sqrt[3]{\dfrac{16 \cdot 410 \cdot 10^3 \text{ Nmm}}{\pi \cdot 500 \,\dfrac{N}{mm^2}}} = 16{,}1 \text{ mm}$

ausgeführt $d = 16$ mm

b) $M_T = F \cdot 2l$

$$l = \frac{M_T}{2F} = \frac{410 \cdot 10^3 \text{ Nmm}}{2 \cdot 250 \text{ N}} = 820 \text{ mm}$$

c) $\varphi = \frac{\tau_t \, l_s}{G \, r} \cdot \frac{180°}{\pi}$

Hinweis: Diese Gleichung darf nur deshalb benutzt werden, weil $d_{erf} = 16$ mm exakt ausgeführt werden soll; im anderen Fall wäre τ_t nicht mehr gleich $\tau_{t \, zul}$. Dann wird mit dem neu zu berechnenden

$$I_p = \frac{\pi d^4}{32}$$

weiter gerechnet, also

$$\varphi = \frac{M_T \, l}{I_p \, G} \cdot \frac{180°}{\pi}$$

Im vorliegenden Fall ergibt sich:

$$\varphi = \frac{500 \frac{\text{N}}{\text{mm}^2} \cdot 550 \text{ mm}}{80\,000 \frac{\text{N}}{\text{mm}^2} \cdot 8 \text{ mm}} \cdot \frac{180°}{\pi} = 24{,}6°$$

816.

a) $d_{erf} = \sqrt[3]{\dfrac{16 \, M_T}{\pi \, \tau_{t \, zul}}}$

$$M = M_T = 9550 \cdot \frac{12}{1460} \text{ Nm} = 78{,}493 \text{ Nm}$$

$$d_{erf} = \sqrt[3]{\frac{16 \cdot 78493 \text{ Nmm}}{\pi \cdot 25 \frac{\text{N}}{\text{mm}^2}}} = 25{,}19 \text{ mm}$$

ausgeführt $d = 25$ mm

b) Zur Berechnung des Verdrehwinkels je Meter Wellenlänge wird $l = 1000$ mm eingesetzt:

$$\varphi = \frac{\tau_t \, l}{G \, r} \cdot \frac{180°}{\pi} \quad \text{(siehe Hinweis in 815. c))}$$

$$\varphi = \frac{25 \frac{\text{N}}{\text{mm}^2} \cdot 1000 \text{ mm}}{80\,000 \frac{\text{N}}{\text{mm}^2} \cdot 12{,}5 \text{ mm}} \cdot \frac{180°}{\pi} = 1{,}43°$$

817.

a) $\tau_{ta} = \dfrac{M_T}{W_p} = \dfrac{M_T}{\dfrac{\pi}{16} \cdot \dfrac{d_a^4 - d_i^4}{d_a}} = \dfrac{16 \, d_a \, M_T}{\pi (d_a^4 - d_i^4)}$

$$\tau_{ta} = \frac{16 \cdot 16 \text{ mm} \cdot 70\,000 \text{ Nmm}}{\pi (16^4 - 12^4) \text{ mm}^4} = 127{,}3 \, \frac{\text{N}}{\text{mm}^2}$$

$$\tau_{ti} = \tau_{ta} \frac{d_i}{d_a} = 127{,}3 \, \frac{\text{N}}{\text{mm}^2} \cdot \frac{12 \text{ mm}}{16 \text{ mm}} = 95{,}5 \, \frac{\text{N}}{\text{mm}^2}$$

b) $\varphi = \dfrac{M_T \, l}{I_p \, G} \cdot \dfrac{180°}{\pi}$

$$I_p = \frac{\pi}{32}(d_a^4 - d_i^4)$$

$$\varphi = \frac{32 \cdot M_T \cdot l \cdot 180°}{\pi^2 (d_a^4 - d_i^4) G}$$

$$\varphi = \frac{32 \cdot 180° \cdot 70 \cdot 10^3 \text{ Nmm} \cdot 3500 \text{ mm}}{\pi^2 (16^4 - 12^4) \text{ mm}^4 \cdot 80\,000 \frac{\text{N}}{\text{mm}^2}} = 39{,}9°$$

818.

a) $W_{p \, erf} = \dfrac{M_T}{\tau_{t \, zul}} = \dfrac{4{,}9 \cdot 10^7 \text{ Nmm}}{32 \frac{\text{N}}{\text{mm}^2}} = 1{,}5313 \cdot 10^6 \text{ mm}^3$

$$d_{erf} = \sqrt[4]{D^4 - \frac{16}{\pi} W_{p \, erf} \cdot D} = 250{,}9 \text{ mm}$$

ausgeführt $d = 250$ mm

b) Für den gewählten Durchmesser muss wegen $d = (250 \neq 250{,}9)$ mm das Flächenmoment berechnet werden:

$$I_p = \frac{\pi}{32}(D^4 - d^4) = \frac{\pi}{32}(280^4 - 250^4) \text{ mm}^4$$

$$I_p = 2{,}1994 \cdot 10^8 \text{ mm}^4$$

Damit kann der Verdrehwinkel φ je 1000 mm Länge berechnet werden:

$$\varphi = \frac{M_T \, l}{I_p \, G} \cdot \frac{180°}{\pi}$$

$$\varphi = \frac{4{,}9 \cdot 10^7 \text{ Nmm} \cdot 1000 \text{ mm} \cdot 180°}{2{,}1994 \cdot 10^8 \text{ mm}^4 \cdot 80\,000 \frac{\text{N}}{\text{mm}^2} \cdot \pi}$$

$$\varphi = 0{,}16°/\text{m}$$

819.

a) $\varphi = \dfrac{M_T \, l}{I_p \, G} \cdot \dfrac{180°}{\pi}$ mit $I_p = \dfrac{\pi}{32}(d_a^4 - d_i^4)$

$$\varphi = \frac{32 \cdot 180° \cdot M_T \cdot l}{(d_a^4 - d_i^4) \cdot \pi^2 \cdot G}$$

$$d_i = \sqrt[4]{d_a^4 - \frac{32 \cdot 180° \cdot M_T \cdot l}{\varphi \cdot \pi^2 \cdot G}}$$

$$d_i = \sqrt[4]{300^4 \text{ mm}^4 - \frac{32 \cdot 180° \cdot 4 \cdot 10^7 \text{ Nmm} \cdot 10^3 \text{ mm}}{0{,}25° \cdot \pi^2 \cdot 8 \cdot 10^4 \frac{\text{N}}{\text{mm}^2}}}$$

$$d_i = 288 \text{ mm}$$

b) $\tau_{ta} = \dfrac{M_T}{W_p} = \dfrac{M_T}{\dfrac{\pi}{16} \cdot \dfrac{d_a^4 - d_i^4}{d_a}} = 50{,}1 \dfrac{N}{mm^2}$

$\tau_{ti} = \tau_{ta} \dfrac{d_i}{d_a} = 50{,}1 \dfrac{N}{mm^2} \cdot \dfrac{288\ mm}{300\ mm} = 48{,}1 \dfrac{N}{mm^2}$

820.

a) $d_{erf} = \sqrt[3]{\dfrac{16 F l}{\pi \cdot \tau_{t\,zul}}}$

$d_{erf} = \sqrt[3]{\dfrac{16 \cdot 3000\ N \cdot 350\ mm}{\pi \cdot 400 \dfrac{N}{mm^2}}} = 23{,}7\ mm$

b) Der vorhandene Verdrehwinkel φ beträgt:

$\varphi = \dfrac{\text{Bogen}}{\text{Radius}} = \dfrac{b}{l} = \dfrac{120\ mm}{350\ mm} = 0{,}342857\ \text{rad} = 19{,}6°$

Damit wird die Verdrehlänge:

$l_1 = \dfrac{\pi \varphi r G}{180\ \tau_t} = \dfrac{\pi \cdot 19{,}6° \cdot 11{,}85\ mm \cdot 80000 \dfrac{N}{mm^2}}{180 \cdot 400 \dfrac{N}{mm^2}}$

$l_1 = 810{,}74\ mm$

821.

a) $d_{erf} = \sqrt[3]{\dfrac{16 M_T}{\pi \cdot \tau_{t\,zul}}}$

$d_{erf} = \sqrt[3]{\dfrac{16 \cdot 4{,}05 \cdot 10^6\ Nmm}{\pi \cdot 35 \dfrac{N}{mm^2}}} = 83{,}84\ mm$

ausgeführt $d = 90\ mm$

b) Wegen $d = 90\ mm \neq d_{erf} = 83{,}84\ mm$ muss zuerst das vorhandene polare Flächenmoment I_p berechnet werden:

$I_p = \dfrac{\pi}{32} d^4 = \dfrac{\pi \cdot 90^4\ mm^4}{32} = 6{,}4412 \cdot 10^6\ mm^4$

$\varphi = \dfrac{180° \cdot M_T l}{\pi I_p G} = \dfrac{180° \cdot 4{,}05 \cdot 10^6\ Nmm \cdot 8000\ mm}{\pi \cdot 6{,}4412 \cdot 10^6\ mm^4 \cdot 80000 \dfrac{N}{mm^2}}$

$\varphi = 3{,}6°$

822.

a) $d_{erf} = \sqrt[3]{\dfrac{16 M_T}{\pi \cdot \tau_{t\,zul}}}$

$d_{erf} = \sqrt[3]{\dfrac{16 \cdot 50 \cdot 10^3\ Nmm}{\pi \cdot 350 \dfrac{N}{mm^2}}} = 8{,}994\ mm$

ausgeführt $d = 9\ mm$

b) Da der Unterschied zwischen d_{erf} und d gering ist ($8{,}994\ mm \approx 9\ mm$), kann mit der gleichen Spannung $\tau_{t\,zul} = 350\ N/mm^2$ gerechnet werden:

$l_{erf} = \dfrac{\pi \varphi r G}{180\ \tau_{t\,zul}} = \dfrac{\pi \cdot 10° \cdot 4{,}5\ mm \cdot 80000 \dfrac{N}{mm^2}}{180° \cdot 350 \dfrac{N}{mm^2}}$

$l_{erf} = 179{,}52\ mm$

ausgeführt $l = 180\ mm$

823.

$M_T = 200\ N \cdot 300\ mm = 60000\ Nmm$

$l = 1200\ mm$

$d = 20\ mm$

$I_p = \dfrac{\pi}{32} d^4 = \dfrac{\pi \cdot 20^4\ mm^4}{32} = 15708\ mm^4$

$\varphi = \dfrac{M_T l}{I_p G} \cdot \dfrac{180°}{\pi} = 3{,}28°$

(mit $G = 80\,000\ N/mm^2$ gerechnet)

824.

$M_T = 9550 \dfrac{P}{n} = 9550 \dfrac{22}{1000}\ Nm = 210{,}1\ Nm$

$d_{erf} = \sqrt[3]{\dfrac{16 M_T}{\pi\ \tau_{t\,zul}}} = \sqrt[3]{\dfrac{16 \cdot 210{,}1 \cdot 10^3\ Nmm}{\pi \cdot 80 \dfrac{N}{mm^2}}} = 23{,}74\ mm$

ausgeführt $d = 24\ mm$

825.

$M = 9550 \dfrac{P}{n} = 9550 \cdot \dfrac{1470}{300}\ Nm$

$M = 46795\ Nm = M_T$

$\tau_t = \dfrac{M_T}{W_p} = \dfrac{M_T}{\dfrac{\pi}{16} \cdot \dfrac{D^4 - d^4}{D}} = \dfrac{16 \cdot D \cdot M_T}{\pi (D^4 - d^4)}$

$\tau_t = \dfrac{16 \cdot 1{,}5 \cdot d \cdot M_T}{\pi (1{,}5^4 d^4 - d^4)} = \dfrac{24 \cdot d \cdot M_T}{\pi d^4 (1{,}5^4 - 1)} = \dfrac{24 \cdot M_T}{\pi d^3 (1{,}5^4 - 1)}$

$$d_{erf} = \sqrt[3]{\frac{24\,M_T}{\pi\,\tau_{t\,zul}(1,5^4-1)}}$$

$$d_{erf} = \sqrt[3]{\frac{24\cdot 46795\cdot 10^3\ \text{Nmm}}{\pi\cdot 60\,\dfrac{\text{N}}{\text{mm}^2}(1,5^4-1)}} = 113,6\ \text{mm}$$

$D_{erf} = 1,5\,d_{erf} = 1,5\cdot 113,6\ \text{mm} = 170,4\ \text{mm}$

ausgeführt $D = 170$ mm, $d = 110$ mm (Normmaße)

826.

$$M = 9550\frac{P}{n} = 9550\frac{59}{120}\ \text{Nm} = 4695\cdot 10^3\ \text{Nmm} = M_T$$

$$\tau_t = \frac{16\cdot D\cdot M_T}{\pi(D^4-d^4)}\quad \text{(siehe 825.)}$$

$$\tau_t = \frac{M_T}{W_p} \Rightarrow W_{p\,erf} = \frac{M_T}{\tau_{t\,zul}}$$

$$M = \frac{P}{\omega} = \frac{59\cdot 10^3\,\dfrac{\text{Nm}}{\text{s}}}{\dfrac{\pi\cdot 120}{30}\,\dfrac{1}{\text{s}}} = 4,695\cdot 10^3\ \text{Nm}$$

$$W_{p\,erf} = \frac{4,695\cdot 10^6\ \text{Nmm}}{40\,\dfrac{\text{N}}{\text{mm}^2}} = 1,174\cdot 10^5\ \text{mm}^3$$

$$W_p = \frac{\pi}{16}\cdot\frac{D^4-d^4}{D} \Rightarrow D^4 - \frac{16}{\pi}\cdot D\cdot W_p - d^4 = 0$$

Für D ergibt sich eine Gleichung 4. Grades. Von ihren Lösungen sind nur die Werte $D > 50$ mm Lösungen der Torsionsaufgabe.

Lösung nach dem Horner-Schema:
Gegebene Größen eingesetzt:

$D^4 - 597,9\cdot(10\ \text{mm})^3\cdot D - 625\cdot(10\ \text{mm})^4 = 0$

Durch Ausklammern von (10 mm) wird die numerische Rechnung vereinfacht. Das Ergebnis für D ist mit 10 mm zu multiplizieren.

D	$D^4 + 0\,D^3 + 0\,D^2 - 598\,D^1 - 625 = f(D)$				
	1	0	0	−598	−625
8	1	8	64	+512	−688
		8	64	− 86	−1313
					↓Vorz.Wechsel
9	1	+9	+81	+729	+1179
		9	81	+131	+554
					↓Vorz.Wechsel
8,7	1	8,7	76	+661	+548
		8,7	76	+ 63	−77
					↓Vorz.Wechsel
8,8	1	8,8	77,4	+681	+712
		8,8	77,4	+ 81	+87

Die Lösung liegt zwischen 8,7 und 8,8.

Außendurchmesser
$D = 8,8\cdot 10$ mm $= 88$ mm ≈ 90 mm
(Normzahl: $D = 90$ mm)

Lösung durch Ermittlung des Graphen im Bereich der Lösung $D > 5\cdot 10$ mm

$y = D^4 - 598\,D - 625$
$y(7) = 2401 - 4186 - 625 = -2410$
$y(10) = 10000 - 5980 - 625 = +3395$

Die Punkte liegen beiderseits der D-Achse.

$y(9) = 6561 - 5382 - 625 = +554$

Durch die drei Punkte liegt der Krümmungssinn fest.

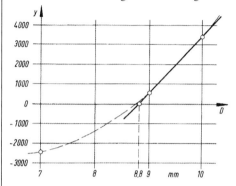

Eine Gerade durch die beiden oberen Punkte schneidet die D-Achse rechts vom Nulldurchgang des angenäherten Graphen, damit auf der sicheren Seite. Ablesung 8,8.

$D = 8,8\cdot 10$ mm $= 88$ mm
ausgeführt $D = 90$ mm

827.

$M_T = 4695\cdot 10^3$ Nmm (aus Lösung 826.)

$$I_p = \frac{\pi}{32}(d_a^4 - d_i^4) = \frac{\pi}{32}(90^4 - 50^4)\ \text{mm}^4$$

$I_p = 5\,827\,654,4\ \text{mm}^4$

$$\varphi = \frac{M_T\,l}{I_p\,G}\cdot\frac{180°}{\pi}$$

$$\varphi = \frac{180°\cdot 4695\cdot 10^3\ \text{Nmm}\cdot 2300\ \text{mm}}{\pi\cdot 5\,827\,654,4\ \text{mm}^4\cdot 80\,000\,\dfrac{\text{N}}{\text{mm}^2}} = 1,327°$$

828.

$$M = 9550\frac{P}{n} = 9550\cdot\frac{44}{300}\ \text{Nm} = 1401\cdot 10^3\ \text{Nmm} = M_T$$

$$\varphi = \frac{M_T\,l}{I_p\,G}\cdot\frac{180°}{\pi} = \frac{\dfrac{180°}{\pi}M_T\,l}{\dfrac{\pi}{32}d^4\,G} = \frac{32\cdot 180°\,M_T\,l}{\pi^2\,d^4\,G}$$

$$d_{erf} = \sqrt[4]{\frac{32 \cdot 180° \, M_T \, l}{\pi^2 \, \varphi_{zul} \, G}}$$

$$d_{erf} = \sqrt[4]{\frac{32 \cdot 180° \cdot 1401 \cdot 10^3 \text{ Nmm} \cdot 10^3 \text{ mm}}{\pi^2 \cdot 0{,}25° \cdot 8 \cdot 10^4 \frac{N}{mm^2}}} = 80 \text{ mm}$$

829.

$$\varphi = \frac{M_T \, l}{I_p \, G} \cdot \frac{180°}{\pi} \quad M = \frac{P}{2\pi n} \quad I_p = \frac{\pi}{32} d^4$$

$$\varphi = \frac{\frac{P}{2\pi n} l \cdot 180°}{\frac{\pi}{32} d^4 G \pi} = \frac{32 \cdot 180° \cdot P \cdot l}{2\pi^3 n d^4 G}$$

$$P_{max} = \frac{2\pi^3 \varphi_{zul} \, n \, d^4 \, G}{32 \cdot 180° \cdot l}$$

$$P_{max} = \frac{2\pi^3 \cdot 0{,}25° \cdot \frac{200}{60} \frac{1}{s} \cdot 30^4 \text{ mm}^4 \cdot 8 \cdot 10^4 \frac{N}{mm^2}}{32 \cdot 180° \cdot 10^3 \text{ mm}}$$

$$P_{max} = 5{,}81 \cdot 10^5 \frac{\text{Nmm}}{s} = 581 \text{ W} = 0{,}581 \text{ kW}$$

830.

a) $M_T = 9550 \frac{P}{n} = 9550 \cdot \frac{100}{500} \text{ Nm} = 1910 \text{ Nm}$

$M_T = 1910 \cdot 10^3 \text{ Nmm}$

$$d_{erf} = \sqrt[3]{\frac{16 M_T}{\pi \cdot \tau_{t\,zul}}} = \sqrt[3]{\frac{16 \cdot 1910 \cdot 10^3 \text{ Nmm}}{\pi \cdot 25 \frac{N}{mm^2}}} = 73 \text{ mm}$$

ausgeführt $d = 73$ mm

b) Nach Lösung 825. ist

$$d_{erf} = \sqrt[3]{\frac{16 \cdot 2{,}5 \cdot M_T}{\pi \cdot \tau_{t\,zul}(2{,}5^4 - 1)}}$$

$$d_{erf} = \sqrt[3]{\frac{16 \cdot 2{,}5 \cdot 1910 \cdot 10^3 \text{ Nmm}}{\pi \cdot 25 \frac{N}{mm^2} \cdot (2{,}5^4 - 1)}} = 29{,}46 \text{ mm}$$

ausgeführt $d = 30$ mm, $D = 75$ mm

831.

a) $\tau_a = \frac{F}{A} = \frac{F}{\pi d b} = \frac{\tau_{aB}}{4}$

$$b_{erf} = \frac{4F}{\pi d \tau_{aB}} = \frac{4 \cdot 1200 \text{ N}}{\pi \cdot 12 \text{ mm} \cdot 28 \frac{N}{mm^2}} = 4{,}55 \text{ mm}$$

ausgeführt $b = 5$ mm

b) $M_T = F \frac{d}{2} \quad F = \frac{\tau_{aB} \pi d b}{4}$ (aus a))

$$M_T = \frac{\tau_{aB} \pi d b \frac{d}{2}}{4} = \frac{\pi d^2 \, b \, \tau_{aB}}{8}$$

$$M_T = \frac{\pi \cdot (12 \text{ mm})^2 \cdot 5 \text{ mm} \cdot 28 \frac{N}{mm^2}}{8} = 7917 \text{ Nmm}$$

$M_T = 7{,}92$ Nm

c) $F_{Kleb} = F_{Rohr}$

$\pi d b \tau_{aB} = \pi (d - s) s \sigma_{zB}$

$$b_{erf} = \frac{\sigma_{zB}}{\tau_{aB}} \cdot \frac{s}{d} (d - s)$$

$$b_{erf} = \frac{410 \frac{N}{mm^2}}{28 \frac{N}{mm^2}} \cdot \frac{1 \text{ mm}}{12 \text{ mm}} \cdot (12 - 1) \text{ mm}$$

$b_{erf} = 13{,}4$ mm

832.

Hinweis: Die Schweißnahtfläche A_s wird zur Vereinfachung immer als Produkt aus Schweißnahtlänge l und Schweißnahtdicke a angesehen.

a) $M = 9550 \frac{P}{n} = 9550 \cdot \frac{8{,}8}{960} \text{ Nm} = 87{,}542 \text{ Nm}$

$M = 87542$ Nmm $= M_T$

$$F_{uI} = \frac{M_T}{\frac{d_1}{2}} = \frac{2 M_T}{d_1} = \frac{2 \cdot 87542 \text{ Nmm}}{50 \text{ mm}} = 3502 \text{ N}$$

$$F_{uII} = \frac{2 M_T}{d_2} = \frac{2 \cdot 87542 \text{ Nmm}}{280 \text{ mm}} = 625{,}3 \text{ N}$$

$$\tau_{schw\,I} = \frac{F_{uI}}{A_{sI}} = \frac{F_{uI}}{2\pi d_1 a}$$

$$\tau_{schw\,I} = \frac{3502 \text{ Nmm}}{2\pi \cdot 50 \text{ mm} \cdot 5 \text{ mm}} = 2{,}23 \frac{N}{mm^2}$$

b) $\tau_{schw\,II} = \frac{F_{uII}}{A_{sII}} = \frac{F_{uII}}{2\pi d_2 a}$

$$\tau_{schw\,II} = \frac{625{,}3 \text{ N}}{2\pi \cdot 280 \text{ mm} \cdot 5 \text{ mm}} = 0{,}07 \frac{N}{mm^2}$$

833.

Wie in 832. wird hier mit
$M = F \, l = 4500$ N $\cdot 135$ mm $= 607500$ Nmm $= M_T$
und mit der Annahme, dass jede der beiden Schweißnähte die Hälfte des Drehmoments aufnimmt:

$$F_{uI} = \frac{M_T}{2 \cdot \frac{d_1}{2}} = \frac{M_T}{d_1} \quad (F_{uI} > F_{uII}, \text{ siehe 832. a) und b)})$$

$$\tau_{\text{schw I}} = \frac{F_{uI}}{A_{sI}} = \frac{F_{uI}}{\pi d_1 a} = \frac{M_T}{\pi d_1^2 a}$$

$$\tau_{\text{schw I}} = \frac{607\,500 \text{ Nmm}}{\pi \cdot 48^2 \text{ mm}^2 \cdot 5 \text{ mm}} = 16{,}8 \frac{\text{N}}{\text{mm}^2}$$

Beanspruchung auf Biegung

Freiträger mit Einzellasten

835.

$$M_{b\max} = W \sigma_{b\text{zul}} \quad W = \frac{bh^2}{6}$$

$$M_{b\max,\text{hoch}} = W_{\text{hoch}} \sigma_{b\text{zul}}$$

$$M_{b\max,\text{hoch}} = \frac{100 \text{ mm} \cdot (200 \text{ mm})^2}{6} \cdot 8 \frac{\text{N}}{\text{mm}^2}$$

$$M_{b\max,\text{hoch}} = 5333 \cdot 10^3 \text{ Nmm}$$

$$M_{b\max,\text{flach}} = W_{\text{flach}} \sigma_{b\text{zul}}$$

$$M_{b\max,\text{flach}} = \frac{200 \text{ mm} \cdot (100 \text{ mm})^2}{6} \cdot 8 \frac{\text{N}}{\text{mm}^2}$$

$$M_{b\max,\text{flach}} = 2667 \cdot 10^3 \text{ Nmm}$$

Hinweis: $M_{b\max,\text{hoch}} = 2 \cdot M_{b\max,\text{flach}}$

836.

$$\sigma_b = \frac{M_b}{W} = \frac{Fl}{\frac{bh^2}{6}} = \frac{6Fl}{bh^2}$$

$$F_{\max} = \frac{\sigma_{b\text{zul}} bh^2}{6l} = \frac{70 \frac{\text{N}}{\text{mm}^2} \cdot 10 \text{ mm} \cdot (1 \text{ mm})^2}{6 \cdot 80 \text{ mm}} = 1{,}46 \text{ N}$$

837.

$$\sigma_b = \frac{M_b}{W} = \frac{Fl}{\frac{bh^2}{6}} = \frac{6Fl}{bh^2}$$

$$l_{\max} = \frac{\sigma_{b\text{zul}} bh^2}{6F_s} = \frac{260 \frac{\text{N}}{\text{mm}^2} \cdot 12 \text{ mm} \cdot (20 \text{ mm})^2}{6 \cdot 12\,000 \text{ N}} = 17{,}3 \text{ mm}$$

838.

a) $M_{b\max} = Fl = 4200 \text{ N} \cdot 350 \text{ mm} = 1470 \cdot 10^3 \text{ Nmm}$

b) $W_{\text{erf}} = \dfrac{M_{b\max}}{\sigma_{b\text{zul}}} = \dfrac{1470 \cdot 10^3 \text{ Nmm}}{120 \frac{\text{N}}{\text{mm}^2}} = 12{,}25 \cdot 10^3 \text{ mm}^3$

c) $W_\square = \dfrac{a^3}{6}$

$a_{\text{erf}} = \sqrt[3]{6 W_{\text{erf}}} = \sqrt[3]{6 \cdot 12{,}25 \cdot 10^3 \text{ mm}^3} = 42 \text{ mm}$

d) $W_\diamondsuit = W_D = \sqrt{2} \cdot \dfrac{a_1^3}{12}$

$a_{1\text{erf}} = \sqrt[3]{\dfrac{12 W_{\text{erf}}}{\sqrt{2}}} = \sqrt[3]{\dfrac{12 \cdot 12{,}25 \cdot 10^3 \text{ mm}^3}{\sqrt{2}}} = 47 \text{ mm}$

e) Wirtschaftlicher ist der flach liegende Quadratstahl, Ausführung c)

839.

a) $M_{b\max} = Fl = 500 \text{ N} \cdot 100 \text{ mm} = 50 \cdot 10^3 \text{ Nmm}$

b) $W_{\text{erf}} = \dfrac{M_{b\max}}{\sigma_{b\text{zul}}} = \dfrac{50 \cdot 10^3 \text{ Nmm}}{280 \frac{\text{N}}{\text{mm}^2}} = 178{,}57 \text{ mm}^3$

c) $W_\bigcirc = \dfrac{\pi}{32} d^3$

$d_{\text{erf}} = \sqrt[3]{\dfrac{32 W_{\text{erf}}}{\pi}} = \sqrt[3]{\dfrac{32 \cdot 178{,}57 \text{ mm}^3}{\pi}} = 12{,}21 \text{ mm}$

ausgeführt $d = 13$ mm

d) $\tau_{a\text{ vorh}} = \dfrac{F}{A} = \dfrac{F}{\frac{\pi}{4} d^2} = \dfrac{4F}{\pi d^2}$

$\tau_{a\text{ vorh}} = \dfrac{4 \cdot 500 \text{ N}}{\pi \cdot 13^2 \text{ mm}^2} = 3{,}77 \dfrac{\text{N}}{\text{mm}^2}$

840.

a) $M_b = F \dfrac{l}{2} = \dfrac{25\,000 \text{ N} \cdot 80 \text{ mm}}{2} = 10^6 \text{ Nmm}$

b) $W_{\text{erf}} = \dfrac{M_b}{\sigma_{b\text{zul}}} = \dfrac{10^6 \text{ Nmm}}{95 \frac{\text{N}}{\text{mm}^2}} = 1{,}0526 \cdot 10^4 \text{ mm}^3$

c) $d_{\text{erf}} = \sqrt[3]{\dfrac{32 W_{\text{erf}}}{\pi}}$

$d_{\text{erf}} = \sqrt[3]{\dfrac{32 \cdot 1{,}0526 \cdot 10^4 \text{ mm}^3}{\pi}} = 47{,}507 \text{ mm}$

ausgeführt $d = 50$ mm

d) $\sigma_{b\text{ vorh}} = \dfrac{M_b}{W_{\text{vorh}}} = \dfrac{M_b}{\frac{\pi \cdot d^3}{32}} = \dfrac{32 M_b}{\pi \cdot d^3}$

$\sigma_{b\text{ vorh}} = \dfrac{32 \cdot 10^6 \text{ Nmm}}{\pi \cdot 50^3 \text{ mm}^3} = 81{,}5 \dfrac{\text{N}}{\text{mm}^2}$

841.

a) $M_{b\,max} = F_1 l_1 + F_2 l_2 + F_3 l_3$

   $M_{b\,max} = (15 \cdot 2 + 9 \cdot 1,5 + 20 \cdot 0,8)$ kNm

   $M_{b\,max} = 59,5$ kNm $= 59,5 \cdot 10^6$ Nmm

b) $W_{erf} = \dfrac{M_{b\,max}}{\sigma_{b\,zul}} = \dfrac{59,5 \cdot 10^6 \text{ Nmm}}{120 \dfrac{\text{N}}{\text{mm}^2}} = 496 \cdot 10^3 \text{ mm}^3$

c) IPE 300 mit $W_x = 557 \cdot 10^3$ mm³

d) $\sigma_{b\,vorh} = \dfrac{M_{b\,max}}{W_x} = \dfrac{59500 \cdot 10^3 \text{ Nmm}}{557 \cdot 10^3 \text{ mm}^3} = 107 \dfrac{\text{N}}{\text{mm}^2}$

842.

a) $d_{erf} = \sqrt[3]{\dfrac{F \dfrac{l_2}{2}}{0,1 \cdot \sigma_{b\,zul}}}$

   $d_{erf} = \sqrt[3]{\dfrac{57,5 \cdot 10^3 \text{ N} \cdot 90 \text{ mm}}{0,1 \cdot 65 \dfrac{\text{N}}{\text{mm}^2}}} = 92,7$ mm

   ausgeführt $d = 95$ mm

b) $p_{vorh} = \dfrac{F}{A_{proj}} = \dfrac{F}{d\,l_2} = \dfrac{57,5 \cdot 10^3 \text{ N}}{95 \text{ mm} \cdot 180 \text{ mm}} = 3,36 \dfrac{\text{N}}{\text{mm}^2}$

843.

$\sigma_b = \dfrac{M_b}{W} = \dfrac{F\left(l - \dfrac{d}{2}\right)}{\dfrac{bh^2}{6}} = \dfrac{6F\left(l - \dfrac{d}{2}\right)}{b \cdot (3b)^2} = \dfrac{6F\left(l - \dfrac{d}{2}\right)}{9b^3}$

$\sigma_b = \dfrac{2F\left(l - \dfrac{d}{2}\right)}{3b^3}$

$b_{erf} = \sqrt[3]{\dfrac{2F\left(l - \dfrac{d}{2}\right)}{3 \cdot \sigma_{b\,zul}}}$

$b_{erf} = \sqrt[3]{\dfrac{2 \cdot 10 \cdot 10^3 \text{ N} \cdot 195 \text{ mm}}{3 \cdot 80 \dfrac{\text{N}}{\text{mm}^2}}} = 25,3$ mm

$h_{erf} \approx 3 \cdot b_{erf} = 3 \cdot 25,3$ mm $= 75,9$ mm

ausgeführt z. B. ☐ 80×25

844.

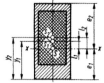

$A_{ges}\, e_1 = A_\square\, y_1 - A_\square\, y_2$

$A_\square = A_1 = 50$ mm $\cdot\, 100$ mm $= 5000$ mm²

$A_\square = A_2 = 40$ mm $\cdot\, 70$ mm $= 2800$ mm²

$A_{ges} = A = A_1 - A_2 = 2200$ mm²

$y_1 = 50$ mm $y_2 = 55$ mm

$e_1 = \dfrac{A_1 y_1 - A_2 y_2}{A}$

$e_1 = \dfrac{(5000 \cdot 50 - 2800 \cdot 55) \text{ mm}^3}{2200 \text{ mm}^2} = 43,6$ mm

$e_2 = 100$ mm $- e_1 = 56,4$ mm

$l_1 = y_1 - e_1 = 6,4$ mm

$l_2 = y_2 - e_1 = 11,4$ mm

Mit dem Steiner'schen Verschiebesatz wird:

$I_x = I_1 + A_1 l_1^2 - (I_2 + A_2 l_2^2)$

$I_x = 416,7 \cdot 10^4$ mm⁴ $+ 0,5 \cdot 10^4$ mm² $\cdot 41$ mm² $-$
$\quad - (114,3 \cdot 10^4$ mm⁴ $+ 0,28 \cdot 10^4$ mm² $\cdot 130$ mm²$)$

$I_x = 286,5 \cdot 10^4$ mm⁴

$I_1 = \dfrac{(5 \cdot 10^3) \text{ cm}^4}{12} = 416,7 \text{ cm}^4 \quad \bigg| \quad l_1^2 = 41 \text{ mm}^2$

$I_2 = \dfrac{(4 \cdot 7^3) \text{ cm}^4}{12} = 114,3 \text{ cm}^4 \quad \bigg| \quad l_2^2 = 130 \text{ mm}^2$

$W_{x1} = \dfrac{I_x}{e_1} = \dfrac{286,5 \cdot 10^4 \text{ mm}^4}{43,6 \text{ mm}} = 65\,711$ mm³

$W_{x2} = \dfrac{I_x}{e_2} = \dfrac{286,5 \cdot 10^4 \text{ mm}^4}{56,4 \text{ mm}} = 50\,798$ mm³

a) $\sigma_{b1} = \dfrac{M_b}{W_{x1}} = \dfrac{5000 \cdot 10^3 \text{ Nmm}}{65,711 \cdot 10^3 \text{ mm}^3} = 76,1 \dfrac{\text{N}}{\text{mm}^2}$

$\sigma_{b2} = \dfrac{M_b}{W_{x2}} = \dfrac{5000 \cdot 10^3 \text{ Nmm}}{50,798 \cdot 10^3 \text{ mm}^3}$

$\sigma_{b2} = 98,4 \dfrac{\text{N}}{\text{mm}^2} = \sigma_{b\,max}$

5 Festigkeitslehre

b) $\dfrac{\sigma_{b1}}{\sigma_{b1i}} = \dfrac{e_1}{h_1}$

$\dfrac{\sigma_{b2}}{\sigma_{b2i}} = \dfrac{e_2}{h_2}$

$\sigma_{b1i} = \sigma_{b1}\dfrac{h_1}{e_1} = 76{,}1\,\dfrac{\text{N}}{\text{mm}^2}\cdot\dfrac{23{,}6\,\text{mm}}{43{,}6\,\text{mm}} = 41{,}2\,\dfrac{\text{N}}{\text{mm}^2}$

$\sigma_{b2i} = \sigma_{b2}\dfrac{h_2}{e_2} = 98{,}4\,\dfrac{\text{N}}{\text{mm}^2}\cdot\dfrac{46{,}4\,\text{mm}}{56{,}4\,\text{mm}} = 81\,\dfrac{\text{N}}{\text{mm}^2}$

845.

Aus dem maximalen Biegemoment $M_{b\,max}$ und der zulässigen Biegespannung $\sigma_{b\,zul}$ wird das erforderliche Widerstandsmoment berechnet (Biege-Hauptgleichung).

$W_{x\,\text{erf}} = \dfrac{M_{b\,max}}{\sigma_{b\,zul}} = \dfrac{1050\cdot 10^6\,\text{Nmm}}{140\,\dfrac{\text{N}}{\text{mm}^2}} = 7{,}5\cdot 10^6\,\text{mm}^3$

Zur Bestimmung der Gurtplattendicke δ braucht man das erforderliche axiale Flächenmoment $I_{x\,\text{erf}}$ des Trägers:

$I_{x\,\text{erf}} = W_{x\,\text{erf}}\,e$

$I_{x\,\text{erf}} = 7{,}5\cdot 10^6\,\text{mm}^3\cdot 450\,\text{mm} = 3375\cdot 10^6\,\text{mm}^4$

Nun kann mit Hilfe des Steiner'schen Verschiebesatzes eine Gleichung für I_x aufgestellt werden, in der die Gurtplattendicke δ enthalten ist:

$I_x = I_{x\,\text{erf}} = I_{\text{Steg}} + 2\left[I_{\text{Gurt}} + A_{\text{Gurt}}\,l^2\right]$

$I_x = \dfrac{t(h_1-\delta)^3}{12} + 2\left[\dfrac{b\delta^3}{12} + b\delta\left(\dfrac{h_1}{2}-\dfrac{\delta}{2}\right)^2\right]$

Diese Gleichung enthält die Variable in der dritten, zweiten und ersten Potenz und erscheint recht kompliziert.

Es ist aber auch möglich, das Gesamtflächenmoment I_x als Differenz zweier Teilflächenmomente anzusehen, die die gleiche Bezugsachse besitzen. Dadurch erhält man eine einfachere Beziehung, die letzten Endes auf die Gleichung

$I_x = \dfrac{BH^3 - bh^3}{12}$

hinausläuft, die man nur noch auf die Bezeichnungen der Aufgabe umzustellen und auszuwerten hat ($B=b$; $H=h_1$; $b = b-t$; $h = h_2$):

$I_x = \dfrac{bh_1^3 - (b-t)h_2^3}{12} = I_{x\,\text{erf}}$

$h_{2\,\text{erf}} = \sqrt[3]{\dfrac{bh_1^3 - 12\,I_{x\,\text{erf}}}{b-t}}$

$h_{2\,\text{erf}} = \sqrt[3]{\dfrac{260\,\text{mm}\cdot(900\,\text{mm})^3 - 12\cdot 3375\cdot 10^6\,\text{mm}^4}{250\,\text{mm}}}$

$h_{2\,\text{erf}} = 840\,\text{mm}\qquad \delta = 30\,\text{mm}$

846.

Wie in Lösung 845. ermittelt man

$W_{\text{erf}} = \dfrac{M_{b\,max}}{\sigma_{b\,zul}} = \dfrac{168\cdot 10^6\,\text{Nmm}}{140\,\dfrac{\text{N}}{\text{mm}^2}} = 1{,}2\cdot 10^6\,\text{mm}^3$

$I_{\text{erf}} = W_{\text{erf}}\,e = 1{,}2\cdot 10^6\,\text{mm}^3\cdot 130\,\text{mm} = 156\cdot 10^6\,\text{mm}^4$

Mit dem Steiner'schen Satz erhält man

$I_{\text{erf}} = 2\,I_U + 2\left(\dfrac{bs^3}{12} + bsl^2\right)$

$I_{\text{erf}} = 2\,I_U + \dfrac{b}{6}s^3 + 2bsl^2 = 2\,I_U + b\left(\dfrac{s^3}{6} + 2sl^2\right)$

$b_{\text{erf}} = \dfrac{I_{\text{erf}} - 2\,I_U}{\dfrac{s^3}{6} + 2sl^2}$

$b_{\text{erf}} = \dfrac{156\cdot 10^6\,\text{mm}^4 - 2\cdot 26{,}9\cdot 10^6\,\text{mm}^4}{\dfrac{(20\,\text{mm})^3}{6} + 2\cdot 20\,\text{mm}\cdot(120\,\text{mm})^2} = 177\,\text{mm}$

847.

$\sigma_b = \dfrac{M_b}{W} = \dfrac{Fl}{\dfrac{bh^2}{6}} = \dfrac{6Fl}{bh^2}$

$F_{max} = \dfrac{\sigma_{b\,zul}\,bh^2}{6l}$

$F_{max} = \dfrac{22\,\dfrac{\text{N}}{\text{mm}^2}\cdot 120\,\text{mm}\cdot(250\,\text{mm})^2}{6\cdot 1800\,\text{mm}} = 15278\,\text{N}$

848.

$M_{b\,max} = Fl = 50\cdot 10^3\,\text{N}\cdot 1{,}4\,\text{m} = 70\cdot 10^3\,\text{Nm}$

$W_{\text{IPE}} = 557\cdot 10^3\,\text{mm}^3$ nach Formelsammlung 4.28

$\sigma_{b\,vorh} = \dfrac{M_{b\,max}}{W_{\text{IPE}}} = \dfrac{70\cdot 10^6\,\text{Nmm}}{557\cdot 10^3\,\text{mm}^3} = 125{,}7\,\dfrac{\text{N}}{\text{mm}^2}$

849.

a) $M_{b\,max} = F_1 l_1 + F_2 l_2 = 10\text{ kN} \cdot 1,5\text{ m} +$
$\qquad + 12,5\text{ kN} \cdot 1,85\text{ m}$
$M_{b\,max} = 38,125\text{ kNm}$

b) $W_{erf} = \dfrac{M_{b\,max}}{\sigma_{b\,zul}}$

$W_{erf} = \dfrac{38,125 \cdot 10^6 \text{ Nmm}}{140 \dfrac{\text{N}}{\text{mm}^2}} = 272,32 \cdot 10^3 \text{ mm}^3$

c) $W_{xU} = \dfrac{W_{erf}}{2} = \dfrac{272,32 \cdot 10^3 \text{ mm}^3}{2} = 136 \cdot 10^3 \text{ mm}^3$

Nach Formelsammlung 4.30 wird das U-Profil mit dem nächst höheren axialen Widerstandsmoment W_x ausgeführt:
U 180 mit
$2 \cdot W_{xU180} = 2 \cdot 150 \cdot 10^3 \text{ mm}^3 = 300 \cdot 10^3 \text{ mm}^3$

850.

$W_o = \dfrac{\pi}{32} \cdot \dfrac{d_a^4 - d_i^4}{d_a}$

$W_o = \dfrac{\pi}{32} \cdot \dfrac{(300^4 - 280^4)\text{ mm}^4}{300\text{ mm}} = 639,262 \cdot 10^3 \text{ mm}^3$

$\sigma_b = \dfrac{Fl}{W}$

$F_{max} = \dfrac{W_o \sigma_{b\,zul}}{l}$

$F_{max} = \dfrac{639,262 \cdot 10^3 \text{ mm}^3 \cdot 120 \dfrac{\text{N}}{\text{mm}^2}}{5,2 \cdot 10^3 \text{ mm}} = 14752\text{ N}$

$F_{max} = 14,752\text{ kN}$

851.

$M_{b\,max} = Fl = 15 \cdot 10^3 \text{ N} \cdot 2,8\text{ m} = 42 \cdot 10^3 \text{ Nm}$

$W_{erf} = \dfrac{M_{b\,max}}{\sigma_{b\,zul}} = \dfrac{42 \cdot 10^6 \text{ Nmm}}{140 \dfrac{\text{N}}{\text{mm}^2}} = 3 \cdot 10^5 \text{ mm}^3$

ausgeführt: IPE 240 mit $W_x = 3,24 \cdot 10^5 \text{ mm}^3$

852.

a)

$\Sigma M_{(A)} = 0 = F_N l_1 - F_N \mu l_2 - F l_3$

$F_N = \dfrac{F l_3}{l_1 - \mu l_2} = \dfrac{500\text{ N} \cdot 1600\text{ mm}}{300\text{ mm} - 0,5 \cdot 100\text{ mm}} = 3200\text{ N}$

$F_R = F_N \mu = 3200\text{ N} \cdot 0,5 = 1600\text{ N}$

$M_{b\,max} = M_{(x)} = F(l_3 - l_1) + F_R l_2$

$M_{b\,max} = 500\text{ N} \cdot 1300\text{ mm} + 1600\text{ N} \cdot 100\text{ mm}$

$M_{b\,max} = 810\text{ Nm}$

b) $\sigma_b = \dfrac{M_b}{W} = \dfrac{M_b}{\dfrac{sh^2}{6}} = \dfrac{6 M_b}{sh^2} = \dfrac{6 M_b}{\dfrac{h}{4} \cdot h^2} = \dfrac{24 M_b}{h^3}$

$h_{erf} = \sqrt[3]{\dfrac{24 M_{b\,max}}{\sigma_{b\,zul}}}$

$h_{erf} = \sqrt[3]{\dfrac{24 \cdot 810 \cdot 10^3 \text{ Nmm}}{60 \dfrac{\text{N}}{\text{mm}^2}}} = 69\text{ mm}$

ausgeführt $h = 70$ mm, $s = 18$ mm

853.

Mit den in Lösung 852. berechneten Kräften
$F_N = 3200$ N und $F_R = 1600$ N erhält man aus

$\Sigma F_x = 0 = F_{Ax} - F_R \quad \Rightarrow \quad F_{Ax} = F_R = 1600\text{ N}$

$\Sigma F_y = 0 = -F_{Ay} + F_N - F \quad \Rightarrow \quad F_{Ay} = F_N - F = 2700\text{ N}$

und damit

$F_A = \sqrt{(F_{Ax})^2 + (F_{Ay})^2}$

$F_A = \sqrt{(256 \cdot 10^4 + 729 \cdot 10^4)\text{ N}^2}$

$F_A = 3140\text{ N}$

$s = 18$ mm aus Lösung 852.

$M_{b\,max} = \dfrac{F_A}{2} \cdot \left(\dfrac{s + s_1}{2}\right)$

$M_{b\,max} = 1570\text{ N} \cdot \dfrac{18\text{ mm} + 10\text{ mm}}{2} = 21980\text{ Nmm}$

a) $d_{erf} = \sqrt[3]{\dfrac{M_{b\,max}}{0,1 \cdot \sigma_{b\,zul}}}$

$d_{erf} = \sqrt[3]{\dfrac{21,98 \cdot 10^3 \text{ Nmm}}{0,1 \cdot 60 \dfrac{\text{N}}{\text{mm}^2}}} = 15,4\text{ mm}$

ausgeführt $d = 16$ mm

b) $p_{vorh} = \dfrac{F_A}{d\,s} = \dfrac{3140\text{ N}}{16\text{ mm} \cdot 18\text{ mm}} = 10,9 \dfrac{\text{N}}{\text{mm}^2}$

854.

$\Sigma M_{(A)} = 0 = -F_2 l_1 + F(l_1 + l_2)$

$F_2 = F \dfrac{l_1 + l_2}{l_1}$

$F_2 = 750 \text{ N} \cdot \dfrac{400 \text{ mm}}{100 \text{ mm}} = 3000 \text{ N}$

$\Sigma F_y = 0 = F_1 - F_2 + F$

$F_1 = F_2 - F = 2250 \text{ N}$

F_1 und F_2 sind die von den Schrauben zu übertragenden Reibungskräfte. Man berechnet mit der größten Reibungskraft F_2 die Schraubenzugkraft:

$F_s = F_N = \dfrac{F_R}{\mu_0} = \dfrac{F_2}{\mu_0} = \dfrac{3000 \text{ N}}{0{,}15} = 20\,000 \text{ N}$

a) $A_{s\,erf} = \dfrac{F_s}{\sigma_{z\,zul}} = \dfrac{20\,000 \text{ N}}{100 \dfrac{\text{N}}{\text{mm}^2}} = 200 \text{ mm}^2$

ausgeführt 2 Schrauben M 20 ($A_s = 245$ mm²)

b) $\sigma_b = \dfrac{M_b}{W} = \dfrac{F l_2}{\dfrac{s b^2}{6}} = \dfrac{6 F l_2}{s b^2} = \dfrac{6 F l_2}{\dfrac{b}{10} \cdot b^2} = \dfrac{60 F l_2}{b^3}$

$b_{erf} = \sqrt[3]{\dfrac{60 \cdot F l_2}{\sigma_{b\,zul}}} = \sqrt[3]{\dfrac{60 \cdot 750 \text{ N} \cdot 300 \text{ mm}}{100 \dfrac{\text{N}}{\text{mm}^2}}} = 51{,}3 \text{ mm}$

$s_{erf} = \dfrac{b_{erf}}{10} = 5{,}13 \text{ mm}$

ausgeführt ☐ 55 × 5

855.

a) $p = \dfrac{F_r}{d b} = \dfrac{F_r}{d \cdot 1{,}2 d} = \dfrac{F_r}{1{,}2 d^2}$

$d_{erf} = \sqrt{\dfrac{F_r}{1{,}2 \cdot p_{zul}}} = \sqrt{\dfrac{1150 \text{ N}}{1{,}2 \cdot 2{,}5 \dfrac{\text{N}}{\text{mm}^2}}} = 19{,}6 \text{ mm}$

ausgeführt $d = 20$ mm

b) $b = 1{,}2 \cdot d = 24$ mm (ausgeführt)

c) $p = \dfrac{F_a}{\dfrac{\pi}{4}(D^2 - d^2)} = \dfrac{4 F_a}{\pi(D^2 - d^2)}$

$D_{erf} = \sqrt{\dfrac{4 F_a}{\pi p_{zul}} + d^2}$

$D_{erf} = \sqrt{\dfrac{4 \cdot 620 \text{ N}}{\pi \cdot 2{,}5 \dfrac{\text{N}}{\text{mm}^2}} + 20^2} \text{ mm} = 26{,}8 \text{ mm}$

ausgeführt $D = 28$ mm

d) $\sigma_{b\,vorh} = \dfrac{M_b}{W} = \dfrac{F_r \dfrac{b}{2}}{\dfrac{\pi}{32} d^3} = \dfrac{32 F_r b}{2 \pi d^3} = \dfrac{16}{\pi} \cdot \dfrac{F_r b}{d^3}$

$\sigma_{b\,vorh} = \dfrac{16}{\pi} \cdot \dfrac{1150 \text{ N} \cdot 24 \text{ mm}}{(20 \text{ mm})^3} = 17{,}6 \dfrac{\text{N}}{\text{mm}^2}$

856.

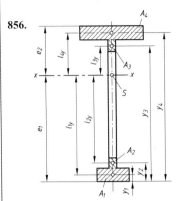

a) Schwerpunktsabstände e_1, e_2:

$A_{ges} e_1 = A_1 y_1 + A_2 y_2 + A_3 y_3 + A_4 y_4$

$e_1 = \dfrac{A_1 y_1 + A_2 y_2 + A_3 y_3 + A_4 y_4}{A_{ges}}$

$A_1 = (80 \cdot 25) \text{ mm}^2 = 2000 \text{ mm}^2$

$A_2 = (30 \cdot 10) \text{ mm}^2 = 300 \text{ mm}^2$

$A_3 = (30 \cdot 10) \text{ mm}^2 = 300 \text{ mm}^2$

$A_4 = (150 \cdot 25) \text{ mm}^2 = 3750 \text{ mm}^2$

$A_{ges} = 6350 \text{ mm}^2$

$y_1 = 12{,}5$ mm; $y_2 = 40$ mm;

$y_3 = 260$ mm; $y_4 = 287{,}5$ mm

$e_1 = \dfrac{2000 \cdot 12{,}5 + 300 \cdot 40 + 300 \cdot 260 + 3750 \cdot 287{,}5}{6350}$ mm

$e_1 = 188$ mm

$e_2 = 300 \text{ mm} - e_1 = 112$ mm

b) Axiales Flächenmoment 2. Grades I_x:

$I_x = I_{x1} + A_1 \cdot l_{1y}^2 + I_{x2} + A_2 \cdot l_{2y}^2 +$

$\quad + I_{x3} + A_3 \cdot l_{3y}^2 + I_{x4} + A_4 \cdot l_{4y}^2$

$I_{x1} = \dfrac{b h^3}{12} = \dfrac{80 \cdot 25^3}{12} \text{ mm}^4 = 10{,}42 \cdot 10^4 \text{ mm}^4$

$I_{x2} = \dfrac{b h^3}{12} = \dfrac{10 \cdot 30^3}{12} \text{ mm}^4 = 2{,}25 \cdot 10^4 \text{ mm}^4$

$I_{x3} = \dfrac{b h^3}{12} = \dfrac{10 \cdot 30^3}{12} \text{ mm}^4 = 2{,}25 \cdot 10^4 \text{ mm}^4$

$I_{x4} = \dfrac{b h^3}{12} = \dfrac{150 \cdot 25^3}{12} \text{ mm}^4 = 19{,}53 \cdot 10^4 \text{ mm}^4$

$l_{1y} = e_1 - y_1 = 188 \text{ mm} - 12,5 \text{ mm} = 175,5 \text{ mm}$

$l_{2y} = e_1 - y_2 = 188 \text{ mm} - 40 \text{ mm} = 148 \text{ mm}$

$l_{3y} = y_3 - e_1 = 260 \text{ mm} - 188 \text{ mm} = 72 \text{ mm}$

$l_{4y} = y_4 - e_1 = 287,5 \text{ mm} - 188 \text{ mm} = 99,5 \text{ mm}$

$I_x = (10,42 \cdot 10^4 + 2000 \cdot 175,5^2 + 2,25 \cdot 10^4 +$
$\qquad + 300 \cdot 148^2 + 2,25 \cdot 10^4 + 300 \cdot 72^2 +$
$\qquad + 19,53 \cdot 10^4 + 3750 \cdot 99,5^2) \text{ mm}^4$

$I_x = 1,072 \cdot 10^8 \text{ mm}^4$

c) Axiale Widerstandsmomente W_{x1}, W_{x2}:

$W_{x1} = \dfrac{I_x}{e_1} = \dfrac{1,072 \cdot 10^8 \text{ mm}^4}{188 \text{ mm}} = 570 \cdot 10^3 \text{ mm}^3$

$W_{x2} = \dfrac{I_x}{e_2} = \dfrac{1,072 \cdot 10^8 \text{ mm}^4}{112 \text{ mm}} = 957 \cdot 10^3 \text{ mm}^3$

d) $\sigma_{z\max} = \dfrac{M_{b\max} \, e_2}{I_x} \qquad \sigma_{d\max} = \dfrac{M_{b\max} \, e_1}{I_x}$

Hinweis: Zur Zugseite gehört hier e_2, zur Druckseite e_1.

$\sigma_{z\max} = \dfrac{F l e_2}{I_x} = \dfrac{F l}{W_{x2}}$

$F_{\max 1} = \dfrac{\sigma_{z\,\text{zul}} \cdot W_{x2}}{l}$

$F_{\max 1} = \dfrac{50 \, \dfrac{\text{N}}{\text{mm}^2} \cdot 957 \cdot 10^3 \text{ mm}^3}{400 \text{ mm}} = 119,625 \text{ kN}$

$F_{\max 2} = \dfrac{\sigma_{z\,\text{zul}} \cdot W_{x1}}{l}$

$F_{\max 2} = \dfrac{180 \, \dfrac{\text{N}}{\text{mm}^2} \cdot 570 \cdot 10^3 \text{ mm}^3}{400 \text{ mm}} = 256,5 \text{ kN}$

Die Belastung darf also 119,625 kN nicht überschreiten ($F_{\max} = 119\,625$ N).

e) $\sigma_{z\,\text{vorh}} = \sigma_{z\,\text{zul}} = 50 \, \dfrac{\text{N}}{\text{mm}^2}$

$\sigma_{d\,\text{vorh}} = \dfrac{M_{b\max}}{W_{x1}} = \dfrac{F_{\max} \, l}{W_{x1}}$

$\sigma_{d\,\text{vorh}} = \dfrac{119\,625 \text{ N} \cdot 400 \text{ mm}}{570\,000 \text{ mm}^3} = 83,95 \, \dfrac{\text{N}}{\text{mm}^2} < \sigma_{d\,\text{zul}}$

857.

a) Inneres Kräftesystem im Schnitt I–I:
Querkraft $F_{qI} = F = 150$ N
Biegemoment $M_{bI} = F \cdot l_1$
$M_{bI} = 150 \text{ N} \cdot 140 \text{ mm} = 21\,000$ Nmm

Beanspruchungsarten und Spannungen im Schnitt I–I:
Abscherbeanspruchung durch die Querkraft
$F_{qI} = F = 150$ N mit der Abscherspannung
$\tau_{aI} = F_{qI} / A$,
Biegebeanspruchung durch das Biegemoment
$M_{bI} = 21\,000$ Nmm mit der Biegespannung
$\sigma_{bI} = M_{bI} / W$.

Inneres Kräftesystem im Schnitt II–II:
Querkraft $F_{qII} = F = 150$ N
Biegemoment $M_{bII} = F \cdot l_2$
$M_{bII} = 150 \text{ N} \cdot 300 \text{ mm} = 45\,000$ Nmm
Torsionsmoment $M_{TII} = F \cdot l_1$
$M_{TII} = 150 \text{ N} \cdot 140 \text{ mm} = 21\,000$ Nmm

Beanspruchungsarten und Spannungen im Schnitt II–II:
Abscherbeanspruchung durch die Querkraft
$F_{qII} = F = 150$ N mit der
Abscherspannung $\tau_{aII} = F_{qII} / A$,
Biegebeanspruchung durch das Biegemoment
$M_{bII} = 45\,000$ Nmm mit der Biegespannung
$\sigma_{bII} = M_{bII} / W$, Torsionsspannung $\tau_{tII} = M_{TII} / W_p$.

b) $\sigma_{b\,\text{zul}} = \dfrac{M_{bI}}{W} = \dfrac{F \cdot l_1}{\dfrac{\pi}{32} \cdot d^3}$

$d_{\text{erf}} = \sqrt[3]{\dfrac{32 \cdot F \, l_1}{\pi \cdot \sigma_{b\,\text{zul}}}}$

$d_{\text{erf}} = \sqrt[3]{\dfrac{32 \cdot 150 \text{ N} \cdot 140 \text{ mm}}{\pi \cdot 60 \, \dfrac{\text{N}}{\text{mm}^2}}} = 15,3 \text{ mm}$

ausgeführt $d = 16$ mm

c) $W_{\text{erf}} = \dfrac{F l_2}{\sigma_{b\,\text{zul}}} = \dfrac{b h^2}{6} = \dfrac{\dfrac{h}{6} h^2}{6} = \dfrac{h^3}{36}$

$h = \sqrt[3]{\dfrac{36 \cdot F l_2}{\sigma_{b\,\text{zul}}}} = \sqrt[3]{\dfrac{36 \cdot 150 \text{ N} \cdot 300 \text{ mm}}{60 \, \dfrac{\text{N}}{\text{mm}^2}}} = 30 \text{ mm}$

$h = 30$ mm; $b = \dfrac{h}{6} = 5$ mm

858.

a) $p = \dfrac{F_r}{d_2 \, l} = \dfrac{F_r}{d_2 \cdot 1,3 \, d_2} = \dfrac{F_r}{1,3 \cdot d_2^2} \leq p_{\text{zul}}$

$d_{2\,\text{erf}} = \sqrt{\dfrac{F_r}{1,3 \cdot p_{\text{zul}}}} = \sqrt{\dfrac{1260 \text{ N}}{1,3 \cdot 2,5 \, \dfrac{\text{N}}{\text{mm}^2}}} = 19,7 \text{ mm}$

ausgeführt $d_2 = 20$ mm
$l = 1,3 \cdot d_2 = 1,3 \cdot 20 \text{ mm} = 26$ mm

b) $p = \dfrac{F_a}{\dfrac{\pi}{4}(d_3^2 - d_2^2)} \leq p_{zul}$

$d_3^2 - d_2^2 = \dfrac{4 \cdot F_a}{\pi \cdot p_{zul}}$

$d_{3erf} = \sqrt{\dfrac{4 \cdot F_a}{\pi \cdot p_{zul}} + d_2^2}$

$d_{3erf} = \sqrt{\dfrac{4 \cdot 410 \text{ N}}{\pi \cdot 2,5 \dfrac{\text{N}}{\text{mm}^2}} + 20^2} \text{ mm}^2 = 24,7 \text{ mm}$

ausgeführt $d_3 = 25$ mm

c) $\sigma_{b\,vorh} = \dfrac{F_r \dfrac{l}{2}}{\dfrac{\pi}{32} \cdot \left(\dfrac{d_2^4 - d_1^4}{d_2}\right)}$

$\sigma_{b\,vorh} = \dfrac{1260 \text{ N} \cdot 13 \text{ mm}}{\dfrac{\pi}{32} \cdot \left(\dfrac{20^4 - 4^4}{20}\right) \text{ mm}^3} = 20,9 \dfrac{\text{N}}{\text{mm}^2}$

859.

a) $F' = \dfrac{10\,000 \text{ N}}{0,8 \text{ m}} = 12\,500 \dfrac{\text{N}}{\text{m}}$

siehe Lehrbuch, Abschnitt 5.9.7.4

$M_{b\,max} \triangleq A_{q1} + A_{q2} + A_{q3} + A_{q4}$

$A_{q1} = F_1 \, l_1 = 4000 \text{ N} \cdot 0,8 \text{ m} = 3200 \text{ Nm}$

$A_{q2} = \dfrac{l_1 + l_2}{2} \cdot F'(l_1 - l_2)$

$A_{q2} = \dfrac{1,2 \text{ m}}{2} \cdot 12\,500 \dfrac{\text{N}}{\text{m}} \cdot 0,4 \text{ m} = 3000 \text{ Nm}$

$A_{q3} = F_2 \, l_2 = 3000 \text{ N} \cdot 0,4 \text{ m} = 1200 \text{ Nm}$

$A_{q4} = \dfrac{l_2}{2} \cdot F' l_2 = F' \dfrac{l_2^2}{2}$

$A_{q4} = 12\,500 \dfrac{\text{N}}{\text{m}} \cdot \dfrac{(0,4 \text{ m})^2}{2} = 1000 \text{ Nm}$

$M_{b\,max} = 8400 \text{ Nm} = 8400 \cdot 10^3 \text{ Nmm}$

b) $W_{erf} = \dfrac{M_{b\,max}}{\sigma_{b\,zul}} = \dfrac{8400 \cdot 10^3 \text{ Nmm}}{12 \dfrac{\text{N}}{\text{mm}^2}} = 700 \cdot 10^3 \text{ mm}^3$

c) $W_\square = \dfrac{bh^2}{6} = \dfrac{\dfrac{3}{4} h \cdot h^2}{6} = \dfrac{h^3}{8}$

$h_{erf} = \sqrt[3]{8 \cdot W_{erf}} = \sqrt[3]{8 \cdot 700 \cdot 10^3 \text{ mm}^3} = 178 \text{ mm}$

ausgeführt $h = 180$ mm; $b = \dfrac{3}{4} h = 135$ mm

860.

$F' = 4 \dfrac{\text{kN}}{\text{m}}$

siehe Lehrbuch, Abschnitt 5.9.7.3

$M_{b\,max} \triangleq A_{q1} + A_{q2}$

$A_{q1} = F \, l = 1000 \text{ N} \cdot 1,2 \text{ m} = 1200 \text{ Nm}$

$A_{q2} = \dfrac{l}{2} \cdot F' l = F' \dfrac{l^2}{2} = 4000 \dfrac{\text{N}}{\text{m}} \cdot \dfrac{(1,2 \text{ m})^2}{2} = 2880 \text{ Nm}$

$M_{b\,max} = 4080 \text{ Nm} = 4080 \cdot 10^3 \text{ Nmm}$

$W_{erf} = \dfrac{M_{b\,max}}{\sigma_{b\,zul}} = \dfrac{4080 \cdot 10^3 \text{ Nmm}}{120 \dfrac{\text{N}}{\text{mm}^2}} = 34 \cdot 10^3 \text{ mm}^3$

ausgeführt IPE 100 mit $W_x = 34,2 \cdot 10^3$ mm^3

$\sigma_{b\,vorh} = \dfrac{M_{b\,max}}{W_x} = \dfrac{4080 \cdot 10^3 \text{ Nmm}}{34,2 \cdot 10^3 \text{ mm}^3}$

$\sigma_{b\,vorh} = 119,3 \dfrac{\text{N}}{\text{mm}^2} < \sigma_{b\,zul} = 120 \dfrac{\text{N}}{\text{mm}^2}$

861.

a) $M_{b\,max} = F \, l = 5000 \text{ N} \cdot 2,5 \text{ m} = 12\,500 \text{ Nm}$

$W_{erf} = \dfrac{M_{b\,max}}{\sigma_{b\,zul}} = \dfrac{12\,500 \cdot 10^3 \text{ Nmm}}{140 \dfrac{\text{N}}{\text{mm}^2}} = 89,3 \cdot 10^3 \text{ mm}^3$

ausgeführt IPE 160 mit $W_x = 109 \cdot 10^3$ mm^3

b) $M_{b\,max} = \dfrac{F \, l}{2} = \dfrac{5000 \text{ N} \cdot 2,5 \text{ m}}{2} = 6250 \text{ Nm}$

$W_{erf} = \dfrac{M_{b\,max}}{\sigma_{b\,zul}} = \dfrac{6250 \cdot 10^3 \text{ Nmm}}{140 \dfrac{\text{N}}{\text{mm}^2}} = 44,6 \cdot 10^3 \text{ mm}^3$

ausgeführt IPE 120 mit $W_x = 53 \cdot 10^3$ mm^3

c) $F_{G1} = F'_{G1} \, l = 155 \dfrac{\text{N}}{\text{m}} \cdot 2,5 \text{ m} = 387,5 \text{ N}$

$F_{G2} = F'_{G2} \, l = 102 \dfrac{\text{N}}{\text{m}} \cdot 2,5 \text{ m} = 255 \text{ N}$

Für Fall a) *ohne* Gewichtskraft F_{G1} wird

$\sigma_{b\,vorh} = \dfrac{M_{b\,max}}{W_x}$

$\sigma_{b\,vorh} = \dfrac{12\,500 \cdot 10^3 \text{ Nmm}}{109 \cdot 10^3 \text{ mm}^3} = 115 \dfrac{\text{N}}{\text{mm}^2}$

Allein durch die Gewichtskraft F_{G1} wird

$\sigma_{b\,vorh} = \dfrac{F_{G1} \, l}{2 W_x}$

$\sigma_{b\,vorh} = \dfrac{387,5 \text{ N} \cdot 2,5 \cdot 10^3 \text{ mm}}{2 \cdot 109 \cdot 10^3 \text{ mm}^3} = 4,44 \dfrac{\text{N}}{\text{mm}^2}$

Damit ergibt sich:

$\sigma_{b\,gesamt} = (115 + 4{,}44)\,\dfrac{N}{mm^2} = 119{,}44\,\dfrac{N}{mm^2}$

Spannungsnachweis:

$\sigma_{b\,gesamt} = 119{,}44\,\dfrac{N}{mm^2} < \sigma_{b\,zul} = 140\,\dfrac{N}{mm^2}$

Für Fall b) *ohne* Gewichtskraft F_{G2} wird

$\sigma_{b\,vorh} = \dfrac{M_{b\,max}}{W_x} = \dfrac{6250 \cdot 10^3\ \text{Nmm}}{53 \cdot 10^3\ \text{mm}^3} = 117{,}9\,\dfrac{N}{mm^2}$

Allein durch die Gewichtskraft F_{G2} wird

$\sigma_{b\,vorh} = \dfrac{F_{G2} \cdot l}{2 \cdot W_x} = \dfrac{255\ \text{N} \cdot 2{,}5 \cdot 10^3\ \text{mm}}{2 \cdot 53 \cdot 10^3\ \text{mm}^3} = 6\,\dfrac{N}{mm^2}$

$\sigma_{b\,gesamt} = (117{,}9 + 6)\,\dfrac{N}{mm^2} = 123{,}9\,\dfrac{N}{mm^2}$

Spannungsnachweis:

$\sigma_{b\,gesamt} = 123{,}9\,\dfrac{N}{mm^2} < \sigma_{b\,zul} = 140\,\dfrac{N}{mm^2}$

Erkenntnis: Die Gewichtskraft erhöht die vorhandene Biegespannung geringfügig.

862.

a) $p = \dfrac{F}{A_{proj}} = \dfrac{F}{d\,b}$

$d_{erf} = \dfrac{F}{p_{zul}\,b} = \dfrac{60\,000\ \text{N}}{2\,\dfrac{N}{mm^2} \cdot 180\ \text{mm}} = 167\ \text{mm}$

ausgeführt $d = 170$ mm

b) $M_{b\,max} = \dfrac{F\,b}{2}$

$M_{b\,max} = \dfrac{60 \cdot 10^3\ \text{N} \cdot 180\ \text{mm}}{2} = 5400 \cdot 10^3\ \text{Nmm}$

c) $\sigma_{b\,vorh} = \dfrac{M_{b\,max}}{W} = \dfrac{M_{b\,max}}{\dfrac{\pi}{32}d^3} = \dfrac{32 \cdot M_{b\,max}}{\pi \cdot d^3}$

$\sigma_{b\,vorh} = \dfrac{32 \cdot 5400 \cdot 10^3\ \text{Nmm}}{\pi \cdot (170\ \text{mm})^3} = 11{,}2\,\dfrac{N}{mm^2}$

863.

a) $M_b = F\,l$

$F_q = F$

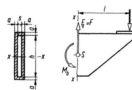

$W_x = \dfrac{\overbrace{(2a+s) \cdot (2a+h)^3}^{B \cdot H^3} - s \cdot h^3}{6\underbrace{(2a+h)}_{H}}$

$M_b = F\,l = 26\,000\ \text{N} \cdot 320\ \text{mm} = 8320 \cdot 10^3\ \text{Nmm}$

$W_x = \dfrac{28\ \text{mm} \cdot (266\ \text{mm})^3 - 12\ \text{mm} \cdot (250\ \text{mm})^3}{6 \cdot 266\ \text{mm}}$

$W_x = 212{,}7 \cdot 10^3\ \text{mm}^3$

$\sigma_{b\,schw} = \dfrac{M_b}{W_x} = \dfrac{8320 \cdot 10^3\ \text{Nmm}}{212{,}7 \cdot 10^3\ \text{mm}^3} = 39{,}1\,\dfrac{N}{mm^2}$

b) $\tau_{s\,schw} = \dfrac{F_q}{A} = \dfrac{F_q}{(2a+s)(2a+h) - s\,h}$

$\tau_{s\,schw} = \dfrac{26\,000\ \text{N}}{28\ \text{mm} \cdot 266\ \text{mm} - 12\ \text{mm} \cdot 250\ \text{mm}}$

$\tau_{s\,schw} = 5{,}8\,\dfrac{N}{mm^2}$

Stützträger mit Einzellasten

864.

a) $\Sigma M_{(A)} = 0 = -F_1\,l_1 - F_2\,(l_1 + l_2) + F_B\,l_3$

$F_B = \dfrac{F_1\,l_1 + F_2\,(l_1 + l_2)}{l_3}$

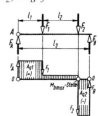

$F_B = 28{,}3$ kN

$F_A = 11{,}7$ kN

(Kontrolle mit $\Sigma F_y = 0$)

b) $M_{b\,max} \triangleq A_{q2} = A_{q1}$

$M_{b\,max} = F_B(l_3 - l_1 - l_2) = 28{,}3\ \text{kN} \cdot 1\ \text{m}$

$M_{b\,max} = 28{,}3\ \text{kNm} = 28{,}3 \cdot 10^6\ \text{Nmm}$

865.

a) $\Sigma M_{(A)} = 0 = F_1\,l_1 - F_2\,(l_4 - l_2) + F_B\,l_4 - F_3\,(l_3 + l_4)$

$F_B = \dfrac{F_2\,(l_4 - l_2) + F_3\,(l_3 + l_4) - F_1\,l_1}{l_4} = 4{,}76\ \text{kN}$

$F_A = -1{,}76$ kN (nach unten gerichtet)

(Kontrolle mit $\Sigma F_y = 0$)

b) $M_{bI} \triangleq A_{q1} = F_A l_1$

$M_{bI} = 1760 \text{ N} \cdot 0,1 \text{ m}$

$M_{bI} = 176 \text{ Nm}$

$M_{bII} \triangleq A_{q1} - A_{q2}$

$M_{bII} = F_A l_1 - (F_1 - F_A) l_5$

$l_5 = l_4 - (l_1 + l_2)$

$M_{bII} = 176 \text{ Nm} - 1240 \text{ N} \cdot 0,28 \text{ m} = -171,2 \text{ Nm}$
(Minus-Vorzeichen ohne Bedeutung)

$M_{bB} \triangleq A_{q4} = F_3 l_3 = 2000 \text{ N} \cdot 0,08 \text{ m} = 160 \text{ Nm}$

$M_{bIII} = 0$

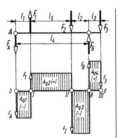

866.

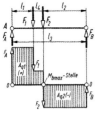

$\Sigma M_{(A)} = 0 = -F_1 l_1 - F_2 (l_3 - l_2) + F_B l_3$

$F_B = \dfrac{F_1 l_1 + F_2 (l_3 - l_2)}{l_3} = 14280 \text{ N}$

$F_A = 24720 \text{ N}$
(Kontrolle mit $\Sigma F_y = 0$)

$M_{b\max} \triangleq A_{q2} = F_B l_2 = 14280 \text{ N} \cdot 2,9 \text{ m} = 41412 \text{ Nm}$

zur Kontrolle:

$M_{b\max} \triangleq A_{q1} = F_A l_1 + (F_A - F_1) l_4$

$M_{b\max} = 24720 \text{ N} \cdot 1,4 \text{ m} + 9720 \text{ N} \cdot 0,7 \text{ m} = 41412 \text{ Nm}$

$W_{x\,erf} = \dfrac{M_{b\max}}{\sigma_{b\,zul}} = \dfrac{41412 \cdot 10^3 \text{ Nmm}}{140 \, \dfrac{\text{N}}{\text{mm}^2}} = 295,8 \cdot 10^3 \text{ mm}^3$

ausgeführt 2 IPE 200 mit
$W_{x\,gesamt} = 2 \cdot 194 \cdot 10^3 \text{ mm}^3 = 388 \cdot 10^3 \text{ mm}^3$

867.

a) $\Sigma M_{(A)} = 0 = F_1 l_1 - F_2 l_2 - F_3 (l_5 - l_3) +$
$\qquad + F_B l_5 - F_4 (l_4 + l_5)$

$F_B = \dfrac{-F_1 l_1 + F_2 l_2 + F_3 (l_5 - l_3) + F_4 (l_4 + l_5)}{l_5}$

$F_B = 28500 \text{ N}$

$F_A = 21500 \text{ N}; \quad F_B = 28500 \text{ N}$
(Kontrolle mit $\Sigma F_y = 0$)

b) $M_{bI} \triangleq A_{q1} = F_1 l_1$

$M_{bI} = 10 \text{ kN} \cdot 1 \text{ m} = 10 \text{ kNm}$

$M_{bII} \triangleq A_{q1} - A_{q2}$

$M_{bII} = F_1 l_1 - (F_A - F_1) l_2$

$M_{bII} = -7,25 \text{ kNm}$

$M_{bIII} \triangleq A_{q4} = F_4 l_4$

$M_{bIII} = 10 \text{ kN} \cdot 2 \text{ m} = 20 \text{ kNm}$

$M_{b\max} = M_{bIII} = 20 \cdot 10^6 \text{ Nmm}$

868.

a) $\Sigma M_{(A)} = 0 = F_1 l_1 - F_2 l_2 + F_B l_3$

$F_B = \dfrac{-F_1 l_1 + F_2 l_2}{l_3} = -617 \text{ N (nach unten gerichtet)}$

$F_A = 5617 \text{ N}; \quad F_B = -617 \text{ N}$
(Kontrolle mit $\Sigma F_y = 0$)

b) $M_{b\max} \triangleq A_{q1} = F_1 l_1$

$M_{b\max} = 3,6 \text{ kN} \cdot 2 \text{ m}$

$M_{b\max} = 7,2 \text{ kNm}$

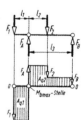

c) $W_{x\,erf} = \dfrac{M_{b\max}}{\sigma_{b\,zul}}$

$W_{x\,erf} = \dfrac{7200 \cdot 10^3 \text{ Nmm}}{120 \, \dfrac{\text{N}}{\text{mm}^2}} = 60 \cdot 10^3 \text{ mm}^3$

ausgeführt IPE 140 mit $W_x = 77,3 \cdot 10^3 \text{ mm}^3$

869.

linkes Auflager → Lager A

$l_1 = 1,8 \text{ m}$ → Abstand Kraft F – Lager A

$l = 4,5 \text{ m}$ → Abstand Lager A – Lager B

$\Sigma M_{(A)} = 0 = -F l_1 + F_B l$

$F_B = \dfrac{F l_1}{l} = 5200 \text{ N}$

$F_A = 7800 \text{ N}$
(Kontrolle mit $\Sigma F_y = 0$)

$M_{b\max}$ wie üblich mit der Querkraftfläche:

$M_{b\max} = F_A l_1 = 7800 \text{ N} \cdot 1,8 \text{ m} = 14040 \text{ Nm}$

$$\sigma_b = \frac{M_b}{W} = \frac{M_b}{\frac{bh^2}{6}} = \frac{6M_b}{\frac{h}{2,5} \cdot h^2} = \frac{15 M_b}{h^3}$$

$$h_{erf} = \sqrt[3]{\frac{15 M_{b\,max}}{\sigma_{b\,zul}}} = \sqrt[3]{\frac{15 \cdot 14040 \cdot 10^3 \text{ Nmm}}{18 \frac{\text{N}}{\text{mm}^2}}} = 227 \text{ mm}$$

ausgeführt $h = 230$ mm; $b = 90$ mm

870.

Bei gleicher Masse m, Länge l und gleicher Dichte ϱ müssen auch die Querschnittsflächen gleich groß sein ($A_1 = A_2 = A$). Daher gilt:

a) $A_o = \frac{\pi}{4} d_1^2 = A \qquad A_O = \frac{\pi}{4}(D_2^2 - d_2^2) = A$

$$\frac{\pi}{4} d_1^2 = \frac{\pi}{4}\left[D_2^2 - \left(\frac{2}{3} D_2\right)^2\right]$$

$$d_1^2 = D_2^2 - \frac{4}{9} D_2^2 = \frac{5}{9} D_2^2$$

$$D_2 = d_1 \sqrt{\frac{9}{5}} = 100 \text{ mm} \cdot 1{,}342 = 134{,}2 \text{ mm}$$

$$d_2 = \frac{2}{3} D_2 = 89{,}5 \text{ mm}$$

b) $W_1 = \frac{\pi}{32} d_1^3 = 98{,}2 \cdot 10^3 \text{ mm}^3$

$W_2 = \frac{\pi}{32} \cdot \frac{D_2^4 - d_2^4}{D_2} = 190{,}3 \cdot 10^3 \text{ mm}^3$

c) $M_{b\,max} = \frac{F}{2} \cdot \frac{l}{2} = \frac{Fl}{4}$

$F_1 = \frac{4 \cdot \sigma_{b\,zul} \cdot W_1}{l} = 39\,270 \text{ N}$

$F_2 = \frac{4 \cdot \sigma_{b\,zul} \cdot W_2}{l} = 76\,136 \text{ N}$

871.

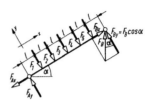

a) $\Sigma M_{(A)} = 0 = -F_1 l_1 - F_2 l_2 - F_3 l_3 + F_B l$

$F_B = \frac{F_1 l_1 + F_2 l_2 + F_3 l_3}{l} = 28{,}75 \text{ kN}$

$F_A = F_1 + F_2 + F_3 - F_B = 24{,}25 \text{ kN}$

b) $M_{b\,max} = F_B(l - l_2) - F_3(l_3 - l_2) = 50{,}25 \text{ kNm}$

c) $W_{x\,erf} = \frac{M_{b\,max}}{\sigma_{b\,zul}}$

$$W_{x\,erf} = \frac{50{,}25 \cdot 10^6 \text{ Nmm}}{120 \frac{\text{N}}{\text{mm}^2}} = 418{,}75 \cdot 10^3 \text{ mm}^3$$

ausgeführt IPE 270 mit $W_x = 429 \cdot 10^3$ mm³

872.

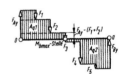

$\Sigma M_{(A)} = 0 = -F_1 l - F_2 \cdot 2l - F_3 \cdot 3l - F_4 \cdot 4l - F_5 \cdot 5l + F_{By} \cdot 6l$

$F_{By} = \frac{l(F_1 + 2F_2 + 3F_3 + 4F_4 + 5F_5)}{6l} = 6500 \text{ N}$

$F_{Ay} = \Sigma F - F_{By}$

$F_{Ay} = 6500 \text{ N}$

$M_{b\,max} \triangleq A_{q1}$

$M_{b\,max} = F_1 l + F_2 \cdot 2l + [F_{Ay} - (F_1 + F_2)] \cdot 3l$

$M_{b\,max} = 1{,}2 \text{ m} (2 \text{ kN} + 6 \text{ kN} + 4{,}5 \text{ kN}) = 15 \text{ kNm}$

$$W_{erf} = \frac{M_{b\,max}}{\sigma_{b\,zul}} = \frac{15\,000 \cdot 10^3 \text{ Nmm}}{120 \frac{\text{N}}{\text{mm}^2}} = 125 \cdot 10^3 \text{ mm}^3$$

ausgeführt 2 U 140 DIN 1026 mit

$W_{x\,gesamt} = 2 \cdot 86{,}4 \cdot 10^3 \text{ mm}^3 = 172{,}8 \cdot 10^3 \text{ mm}^3$

873.

a) $F = 2500$ N

$l = 600$ mm

Bei symmetrischer Belastung wird

$F_A = F_B = \frac{5F}{2}$

Bei symmetrischer Belastung kann $M_{b\,max}$ in I oder in II liegen. Nur wenn in beiden Querschnittsstellen der Betrag des Biegemoments gleich groß ist ($M_{bI} = M_{bII}$), wird $M_{b\,max}$ am kleinsten.

Für Querschnittsstelle I gilt:

$M_{bI} \triangleq A_{q1} = F l_1$

ebenso für Querschnittsstelle II:

$$M_{bII} \triangleq A_{q1} - A_{q2} = Fl_1 - \left[\frac{3}{2}F(l-l_1) + \frac{F}{2}l\right]$$

Beide Ausdrücke gleichgesetzt und nach l_1 aufgelöst ergibt:

$M_{bI} = M_{bII}$

$A_{q1} = A_{q2} - A_{q1}$

$2A_{q1} = A_{q2}$

$2Fl_1 = \frac{3}{2}F(l-l_1) + \frac{F}{2}l \quad |:F$

$2l_1 = \frac{3}{2}l - \frac{3}{2}l_1 + \frac{l}{2}$

$\frac{7}{2}l_1 = 2l$

$l_1 = \frac{4}{7}l = \frac{4}{7} \cdot 600 \text{ mm} = 342,9 \text{ mm}$

b) $M_{bI} = Fl_1 = 2500 \text{ N} \cdot 0,3429 \text{ m} = 857,25 \text{ Nm}$

$M_{bII} = F \cdot 2l - \frac{5}{2}F(2l-l_1) + Fl$

$M_{bII} = F(2,5 l_1 - 2l)$

$M_{bII} = 2500 \text{ N}\left(2,5 \cdot \frac{4}{7} \cdot 0,6 - 2 \cdot 0,6\right) \text{m}$

$M_{bII} = -857,14 \text{ Nm}$

$M_{b\max} = M_{bI} = |M_{bII}| = 857,25 \text{ Nm}$

c) $W_{x\text{erf}} = \frac{M_{b\max}}{\sigma_{b\text{zul}}} = \frac{857,25 \cdot 10^3 \text{ Nmm}}{120 \frac{\text{N}}{\text{mm}^2}}$

$W_{x\text{erf}} = 7,144 \cdot 10^3 \text{ mm}^3$

Es genügt das kleinste Profil:
IPE 80 mit $W_x = 20 \cdot 10^3 \text{ mm}^3$

874.

$M_{b\max}$ kann nur am Rollenstützpunkt wirken:

$M_{b\max} = Fl_1$

$\sigma_b = \frac{M_b}{W} = \frac{M_b}{\frac{bh^2}{6}} = \frac{6 \cdot Fl_1}{10h \cdot h^2} = \frac{0,6 \cdot Fl_1}{h^3}$

$h_{\text{erf}} = \sqrt[3]{\frac{0,6 \cdot Fl_1}{\sigma_{b\text{zul}}}}$

$h_{\text{erf}} = \sqrt[3]{\frac{0,6 \cdot 10^3 \text{ N} \cdot 2,5 \cdot 10^3 \text{ mm}}{8 \frac{\text{N}}{\text{mm}^2}}} = 57,2 \text{ mm}$

ausgeführt $h = 58 \text{ mm} \quad b = 580 \text{ mm}$

875.

a) $\Sigma M_{(B)} = 0 = +F\left(\frac{l_3}{2} + l_4\right) - F_A(l_2 + l_3 + l_4)$

$F_A = \frac{F\left(\frac{l_3}{2} + l_4\right)}{(l_2 + l_3 + l_4)} = 11,43 \text{ kN}$

$F_A = 11,43 \text{ kN}, \quad F_B = 8,57 \text{ kN}$

(Kontrolle mit $\Sigma F_y = 0$)

b) Berechnung von x mit dem Strahlensatz:

$\frac{F}{l_3} = \frac{F_A}{x} \Rightarrow x = \frac{F_A}{F}l_3$

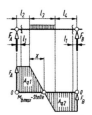

$x = \frac{11,43 \text{ kN}}{20 \text{ kN}} \cdot 120 \text{ mm}$

$x = 68,58 \text{ mm}$

$M_{b\max} \triangleq A_{q1} = F_A l_2 + \frac{F_A x}{2} = F_A\left(l_2 + \frac{x}{2}\right)$

$M_{b\max} = 11,43 \text{ kN} \cdot 94,29 \text{ mm} = 1078 \cdot 10^3 \text{ Nmm}$

c) $d_{3\text{erf}} = \sqrt[3]{\frac{M_{b\max}}{0,1 \cdot \sigma_{b\text{zul}}}}$

$d_{3\text{erf}} = \sqrt[3]{\frac{1078 \cdot 10^3 \text{ Nmm}}{0,1 \cdot 50 \frac{\text{N}}{\text{mm}^2}}} = 59,96 \text{ mm}$

ausgeführt $d_3 = 60 \text{ mm}$

d) $d_{1\text{erf}} = \sqrt[3]{\frac{M_{bI}}{0,1 \cdot \sigma_{b\text{zul}}}} = \sqrt[3]{\frac{F_A l_1}{0,1 \cdot \sigma_{b\text{zul}}}}$

$d_{1\text{erf}} = \sqrt[3]{\frac{11,43 \cdot 10^3 \text{ N} \cdot 20 \text{ mm}}{0,1 \cdot 50 \frac{\text{N}}{\text{mm}^2}}} = 35,76 \text{ mm}$

ausgeführt $d_1 = 36 \text{ mm}$

$d_{2\text{erf}} = \sqrt[3]{\frac{F_B l_1}{0,1 \cdot \sigma_{b\text{zul}}}}$

$d_{2\text{erf}} = \sqrt[3]{\frac{8,57 \cdot 10^3 \text{ N} \cdot 20 \text{ mm}}{0,1 \cdot 50 \frac{\text{N}}{\text{mm}^2}}} = 32,48 \text{ mm}$

ausgeführt $d_2 = 34 \text{ mm}$

e) $p_{A\text{vorh}} = \frac{F_A}{d_1 \cdot 2l_1} = \frac{11430 \text{ N}}{2 \cdot 36 \text{ mm} \cdot 20 \text{ mm}} = 7,9 \frac{\text{N}}{\text{mm}^2}$

$p_{B\text{vorh}} = \frac{F_B}{d_2 \cdot 2l_1} = \frac{8570 \text{ N}}{2 \cdot 34 \text{ mm} \cdot 20 \text{ mm}} = 6,3 \frac{\text{N}}{\text{mm}^2}$

876.

a) $M_{b\,max} = \dfrac{F}{2}\left(\dfrac{l_1+l_2}{2}\right)$

$M_{b\,max} = 600\ \text{N} \cdot 5{,}75\ \text{mm} = 3450\ \text{Nmm}$

$W = \dfrac{\pi}{32}d^3 = \dfrac{\pi}{32}(6\ \text{mm})^3 = 21{,}2\ \text{mm}^3$

$\sigma_{b\,vorh} = \dfrac{M_{b\,max}}{W} = \dfrac{3450\ \text{Nmm}}{21{,}2\ \text{mm}^3} = 163\ \dfrac{\text{N}}{\text{mm}^2}$

b) $\tau_{a\,vorh} = \dfrac{F}{A\,m} = \dfrac{1200\ \text{N}}{\dfrac{\pi}{4}\cdot(6\ \text{mm})^2\cdot 2} = 21{,}2\ \dfrac{\text{N}}{\text{mm}^2}$

c) $p_{max} = \dfrac{F}{2 l_2\, d} = \dfrac{1200\ \text{N}}{2\cdot 3{,}5\ \text{mm}\cdot 6\ \text{mm}} = 28{,}6\ \dfrac{\text{N}}{\text{mm}^2}$

877.

a) Stützkräfte:

$F_A = 883$ N
$F_B = 1767$ N
$M_{bI} = M_{b\,max} = F_B\, l_1$
$M_{bI} = 1767\ \text{N}\cdot 30\ \text{mm}$
$M_{bI} = 53\cdot 10^3\ \text{Nmm}$

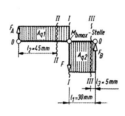

$M_{bII} = F_A\, l_2 = 883\ \text{N}\cdot 45\ \text{mm} = 39{,}7\cdot 10^3\ \text{Nmm}$
$M_{bIII} = F_B\, l_3 = 1767\ \text{N}\cdot 5\ \text{mm} = 8{,}84\cdot 10^3\ \text{Nmm}$

b) $\sigma_{bI} = \dfrac{M_{bI}}{W_I}$ Schnitt I–I

$W_I = \dfrac{h^2}{6}(b-d)$

$W_I = \dfrac{(16\ \text{mm})^2}{6}\cdot(35-16)\ \text{mm} = 810{,}7\ \text{mm}^3$

$\sigma_{bI} = \dfrac{53000\ \text{Nmm}}{810{,}7\ \text{mm}^3} = 65{,}4\ \dfrac{\text{N}}{\text{mm}^2}$

c) $\sigma_{bII} = \dfrac{M_{bII}}{W_{II}} = \dfrac{32\cdot 39700\ \text{Nmm}}{\pi\cdot(16\ \text{mm})^3} = 98{,}7\ \dfrac{\text{N}}{\text{mm}^2}$

d) $\sigma_{bIII} = \dfrac{M_{bIII}}{W_{III}} = \dfrac{32\cdot 8840\ \text{Nmm}}{\pi\cdot(12\ \text{mm})^3} = 52{,}1\ \dfrac{\text{N}}{\text{mm}^2}$

878.

a) $F_{res} = \sqrt{F^2 + F^2 + 2F^2\cos\alpha}$

$F_{res} = \sqrt{2F^2(1+\cos\alpha)}$

$F_{res} = \sqrt{2\cdot 64\ (\text{kN})^2\cdot 1{,}5} = 13{,}85\ \text{kN}$

b) $F_A = 4155$ N $F_B = 9695$ N

$M_{b\,max} = F_A\, l_1 = 4155\ \text{N}\cdot 0{,}42\ \text{m} = 1745\ \text{Nm}$

c) $\sigma_{b\,zul} = \dfrac{M_b}{W} \Rightarrow W_{erf} = \dfrac{M_{b\,max}}{\sigma_{b\,zul}}$

$W_{erf} = \dfrac{1745\cdot 10^3\ \text{Nmm}}{90\ \dfrac{\text{N}}{\text{mm}^2}} = 19{,}4\cdot 10^3\ \text{mm}^3$

d) $d_{erf} = \sqrt[3]{\dfrac{M_{b\,max}}{0{,}1\cdot\sigma_{b\,zul}}}$

$d_{erf} = \sqrt[3]{\dfrac{1745\cdot 10^3\ \text{Nmm}}{0{,}1\cdot 90\ \dfrac{\text{N}}{\text{mm}^2}}} = 57{,}88\ \text{mm}$

ausgeführt $d = 60$ mm

e) $\sigma_{b\,vorh} = \dfrac{32\cdot M_{b\,max}}{\pi d^3}$

$\sigma_{b\,vorh} = \dfrac{32\cdot 1745\cdot 10^3\ \text{Nmm}}{\pi\cdot(60\ \text{mm})^3} = 82{,}3\ \dfrac{\text{N}}{\text{mm}^2}$

Mit der Ungefährbeziehung $W \approx 0{,}1\, d^3$ wird

$\sigma_{b\,vorh} = \dfrac{M_{b\,max}}{0{,}1 d^3} = \dfrac{1745\cdot 10^3\ \text{Nmm}}{0{,}1\cdot(60\ \text{mm})^3} = 80{,}8\ \dfrac{\text{N}}{\text{mm}^2}$

879.

a) $M_{b\,max} = \dfrac{F}{2}\cdot\dfrac{l_2}{2} = \dfrac{F\, l_2}{4}$

$M_{b\,max} = \dfrac{45\cdot 10^3\ \text{N}\cdot 10\ \text{m}}{4} = 1{,}125\cdot 10^5\ \text{Nm}$

$W_{erf} = \dfrac{M_{b\,max}}{\sigma_{b\,zul}} = \dfrac{1{,}125\cdot 10^8\ \text{Nmm}}{85\ \dfrac{\text{N}}{\text{mm}^2}} = 1323{,}5\cdot 10^3\ \text{mm}^3$

$W_{x\,erf} = \dfrac{W_{erf}}{2} = 661{,}73\cdot 10^3\ \text{mm}^3$ je Profil

ausgeführt IPE 330 mit $W_x = 713\cdot 10^3\ \text{mm}^3$

$\sigma_{b\,vorh} = \dfrac{M_{b\,max}}{2\cdot W_x} = \dfrac{1{,}125\cdot 10^8\ \text{Nmm}}{2\cdot 713\cdot 10^3\ \text{mm}^3} = 78{,}9\ \dfrac{\text{N}}{\text{mm}^2}$

$\sigma_{b\,vorh} = 78{,}9\ \dfrac{\text{N}}{\text{mm}^2} < \sigma_{b\,zul} = 85\ \dfrac{\text{N}}{\text{mm}^2}$

b) $M_{b\,max} = \dfrac{F\, l_2}{4} - \dfrac{F\, l_1}{4} = \dfrac{F(l_2 - l_1)}{4}$

$M_{b\,max} = \dfrac{45\cdot 10^3\ \text{N}\cdot(10-0{,}6)\ \text{m}}{4} = 1{,}0575\cdot 10^5\ \text{Nm}$

$W_{erf} = \dfrac{M_{b\,max}}{\sigma_{b\,zul}} = \dfrac{1{,}0575\cdot 10^8\ \text{Nmm}}{85\ \dfrac{\text{N}}{\text{mm}^2}} = 1244{,}1\cdot 10^3\ \text{mm}^3$

5 Festigkeitslehre

$W_{x\,erf} = \dfrac{W_{erf}}{2} = 622 \cdot 10^3 \text{ mm}^3$

Es bleibt bei IPE 330 wie unter a).

$\sigma_{b\,vorh} = \dfrac{M_{b\,max}}{2 \cdot W_x} = \dfrac{1,0575 \cdot 10^8 \text{ Nmm}}{2 \cdot 713 \cdot 10^3 \text{ mm}^3} = 74,2 \dfrac{\text{N}}{\text{mm}^2}$

$\sigma_{b\,vorh} = 74,2 \dfrac{\text{N}}{\text{mm}^2} < \sigma_{b\,zul} = 85 \dfrac{\text{N}}{\text{mm}^2}$

880.

a) $e_1 = \dfrac{A_1 y_1 + A_2 y_2 + A_3 y_3}{A}; \quad e_2 = h - e_1$

$A_1 = b_2 d_2 = (90 \cdot 30) \text{ mm}^2 = 2700 \text{ mm}^2$

$A_2 = (h - d_1 - d_2) d_3 = (110 \cdot 20) \text{ mm}^2 = 2200 \text{ mm}^2$

$A_3 = b_1 d_1 = (120 \cdot 20) \text{ mm}^2 = 2400 \text{ mm}^2$

$A = A_1 + A_2 + A_3 = 7300 \text{ mm}^2$

$y_1 = \dfrac{d_2}{2} = 15 \text{ mm}$

$y_2 = 85 \text{ mm}$

$y_3 = 150 \text{ mm}$

$e_1 = \dfrac{(2700 \cdot 15 + 2200 \cdot 85 + 2400 \cdot 150) \text{ mm}^3}{7300 \text{ mm}^2}$

$e_1 = 80,5 \text{ mm}$

$e_2 = 160 \text{ mm} - 80,5 \text{ mm} = 79,5 \text{ mm}$

b) $I = I_1 + A_1 l_1^2 + I_2 + A_2 l_2^2 + I_3 + A_3 l_3^2$

$I_1 = \dfrac{b_2 d_2^3}{12} = \dfrac{90 \text{ mm} \cdot (30 \text{ mm})^3}{12} = 20,25 \cdot 10^4 \text{ mm}^4$

$I_2 = \dfrac{20 \text{ mm} \cdot (110 \text{ mm})^3}{12} = 221,8 \cdot 10^4 \text{ mm}^4$

$I_3 = \dfrac{120 \text{ mm} \cdot (20 \text{ mm})^3}{12} = 8 \cdot 10^4 \text{ mm}^4$

$l_1^2 = \left(e_1 - \dfrac{d_2}{2}\right)^2 = 65,5^2 \text{ mm}^2 = 4290 \text{ mm}^2$

$l_2^2 = (85 \text{ mm} - e_1)^2 = 20,25 \text{ mm}^2$

$l_3^2 = \left(e_2 - \dfrac{d_1}{2}\right)^2 = 4830 \text{ mm}^2$

$I = (20,25 + 0,27 \cdot 4290 + 221,8 + 0,22 \cdot 20,25 + $
$\quad + 8 + 0,24 \cdot 4830) \cdot 10^4 \text{ mm}^4$

$I = 2572 \cdot 10^4 \text{ mm}^4$

c) $W_1 = \dfrac{I}{e_1} = \dfrac{2572 \cdot 10^4 \text{ mm}^4}{80,5 \text{ mm}} = 319,5 \cdot 10^3 \text{ mm}^3$

$W_2 = \dfrac{I}{e_2} = \dfrac{2572 \cdot 10^4 \text{ mm}^4}{79,5 \text{ mm}} = 323,5 \cdot 10^3 \text{ mm}^3$

d) $\Sigma M_{(B)} = 0 = F l_2 - F_A (l_1 + l_2)$

$F_A = \dfrac{F l_2}{(l_1 + l_2)} = 9 \text{ kN}$

$F_A = 9 \text{ kN}; \quad F_B = 6 \text{ kN}$

(Kontrolle mit $\Sigma F_y = 0$)

$M_{b\,max} = F_A l_1 = F_B l_2$

$\sigma_{b1\,vorh} = \dfrac{M_{b\,max}}{W_{x1}} = \dfrac{9 \cdot 10^3 \text{ N} \cdot 400 \text{ mm}}{319,5 \cdot 10^3 \text{ mm}^3} = 11,3 \dfrac{\text{N}}{\text{mm}^2}$

$\sigma_{b2\,vorh} = \dfrac{M_{b\,max}}{W_{x2}} = \dfrac{9 \cdot 10^3 \text{ N} \cdot 400 \text{ mm}}{323,5 \cdot 10^3 \text{ mm}^3} = 11,1 \dfrac{\text{N}}{\text{mm}^2}$

Die größte Spannung tritt demnach als Biege-Zugspannung $\sigma_{b1} = \sigma_{bz} = 11,3 \text{ N/mm}^2$ an der Unterseite des Profils auf.

Stützträger mit Mischlasten

881.

a) $F_A = F_B = \dfrac{F' l}{2} = \dfrac{2000 \dfrac{\text{N}}{\text{m}} \cdot 6 \text{ m}}{2} = 6000 \text{ N}$

b) $M_{b\,max} \triangleq A_{q1} = A_{q2}$

$M_{b\,max} = \dfrac{F_A \dfrac{l}{2}}{2} = \dfrac{F_A l}{4}$

$M_{b\,max} = 9000 \text{ Nm}$

882.

$F_A = F_B = \dfrac{F_G}{2} = \dfrac{mg}{2} = \dfrac{A l \varrho g}{2}$

$M_{b\,max} = \dfrac{F_A l}{2} = \dfrac{A l \varrho g l}{2 \cdot 2} = \dfrac{b h l^2 \varrho g}{4}$

$\sigma_b = \dfrac{M_{b\,max}}{W} = \dfrac{M_{b\,max}}{\dfrac{b h^2}{6}} = \dfrac{6 b h l^2 \varrho g}{4 b h^2} = \dfrac{3 l^2 \varrho g}{2 h}$

$h_{erf} = \dfrac{3 l^2 \varrho g}{2 \cdot \sigma_{b\,zul}} = \dfrac{3 \cdot 100 \text{ m}^2 \cdot 1,1 \cdot 10^3 \dfrac{\text{kg}}{\text{m}^3} \cdot 9,81 \dfrac{\text{m}}{\text{s}^2}}{2 \cdot 10^6 \dfrac{\text{N}}{\text{m}^2}}$

$h_{erf} = 0,162 \text{ m} = 162 \text{ mm}$

$b_{erf} = \dfrac{h_{erf}}{3} = 54 \text{ mm}$

883.

a) $\Sigma M_{(B)} = 0 = -F_A l_1 + F \dfrac{l_2}{2}$

$F_A = F \dfrac{l_2}{2 l_1}$

$F_A = 19500 \text{ N} \cdot \dfrac{2,8 \text{ m}}{8 \text{ m}} = 6825 \text{ N}$

$F_B = 12675 \text{ N}$

b) $\dfrac{F}{l_2} = \dfrac{F_A}{x} \Rightarrow x = \dfrac{F_A}{F} l_2 = 0,98 \text{ m}$

$M_{b\max} \triangleq A_{q1} = A_{q2}$

$M_{b\max} = \dfrac{F_B (l_2 - x)}{2}$

$M_{b\max} = 12675 \text{ N} \cdot 0,91 \text{ m} = 11534 \text{ Nm}$

c) $W_{x\,\text{erf}} = \dfrac{M_{b\max}}{\sigma_{b\,\text{zul}}} = \dfrac{11534 \cdot 10^3 \text{ Nmm}}{120 \dfrac{\text{N}}{\text{mm}^2}} = 96,1 \cdot 10^3 \text{ mm}^3$

ausgeführt IPE 160 mit $W_x = 109 \cdot 10^3 \text{ mm}^3$

884.

$F'_G = 59 \dfrac{\text{N}}{\text{m}} \qquad F' = 20 \dfrac{\text{N}}{\text{m}}$

$F'_{\text{ges}} = F' + F'_G = (20 + 59) \dfrac{\text{N}}{\text{m}} = 79 \dfrac{\text{N}}{\text{m}}$

$F_{\text{ges}} = F'_{\text{ges}} \, l = 79 \dfrac{\text{N}}{\text{m}} \cdot 5 \text{ m} = 395 \text{ N}$

$M_{b\max} = \dfrac{F_{\text{ges}}}{8} l = 0,125 \, F_{\text{ges}} \, l$

$W_x = 19,5 \cdot 10^3 \text{ mm}^3$

$\sigma_{b\,\text{vorh}} = \dfrac{M_{b\max}}{W_x}$

$\sigma_{b\,\text{vorh}} = \dfrac{0,125 \cdot 395 \text{ N} \cdot 5 \cdot 10^3 \text{ mm}}{20 \cdot 10^3 \text{ mm}^3} = 12,3 \dfrac{\text{N}}{\text{mm}^2}$

885.

a) $\Sigma M_{(B)} = 0 = F l_3 - F_A (l_2 + l_3)$

$F_A = \dfrac{F l_3}{(l_2 + l_3)} = 500 \text{ N}$

$F_A = 500 \text{ N}; \; F_B = 300 \text{ N}$

(Kontrolle mit $\Sigma F_y = 0$)

b) $\dfrac{F}{l_1} = \dfrac{F_A}{x} \Rightarrow x = \dfrac{F_A}{F} l_1$

$x = \dfrac{500 \text{ N}}{800 \text{ N}} \cdot 200 \text{ mm}$

$x = 125 \text{ mm}$

$l_4 = l_2 - \dfrac{l_1}{2} + x$

$l_4 = (300 - 100 + 125) \text{ mm}$

$l_4 = 325 \text{ mm}$

c) $M_{b\max} \triangleq A_{q1} = A_{q2}$

$M_{b\max} = \dfrac{l_4 + \left(l_2 - \dfrac{l_1}{2} \right)}{2} \cdot F_A = 131,25 \cdot 10^3 \text{ Nmm}$

d) $d_{\text{erf}} = \sqrt[3]{\dfrac{M_{b\max}}{0,1 \cdot \sigma_{b\,\text{zul}}}}$

$d_{\text{erf}} = \sqrt[3]{\dfrac{131,25 \cdot 10^3 \text{ Nmm}}{0,1 \cdot 80 \dfrac{\text{N}}{\text{mm}^2}}} = 25,5 \text{ mm}$

ausgeführt $d = 26 \text{ mm}$

886.

a)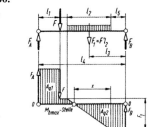

$F_1 = F' l_2 = 2 \dfrac{\text{kN}}{\text{m}} \cdot 3 \text{ m} = 6 \text{ kN}$

$\Sigma M_{(B)} = 0 = -F_A l_4 + F(l_4 - l_1) + F_1 l_3$

$F_A = \dfrac{F(l_4 - l_1) + F_1 l_3}{l_4} = 7000 \text{ N}$

$F_B = 5000 \text{ N}$

$\dfrac{F_1}{l_2} = \dfrac{F_B}{x} \Rightarrow x = \dfrac{F_B}{F_1} l_2 = 2,5 \text{ m}$

b) $M_{b\max} \triangleq A_{q1} = A_{q2}$

$M_{b\max} = \dfrac{l_5 + x + l_5}{2} F_B$

$M_{b\max} = \dfrac{(1 + 2,5 + 1) \text{ m}}{2} \cdot 5000 \text{ N} = 11250 \text{ Nm}$

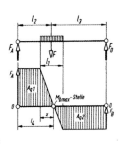

887.

a)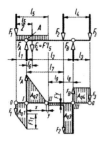

$$\Sigma M_{(A)} = 0 = F_1 l_1 - F_4 l_6 - F_2 l_7 + F_B l_2 - F_3(l_2 + l_3)$$

$$F_B = \frac{F_3(l_2 + l_3) + F_2 l_7 + F_4 l_6 - F_1 l_1}{l_2} = 6100 \text{ N}$$

$F_A = 7400 \text{ N}$

F_4 ist die Resultierende der Streckenlast F', also

$$F_4 = F' l_5 = 2 \frac{\text{kN}}{\text{m}} \cdot 3 \text{ m} = 6 \text{ kN}$$

b) Berechnung der Länge x aus der Bedingung, dass an der Trägerstelle II die Summe aller Querkräfte $F_q = 0$ sein muss:

$$\Sigma F_q = 0 = -F_1 - F' l_1 + F_A - F' x$$

$$x = \frac{F_A - F_1 - F' l_1}{F'} = \frac{7,4 \text{ kN} - 1,5 \text{ kN} - 2 \frac{\text{kN}}{\text{m}} \cdot 1 \text{ m}}{2 \frac{\text{kN}}{\text{m}}}$$

$x = 1,95 \text{ m} \quad y = 0,05 \text{ m}$

$$A_{q1} = F_1 l_1 + \frac{F' l_1}{2} = 2,5 \text{ kNm}$$

$$A_{q2} = (F_A - F' l_1 - F_1) \cdot \frac{x}{2} = 3,803 \text{ kNm}$$

$$A_{q3} = F_2 l_8 + F' y(l_8 + l_9) + \frac{F' y \cdot y}{2} = 4,5 \text{ kNm}$$

$$A_{q4} = F_3 l_3 = 3 \text{ kNm}$$

$M_{bI} \triangleq A_{q1} = 2500 \text{ Nm}$

$M_{bII} \triangleq A_{q2} - A_{q1} = 1303 \text{ Nm}$

$M_{bIII} \triangleq A_{q4} = 3000 \text{ Nm} = M_{b\max}$

c) $W_{x \text{ erf}} = \frac{M_{b\max}}{\sigma_{b \text{ zul}}} = \frac{3000 \cdot 10^3 \text{ Nmm}}{120 \frac{\text{N}}{\text{mm}^2}} = 25 \cdot 10^3 \text{ mm}^3$

ausgeführt IPE 100 mit $W_x = 34,2 \cdot 10^3 \text{ mm}^3$

888.

a)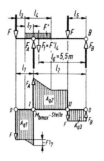

$$\Sigma M_{(B)} = 0 = F(l_1 + l_2) - F_A l_2 + F_1 l_6 + F l_5$$

$$F_A = \frac{F(l_1 + l_2) + F_1 l_6 + F l_5}{l_2} = 44,3 \text{ kN}$$

$F_B = 7,7 \text{ kN}$

Die Querkraftfläche A_{q1} (von I nach links gesehen) ist deutlich erkennbar größer als A_{q3} (von II nach rechts gesehen), also gilt:

$$M_{b\max} \triangleq A_{q1} = F(l_3 + l_7) + \frac{F' l_7 l_7}{2}$$

$$M_{b\max} = 20 \text{ kN} \cdot 2 \text{ m} + \frac{4 \frac{\text{kN}}{\text{m}} \cdot 1 \text{ m}^2}{2}$$

$M_{b\max} = 42 \text{ kNm} = 42 \cdot 10^6 \text{ Nmm}$

b) $e_1 = \frac{A_1 y_1 + A_2 y_2 + A_3 y_3}{A}$

$A_1 = (20 \cdot 5) \text{ cm}^2 = 100 \text{ cm}^2 \quad y_1 = 2,5 \text{ cm}$

$A_2 = (4 \cdot 14) \text{ cm}^2 = 56 \text{ cm}^2 \quad y_2 = 12 \text{ cm}$

$A_3 = (20 \cdot 6) \text{ cm}^2 = 120 \text{ cm}^2 \quad y_3 = 22 \text{ cm}$

$A = \Sigma A_n = 276 \text{ mm}^2$

$$e_1 = \frac{[(100 \cdot 2,5) + (56 \cdot 12) + (120 \cdot 22)] \text{ cm}^3}{276 \text{ cm}^2}$$

$e_1 = 12,9 \text{ cm} = 129 \text{ mm}$

c) $I_{x1} = \frac{200 \cdot 50^3}{12} \text{ mm}^4 = 2,083 \cdot 10^6 \text{ mm}^4$

$I_{x2} = \frac{40 \cdot 140^3}{12} \text{ mm}^4 = 9,157 \cdot 10^6 \text{ mm}^4$

$I_{x3} = \frac{200 \cdot 60^3}{12} \text{ mm}^4 = 3,6 \cdot 10^6 \text{ mm}^4$

$l_{1y} = e_1 - y_1 = 104,05 \text{ mm}$

$l_{2y} = e_1 - y_2 = 9,05 \text{ mm}$

$l_{3y} = e_1 - y_3 = -90,95 \text{ mm}$

$I_x = I_{x1} + A_1 l_{1y}^2 + I_{x2} + A_2 l_{2y}^2 + I_{x3} + A_3 l_{3y}^2$

$I_x = 222{,}8 \cdot 10^6 \text{ mm}^4$

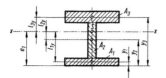

d) $W_{x1} = \dfrac{I_x}{e_1} = 1{,}73 \cdot 10^6 \text{ mm}^3$

$W_{x2} = \dfrac{I_x}{e_2} = 1{,}84 \cdot 10^6 \text{ mm}^3$

e) $\sigma_{b1} = \dfrac{M_{b\max}}{W_{x1}} = \dfrac{42 \cdot 10^6 \text{ Nmm}}{1{,}73 \cdot 10^6 \text{ mm}^3} = 24{,}3 \dfrac{\text{N}}{\text{mm}^2}$

$\sigma_{b2} = \dfrac{M_{b\max}}{W_{x2}} = \dfrac{42 \cdot 10^6 \text{ Nmm}}{1{,}84 \cdot 10^6 \text{ mm}^2} = 22{,}8 \dfrac{\text{N}}{\text{mm}^2}$

$\sigma_{b\max} = 24{,}3 \dfrac{\text{N}}{\text{mm}^2}$

f) Die maximale Biegespannung $\sigma_{b\max}$ tritt als Druckspannung an der unteren Profilseite auf.

889.

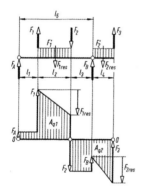

a) $F_{1\text{res}} = F_1' l_2 = 4 \dfrac{\text{kN}}{\text{m}} \cdot 0{,}45 \text{ m} = 1{,}8 \text{ kN}$

$F_{2\text{res}} = F_2' l_4 = 6 \dfrac{\text{kN}}{\text{m}} \cdot 0{,}3 \text{ m} = 1{,}8 \text{ kN}$

$\Sigma M_{(A)} = 0 = F_1 l_1 - F_{1\text{res}}\left(l_1 + \dfrac{l_2}{2}\right) - F_2 (l_1 + l_2) +$

$\qquad + F_B l_5 - F_{2\text{res}}\left(l_5 + \dfrac{l_4}{2}\right) + F_3 (l_4 + l_5)$

$F_A = 0{,}525 \text{ kN}; \quad F_B = 1{,}075 \text{ kN}$

b) $M_{b\max} \triangleq A_{q1} = (F_A + F_1) \cdot (l_1 + l_2) - F_1 l_1 - \dfrac{F_{1\text{res}} l_2}{2}$

$M_{b\max} = 1310 \text{ Nm}$

890.

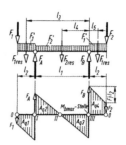

a) $\Sigma M_{(B)} = 0 = F_1 (l_2 + l_1) + F_{1\text{res}} l_3 - F_A l_1 +$
$\qquad + F_{2\text{res}} l_4 - F_{1\text{res}} l_5 - F_2 l_2$

$F_{1\text{res}} = F_1' l_2 \qquad F_{2\text{res}} = F_2' l_1$

$F_A = \dfrac{F_1 (l_1 + l_2) + F_1' l_2 l_3 + F_2' l_1 l_4 - F_1' l_2 l_5 - F_2 l_2}{l_1}$

$F_A = 31{,}36 \text{ kN} \qquad F_B = 34{,}64 \text{ kN}$

b) Die Querkraftfläche A_{q4} (von III nach rechts gesehen) ist erkennbar größer als A_{q1} (von I nach links gesehen); ebenso ist die Summe $-A_{q1} + A_{q2}$ kleiner als A_{q4}. Daher gilt:

$M_{b\max} \triangleq A_{q4} = F_2 l_2 + \dfrac{F_1' l_2 l_2}{2}$

$M_{b\max} = 8 \text{ kN} \cdot 0{,}8 \text{ m} + \dfrac{13{,}75 \dfrac{\text{kN}}{\text{m}} \cdot 0{,}64 \text{ m}^2}{2}$

$M_{b\max} = 10{,}8 \text{ kNm} = 10{,}8 \cdot 10^6 \text{ Nmm}$

c) $\sigma_{b\text{vorh}} = \dfrac{M_{b\max}}{W} = 5{,}2 \dfrac{\text{N}}{\text{mm}^2}$

891.

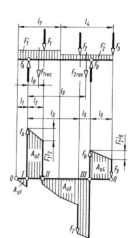

a) $l_7 = 4 \text{ m}$

$l_8 = 1 \text{ m}$

$l_9 = 5{,}5 \text{ m}$

$F_{1\text{res}} = F_1' l_7$

$F_{1\text{res}} = 6 \dfrac{\text{kN}}{\text{m}} \cdot 4 \text{ m}$

$F_{1\text{res}} = 24 \text{ kN}$

$F_{2\text{res}} = F_2' l_4$

$F_{2\text{res}} = 3 \dfrac{\text{kN}}{\text{m}} \cdot 5 \text{ m}$

$F_{2\text{res}} = 15 \text{ kN}$

$\Sigma M_{(A)} = 0 = -F_{1\text{res}} l_8 - F_1 l_2 - F_2 l_3 - F_{2\text{res}} l_9 +$
$\qquad + F_B (l_3 + l_5) - F_3 (l_3 + l_5 + l_6)$

$F_A = 42{,}08 \text{ kN}; \quad F_B = 61{,}92 \text{ kN}$

b) $M_{bI} \stackrel{\triangle}{=} A_{q1} = \dfrac{F_1' l_1}{2} = 3$ kNm

$M_{bII} \stackrel{\triangle}{=} A_{q2} - A_{q1} = (F_A - F_1' l_1) l_2 - \dfrac{F_1' l_2}{2} l_2 - A_{q1}$

$M_{bII} = 44{,}25$ kNm

$M_{bIII} \stackrel{\triangle}{=} A_{q4} = (F_3 + F_2' l_6) l_6 - F_2' l_6 \dfrac{l_6}{2} = 36$ kNm

$M_{b\,max} = M_{bII} = 44{,}25$ kNm

c) $W_{x\,erf} = \dfrac{M_{b\,max}}{\sigma_{b\,zul}}$

$W_{x\,erf} = \dfrac{44250 \cdot 10^3 \text{ Nmm}}{140 \, \dfrac{\text{N}}{\text{mm}^2}} = 316 \cdot 10^3 \text{ mm}^3$

ausgeführt IPE 240 mit $W_x = 324 \cdot 10^3$ mm^3

892.

a) $F_A = F_B = 150$ kN

b) $M_{b\,max} \stackrel{\triangle}{=} A_{q1} = A_{q2}$

$M_{b\,max} = \dfrac{F_A (l_1 + l_2)}{2}$

$M_{b\,max} = 150 \text{ kN} \cdot \dfrac{0{,}1 \text{ m}}{2} = 7{,}5$ kNm

c) $d_{erf} = \sqrt[3]{\dfrac{M_{b\,max}}{0{,}1 \cdot \sigma_{b\,zul}}} = \sqrt[3]{\dfrac{7500 \cdot 10^3 \text{ Nmm}}{0{,}1 \cdot 140 \, \dfrac{\text{N}}{\text{mm}^2}}} = 82$ mm

d) $\tau_{a\,vorh} = \dfrac{F}{A} = \dfrac{300\,000 \text{ N}}{2 \cdot \dfrac{\pi}{4}(82 \text{ mm})^2} = 28{,}4 \, \dfrac{\text{N}}{\text{mm}^2}$

e) $p_{vorh} = \dfrac{F}{A_{proj}} = \dfrac{300\,000 \text{ N}}{2 \cdot 82 \text{ mm} \cdot 18 \text{ mm}} = 101{,}6 \, \dfrac{\text{N}}{\text{mm}^2}$

f) $p_{vorh} = \dfrac{F}{A_{proj}} = \dfrac{300\,000 \text{ N}}{82 \text{ mm} \cdot 164 \text{ mm}} = 22{,}3 \, \dfrac{\text{N}}{\text{mm}^2}$

893.

a) $F_A = F_B = \dfrac{F}{2} = 70$ kN $= 70\,000$ N

$\tau_a = \dfrac{F}{2 \dfrac{d^2 \pi}{4}} = \dfrac{4F}{2\pi d^2}$

$d_{erf} = \sqrt{\dfrac{2F}{\pi \tau_{a\,zul}}} = 27{,}3$ mm

ausgeführt $d = 28$ mm (Normmaß)

b)

$M_{b\,max} \stackrel{\triangle}{=} A_{q1} = A_{q2} = \dfrac{F_A \left(s_1 + \dfrac{s_2}{2}\right)}{2}$

$M_{b\,max} = \dfrac{70 \text{ kN} \left(30 + \dfrac{60}{2}\right) \text{ mm}}{2} = 2100$ kNmm

$\sigma_{b\,vorh} = \dfrac{M_{b\,max}}{0{,}1 \cdot d^3} = \dfrac{2100 \cdot 10^3 \text{ Nmm}}{0{,}1 \cdot 28^3 \text{ mm}^3} = 957 \, \dfrac{\text{N}}{\text{mm}^2}$

c) $\sigma_{b\,vorh} = 957 \, \dfrac{\text{N}}{\text{mm}^2} > \sigma_{b\,zul} = 140 \, \dfrac{\text{N}}{\text{mm}^2}$

$d_{erf} = \sqrt[3]{\dfrac{M_{b\,max}}{0{,}1 \cdot \sigma_{b\,zul}}} = \sqrt[3]{\dfrac{2100 \cdot 10^3 \text{ Nmm}}{0{,}1 \cdot 140 \, \dfrac{\text{N}}{\text{mm}^2}}} = 53{,}1$ mm

ausgeführt $d = 56$ mm

d) $\tau_{a\,vorh} = \dfrac{4F}{2\pi d^2} = \dfrac{4 \cdot 140 \cdot 10^3 \text{ N}}{2\pi \cdot 56^2 \text{ mm}^2} = 28{,}4 \, \dfrac{\text{N}}{\text{mm}^2}$

e) $p_{vorh} = \dfrac{F}{d\,s_2} = \dfrac{140 \cdot 10^3 \text{ N}}{56 \text{ mm} \cdot 60 \text{ mm}} = 41{,}7 \, \dfrac{\text{N}}{\text{mm}^2}$

894.

a)

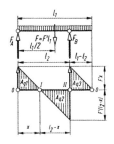

$\Sigma M_{(B)} = 0 = -F_A l_2 + F' l_1 \left(l_2 - \dfrac{l_1}{2}\right)$

$F_A = \dfrac{F' l_1 \left(l_2 - \dfrac{l_1}{2}\right)}{l_2} = F' x$ (siehe Querkraftfläche)

$x = \dfrac{l_1}{l_2} \cdot \left(l_2 - \dfrac{l_1}{2}\right) = l_1 - \dfrac{l_1^2}{2 l_2}$

$A_{q1} = A_{q3}$

$$\frac{F'x \cdot x}{2} = \frac{F'x \cdot (l_1 - l_2)}{2}$$

$$x = l_1 - l_2$$

$$l_1 - l_2 = l_1 - \frac{l_1^2}{2l_2}$$

$$l_2^2 = \frac{l_1^2}{2}$$

$$l_2 = \frac{l_1}{\sqrt{2}} = \frac{4 \text{ m}}{\sqrt{2}} = 2{,}828 \text{ m}$$

Hinweise:
1. Der Flächeninhalt der beiden positiven Querkraftflächen A_{q1} und A_{q3} muss gleich dem der negativen Querkraftfläche A_{q2} sein (wegen $\Sigma M = 0$).
2. $M_{b\,max}$ kann nur dann den kleinsten Betrag annehmen, wenn die Biegemomente in I und II gleich groß sind ($A_{q1} = A_{q3}$).
3. Die Stützkraft F_A ergibt sich aus der Bedingung (siehe Querkraftfläche), dass (von links aus gesehen) im Schnitt I die Querkraftsumme gleich null ist:
$$\Sigma F_q = 0 = F_A - F'x \Rightarrow F_A = F'x.$$
4. Aus den beiden voneinander unabhängigen Gleichungen $\Sigma M = 0$ und $A_{q1} = A_{q3}$ ergibt sich je eine Beziehung für x und daraus durch Gleichsetzen die Beziehung für l_2.

b) $M_{b\,max} \triangleq A_{q1}$ $x = l_1 - l_2 = 1{,}171$ m

$$M_{b\,max} = \frac{F'x^2}{2} = \frac{2{,}5\,\frac{\text{kN}}{\text{m}} \cdot (1{,}171\,\text{m})^2}{2} = 1{,}714\ \text{kNm}$$

895.

$$f = \frac{Fl^3}{3EI} \qquad I = \frac{bh^3}{12}$$

$$F = \frac{3EIf}{l^3}$$

$$F = \frac{3 \cdot 2{,}1 \cdot 10^5\,\frac{\text{N}}{\text{mm}^2} \cdot \frac{10}{12}\,\text{mm}^4 \cdot 12\,\text{mm}}{60^3\,\text{mm}^3} = 29{,}2\ \text{N}$$

896.

a) $f_a = \dfrac{Fl^3}{3EI}$

$$I = I_x = 171 \cdot 10^4\ \text{mm}^4$$

$$f_a = \frac{10^3\ \text{N} \cdot (1200\ \text{mm})^3}{3 \cdot 2{,}1 \cdot 10^5\,\frac{\text{N}}{\text{mm}^2} \cdot 171 \cdot 10^4\ \text{mm}^4} = 1{,}6\ \text{mm}$$

b) $f_b = \dfrac{F'l^4}{8EI}$

$$f_b = \frac{4\,\frac{\text{N}}{\text{mm}} \cdot (1200\ \text{mm})^4}{8 \cdot 2{,}1 \cdot 10^5\,\frac{\text{N}}{\text{mm}^2} \cdot 171 \cdot 10^4\ \text{mm}^4} = 2{,}887\ \text{mm}$$

c) $F_G = F'_G\,l = 79\,\dfrac{\text{N}}{\text{m}} \cdot 1{,}2\ \text{m} = 94{,}8\ \text{N}$

$$f_c = \frac{F_G\,l^3}{8EI}$$

$$f_c = \frac{94{,}8\ \text{N} \cdot (1200\ \text{mm})^3}{8 \cdot 2{,}1 \cdot 10^5\,\frac{\text{N}}{\text{mm}^2} \cdot 171 \cdot 10^4\ \text{mm}^4} = 0{,}057\ \text{mm}$$

d) $f_{res} = f_a + f_b + f_c = 4{,}544\ \text{mm}$

897.

a) $W = \dfrac{\pi}{32}d^3 = \dfrac{\pi}{32} \cdot (30\ \text{mm})^3 = 2651\ \text{mm}^3$

$$I = W\,\frac{d}{2} = 2651\ \text{mm}^3 \cdot 15\ \text{mm} = 39\,765\ \text{mm}^4$$

$$\sigma_{b\,max} = \frac{M_{b\,max}}{W} = \frac{2000\ \text{N} \cdot 200\ \text{mm}}{2651\ \text{mm}^3} = 151\,\frac{\text{N}}{\text{mm}^2}$$

b) $f = \dfrac{Fl^3}{48EI}$

$$f = \frac{4000\ \text{N} \cdot (4000\ \text{mm})^3}{48 \cdot 2{,}1 \cdot 10^5\,\frac{\text{N}}{\text{mm}^2} \cdot 39\,765\ \text{mm}^4} = 0{,}64\ \text{mm}$$

c) $\tan\alpha = \dfrac{3f}{l}$

$$\alpha = \arctan\frac{3f}{l} = \arctan\frac{3 \cdot 0{,}64\ \text{mm}}{400\ \text{mm}} = 0{,}275°$$

d) Die Durchbiegung vervielfacht sich (bei sonst gleichbleibenden Größen) entsprechend der Durchbiegungsgleichung im Verhältnis:

$$\frac{E_{St}}{E_{Al}} = \frac{2{,}1 \cdot 10^5\,\frac{\text{N}}{\text{mm}^2}}{0{,}7 \cdot 10^5\,\frac{\text{N}}{\text{mm}^2}} = 3$$

$$f_{Al} = 3 \cdot f_{St} = 3 \cdot 0{,}64\ \text{mm} = 1{,}92\ \text{mm}$$

e) Aus der Gleichung

$$f = \frac{Fl^3}{48EI}$$

ist zu erkennen, dass das Produkt EI den gleichen Wert erhalten muss. Da E_{Al} nur $1/3\ E_{St}$ ist, muss $I_{Al} = 3 \cdot I_{ST}$ werden:

5 Festigkeitslehre

$I_{erf} = 3 \cdot I_{St} = 3 \cdot 39765 \text{ mm}^4 = 119295 \text{ mm}^4$

$I = \dfrac{\pi}{64} d^4 \Rightarrow d_{erf} = \sqrt[4]{\dfrac{64 I_{erf}}{\pi}}$

$d_{erf} = \sqrt[4]{\dfrac{64}{\pi} \cdot 11,93 \cdot 10^4 \text{ mm}^4} = 39,48 \text{ mm}$

Beanspruchung auf Knickung

Für alle Aufgaben: siehe Arbeitsplan für Knickungsaufgaben im Lehrbuch.

898.

Da hier Durchmesser d und freie Knicklänge s bekannt sind, wird der Schlankheitsgrad λ als erstes bestimmt. Damit kann festgestellt werden, ob elastische oder unelastische Knickung vorliegt.
(Hinweis: Für Kreisquerschnitte ist der Trägheitsradius $i = d/4$.)

$\lambda = \dfrac{s}{i} = \dfrac{4s}{d} = \dfrac{4 \cdot 250 \text{ mm}}{8 \text{ mm}} = 125 > \lambda_0 = 89$

Da $\lambda = 125 > \lambda_0 = 89$ ist, liegt elastische Knickung vor (Eulerfall); damit gilt:

$F_K = \dfrac{E I_{min} \pi^2}{s^2} \quad I_{min} = \dfrac{\pi}{64} d^4$

$F_K = \dfrac{2,1 \cdot 10^5 \dfrac{\text{N}}{\text{mm}^2} \cdot \dfrac{\pi}{64} \cdot (8 \text{ mm})^4 \cdot \pi^2}{(250 \text{ mm})^2} = 6668 \text{ N}$

$F = \dfrac{F_K}{v} = \dfrac{6668 \text{ N}}{10} = 667 \text{ N}$

899.

a) $M_{b\,max} = F r$

$d_{erf} = \sqrt[3]{\dfrac{M_{b\,max}}{0,1 \cdot \sigma_{b\,zul}}} = \sqrt[3]{\dfrac{400 \text{ N} \cdot 350 \text{ mm}}{0,1 \cdot 140 \dfrac{\text{N}}{\text{mm}^2}}} = 21,6 \text{ mm}$

ausgeführt $d = 22$ mm

b) $F r = F_{Stempel} r_0 \quad r_0 = \dfrac{z m}{2}$

$F_{Stempel} = \dfrac{F r}{r_0} = \dfrac{2 F r}{z m}$

$F_{Stempel} = \dfrac{2 \cdot 400 \text{ N} \cdot 350 \text{ mm}}{30 \cdot 5 \text{ mm}} = 1867 \text{ N}$

$\lambda = \dfrac{s}{i} = \dfrac{4 \cdot 2l}{d_2} = \dfrac{4 \cdot 800 \text{ mm}}{36 \text{ mm}} = 88,9 \approx 89 = \lambda_0$

also gerade noch Eulerfall.

$I_{min} = \dfrac{\pi}{64} d_2^4 = \dfrac{\pi}{64} (36 \text{ mm})^4 = 82448 \text{ mm}^4$

$F_{Stempel} \cdot v = \dfrac{E I_{min} \pi^2}{(2l)^2}$

$v = \dfrac{2,1 \cdot 10^5 \dfrac{\text{N}}{\text{mm}^2} \cdot 82448 \text{ mm}^4 \cdot \pi^2}{(800 \text{ mm})^2 \cdot 1867 \text{ N}} = 143$

900.

a) $A_{3\,erf} = \dfrac{F}{\sigma_{d\,zul}} = \dfrac{800 \cdot 10^3 \text{ N}}{100 \dfrac{\text{N}}{\text{mm}^2}} = 8000 \text{ mm}^2$

b) ausgeführt Tr 120×14 DIN 103 mit $A_3 = 8495 \text{ mm}^2$

c) $m_{erf} = \dfrac{F P}{\pi d_2 H_1 p_{zul}}$

$m_{erf} = \dfrac{800 \cdot 10^3 \text{ N} \cdot 14 \text{ mm}}{\pi \cdot 113 \text{ mm} \cdot 7 \text{ mm} \cdot 30 \dfrac{\text{N}}{\text{mm}^2}} = 150,2 \text{ mm}$

ausgeführt $m = 150$ mm

d) $\lambda = \dfrac{s}{i} = \dfrac{4s}{d_3} = \dfrac{6400 \text{ mm}}{104 \text{ mm}} = 61,5 < \lambda_{0,\,E295} = 89$

Es liegt unelastische Knickung vor (Tetmajer).

e) $\sigma_K = 335 - 0,62 \cdot \lambda$ (Zahlenwertgleichung)

$\sigma_K = 335 - 0,62 \cdot 61,5 = 297 \dfrac{\text{N}}{\text{mm}^2}$

f) $\sigma_{d\,vorh} = \dfrac{F}{A_3} = \dfrac{800 \cdot 10^3 \text{ N}}{8,495 \cdot 10^3 \text{ mm}^2} = 94,2 \dfrac{\text{N}}{\text{mm}^2}$

g) $v = \dfrac{\sigma_K}{\sigma_{d\,vorh}} = \dfrac{297 \dfrac{\text{N}}{\text{mm}^2}}{94,2 \dfrac{\text{N}}{\text{mm}^2}} = 3,15$

901.

$I_{erf} = \dfrac{v F s^2}{E \pi^2}$

$I_{erf} = \dfrac{8 \cdot 6000 \text{ N} \cdot (600 \text{ mm})^2}{2,1 \cdot 10^5 \dfrac{\text{N}}{\text{mm}^2} \cdot \pi^2} = 8337 \text{ mm}^4$

$I = \dfrac{\pi}{64} d^4$

$d_{erf} = \sqrt[4]{\dfrac{64 \cdot I_{erf}}{\pi}} = \sqrt[4]{\dfrac{64 \cdot 8337 \text{ mm}^4}{\pi}} = 20,3 \text{ mm}$

ausgeführt $d = 21$ mm

λ-Kontrolle:

$$\lambda = \frac{4s}{d} = \frac{4 \cdot 600 \text{ mm}}{21 \text{ mm}} = 114 > \lambda_0 = 89$$

Es war richtig, nach Euler zu rechnen; die Rechnung ist beendet.

902.

a) $M_{RG} = F r_2 \tan(\alpha + \varrho')$

Hinweis: Es tritt keine Reibung an der Mutterauflage auf, daher wird nicht mit

$M_A = F[r_2 \tan(\alpha + \varrho') + \mu_a r_a]$

gerechnet ($F \mu_a r_a = 0$).

$M_{RG} = F_h l_1 = 150 \text{ N} \cdot 200 \text{ mm} = 30000 \text{ Nmm}$

$r_2 = \frac{18,376 \text{ mm}}{2} = 9,188 \text{ mm}$

$\tan \alpha = \frac{P}{2\pi r_2}$

$\alpha = \arctan \frac{2,5 \text{ mm}}{2\pi \cdot 9,188 \text{ mm}} = 2,48°$

$\varrho' = 10,2°$ für Stahl/Bronze – trocken –

$\tan(\alpha + \varrho') = \tan 12,68°$

$F = \frac{M_{RG}}{r_2 \tan(\alpha + \varrho')} = \frac{30000 \text{ Nmm}}{9,188 \text{ mm} \cdot \tan 12,68°} = 14512 \text{ N}$

b) $\sigma_{d\,vorh} = \frac{F}{A_S} = \frac{14512 \text{ N}}{245 \text{ mm}^2} = 59,2 \frac{\text{N}}{\text{mm}^2}$

c) $m_{erf} = \frac{F P}{\pi d_2 H_1 p_{zul}}$

$m_{erf} = \frac{14512 \text{ N} \cdot 2,5 \text{ mm}}{\pi \cdot 18,376 \text{ mm} \cdot 1,353 \text{ mm} \cdot 12 \frac{\text{N}}{\text{mm}^2}} = 38,7 \text{ mm}$

ausgeführt $m = 40 \text{ mm}$

d) $\lambda = \frac{4s}{d_3} = \frac{4 \cdot 380 \text{ mm}}{16,933 \text{ mm}} = 89,8 > \lambda_0 = 89$ (Eulerfall)

$v_{vorh} = \frac{\sigma_K}{\sigma_{d\,vorh}} = \frac{E \pi^2}{\lambda^2 \sigma_{d\,vorh}}$

$v_{vorh} = \frac{2,1 \cdot 10^5 \frac{\text{N}}{\text{mm}^2} \cdot \pi^2}{89,8^2 \cdot 59,2 \frac{\text{N}}{\text{mm}^2}} = 4,3$

903.

a) Lageskizze   Krafteckskizze

$\tan \alpha = \frac{l_3}{l_1} \Rightarrow \alpha = \arctan \frac{0,75 \text{ m}}{1,7 \text{ m}} = 23,8°$

$\tan \beta = \frac{l_3}{l_2} \Rightarrow \beta = \arctan \frac{0,75 \text{ m}}{0,7 \text{ m}} = 47°$

$\frac{F}{\sin(\alpha + \beta)} = \frac{F_1}{\sin(90° - \beta)}$

$F_1 = F \frac{\sin(90° - \beta)}{\sin(\alpha + \beta)} = 20 \text{ kN} \cdot \frac{\sin 43°}{\sin 70,8°} = 14,44 \text{ kN}$

$\frac{F}{\sin(\alpha + \beta)} = \frac{F_2}{\sin(90° - \alpha)}$

$F_2 = F \frac{\sin(90° - \alpha)}{\sin(\alpha + \beta)} = 20 \text{ kN} \cdot \frac{\sin 66,2°}{\sin 70,8°} = 19,38 \text{ kN}$

$\sigma_z = \frac{F}{A} = \frac{4F}{\pi d^2}$

$d_{1\,erf} = \sqrt{\frac{4 F_1}{\pi \sigma_{z\,zul}}} = \sqrt{\frac{4 \cdot 14440 \text{ N}}{\pi \cdot 120 \frac{\text{N}}{\text{mm}^2}}} = 12,4 \text{ mm}$

ausgeführt $d_1 = 13 \text{ mm}$

$d_{2\,erf} = \sqrt{\frac{4 F_2}{\pi \sigma_{z\,zul}}} = \sqrt{\frac{4 \cdot 19380 \text{ N}}{\pi \cdot 120 \frac{\text{N}}{\text{mm}^2}}} = 14,3 \text{ mm}$

ausgeführt $d_2 = 15 \text{ mm}$

b) Lageskizze   Krafteckskizze

$F_{s1} = F_1 \cos \alpha = 14440 \text{ N} \cdot \cos 23,8° = 13215 \text{ N}$

$F_{K1} = F_1 \sin \alpha = 14440 \text{ N} \cdot \sin 23,8° = 5828 \text{ N}$

$F_{K2} = F - F_{K1} = 20000 \text{ N} - 5828 \text{ N} = 14172 \text{ N}$

$A_K = 2 \frac{\pi}{4} d_K^2 = \frac{\pi}{2} d_K^2 = \frac{\pi}{2} (13 \text{ mm})^2 = 265 \text{ mm}^2$

$\sigma_{z1\,vorh} = \frac{F_{K1}}{A_K} = \frac{5828 \text{ N}}{265 \text{ mm}^2} = 22 \frac{\text{N}}{\text{mm}^2}$

$\sigma_{z2\,vorh} = \frac{F_{K2}}{A_K} = \frac{14172 \text{ N}}{265 \text{ mm}^2} = 53,5 \frac{\text{N}}{\text{mm}^2}$

c) $\sigma_{d\,vorh} = \dfrac{F_{s1}}{A_s} = \dfrac{13215 \text{ N}}{\dfrac{\pi}{4}(60^2-50^2)\text{ mm}^2} = 15{,}3 \dfrac{\text{N}}{\text{mm}^2}$

d) $i = 0{,}25\sqrt{D^2+d^2}$

$i = 0{,}25\sqrt{(60^2+50^2)\text{ mm}^2} = 19{,}5 \text{ mm}$

$\lambda = \dfrac{s}{i} = \dfrac{2400 \text{ mm}}{19{,}5 \text{ mm}} = 123 > \lambda_0 = 105$

Also liegt elastische Knickung vor (Eulerfall):

$v_{vorh} = \dfrac{\sigma_K}{\sigma_{d\,vorh}} = \dfrac{E\,\pi^2}{\lambda^2\,\sigma_{d\,vorh}}$

$v_{vorh} = \dfrac{2{,}1\cdot 10^5 \dfrac{\text{N}}{\text{mm}^2}\cdot \pi^2}{123^2 \cdot 15{,}3 \dfrac{\text{N}}{\text{mm}^2}} = 9$

904.

a)

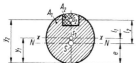

$A_1 = \dfrac{\pi}{4} d_1^2 = \dfrac{\pi}{4}(1{,}2 \text{ mm})^2 = 1{,}131 \text{ mm}^2$

$A_2 = (0{,}3\cdot 0{,}4) \text{ mm}^2 = 0{,}12 \text{ mm}^2$

$A = A_1 - A_2 = 1{,}011 \text{ mm}^2$

$y_1 = 0{,}6 \text{ mm} \quad y_2 = 1{,}05 \text{ mm}$

$A\,e = A_1 y_1 - A_2 y_2$

$e = \dfrac{A_1 y_1 - A_2 y_2}{A}$

$e = \dfrac{(1{,}131 \cdot 0{,}6 - 0{,}12 \cdot 1{,}05)\text{ mm}^3}{1{,}011 \text{ mm}^2} = 0{,}547 \text{ mm}$

$I_N = I_{x1} + A_1 l_1^2 - (I_{x2} + A_2 l_2^2)$

$l_1 = y_1 - e = (0{,}6 - 0{,}547)\text{ mm} = 0{,}053 \text{ mm}$

$l_1^2 = 0{,}053^2 \text{ mm}^2 = 0{,}00281 \text{ mm}^2$

$l_2 = y_2 - e = (1{,}05 - 0{,}547)\text{ mm} = 0{,}503 \text{ mm}$

$l_2^2 = 0{,}503^2 \text{ mm}^2 = 0{,}253 \text{ mm}^2$

$I_{x1} = \dfrac{\pi}{64} d_1^4 = \dfrac{\pi}{64}(1{,}2 \text{ mm})^4 = 0{,}10179 \text{ mm}^4$

$I_{x2} = \dfrac{b h^3}{12} = \dfrac{0{,}4 \text{ mm}\cdot(0{,}3 \text{ mm})^3}{12} = 0{,}0009 \text{ mm}^4$

$I_N = [(0{,}10179 + 1{,}131\cdot 0{,}00281) -$
$\quad\quad -(0{,}0009 + 0{,}12\cdot 0{,}253)]\text{ mm}^4$

$I_N = 0{,}07371 \text{ mm}^4$

b) $I_y = I_{y1} - I_{y2} = \dfrac{\pi}{64} d_1^4 - \dfrac{b h^3}{12}$

$I_y = 0{,}10179 \text{ mm}^4 - \dfrac{0{,}3\cdot 0{,}4^3 \text{ mm}^4}{12} = 0{,}1 \text{ mm}^4$

c) $i_N = \sqrt{\dfrac{I_N}{A}} = \sqrt{\dfrac{0{,}07371 \text{ mm}^4}{1{,}011 \text{ mm}^2}} = 0{,}27 \text{ mm}$

d) $\lambda = \dfrac{s}{i_N} = \dfrac{2l}{i_N} = \dfrac{56 \text{ mm}}{0{,}27 \text{ mm}} = 207 > \lambda_{0\,E295} = 89$

also Eulerfall (elastische Knickung)

e) $F_K = \dfrac{E\,I_{min}\,\pi^2}{s^2}$

$F_K = \dfrac{2{,}1\cdot 10^5 \dfrac{\text{N}}{\text{mm}^2}\cdot 0{,}07371 \text{ mm}^4 \cdot \pi^2}{(56 \text{ mm})^2} = 48{,}7 \text{ N}$

905.

a) $F_G = m\,g = V\,\varrho\,g = 25016 \text{ N}$

$\Sigma F_y = 0 = F_A + F_B - 1{,}2\dfrac{F_G}{2}$

$\Sigma M_{(B)} = 0 = -F_A\, l + 1{,}2\dfrac{F_G}{2} l_1$

$F_A = \dfrac{1{,}2\,F_G\,l_1}{2l} = \dfrac{1{,}2\cdot 25016 \text{ N}\cdot 1{,}5 \text{ m}}{2\cdot 2{,}5 \text{ m}} = 9006 \text{ N}$

$F_B = \dfrac{1{,}2\,F_G}{2} - F_A = \dfrac{1{,}2\cdot 25016 \text{ N}}{2} - 9006 \text{ N} = 6004 \text{ N}$

$M_{b\,max} = F_B\, l_1 = 6004 \text{ N}\cdot 1{,}5 \text{ m} = 9006 \text{ Nm}$

$W_{erf} = \dfrac{M_{b\,max}}{\sigma_{b\,zul}} = \dfrac{9006\cdot 10^3 \text{ Nmm}}{120 \dfrac{\text{N}}{\text{mm}^2}} = 75\cdot 10^3 \text{ mm}^3$

ausgeführt IPE 140 mit $W_x = 77{,}3\cdot 10^3 \text{ mm}^3$

b) $I_{erf} = \dfrac{v\,F\,s^2}{E\,\pi^2}$ Für die linke Stütze A gerechnet:

$v = 10 \quad F = F_A = 9006 \text{ N} \quad s = 1500 \text{ mm}$

$E_{Holz} = 10000 \dfrac{\text{N}}{\text{mm}^2}$

$I_{erf} = \dfrac{10\cdot 9006 \text{ N}\cdot (1500 \text{ mm})^2}{10000 \dfrac{\text{N}}{\text{mm}^2}\cdot \pi^2} = 205{,}3\cdot 10^4 \text{ mm}^4$

$d_{erf} = \sqrt[4]{\dfrac{64\,I_{erf}}{\pi}} = \sqrt[4]{\dfrac{64\cdot 205{,}3\cdot 10^4 \text{ mm}^4}{\pi}} = 80{,}4 \text{ mm}$

$$\lambda = \frac{s}{i} = \frac{4s}{d} = \frac{4 \cdot 1500 \text{ mm}}{80,4 \text{ mm}} = 74,6 < \lambda_0 = 100$$

also liegt unelastische Knickung vor (Tetmajerfall): Da anzunehmen ist, dass $d \approx 81$ mm nicht ausreicht, wird auf $d = 90$ mm erhöht:

$$\lambda_{\text{neu}} = \frac{4s}{d} = \frac{4 \cdot 1500 \text{ mm}}{90 \text{ mm}} = 66,7$$

Damit wird mit der zugehörigen Zahlenwertgleichung nach Tetmajer:

$$\sigma_K = 29,3 - 0,194 \cdot \lambda_{\text{neu}} = 16,4 \frac{\text{N}}{\text{mm}^2}$$

$$\sigma_{d\,\text{vorh}} = \frac{F}{A} = \frac{9006 \text{ N}}{\frac{\pi}{4} \cdot (90 \text{ mm})^2} = 1,42 \frac{\text{N}}{\text{mm}^2}$$

$$v_{\text{vorh}} = \frac{\sigma_K}{\sigma_{d\,\text{vorh}}} = \frac{16,4 \frac{\text{N}}{\text{mm}^2}}{1,42 \frac{\text{N}}{\text{mm}^2}} = 11,6$$

v_{vorh} ist etwas größer als 10; eine weitere Rechnung mit $d = 87$ mm würde $v_{\text{vorh}} = 10$ ergeben. In der Praxis würde man sicherlich bei $d = 90$ mm bleiben.

906.

$$I_{\text{erf}} = \frac{v F s^2}{E \pi^2}$$

$$I_{\text{erf}} = \frac{3,5 \cdot 60 \cdot 10^3 \text{ N} \cdot (1350 \text{ mm})^2}{2,1 \cdot 10^5 \frac{\text{N}}{\text{mm}^2} \cdot \pi^2} = 18,47 \cdot 10^4 \text{ mm}^4$$

$$d_{\text{erf}} = \sqrt[4]{\frac{64 I_{\text{erf}}}{\pi}} = \sqrt[4]{\frac{64 \cdot 18,47 \cdot 10^4 \text{ mm}^4}{\pi}} = 44 \text{ mm}$$

907.

Die in der Schubstange wirkende Kolben-Druckkraft beträgt $F_S = 24,99$ kN (Aufgabe 91.). Damit wird

$$I_{\text{erf}} = \frac{v F_S s^2}{E \pi^2} = \frac{6 \cdot 24990 \text{ N} \cdot (400 \text{ mm})^2}{210000 \frac{\text{N}}{\text{mm}^2} \cdot \pi^2} = 11575 \text{ mm}^4$$

$$d_{\text{erf}} = \sqrt[4]{\frac{64 I_{\text{erf}}}{\pi}} = \sqrt[4]{\frac{64 \cdot 11575 \text{ mm}^4}{\pi}} = 22,04 \text{ mm}$$

$$\lambda = \frac{s}{i} = \frac{4s}{d} = \frac{4 \cdot 400 \text{ mm}}{22,04 \text{ mm}} = 72,6 < \lambda_0 = 89$$

Es liegt unelastische Knickung vor (Tetmajerfall). Wie in Aufgabe 905. erhöht man den Durchmesser, hier z. B. auf $d = 25$ mm. Damit wird

$$\lambda_{\text{neu}} = \frac{4s}{d} = \frac{1600 \text{ mm}}{25 \text{ mm}} = 64$$

und nach Tetmajer:

$$\sigma_K = 335 - 0,62 \cdot \lambda_{\text{neu}} = 295,3 \frac{\text{N}}{\text{mm}^2}$$

$$\sigma_{d\,\text{vorh}} = \frac{F_S}{A} = \frac{24990 \text{ N}}{\frac{\pi}{4} \cdot (25 \text{ mm})^2} = 50,9 \frac{\text{N}}{\text{mm}^2}$$

$$v_{\text{vorh}} = \frac{\sigma_K}{\sigma_{d\,\text{vorh}}} = \frac{295,3 \frac{\text{N}}{\text{mm}^2}}{50,9 \frac{\text{N}}{\text{mm}^2}} = 5,8$$

v_{vorh} ist noch etwas kleiner als $v_{\text{erf}} = 6$, d. h. der Durchmesser muss noch etwas erhöht und die Rechnung von $\lambda_{\text{neu}} = \ldots$ an wiederholt werden. Mit $d = 26$ mm ergibt sich $v_{\text{vorh}} = 6,3$.

908.

Die Pleuelstange würde um die (senkrechte) y-Achse knicken, denn ganz sicher ist $I_y = I_{\min} < I_x$.

$$I_{\min} = \frac{(H - h) \cdot b^3 + h \cdot s^3}{12}$$

$$I_{\min} = \frac{10 \text{ mm} \cdot (20 \text{ mm})^3 + 30 \text{ mm} \cdot (15 \text{ mm})^3}{12}$$

$$I_{\min} = 15\,104 \text{ mm}^4$$

($I_x = 95\,417$ mm^4, also wesentlich größer als $I_{\min}$)

$$i = \sqrt{\frac{I_{\min}}{A}}$$

$$A = H b - (b - s) h$$

$$A = [40 \cdot 20 - (20 - 15) \cdot 30] \text{ mm}^2 = 650 \text{ mm}^2$$

$$i = \sqrt{\frac{15\,104 \text{ mm}^4}{650 \text{ mm}^2}} = 4,82 \text{ mm}$$

$$\lambda = \frac{s}{i} = \frac{370 \text{ mm}}{4,82 \text{ mm}} = 76,8 < \lambda_{0\,E295} = 89 \text{ (Tetmajerfall)}$$

$$\sigma_K = 335 - 0,62 \cdot \lambda = 287,4 \frac{\text{N}}{\text{mm}^2}$$

$$\sigma_{d\,\text{vorh}} = \frac{F}{A} = \frac{16\,000 \text{ N}}{650 \text{ mm}^2} = 24,6 \frac{\text{N}}{\text{mm}^2}$$

$$v_{\text{vorh}} = \frac{\sigma_K}{\sigma_{d\,\text{vorh}}} = \frac{287,4 \frac{\text{N}}{\text{mm}^2}}{24,6 \frac{\text{N}}{\text{mm}^2}} = 11,7$$

909.

$$\sin \alpha = \frac{100 \text{ mm}}{550 \text{ mm}} = 0,1818$$

$$\alpha = 10,5°$$

$\Sigma M_{(A)} = 0 = -F_1 l_1 + F_2 l_3 \quad l_3 = l_2 \cos\alpha$

$F_2 = \dfrac{F_1 l_1}{l_2 \cos\alpha} = \dfrac{4 \text{ kN} \cdot 150 \text{ mm}}{100 \text{ mm} \cdot \cos 10,5°} = 6,1 \text{ kN}$

$I_{\text{erf}} = \dfrac{v F_2 s^2}{E \pi^2} = \dfrac{10 \cdot 6100 \text{ N} \cdot (550 \text{ mm})^2}{210\,000 \dfrac{\text{N}}{\text{mm}^2} \cdot \pi^2} = 8905 \text{ mm}^4$

$d_{\text{erf}} = \sqrt[4]{\dfrac{64 I_{\text{erf}}}{\pi}} = \sqrt[4]{\dfrac{64 \cdot 8905 \text{ mm}^4}{\pi}} = 20,7 \text{ mm}$

ausgeführt $d = 21$ mm

$\lambda = \dfrac{s}{i} = \dfrac{4s}{d} = \dfrac{4 \cdot 550 \text{ mm}}{21 \text{ mm}} = 104,8 \approx 105 = \lambda_{0\,S235JR}$

Die Rechnung nach Euler war (gerade noch) berechtigt; es kann bei $d = 21$ mm bleiben.

910.

a) $\sigma_d = \dfrac{F}{A} = \dfrac{F}{bh} = \dfrac{F}{b \cdot 3,5 b} = \dfrac{F}{3,5 b^2}$

$b_{\text{erf}} = \sqrt{\dfrac{F}{3,5 \cdot \sigma_{d\,\text{zul}}}} = \sqrt{\dfrac{20\,000 \text{ N}}{3,5 \cdot 60 \dfrac{\text{N}}{\text{mm}^2}}} = 9,8 \text{ mm}$

ausgeführt $\square$ $35 \times 10 \quad A = 350 \text{ mm}^2$

$I_{\min} = \dfrac{h b^3}{12} = \dfrac{(35 \text{ mm}) \cdot (10 \text{ mm})^3}{12} = 2917 \text{ mm}^4$

Hinweis: Der Stab knickt um die Achse, für die das axiale Flächenmoment den kleinsten Wert hat; daher muss mit $I = h b^3/12$ und nicht mit $I = b h^3/12$ gerechnet werden.

$i = \sqrt{\dfrac{I_{\min}}{A}} = \sqrt{\dfrac{2917 \text{ mm}^4}{350 \text{ mm}^2}} = 2,89 \text{ mm}$

$\lambda = \dfrac{s}{i} = \dfrac{300 \text{ mm}}{2,89 \text{ mm}} = 104 > \lambda_0 = 89$

also elastische Knickung (Eulerfall)

$\sigma_K = \dfrac{E \pi^2}{\lambda^2} = \dfrac{2,1 \cdot 10^5 \dfrac{\text{N}}{\text{mm}^2} \cdot \pi^2}{104^2} = 191,6 \dfrac{\text{N}}{\text{mm}^2}$

$\sigma_{d\,\text{vorh}} = \dfrac{F}{A} = \dfrac{20\,000 \text{ N}}{350 \text{ mm}^2} = 57,1 \dfrac{\text{N}}{\text{mm}^2}$

$v_{\text{vorh}} = \dfrac{\sigma_K}{\sigma_{d\,\text{vorh}}} = \dfrac{191,6 \dfrac{\text{N}}{\text{mm}^2}}{57,1 \dfrac{\text{N}}{\text{mm}^2}} = 3,36$

b) $\sigma_d = \dfrac{F}{A} = \dfrac{F}{a^2}$

$a_{\text{erf}} = \sqrt{\dfrac{F}{\sigma_{d\,\text{zul}}}} = \sqrt{\dfrac{20\,000 \text{ N}}{60 \dfrac{\text{N}}{\text{mm}^2}}} = 18,3 \text{ mm}$

ausgeführt $\square$ 19×19

$I_{\min} = I_x = I_y = I_D = \dfrac{h^4}{12} = \dfrac{a^4}{12}$

$I_{\min} = \dfrac{(19 \text{ mm})^4}{12} = 10\,860 \text{ mm}^4$

$i = \sqrt{\dfrac{I_{\min}}{A}} = \sqrt{\dfrac{10\,860 \text{ mm}^4}{361 \text{ mm}^2}} = 5,485 \text{ mm}$

$\lambda_{\text{erf}} = \dfrac{s}{i} = \dfrac{300 \text{ mm}}{5,485 \text{ mm}} = 54,7$

$\lambda_{\text{erf}} = 54,7 < \lambda_0 = 89$ (Tetmajerfall)

$\sigma_K = 335 - 0,62 \cdot \lambda_{\text{erf}} = 301,1 \dfrac{\text{N}}{\text{mm}^2}$

$\sigma_{d\,\text{vorh}} = \dfrac{F}{A} = \dfrac{20\,000 \text{ N}}{361 \text{ mm}^2} = 55,4 \dfrac{\text{N}}{\text{mm}^2}$

$v_{\text{vorh}} = \dfrac{\sigma_K}{\sigma_{d\,\text{vorh}}} = \dfrac{301,1 \dfrac{\text{N}}{\text{mm}^2}}{55,4 \dfrac{\text{N}}{\text{mm}^2}} = 5,43$

911.

a) $\Sigma M_{(D)} = 0 = F_1 l_1 - F_S l_2$

$F_S = \dfrac{F l_1}{l_2} = \dfrac{4 \text{ kN} \cdot 40 \text{ mm}}{28 \text{ mm}} = 5714 \text{ N}$

b) $F_K = F_S v = 5714 \text{ N} \cdot 3 = 17\,142 \text{ N}$

c) $I_{\text{erf}} = \dfrac{F_K s^2}{E \pi^2} = \dfrac{17\,142 \text{ N} \cdot (305 \text{ mm})^2}{210\,000 \dfrac{\text{N}}{\text{mm}^2} \cdot \pi^2} = 769 \text{ mm}^4$

d) $I = \dfrac{\pi}{64}(D^4 - d^4) = \dfrac{\pi}{64}\left[D^4 - (0,8 D)^4\right]$

$I = \dfrac{\pi}{64}(D^4 - 0,41 D^4) = \dfrac{\pi}{64} D^4 (1 - 0,41)$

$I = \dfrac{\pi}{64} \cdot 0,59 D^4$

$D_{\text{erf}} = \sqrt[4]{\dfrac{64 I_{\text{erf}}}{0,59 \cdot \pi}} = \sqrt[4]{\dfrac{64 \cdot 769 \text{ mm}^4}{0,59 \cdot \pi}} = 12,8 \text{ mm}$

ausgeführt $D = 13$ mm, $d = 10$ mm

e) $i = 0{,}25\sqrt{D^2 + d^2}$

$i = 0{,}25\sqrt{(13^2 + 10^2)}\text{ mm}^2 = 4{,}1\text{ mm}$

f) $\lambda = \dfrac{s}{i} = \dfrac{305\text{ mm}}{4{,}1\text{ mm}} = 74{,}4 > \lambda_0 = 70$

Die Rechnung nach Euler war richtig.

912.

a) $\sigma_{d\,\text{vorh}} = \dfrac{F}{A_3} = \dfrac{15\,000\text{ N}}{1452\text{ mm}^2} = 10{,}3\ \dfrac{\text{N}}{\text{mm}^2}$

b) $p_{\text{vorh}} = \dfrac{F\,P}{\pi\,d_2\,H_1\,m}$

$p_{\text{vorh}} = \dfrac{15\,000\text{ N} \cdot 8\text{ mm}}{\pi \cdot 48\text{ mm} \cdot 4\text{ mm} \cdot 120\text{ mm}} = 1{,}66\ \dfrac{\text{N}}{\text{mm}^2}$

c) $\lambda = \dfrac{s}{i} = \dfrac{4s}{d_3} = \dfrac{4 \cdot 1800\text{ mm}}{43\text{ mm}} = 167 > \lambda_0 = 89$

(Eulerfall)

d) $v_{\text{vorh}} = \dfrac{F_K}{F} = \dfrac{E\,I\,\pi^2}{s^2\,F}$

$v_{\text{vorh}} = \dfrac{2{,}1 \cdot 10^5\ \dfrac{\text{N}}{\text{mm}^2} \cdot \dfrac{\pi}{64}(43\text{ mm})^4 \cdot \pi^2}{(1800\text{ mm})^2 \cdot 15\,000\text{ N}} = 7{,}2$

e) $F_{\text{Rohr}} = \dfrac{F}{3 \cdot \sin 60°} = \dfrac{15\,000\text{ N}}{3 \cdot \sin 60°} = 5774\text{ N}$

f) $\sigma_{d\,\text{vorh}} = \dfrac{F_R}{\dfrac{\pi}{4}(D^2 - d^2)}$

$\sigma_{d\,\text{vorh}} = \dfrac{4 \cdot 5774\text{ N}}{\pi(60^2 - 50^2)\text{ mm}^2} = 6{,}7\ \dfrac{\text{N}}{\text{mm}^2}$

g) $i = 0{,}25\sqrt{D^2 + d^2}$

$i = 0{,}25\sqrt{(60^2 + 50^2)}\text{ mm}^2 = 19{,}5\text{ mm}$

$\lambda = \dfrac{s}{i} = \dfrac{800\text{ mm}}{19{,}5\text{ mm}} = 41 < \lambda_{0,\text{S235JR}} = 105$

(Tetmajerfall)

h) $\sigma_K = 310 - 1{,}14 \cdot \lambda = 310 - 1{,}14 \cdot 41 = 263\ \dfrac{\text{N}}{\text{mm}^2}$

$v_{\text{vorh}} = \dfrac{\sigma_K}{\sigma_{d\,\text{vorh}}} = \dfrac{263\ \dfrac{\text{N}}{\text{mm}^2}}{6{,}7\ \dfrac{\text{N}}{\text{mm}^2}} = 39{,}3$

913.

a) $I_{\text{erf}} = \dfrac{v\,F\,s^2}{E\,\pi^2}$

$I_{\text{erf}} = \dfrac{6 \cdot 30 \cdot 10^3\text{ N} \cdot (1800\text{ mm})^2}{2{,}1 \cdot 10^5\ \dfrac{\text{N}}{\text{mm}^2} \cdot \pi^2} = 28{,}1 \cdot 10^4\text{ mm}^4$

$I = \dfrac{\pi}{64}d^4$

$d_{\text{erf}} = \sqrt[4]{\dfrac{64\,I_{\text{erf}}}{\pi}} = \sqrt[4]{\dfrac{64 \cdot 28{,}1 \cdot 10^4\text{ mm}^4}{\pi}} = 48{,}9\text{ mm}$

ausgeführt $d = 50\text{ mm}$

$\lambda = \dfrac{s}{i} = \dfrac{4s}{d} = \dfrac{4 \cdot 1800\text{ mm}}{50\text{ mm}} = 144 > \lambda_0 = 89$

Die Rechnung nach Euler war richtig.

b) $M_b = F\,l = 30\,000\text{ N} \cdot 320\text{ mm} = 9{,}6 \cdot 10^6\text{ Nmm}$

$\sigma_b = \dfrac{M_b}{W} = \dfrac{M_b}{\dfrac{s\,h^2}{6}} = \dfrac{6 \cdot M_b}{\dfrac{h}{10} \cdot h^2} = \dfrac{60\,M_b}{h^3}$

$h_{\text{erf}} = \sqrt[3]{\dfrac{60\,M_b}{\sigma_{b\,\text{zul}}}} = \sqrt[3]{\dfrac{60 \cdot 9{,}6 \cdot 10^6\text{ Nmm}}{120\ \dfrac{\text{N}}{\text{mm}^2}}} = 170\text{ mm}$

$s_{\text{erf}} = \dfrac{h_{\text{erf}}}{10} = 17\text{ mm}$

914.

a) $A_{3\,\text{erf}} = \dfrac{F}{\sigma_{d\,\text{zul}}} = \dfrac{40\,000\text{ N}}{60\ \dfrac{\text{N}}{\text{mm}^2}} = 667\text{ mm}^2$

b) Tr 40×7 mit

$A_3 = 804\text{ mm}^2$
$d_3 = 32\text{ mm},\ d_2 = 36{,}5\text{ mm},$
$r_2 = 18{,}25\text{ mm}$
$H_1 = 3{,}5\text{ mm}$

c) $\lambda = \dfrac{4s}{d_3} = \dfrac{4 \cdot 800\text{ mm}}{32\text{ mm}} = 100 > \lambda_0 = 89$ (Eulerfall)

d) $I = \dfrac{\pi}{64} \cdot d_3^4 = \dfrac{\pi}{64} \cdot (32\text{ mm})^4 = 51\,472\text{ mm}^4$

$v_{\text{vorh}} = \dfrac{F_K}{F} = \dfrac{E\,I\,\pi^2}{s^2\,F}$

$v_{\text{vorh}} = \dfrac{2{,}1 \cdot 10^5\ \dfrac{\text{N}}{\text{mm}^2} \cdot 51\,472\text{ mm}^4 \cdot \pi^2}{(800\text{ mm})^2 \cdot 0{,}4 \cdot 10^5\text{ N}} = 4{,}2$

5 Festigkeitslehre   241

e) $m_{erf} = \dfrac{F\,P}{\pi d_2 H_1 p_{zul}}$

$m_{erf} = \dfrac{40000\,\text{N} \cdot 7\,\text{mm}}{\pi \cdot 36{,}5\,\text{mm} \cdot 3{,}5\,\text{mm} \cdot 10\,\dfrac{\text{N}}{\text{mm}^2}} = 69{,}8\,\text{mm}$

f) $M_{RG} = F_1 D = F r_2 \tan(\alpha + \varrho')$

(Handrad wird mit 2 Händen gedreht: Kräftepaar mit F_1 und Wirkabstand D.)

$r_2 = \dfrac{d_2}{2} = 18{,}25\,\text{mm}$

$\tan\alpha = \dfrac{P}{2\pi r_2}$

$\alpha = \arctan \dfrac{7\,\text{mm}}{2\pi \cdot 18{,}25\,\text{mm}} = 3{,}49°$

$\varrho' = \arctan \mu' = \arctan 0{,}1 = 5{,}7°$

$\alpha + \varrho' = 9{,}2°$

$D = \dfrac{40000\,\text{N} \cdot 18{,}25\,\text{mm} \cdot \tan 9{,}2°}{300\,\text{N}} = 394\,\text{mm}$

915.

a) $A_{3\,erf} = \dfrac{F}{\sigma_{d\,zul}} = \dfrac{50000\,\text{N}}{60\,\dfrac{\text{N}}{\text{mm}^2}} = 833\,\text{mm}^2$

b) Tr 44 × 7 mit
$A_3 = 1018\,\text{mm}^2$
$d_3 = 36\,\text{mm},\ d_2 = 40{,}5\,\text{mm},$
$r_2 = 20{,}25\,\text{mm}$
$H_1 = 3{,}5\,\text{mm}$

c) $\lambda = \dfrac{4s}{d_3} = \dfrac{4 \cdot 1400\,\text{mm}}{36\,\text{mm}} = 156 > \lambda_0 = 89$

d) $I = \dfrac{\pi}{64} \cdot d_3^4 = \dfrac{\pi}{64} \cdot (36\,\text{mm})^4 = 82448\,\text{mm}^4$

$v_{vorh} = \dfrac{E I \pi^2}{s^2 F}$

$v_{vorh} = \dfrac{2{,}1 \cdot 10^5\,\dfrac{\text{N}}{\text{mm}^2} \cdot 82448\,\text{mm}^4 \cdot \pi^2}{(1400\,\text{mm})^2 \cdot 50000\,\text{N}} = 1{,}74$

e) $m_{erf} = \dfrac{F\,P}{\pi d_2 H_1 p_{zul}}$

$m_{erf} = \dfrac{50000\,\text{N} \cdot 7\,\text{mm}}{\pi \cdot 40{,}5\,\text{mm} \cdot 3{,}5\,\text{mm} \cdot 8\,\dfrac{\text{N}}{\text{mm}^2}} = 98{,}2\,\text{mm}$

f) $M_{RG} = F r_2 \tan(\alpha + \varrho')$

mit $\varrho' = \arctan \mu' = \arctan 0{,}16 = 9{,}09°$

$M_{RG} = 50000\,\text{N} \cdot 20{,}25\,\text{mm} \cdot \tan(3{,}15° + 9{,}09°)$

$M_{RG} = 219650\,\text{Nmm}$

$M_{RG} = F_{Hand}\,l_1$

$l_1 = \dfrac{M_{RG}}{F_{Hand}} = \dfrac{219650\,\text{Nmm}}{300\,\text{N}} = 732\,\text{mm}$

g) $\sigma_b = \dfrac{M_b}{\dfrac{\pi d_1^3}{32}}$ $M_b = F_{Hand}\,l_1$

$d_1 = \sqrt[3]{\dfrac{F_{Hand}\,l_1 \cdot 32}{\pi \cdot \sigma_{b\,zul}}}$

$d_1 = \sqrt[3]{\dfrac{300\,\text{N} \cdot 732\,\text{mm} \cdot 32}{\pi \cdot 60\,\dfrac{\text{N}}{\text{mm}^2}}} = 33{,}4\,\text{mm}$

916.

$v = \dfrac{F_K}{F_{St}} = \dfrac{E I \pi^2}{s^2 F_{St}}$

$F_{St} = \dfrac{E I \pi^2}{s^2 v_{vorh}}$

$F_{St} = \dfrac{10000\,\dfrac{\text{N}}{\text{mm}^2} \cdot \dfrac{\pi}{64}(150\,\text{mm})^4 \cdot \pi^2}{(4500\,\text{mm})^2 \cdot 10} = 12112\,\text{N}$

Halbe Winkelhalbierende des gleichseitigen Dreiecks:

$WH = \dfrac{1500\,\text{mm}}{\cos 30°} = 1732\,\text{mm}$

Neigungswinkel der Stütze:

$\alpha = \arccos \dfrac{WH}{s} = \arccos \dfrac{1732\,\text{mm}}{4500\,\text{mm}} = 67{,}4°$

$F_{ges} = 3 F_{St} \sin\alpha = 3 \cdot 12112\,\text{N} \cdot \sin 67{,}4°$

$F_{ges} = 33546\,\text{N} = 33{,}5\,\text{kN}$

Knickung im Stahlbau

920.

Stabilitätsnachweis nach DIN EN 1993-1-1:

$A = 2 \cdot 1550\,\text{mm}^2 = 3100\,\text{mm}^2$

$I = 2 \cdot 116 \cdot 10^4\,\text{mm}^4 = 232 \cdot 10^4\,\text{mm}^4$

$i = \sqrt{\dfrac{I}{A}} = \sqrt{\dfrac{232 \cdot 10^4\,\text{mm}^4}{3100\,\text{mm}^2}} = 27{,}357\,\text{mm}$

Schlankheitsgrad λ_K

$\lambda_K = \dfrac{s_K}{i} = \dfrac{2000\,\text{mm}}{27{,}357\,\text{mm}} = 73{,}104$

bezogener Schlankheitsgrad $\bar{\lambda}_K$

$$\bar{\lambda}_K = \frac{\lambda_K}{\lambda_a} = \frac{73,104}{92,9} = 0,788$$

Bezugsschlankheitsgrad λ_a siehe Lehrbuch, Kap. 5.10.5.4
Knicklinie c mit $\alpha = 0,49$
Abminderungsfaktor κ für $\bar{\lambda}_K = 0,788 > 0,2$:

$$k = 0,5 \cdot \left[1 + \alpha\left(\bar{\lambda}_K - 0,2\right) + \bar{\lambda}_K^2\right] = 0,91$$

$$\kappa = \frac{1}{k + \sqrt{k^2 - \bar{\lambda}_K^2}} = 0,733$$

$$F_{pl} = R_e\,A = 240\,\frac{N}{mm^2} \cdot 3100\,mm^2 = 744\,kN$$

Stabilitäts-Hauptgleichung:

$$\frac{F}{\kappa \cdot F_{pl}} = \frac{215\,kN}{0,733 \cdot 744\,kN} = 0,394 < 1$$

Die Bedingung der Stabilitäts-Hauptgleichung ist erfüllt.

921.

Entwurfsformel für die überschlägige Querschnittsermittlung:

$$I_{erf} \geq 1,45 \cdot 10^{-3}\,F\,s_K^2$$

$$I_{erf} \geq 1,45 \cdot 10^{-3} \cdot 300 \cdot 4000^2\,mm^4 = 696 \cdot 10^4\,mm^4$$

$$I = \frac{\pi}{64}(D^4 - d^4)$$

$$d_{erf} = \sqrt[4]{D^4 - \frac{64\,I_{erf}}{\pi}}$$

$$d_{erf} = \sqrt[4]{(120\,mm)^4 - \frac{64 \cdot 696 \cdot 10^4\,mm^4}{\pi}} = 90\,mm$$

ausgeführt $d = 90\,mm$, $\delta = 15\,mm$, $A = 4948\,mm^2$

Stabilitätsnachweis nach DIN EN 1993-1-1:

$$i = 0,25\sqrt{D^2 + d^2}$$

$$i = 0,25\sqrt{(120^2 + 90^2)\,mm^2} = 37,5\,mm$$

$$\lambda_K = \frac{s_K}{i} = \frac{4000\,mm}{37,5\,mm} = 106,7$$

$$\bar{\lambda}_K = \frac{\lambda_K}{\lambda_a} = \frac{106,7}{92,9} = 1,15$$

Knicklinie a (Hohlprofil, warm gefertigt) mit $\alpha = 0,21$

Abminderungsfaktor κ für $\bar{\lambda}_K = 1,15 > 0,2$:

$$k = 0,5 \cdot \left[1 + \alpha\left(\bar{\lambda}_K - 0,2\right) + \bar{\lambda}_K^2\right]$$

$$k = 0,5 \cdot \left[1 + 0,21(1,15 - 0,2) + 1,15^2\right] = 1,261$$

$$\kappa = \frac{1}{k + \sqrt{k^2 - \bar{\lambda}_K^2}}$$

$$\kappa = \frac{1}{1,261 + \sqrt{1,261^2 - 1,15^2}} = 0,562$$

$$F_{pl} = R_e\,A = 240\,\frac{N}{mm^2} \cdot 4948\,mm^2 = 1187,52\,kN$$

Stabilitäts-Hauptgleichung:

$$\frac{F}{\kappa \cdot F_{pl}} = \frac{300\,kN}{0,562 \cdot 1187,52\,kN} = 0,45 < 1$$

Die Bedingung der Stabilitäts-Hauptgleichung ist erfüllt.

922.

Wie in Lösung 921. wird mit der Entwurfsformel das erforderliche axiale Flächenmoment ermittelt:

$$I_{erf} \geq 1,45 \cdot 10^{-3}\,F\,s_K^2$$

$$I_{erf} \geq 1,45 \cdot 10^{-3} \cdot 75 \cdot 3000^2\,mm^4 = 97,88 \cdot 10^4\,mm^4$$

ausgeführt IPE 180 mit
$I_y = 101 \cdot 10^4\,mm^4$, $A = 2390\,mm^2$, $t = 8\,mm$

$$i_y = \sqrt{\frac{I_y}{A}} = \sqrt{\frac{101 \cdot 10^4\,mm^4}{2390\,mm^2}} = 20,557\,mm$$

Stabilitätsnachweis nach DIN EN 1993-1-1:

$$\lambda_K = \frac{s_K}{i_y} = \frac{3000\,mm}{20,557\,mm} = 145,936$$

$$\bar{\lambda}_K = \frac{\lambda_K}{\lambda_a} = \frac{145,936}{92,9} = 1,571$$

Knicklinie b für $h/b = 180\,mm/91\,mm = 1,98 > 1,2$ und $t = 8\,mm \leq 40\,mm$ mit $\alpha = 0,34$

Abminderungsfaktor κ für $\bar{\lambda}_K = 1,571 > 0,2$:

$$k = 0,5 \cdot \left[1 + \alpha\left(\bar{\lambda}_K - 0,2\right) + \bar{\lambda}_K^2\right]$$

$$k = 0,5 \cdot \left[1 + 0,34(1,571 - 0,2) + 1,571^2\right] = 1,967$$

$$\kappa = \frac{1}{k + \sqrt{k^2 - \bar{\lambda}_K^2}}$$

$$\kappa = \frac{1}{1,967 + \sqrt{1,967^2 - 1,571^2}} = 0,317$$

$$F_{pl} = R_e\,A = 240\,\frac{N}{mm^2} \cdot 2390\,mm^2 = 573,6\,kN$$

Stabilitäts-Hauptgleichung:

$$\frac{F}{\kappa \cdot F_{pl}} = \frac{75\,kN}{0,317 \cdot 573,6\,kN} = 0,412 < 1$$

Die Bedingung der Stabilitäts-Hauptgleichung ist erfüllt.

923.

$$A = \frac{\pi}{4}(D^2 - d^2) = 2137,54 \text{ mm}^2$$

$$i = 0,25\sqrt{D^2 + d^2}$$

$$i = 0,25\sqrt{(114,3^2 + 101,7^2)} \text{ mm}^2 = 38,249 \text{ mm}$$

$$\lambda_K = \frac{s_K}{i} = \frac{4500 \text{ mm}}{38,249 \text{ mm}} = 117,65$$

$$\overline{\lambda}_K = \frac{\lambda_K}{\lambda_a} = \frac{117,65}{92,9} = 1,266$$

Knicklinie a (Hohlprofil, warm gefertigt)
mit $\alpha = 0,21$

Abminderungsfaktor κ für $\overline{\lambda}_K = 1,266 > 0,2$:

$$k = 0,5 \cdot \left[1 + \alpha\left(\overline{\lambda}_K - 0,2\right) + \overline{\lambda}_K^2\right] = 1,413$$

$$\kappa = \frac{1}{k + \sqrt{k^2 - \overline{\lambda}_K^2}} = 0,490$$

$$F_{pl} = R_e A = 240 \frac{\text{N}}{\text{mm}^2} \cdot 2137,54 \text{ mm}^2 = 513 \text{ kN}$$

Stabilitäts-Hauptgleichung:

$$\frac{F}{\kappa \cdot F_{pl}} = \frac{110 \text{ kN}}{0,490 \cdot 513 \text{ kN}} = 0,438 < 1$$

Die Bedingung der Stabilitäts-Hauptgleichung ist erfüllt.

924.

a) Stab 1: Aus Druck und Biegung wird Zug und Biegung
Stab 2: Aus Zug wird Druck
Stab 3: Druck und Biegung bleiben

b) $s = \sqrt{(2500 \text{ mm})^2 + (2000 \text{ mm})^2} = 3201 \text{ mm}$

c) Annahme: 2 L 65 × 8 DIN 1028 mit
$A = 2 \cdot 985 \text{ mm}^2 = 1970 \text{ mm}^2$
$I = 2 \cdot 37,5 \cdot 10^4 \text{ mm}^4 = 75 \cdot 10^4 \text{ mm}^4$

Stabilitätsnachweis nach DIN EN 1993-1-1:

$$i = \sqrt{\frac{I}{A}} = \sqrt{\frac{75 \cdot 10^4 \text{ mm}^4}{1970 \text{ mm}^2}} = 19,512 \text{ mm}$$

$$\lambda_K = \frac{s_K}{i} = \frac{3201 \text{ mm}}{19,512 \text{ mm}} = 164,053$$

$$\overline{\lambda}_K = \frac{\lambda_K}{\lambda_a} = \frac{164,053}{92,9} = 1,766$$

Knicklinie c mit $\alpha = 0,49$

Mit $\overline{\lambda}_K = 1,766 > 0,2$ wird

$$k = 0,5 \cdot \left[1 + \alpha\left(\overline{\lambda}_K - 0,2\right) + \overline{\lambda}_K^2\right]$$

$$k = 0,5 \cdot \left[1 + 0,49(1,766 - 0,2) + 1,766^2\right] = 2,443$$

$$\kappa = \frac{1}{k + \sqrt{k^2 - \overline{\lambda}_K^2}}$$

$$\kappa = \frac{1}{2,443 + \sqrt{2,443^2 - 1,766^2}} = 0,242$$

$$F_{pl} = R_e A = 240 \frac{\text{N}}{\text{mm}^2} \cdot 1970 \text{ mm}^2 = 472,8 \text{ kN}$$

Stabilitäts-Hauptgleichung:

$$\frac{F}{\kappa \cdot F_{pl}} = \frac{100 \text{ kN}}{0,242 \cdot 472,8 \text{ kN}} = 0,874 < 1$$

Die Bedingung der Stabilitäts-Hauptgleichung ist erfüllt.

925.

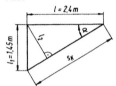

$$\alpha = \arctan\frac{l_1}{l} = \arctan\frac{1,45 \text{ m}}{2,4 \text{ m}} = 31°$$

$$s_k = \frac{l}{\cos\alpha} = \frac{2,4 \text{ m}}{\cos 31°} = 2,8 \text{ m}$$

$$l_2 = l \sin\alpha = 2,4 \text{ m} \cdot \sin 31° = 1,24 \text{ m}$$

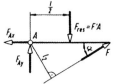

$$F_{res} = F' A = 2,5 \frac{\text{kN}}{\text{m}^2} \cdot 2,4 \text{ m} \cdot 3 \text{ m} = 18 \text{ kN}$$

$$\Sigma M_{(A)} = 0 = -F_{res}\frac{l}{2} + F l_2$$

$$F = \frac{F_{res} l}{2 l_2} = \frac{18 \text{ kN} \cdot 2,4 \text{ m}}{2 \cdot 1,24 \text{ m}} = 17,4 \text{ kN}$$

$$I_{erf} = 0,12 F s_k^2 = 0,12 \cdot 17,4 \cdot 2,8^2 \text{ cm}^4$$

$$I_{erf} = 16,4 \text{ cm}^4 = 16,4 \cdot 10^4 \text{ mm}^4$$

ausgeführt U 80 DIN 10126 mit
$I_y = 19,4 \cdot 10^4 \text{ mm}^4$, $A = 1100 \text{ mm}^2$

Stabilitätsnachweis nach DIN EN 1993-1-1:

$$i_y = \sqrt{\frac{I_y}{A}} = \sqrt{\frac{19,4 \cdot 10^4 \text{ mm}^4}{1100 \text{ mm}^2}} = 13,280 \text{ mm}$$

$$\lambda_K = \frac{s_K}{i_y} = \frac{2800 \text{ mm}}{13,280 \text{ mm}} = 210,843$$

$$\overline{\lambda}_K = \frac{\lambda_K}{\lambda_a} = \frac{210,843}{92,9} = 2,27$$

Knicklinie c mit $\alpha = 0,49$

Mit $\overline{\lambda}_K = 2,27 > 0,2$ wird

$$k = 0,5 \cdot \left[1 + \alpha\left(\overline{\lambda}_K - 0,2\right) + \overline{\lambda}_K^2\right]$$

$$k = 0,5 \cdot \left[1 + 0,49(2,27 - 0,2) + 2,27^2\right] = 3,584$$

$$\kappa = \frac{1}{k + \sqrt{k^2 - \overline{\lambda}_K^2}}$$

$$\kappa = \frac{1}{3,584 + \sqrt{3,584^2 - 2,27^2}} = 0,157$$

$$F_{pl} = R_e A = 240 \frac{\text{N}}{\text{mm}^2} \cdot 1100 \text{ mm}^2 = 264 \text{ kN}$$

Stabilitäts-Hauptgleichung:

$$\frac{F}{\kappa \cdot F_{pl}} = \frac{17,4 \text{ kN}}{0,157 \cdot 264 \text{ kN}} = 0,42 < 1$$

Die Bedingung der Stabilitäts-Hauptgleichung ist erfüllt.

926.

a) IPE 200 mit $I_x = 1940 \cdot 10^4 \text{ mm}^4$, $I_y = 142 \cdot 10^4 \text{ mm}^4$, $A = 2850 \text{ mm}^2$, $t = 8,5 \text{ mm}$
Stabilitätsnachweis nach DIN EN 1993-1-1:

$$i_x = \sqrt{\frac{I_x}{A}} = \sqrt{\frac{1940 \cdot 10^4 \text{ mm}^4}{2850 \text{ mm}^2}} = 82,5 \text{ mm}$$

$$\lambda_K = \frac{s_K}{i_x} = \frac{4000 \text{ mm}}{82,5 \text{ mm}} = 48,485$$

$$\overline{\lambda}_K = \frac{\lambda_K}{\lambda_a} = \frac{48,485}{92,9} = 0,522$$

Knicklinie a bei $h/b = 2$ und $t = 8,5 \text{ mm}$, $\alpha = 0,21$

Mit $\overline{\lambda}_K = 0,522 > 0,2$ wird

$$k = 0,5 \cdot \left[1 + \alpha\left(\overline{\lambda}_K - 0,2\right) + \overline{\lambda}_K^2\right]$$

$$k = 0,5 \cdot \left[1 + 0,21(0,522 - 0,2) + 0,522^2\right] = 0,67$$

$$\kappa = \frac{1}{k + \sqrt{k^2 - \overline{\lambda}_K^2}}$$

$$\kappa = \frac{1}{0,67 + \sqrt{0,67^2 - 0,522^2}} = 0,917$$

$$F_{pl} = R_e A = 240 \frac{\text{N}}{\text{mm}^2} \cdot 2850 \text{ mm}^2 = 684 \text{ kN}$$

Stabilitäts-Hauptgleichung:

$$\frac{F}{\kappa \cdot F_{pl}} = \frac{380 \text{ kN}}{0,917 \cdot 684 \text{ kN}} = 0,606 < 1$$

Die Bedingung der Stabilitäts-Hauptgleichung ist erfüllt.

b)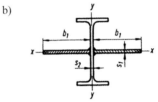

$$I_x + 2\frac{b_1 s_1^3}{12} = I_y + 2\left[\frac{s_1 b_1^3}{12} + b_1 s_1 \left(\frac{b_1}{2} + \frac{s_2}{2}\right)^2\right]$$

Die algebraische Entwicklung führt zu dem Term:

$$b_1^3 \underbrace{\left(\frac{s_1}{6} + \frac{s_1}{2}\right)}_{k_1} + \underbrace{b_1^2 \, s_1 \, s_2}_{k_2} - b_1 \underbrace{\left(\frac{s_1^3}{6} + \frac{s_1 s_2^2}{2}\right)}_{k_3} = I_x - I_y$$

Die Näherungsrechnung ergibt $b_1 = 147,2$ mm.
Ausgeführt wird $b_1 = 150$ mm, also ☐ 150×8.

Zusammengesetzte Beanspruchung

Biegung und Zug/Druck

927.

a) $\tau_{a \text{ vorh}} = \dfrac{F_q}{A} = \dfrac{F \sin \alpha}{\dfrac{\pi}{4} d^2} = \dfrac{6000 \text{ N} \cdot \sin 20°}{\dfrac{\pi}{4} \cdot (20 \text{ mm})^2} = 6,53 \dfrac{\text{N}}{\text{mm}^2}$

b) $\sigma_{z \text{ vorh}} = \dfrac{F_N}{A} = \dfrac{F \cos \alpha}{\dfrac{\pi}{4} d^2} = \dfrac{6000 \text{ N} \cdot \cos 20°}{\dfrac{\pi}{4} \cdot (20 \text{ mm})^2} = 17,9 \dfrac{\text{N}}{\text{mm}^2}$

c) $\sigma_{b\,vorh} = \dfrac{M_b}{W} = \dfrac{F\sin\alpha \cdot l}{\dfrac{\pi}{32}d^3}$

$\sigma_{b\,vorh} = \dfrac{6000\text{ N}\cdot\sin 20°\cdot 60\text{ mm}}{\dfrac{\pi}{32}\cdot(20\text{ mm})^3} = 156{,}8\ \dfrac{\text{N}}{\text{mm}^2}$

d) $\sigma_{res\,Zug} = \sigma_z + \sigma_{bz}$

$\sigma_{res\,Zug} = (17{,}9 + 156{,}8)\ \dfrac{\text{N}}{\text{mm}^2} = 174{,}7\ \dfrac{\text{N}}{\text{mm}^2}$

928.

a)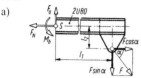

$F_N = F\cos\alpha = 10\text{ kN}\cdot\cos 50° = 6{,}428\text{ kN}$
$F_q = F\sin\alpha = 10\text{ kN}\cdot\sin 50° = 7{,}66\text{ kN}$
$M_b = F\cos\alpha\cdot l_2 - F\sin\alpha\cdot l_1 = F_N l_2 - F_q l_1$
$M_b = 6428\text{ N}\cdot 0{,}2\text{ m} - 7660\text{ N}\cdot 0{,}8\text{ m} = 4842\text{ Nm}$

b) $\tau_{a\,vorh} = \dfrac{F_q}{A_{][}} = \dfrac{7660\text{ N}}{2200\text{ mm}^2} = 3{,}48\ \dfrac{\text{N}}{\text{mm}^2}$

c) $\sigma_{z\,vorh} = \dfrac{F_N}{A_{][}} = \dfrac{6428\text{ N}}{2200\text{ mm}^2} = 2{,}92\ \dfrac{\text{N}}{\text{mm}^2}$

d) $\sigma_{b\,vorh} = \dfrac{M_b}{W_{][}} = \dfrac{4842\cdot 10^3\text{ Nmm}}{53\cdot 10^3\text{ mm}^3} = 91{,}4\ \dfrac{\text{N}}{\text{mm}^2}$

e) $\sigma_{res\,Zug} = \sigma_z + \sigma_{bz}$

$\sigma_{res\,Zug} = (2{,}92 + 91{,}4)\ \dfrac{\text{N}}{\text{mm}^2} = 94{,}3\ \dfrac{\text{N}}{\text{mm}^2}$

f) $M_b = F_N l_2 - F_q l_1 = 0$

$l_2 = \dfrac{F_q l_1}{F_N} = \dfrac{7{,}66\text{ kN}\cdot 800\text{ mm}}{6{,}428\text{ kN}} = 953{,}4\text{ mm}$

oder

$M_b = F\cos\alpha\cdot l_2 - F\sin\alpha\cdot l_1 = 0$

$l_2 = \dfrac{F\sin\alpha\cdot l_1}{F\cos\alpha} = l_1\dfrac{\sin\alpha}{\cos\alpha} = l_1\cdot\tan\alpha$

$l_2 = 800\text{ mm}\cdot\tan 50° = 953{,}4\text{ mm}$

929.

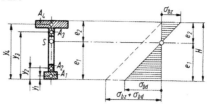

$A_1 = 7\cdot 3\text{ cm}^2 = 21\text{ cm}^2$
$A_2 = 1\cdot 4\text{ cm}^2 = 4\text{ cm}^2$
$A_3 = 1\cdot 4\text{ cm}^2 = 4\text{ cm}^2$
$A_4 = b\cdot 4\text{ cm}$

$A = \Sigma A = 29\text{ cm}^2 + b\cdot 4\text{ cm}$

$y_1 = 1{,}5\text{ cm} \quad y_2 = 5\text{ cm} \quad y_3 = 29\text{ cm} \quad y_4 = 33\text{ cm}$

Aus der Spannungsskizze:

$\dfrac{\sigma_{bz} + \sigma_{bd}}{H} = \dfrac{\sigma_{bd}}{e_1}$

$e_1 = H\dfrac{\sigma_{bd}}{\sigma_{bz} + \sigma_{bd}} = 350\text{ mm}\cdot\dfrac{150\ \dfrac{\text{N}}{\text{mm}^2}}{200\ \dfrac{\text{N}}{\text{mm}^2}} = 262{,}5\text{ mm}$

Momentensatz für Flächen:

$Ae_1 = A_1 y_1 + A_2 y_2 + A_3 y_3 + b\cdot 4\text{ cm}\cdot y_4$

$(29\text{ cm}^2 + b\cdot 4\text{ cm})e_1 = A_1 y_1 + A_2 y_2 + A_3 y_3 +$
$\qquad\qquad\qquad\qquad\qquad + b\cdot 4\text{ cm}\cdot y_4$

$29\text{ cm}^2\cdot e_1 + b\cdot 4\text{ cm}\cdot e_1 = A_1 y_1 + A_2 y_2 + A_3 y_3 +$
$\qquad\qquad\qquad\qquad\qquad + b\cdot 4\text{ cm}\cdot y_4$

$b\cdot 4\text{ cm}\cdot(y_4 - e_1) = 29\text{ cm}^2\, e_1 - A_1 y_1 - A_2 y_2 - A_3 y_3$

$b = \dfrac{29\text{ cm}^2\cdot 26{,}25\text{ cm} - (21\cdot 1{,}5 + 4\cdot 5 + 4\cdot 29)\text{ cm}^3}{4\text{ cm}\cdot(33 - 26{,}25)\text{ cm}}$

$b = 21{,}99\text{ cm} = 220\text{ mm}$

930.

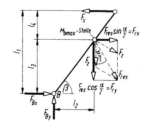

a) Neigungswinkel β des Auslegers:

$\beta = \arctan\dfrac{l_1}{l_2 + l_5} = \arctan\dfrac{4\text{ m}}{2\text{ m} + 1\text{ m}} = 53{,}13°$

Kraft F_s im waagerechten Seil (Anwendung des Kosinussatzes):

$$F_{res}^2 = F_z^2 + F_z^2 - 2 \cdot F_z \cdot F_z \cdot \cos 120°$$

$$F_{res} = \sqrt{2F_z^2(1-\cos 120°)} = F_z\sqrt{2(1-\cos 120°)}$$

$$F_{res} = 20\text{ kN}\sqrt{2(1-\cos 120°)} = 34,6\text{ kN}$$

$$F_{rx} = F_{res}\sin\frac{\alpha}{2} = 34,6\text{ kN} \cdot \sin 30° = 17,3\text{ kN}$$

$$F_{ry} = F_{res}\cos\frac{\alpha}{2} = 34,6\text{ kN} \cdot \cos 30° = 30\text{ kN}$$

$$\Sigma M_{(B)} = 0 = F_s l_1 - F_{rx} l_3 - F_{ry} l_2$$

$$l_3 = l_2 \tan\beta = 2\text{m} \cdot \tan 53,13° = 2,667\text{ m}$$

$$F_s = \frac{F_{rx} l_3 + F_{ry} l_2}{l_1}$$

$$F_s = \frac{(17,3 \cdot 2,667 + 30 \cdot 2)\text{ kNm}}{4\text{ m}} = 26,5\text{ kN}$$

Die Kraft im waagerechten Seil beträgt 26,5 kN.

b) Stützkraft im Lagerpunkt B mit ihren Komponenten und dem Richtungswinkel:

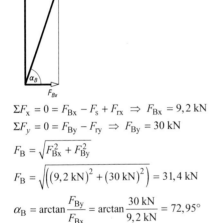

$$\Sigma F_x = 0 = F_{Bx} - F_s + F_{rx} \Rightarrow F_{Bx} = 9,2\text{ kN}$$
$$\Sigma F_y = 0 = F_{By} - F_{ry} \Rightarrow F_{By} = 30\text{ kN}$$

$$F_B = \sqrt{F_{Bx}^2 + F_{By}^2}$$

$$F_B = \sqrt{((9,2\text{ kN})^2 + (30\text{ kN})^2)} = 31,4\text{ kN}$$

$$\alpha_B = \arctan\frac{F_{By}}{F_{Bx}} = \arctan\frac{30\text{ kN}}{9,2\text{ kN}} = 72,95°$$

c) Anzahl der Drähte des Seils:

$$\sigma_{z\,zul} = \frac{F_s}{A} = \frac{F_s}{n_{erf}\frac{\pi}{4}d^2}$$

$$n_{erf} = \frac{4F_s}{\pi d^2 \sigma_{z\,zul}}$$

$$n_{erf} = \frac{4 \cdot 26500\text{ N}}{\pi \cdot (1,5\text{ mm})^2 \cdot 300\frac{\text{N}}{\text{mm}^2}} = 50\text{ Drähte}$$

d) erforderlicher Rohrquerschnitt:

$$M_{b\,max} = F_s l_4 = F_s(l_1 - l_3)$$

$$M_{b\,max} = 26,5\text{ kN} \cdot (4\text{ m} - 2,667\text{ m}) = 35,3\text{ kNm}$$

$$\sigma_{b\,zul} = \frac{M_{b\,max}}{W_{erf}} = \frac{M_{b\,max}}{\frac{\pi}{32} \cdot \frac{D^4 - d^4}{D}}$$

$$\sigma_{b\,zul} = \frac{32 \cdot M_{b\,max} D}{\pi \cdot \left[D^4 - \left(\frac{9}{10}D\right)^4\right]}$$

$$\sigma_{b\,zul} = \frac{32 \cdot M_{b\,max} D}{\pi \cdot D^4 \left(1 - \frac{6561}{10000}\right)} = \frac{32 \cdot M_{b\,max}}{\pi \cdot D^3 \cdot \frac{3439}{10000}}$$

$$\sigma_{b\,zul} = \frac{320000 \cdot M_{b\,max}}{3439 \cdot \pi \cdot D^3}$$

$$D_{erf} = \sqrt[3]{\frac{320 M_{b\,max}}{3,439 \cdot \pi \cdot \sigma_{b\,zul}}}$$

$$D_{erf} = \sqrt[3]{\frac{320 \cdot 35,3 \cdot 10^6\text{ Nmm}}{3,439 \cdot \pi \cdot 100\frac{\text{N}}{\text{mm}^2}}} = 216\text{ mm}$$

ausgeführt Rohr 216×12,5 DIN 2448

e) größte resultierende Normalspannung

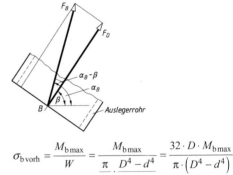

$$\sigma_{b\,vorh} = \frac{M_{b\,max}}{W} = \frac{M_{b\,max}}{\frac{\pi}{32} \cdot \frac{D^4 - d^4}{D}} = \frac{32 \cdot D \cdot M_{b\,max}}{\pi \cdot (D^4 - d^4)}$$

$$\sigma_{b\,vorh} = \frac{32 \cdot 216\text{ mm} \cdot 35,3 \cdot 10^6\text{ Nmm}}{\pi \cdot (216^4 - 191^4)\text{ mm}^4} = 91,8\frac{\text{N}}{\text{mm}^2}$$

Druckkraft F_D (in Richtung der Auslegerachse) zur Ermittlung der vorhandenen Druckspannung:

$$\cos(\alpha_B - \beta) = \frac{F_D}{F_B}$$

$$F_D = F_B \cdot \cos(\alpha_B - \beta) = 31,4\text{ kN} \cdot \cos 19,82°$$

$$F_D = 29,54\text{ kN}$$

$$\sigma_{d\,vorh} = \frac{F_D}{\frac{\pi}{4}(D^2 - d^2)}$$

$$\sigma_{d\,vorh} = \frac{29,54 \cdot 10^3 \text{ N}}{\frac{\pi}{4}(216^2 - 191^2) \text{ mm}^2} = 3,7 \frac{\text{N}}{\text{mm}^2}$$

Spannungsnachweis:

$$\sigma_{res} = \sigma_{d\,vorh} + \sigma_{b\,vorh} = 95,5 < \sigma_{b\,zul} = 100 \frac{\text{N}}{\text{mm}^2}$$

Ergebnisbetrachtung:
Die vorhandene Biegespannung ist fast 25mal so groß wie die vorhandene Druckspannung! Für überschlägige Berechnungen kann auf die Ermittlung der Druckspannung verzichtet werden.

931.
Inneres Kräftesystem im Schnitt A–B

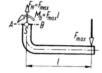

$$\sigma_{res\,Zug} = \frac{F}{A} + \frac{M_b}{W} \leq \sigma_{zul}$$

$$\sigma_{res\,Zug} = \frac{F}{A} + \frac{Fle}{I}$$

$$\sigma_{res\,Druck} = \frac{M_b}{W} - \frac{F}{A} \leq \sigma_{zul}$$

$$\sigma_{res\,Druck} = \frac{Fle}{I} - \frac{F}{A}$$

Für U 120 ist:
$A = 1700 \text{ mm}^2$, $I_y = 43,2 \cdot 10^4 \text{ mm}^4$,
$e_1 = 16 \text{ mm}$, $e_2 = 39 \text{ mm}$

$$F_{max1} = \frac{\sigma_{zul}}{\frac{1}{A} + \frac{le_2}{I}} = \frac{60 \frac{\text{N}}{\text{mm}^2}}{\left(\frac{1}{1700} + \frac{450 \cdot 39}{432\,000}\right) \frac{1}{\text{mm}^2}} = 1456 \text{ N}$$

$$F_{max2} = \frac{\sigma_{zul}}{\frac{le_2}{I} - \frac{1}{A}} = \frac{60 \frac{\text{N}}{\text{mm}^2}}{\left(\frac{450 \cdot 39}{432\,000} - \frac{1}{1700}\right) \frac{1}{\text{mm}^2}} = 1499 \text{ N}$$

932.

a) $A_{erf} = \frac{F}{\sigma_{z\,zul}} = \frac{180 \cdot 10^3 \text{ N}}{140 \frac{\text{N}}{\text{mm}^2}} = 1286 \text{ mm}^2$

ausgeführt U 100 mit $A = 1350 \text{ mm}^2$

b) α) $\sigma_{z\,vorh} = \frac{F}{A} = \frac{180 \cdot 10^3 \text{ N}}{1,35 \cdot 10^3 \text{ mm}^2} = 133 \frac{\text{N}}{\text{mm}^2}$

β) $\sigma_{b1\,vorh} = \frac{Fle_y}{I_y}$ $l = \frac{s}{2} + e_y = 23,5 \text{ mm}$

$e_y = 15,5 \text{ mm}$

$\sigma_{b1\,vorh} = \frac{180 \cdot 10^3 \text{ N} \cdot 23,5 \text{ mm} \cdot 15,5 \text{ mm}}{29,3 \cdot 10^4 \text{ mm}^4}$

$\sigma_{b1\,vorh} = 224 \frac{\text{N}}{\text{mm}^2}$

$\sigma_{b1\,vorh} = \sigma_{bz}$

$\sigma_{b2\,vorh} = \frac{Fl(b-e_y)}{I_y}$ $b - e_y = 34,5 \text{ mm}$

$\sigma_{b2\,vorh} = \frac{180 \cdot 10^3 \text{ N} \cdot 23,5 \text{ mm} \cdot 34,5 \text{ mm}}{29,3 \cdot 10^4 \text{ mm}^4}$

$\sigma_{b2\,vorh} = 498 \frac{\text{N}}{\text{mm}^2}$

$\sigma_{b2\,vorh} = \sigma_{bd}$

γ) $\sigma_{res\,Zug} = \sigma_z + \sigma_{bz}$

$\sigma_{res\,Zug} = (133 + 224) \frac{\text{N}}{\text{mm}^2} = 357 \frac{\text{N}}{\text{mm}^2}$

$\sigma_{res\,Druck} = \sigma_{bd} - \sigma_z$

$\sigma_{res\,Druck} = (498 - 133) \frac{\text{N}}{\text{mm}^2} = 365,3 \frac{\text{N}}{\text{mm}^2}$

c) Ausgeführt U 120 mit:
$A = 1700 \text{ mm}^2$, $I_y = 43,2 \text{ mm}^4$,
$e_1 = 16 \text{ mm}$, $e_2 = 39 \text{ mm}$

α) $\sigma_{z\,vorh} = \frac{F}{A} = \frac{180 \cdot 10^3 \text{ N}}{1700 \text{ mm}^2} \approx 106 \frac{\text{N}}{\text{mm}^2}$

β) $\sigma_{bz} = \frac{180 \cdot 10^3 \text{ N} \cdot 24 \text{ mm} \cdot 16 \text{ mm}}{43,2 \cdot 10^4 \text{ mm}^4} = 160 \frac{\text{N}}{\text{mm}^2}$

$\sigma_{bd} = \frac{180 \cdot 10^3 \text{ N} \cdot 24 \text{ mm} \cdot 39 \text{ mm}}{43,2 \cdot 10^4 \text{ mm}^4} = 390 \frac{\text{N}}{\text{mm}^2}$

γ) $\sigma_{res\,Zug} = \sigma_z + \sigma_{bz}$

$\sigma_{res\,Zug} = (106 + 160) \frac{\text{N}}{\text{mm}^2} = 266 \frac{\text{N}}{\text{mm}^2}$

$\sigma_{res\,Druck} = \sigma_{bd} - \sigma_z$

$\sigma_{res\,Druck} = (390 - 106) \frac{\text{N}}{\text{mm}^2} = 284 \frac{\text{N}}{\text{mm}^2}$

d) In beiden Fällen ist die resultierende Normalspannung größer als die zulässige Spannung.

933.

a) $\sigma_{res\,Zug} = \dfrac{F}{A} + \dfrac{F\,l\,e}{I_x} \leq \sigma_{zul}$ (vgl. Lösung 931.)

$A = 1920$ mm², $I_x = 177 \cdot 10^4$ mm⁴,
$e = 28{,}2$ mm, $l = (8 + 28{,}2)$ mm $= 36{,}2$ mm

$$F_{max} = \dfrac{\sigma_{zul}}{\dfrac{1}{A} + \dfrac{l\,e}{I_x}}$$

$$F_{max} = \dfrac{140\,\dfrac{N}{mm^2}}{\left(\dfrac{1}{1920} + \dfrac{36{,}2 \cdot 28{,}2}{1770000}\right)\dfrac{1}{mm^2}} = 128\text{ kN}$$

b) $F_{max} = \sigma_{zul}\,A_{\llcorner\!\lrcorner} = 140\,\dfrac{N}{mm^2} \cdot 3840\text{ mm}^2 = 537{,}6$ kN

934.

a) $\Sigma M_{(D)} = 0 = F_1 \cdot 350\text{ mm} \cdot \sin\alpha - F_2 \cdot 250\text{ mm}$

$F_2 = \dfrac{3\text{ kN} \cdot 350\text{ mm} \cdot \sin 60°}{250\text{ mm}} = 3637$ N

b) $\sigma_b = \dfrac{F_1 \sin\alpha \cdot 300\text{ mm}}{\dfrac{b_1(4b)^2}{6}} = \dfrac{6\,F_1 \sin\alpha \cdot 300\text{ mm}}{16\,b_1^3}$

$b_{1\,erf} = \sqrt[3]{\dfrac{6\,F_1 \sin\alpha \cdot 300\text{ mm}}{16 \cdot \sigma_{b\,zul}}}$

$b_{1\,erf} = \sqrt[3]{\dfrac{6 \cdot 3000\text{ N} \cdot \sin 60° \cdot 300\text{ mm}}{16 \cdot 120\,\dfrac{N}{mm^2}}} = 13{,}45$ mm

ausgeführt $b_1 = 13{,}5$ mm, $h_1 = 4b_1 = 54$ mm

c) $b_{2\,erf} = \sqrt[3]{\dfrac{6 \cdot 3637\text{ N} \cdot 200\text{ mm}}{16 \cdot 120\,\dfrac{N}{mm^2}}} = 13{,}15$ mm

Es wird das gleiche Profil wie unter b) ausgeführt:
□ 54 × 13,5 mm

d) $\sigma_{res\,Zug} = \sigma_z + \sigma_b$

$\sigma_{res\,Zug} = \dfrac{F_1 \cos\alpha}{b_1\,h_1} + \dfrac{F_1 \sin\alpha \cdot 300\text{ mm}}{\dfrac{b_1\,h_1^2}{6}}$

$\sigma_{res\,Zug} = 3000\text{ N}\left[\dfrac{\cos 60°}{(13{,}5 \cdot 54)\text{ mm}^2} + \dfrac{\sin 60° \cdot 300\text{ mm} \cdot 6}{(13{,}5 \cdot 54^2)\text{ mm}^3}\right]$

$\sigma_{res\,Zug} = 121\,\dfrac{N}{mm^2}$

935.

a)

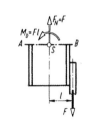

Normalkraft $F_N = F$
Biegemoment $M_b = F \cdot l$

b) IPE 120 mit:
$A = 1320$ mm²
$I_x = 318 \cdot 10^4$ mm⁴
$W_x = 53 \cdot 10^3$ mm³

$\sigma_{res\,Zug} = \dfrac{F}{A} + \dfrac{M_b}{W} \leq \sigma_{zul}$

$F_{max} = \dfrac{\sigma_{zul}}{\dfrac{1}{A} + \dfrac{l}{W_x}}$

$F_{max} = \dfrac{140\,\dfrac{N}{mm^2}}{\left(\dfrac{1}{1320} + \dfrac{67}{53000}\right)\dfrac{1}{mm^2}} = 69\,250$ N

c) $\sigma_{z\,vorh} = \dfrac{F_{max}}{A} = \dfrac{69\,250\text{ N}}{1320\text{ mm}^2} = 52{,}5\,\dfrac{N}{mm^2}$

d) $\sigma_{b\,vorh} = \dfrac{F_{max}\,l}{W_x} = \dfrac{69\,250\text{ N} \cdot 67\text{ mm}}{53\,000\text{ mm}^3} = 87{,}5\,\dfrac{N}{mm^2}$

e) $\sigma_{res\,Zug} = \sigma_z + \sigma_{bz} = 140\,\dfrac{N}{mm^2}$

$\sigma_{res\,Druck} = \sigma_{bd} - \sigma_z = 35\,\dfrac{N}{mm^2}$

f) $a = \dfrac{i^2}{l}$; $i_x = \sqrt{\dfrac{I_x}{A}} = \sqrt{\dfrac{318 \cdot 10^4\text{ mm}^4}{1320\text{ mm}^2}} = 49{,}1$ mm

$a = \dfrac{(49{,}1\text{ mm})^2}{67\text{ mm}} = 35{,}98$ mm

siehe Lehrbuch, 9.1.1.1 Zug und Biegung

936.

Für L 100 × 50 × 10 ist:

$A_L = 1410$ mm²

$e_x = 36{,}7$ mm ($e'_x = 100$ mm $- 36{,}7$ mm $= 63{,}3$ mm)

$I_x = 141 \cdot 10^4$ mm⁴

$A = 2\,A_L = 2820$ mm²

$I = 2\,I_x = 282 \cdot 10^4$ mm⁴

a) *Erste Annahme:*

$\sigma_{max} = \sigma_{res\,Zug} = \sigma_z + \sigma_{bz}$

$\sigma_{max} \leq \sigma_{zul} > \sigma_z + \sigma_{bz}$

$\sigma_{zul} \leq \dfrac{F_{max\,1} \cos\alpha}{A} + \dfrac{F_{max\,1} \sin\alpha \cdot l \cdot e_x}{I}$

$F_{max\,1} = \dfrac{\sigma_{zul}}{\dfrac{\cos\alpha}{A} + \dfrac{l\,e_x \sin\alpha}{I}}$

$F_{max\,1} = \dfrac{140\,\dfrac{N}{mm^2}}{\left(\dfrac{\cos 50°}{2820} + \dfrac{800 \cdot 36{,}7 \cdot \sin 50°}{282 \cdot 10^4}\right)\dfrac{1}{mm^2}}$

$F_{max\,1} = 17\,070\,N$

Zweite Annahme:

$\sigma_{max} = \sigma_{res\,Druck} = \sigma_{bd} - \sigma_z$

$F_{max\,2} = \dfrac{\sigma_{zul}}{\dfrac{l\,e'_x \sin\alpha}{I} - \dfrac{\cos\alpha}{A}}$

$F_{max\,2} = \dfrac{140\,\dfrac{N}{mm^2}}{\left(\dfrac{800 \cdot 63{,}3 \cdot \sin 50°}{282 \cdot 10^4} - \dfrac{\cos 50°}{2820}\right)\dfrac{1}{mm^2}}$

$F_{max\,2} = 10\,350\,N$

Demnach ist die zweite Annahme richtig:
$F_{max} = F_{max\,2} = 10\,350\,N = 10{,}35\,kN$

b) In diesem Fall ist eindeutig

$\sigma_{max} = \sigma_{res\,Zug} = \sigma_z + \sigma_{bz}$

$F_{max} \leq \dfrac{\sigma_{zul}}{\dfrac{\cos\alpha}{A} + \dfrac{l\,e'_x \sin\alpha}{I}}$

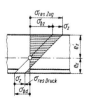

$F_{max} = \dfrac{140\,\dfrac{N}{mm^2}}{\left(\dfrac{0{,}6428}{2820} + \dfrac{800 \cdot 63{,}3 \cdot 0{,}766}{282 \cdot 10^4}\right)\dfrac{1}{mm^2}}$

$F_{max} = 10\,012\,N = 10{,}012\,kN$

937.

Schnitt A–B:

$\sigma_z = \dfrac{F}{A} = \dfrac{900\,N}{5 \cdot 80\,mm^2} = 2{,}25\,\dfrac{N}{mm^2}$

Schnitt C–D:

$\sigma_z = 2{,}25\,\dfrac{N}{mm^2}$ wie im Schnitt A–B

$\sigma_b = \dfrac{M_b}{W} = \dfrac{900\,N \cdot 20\,mm}{\dfrac{80 \cdot 5^2}{6}\,mm^3} = 54\,\dfrac{N}{mm^2}$

$\sigma_{max} = \sigma_z + \sigma_b = 56{,}25\,\dfrac{N}{mm^2}$

Schnitt E–F entspricht Schnitt C–D

Schnitt G–H:

$\tau_a = \dfrac{F}{A} = \dfrac{900\,N}{5 \cdot 80\,mm^2} = 2{,}25\,\dfrac{N}{mm^2}$

$\sigma_b = \dfrac{M_b}{W} = \dfrac{900\,N \cdot 17{,}5\,mm}{\dfrac{80 \cdot 5^2}{6}\,mm^3} = 47{,}25\,\dfrac{N}{mm^2}$

938.

Zunächst werden die Schwerpunktsabstände
$e_1 = 9{,}2\,mm$ und $e_2 = 15{,}8\,mm$ und mit der Gleichung
für das T-Profil das axiale Flächenmoment

$I = \dfrac{1}{3}\left(B e_1^3 - b h^3 + a e_2^3\right) = 2{,}1 \cdot 10^4\,mm^4$ bestimmt.

$A = 410\,mm^2$, $l = 65\,mm + e_1 = 74{,}2\,mm$

a) Wie in Aufgabe 936. wird F_{max} mit den beiden Annahmen bestimmt (hier mit $\sigma_{z\,zul} \neq \sigma_{d\,zul}$):

$F_{max\,1} \leq \dfrac{\sigma_{z\,zul}}{\dfrac{1}{A} + \dfrac{l\,e_1}{I}}$

$F_{max\,1} \leq \dfrac{60\,\dfrac{N}{mm^2}}{\left(\dfrac{1}{410} + \dfrac{74{,}2 \cdot 9{,}2}{21000}\right)\dfrac{1}{mm^2}} = 1717\,N$

$F_{max\,2} \leq \dfrac{\sigma_{d\,zul}}{\dfrac{l\,e_2}{I} - \dfrac{1}{A}}$

$F_{max\,2} \leq \dfrac{85\,\dfrac{N}{mm^2}}{\left(\dfrac{74{,}2 \cdot 15{,}8}{21000} - \dfrac{1}{410}\right)\dfrac{1}{mm^2}} = 1592\,N$

$F_{max} = F_{max\,2} = 1592\,N$

b) Wie in Aufgabe 914. wird
$M_{RG} = F_{max}\,r_2 \tan(\alpha + \varrho') = M$

$r_2 = \dfrac{d_2}{2} = \dfrac{9{,}026\,mm}{2} = 4{,}513\,mm$

$P = 1{,}5\,mm$

$d_3 = 8{,}16\,mm$

$H_1 = 0{,}812\,mm$

$A_S = 58\,mm^2$

$$\tan\alpha = \frac{P}{2\pi r_2}$$

$$\alpha = \arctan\frac{1{,}5 \text{ mm}}{2\pi \cdot 4{,}513 \text{ mm}} = 3{,}03°$$

$$\varrho' = \arctan\mu' = \arctan 0{,}15 = 8{,}53°$$

$$\alpha + \varrho' = 3{,}03° + 8{,}53° = 11{,}56°$$

$$M = M_{RG} = 1592 \text{ N} \cdot 4{,}513 \text{ mm} \cdot \tan 11{,}56°$$

$$M = 1470 \text{ Nmm}$$

c) $M = F_h r$

$$F_h = \frac{M}{r} = \frac{1469 \text{ Nmm}}{60 \text{ mm}} = 24{,}5 \text{ N}$$

d) $$m_{erf} = \frac{F_{max} P}{\pi d_2 H_1 p_{zul}}$$

$$m_{erf} = \frac{1592 \text{ N} \cdot 1{,}5 \text{ mm}}{\pi \cdot 9{,}026 \text{ mm} \cdot 0{,}812 \text{ mm} \cdot 3 \frac{\text{N}}{\text{mm}^2}} = 34{,}6 \text{ mm}$$

ausgeführt $m = 35$ mm

e) $$\lambda = \frac{s}{i} = \frac{4s}{d_3} = \frac{400 \text{ mm}}{8{,}16 \text{ mm}} = 49 < \lambda_0 = 89$$

Es liegt unelastische Knickung vor (Tetmajerfall):

$$\sigma_K = 335 - 0{,}62 \cdot \lambda$$

$$\sigma_K = 335 - 0{,}62 \cdot 49 = 304{,}6 \frac{\text{N}}{\text{mm}^2}$$

$$\sigma_{d\,vorh} = \frac{F_{max}}{A_S} = \frac{1592 \text{ N}}{58 \text{ mm}^2} = 27{,}4 \frac{\text{N}}{\text{mm}^2}$$

$$v_{vorh} = \frac{\sigma_K}{\sigma_{d\,vorh}} = \frac{304{,}6 \frac{\text{N}}{\text{mm}^2}}{27{,}4 \frac{\text{N}}{\text{mm}^2}} = 11$$

Biegung und Torsion

939.

a) $$\sigma_b = \frac{Fl}{\frac{b(5b)^2}{6}} = \frac{6Fl}{25b^3}$$

$$b_{erf} = \sqrt[3]{\frac{6 \cdot Fl}{25 \cdot \sigma_{b\,zul}}}$$

$$b_{erf} = \sqrt[3]{\frac{6 \cdot 1000 \text{ N} \cdot 230 \text{ mm}}{25 \cdot 60 \frac{\text{N}}{\text{mm}^2}}} = 9{,}73 \text{ mm}$$

ausgeführt $b = 10$ mm, $h = 5b = 50$ mm

b) $$\tau_a = \frac{F}{A} = \frac{1000 \text{ N}}{(10 \cdot 50) \text{ mm}^2} = 2 \frac{\text{N}}{\text{mm}^2}$$

c) $M_T = Fl = 1000 \text{ N} \cdot 0{,}3 \text{ m} = 300 \text{ Nm}$

d) $$d_{erf} = \sqrt[3]{\frac{M_T}{0{,}2 \cdot \tau_{t\,zul}}} = \sqrt[3]{\frac{300 \cdot 10^3 \text{ Nmm}}{0{,}2 \cdot 20 \frac{\text{N}}{\text{mm}^2}}} = 42{,}2 \text{ mm}$$

ausgeführt $d = 44$ mm

e) $$\sigma_{b\,vorh} = \frac{M_b}{\frac{\pi}{32}d^3} = \frac{1000 \text{ N} \cdot 120 \text{ mm}}{\frac{\pi}{32}(44 \text{ mm})^3} = 14{,}3 \frac{\text{N}}{\text{mm}^2}$$

f) $$\tau_{t\,vorh} = \frac{M_T}{\frac{\pi}{16}d^3} = \frac{1000 \text{ N} \cdot 300 \text{ mm}}{\frac{\pi}{16}(44 \text{ mm})^3} = 17{,}9 \frac{\text{N}}{\text{mm}^2}$$

$$\sigma_v = \sqrt{\sigma_b^2 + 3(\alpha_0 \tau_t)^2}$$

$$\sigma_v = \sqrt{\left(14{,}3 \frac{\text{N}}{\text{mm}^2}\right)^2 + 3\left(0{,}7 \cdot 17{,}9 \frac{\text{N}}{\text{mm}^2}\right)^2}$$

$$\sigma_v = 26 \frac{\text{N}}{\text{mm}^2}$$

940.

a) $M_T = F_h r_h$

$M_T = 300 \text{ N} \cdot 0{,}4 \text{ m}$

$M_T = 120 \text{ Nm}$

b) $M_T = F_u r$

$$r = \frac{mz}{2}$$

$$r = \frac{8 \text{ mm} \cdot 24}{2} = 96 \text{ mm}$$

$$F_u = \frac{M_T}{r} = \frac{120 \text{ Nm}}{0{,}096 \text{ m}} = 1250 \text{ N}$$

$$\Sigma M_{(B)} = 0 = F_A l_1 - F_u l_2 - F_h l_3$$

$$F_A = \frac{F_u l_2 + F_h l_3}{l_1} = 491 \text{ N}$$

$F_B = 459$ N

$M_{b\,max} = F_A l_4 = 491 \text{ N} \cdot 0{,}48 \text{ m} = 236 \text{ Nm}$

c) $$M_v = \sqrt{M_b^2 + 0{,}75(\alpha_0 M_T)^2}$$

$$M_v = \sqrt{(236 \text{ Nm})^2 + 0{,}75(0{,}7 \cdot 120 \text{ Nm})^2}$$

$M_v = 247$ Nm

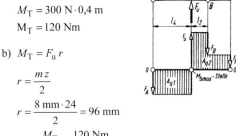

d) $d_{erf} = \sqrt[3]{\dfrac{M_v}{0,1 \cdot \sigma_{b\,zul}}} = \sqrt[3]{\dfrac{247 \cdot 10^3 \text{ Nmm}}{0,1 \cdot 60 \dfrac{\text{N}}{\text{mm}^2}}} = 34,6 \text{ mm}$

ausgeführt $d = 35$ mm

941.

a) Mit $F_A = 3400$ N und $F_B = 2600$ N wird $M_{b\,max} = 442$ Nm

b) $M_T = F_u \dfrac{D_F}{2} = 6000 \text{ N} \cdot 0,09 \text{ m} = 540$ Nm

c) $\sigma_{b\,vorh} = \dfrac{M_{b\,max}}{W} = \dfrac{M_{b\,max}}{\dfrac{\pi}{32} \cdot \dfrac{D^4 - d^4}{D}} = \dfrac{32 \, D \, M_{b\,max}}{\pi (D^4 - d^4)}$

$\sigma_{b\,vorh} = \dfrac{32 \cdot 120 \text{ mm} \cdot 442 \cdot 10^3 \text{ Nmm}}{\pi (120^4 - 80^4) \text{ mm}^4} = 3,2 \dfrac{\text{N}}{\text{mm}^2}$

d) $\tau_{t\,vorh} = \dfrac{M_T}{W_p} = \dfrac{M_T}{\dfrac{\pi}{16} \cdot \dfrac{D^4 - d^4}{D}} = \dfrac{16 \, D \, M_T}{\pi (D^4 - d^4)}$

$\tau_{t\,vorh} = \dfrac{16 \cdot 120 \text{ mm} \cdot 540 \cdot 10^3 \text{ Nmm}}{\pi (120^4 - 80^4) \text{ mm}^4} = 1,98 \dfrac{\text{N}}{\text{mm}^2}$

e) $\sigma_v = \sqrt{\sigma_b^2 + 3(\alpha_0 \tau_t)^2}$

$\sigma_v = \sqrt{\left[3,2^2 + 3(0,7 \cdot 1,98)^2\right] \dfrac{\text{N}^2}{\text{mm}^4}}$

$\sigma_v = 4,3 \dfrac{\text{N}}{\text{mm}^2}$

942.

a) $M_T = F \, r = 500 \text{ N} \cdot 0,12 \text{ m} = 60$ Nm

b) $M_{b\,max} = F \, l = 500 \text{ N} \cdot 0,045 \text{ m} = 22,5$ Nm

c) $M_v = \sqrt{M_{b\,max}^2 + 0,75(\alpha_0 M_T)^2}$

$M_v = \sqrt{(22,5 \text{ Nm})^2 + 0,75(0,7 \cdot 60 \text{ Nm})^2}$

$M_v = 42,8$ Nm

d) $d_{erf} = \sqrt[3]{\dfrac{M_v}{0,1 \cdot \sigma_{b\,zul}}} = \sqrt[3]{\dfrac{42,8 \cdot 10^3 \text{ Nmm}}{0,1 \cdot 80 \dfrac{\text{N}}{\text{mm}^2}}} = 17,5 \text{ mm}$

ausgeführt $d = 18$ mm

943.

a) $M_{b\,max} = F \, l = 8000 \text{ N} \cdot 0,12 \text{ m} = 960$ Nm

b) $M_T = F \, r = 8000 \text{ N} \cdot 0,1 \text{ m} = 800$ Nm

c) $M_v = \sqrt{M_{b\,max}^2 + 0,75(\alpha_0 M_T)^2}$

$M_v = \sqrt{(960 \text{ Nm})^2 + 0,75 \cdot (0,7 \cdot 800 \text{ Nm})^2}$

$M_v = 1076$ Nm

d) $d_{erf} = \sqrt[3]{\dfrac{M_v}{0,1 \cdot \sigma_{b\,zul}}} = \sqrt[3]{\dfrac{1076 \cdot 10^3 \text{ Nmm}}{0,1 \cdot 80 \dfrac{\text{N}}{\text{mm}^2}}} = 51 \text{ mm}$

ausgeführt $d = 52$ mm

944.

a) $M_v = \sqrt{M_b^2 + 0,75(\alpha_0 M_T)^2}$

$M_v = \sqrt{(9,6 \text{ Nm})^2 + 0,75 \cdot (0,7 \cdot 15 \text{ Nm})^2} = 13,2$ Nm

b) $d_{1\,erf} = \sqrt[3]{\dfrac{M_v}{0,1 \cdot \sigma_{b\,zul}}} = \sqrt[3]{\dfrac{13,2 \cdot 10^3 \text{ Nmm}}{0,1 \cdot 72,2 \dfrac{\text{N}}{\text{mm}^2}}} = 12,2 \text{ mm}$

ausgeführt $d_1 = 13$ mm

c) $p = \dfrac{F}{A_{proj}} = \dfrac{F_u}{\dfrac{d_2}{2} l} \qquad F_u = \dfrac{M_T}{\dfrac{d_1}{2}} = \dfrac{2 M_T}{d_1}$

$l_{erf} = \dfrac{4 M_T}{d_1 \, d_2 \, p_{zul}}$

$l_{erf} = \dfrac{4 \cdot 15000 \text{ Nmm}}{13 \text{ mm} \cdot 5 \text{ mm} \cdot 30 \dfrac{\text{N}}{\text{mm}^2}} = 30,8 \text{ mm}$

ausgeführt $l = 32$ mm

d) $\tau_{a\,vorh} = \dfrac{F_u}{d_2 \, l} = \dfrac{2 M_T}{d_1 \, d_2 \, l} = \dfrac{2 \cdot 15000 \text{ Nmm}}{13 \text{ mm} \cdot 5 \text{ mm} \cdot 32 \text{ mm}}$

$\tau_{a\,vorh} = 14,4 \dfrac{\text{N}}{\text{mm}^2}$

945.

a)

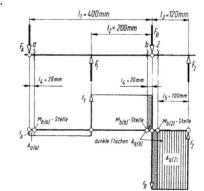

$\Sigma M_{(B)} = 0 = F_A \, l_1 - F_1 \, l_2 + F_2 \, l_3$

$F_A = 400$ N $\qquad F_B = 19600$ N

b) $M_{b(a)} \triangleq A_{q(a)}$

$M_{b(a)} = F_A \, l_4 = 400 \text{ N} \cdot 20 \text{ mm} = 8 \cdot 10^3 \text{ Nmm}$

$d_{a\,erf} = \sqrt[3]{\dfrac{M_{b(a)}}{0{,}1 \cdot \sigma_{b\,zul}}} = \sqrt[3]{\dfrac{8000 \text{ Nmm}}{0{,}1 \cdot 80 \dfrac{\text{N}}{\text{mm}^2}}} = 10 \text{ mm}$

ausgeführt $d_a = 10$ mm

$M_{b(b)} \triangleq A_{q(b)}$

$M_{b(b)} = F_2 \, l_3 - (F_B - F_2) \, l_4$

$M_{b(b)} = 12 \cdot 10^3 \text{ N} \cdot 120 \text{ mm} - 7{,}6 \cdot 10^3 \text{ N} \cdot 20 \text{ mm}$

$M_{b(b)} = 1288 \cdot 10^3 \text{ Nmm}$

$M_{v(b)} = \sqrt{M_{b(b)}^2 + 0{,}75 (\alpha_0 \, M_T)^2}$

$M_{v(b)} = \sqrt{(1288 \text{ Nm})^2 + 0{,}75 (0{,}77 \cdot 1000 \text{ Nm})^2}$

$M_{v(b)} = 1450 \cdot 10^3 \text{ Nmm}$

$d_{b\,erf} = \sqrt[3]{\dfrac{M_{v(b)}}{0{,}1 \cdot \sigma_{b\,zul}}}$

$d_{b\,erf} = \sqrt[3]{\dfrac{1450 \cdot 10^3 \text{ Nmm}}{0{,}1 \cdot 80 \dfrac{\text{N}}{\text{mm}^2}}} = 56{,}6 \text{ mm}$

ausgeführt $d_b = 58$ mm

$M_{b(2)} \triangleq A_{q(2)}$

$M_{b(2)} = F_2 \, l_5 = 12 \cdot 10^3 \text{ N} \cdot 100 \text{ mm}$

$M_{b(2)} = 1200 \cdot 10^3 \text{ Nmm}$

$M_{v(2)} = \sqrt{M_{b(2)}^2 + 0{,}75 (\alpha_0 \, M_T)^2}$

$M_{v(2)} = 1370 \cdot 10^3 \text{ Nmm}$

$d_{2\,erf} = \sqrt[3]{\dfrac{M_{v(2)}}{0{,}1 \cdot \sigma_{b\,zul}}}$

$d_{2\,erf} = \sqrt[3]{\dfrac{1370 \cdot 10^3 \text{ Nmm}}{0{,}1 \cdot 80 \dfrac{\text{N}}{\text{mm}^2}}} = 55{,}6 \text{ mm}$

ausgeführt $d_2 = 56$ mm

c) $p_{A\,vorh} = \dfrac{F_A}{d_a \, l_A} = \dfrac{400 \text{ N}}{(10 \cdot 40) \text{ mm}^2} = 1 \dfrac{\text{N}}{\text{mm}^2}$

$p_{B\,vorh} = \dfrac{F_B}{d_b \, l_B} = \dfrac{19600 \text{ N}}{(58 \cdot 40) \text{ mm}^2} = 8{,}4 \dfrac{\text{N}}{\text{mm}^2}$

946.

a) $\sigma_{b\,vorh} = \dfrac{800 \text{ N} \cdot 150 \text{ mm}}{\dfrac{\pi}{32} \cdot (16 \text{ mm})^3} = 298 \dfrac{\text{N}}{\text{mm}^2}$

b) $v_{vorh} = \dfrac{\sigma_{bW}}{\sigma_{b\,vorh}} = \dfrac{600 \dfrac{\text{N}}{\text{mm}^2}}{298 \dfrac{\text{N}}{\text{mm}^2}} \approx 2$

c) $\tau_{t\,vorh} = \dfrac{800 \text{ N} \cdot 100 \text{ mm}}{\dfrac{\pi}{16} \cdot (16 \text{ mm})^3} = 99{,}5 \dfrac{\text{N}}{\text{mm}^2}$

d) $\sigma_v = \sqrt{\left[298^2 + 3(1 \cdot 99{,}5)^2\right] \dfrac{\text{N}^2}{\text{mm}^4}} = 344 \dfrac{\text{N}}{\text{mm}^2}$

e) $v_{vorh} = \dfrac{\sigma_{bW}}{\sigma_v} = \dfrac{600 \dfrac{\text{N}}{\text{mm}^2}}{344 \dfrac{\text{N}}{\text{mm}^2}} = 1{,}7$

f) $\sigma_{b\,vorh} = \dfrac{800 \text{ N} \cdot 130 \text{ mm}}{\dfrac{\pi}{32} \cdot (15 \text{ mm})^3} = 314 \dfrac{\text{N}}{\text{mm}^2}$

g) $\tau_{t\,vorh} = \dfrac{800 \text{ N} \cdot 170 \text{ mm}}{\dfrac{\pi}{16} \cdot (15 \text{ mm})^3} = 205 \dfrac{\text{N}}{\text{mm}^2}$

h) $\sigma_v = \sqrt{\left[314^2 + 3(0{,}7 \cdot 205)^2\right] \dfrac{\text{N}^2}{\text{mm}^4}} = 400{,}5 \dfrac{\text{N}}{\text{mm}^2}$

947.

a) $F_A = 5840$ N $F_B = 4160$ N

b) $M_{b\,max} = F_B \, l_3$

$M_{b\,max} = 4160 \text{ N} \cdot 0{,}1 \text{ m}$

$M_{b\,max} = 416$ Nm

c) $M_v = \sqrt{416^2 + 0{,}75 (0{,}7 \cdot 200)^2}$ Nm = 433 Nm

d) $d_{erf} = \sqrt[3]{\dfrac{433 \cdot 10^3 \text{ Nmm}}{0{,}1 \cdot 60 \dfrac{\text{N}}{\text{mm}^2}}} = 41{,}6$ mm

ausgeführt $d = 42$ mm

948.

a) $\sigma_b = \dfrac{M_b}{W} = \dfrac{M_b}{\dfrac{b h^2}{6}} = \dfrac{M_b}{\dfrac{h h^2}{4 \cdot 6}} = \dfrac{24 \, M_b}{h^3}$

$h_{erf} = \sqrt[3]{\dfrac{24 \, M_b}{\sigma_{b\,zul}}} = \sqrt[3]{\dfrac{24 \cdot 800 \text{ N} \cdot 170 \text{ mm}}{100 \dfrac{\text{N}}{\text{mm}^2}}} = 31{,}96$ mm

ausgeführt $h = 32$ mm

$b_{erf} = \dfrac{h_{erf}}{4} = 8$ mm

ausgeführt $b = 8$ mm

b) $\sigma_{b\,vorh} = \dfrac{M_b}{\dfrac{\pi}{32} \cdot d^3} = \dfrac{32 \cdot 800 \text{ N} \cdot 280 \text{ mm}}{\pi \cdot (30 \text{ mm})^3} = 84{,}5 \dfrac{\text{N}}{\text{mm}^2}$

c) $\tau_{t\,vorh} = \dfrac{M_T}{\dfrac{\pi}{16} \cdot d^3} = \dfrac{16 \cdot 800 \text{ N} \cdot 200 \text{ mm}}{\pi \cdot (30 \text{ mm})^3} = 30{,}2 \dfrac{\text{N}}{\text{mm}^2}$

d) $\sigma_v = \sqrt{\sigma_b^2 + 3(\alpha_0 \tau_t)^2} = 92{,}1 \dfrac{\text{N}}{\text{mm}^2}$

949.

a) $M_I = 9550 \dfrac{P}{n} = 9550 \cdot \dfrac{4}{960}$ Nm $= 39{,}8$ Nm

b) $d_1 = m_{1/2} z_1 = 6 \text{ mm} \cdot 19 = 114$ mm

c) $i_1 = \dfrac{z_2}{z_1} \Rightarrow z_2 = z_1 i_1 = 19 \cdot 3{,}2 = 61$

d) $F_{t1} = \dfrac{M_I}{\dfrac{d_1}{2}} = \dfrac{2 M_I}{d_1} = \dfrac{2 \cdot 39{,}8 \cdot 10^3 \text{ Nmm}}{114 \text{ mm}} = 698$ N

e) $F_{r1} = F_{t1} \tan \alpha = 698 \text{ N} \cdot \tan 20° = 254$ N

Krafteck
F_{N1} Zahnnormalkraft
F_{t1} Tangentialkraft
F_{r1} Radialkraft

f) Lageskizze der Welle I

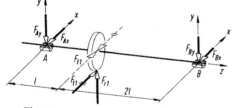

y, z-Ebene

$\Sigma F_y = 0 = -F_{Ay} + F_{r1} - F_{By}$

$\Sigma M_{(A)} = 0 = F_{r1} l - F_{By} \cdot 3l$

$F_{By} = \dfrac{F_{r1} l}{3l} = \dfrac{254 \text{ N} \cdot 0{,}1 \text{ m}}{0{,}3 \text{ m}} = 84{,}7$ N

$F_{Ay} = F_{r1} - F_{By} = 254 \text{ N} - 84{,}7 \text{ N} = 169{,}3$ N

x, y-Ebene

$\Sigma F_x = 0 = -F_{Ax} + F_{t1} - F_{Bx}$

$\Sigma M_{(A)} = 0 = F_{t1} l - F_{Bx} \cdot 3l$

$F_{Bx} = \dfrac{F_{t1} l}{3l} = \dfrac{698 \text{ N} \cdot 0{,}1 \text{ m}}{0{,}3 \text{ m}} = 232{,}7$ N

$F_{Ax} = F_{t1} - F_{Bx} = 698 \text{ N} - 232{,}7 \text{ N} = 465{,}3$ N

$F_A = \sqrt{F_{Ax}^2 + F_{Ay}^2}$

$F_A = \sqrt{(465{,}3 \text{ N})^2 + (169{,}3 \text{ N})^2} = 495$ N

$F_B = \sqrt{F_{Bx}^2 + F_{By}^2}$

$F_B = \sqrt{(232{,}7 \text{ N})^2 + (84{,}7 \text{ N})^2} = 248$ N

g) $M_{b\,max\,I} = F_A \cdot l = F_B \cdot 2l$

$M_{b\,max\,I} = 495 \text{ N} \cdot 0{,}1 \text{ m} = 49{,}5$ Nm

$M_{b\,max\,I} = 248 \text{ N} \cdot 0{,}2 \text{ m} = 49{,}6 \text{ Nm} \approx 49{,}5$ Nm

h) $M_{vI} = \sqrt{M_{b\,max\,I}^2 + 0{,}75(0{,}7 \cdot M_I)^2}$

$M_{vI} = \sqrt{(49{,}5 \text{ Nm})^2 + 0{,}75(0{,}7 \cdot 39{,}8 \text{ Nm})^2}$

$M_{vI} = 55$ Nm

i) $d_{1\,erf} = \sqrt[3]{\dfrac{32 M_{vI}}{\pi \sigma_{b\,zul}}}$

$d_{1\,erf} = \sqrt[3]{\dfrac{32 \cdot 55 \cdot 10^3 \text{ Nmm}}{\pi \cdot 50 \dfrac{\text{N}}{\text{mm}^2}}} = 22{,}4$ mm

ausgeführt $d_1 = 23$ mm

k) $M_{II} = M_I \dfrac{z_2}{z_1} = 39{,}8 \text{ Nm} \cdot \dfrac{61}{19} = 128$ Nm

l) $d_2 = m_{1/2} z_2 = 6 \text{ mm} \cdot 61 = 366$ mm

$d_3 = m_{3/4} z_3 = 8 \text{ mm} \cdot 25 = 200$ mm

m) $z_4 = z_3 i_2 = 25 \cdot 2{,}8 = 70$

$d_4 = m_{3/4} z_4 = 8 \text{ mm} \cdot 70 = 560$ mm

n) $F_{t3} = \dfrac{2 M_{III}}{d_3} = \dfrac{2 M_{II}}{d_3} = \dfrac{2 \cdot 128 \text{ Nm}}{0{,}2 \text{ m}} = 1280$ N

$F_{r3} = F_{t3} \tan \alpha = 1280 \text{ N} \cdot \tan 20° = 466$ N

o) Lageskizze der Welle II

$F_{t2} = 698$ N $\quad F_{r2} = 254$ N

$F_{t3} = 1280$ N $\quad F_{r3} = 466$ N

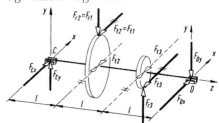

x, z-Ebene

$\Sigma F_x = 0 = F_{Cx} - F_{t2} - F_{t3} + F_{Dx}$

$\Sigma M_{(C)} = 0 = -F_{t2}\, l - F_{t3} \cdot 2l + F_{Dx} \cdot 3l$

$F_{Dx} = \dfrac{F_{t2}\, l + F_{t3} \cdot 2l}{3l} = 1086 \text{ N}$

$F_{Cx} = F_{t2} + F_{t3} - F_{Dx} = 892 \text{ N}$

y, z-Ebene

$\Sigma F_y = 0 = F_{Cy} - F_{r2} + F_{r3} - F_{Dy}$

$\Sigma M_{(C)} = 0 = -F_{r2}\, l + F_{r3} \cdot 2l - F_{Dy} \cdot 3l$

$F_{Dy} = \dfrac{F_{r3} \cdot 2l - F_{r2}\, l}{3l} = 226 \text{ N}$

$F_{Cy} = F_{r2} - F_{r3} + F_{Dy} = 14 \text{ N}$

$F_C = \sqrt{F_{Cx}^2 + F_{Cy}^2}$

$F_C = \sqrt{(892 \text{ N})^2 + (14 \text{ N})^2} = 892{,}1 \text{ N} \approx 892 \text{ N}$

$F_D = \sqrt{F_{Dx}^2 + F_{Dy}^2}$

$F_D = \sqrt{(1086 \text{ N})^2 + (226 \text{ N})^2} = 1109 \text{ N}$

p) $M_{b2} = F_C\, l = 892 \text{ N} \cdot 0{,}1 \text{ m} = 89{,}2 \text{ Nm}$

$M_{b3} = F_D\, l = 1109 \text{ N} \cdot 0{,}1 \text{ m} = 110{,}9 \text{ Nm}$

$M_{b\,max\,II} \approx 111 \text{ Nm}$

q) $M_{vII} = \sqrt{M_{b\,max\,II}^2 + 0{,}75(0{,}7 \cdot M_{II})^2}$

$M_{vII} = \sqrt{(111 \text{ Nm})^2 + 0{,}75(0{,}7 \cdot 128 \text{ Nm})^2}$

$M_{vII} = 135 \text{ Nm}$

r) $d_{II\,erf} = \sqrt[3]{\dfrac{32\, M_{vII}}{\pi\, \sigma_{b\,zul}}}$

$d_{II\,erf} = \sqrt[3]{\dfrac{32 \cdot 135 \cdot 10^3 \text{ Nmm}}{\pi \cdot 50\, \dfrac{\text{N}}{\text{mm}^2}}} = 30{,}2 \text{ mm}$

ausgeführt $d_{II} = 30 \text{ mm}$

950.

a) Die Abscherfestigkeit τ_{aB} beträgt für Stahl 85 % der Zugfestigkeit R_m ($\tau_{aB} = 0{,}85 \cdot R_m$, siehe Lehrbuch oder Formelsammlung).
Für den Werkstoff E335 beträgt $R_m = 590 \text{ N/mm}^2$ und damit

$\tau_{aB} = 0{,}85 \cdot 590\, \dfrac{\text{N}}{\text{mm}^2} = 501{,}5\, \dfrac{\text{N}}{\text{mm}^2}$

Der gefährdete Querschnitt beträgt

$A_{gef} = 2\, \dfrac{d^2 \pi}{4} = \dfrac{d^2 \pi}{2}$ und mit

$\tau_a = \dfrac{F_{max}}{A_{gef}} = \dfrac{2\, F_{max}}{\pi d^2}$ wird

$d_{erf} = \sqrt{\dfrac{2\, F_{max}}{\pi\, \tau_{aB}}} = \sqrt{\dfrac{2 \cdot 60 \cdot 10^3 \text{ N}}{\pi \cdot 501{,}5\, \dfrac{\text{N}}{\text{mm}^2}}} = 8{,}727 \text{ mm}$

ausgeführt $d = 8 \text{ mm}$

b) $\sigma_{z\,vorh} = \dfrac{F_{max}}{A_{gef}} \quad A_{gef} = a^2 - a d$

$a = 30 \text{ mm} \quad d = 8 \text{ mm}$

$\sigma_{z\,vorh} = \dfrac{F_{max}}{a^2 - a d} = \dfrac{F_{max}}{a(a-d)}$

$\sigma_{z\,vorh} = \dfrac{60 \cdot 10^3 \text{ N}}{[30 \cdot (30-8)]\, \text{mm}^2} = 90{,}9\, \dfrac{\text{N}}{\text{mm}^2}$

c) $p = \dfrac{F_{max}}{A_{proj}} \quad A_{proj} = d(b-a)$

$p = \dfrac{F_{max}}{d(b-a)}$

$b_{erf} = \dfrac{F_{max}}{p_{zul}\, d} + a$

$b_{erf} = \dfrac{60 \cdot 10^3 \text{ N}}{350\, \dfrac{\text{N}}{\text{mm}^2} \cdot 8 \text{ mm}} + 30 \text{ mm} = 51{,}4 \text{ mm}$

ausgeführt $b = 52 \text{ mm}$

951.

a) $\sigma_z = \dfrac{F}{\dfrac{\pi}{4}d^2} = \dfrac{4F}{\pi d^2}$

$d_{erf} = \sqrt{\dfrac{4F}{\pi\, \sigma_{z\,zul}}} = \sqrt{\dfrac{4 \cdot 40 \cdot 10^3 \text{ N}}{\pi \cdot 100\, \dfrac{\text{N}}{\text{mm}^2}}} = 22{,}6 \text{ mm}$

ausgeführt $d = 23 \text{ mm}$

b) $p = \dfrac{F}{A_{proj}} = \dfrac{F}{\dfrac{\pi}{4}(D^2 - d^2)}$

$D_{erf} = \sqrt{\dfrac{4F}{\pi\, p_{zul}} + d^2}$

$D_{erf} = \sqrt{\dfrac{4 \cdot 40 \cdot 10^3 \text{ N}}{\pi \cdot 15\, \dfrac{\text{N}}{\text{mm}^2}} + 23^2\, \text{mm}^2} = 62{,}6 \text{ mm}$

ausgeführt $D = 63 \text{ mm}$

c) $\tau_a = \dfrac{F}{A} = \dfrac{F}{\pi d h}$

$h_{erf} = \dfrac{F}{\pi d \tau_{a\,zul}} = \dfrac{40 \cdot 10^3 \text{ N}}{\pi \cdot 23 \text{ mm} \cdot 60 \dfrac{\text{N}}{\text{mm}^2}} = 9{,}2 \text{ mm}$

ausgeführt $h = 10$ mm

952.

Die Last F bewirkt das Drehmoment

$M = F \dfrac{d_m}{2}$

$d_m = (500 + 28)$ mm $= 528$ mm

Mit F_u je Schrauben-Umfangskraft und $d_L = 680$ mm Lochkreisdurchmesser wird

$M = F \dfrac{d_m}{2} = 4 F_u \dfrac{d_L}{2}$

Die Umfangskraft F_u soll durch Reibung übertragen werden: $F_u = F_R = F_N \mu$.
F_N ist die Normalkraft = Schraubenlängskraft, die der Spannungsquerschnitt A_s der Schraube zu übertragen hat: $F_N = \sigma_{z\,zul} A_s$.

Zusammenfassung:

$F_u = \dfrac{F d_m}{4 d_L} = F_R$

$F_R = F_N \mu = \dfrac{F d_m}{4 d_L}$

$\sigma_{z\,zul} A_s \mu = \dfrac{F d_m}{4 d_L}$

$A_{s\,erf} = \dfrac{F d_m}{4 d_L \mu \sigma_{z\,zul}}$

$A_{s\,erf} = \dfrac{40 \cdot 10^3 \text{ N} \cdot 528 \text{ mm}}{4 \cdot 680 \text{ mm} \cdot 0{,}1 \cdot 400 \dfrac{\text{N}}{\text{mm}^2}} = 194{,}1 \text{ mm}^2$

ausgeführt Schraube M 20 mit $A_s = 245$ mm²

953.

a) In der Praxis wird das zu übertragende Drehmoment mit der Zahlenwertgleichung berechnet:

$M = 9550 \dfrac{P}{n} = 9550 \cdot \dfrac{3}{450}$ Nm $= 63{,}7$ Nm

Mit $M = F_u \dfrac{d_{\text{Welle}}}{2}$

$F_u = \dfrac{2M}{d_{\text{Welle}}} = \dfrac{2 \cdot 63{,}7 \cdot 10^3 \text{ Nmm}}{40 \text{ mm}} = 3185$ N

b) $\tau_a = \dfrac{F_u}{2 \dfrac{\pi d^2}{4}} = \dfrac{2 F_u}{\pi d^2}$

$d_{erf} = \sqrt{\dfrac{2 F_u}{\pi \tau_{a\,zul}}} = \sqrt{\dfrac{2 \cdot 3185 \text{ N}}{\pi \cdot 30 \dfrac{\text{N}}{\text{mm}^2}}} = 8{,}22 \text{ mm}$

ausgeführt $d = 8$ mm oder 10 mm nach DIN 7
In der Konstruktionspraxis wählt man den Stiftdurchmesser je nach Mindest-Abscherkraft, z. B. nach DIN 1473.

954.

a) $\tau_{t\,vorh} = \dfrac{M}{\dfrac{\pi}{16}\left(\dfrac{d_a^4 - d_i^4}{d_a}\right)} = \dfrac{16 M d_a}{\pi(d_a^4 - d_i^4)}$

$\tau_{t\,vorh} = \dfrac{16 \cdot 220 \cdot 10^3 \text{ Nmm} \cdot 25 \text{ mm}}{\pi(25^4 - 15^4) \text{ mm}^4} = 82{,}4 \dfrac{\text{N}}{\text{mm}^2}$

b) $\dfrac{\tau_{ti}}{\tau_{ta}} = \dfrac{d_i}{d_a}$

$\tau_{ti} = \tau_{t\,vorh} \dfrac{d_i}{d_a} = 82{,}4 \dfrac{\text{N}}{\text{mm}^2} \cdot \dfrac{15 \text{ mm}}{25 \text{ mm}} = 49{,}4 \dfrac{\text{N}}{\text{mm}^2}$

c) $M = F_p l \Rightarrow F_p = \dfrac{M}{l}$ $l = 50$ mm

$p_{vorh} = \dfrac{F_p}{A} = \dfrac{M}{l b s}$

$p_{vorh} = \dfrac{220 \cdot 10^3 \text{ Nmm}}{50 \text{ mm} \cdot 20 \text{ mm} \cdot 22 \text{ mm}} = 10 \dfrac{\text{N}}{\text{mm}^2}$

d) $F_p = \dfrac{M}{l} = \dfrac{220 \cdot 10^3 \text{ Nmm}}{50 \text{ mm}} = 4400$ N

$\Sigma M_{(A)} = 0 = -F_p l_1 + F_B l_{ges}$

$F_B = \dfrac{F_p l_1}{l_{ges}} = \dfrac{4400 \text{ N} \cdot 200 \text{ mm}}{300 \text{ mm}} = 2933$ N

$\Sigma M_{(B)} = 0 = F_p l_2 - F_A l_{ges}$

$F_A = \dfrac{F_p l_2}{l_{ges}} = F_p \cdot \dfrac{1}{3} = 1467$ N

e) $M_{b\,max} = F_A l_1 = F_B l_2$

$M_{b\,max} = 2933 \text{ N} \cdot 0{,}1 \text{ m} = 293{,}3$ N

f) $\sigma_{b\,vorh} = \dfrac{M_{b\,max}}{W_\square} = \dfrac{M_{b\,max}}{\dfrac{b h^2}{6}} = \dfrac{6 \cdot M_{b\,max}}{b h^2}$

$\sigma_{b\,vorh} = \dfrac{6 \cdot 293{,}3 \cdot 10^3 \text{ Nmm}}{22 \text{ mm} \cdot 30^2 \text{ mm}^2} = 88{,}9 \dfrac{\text{N}}{\text{mm}^2}$

g) $\tau_{a\,vorh} = \dfrac{F_A}{2 \cdot \dfrac{\pi d^2}{4}} = \dfrac{2 \cdot 1467\,\text{N}}{\pi \cdot 8^2\,\text{mm}^2} = 14{,}6\,\dfrac{\text{N}}{\text{mm}^2}$

h) Da die Querschnittsmaße (b, h) bekannt sind, wird zuerst festgestellt, ob elastische Knickung (Eulerfall) oder unelastische Knickung (Tetmajerfall) vorliegt. Dazu dient die Überprüfung der Eulerbedingung mit $\lambda_{vorh} > \lambda_0$:

$I_{min} = I_{\square} = \dfrac{30\,\text{mm} \cdot 15^3\,\text{mm}^3}{12} = 8437{,}5\,\text{mm}^4$

$A = b\,h = 15\,\text{mm} \cdot 30\,\text{mm} = 450\,\text{mm}^2$

$i = \sqrt{\dfrac{I_{min}}{A}} = \sqrt{\dfrac{8437{,}5\,\text{mm}^4}{450\,\text{mm}^2}} = 4{,}3\,\text{mm}$

$\lambda_{vorh} = \dfrac{s}{i} = \dfrac{l}{i}$

$\lambda_{vorh} = \dfrac{200\,\text{mm}}{4{,}3\,\text{mm}} = 46{,}5 < \lambda_0 = 105$ für S235JR

Wegen $\lambda_{vorh} = 46{,}5 < \lambda_0$ gelten die Tetmajergleichungen:

$\sigma_K = (310 - 1{,}14 \cdot \lambda_{vorh})\,\dfrac{\text{N}}{\text{mm}^2}$

$\sigma_K = (310 - 1{,}14 \cdot 46{,}5)\,\dfrac{\text{N}}{\text{mm}^2} = 257\,\dfrac{\text{N}}{\text{mm}^2}$

$\sigma_{d\,vorh} = \dfrac{F_A}{A} = \dfrac{1467\,\text{N}}{450\,\text{mm}^2} = 3{,}26\,\dfrac{\text{N}}{\text{mm}^2}$

$v_{vorh} = \dfrac{\sigma_K}{\sigma_{d\,vorh}} = \dfrac{257\,\dfrac{\text{N}}{\text{mm}^2}}{3{,}26\,\dfrac{\text{N}}{\text{mm}^2}} = 78{,}8$

i) $\tau_a = \dfrac{F_B}{2 \cdot \dfrac{\pi d^2}{4}} = \dfrac{2 F_B}{\pi d^2}$

$d_{erf} = \sqrt{\dfrac{2 F_B}{\pi \tau_{a\,zul}}} = \sqrt{\dfrac{2 \cdot 2933\,\text{N}}{\pi \cdot 35\,\dfrac{\text{N}}{\text{mm}^2}}} = 7{,}3\,\text{mm}$

ausgeführt $d = 8\,\text{mm}$

955.

a) $F_{Zug} = F \sin\alpha = 30\,\text{kN} \cdot \sin 45° = 21{,}213\,\text{kN}$

b) $F_{Biegung} = F \cos\alpha = 21{,}213\,\text{kN}$ $(\sin\alpha = \cos\alpha)$

c) $\sigma_{z\,vorh} = \dfrac{F_{Zug}}{\dfrac{\pi d^2}{4}} = \dfrac{4 F_{Zug}}{\pi d^2} = \dfrac{4 \cdot 21213\,\text{N}}{\pi \cdot 60^2\,\text{mm}^2} = 7{,}5\,\dfrac{\text{N}}{\text{mm}^2}$

d) $\sigma_{b\,vorh} = \dfrac{F_{Biegung} \cdot l}{\dfrac{\pi d^3}{32}}$

$\sigma_{b\,vorh} = \dfrac{32 \cdot 21213\,\text{N} \cdot 80\,\text{mm}}{\pi \cdot 60^3\,\text{mm}^3} = 80\,\dfrac{\text{N}}{\text{mm}^2}$

e) $\tau_{a\,vorh} = \dfrac{F_{Biegung}}{\dfrac{\pi d^2}{4}} = \dfrac{4 \cdot 21213\,\text{N}}{\pi \cdot 60^2\,\text{mm}^2} = 7{,}5\,\dfrac{\text{N}}{\text{mm}^2}$

f) $p_{zul} = \dfrac{F_{Zug}}{\dfrac{\pi}{4}(D^2 - d^2)} = \dfrac{4 \cdot F_{Zug}}{\pi(D^2 - d^2)}$

$D_{erf} = \sqrt{\dfrac{4 F_{Zug}}{\pi p_{zul}} + d^2}$

$D_{erf} = \sqrt{\dfrac{4 \cdot 21213\,\text{N}}{\pi \cdot 120\,\dfrac{\text{N}}{\text{mm}^2}} + 60^2\,\text{mm}^2} = 61{,}8\,\text{mm}$

ausgeführt $D = 62\,\text{mm}$

g) $h_{erf} = \dfrac{F_{Zug}}{\pi d\,\tau_{a\,zul}} = \dfrac{21213\,\text{N}}{\pi \cdot 60\,\text{mm} \cdot 60\,\dfrac{\text{N}}{\text{mm}^2}} = 1{,}9\,\text{mm}$

ausgeführt $h = 2\,\text{mm}$

956.

a) $F_{max} = \sigma_{z\,zul}\,A_{gef}$

$A_{gef} = \dfrac{\pi}{4}(d_a^2 - d_i^2)$

$A_{gef} = \dfrac{\pi}{4}(60^2\,\text{mm}^2 - 50^2\,\text{mm}^2) = 863{,}94\,\text{mm}^2$

$F_{max} = 140\,\dfrac{\text{N}}{\text{mm}^2} \cdot 863{,}94\,\text{mm}^2$

$F_{max} = 120\,951\,\text{N} \approx 121\,\text{kN}$

b) $F_{max} = \tau_{a\,zul}\,A_{gef} = 120\,\dfrac{\text{N}}{\text{mm}^2} \cdot 863{,}94\,\text{mm}^2$

$F_{max} = 103\,673\,\text{N} \approx 104\,\text{kN}$

c) $W_{ax} = \dfrac{\pi}{32}\left(\dfrac{d_a^4 - d_i^4}{d_a}\right) = 10979\,\text{mm}^3$

$M_{b\,max} = \sigma_{b\,zul}\,W_{ax} = 140\,\dfrac{\text{N}}{\text{mm}^2} \cdot 10979\,\text{mm}^3$

$M_{b\,max} = 1\,537\,089{,}7\,\text{Nmm} \approx 1537\,\text{Nm}$

d) $W_{pol} = 2W_{ax}$

$M_{T\,max} = \tau_{t\,zul} \cdot 2W_{ax} = 100\,\dfrac{\text{N}}{\text{mm}^2} \cdot 2 \cdot 10979\,\text{mm}^3$

$M_{T\,max} = 2\,195\,800\,\text{Nmm} \approx 2196\,\text{Nm}$

e) Eulerprüfung mit $\lambda_{vorh} > \lambda_0$:

$i = 0{,}25\sqrt{d_a^2 + d_i^2}$

$i = 0{,}25\sqrt{(60^2 + 50^2)\,\text{mm}^2} = 19{,}5\,\text{mm}$

$\lambda_{vorh} = \dfrac{l}{i} = \dfrac{1000\,\text{mm}}{19{,}5\,\text{mm}} = 51{,}3 < \lambda_0 = 105$ für S235JR

also gelten die Tetmajergleichungen:

$\sigma_K = 310 - 1{,}14 \cdot \lambda_{vorh}$

$\sigma_K = (310 - 1{,}14 \cdot 51{,}3)\,\dfrac{\text{N}}{\text{mm}^2} = 251{,}5\,\dfrac{\text{N}}{\text{mm}^2}$

$\sigma_{d\,zul} = \dfrac{\sigma_K}{v} = \dfrac{251{,}5\,\dfrac{\text{N}}{\text{mm}^2}}{6} = 41{,}9\,\dfrac{\text{N}}{\text{mm}^2}$

$F_{max} = \sigma_{d\,zul}\,A = 41{,}9\,\dfrac{\text{N}}{\text{mm}^2} \cdot 863{,}94\,\text{mm}^2 = 36{,}2\,\text{kN}$

(siehe unter a))

957.

a) $F_S = \dfrac{F}{\cos\alpha} = \dfrac{5000\,\text{N}}{\cos 30°} = 5773{,}5\,\text{N}$

b) $\Sigma M_{(D)} = 0 = -F_1 l_2 + F_S l_1$

$F_1 = \dfrac{F_S l_1}{l_2} = \dfrac{5773{,}5\,\text{N} \cdot 0{,}1\,\text{m}}{0{,}25\,\text{m}} = 2309{,}4\,\text{N}$

c) $\Sigma M_{(A)} = 0 = -F_S\left(\dfrac{l_2}{\cos\alpha} - l_1\right) + F_{Dy} l_2 + F_{Dx} l_2 \tan\alpha$

$F_{Dy} = \dfrac{F_S\left(\dfrac{l_2}{\cos\alpha} - l_1\right) - F_{Dx} l_2 \tan\alpha}{l_2}$

$\Sigma F_x = 0 = +F_{Dx} - F_S \sin\alpha \;\Rightarrow\; F_{Dx} = F_S \sin\alpha$

$F_{Dx} = 5773{,}5\,\text{N} \cdot \sin 30° = 2886{,}8\,\text{N}$

$\Sigma F_y = 0 = F_1 - F_S \cos\alpha + F_{Dy}$

$F_{Dy} = F_S \cos\alpha - F_1$

$F_{Dy} = \dfrac{5773{,}5\,\text{N} \cdot \left(\dfrac{0{,}25\,\text{m}}{\cos 30°} - 0{,}1\,\text{m}\right)}{0{,}25\,\text{m}}$
$-\dfrac{2886{,}8\,\text{N} \cdot 0{,}25\,\text{m} \cdot \tan 30°}{0{,}25\,\text{m}} = 2690{,}6\,\text{N}$

$F_D = \sqrt{F_{Dx}^2 + F_{Dy}^2}$

$F_D = \sqrt{(2886{,}8^2 + 2690{,}6^2)\,\text{N}^2} = 3946\,\text{N}$

d) $I_{erf} = \dfrac{v\,F_S\,l_3^2}{E\,\pi^2}$

$I_{erf} = \dfrac{10 \cdot 5773{,}5\,\text{N} \cdot 300^2\,\text{mm}^2}{210\,000\,\dfrac{\text{N}}{\text{mm}^2} \cdot \pi^2} = 2507\,\text{mm}^4$

$I_{\bigcirc} = \dfrac{\pi d^4}{64}$

$d_{erf} = \sqrt[4]{\dfrac{64 \cdot I_{erf}}{\pi}} = \sqrt[4]{\dfrac{64 \cdot 2507\,\text{mm}^4}{\pi}} = 15\,\text{mm}$

Überprüfung der Eulerbedingungt $\lambda_{vorh} > \lambda_0$:

$i = \dfrac{d}{4} = \dfrac{15\,\text{mm}}{4} = 3{,}75\,\text{mm}$

$\lambda_{vorh} = \dfrac{l_3}{i} = \dfrac{300\,\text{mm}}{3{,}75\,\text{mm}} = 80 < \lambda_0 = 89$ für E295

Da $\lambda_{vorh} < \lambda_0$ ist, gelten die Tetmajergleichungen:
Annahme: $d = 17\,\text{mm}$

$i = \dfrac{d}{4} = 4{,}25\,\text{mm}\qquad \lambda = \dfrac{l_3}{i} = 70{,}6$

$\sigma_K = 335 - 0{,}62 \cdot \lambda$

$\sigma_K = (355 - 0{,}62 \cdot 70{,}6)\,\dfrac{\text{N}}{\text{mm}^2} = 291{,}2\,\dfrac{\text{N}}{\text{mm}^2}$

$\sigma_{d\,vorh} = \dfrac{F_S}{A} = \dfrac{5773{,}5\,\text{N}}{\dfrac{\pi}{4}\cdot 17^2\,\text{mm}^2} = 25{,}4\,\dfrac{\text{N}}{\text{mm}^2}$

$v = \dfrac{\sigma_K}{\sigma_{d\,vorh}} = \dfrac{291{,}2\,\dfrac{\text{N}}{\text{mm}^2}}{25{,}4\,\dfrac{\text{N}}{\text{mm}^2}} = 11{,}5$

Die Annahme $d = 17\,\text{mm}$ ist richtig, denn es ist $v_{vorh} = 11{,}5 > v_{gefordert} = 10$.

e) $M_{b\,max} = F_1 \cdot \cos\alpha \cdot \left(\dfrac{l_2}{\cos\alpha} - l_1\right)$

$M_{b\,max} = 2309{,}4\,\text{N} \cdot \cos 30° \cdot \left(\dfrac{0{,}25\,\text{m}}{\cos 30°} - 0{,}1\,\text{m}\right)$

$M_{b\,max} = 377{,}35\,\text{Nm}$

f) $\sigma_b = \dfrac{M_{b\,max}}{W_{\square}} = \dfrac{M_b}{\dfrac{b h^2}{6}} = \dfrac{6 M_b}{b h^2}$

Mit $\dfrac{h}{b} = 3$ wird $b = \dfrac{h}{3}$ und

$$\sigma_b = \dfrac{6 M_b}{\dfrac{h}{3} h^2} = \dfrac{18 M_b}{h^3}$$

$$h_{erf} = \sqrt[3]{\dfrac{18 M_{b\,max}}{\sigma_{b\,zul}}}$$

$$h_{erf} = \sqrt[3]{\dfrac{18 \cdot 377\,350 \text{ Nmm}}{100 \dfrac{\text{N}}{\text{mm}^2}}} = 40{,}8 \text{ mm}$$

ausgeführt $h = 42$ mm, $b = 14$ mm

958.

$F_{max} = \sigma_{z\,zul}\, A = 140 \dfrac{\text{N}}{\text{mm}^2} \cdot 120 \text{ mm} \cdot 8 \text{ mm}$

$F_{max} = 134\,400 \text{ N} = 134{,}4 \text{ kN}$

959.

$$\sigma = \dfrac{F}{A} = \varepsilon E = \dfrac{\Delta l}{l_0} E$$

$$\Delta l_{erf} = \dfrac{F l_0}{A E} = \dfrac{200 \text{ N} \cdot 2628 \text{ mm}}{250 \text{ mm}^2 \cdot 50 \dfrac{\text{N}}{\text{mm}^2}} = 42 \text{ mm}$$

$$s = \dfrac{\Delta l_{erf}}{2} = 21 \text{ mm}$$

960.

a) Der Querschnitt A–B wird belastet durch:
eine rechtwinklig zum Schnitt wirkende Normalkraft $F_N = F \cdot \cos \beta$, sie erzeugt Druckspannungen σ_d;
eine im Schnitt wirkende Querkraft $F_q = F \cdot \sin \beta$, sie erzeugt Abscherspannungen τ_a;
ein rechtwinklig zur Schnittfläche stehendes Biegemoment $M_b = F \cdot \sin \beta \cdot l$, es erzeugt Biegespannungen σ_b.

b) $\sigma_{res} = \sigma_d + \sigma_b = \dfrac{F}{b}\left(\dfrac{\cos \beta}{e} + \dfrac{\sin \beta \cdot 6 \cdot l}{e^2} \right)$

961.

a) $M = F_h\, l$

$M = 500 \text{ N} \cdot 0{,}1 \text{ m} = 50 \text{ Nm} = 50 \cdot 10^3 \text{ Nmm}$

b) Nach der Formelsammlung ist

$$M_A = M = F_1 \left[\dfrac{d_2}{l} \tan(\alpha + \rho') + \mu_a\, r_a \right]$$

Daraus wird mit

$$\alpha = \arctan \dfrac{P}{\pi d_2} = \dfrac{1 \text{ mm}}{\pi \cdot 19{,}35 \text{ mm}} = 0{,}942°$$

$$F_1 = \dfrac{M}{\dfrac{d_2}{2} \tan(\alpha + \rho') + \mu_a\, r_a}$$

$$F_1 = \dfrac{50 \cdot 10^3 \text{ Nmm}}{\dfrac{19{,}35 \text{ mm}}{2} \cdot \tan(0{,}942° + 14{,}036°) + 0}$$

$F_1 = 19\,317$ N

c) $F = \dfrac{\pi d^2}{4} p$

$d = 0{,}05$ m

$p = 80 \cdot 10^5$ Pa $= 80 \cdot 10^5 \dfrac{\text{N}}{\text{m}^2}$

$F = \dfrac{\pi \cdot (0{,}05 \text{ m})^2}{4} \cdot 80 \cdot 10^5 \dfrac{\text{N}}{\text{m}^2} = 15\,708$ N

d) $\sigma_{d\,vorh} = \dfrac{F_1}{A_S} = \dfrac{19\,317 \text{ N}}{285 \text{ mm}^2} = 67{,}8 \dfrac{\text{N}}{\text{mm}^2}$

e) $p = \dfrac{F_1}{\pi d_2 H_1 m}$

$F_1 = 19\,317$ N $d_2 = 19{,}35$ mm
$H_1 = 0{,}542$ mm $m = 40$ mm

$p = 14{,}7 \dfrac{\text{N}}{\text{mm}^2}$

f) $M_b = F_1 l_1 = 19\,317 \text{ N} \cdot 50 \text{ mm} = 965\,850$ Nmm

$W_{\Box} = \dfrac{b h^2}{6} = \dfrac{10 \text{ mm} \cdot 70^2 \text{ mm}^2}{6} = 8166{,}7 \text{ mm}^3$

$\sigma_{b\,vorh} = \dfrac{M_b}{W_{\Box}} = \dfrac{965\,850 \text{ Nmm}}{8166{,}7 \text{ mm}^3} = 118 \dfrac{\text{N}}{\text{mm}^2}$

g)

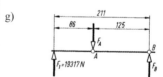

$\Sigma M_{(B)} = 0 = 19\,317 \text{ N} \cdot 211 \text{ mm} - F_A \cdot 125 \text{ mm}$

$F_A = \dfrac{19\,317 \text{ N} \cdot 211 \text{ mm}}{125 \text{ mm}} = 32\,607$ N

$\Sigma M_{(A)} = 0 = 19\,317 \text{ N} \cdot 86 \text{ mm} - F_B \cdot 125 \text{ mm}$

$F_B = \dfrac{19\,317 \text{ N} \cdot 86 \text{ mm}}{125 \text{ mm}} = 13\,290$ N

Kontrolle: $\Sigma F_y = 0$

$-19\,317 \text{ N} + 32\,607 \text{ N} - 13\,290 \text{ N} = 0$

h) $A_{s\,erf} = \dfrac{F_A}{2\sigma_{z\,zul}} = \dfrac{32\,607\text{ N}}{2\cdot 100\,\dfrac{\text{N}}{\text{mm}^2}} = 163\text{ mm}^2$

Ausgeführt nach der Gewindetabelle aus der Formelsammlung:

2 Schrauben M 16 mit $A_s = 157$ mm²

oder

2 Schrauben M 18 mit $A_s = 192$ mm²

i) Der gefährdete Querschnitt C–D hat die Maße

$M_b = 13\,290\text{ N}\cdot 61\text{ mm} = 810\,690\text{ Nmm}$

$W_\square = \dfrac{s\,b^2}{6} = \dfrac{10\text{ mm}\cdot 75^2\text{ mm}^2}{6} = 9375\text{ mm}^3$

$\sigma_{b\,vorh} = \dfrac{M_b}{W_\square} = \dfrac{810\,690\text{ Nmm}}{9375\text{ mm}^3} = 86{,}5\,\dfrac{\text{N}}{\text{mm}^2}$

k) $M_b = 19\,317\text{ N}\cdot 50\text{ mm} = 965\,850\text{ Nmm}$

$A_\odot = 55\cdot\pi\cdot 5\text{ mm}^2 = 864\text{ mm}^2$

$W_\odot = \dfrac{\pi}{32}\cdot\dfrac{(60^4 - 50^4)\text{ mm}^4}{60\text{ mm}} = 10\,979\text{ mm}^3$

$\tau_{a\,schw} = \dfrac{F_1}{A_\odot} = \dfrac{19\,317\text{ N}}{864\text{ mm}^2} = 22{,}4\,\dfrac{\text{N}}{\text{mm}^2}$

$\sigma_{b\,schw} = \dfrac{M_b}{W_\odot} = \dfrac{965\,850\text{ Nmm}}{10\,979\text{ mm}^3} = 88\,\dfrac{\text{N}}{\text{mm}^2}$

6 Fluidmechanik

Statik der Flüssigkeiten (Hydrostatik)

Hydrostatischer Druck, Ausbreitung des Drucks

1001.
$$p = \frac{F}{A} = \frac{F}{\frac{\pi}{4}d^2}$$

$$d = \sqrt{\frac{4F}{\pi p}} = \sqrt{\frac{4 \cdot 80\,000 \text{ N}}{\pi \cdot 160 \cdot 10^5 \text{ Pa}}} = 79{,}79 \text{ mm}$$

1002.
$$p = \frac{F}{A} = \frac{F}{\frac{\pi}{4}d^2}$$

$$F = \frac{\pi}{4}d^2\,p = \frac{\pi}{4}(0{,}015 \text{ m})^2 \cdot 4{,}5 \cdot 10^5 \text{ Pa} = 79{,}52 \text{ N}$$

1003.
$$p = \frac{F}{A} = \frac{F}{\frac{\pi}{4}d^2}$$

$$F = \frac{\pi}{4}d^2\,p = \frac{\pi}{4}(0{,}15 \text{ m})^2 \cdot 15 \cdot 10^5 \text{ Pa}$$

$$F = 0{,}2651 \cdot 10^5 \text{ N} = 26{,}51 \text{ kN}$$

1004.
$$p = \frac{F_1}{A_1} = \frac{F_1}{\frac{\pi}{4}d_1^2}$$

$$F_1 = \frac{\pi}{4}d_1^2\,p = \frac{\pi}{4}(0{,}02 \text{ m})^2 \cdot 6 \cdot 10^5 \text{ Pa} = 188{,}5 \text{ N}$$

$$p = \frac{F_2}{A_2} = \frac{F_2}{\frac{\pi}{4}d_2^2}$$

$$F_2 = \frac{\pi}{4}d_2^2\,p = \frac{\pi}{4}(0{,}08 \text{ m})^2 \cdot 6 \cdot 10^5 \text{ Pa} = 3016 \text{ N}$$

1005.

a) $\sigma_1 = \dfrac{F_1}{A_1} = \dfrac{p\,\frac{\pi}{4}d^2}{\pi(d+s)\,s} = \dfrac{p\,d^2}{4\,s\,(d+s)}$

$$\sigma_1 = \frac{40 \cdot 10^5 \, \frac{\text{N}}{\text{m}^2} \cdot 0{,}45^2 \text{ m}^2}{4 \cdot 0{,}006 \text{ m} \cdot 0{,}456 \text{ m}}$$

$$\sigma_1 = 740{,}1 \cdot 10^5 \, \frac{\text{N}}{\text{m}^2} = 74{,}01 \, \frac{\text{N}}{\text{mm}^2}$$

b) $\sigma_2 = \dfrac{p\,d}{2\,s}$

$$\sigma_2 = \frac{40 \cdot 10^5 \, \frac{\text{N}}{\text{m}^2} \cdot 0{,}45 \text{ m}}{2 \cdot 0{,}006 \text{ m}}$$

$$\sigma_2 = 1500 \cdot 10^5 \, \frac{\text{N}}{\text{m}^2} = 150 \, \frac{\text{N}}{\text{mm}^2}$$

c) Der Kessel wird im Längsschnitt eher reißen als im Querschnitt.

d) $p = \dfrac{2\,s\,\sigma_{zB}}{d} = \dfrac{2 \cdot 0{,}006 \text{ m} \cdot 600 \cdot 10^6 \, \frac{\text{N}}{\text{m}^2}}{0{,}45 \text{ m}}$

$$p = 16 \cdot 10^6 \, \frac{\text{N}}{\text{m}^2} = 160 \cdot 10^5 \text{ Pa}$$

1006.
$$s = \frac{p\,d}{2\,\delta_{\text{zul}}}$$

$$s = \frac{0{,}8 \, \frac{\text{N}}{\text{mm}^2} \cdot 1000 \text{ mm}}{2 \cdot 65 \, \frac{\text{N}}{\text{mm}^2}} = 6{,}154 \text{ mm}$$

1007.

a) $p = \dfrac{F}{A} = \dfrac{4F}{\pi d^2} = \dfrac{4 \cdot 520 \cdot 10^3 \text{ N}}{\pi \cdot 0{,}21^2 \text{ m}^2} = 15013 \cdot 10^3 \text{ Pa}$

b) $\dot{V} = \dfrac{V}{\Delta t} = \dfrac{\pi d^2 l}{4 \cdot \Delta t} = \dfrac{\pi (0{,}21 \text{ m})^2 \cdot 0{,}93 \text{ m}}{4 \cdot 20 \text{ s}}$

$$\dot{V} = 0{,}001611 \, \frac{\text{m}^3}{\text{s}} = 96{,}63 \, \frac{\text{dm}^3}{\text{min}} = 96{,}63 \, \frac{\text{Liter}}{\text{min}}$$

1008.
$$p = \frac{F}{A} = \frac{4F}{\pi d^2}$$

$$d_1 = \sqrt{\frac{4F_1}{\pi p}} = \sqrt{\frac{4 \cdot 3000 \text{ N}}{\pi \cdot 80 \cdot 10^5 \text{ Pa}}} = 0{,}02185 \text{ m} = 21{,}85 \text{ mm}$$

$$d_2 = \sqrt{\frac{4F_2}{\pi p}} = \sqrt{\frac{4 \cdot 200\,000 \text{ N}}{\pi \cdot 80 \cdot 10^5 \text{ Pa}}} = 0{,}1784 \text{ m} = 178{,}4 \text{ mm}$$

1009.
$$p_1 = \frac{F_1}{A_1} \qquad p_2 = \frac{F_2}{A_2}$$

$F_1 = F_2 = F$ (Kraft in der gemeinsamen Kolbenstange)

$$F = p_1\,A_1 = p_2\,A_2$$

$p_2 = p_1 \dfrac{A_1}{A_2} = p_1 \dfrac{\frac{\pi}{4} d_1^2}{\frac{\pi}{4} d_2^2} = p_1 \dfrac{d_1^2}{d_2^2}$

$p_2 = 6 \cdot 10^5 \text{ Pa} \cdot \dfrac{(0,3 \text{ m})^2}{(0,08 \text{ m})^2} = 84,38 \cdot 10^5 \text{ Pa}$

1010.

$F = p_1 A_1 = p_2 A_2 \;\Rightarrow\; p_1 d_1^2 = p_2 d_2^2$

$d_2 = \sqrt{\dfrac{p_1}{p_2} d_1^2} = \sqrt{\dfrac{30 \cdot 10^5 \text{ Pa}}{60 \cdot 10^5 \text{ Pa}} \cdot 0,2^2 \text{ m}^2}$

$d_2 = 0,1414 \text{ m} = 141,4 \text{ mm}$

1011.

a) $p = \dfrac{F}{A} = \dfrac{4F}{\pi d^2} = \dfrac{4 \cdot 6500 \text{ N}}{\pi \cdot (0,06 \text{ m})^2}$

$p = 22,99 \cdot 10^5 \dfrac{\text{N}}{\text{m}^2} = 22,99 \cdot 10^5 \text{ Pa}$

b) $p_1 = \dfrac{F - F_r}{A} = \dfrac{F}{A} - \dfrac{F_r}{A} = p - \dfrac{\pi p d h p_1 \mu}{A}$

$p = p_1 \left(1 + \dfrac{\pi d h \mu}{\frac{\pi}{4} d^2}\right) \;\Rightarrow\; p_1 = \dfrac{p d}{d + 4 h \mu}$

$p_1 = \dfrac{22,99 \cdot 10^5 \text{ Pa} \cdot 60 \text{ mm}}{60 \text{ mm} + 4 \cdot 8 \text{ mm} \cdot 0,12} = 21,61 \cdot 10^5 \text{ Pa}$

1012.

a) $F_1' = p \dfrac{\pi}{4} d_1^2 \left(1 + 4\mu \dfrac{h_1}{d_1}\right)$

$p = \dfrac{4 F_1'}{\pi d_1 (d_1 + 4 \mu h_1)}$

$p = \dfrac{4 \cdot 2000 \text{ N}}{\pi \cdot 20 \cdot 10^{-3} \text{ m} \cdot (20 + 4 \cdot 0,12 \cdot 8) \cdot 10^{-3} \text{ m}}$

$p = 5,341 \cdot 10^6 \dfrac{\text{N}}{\text{m}^2} = 53,41 \cdot 10^5 \text{ Pa}$

b) $\eta = \dfrac{1 - 4\mu \dfrac{h_2}{d_2}}{1 + 4\mu \dfrac{h_1}{d_1}} = \dfrac{1 - 4 \cdot 0,12 \cdot \dfrac{20 \text{ mm}}{280 \text{ mm}}}{1 + 4 \cdot 0,12 \cdot \dfrac{8 \text{ mm}}{20 \text{ mm}}} = 0,8102$

c) $F_2' = F_1' \cdot \dfrac{d_2^2}{d_1^2} \cdot \eta = 2000 \text{ N} \cdot \dfrac{(28 \text{ cm})^2}{(2 \text{ cm})^2} \cdot 0,8102$

$F_2' = 317\,600 \text{ N} = 317,6 \text{ kN}$

d) $\dfrac{s_2}{s_1} = \dfrac{d_1^2}{d_2^2}$

$s_2 = s_1 \dfrac{d_1^2}{d_2^2} = 30 \text{ mm} \cdot \dfrac{(20 \text{ mm})^2}{(280 \text{ mm})^2} = 0,1531 \text{ mm}$

e) $W_1 = F_1' s_1 = 2000 \text{ N} \cdot 0,03 \text{ m} = 60 \text{ J}$

f) $W_2 = F_2' s_2 = 317,6 \cdot 10^3 \text{ N} \cdot 0,1531 \cdot 10^{-3} \text{ m} = 48,61 \text{ J}$

g) $z = \dfrac{s}{s_2} = \dfrac{28 \text{ mm}}{0,1531 \text{ mm}} = 182,9 \approx 183 \text{ Hübe}$

Druckverteilung unter Berücksichtigung der Schwerkraft

1013.

$p = \varrho g h = 1000 \dfrac{\text{kg}}{\text{m}^3} \cdot 9,81 \dfrac{\text{m}}{\text{s}^2} \cdot 0,3 \text{ m} = 2943 \text{ Pa}$

1014.

$p = \varrho g h = 1030 \dfrac{\text{kg}}{\text{m}^3} \cdot 9,81 \dfrac{\text{m}}{\text{s}^2} \cdot 6000 \text{ m}$

$p = 606,3 \cdot 10^5 \dfrac{\text{N}}{\text{m}^2} = 606,3 \cdot 10^5 \text{ Pa}$

1015.

$p = \varrho g h = 1700 \dfrac{\text{kg}}{\text{m}^3} \cdot 9,81 \dfrac{\text{m}}{\text{s}^2} \cdot 3,25 \text{ m}$

$p = 54\,200 \text{ Pa} = 0,542 \cdot 10^5 \text{ Pa}$

1016.

$p = \varrho g h \;\Rightarrow\; h = \dfrac{p}{\varrho g}$

$h = \dfrac{100\,000 \dfrac{\text{N}}{\text{m}^2}}{13590 \dfrac{\text{kg}}{\text{m}^3} \cdot 9,81 \dfrac{\text{m}}{\text{s}^2}} = 0,7501 \text{ m} = 750,1 \text{ mm}$

1017.

$F = pA = \varrho g h \pi r^2$

$F = 1030 \dfrac{\text{kg}}{\text{m}^3} \cdot 9,81 \dfrac{\text{m}}{\text{s}^2} \cdot 11000 \text{ m} \cdot \pi \cdot (1,1 \text{ m})^2$

$F = 422,5 \cdot 10^6 \dfrac{\text{kgm}}{\text{s}^2} = 422,5 \text{ MN}$

1018.

$A_1 = \frac{\pi}{4}(d_1^2 - d_2^2) = \frac{\pi}{4}(0,4^2 - 0,34^2) \text{ m}^2 = 0,03487 \text{ m}^2$

$A_2 = \frac{\pi}{4}(d_2^2 - d_3^2) = \frac{\pi}{4}(0,34^2 - 0,1^2) \text{ m}^2 = 0,08294 \text{ m}^2$

$A_3 = \frac{\pi}{4}(d_3^2 - d_4^2) = \frac{\pi}{4}(0,1^2 - 0,04^2) \text{ m}^2 = 0,00660 \text{ m}^2$

$F_1 = p_1(A_1 + A_3) = \varrho g h_1 (A_1 + A_3)$

$F_1 = 7,2 \cdot 10^3 \frac{\text{kg}}{\text{m}^3} \cdot 9,81 \frac{\text{m}}{\text{s}^2} \cdot 0,21 \text{ m} \cdot (34,87 + 6,6) \cdot 10^{-3} \text{ m}^2$

$F_1 = 615,1 \text{ N}$

$F_2 = p_2 A_2 = \varrho g h_2 A_2$

$F_2 = 7,2 \cdot 10^3 \frac{\text{kg}}{\text{m}^3} \cdot 9,81 \frac{\text{m}}{\text{s}^2} \cdot 0,24 \text{ m} \cdot 82,94 \cdot 10^{-3} \text{ m}^2$

$F_2 = 1406 \text{ N}$

$F = F_1 + F_2 = 2021 \text{ N}$

1019.

$F_b = \varrho g h A$

$F_b = 1000 \frac{\text{kg}}{\text{m}^3} \cdot 9,81 \frac{\text{m}}{\text{s}^2} \cdot 2,4 \text{ m} \cdot \frac{\pi}{4}(0,16 \text{ m})^2 = 473,4 \text{ N}$

1020.

$F_s = \varrho g A y_0$

$F_s = 1000 \frac{\text{kg}}{\text{m}^3} \cdot 9,81 \frac{\text{m}}{\text{s}^2} \cdot \frac{\pi}{4}(0,08 \text{ m})^2 \cdot 4,5 \text{ m} = 221,9 \text{ N}$

1021.

a) $F_s = \varrho g A y_0$

$F_s = 1000 \frac{\text{kg}}{\text{m}^3} \cdot 9,81 \frac{\text{m}}{\text{s}^2} \cdot 3,5 \text{ m} \cdot 0,4 \text{ m} \cdot 1,75 \text{ m}$

$F_s = 24030 \text{ N}$

b) $e = \frac{I}{A y_0}$

$e = \frac{b h^3}{12 \cdot b h \cdot \frac{h}{2}} = \frac{h}{6} = \frac{3,5 \text{ m}}{6} = 0,5833 \text{ m}$

(h Höhe des Wasserspiegels über dem Boden)

$y = y_0 + e$

$h_1 = h - y$

(h_1 Höhe des Druckmittelpunkts über dem Boden)

$h_1 = h - y_0 - e$

$h_1 = 3,5 \text{ m} - 1,75 \text{ m} - 0,5833 \text{ m} = 1,167 \text{ m}$

c) $M_b = F_s h_1$

$M_b = 24030 \text{ N} \cdot 1,167 \text{ m} = 28040 \text{ Nm}$

1022.

a) $\frac{\varrho_2}{\varrho_1} = \frac{h_1}{h_2}$

$\varrho_2 = \varrho_1 \frac{h_1}{h_2} = 1000 \frac{\text{kg}}{\text{m}^3} \cdot \frac{12 \text{ mm}}{13,2 \text{ mm}} = 909,1 \frac{\text{kg}}{\text{m}^3}$

b) $h_1 = h_2 \frac{\varrho_2}{\varrho_1} = 13,2 \text{ mm} \cdot \frac{1100 \frac{\text{kg}}{\text{m}^3}}{1000 \frac{\text{kg}}{\text{m}^3}} = 14,52 \text{ mm}$

h_1 Höhe der Wassersäule über der Trennfläche
h_2 Höhe der Ölsäule über der Trennfläche

Auftriebskraft

1023.

$F_a = V \varrho g = F_G + F$

$F = V \varrho g - F_G = g(V \varrho - m)$

$F = 9,81 \frac{\text{m}}{\text{s}^2} \left(\frac{\pi}{6} \cdot 0,4^3 \text{ m}^3 \cdot 1000 \frac{\text{kg}}{\text{m}^3} - 0,5 \text{ kg} \right)$

$F = 323,8 \text{ N}$

1024.

$F_a = F_{\text{nutz}} + F_{G1} + F_{G2}$

$F_{\text{nutz}} = F_a - F_{G1} - F_{G2}$

$F_{\text{nutz}} = V \varrho_w g - m_1 g - m_2 g$

$F_{\text{nutz}} = (V \varrho_w - m_1 - m_2) g$

$F_{\text{nutz}} = (10300 \text{ kg} - 300 \text{ kg} - 7000 \text{ kg}) \cdot 9,81 \frac{\text{m}}{\text{s}^2}$

$F_{\text{nutz}} = 29430 \frac{\text{kgm}}{\text{s}^2} = 29,43 \text{ kN}$

6 Fluidmechanik

Dynamik der Fluide (Hydrodynamik)

Bernoulli'sche Gleichung

1025.

a) $A_1 v_1 = A_2 v_2$

$$v_2 = v_1 \frac{A_1}{A_2} = v_1 \frac{\frac{\pi}{4} d_1^2}{\frac{\pi}{4} d_2^2} = v_1 \frac{d_1^2}{d_2^2}$$

$$v_2 = 4 \frac{m}{s} \cdot \frac{(3\text{ cm})^2}{(2\text{ cm})^2} = 9 \frac{m}{s}$$

b) Bernoulli'sche Druckgleichung

$$p_1 + \frac{\varrho}{2} v_1^2 = p_2 + \frac{\varrho}{2} v_2^2$$

$$p_2 = p_1 + \frac{\varrho}{2}(v_1^2 - v_2^2)$$

$$p_2 = 10000\text{ Pa} + 500 \frac{kg}{m^3} \cdot (4^2 - 9^2) \frac{m^2}{s^2}$$

$$p_2 = -22500 \frac{kg\,m}{s^2 m^2} = -0{,}225 \cdot 10^5\text{ Pa (Unterdruck)}$$

1026.

$$p_1 + \frac{\varrho}{2} v_1^2 = p_2 + \frac{\varrho}{2} v_2^2$$

erforderliche Strömungsgeschwindigkeit:

$$\frac{\varrho}{2} v_2^2 = p_1 - p_2 + \frac{\varrho}{2} v_1^2$$

$$v_2 = \sqrt{\frac{p_1 - p_2 + \frac{\varrho}{2} v_1^2}{\frac{\varrho}{2}}}$$

$$v_2 = \sqrt{\frac{5000 \frac{N}{m^2} + 40000 \frac{N}{m^2} + 500 \frac{kg}{m^3} \cdot \left(4 \frac{m}{s}\right)^2}{500 \frac{kg}{m^3}}}$$

$$v_2 = 10{,}3 \frac{m}{s}$$

Hinweis: $-p_2 = -(-0{,}4 \cdot 10^5\text{ Pa}) = +0{,}4 \cdot 10^5\text{ Pa}$

$A_1 v_1 = A_2 v_2$ (Kontinuitätsgleichung)

$$\frac{\pi}{4} d_1^2 v_1 = \frac{\pi}{4} d_2^2 v_2$$

$$d_2 = \sqrt{\frac{v_1}{v_2} d_1^2} = \sqrt{\frac{4 \frac{m}{s}}{10{,}3 \frac{m}{s}} \cdot (80\text{ mm})^2} = 49{,}86\text{ mm}$$

1027.

a) $\dfrac{v^2}{2g} = \dfrac{\left(12 \frac{m}{s}\right)^2}{2 \cdot 9{,}81 \frac{m}{s^2}} = 7{,}339\text{ m}$

b) $H = h + \dfrac{v^2}{2g} = 15\text{ m} + 7{,}339\text{ m} = 22{,}34\text{ m}$

c) $p = \varrho g h = 1000 \frac{kg}{m^3} \cdot 9{,}81 \frac{m}{s^2} \cdot 15\text{ m} = 147\,150\text{ Pa}$

Ausfluss aus Gefäßen

1028.

a) $v = \sqrt{2gh} = \sqrt{2 \cdot 9{,}81 \frac{m}{s^2} \cdot 0{,}9\text{ m}} = 4{,}202 \frac{m}{s}$

b) $V_e = \dot{V}_e\, t = \mu A v t = \mu \dfrac{\pi}{4} d^2 v t$

$$V_e = 0{,}64 \cdot \frac{\pi}{4} \cdot (0{,}02\text{ m})^2 \cdot 4{,}202 \frac{m}{s} \cdot 86400\text{ s} = 73\text{ m}^3$$

1029.

$$\dot{V}_e = \frac{V_e}{t} = \mu \dot{V}$$

$$t = \frac{V_e}{\mu \dot{V}} = \frac{V_e}{\mu A \sqrt{2gh}}$$

$$t = \frac{200\text{ m}^3}{0{,}815 \cdot 0{,}001963\text{ m}^2 \cdot \sqrt{2 \cdot 9{,}81 \frac{m}{s^2} \cdot 7{,}5\text{ m}}}$$

$t = 10306\text{ s} = 2\text{ h } 51\text{ min } 46\text{ s}$

1030.

$$\dot{V}_e = \mu A \sqrt{2gh} \Rightarrow A = \frac{\dot{V}_e}{\mu \sqrt{2gh}}$$

$$A = \frac{10^{-3} \frac{m^3}{s}}{0{,}96 \cdot \sqrt{2 \cdot 9{,}81 \frac{m}{s^2} \cdot 3{,}6\text{ m}}}$$

$A = 0{,}1239 \cdot 10^{-3}\text{ m}^2 = 123{,}9\text{ mm}^2$

$$d = \sqrt{\frac{4A}{\pi}} = \sqrt{\frac{4 \cdot 123{,}9\text{ mm}^2}{\pi}} = 12{,}56\text{ mm}$$

1031.

$$\dot{V}_e = \mu A \sqrt{2gh} = \frac{V_e}{t}$$

$$\mu = \frac{V_e}{t A \sqrt{2gh}}$$

$$\mu = \frac{1{,}8 \text{ m}^3}{106{,}5 \text{ s} \cdot 0{,}001963 \text{ m}^2 \cdot \sqrt{2 \cdot 9{,}81 \frac{\text{m}}{\text{s}^2} \cdot 4 \text{ m}}} = 0{,}9717$$

1032.

a) $v_e = \varphi \sqrt{2gh}$

$$v_e = 0{,}98 \sqrt{2 \cdot 9{,}81 \frac{\text{m}}{\text{s}^2} \cdot 6 \text{ m}} = 10{,}63 \frac{\text{m}}{\text{s}}$$

b) $\dot{V}_e = \mu A \sqrt{2gh} = \mu \frac{\pi}{4} d^2 \sqrt{2gh}$

$$\dot{V}_e = 0{,}63 \cdot \frac{\pi}{4}(0{,}08 \text{ m})^2 \cdot \sqrt{2 \cdot 9{,}81 \frac{\text{m}}{\text{s}^2} \cdot 6 \text{ m}}$$

$$\dot{V}_e = 0{,}03436 \frac{\text{m}^3}{\text{s}} = 123{,}7 \frac{\text{m}^3}{\text{h}}$$

c) $\dot{V}_e = \mu \frac{\pi}{4} d^2 \sqrt{2g(h_1 - h_2)}$

$$\dot{V}_e = 0{,}63 \cdot \frac{\pi}{4}(0{,}08 \text{ m})^2 \cdot \sqrt{2 \cdot 9{,}81 \frac{\text{m}}{\text{s}^2} \cdot (6 \text{ m} - 2 \text{ m})}$$

$$\dot{V}_e = 0{,}02805 \frac{\text{m}^3}{\text{s}} = 101 \frac{\text{m}^3}{\text{h}}$$

1033.

$$v = \sqrt{2g\left(h + \frac{p_\text{ü}}{\varrho g}\right)}$$

$$v = \sqrt{2g\left(0 + \frac{p_\text{ü}}{\varrho g}\right)} = \sqrt{\frac{2 p_\text{ü}}{\varrho}}$$

$$v = \sqrt{\frac{2 \cdot 6 \cdot 10^5 \frac{\text{N}}{\text{m}^2}}{1000 \frac{\text{kg}}{\text{m}^3}}} = 34{,}64 \frac{\text{m}}{\text{s}}$$

(Kontrolle mit $p_\text{ü} = \frac{\varrho}{2} v^2$)

1034.

a) $v_e = \varphi \sqrt{2gh} = 0{,}98 \sqrt{2 \cdot 9{,}81 \frac{\text{m}}{\text{s}^2} \cdot 2{,}3 \text{ m}} = 6{,}583 \frac{\text{m}}{\text{s}}$

b) $\dot{V}_e = \mu A \sqrt{2gh}$

$$\dot{V}_e = 0{,}64 \cdot 0{,}00785 \text{ m}^2 \cdot \sqrt{2 \cdot 9{,}81 \frac{\text{m}}{\text{s}^2} \cdot 2{,}3 \text{ m}}$$

$$\dot{V}_e = 0{,}03377 \frac{\text{m}^3}{\text{s}} = 33{,}77 \frac{\text{Liter}}{\text{s}}$$

c) $t_1 = \dfrac{V_{e1}}{\dot{V}_e} = \dfrac{2 \text{ m} \cdot 8 \text{ m} \cdot 1{,}7 \text{ m}}{0{,}03377 \frac{\text{m}^3}{\text{s}}} = 805{,}5 \text{ s} = 13 \min 25{,}5 \text{ s}$

d) $t_2 = \dfrac{2 V_{e2}}{\mu A \sqrt{2gh}}$

$$t_2 = \frac{2 \cdot 2 \text{ m} \cdot 8 \text{ m} \cdot 2{,}3 \text{ m}}{0{,}64 \cdot 0{,}00785 \text{ m}^2 \cdot \sqrt{2 \cdot 9{,}81 \frac{\text{m}}{\text{s}^2} \cdot 2{,}3 \text{ m}}}$$

$t_2 = 2179{,}7 \text{ s} = 36 \min 19{,}7 \text{ s}$

$t_\text{ges} = t_1 + t_2 = 49 \min 45 \text{ s}$

1035.

a) $v_e = \varphi \sqrt{2gh} = 0{,}98 \sqrt{2 \cdot 9{,}81 \frac{\text{m}}{\text{s}^2} \cdot 280 \text{ m}} = 72{,}64 \frac{\text{m}}{\text{s}}$

b) $\dot{V}_e = \mu \frac{\pi}{4} d^2 \sqrt{2gh}$

$$\dot{V}_e = 0{,}98 \cdot \frac{\pi}{4}(0{,}15 \text{ m})^2 \cdot \sqrt{2 \cdot 9{,}81 \frac{\text{m}}{\text{s}^2} \cdot 280 \text{ m}}$$

$$\dot{V}_e = 1{,}284 \frac{\text{m}^3}{\text{s}}$$

c) $P = \dfrac{W}{t} = \dfrac{E_\text{kin}}{t}$

W Arbeitsvermögen des Wassers = kinetische Energie

$$P = \frac{\frac{m v^2}{2}}{t} = \frac{m v^2}{2 t} = \dot{m} \frac{v^2}{2}$$

$\dot{m}$ Massenstrom, d. h. die Masse des je Sekunde durch die Düse strömenden Wassers

$$P = 1284 \frac{\text{kg}}{\text{s}} \cdot \frac{\left(72{,}64 \frac{\text{m}}{\text{s}}\right)^2}{2}$$

$$P = 3386000 \frac{\text{kg m}^2}{\text{s}^3} = 3386 \text{ kW}$$

$$\left(1 \frac{\text{kg m}^2}{\text{s}^3} = 1 \frac{\text{kg m}}{\text{s}^2} \cdot 1 \frac{\text{m}}{\text{s}} = 1 \frac{\text{Nm}}{\text{s}} = 1 \frac{\text{J}}{\text{s}} = 1 \text{ W}\right)$$

1036.

Die Haltekraft F_H ist die Reaktionskraft der Gesamtdruckkraft F.

$F_H = F$

Die Gesamtdruckkraft F ergibt sich aus der Summe der hydrostatischen Druckkraft F_D und der Impulskraft F_I.

$F = F_D + F_I$

Ermittlung der Strömungsgeschwindigkeit v:

$$\dot{V} = 200 \frac{l}{min} = 200 \frac{\frac{1}{1000} m^3}{\frac{1}{60} h} = 12 \frac{m^3}{h}$$

$$\dot{V} = A \cdot v \Rightarrow v = \frac{\dot{V}}{A}$$

$$v = \frac{4 \cdot 12 \; m^3}{\pi \cdot (0,042)^2 \; m^2 \cdot 3600 \; s} = 2,406 \frac{m}{s}$$

a) Ermittlung der Impulskraft F_I:

$$F_I = \dot{I} = \varrho \cdot A \cdot v^2$$

$$F_I = 1000 \frac{kg}{m^3} \cdot \frac{\pi \cdot (0,042)^2 \; m^2}{4} \cdot 2,406^2 \frac{m^2}{s^2}$$

$$F_I = 8 \; N$$

b) $F_D = 50 \cdot 10^3 \frac{N}{m^2} \cdot \frac{\pi \cdot 0,042^2 \; m^2}{4} = 69,3 \; N$

c) $F = F_D + F_I = 69,3 \; N + 8 \; N = 77,3 \; N$

$F_H = F = 77,3 \; N$

1037.

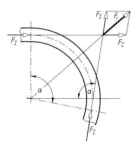

$F_I = \dot{I} = \varrho \cdot A \cdot v^2$

$\dot{V} = A \cdot v \Rightarrow v = \frac{\dot{V}}{A}$

$$v = \frac{4 \cdot 0,2 \frac{m^3}{s}}{\pi \cdot 0,1^2 \; m^2} = 25,465 \frac{m}{s}$$

$$F_I = 1000 \frac{kg}{m^3} \cdot \frac{\pi \cdot 0,1^2 \; m^2}{4} \cdot 25,465^2 \frac{m^2}{s^2} = 5093 \; N$$

Die beiden Impulskräfte F_I am Anfang und Ende des Rohrbogens bilden die resultierende Kraft F_r, die von der Befestigung des Rohrkrümmers aufgenommen werden muss. Sie kann sowohl analytisch als auch trigonometrisch berechnet werden.

Trigonometrische Lösung:

$2\beta + \alpha = 180°$

$\beta = \frac{180° - \alpha}{2} = \frac{180° - 95°}{2} = 42,5°$

Sinussatz:

$$\frac{F_r}{\sin \alpha} = \frac{F_I}{\sin \beta} = \frac{F_I}{\sin \beta}$$

$$F_r = \frac{F_I \cdot \sin 95°}{\sin 42,5°} = \frac{5093 \; N \cdot \sin 95°}{\sin 42,5°} = 7510 \; N$$

Analytische Lösung:

I. $\Sigma F_{rx} = F_I + F_I \cdot \cos(180° - \alpha)$
   $\Sigma F_{rx} = 5537 \; N$

II. $\Sigma F_{ry} = F_I \cdot \sin(180° - \alpha)$
    $\Sigma F_{ry} = 5073,6 \; N$

$$F_r = \sqrt{F_{rx}^2 + F_{ry}^2} = \sqrt{(5537 \; N)^2 + (5073,6 \; N)^2}$$

$F_r = 7510 \; N$

1038.

$$\dot{I} = F_I = \dot{m} \cdot v = 1,2 \frac{kg}{s} \cdot 3 \frac{m}{s} = 3,6 \frac{kgm}{s^2}$$

$$\dot{I} = \varrho \cdot A \cdot v^2 = \varrho \cdot \frac{\pi \cdot d^2}{4} \cdot v^2$$

$$d = \sqrt{\frac{4 \cdot \dot{I}}{\pi \cdot \varrho \cdot v^2}}$$

$$d = \sqrt{\frac{4 \cdot 3,6 \frac{kgm}{s^2}}{\pi \cdot 1000 \frac{kg}{m^3} \cdot \left(3,6 \frac{m}{s}\right)^2}} = 0,0226 \; m = 2,26 \; cm$$

Strömung in Rohrleitungen

1039.

a) $\dot{V}_e = Av$

$$v = \frac{\dot{V}_e}{A} = \frac{\frac{V_e}{t}}{\frac{\pi}{4}d^2} = \frac{4V_e}{\pi d^2 t}$$

$$v = \frac{4 \cdot 11 \text{ m}^3}{\pi (0,08 \text{ m})^2 \cdot 3600 \text{ s}} = 0,6079 \frac{\text{m}}{\text{s}}$$

b) $\Delta p = \lambda \frac{l}{d} \cdot \frac{\varrho}{2} v^2$

$$\Delta p = 0,028 \cdot \frac{230 \text{ m}}{0,08 \text{ m}} \cdot 500 \frac{\text{kg}}{\text{m}^3} \cdot \left(0,6079 \frac{\text{m}}{\text{s}}\right)^2$$

$$\Delta p = 14874 \text{ Pa}$$

1040.

a) $\dot{V}_e = Av \Rightarrow v = \frac{4V_e}{\pi d^2 t}$ (siehe Lösung 1039.)

$$v = \frac{4 \cdot 280 \text{ m}^3}{\pi (0,125 \text{ m})^2 \cdot 3600 \text{ s}} = 6,338 \frac{\text{m}}{\text{s}}$$

b) $\Delta p = \lambda \frac{l}{d} \cdot \frac{\varrho}{2} v^2$

$$\Delta p = 0,015 \cdot \frac{350 \text{ m}}{0,125 \text{ m}} \cdot 500 \frac{\text{kg}}{\text{m}^3} \cdot \left(6,338 \frac{\text{m}}{\text{s}}\right)^2$$

$$\Delta p = 843600 \text{ Pa}$$

1041.

a) $\dot{V} = Av = \frac{\pi}{4} d^2 v$

$$d = \sqrt{\frac{4\dot{V}}{\pi v}}$$

$$d = \sqrt{\frac{4 \cdot 0,002 \frac{\text{m}^3}{\text{s}}}{\pi \cdot 2 \frac{\text{m}}{\text{s}}}} = 0,03568 \text{ m} = 36 \text{ mm (NW 36)}$$

b) $v = \frac{\dot{V}}{A} = \frac{4 \cdot 0,002 \frac{\text{m}^3}{\text{s}}}{\pi \cdot (0,036 \text{ m})^2} = 1,965 \frac{\text{m}}{\text{s}}$

c) $\Delta p = \lambda \frac{l}{d} \cdot \frac{\varrho}{2} v^2$

$$\Delta p = 0,025 \cdot \frac{300 \text{ m}}{0,036 \text{ m}} \cdot 500 \frac{\text{kg}}{\text{m}^3} \cdot \left(1,965 \frac{\text{m}}{\text{s}}\right)^2$$

$$\Delta p = 402160 \text{ Pa}$$

d) $\frac{\varrho}{2} v^2 = 500 \frac{\text{kg}}{\text{m}^3} \cdot \left(1,965 \frac{\text{m}}{\text{s}}\right)^2 = 1930,4 \text{ Pa}$

e) $p_{ges} = \frac{\varrho}{2} v^2 + \varrho g h + \Delta p$

$$\varrho g h = 1000 \frac{\text{kg}}{\text{m}^3} \cdot 9,81 \frac{\text{m}}{\text{s}^2} \cdot 20 \text{ m} = 196200 \text{ Pa}$$

$$p_{ges} = 0,0193 \cdot 10^5 \text{ Pa} + 1,962 \cdot 10^5 \text{ Pa} + 4,022 \cdot 10^5 \text{ Pa}$$

$$p_{ges} = 6,003 \cdot 10^5 \text{ Pa}$$

f) Leistung $= \frac{\text{Energie}}{\text{Zeit}} \Rightarrow P = \frac{W}{t} = \frac{p_{ges} V}{t}$

$$P = p_{ges} \frac{V}{t} = p_{ges} \dot{V} = 6,003 \cdot 10^5 \frac{\text{N}}{\text{m}^2} \cdot 2 \cdot 10^{-3} \frac{\text{m}^3}{\text{s}}$$

$$P = 12,01 \cdot 10^2 \text{ W} = 1,201 \text{ kW}$$